MÉMOIRES

SUR LES

PRINCIPAUX TRAVAUX

D'UTILITÉ PUBLIQUE

EXÉCUTÉS EN ÉGYPTE

Paris — Imprimerie Arnous de Rivière t C^e, 26, rue Racine

MÉMOIRES

SUR LES

PRINCIPAUX TRAVAUX

D'UTILITÉ PUBLIQUE

EXÉCUTÉS

EN ÉGYPTE

DEPUIS LA PLUS HAUTE ANTIQUITÉ JUSQU'A NOS JOURS

PAR

LINANT DE BELLEFONDS BEY

Ancien Ministre des Travaux publics, Membre du Conseil privé, etc.

> Ne laissez à César que ce qui lui revient,
> Et rendez à chacun ce qui lui appartient.

**ACCOMPAGNÉ D'UN ATLAS RENFERMANT
NEUF PLANCHES GRAND IN-FOLIO IMPRIMÉES EN COULEUR.**

———•o≫≪o•———

PARIS

ARTHUS BERTRAND ÉDITEUR

LIBRAIRIE SCIENTIFIQUE ET MARITIME

21, rue Hautefeuille.

———

1872-1873

AVANT-PROPOS

J'ai passé une grande partie de mon existence en
Égypte.

Ce laps de temps, qui comprend plus de quarante années, je l'ai consacré tout d'abord à parcourir le pays
dans tous les sens, depuis les Bouches du Nil, c'est-à-dire
depuis la Méditerranée, jusqu'aux Cataractes du Soudan,
étendue immense contenant des contrées bien curieuses et
bien différentes les unes des autres, surtout si l'on y ajoute
l'intérieur des déserts au levant et au couchant en s'écartant du grand fleuve.

J'ai été appelé ensuite à faire partie du personnel du
Ministère des Travaux Publics, et je ne l'ai pour ainsi dire
plus quitté. Or tout le monde connaît l'importance de

cette administration de laquelle peut en grande partie dépendre la prospérité de l'Égypte.

Pour ces raisons j'ai pensé que je pouvais, comme tant d'autres qui ont écrit sur cette partie de l'Afrique si particulièrement dotée et si célèbre à une foule de titres, consigner dans un livre le produit élaboré de mes observations.

Toutefois ce n'est pas un ouvrage méthodique, ni un ouvrage touchant à tout, que j'ai l'intention de produire ; cela m'eût conduit trop loin et eût, pour aujourd'hui, dépassé le but que je me propose. Ce sont des notes, des mémoires que je prétends réunir, des souvenirs auxquels je veux donner un corps, de manière à combler une lacune, eu égard à ce qui a pu être déjà fait, en appréciant l'ensemble des travaux matériels exécutés depuis la plus haute antiquité jusqu'à nos jours, et en caractérisant l'intérêt qu'il y a d'entretenir et de multiplier ces travaux.

Si je réussis, en même temps, à faciliter aux personnes qui voudront s'occuper de l'Égypte, des recherches pour lesquelles il leur faudrait prendre beaucoup de peines ; si je puis leur fournir les moyens de profiter des expériences déjà faites, avantages que n'ont pas eus les Européens venus dans les premières années de ce siècle et qui ont néanmoins grandement coopéré aux progrès du pays et l'on peut dire à sa régénération ; si enfin, en publiant quelques nouveaex projets pour l'amélioration des arrosages et des

HISTOIRE ET DESCRIPTION

DES

PRINCIPAUX TRAVAUX D'UTILITÉ PUBLIQUE

EXÉCUTÉS EN ÉGYPTE

DEPUIS LA PLUS HAUTE ANTIQUITÉ JUSQU'A NOS JOURS

CHAPITRE I.

COMMENCEMENT DES TRAVAUX RÉGULIERS (1).

Lorsqu'au commencement de ce siècle Méhémet-Ali, devenu vice-roi d'Égypte, voulut se livrer aux améliorations de la province qu'il gouvernait, il reconnut les énormes avantages que pourraient lui procurer des travaux faits avec ordre et méthode. Dans le but d'augmenter et de régulariser l'irrigation du sol de l'Égypte, il commença d'abord par faire creuser beaucoup de canaux, et il fit élever un grand nombre de digues et de chaussées dans tout le pays; principalement dans la Haute-Égypte, où son fils aîné Ibrahim Pacha, père du khédive actuel, fit lui-même promptement exécuter les principales, après avoir préalablement délivré cette partie de l'Égypte des malfaiteurs qui y empêchaient toute sécurité.

Avant l'arrivée de l'armée française conduite par Bonaparte, chacune des provinces de l'Égypte dépendait d'un chef mamelouk; chaque village, administré par un caïmacam, faisait exécuter les travaux de canaux et de digues, pour l'arrosage de ses propres terres, sans se préoccuper s'ils nuisaient ou s'ils étaient profitables à ses voisins. Des rixes continuelles, souvent suivies de

---

(1) Il eut peut-être été plus rationnel de commencer par les travaux les plus anciens, mais pour rendre plus clairs certains points, j'ai cru devoir maintenir l'ordre établi ici et donner d'abord quelques notes générales.

batailles à main armée, avaient lieu entre les différents districts, dans le but : ou de conduire les eaux sur leurs terrains, pour les inonder ; ou bien, pour les faire écouler, lorsque par leur trop grande affluence, ou par leur trop long séjour sur les terres, on craignait d'être submergé et de perdre les cultures, ou d'être retardé pour la saison des ensemencements.

Ce fut sous Méhémet-Ali, vers 1816, que l'on commença à creuser de grands canaux ; on encaissa le fleuve en élevant sur ses bords de fortes chaussées et digues, travaux qui, par le système des corvées, si faciles alors, et qui devenaient obligatoires puisque tous en profitaient, s'exécutaient comme par enchantement.

Pour comprendre la grande importance des travaux considérables exécutés en Égypte, travaux dits d'utilité publique, qui ont atteint, dans une seule année, jusqu'à cinquante millions (50.000.000) de mètres cubes de terrassements, sans parler ici de ceux qui sont particuliers à chaque village, à chaque propriétaire, il faut avant tout entrer dans quelques détails assez longs sur la conformation du sol, sur ce qu'il est indispensable de faire pour bien arroser les terres, pour les ensemencer à temps et leur faire produire le plus possible.

La partie véritablement cultivable, et par conséquent habitée, de l'Égypte est celle qui s'étend vers le nord à partir de la latitude d'Etfou (1), entre la chaîne arabique à l'est et la chaîne libyque à l'ouest, chaînes de montagnes ou plutôt de collines calcaires.

A l'est du Nil, entre le fleuve et le désert, il n'y a que peu de terrains à ensemencer comparativement à ce qui en existe sur l'autre rive, à l'ouest. A l'est, dans beaucoup de parties, le fleuve vient même baigner le pied des hautes falaises, qui interceptent la continuité de terres cultivables ; il n'en est pas ainsi au couchant : au contraire, entre le Nil et le désert, il y a en moyenne une largeur d'environ douze kilomètres de terres cultivables.

---

1 Voir l'esquisse d'une carte de l'Égypte. pl. I.

Les terrains d'alluvions, qui sont seuls cultivés, et qui forment l'Égypte proprement dite, ont du sud au nord une pente régulière; la même que celle des eaux du fleuve pendant les grandes crues; et celle-ci a été trouvée à la suite d'un grand nombre de moyennes de $0^m,00022$ par mètre pour la Haute-Égypte et la Moyenne, tandis que pour la Basse-Égypte elle n'est plus que de $0^m,000085$.

Il est évident que le sol cultivable de l'Égypte étant entièrement formé de terres d'alluvions apportées par les eaux du fleuve des régions tropicales, leurs dépôts ont dû se faire par couches superposées ainsi qu'elles le sont en effet.

En outre de cette pente uniforme du sud vers le nord, il en existe une autre des bords du fleuve vers le désert, ce qui fait que sur toute la longueur de l'Égypte cultivable, depuis un point qui serait situé un peu plus bas que le Gebel Cilcilly, jusqu'à la Méditerranée, il existe une dépression du sol près du désert, qui est dans quelques localités de plus de quatre mètres sur un profil perpendiculaire au cours du fleuve.

Ceci provient du régime du Nil, qui est à peu près le même que celui de tous les fleuves du même genre; les troubles et le limon apportés par les eaux des crues devant déposer leurs parties les plus pesantes plus près du cours des eaux que dans les localités les plus éloignées, où seulement les parties les plus légères restant plus longtemps en suspension viennent se déposer.

Lorsque les eaux coulaient librement dans les plaines, celles-ci se trouvaient ravinées partout par les eaux des crues, et plusieurs de ces ravines conservaient pendant les étiages une certaine quantité d'eau courante; aujourd'hui même il existe encore beaucoup de ces ravines ou cours d'eau naturels dans toute l'Égypte.

En descendant du sud vers le nord, on rencontrait de ces cours d'eau considérables pendant les crues, et à peu près dans le même état qu'ils étaient avant que des travaux fussent venus régulariser les débordements du fleuve; mais aujourd'hui ils sont en grande partie maîtrisés et utilisés pour les arrosages.

Dans la Haute-Égypte, les plus importants en descendant le cours du Nil sont : le Sohagiéh et le Bahr Joussef ou le Joussoufi.

Le premier a été réglé depuis seulement quarante années au moyen d'un barrage ou déversoir établi à sa prise d'eau ; il est peu encaissé par des berges, se continue jusqu'à Géldé, au couchant de la ville de Mellawé, où il se déverse dans le Bahr Joussef.

Ce dernier est le principal de ces anciens cours d'eau naturels ; il longe, comme le premier, la lisière du désert libyque, est partout bien encaissé entre ses berges, et son cours sinueux prouve évidemment qu'il est naturel et que jamais il n'a été creusé de main d'homme : excepté à sa prise d'eau dans le fleuve, soit pour l'approfondir, soit pour la changer lorsque de nouveaux atterrissements dans le fleuve venaient l'encombrer et qu'alors il était indispensable de la changer.

Ce cours d'eau est celui, qui de toute antiquité a fourni à la province du Fayoum toutes les eaux nécessaires à son arrosage ; il servait à remplir le fameux lac Mœris dont nous parlerons plus tard ainsi que d'un canal nouvellement creusé, qui, aujourd'hui, donne lui-même des eaux au Bahr Joussef et au Fayoum.

Le Joussoufi est le seul des canaux de l'Égypte qui, quoique ne recevant pas d'eau du fleuve pendant les étiages, en conserve néanmoins qui sert aux arrosages du Fayoum ; ces eaux proviennent de sources surgissant du fond de son lit et qui, réunies toutes ensemble, coulent vers le Fayoum.

Ce canal, qui après avoir dépassé l'entrée de la province du Fayoum est bien moins distinct que dans sa partie supérieure, conduit pourtant encore ses eaux pendant les crues jusqu'au-dessous du Caire ; et l'on pourrait les faire arriver, comme cela avait lieu encore il y a cinquante années, jusqu'au lac Mariout et à la mer en longeant les bords du désert.

Plusieurs autres ravines ou cours d'eau naturels existent encore dans les plaines de la Haute-Égypte et surtout dans la Moyenne, mais ils sont de bien moindre importance que les deux précédents. Souvent ils prennent leur origine en aval d'un des nombreux déversoirs pratiqués dans les digues des bassins d'inondation ; les eaux, qui s'échappent par ces déversoirs, ravinent la plaine et forment alors des bas fonds que l'on nomme *Bathen*, ce qui veut dire *lieu bas*.

Dans la Basse-Égypte où il y a beaucoup de ces cours d'eau naturels, ils sont bien moins reconnaissables, car on a profité de plusieurs d'entre eux pour en faire des canaux d'irrigation; et les parties que l'on n'a pas utilisées se trouvent comblées par les eaux pendant les innondations.

Il est tout naturel que dans l'ancien état de choses, quand les eaux coulaient librement, on ait d'abord pensé à faire des digues afin de les retenir pour inonder et fertiliser les terrains élevés, qui sans elles ne pouvaient l'être que dans les crues les plus fortes.

L'histoire rapporte que le roi égyptien Ménès fit faire de fortes digues pour préserver la ville de Memphis des débordements du Nil, et que par ce moyen il rejeta ce fleuve, du couchant où il coulait d'abord, vers le levant.

Effectivement, le grand cours d'eau nommé Bahr Joussef, qui a dû toujours exister depuis les temps les plus reculés, coulait le long du désert libyque, et devait certainement tous les ans pendant les crues, faire craindre de voir la ville submergée; comme cela existe encore aujourd'hui pour tous les villages qui se trouvent dans la même position, entre le fleuve et la chaîne libyque.

On croit pouvoir reconnaitre aujourd'hui dans la digue de Cocheïché, qui est la plus importante de toutes celles de l'Égypte, celle qui fut faite par le roi Ménès, quoique la distance qui la sépare de Memphis soit plus grande que celle qui est désignée; ce qui l'a surtout fait reconnaître, c'est que si, il y a cinquante ans, pendant les fortes crues, cette digue, sur laquelle s'accumulent, au moment de l'écoulement des eaux, toutes celles qui viennent de la Haute-Égypte, par le Bahr Joussef, fût venue à se rompre, toute la province de Gisèh, avec l'emplacement des ruines de Memphis, eut été submergée; ce qui probablement arriverait même encore aujourd'hui.

Depuis cette époque reculée plusieurs canaux d'écoulement on été creusés, ce qui a bien amoindri ces causes de désastres.

On voit encore de nos jours des restes considérables de grands et beaux travaux, qui ont été exécutés dans le but de barrer le Nil, afin d'occasionner un remou qui exhaussât les eaux pour les faire refluer sur des terres élevées afin de pouvoir les arroser et les cultiver.

En Nubie, entre les cataractes d'Assouan et de Ouadée Halfa, existent de distance en distance de grands épis placés vis-à-vis les uns des autres sur chaque rive du fleuve ; ces épis sont en pierres, les parois de ces constructions cyclopéennes sont unies et bien conservées.

Sans aucun doute ils ont été construits pour empêcher les berges du fleuve d'être corrodées, et, par leur moyen, conserver un peu de terre propre à être ensemencée ; mais ils étaient construits surtout dans le but d'élever les eaux du fleuve en les entravant dans leur cours afin de pouvoir inonder les terres en amont.

Effectivement on voit en Nubie, dans le pays où sont ces épis, beaucoup de parties de terrains d'alluvions qui se trouvent aujourd'hui à quatre et six mètres au-dessus du niveau des plus hautes crues connues, et qui anciennement ont été cultivées.

Il existe aussi plusieurs barrages naturels entravant le cours du fleuve comme les épis de Nubie le faisaient artificiellement.

Les cataractes d'Assouan. par exemple, sont le premier barrage que rencontre le fleuve en entrant en Égypte ; et l'on peut parfaitement voir en amont de ces cataractes et dans quelques îles des couches de terrains d'alluvion ou de limon du Nil à une grande hauteur au dessus des plus grandes crues connues ; car à la longue les eaux en se précipitant avec vitesse ont approfondi leur lit dans les rochers des cataractes et le niveau de leur surface a dû nécessairement baisser.

Le Cilcilly était encore un barrage naturel du fleuve, à ce point où aujourd'hui même encore, par son rétrécissement entre deux montagnes de grès, il a une vitesse plus grande du double qu'en amont et en aval.

Sur la rive gauche, à peu de distance au midi du Gebel Cilcilly, on rencontre une hauteur nommée Gebel Amangar entièrement formée de couches superposées de limon du Nil et dont les couches supérieures sont à trente et trente cinq mètres au dessus des plus hautes crues d'aujourd'hui ; là encore le fleuve, en approfondissant son lit dans la roche, a vu descendre en amont le niveau de sa surface.

Un autre de ces barrages naturels, ou entraves du cours du fleuve, est à Gebelein, ou les *Deux-Montagnes*, entre Luxor et Esné ; là aussi on trouve en amont des terrains près du désert, qui sont formés de couches d'alluvions déposées par le fleuve à un niveau bien supérieur à ses plus hautes eaux d'aujourd'hui.

Le sol égyptien est entièrement formé de couches de limon superposées à des couches de sable et de gravier, puis, plus profondément, on rencontre des couches de glaise ; ce qui a été reconnu par plusieurs des sondages exécutés en 1832 à une profondeur de 30 mètres à la pointe du Delta, pour établir le projet des barrages du Nil par M. Linant, et antérieurement par des excavations ou puits de reconnaissance creusés dans la Haute-Égypte et dans la Moyenne pendant l'Expédition française.

Tout le sous-sol de l'Égypte est imprégné de différents sels ; et lorsque les terrains restent pendant plusieurs années sans être recouverts par les eaux des crues, qu'ils ne sont plus lavés par ces eaux, ils deviennent tellement salés qu'ils ne peuvent être rendus à la culture que par de grands lavages opérés par les crues, qui en les adoucissant y déposent aussi de nouvelles couches de limon.

Les terrains qui ne reçoivent que des eaux d'infiltration sont également perdus ainsi que les plantes ou arbustes qui les couvrent ; ces eaux qui viennent de bas en haut sont en effet saumâtres et saturées de différents sels ; aussi, lorsque à l'époque de l'étiage les eaux se retirent, elles couvrent d'efflorescence; salines les terrains où elles s'étaient infiltrées.

Les crues périodiques du Nil commencent, en Égypte, comme tout le monde le sait, dans le mois de juin, et du 15 au 25, selon qu'il s'agit du fleuve à Esné ou au Caire. Ordinairement, elles sont au Caire à leur maximum du 20 au 30 septembre avec peu de variations ; mais quelquefois le Nil monte encore jusque vers le 15 octobre, et quelquefois encore il arrive aussi de folles crues irrégulières dans certaines localités, comme par exemple aux environs du Caire, momentanément occasion-nées par la rupture en amont d'une digue, qui alors laisse déverser dans le lit du fleuve une grande masse d'eau d'abord retenue dans un de ces grands bassins d'inondation d'une superficie de quinze à vingt mille hectares, ce qui donne un volume d'eau considérable.

Le Nil n'est presque jamais stationnaire, soit à son maximum de crue, soit à l'étiage ; il commence seulement à décroître au 25 septembre ou au 15 octobre ; alors il diminue rapidement jusqu'en janvier, puis plus lentement jusqu'en juin, époque à laquelle il recommence à monter et où arrivent en Égypte les eaux provenant des premières pluies tombées sous l'équateur et faisant déborder les eaux stagnantes des marais et des mares, qui alors coulent dans les lits des rivières et des torrents au sud de la jonction des deux grands affluents nommés le Nil Bleu et le Nil Blanc. Ces eaux, chargées de débris organiques d'une couleur verdâtre, provenant de la décomposition des végétaux, arrivent en Égypte à cette époque et commencent la crue.

L'époque du commencement des crues et des inondations, leur durée, la conduite des eaux pendant ce temps, leur aménagement, pendant qu'elles sont basses, ou à l'étiage, et leur distribution à cette époque ; l'engrais des terrains par les lavages et par l'apport du nouveau limon ; la saison naturellement fixée pour les semailles par inondation, et par les arrosages au temps de l'étiage. tels sont les phénomènes et les exigences naturelles qu'il a fallu étudier de tout temps afin de les prendre pour base des travaux d'utilité publique qui se rapportent à la culture du sol égyptien.

LES CRUES DU NIL EN ÉGYPTE.

On a tant écrit sur les crues du Nil et sur leur cause, qu'il n'est utile d'en parler ici que sous les rapports qu'elles ont avec notre sujet.

La crue du Nil se mesure depuis des siècles, à peu près exactement, chaque jour, à dater de celui où elle commence jusqu'à celui où elle finit, au Nilomètre de l'île de Rhoda.

vis-à-vis du vieux Caire ; c'est-à-dire depuis le 25 juin jusqu'au 15 octobre environ. De plus, toute l'année, les préposés
au service du Nilomètre inscrivent chaque jour la hauteur du
fleuve.

Cette hauteur s'observe et s'enregistre aussi maintenant à un
autre Nilomètre établi aux barrages du Nil.

Les savants arabes, qui s'occupent du Nilomètre et des crues
du Nil, déduisent de leurs observations des pronostics pour les
inondations futures, ainsi que beaucoup d'autres faits ; mais c'est
toujours avec une confusion telle qu'il est difficile pour un
étranger de pouvoir y rien comprendre.

Il y a bien aussi quelques autres lieux où les crues se mesurent
et s'enregistrent, mais non officiellement.

Le Nilomètre de l'île de Rhoda, pas plus que les autres, n'indique aujourd'hui d'une manière générale le maximum réel des
crues du fleuves ; c'est seulement pour la localité où il est établi
que l'on peut juger de l'élévation des eaux, mais on ne peut pas
en déduire la hauteur générale en Égypte.

Le Nilomètre de Rhoda servait surtout autrefois à désigner une
hauteur déterminée que les eaux devaient atteindre pour que
les terres pussent convenablement être arrosées ; alors les cultivateurs devaient payer les impôts au complet. A cette époque,
lorsque cette hauteur était atteinte, on pouvait regarder comme
certain que les terres seraient réellement arrosées ; parce qu'il
était défendu, sous des peines très-sévères, de pratiquer aucune
saignée au fleuve, soit en ouvrant les digues, soit en ouvrant
les canaux (qui sont si nombreux), avant que les eaux n'eussent
atteint la hauteur voulue au Nilomètre pour l'ouverture du
principal canal. C'est celui qui traverse le Caire sous le nom de
Khalig Masri qui devait alors être ouvert avant tous les autres.
Cette ouverture se faisait en cérémonie et donnait lieu à une
fête, où l'on se conformait aux anciennes traditions ; comme cela
se pratique encore aujourd'hui, sans que pour cela il puisse en
résulter de nos jours rien d'utile pour les arrosages, ni qu'on
puisse en déduire qu'il y aura une bonne ou une mauvaise
crue. En effet l'on coupe la digue qui ferme le canal du Caire,
non plus même quand les eaux sont arrivées à la hauteur fixée,

mais vers le 10 août assez régulièrement ; quelquefois le Nilomètre marque seulement 16 coudées, quelquefois plus, sans
qu'il soit arrivé au point anciennement fixé ; car la crue n'est
pas assez régulière pour qu'elle arrive juste, à un jour donné, à
une hauteur déterminée.

Si dans l'antiquité, avec les 16 coudées du Nilomètre, bien
réelles, on pouvait compter sur de bonnes inondations, aujour-
d'hui il n'en est plus de même et ces mesures n'indiquent plus
rien. Pour arroser entièrement la Haute-Égypte, il faut que le
fleuve marque au Nilomètre 24 et même 25 coudées ; pour la
Moyenne, 20 coudées ; et pour la Basse, il faut que la crue atteigne
au moins 19 coudées.

Au Caire, le Nilomètre accuse quelquefois jusqu'à 25 coudées, quoique dans la Haute-Égypte la crue n'ait encore atteint
que 20 ou 22 coudées ; cela provient de l'écoulement dans le
fleuve des eaux d'un grand bassin situé à quelque distance en
amont du Caire ; mais on voit qu'il s'agit ici d'une crue momen-
tanée, accidentelle ; ainsi il peut aussi arriver que tout à coup
il se produise une baisse au Nilomètre de Rhoda, si un canal
vient à être ouvert, si une digue se rompt à quelque distance
en aval ou en amont du Caire.

Les grandes crues, qui atteignent réellement jusqu'à 24 coudées et plus, ne sont pas toujours les meilleures ; et pour
qu'elles soient parfaitement bonnes, il faut, qu'avec cette grande
hauteur, les eaux restent environ quinze à vingt jours à peu
près stationnaires ; car il leur faut le temps de remplir tous les
grands bassins d'inondation et de couvrir toutes les terres au
moyen de saignées faites au fleuve par des canaux, ainsi qu'aux
digues qui retiennent les eaux.

Quelquefois la crue atteint une hauteur maximum pour l'année, alors les eaux remplissent les canaux ; mais bientôt le
fleuve baisse, et les eaux ne coulent plus dans ceux-ci, ou bien
cette crue est en trop petite quantité pour remplir les bassins
d'inondation, alors beaucoup de terrains restent sans eau et par
conséquent sans culture.

Il est à remarquer que ce qui produit ces variations dans
le cours régulier des crues et ce qui fait que le Nilomètre de

l'île de Rhoda n'indique plus rien d'utile, rien d'important, c'est le changement qui s'est opéré depuis cinquante années dans le mode de culture, et la grande amélioration qu'il y a eu dans les irrigations par suite des grands travaux qui ont été faits dans ce but; ce dont nous parlerons tout à l'heure.

Il est évident que pour connaître la hauteur absolue des crues annuelles, ce n'est pas au Caire qu'il faudrait les observer, ni dans telle ou telle partie de l'Égypte où, près d'un Nilomètre, il existe soit en amont, soit en aval, des prises d'eau, mais bien en un point situé en amont de toute prise d'eau de canaux, comme par exemple au Gebel Cilcilly, où toutes les eaux du fleuve sont réunies et passent entre deux rochers.

Les crues de nos jours s'élèvent au Caire au Nilomètre à 25 coudées et même 25 3/4, tandis que anciennement elles étaient bien loin d'atteindre cette hauteur.

La raison en est facile à donner : c'est d'abord parce que tout fleuve qui, comme le Nil, coule pendant une aussi longue distance dans une plaine d'alluvions, forme à son embouchure un grand delta qui pénètre journellement au large déterminant une avancée, un cap, comme on peut le voir sur toutes les cartes de l'Égypte. La longueur du parcours augmentant, la pente diminue nécessairement, la vitesse de même, et alors les parties pesantes que charrie le fleuve, qui étaient entraînées à la mer, se déposent dans le fond de son lit et par conséquent élèvent celui-ci graduellement, ainsi que les terrains qui forment ses bords, tandis que ceux qui sont les plus éloignés du fleuve ne s'élèvent que de quantités bien moindres.

Le lit du Nil s'élevant, ses berges aussi, il faut nécessairement, pour que le même périmètre mouillé puisse laisser passer la même quantité d'eau avec la même vitesse, que le niveau des eaux s'élève proportionnellement à l'élévation du fond. Ainsi, chaque année, avec les mêmes quantités d'eau, il doit y avoir un surcroît d'élévation.

Mais ceci, qui est une cause naturelle et régulière, n'est pas la principale et la plus marquante; l'autre cause tient au nouveau système d'irrigation et peut être dangereuse pour l'avenir, si l'on ne prenait pas, dès aujourd'hui, des précautions. C'est ici le moment d'entrer dans quelques détails sur le système des arrosages.

Nous allons d'abord donner un aperçu des recettes des eaux du fleuve pendant les crues ; quant à ce qui concerne les étiages, nous en parlerons à l'article relatif aux canaux Séfi (1).

Le maximum des recettes d'eau au Caire a été trouvé, par des opérations faites avec soin pendant les plus hautes crues connues, et par vingt-quatre heures, de 705.588.389^{mc},280 ; une autre opération, pendant une autre grande crue, a donné 817.333.778^{mc},40 ; enfin, une troisième a donné 841.536.000 mèt. cub.

Pendant que l'observation faite au Caire donnait le premier chiffre, on faisait une observation au Gebel Cilcilly, et l'on obtenait pour résultat : 1.094.340.222^{mc},720.

Différence en plus pour le Gebel Cilcilly, de 388.751.833^{mc},440, représentant la quantité d'eau qui se répandait dans les différents bassins pour inonder les terres.

En donnant vingt jours pour la durée du temps pendant laquelle on peut compter le maximum des crues, et celle que les eaux mettent à remplir les différents bassins, puis diminuant les quantités d'eau perdues par l'évaporation, il resterait pour la recette des eaux pendant ces vingt jours : 7.753.849^{mc},428.

La surface des terrains cultivables de la Haute-Égypte et de la Moyenne est au total d'environ 1.920.000 feddans, dont il faut déduire une partie où les eaux arrivent à peine, telles sont les terres élevées le long du fleuve, et aussi une partie de celles de la rive droite ; alors on aura pour représenter la totalité des terres sujettes à l'inondation une surface d'environ 1.500.000 feddans.

Sur cette surface, il y a des parties où il y a plus de 4 mètres d'eau pendant les crues, d'autres où il n'y en a que 30 à 40 centimètres ; mais en répartissant cette grande recette d'eau sur la surface entière des 1.500.000 feddans, on aurait une couche d'eau de 1^{mc},23, ce qui est la quantité d'eau voulue pour imbiber complétement le terrain représenté par un mètre carré.

---

(1) Les canaux d'Été, c'est-à-dire qui conservent l'eau du Nil pendant les sécheresses de l'été.

SYSTÈME D'IRRIGATION POUR LA HAUTE ÉGYPTE,
LA MOYENNE ET LE FAYOUM.

Par d'importants travaux exécutés sous le gouvernement de Méhémet-Ali, le sol de l'Égypte, depuis le point où commence la culture des terres, c'est-à-dire un peu plus bas que le Gebel Cilcilly, jusqu'à l'origine du Delta et sur la rive gauche du fleuve surtout, a été partagé en grands bassins formés par des digues transversales au cours du fleuve, qui vont de ses bords jusqu'au désert, limite des terres cultivables, et par une digue longitudinale le long du fleuve, allant d'une de celles transversales jusqu'à l'autre. Les plus grands de ces bassins ainsi formés ont une superficie de dix-huit à vingt mille hectares ; quelques uns sont subdivisés en plusieurs autres dans le sens de leur longueur par des digues qui séparent les parties élevées près du fleuve de celles plus basses, qui sont voisines du désert.

Presque tous ces grands bassins ont des canaux spéciaux alimentaires qui y conduisent directement les eaux des crues chargées de leur limon (1).

Le niveau du plafond de la prise d'eau de ces canaux est à trois et quatre mètres plus bas que ces terrains et que les hautes crues, par conséquent beaucoup plus élevé que le plafond du fleuve, et à trois ou quatre mètres au-dessus de l'étiage ; l'eau n'entre donc dans ces canaux que lorsque le fleuve est déjà monté de plusieurs mètres, et alors l'eau, dans ces canaux, ne charrie et n'apporte ordinairement sur les terres que les parties les plus légères des troubles qui sont en suspension dans les eaux, parties qui sont les plus fertilisantes ; tandis que les plus pesantes et les sables restent dans le lit du fleuve.

Quelquefois, un grand canal sert à donner des eaux à plusieurs bassins successifs ; elles passent alors de l'un à l'autre

---

(1) Depuis deux années certains changements et peut-être une importante amélioration ont été faits, nous en parlerons lorsque nous aborderons les travaux modernes.

par des déversoirs et des ponts construits sur les digues transversales, et qui peuvent s'ouvrir ou se fermer pour régler les recettes et les dépenses d'eau.

Chacun des bassins possède aussi généralement un canal d'écoulement au fleuve avec un barrage, ou bien un déversoir placé à la digue qui longe le fleuve en amont de celle transversale; alors, dans le cas d'un trop plein du bassin, comme les eaux retenues par les digues transversales se trouvent naturellement plus élevées que celles du fleuve, qui coulent librement, on fait écouler une partie des eaux contenues dans les bassins par le canal d'écoulement et les déversoirs.

Dans la partie orientale de l'Égypte, sur la rive droite du fleuve, ce système de bassins d'arrosage n'est pas continu, comme sur l'autre rive, parce que dans plusieurs endroits les montagnes viennent jusqu'au fleuve lui-même, et alors il n'y a pas continuité dans le système.

A l'aide de cette disposition de bassins et de canaux, quand la crue arrive, les eaux, après s'être élevées à la hauteur du plafond des canaux, commencent à y entrer et coulent aussi dans la partie basse vers le désert par les grands cours d'eau naturels dont nous avons parlé, comme le Sohagiéh, le Bahr Joussef, en passant par les ponts-déversoirs établis dans les digues; ce sont ces eaux apportées par ces grands cours d'eau qui complètent les inondations, la prise d'eau étant plus élevée que celle des canaux qui viennent directement du fleuve dans les bassins.

Quand l'arrosage obtenu à l'aide de ces inondations successives est suffisant dans chaque bassin, même pour les terrains les plus élevés, on renvoie directement les eaux au fleuve : sinon on les retient dans les bassins supérieurs jusqu'à ce que leur niveau n'augmente plus, on les fait écouler du bassin supérieur à un inférieur, qui, par ce moyen, complète son inondation, et l'on conduit ainsi les eaux d'écoulement de bassin en bassin, ce qui complète les inondations; puis on fait écouler les eaux vers le Nil quand son niveau a baissé.

Une circonstance nuisible, c'est lorsque le Nil est haut et qu'on ne peut y faire écouler à temps les eaux des bassins : alors, celles-ci, en séjournant trop longtemps sur les terres basses, y engendrent des vers qui mangent les grains lorsqu'on les sème.

Quand, au contraire, les crues ne sont pas suffisantes et sont en retard, il arrive que dans certaines parties basses des bassins il reste de l'eau que l'on est obligé de faire écouler dans un autre bassin inférieur, où déjà, pour ne pas laisser passer le temps des semailles, les terrains sont ensemencés ; alors ces terrains se trouvent inondés de nouveau et les semailles qu'ils recèlent perdues.

Depuis la prise d'eau du canal Joussoufi ou Bahr Joussef, la partie de terrains au couchant de ce cours d'eau naturel est aussi divisée en différents bassins, et les eaux d'inondation des terrains qui se trouvent sur ses deux rives s'écoulent dans son lit et jusqu'au Fayoum.

Les irrigations de cette province du Fayoum sont différentes du système général d'arrosement de la Haute-Égypte, et nous allons l'exposer avant de parler de celui de la Basse-Égypte.

Les eaux qui arrosent le Fayoum sont celles du Bahr Joussef ; elles entrent dans cette province par la gorge d'Illaoun, où il existe un barrage sur le Bahr Joussef même. De ce barrage, une forte digue va au sud-ouest rejoindre la montagne de Sédiment (1), et une autre va rejoindre la montagne au nord-ouest, de manière que le Fayoum est entièrement fermé par ces deux digues et le pont d'Illaoun.

Celle du nord-ouest, nommée Gisrt Gedallah, possède un déversoir par lequel le trop plein d'un bassin situé plus au nord de l'entrée du Fayoum, où les eaux sont retenues par la grande digue de Cocheïché, peut se rendre dans le Fayoum.

Du pont d'Illaoun jusqu'à la ville de Médinet-el-Fayoum, la dérivation du Bahr Joussef forme un long bief terminé à la ville par un bassin de distribution où sont toutes les prises d'eau des canaux qui arrosent la province.

Ces prises d'eau sont exécutées en bonne maçonnerie et en pierres de taille, et leur ouverture est proportionnée à la quantité de feddans de terre que le canal doit arroser.

---

(1) Voir la Carte du Fayoum, pl. II.

Ces canaux se subdivisent ensuite en beaucoup de rigoles, et à chaque partage il y a un travail en maçonnerie pour régler les prises d'eau des autres canaux avec de petits déversoirs et de petits barrages se fermant facilement ; de sorte que chaque village, chaque propriétaire, sait que par la prise d'eau, pendant tant de jours, il aura tant d'eau pour arroser ses terrains.

Dans quelques parties il y a des réservoirs également munis de prises d'eau pour alimenter des petits canaux d'irrigation.

Le terrain de la province du Fayoum n'est point uniforme comme l'est celui des autres provinces de l'Égypte ; il est subdivisé en trois plateaux qui s'échelonnent en allant du fleuve vers l'ouest, là où est le lac ou Birket-el-Korn (1), et depuis l'entrée du Fayoum jusqu'au lac, dans son état normal, il y a une différence de niveau ou dépression de 61^m,80.

A l'entrée du Fayoum il existe une gorge située entre les montagnes qui forment la chaîne libyque, et dans cette gorge, où passe la dérivation du Bahr Joussef, il existe un seuil naturel formé par la roche même de la chaîne libyque ; ce seuil est, comme nous l'avons dit, à 61^m,80 au-dessus du lac El-Korn ; il est visible dans le lit du Bahr Joussef, à Awarat-el-Macta : c'est par cette gorge que le Fayoum a été créé.

Toute la province occupe une dépression du sol formée par un affaissement général, et le lac se trouve borné au nord par le désert, qui est à peu près aussi élevé que la chaîne qui borde l'Égypte. Le lac est plus bas que la mer, ce qui est peu surprenant, car les lacs de Natron sont dans le même cas, ainsi que plusieurs autres lacs sur la route de Barbarie, ceux de Siwa et de l'Arachié, par exemple, qui sont tous salés. Ils occupent également une dépression assez remarquable au-dessous du niveau de la mer. On sait d'ailleurs que la mer Morte est aussi à une grande profondeur en contre-bas de la Méditerranée.

Lorsque le Nil, en formant l'Égypte, à une époque géologique, et non historique, aura eu apporté annuellement son

---

(1) C'est le véritable nom de ce lac, mais quelques-uns le nomment aussi Birket-Kéroun, de même que le petit temple qui est à l'extrémité S.-O. du lac.

limon et exhaussé son lit de manière à ce que les eaux des crues arrivassent à la hauteur du seuil d'Illaoun, alors elles se seront répandues dans cette partie entourée de montagnes calcaires, et les différentes couches de limon apportées successivement chaque année auront formé les terres végétales du Fayoum.

Il est bien certain que le Fayoum appartient à un affaissement du sol qui a eu lieu au lac El-Korn, en s'inclinant de l'est à l'ouest ; et l'on peut remarquer que dans les grands ravins qui déchirent cette province, toutes les stratifications calcaires qui forment le sous-sol sont inclinées dans cette direction.

Il semble à première vue que l'affaissement a dû avoir lieu après que le Nil eut déposé ses alluvions dans cette partie ; car, autrement, comment se seraient formés les différents plateaux ?

Les alluvions du Nil, apportées par les crues annuelles, ont dû, en sortant de la gorge, se répandre en s'élargissant au sud et au nord, une fois entrées dans le Fayoum, et leur dépôt plus considérable a dû avoir lieu au débouché de la gorge même ; c'est ce qui a formé la partie la plus élevée. La quantité des alluvions étant moindre à mesure que les eaux s'éloignaient de la gorge par où elles entraient, ces alluvions ont formé les parties les plus basses dans le voisinage du lac.

D'un autre côté, si la dépression a eu lieu avant que les eaux du Nil n'entrassent dans le Fayoum, comment cette masse d'eau, qui remplissait le Fayoum, a-t-elle disparu, à moins que l'entrée des eaux ait été fermée pour dessécher les terrains et les ensemencer ? Ceci a pu avoir lieu, mais nous n'avons à nous occuper pour le moment que de ce qui existe.

On conçoit qu'avec des terrains ravinés et présentant partout des différences de niveau aussi grandes, l'arrosage ne peut se pratiquer comme en Égypte ; il y a donc beaucoup de petits bassins formés par des digues, qui sont remplis par une multitude de petits canaux avec des partages et des petits barrages qui rachètent leur trop grande pente.

A la première vue, pour ceux qui ne connaissent pas l'Égypte, la carte de cette province présente une quantité de petits ruisseaux ayant leur source dans le lac et se réunissant tous pour former une rivière, le Bahr Joussef ; mais c'est absolument le contraire qui a lieu, c'est une quantité de canaux dont les eaux sont dérivées du Bahr Joussef et qui vont se perdre dans le lac.

Les terres du Fayoum sont fort légères, et le moindre cours d'eau y forme de profonds ravins ; il y en a deux principaux : le premier a sa prise d'eau toujours au bief du canal Joussef, entre Illaoun et Médinet ; il commence auprès du village d'Awarat-el-Macta, coule au nord, à Tamiéh, et de là vers le lac ; il a été formé par une rupture du Bahr Joussef, pendant les crues, et a raviné le sol sur son parcours en emportant toutes les terres, puis bouleversant toutes les couches calcaires du sous-sol.

L'autre coule, au contraire, dans la partie sud de la province du Fayoum, et, au lieu de prendre directement ses eaux dans le bief du Bahr Joussef, il les prend, pendant les crues, dans le plus grand bassin d'inondation de la province : c'est par un déversoir de ce bassin formé par une grande digue, dont une partie, celle où est le déversoir, est toute en maçonnerie. Il semble que fort souvent cette digue et ce déversoir ont été emportés par les eaux, car dans le ravin on voit de très-grosses parties de maçonnerie qui sont renversées ; ce ravin est large et profond. Le premier se nomme Bahr-bèla-mâ, et le second Bahr Neslet, du nom d'un village qui se trouve sur ses bords.

A Tamiéh, il existe un barrage sur le ravin du Bahr-bèla-mâ. C'est un énorme massif de maçonnerie ; il forme ainsi un large réservoir d'eau servant aux arrosages ; il a été aussi, depuis trente années, plusieurs fois emporté lorsque des ruptures avaient lieu à la digue du bief du Bahr Jousseff et que les eaux coulaient dans le Bahr-bèla-mâ.

Pendant les inondations et les crues, on peut, par le Bahr Joussef, avoir autant d'eau qu'il est nécessaire pour les inondations et les arrosages ; mais pendant les étiages, le canal ne donnant plus d'eau du Nil, puisque sa prise d'eau n'est pas creusée assez profondément pour cela, on ne possède que les eaux de source qui surgissent du plafond de son lit. Il a donc fallu un système de distribution d'eau bien réglé, bien établi : c'est ce qui a occasionné tous les travaux que l'on voit maintenant dans cette province.

Aujourd'hui, le nouveau canal, creusé par les ordres du

khédive, fournit au Fayoum, par le Bahr Joussef, beaucoup plus d'eau dans l'étiage qu'il n'en a jamais eu, et cette province pourra redevenir ce qu'elle était anciennement, une des plus belles de l'Égypte.

CANAUX SÉFI ET NILI.

LEUR CURAGE, LEUR UTILITÉ, ET CELLE QU'ILS PEUVENT AVOIR.

On ne connaît aucun fait qui puisse prouver qu'avant Méhémet-Ali on ait creusé des canaux pour procurer, pendant l'étiage, de l'eau aux terrains éloignés du cours du fleuve, et pour faire comme aujourd'hui des cultures d'été ; ce fut surtout lorsqu'on commença en grand la culture des cotons introduits par Jumel et Maho-Bey, que l'on creusa les grands canaux *Séfi* ou d'*Été*.

Ces canaux, ainsi nommés parce qu'ils conservent de l'eau courante du Nil, pendant les sécheresses de l'été, ont leur prise d'eau creusée à environ un mètre en contre-bas des étiages moyens.

Ils servent à arroser les cultures donnant de riches produits, comme le riz, la sésame, etc., etc., mais surtout les cotons ; ceux-ci se sèment à la fin d'avril, pendant le mois de mai, et doivent être arrosés jusqu'à ce que la crue et l'inondation viennent au commencement de juillet ; alors les canaux séfi donnent davantage d'eau.

Les canaux séfi principaux, ceux qui ont leur prise d'eau le plus au sud, ou en amont, sont creusés à environ $8^m,50$ en contre bas du sol.

Les autres canaux, qui n'ont d'eau que pendant les crues, et qui servent à inonder les terres, sont nommés *Nili*, parce qu'ils servent pendant les crues du Nil seulement : ils sont creusés à leur prise d'eau à 4 mètres en contre bas du sol au maximum ; cette profondeur va en diminuant jusqu'à ce que l'on arrive au niveau des terres à arroser, là où le canal se perd.

Il y en a de grands qui traversent des provinces, et dont les dérivations, à droite et à gauche, servent aux inondations.

Les canaux séfi ont toujours un grand parcours pour conduire leurs eaux jusqu'aux terres cultivées les plus au nord, sur les limites des marais ou des terres incultes avoisinant dans la province de Béhéré l'ancien lac Mariout, et ceux d'Aboukir et d'Etko ; pour la province de Garbiéh, ceux avoisinant les marais et le lac Bourlos ; et pour le Daccaliéh et le Cherquiéh, les marais avoisinant le lac Menzaléh et ce lac même.

La pente de ces canaux séfi est moindre que celle des eaux du fleuve pendant l'étiage ; aussi les recettes d'eau par le moyen de ces canaux, malgré leurs dimensions, sont elles très-minimes quand les étiages sont très-bas.

On conçoit que la pente de ces canaux soit moindre que celle du fleuve ; puisqu'ils ont pour but, non-seulement de donner des eaux dans les localités éloignées de ses bords, mais surtout d'arroser le plus de terrains possible sans avoir besoin de machines élévatoires, et seulement à l'aide de simples saignées aux berges. Alors il faut, au moyen de barrages sur le cours de ces canaux, élever les eaux sur toute la partie en amont des barrages ; l'avantage est celui-ci : que plus on s'éloigne de la prise d'eau, moins sont grandes les hauteurs jusqu'où il faut élever les eaux des canaux sur les terrains.

Ces canaux ont, à la prise d'eau, 8^m,50 de profondeur ; plus on s'éloigne du fleuve et moins cette profondeur est grande, et elle va toujours en diminuant, au-dessous du sol, jusqu'à la fin des canaux où alors les eaux pourraient affleurer et même déborder sur les terrains.

Ces canaux ou grandes artères d'irrigation, qui se divisent sur leur parcours en beaucoup de dérivations, sont :

Pour la province de Béhéré :

Le canal Khatatbé et le canal Mahmoudiéh.

Le premier a sa prise d'eau entre le village de Bénésalamé et celui d'Abou-Néchabé sur le Nil ; son parcours est de 123 kilomètres ; il porte ses eaux jusque dans le canal Mahmoudiéh ; il donne des eaux dans toute la province de Béhéré pendant les crues et les inondations comme pendant l'étiage.

Ses principales dérivations sont : le canal d'Emin-Aga et surtout celui d'Abou-Diab ; mais seulement pendant les crues, autrement elles reçoivent bien peu d'eau.

Sur ce canal de Khatatbé sont construits plusieurs barrages, qui se ferment successivement pour élever les eaux en leur amont afin de pouvoir arroser les terres.

Les cultivateurs établissent aussi de petits barrages de distance en distance avec quelques mottes de terre mêlée de paille de riz ; et quand on les ouvre pour laisser couler les eaux dans des parties plus basses, ces mottes de terre sont entraînées jusque dans le canal Mahmoudiéh, ce qui malheureusement contribue beaucoup à l'envaser.

Pendant les crues, le Khatatbé apporte aussi dans le canal de Mahmoudiéh beaucoup de limon.

Le canal Mahmoudiéh emprunte directement ses eaux au Nil, à l'Atfé, un peu plus bas que la ville de Fouâ ; elles coulent vers l'Ouest jusqu'à Alexandrie en arrosant tous les terrains qui sont sur ses bords ; ce canal a un parcours d'environ 72 kilomètres.

Lorsqu'il fut creusé, il empruntait ses eaux, pendant l'étiage comme pendant les crues, directement au fleuve, car il était creusé assez profondément pour cela ; mais plus tard, lorsqu'il fut en partie comblé, que sa profondeur ne fut plus suffisante pour la navigation, que le curage fut d'ailleurs devenu difficile avec les moyens que l'on avait, et que le fond s'exhaussait toujours, on a fini par établir à la prise d'eau des machines à vapeur élévatoires. Ces dernières entretiennent le canal pendant les basses eaux, tant pour la navigation que pour l'irrigation des terrains et la distribution de l'eau dans la ville d'Alexandrie.

Dans la partie de la Basse-Égypte comprise entre les deux branches du Nil, celle de Rosette et celle de Damiette, composés des provinces de Ménouffiéh au sud et celle de Garbiéh au nord, tous les canaux séfi ont exclusivement leur prise d'eau dans la Branche de Damiette, à cause de l'élévation des eaux de cette branche au-dessus de celles de l'autre branche ; ce qui provient de ce que la Branche de Damiette a un plus long parcours à cause de ses sinuosités et par conséquent moins de pente.

Les canaux séfi dans ces provinces sont, en descendant le fleuve du sud au nord :

Le Sersawé.

Le Bagouriéh.

Le Bahr Chibine.

L'Atf.

Le Messid-el-Khradr.

Le Békérem.

Le Sersawé, le canal de l'Atf, celui de Messid-el-Kradr et le Béhérem sont creusés de main d'homme, mais le Bagouriéh et le Bahr Chibine sont d'anciens cours d'eau naturels ; ce dernier est même une des anciennes branches du Nil, la Sébennytique.

Le Bagouriéh a ceci de particulier, qu'il est très-rare qu'on ait besoin de le curer, quoiqu'il soit à peu près dans les mêmes conditions que les autres, et même que sa prise d'eau se trouve perpendiculaire au cours du fleuve, dans un fort remou occasionné par un coude du Nil, ce qui corrode l'entrée du canal.

Le Bahr Chibine au contraire, qui est un large cours d'eau et qui semblerait mieux disposé à sa prise d'eau, dans le fleuve, que le Bagouriéh, se comble pourtant beaucoup chaque année ; la cause en est exposée dans l'article concernant le système d'irrigation de la Basse-Égypte, mais nous y reviendrons plus tard.

Ce cours d'eau du Bahr Chibine était encore navigable, pendant l'étiage du fleuve, il y a trente années, pour les barques assez grandes, aujourd'hui il ne l'est plus que pendant les hautes eaux ; et tous les ans pour alimenter cette ancienne branche afin d'arroser les terres, on est obligé de faire un grand travail, qui demande de 50 à 60.000 hommes ; on creuse dans son lit, qui peut avoir une largeur de 100 mètres en moyenne, une rigole de 30 à 40 mètres dans le sable à une profondeur de un mètre au plus, et les déblais n'étant pas portés sur les berges, quand reviennent les eaux des crues, ils retombent entièrement dans la partie creusée.

Lorsque par suite du nouveau système d'irrigation ce Bahr Chibine se fut ensablé et qu'il ne donna plus assez d'eau, on établit en amont, sur le fleuve, une nouvelle prise d'eau nommée Mit Affifi, du nom d'un village voisin ; mais bientôt aussi celle-ci fut encombrée par des atterrissements considérables, et des îles se formèrent dans le Nil qui avait changé son cours en se détournant à une assez grande distance ; tous les ans, il fallait creuser un nouveau canal du fleuve à la prise d'eau de Mit Affifi en traversant les derniers atterrissements, et quand revenaient les crues, ce travail était comblé et à recommencer à l'étiage suivant, ce qui a fait que cette prise d'eau a été abandonnée.

Tous ces canaux séfi des provinces de Menouffiéh et de Garbiéh portent leurs eaux par différentes ramifications jusqu'aux limites des terres les plus éloignées vers le nord ; et lorsque pendant les crues, ils se trouvent remplis au niveau des inondations, leur trop plein, ainsi que les eaux d'écoulement des terres submergées se répandent dans les terrains incultes qui bordent les marais et les lacs de Bourlos ; cette partie se nomme le Berrié (*sauvage*).

Dans les provinces qui sont à l'est de la Branche de Damiette : le Calioubiéh, le Cherkiéh et le Daccaliéh jusqu'à Damiette, les canaux séfi sont :

Le Chercawé,

Le Bessoussiéh,

Le Bahr Moèze,

Le Mityahéche,

Le Donded,

Le Boukiéh,

Le Mansouriéh qui se décharge dans le Bahr Serayer,

Le Chercawé pour Damiette.

Le Bahr Moèze n'est pas un canal creusé de main d'homme ; c'est un cours d'eau naturel, l'ancienne Branche Tanitique ; celle de Péluse se trouve plus à l'est dans l'ancien cours d'eau nommé aujourd'hui *Abou l'Ardar*.

Ce cours d'eau, comme le Bahr Chibine, était, il y a environ trente-cinq années, navigable toute l'année, et c'est par suite du nouveau système d'irrigation qu'il s'est également comblé.

Le Chercawé, qui a sa prise d'eau en aval de Choubra, est le canal le plus méridional de tous et celui qui donne une quantité d'eau supérieure à celle des autres ; sa section est pourtant moindre que celle du Bagouriéh et du Khatatbé ; mais sa pente est plus considérable parce qu'il se rend directement dans la partie basse, près du désert, où comme on l'a vu il se trouve toujours une grande dépression ; puis sa prise d'eau est jusqu'à présent parfaitement située, sans avoir à redouter que les attérissements le viennent obstruer.

Ce canal porte ses eaux, en se divisant d'abord en deux branches à *Chibine el Canater*, jusqu'au canal qui va de Zagazig à l'Ouadée ; il arrose donc toute la province de Calioubiéh et va fournir l'eau nécessaire au canal d'eau douce de Ismaïliéh et de Suez ; puis encore, en traversant le canal de l'Ouadée, va plus au nord jusqu'à Horbeit, Salhiéh, et aux marais environnant le lac Menzaléh.

Un canal séfi, dont j'ai omis le nom dans la liste de ceux des provinces de Calioubié, Cherkiéh et Daccaliéh, parce que aujourd'hui il n'est plus directement alimenté par sa prise d'eau qui est dans le Bahr Moèze à Zagazig, c'est le canal de l'Ouadée, qui aujourd'hui est alimenté par le canal de Chercawé, par celui de Bessoussiéh et par une prise d'eau provisoire du canal de Suez creusée nouvellement de Choubra à Nemrié où il se perd dans le Khalig Zaffranne, qui doit devenir le canal d'eau douce de Suez.

Ce canal de l'Ouadée fut creusé il y a quarante-cinq années spécialement pour la partie de la province de Cherkiéh que l'on nomme Ouadée Toumilat ou la vallée de Toumilat ; elle présente une assez grande dépression relativement aux autres terrains de la province de Cherkiéh, et est encaissée entre des collines sablonneuses et des dunes qui forment le désert.

L'entrée de cette vallée à l'ouest, ainsi que son extrémité vers l'est, sont plus élevées que le milieu ; aussi les eaux des crues qui autrefois y arrivaient en grande quantité par les canaux venant de la partie supérieure du Cherkiéh et par ceux de la province de Calioubiéh y séjournaient trop longtemps dans les bas fonds après les inondations pour permettre d'ensemencer les terres. On faisait bien écouler par le haut de la vallée dans le lit de l'ancien canal de Suez jusqu'à Abou-Balah et au lac

Timsah, les couches d'eau supérieures ; mais le canal d'écoulement n'étant pas assez profondément creusé, il restait toujours beaucoup d'eau qui disparaissait par évaporation et infiltration seulement.

D'ailleurs pendant l'étiage on ne pouvait rien cultiver dans l'Ouadée faute d'avoir de l'eau.

Méhémet-Ali fit faire des digues pour empêcher les eaux d'écoulement de la province de Cherkiéh d'arriver dans l'Ouadée sans nécessité, et ensuite pour les faire écouler par de nouveaux canaux dans le lac Menzaléh ; puis il fit creuser le canal dit de l'Ouadée directement à partir du barrage de Zagazig pour y porter les eaux d'étiage provenant de Bahr Moèze qui, à cette époque, avait de l'eau en abondance toute l'année. Ce canal donna la vie à l'Ouadée, qui auparavant était un pauvre pays ; on y cultiva du coton, mais surtout du riz, et l'on fit beaucoup de plantations de mûriers pour y élever des vers à soie. Dans ce but, Méhémet-Ali fit venir des Syriens qu'il établit dans l'Ouadée, et ce petit district devint un des plus florissants de l'Égypte. Il est à regretter que plus tard ces Syriens, dégoutés de leur séjour, soient retournés chez eux et que l'on ait déraciné les mûriers pour abandonner les terres aux cultures de l'orge et du blé qui sont bien moins productives.

Aujourd'hui, comme nous l'avons dit, le Bahr Moèze ne donnant plus d'eau pendant l'étiage, l'Ouadée ne manque pourtant pas d'eau, puisque le canal d'eau douce de Suez la parcourt dans toute sa longueur, et que celui-ci est alimenté par le Chercawé, le Bessoussiéh, et aussi la nouvelle prise d'eau provisoire tout près de Choubra pour le canal Zaffranne destiné, comme nous venons de le dire, à être le canal d'eau douce de Suez.

Les autres canaux séfi de ces trois provinces : le Calioubiéh, le Cherkiéh et le Daccaliéh, vont porter leurs eaux vers le nord. Le Mityahéche est pour les terrains entre Semballawène et le Bahr Moèze ; celui de Donded et celui de Boukiéh pour Semballawéne, Telbani, Choubra-Kor et pour les terrains en parties incultes qui sont entre Sàne et le Bahr Serayer.

Le Mansouriéh arrose tous les terrains jusqu'à Mansoura et

fournit de l'eau au Bahr Serayer pour les cultures jusqu'à Menzaléh.

Enfin celui de Chercawé fournit de l'eau pour les rizières depuis Mansoura jusqu'au nord de Damiette même.

Tous ces canaux séfi, excepté le Bahr Moèze, ont à leur prise d'eau des barrages régulateurs pour les recettes d'eau pendant les crues. Le Bahr Moèze a ce barrage loin de sa prise d'eau à Zagazig, et en outre il y en a d'autres sur leur parcours.

Comme les étiages du fleuve sont bien différents chaque année, les recettes des eaux varient également; et c'est justement pendant les années même où ils donnent le moins d'eau pour les irrigations, depuis avril jusqu'au commencement de juillet, que la population travaille le plus pour le curage des canaux; car plus les eaux sont basses, plus il faut creuser profondément pour en avoir dans les canaux. Souvent ce n'est qu'au moment où les eaux commencent à monter que l'on cesse le travail de curage et que les canaux séfi peuvent conduire leurs eaux sur les terrains désignés pour être arrosés par eux.

Nous avons vu plus haut à l'article des crues les quantités d'eau qui étaient apportées par le fleuve; maintenant nous allons voir celles qui arrivent pendant les étiages.

Ces recettes varient beaucoup d'une année à l'autre selon que le fleuve baisse plus ou moins, et il y a des étiages où, quelques jours avant le commencement de la crue, le Nil ne charie plus qu'une quantité d'eau insignifiante comparée à celle qui coule pendant les crues.

Ainsi, en 1840, au plus fort de l'étiage la recette des eaux, observée avec beaucoup de soin, a été trouvée par 24 heures seulement de 35.918.726 mètres cubes.

D'après d'autres opérations faites en 1834, on avait : 150.809 171 mètres cubes; selon une autre : 58.424.544. Quoique pour déterminer la quantité de feddans que l'on peut cultiver à l'aide de ces canaux séfi il suffise de prendre pour base la plus petite de ces trois recettes, nous prendrons leur moyenne, et nous aurons : 81.710.813 mètres cubes.

Les canaux séfi, dont nous avons donné la nomenclature,

donnent les recettes suivantes avec un étiage moyen dont la recette du fleuve est celle du chiffre ci-dessus :

		m. c.	m. c.
Béhéré.	Le Khatatbé.	484.504	934.504
	Le Mahmoudiéh.	450.000	
Garbiéh et Menouffiéh.	Sersawé.	172.000	2.943.360
	Bagouriéh.	518.400	
	Bahr Chibine.	1.728.000	
	Atf.	172.800	
	Messid-el-Khradr.	201.660	
	Békérem.	149.760	
Calioubiéh, Cherkiéh et Daccaliéh.	Chercawé.	496.000	1.612.320
	Bessoussiéh.	259.200	
	Bahr Moèze.		
	Mityahèche.	197.360	
	Donded.	107.360	
	Boukiéh.	107.360	
	Mansouriéh.	311.040	
	Chercawé.	134.000	
	Total mètres cubes.	5.490.184	

D'après les expériences multipliées faites par plusieurs ingénieurs on a reconnu que dans le Delta, pour les différentes cultures, selon les localités et selon les différents genres de culture, il fallait, par feddan et par 24 heures, un maximum pour les rizières, par exemple, de 24 mètres cubes, et pour les cultures demandant moins d'eau 16 mètres seulement ; ce qui, par conséquent, ferait journellement une moyenne de 20 mètres par feddan.

Ainsi les eaux apportées par les canaux séfi dans une bonne condition ne pourraient suffire à l'arrosage complet que de 274.509 feddans ; et l'on sait qu'il y a dans la Basse-Égypte environ 950.000 feddans de cultures séfi ; mais il y en a une partie qui se fait en arrosant à l'aide de Sakiéhs établies sur les bords du fleuve ou sur des puisards alimentés par les infiltrations du fleuve, et d'ailleurs tous les feddans cultivés ne nécessitent pas autant d'eau que nous l'avons indiqué.

Par exemple, pour le coton baàlè, il est seulement arrosé à l'endroit même où l'on a semé sa graine ; cet arrosage se fait par deux fois, et l'on attend ensuite que la crue vienne lui donner de l'eau en abondance. Ces semences restent donc depuis le commencement de mai jusqu'à la moitié de juillet au moins sans eau ; aussi les cotons qui en proviennent ne donnent-ils pas de belles récoltes.

Beaucoup de plantations, surtout en coton, sont médiocrement arrosées jusqu'au commencement de la crue, et ainsi ces canaux séfi qui ne peuvent suffire qu'à un nombre de feddans limité, ne sont que censés servir pour un bien plus grand nombre.

Il arrive aussi que les plus forts, les plus puissants accaparent souvent à leur profit les eaux pour les terrains qui leur appartiennent, et que les fellahs, qui ont creusé les canaux, sont obligés d'arroser leurs plantations d'été avec des eaux de puisards, élevées au moyen de sakiéhs ou de chadoufs, moyens très-coûteux pour eux ; et cela jusqu'à ce que le commencement de la crue vienne remplir les canaux séfi.

Si ces fellahs, au lieu d'aller curer ces canaux séfi, qui ne leur profitent que très-médiocrement, restaient dans leurs villages à cultiver et arroser leurs champs plantés en coton ou autre produit d'été, jusqu'à ce qu'ils eussent des eaux par suite du commencement des crues, ils y trouveraient un grand avantage. Ainsi donc les résultats satisfaisants que l'on peut obtenir de ces canaux séfi, ne sont profitables qu'en très-petite partie aux cultivateurs ordinaires.

Admettons que l'on puisse donner par les canaux séfi, au fort de l'étiage, la quantité d'eau nécessaire pour l'irrigation complète, de manière à avoir de belles récoltes du nombre de feddans désignés séfi dans la Basse-Égypte ; il faudrait alors 19.000.000 de mètres cubes par jour ; dans un étiage moyen la recette du Nil est de 81.170.813, nous faisons abstraction de l'évaporation : cela emploierait donc la quatrième partie des eaux du Nil.

Ceci me rappelle deux faits : quand Méhémet-Ali voulut faire dresser le projet des grands barrages, il basait ses calculs sur les immenses avantages qu'il pouvait en retirer ; il voulait entre autres choses cultiver toute la Basse-Égypte en produits séfi, dont un million de feddans en riz.

Or dans la Basse-Égypte il y a environ 2.600.000 feddans, pour lesquels il eût fallu 52.000.000 mètres cubes d'eau journellement ; le Nil ne donnant en moyenne à l'étiage que **81.710.813**, la quantité restant dans les deux branches du Nil pour la navigation devenait alors insuffisante, et ces branches étaient pour ainsi dire à sec.

Il était donc impossible de cultiver un million de feddans en riz, sans mettre en ligne de compte que pour irriguer ce million de feddans il aurait fallu journellement 24.000.000 mètres cubes d'eau et que pour cela, il aurait fallu détourner plus du quart des eaux du fleuve ; on doit de plus remarquer que la récolte du riz, qui se fait en septembre et octobre, doit être faite promptement sans quoi le riz se gâte, et elle exige environ 20 personnes par feddan ; où aurait-on pu trouver la population nécessaire ? A ce propos Méhémet-Ali donnait de mauvaises raisons ; mais le fait est que les ingénieurs chargés du projet des Barrages, d'après ses ordres formels, dûrent calculer les dimensions des trois grands canaux alimentaires d'après ces données, et c'est pour cela qu'ils furent commencés avec 100 et 80 mètres de largeur, sans aucune utilité.

Le second fait est celui-ci : lorsque M. Mougel fit examiner son projet de Barrage au conseil des ponts et chaussées à Paris, il fut dit : « le projet de Barrage de M. Mougel, de même que tout autre projet qui aurait pour résultat de dévier au profit de l'irrigation du Delta la totalité des eaux du Nil à l'étiage, ne peut être exécuté sans compromettre gravement la salubrité du pays et la navigation du fleuve. Pour ne compromettre ni l'un ni l'autre de ces intérêts, il ne devrait être consacré à l'irrigation du Delta qu'une faible partie du Nil à l'étiage. »

Tout ceci prouve que la culture des produits séfi doit avoir une limite, et que l'on ne doit pas prendre pour les arrosages pendant les basses eaux plus d'un tiers des eaux du fleuve, ou en moyenne 27.236.937 mètres cubes par jour, mettons la moitié ou 40.855.406 mètres cubes, cela suffirait pour l'irrigation de 2.042.770 feddans arrosés séfi ; mais il faut se rappeler qu'il y a des étiages maxima où la recette des eaux n'est que de 35.918.726 mètres cubes, et en prenant dans cette circonstance la moitié même des eaux, on n'aurait que la quantité suffisante pour 897.963 ; ceci doit faire réfléchir afin de ne pas faire creuser inutilement des canaux séfi et de ne pas établir une trop grande quantité de ces cultures.

Nous ne parlerons pas en détails du cubage énorme de déblais qu'il a fallu faire pour creuser tous les canaux séfi, ce qui est fabuleux ; le total est d'environ 110.000.000 de mètres cubes seulement pour les canaux séfi principaux et leurs ramifications.

Annuellement le curage de ces canaux peut être ainsi calculé, sans compter les ramifications que chaque village intéressé établit en dehors du grand travail.

Province de Béhéré :

Le Khatatbé.	1.800.000 m. c.
Le Mahmoudiéh.	2.500.000
Total.	4.300.000

Province de Menouffiéh et Garbiéh :

Sersawé.	120.000
Bagouriéh.	114.000
Bahr Chibine.	7.000.000
Messid-el-Khradr.	360.000
Békérem	125.000
Total.	7.719.000

Caloubiéh, Cherkiéh et Daccaliéh.

Le Chercawé.	260.000
Bessoussiéh.	100.000
Mityahèche.	150.000
Donded.	150.000
Boukiéh	150.000
Mansouriéh.	288.000
Le Chercawé.	200.000
	1.298.000

C'est donc un total général par année de 13.317.000 mètres cubes.

Jusqu'à présent il faut que des hommes viennent, très souvent, extraire à force de bras cet énorme cubage de déblais dans l'eau, le sable et la boue, et le transportent sur leur dos à une distance de 50 à 60 mètres, et à une élévation maximum de 16 mètres.

Un homme ne peut faire, au plus, par jour qu'un demi-mètre cube, c'est donc un nombre de journées de 27.404.000 ; les travaux durent, en moyenne, deux mois ou 60 jours, il faudrait donc 456.733 hommes pendant ce temps ; et c'est effectivement ce qui doit être exécuté chaque année.

Par le curage de ces canaux, le cultivateur éprouve donc un tort considérable ; il est obligé de s'éloigner de son village ; si sa famille n'est point à l'aise et peu nombreuse, elle s'éloigne avec lui, il est mal nourri, pendant ce temps il ne peut soigner son champ s'il en a un, et c'est dans la population une perturbation considérable, peut-être obligée dans l'état actuel des choses, mais qui probablement peut être améliorée par un système de compensations rémunératoires.

Un homme restant donc sur ces travaux, qui sont pour presque tous des corvées, car fort peu en retirent un profit direct, donne de son temps, de son travail, soixante journées effectives sans compter celles qu'il perd pour se préparer, pour se rendre sur les lieux des travaux, et pour s'en retourner chez lui.

En mettant la journée seulement comme dépense pour lui à 75 cent., son travail pour 60 journées représente donc 45 fr.

Voyons donc quel serait le moyen, tout en conservant les cultures séfi, à l'aide de ceux de ces canaux existants aujourd'hui, de ne point grever autant le cultivateur, tout en obtenant la véritable quantité d'eau voulue aux époques fixées.

D'après ce que nous avons dit plus haut et pour beaucoup de raisons, ayant rapport, soit à la population, soit aux terrains mêmes qu'il ne faut pas trop appauvrir par ces cultures séfi continuelles, nous admettrons que l'on puisse cultiver un million de feddans séfi, ce qui est environ le tiers de la totalité des terrains de la Basse-Égypte, Giséh compris, afin que les terrains ne soient cultivés séfi qu'une fois en trois années.

Pour arroser un million de feddans il faut 20.000.000 mètres cubes par jour, auxquels nous ajouterons pour l'évaporation 32.559 mètres cubes par jour ; l'on devra donc avoir une recette d'eau de 20.032.559 mètres cubes.

Au lieu de curer les canaux séfi à environ un mètre plus bas que les étiages, ils ne devraient plus l'être qu'à un mètre au-dessus de ces étiages ; ce serait donc supprimer d'abord le travail le plus fatigant, le plus contraire à la santé, celui qui se fait dans la boue, au fond d'une fosse où la chaleur est si intense ; de plus on peut encore faire ce curage des principaux canaux séfi, creusés à un mètre au-dessus de l'étiage, par des moyens simples et primitifs comme on le fait aujourd'hui puisque l'on pourrait curer ces canaux à sec.

Pour élever les eaux dans ces canaux séfi à $2^m,50$ et avoir une couche d'eau de $1^m,50$ sur le plafond du canal laissé à un mètre plus haut que les étiages, il faut une force de 7.729 chevaux-vapeur.

En admettant, comme nous le disons encore ailleurs, 1.000 francs par cheval et autant pour les accessoires, l'établissement, le montage, on aurait à débourser un capital de 15.458.000 francs ; ce qui est bien peu de chose comparativement à d'autres dépenses de travaux qui ne sont pas comme ceux-ci de la première nécessité pour l'utilité publique.

Quant à l'entretien de ces machines, il faut compter sur 150 jours seulement de roulement par année ; et l'on aurait pour la consommation du charbon, en l'évaluant dans de larges proportions, 14.000 tonnes pour le nombre de chevaux désignés.

On aurait donc par conséquent :

Pour le charbon, à peu près.	8.440.000 fr.
Administration, personnel, réparations et entretien. .	1.689.000
Intérêt du capital à 10 p. 100 et de l'amortissement du capital de 15.458.000.	1.559.087
Ce qui donne pour total de la dépense annuelle. . . .	11.688.087

En faisant une répartition de cette somme sur le nombre de feddans, ce serait 11 fr. 60 c. pour chacun par année.

Quel est le propriétaire qui, perdant d'abord 45 francs par ses journées de travail employées pour le curage des canaux séfi qui lui rapporte si peu, et qui n'aurait plus même, en travaillant encore au curage, qu'à faire ce travail pendant moins de la moitié du temps et dans de bien meilleures conditions, ne donnerait pas ces 11 f. 60 c., s'il était convaincu d'une juste et équitable répartition des eaux ? Ne se trouverait-il pas bien heureux de la suppression des moyens d'irrigation toujours si précaires et si dispendieux qu'il possède aujourd'hui ?

Il donnerait encore davantage pour être bien certain qu'après avoir ensemencé son champ et préparé ses moyens d'arrosage l'eau ne lui manquerait pas et si au contraire elle lui arrivait toujours à l'époque voulue et en quantité suffisante pour ses cultures.

Une compagnie, ou le gouvernement lui-même, qui se chargerait d'une semblable opération, aurait encor un autre revenu, celui de la navigation sur les principaux canaux et le péage, aux écluses, des différents biefs que l'on établirait lorsque l'on serait bien convaincu qu'on ne manquerait pas d'eau dans les canaux séfi.

Il faut donc chercher le progrès en ceci, pour le pays où il s'en fait déjà tant, et dans lequel, par une sage prévoyance on étudie tant de projets utiles pour l'avenir, il faudrait penser sérieusement à établir une administration régulière, indépendante et toute-puissante, afin de faire sur une grande échelle ce qui a déjà été fait dans la province du Fayoum ; et pour alléger aux fellaks le travail obligatoire, il est vrai, du curage des canaux séfi, question qui, étant bien étudiée, ne peut manquer de donner des résultats satisfaisants.

Aujourd'hui il existe tant de différents moyens à employer pour élever les eaux, surtout à de petites hauteurs comme il le faut pour l'alimentation des canaux séfi, qu'il ne faudrait probablement pas d'énormes dépenses pour atteindre le but désiré, et alors on pourrait changer en travaux plus lucratifs ceux du curage des canaux séfi qui ne remplissent pas toujours le but que l'on souhaite.

SYSTÈME D'ARROSAGE DE LA BASSE-ÉGYPTE.

Le système employé pour l'irrigation de la Basse-Égypte, il y a cinquante années, était le même que pour la Haute et la Moyenne, ou en différait peu ; il était établi au moyen des deux Branches de Damiette et de Rosette, et aussi avec celui des grands cours d'eau qui servaient de canaux d'alimentation et d'écoulement jusqu'aux limites des terres cultivées, où ils se déchargeaient dans les lacs Menzaléh, Bourlos, Etko et même Mariout.

Les terrains étaient divisés en grands bassins d'inondation par des digues perpendiculaires au bord du Nil et à celui des cours d'eau et des canaux, comme nous l'avons dit au sujet des arrosages de la Haute-Égypte.

On avait plusieurs moyens d'écouler les eaux, soit que les crues fussent trop abondantes, et que cela fît craindre une trop grande inondation, soit qu'il fallût mettre les terres à sec pour les ensemencer.

Par exemple, pour les provinces de Calioubiéh et de Cherkiéh, on avait :

Premièrement, pour la partie supérieure, le canal allant à l'Ouadée Toumilat en passant à Bulbeïs, et de là, par l'Ouadée, au lac Timsah dans l'Isthme de Suez ; et ce lac quelquefois était rempli d'eau douce comme il l'est aujourd'hui par les eaux de mer. En 1824 et 1838, il en a été ainsi. Ensuite, l'Abou-el-Ardar, l'ancien cours de la Branche Pélusiaque, conduisait les eaux d'écoulement jusqu'au lac Menzaléh.

Le canal de Salhiéh, qui conduisait ses eaux à Cantara, et inondait aussi par les écoulements de la province tous les bas-fonds de Cantarat-el-Khasné jusqu'à Ferdanne.

Le Bahr Moèze, qui conduisait aussi directement ses eaux jusqu'au lac Menzaléh, en passant à Sâné.

Enfin d'autres canaux, dans la partie basse du Cherkiéh, ainsi que le Bahr Serayer, servaient de canaux de sûreté contre les grandes crues qui faisaient redouter de trop fortes inondations.

Dans le Delta on avait le Bahr Chibine et plusieurs cours d'eau moins considérables, comme le Bagouriéh, le Bahr Caline, Bahr Saïdi, qui tous portaient leurs eaux à la mer et au lac Bourlos.

Dans la province du Béhéré, on avait le canal de Terriéh, qui se subdivisait en beaucoup d'autres et portait ses eaux jusqu'au lac Mariout, et on en avait aussi d'autres plus bas, qui portaient leurs eaux au lac d'Etko.

Par ce système de cultures à l'aide d'inondations successives dans de grands bassins, on ne pouvait obtenir que les produits ordinaires, comme froment, fèves, orge, qui sont les moins lucratifs ; le riz se récoltait seulement dans la partie nord de la Basse-Égypte ; enfin, l'on ne semait que par les inondations.

On a changé tout cela, et l'on fait aujourd'hui ce que l'on nomme la *culture séfi* ou d'*été*, ou pendant l'étiage, culture dont les récoltes se font lorsque les eaux sont hautes ; ce sont : le maïs, le coton, le riz, etc.

Pour avoir de l'eau pour l'irrigation de ces cultures, qui se sèment en avril, mai et août, on a creusé de nouveaux canaux à $1^m,25$ au-dessous des étiages, afin de pouvoir donner de l'eau aux terres les plus éloignées des bords du fleuve ; sur le parcours de ces canaux sont établis des barrages à une distance de leur prise d'eau dans le Nil calculée d'après la pente des eaux de ces canaux, afin qu'en fermant ces barrages les eaux puissent s'élever en amont de ces barrages au niveau des terrains, que l'on arrose alors par de simples saignées dans les berges : sur le parcours de ces canaux séfi, il y a plusieurs de ces barrages jusqu'à l'extrémité nord des terrains cultivés.

En amont des premiers barrages et sur les bords du fleuve, les cultures séfi sont arrosées au moyen de machines élévatoires diverses ; on conçoit que plus on s'élève de la prise d'eau dans le Nil, et plus aussi on se rapproche d'un des barrages, moins la hauteur à laquelle il faut élever les eaux est grande.

On ne doit pas oublier de dire qu'à la prise d'eau de quelques-uns de ces canaux, on a construit des barrages s'ouvrant et se fermant à volonté, ce qui permet alors de régler la quantité d'eau de ces canaux.

Pour faire ces cultures, chaque village ou chaque propriétaire a, pour ainsi dire, formé dans les grands bassins d'inondation d'autres bassins secondaires en fermant par une digue sa propriété. Ses cultures d'été étant sur pied, lorsque les crues arrivent, comme elles n'ont plus besoin d'être arrosées, on est forcé de ne plus conduire dans les anciens grands bassins la masse d'eau qu'on y dirigeait auparavant. On ne peut donc laisser pendant les crues couler autant d'eau dans les canaux que précédenment, car ne devant plus se répandre sur les terres, elle monterait par dessus les berges et par dessus les barrages ; alors, on ferme les barrages de prise d'eau et les autres, afin de ne laisser entrer que la quantité d'eau nécessaire aux arrosages.

Ainsi, il n'y a donc de grands écoulements à la mer que par les deux Branches de Damiette et de Rosette.

Qu'est-il arrivé de ce système ? Les eaux, accumulées dans le lit du fleuve, se sont élevées à un niveau bien supérieur à celui qu'elles atteignaient lorsque les grands canaux étaient ouverts, et cette augmentation est considérable.

Par exemple, en 1842, on a construit à la prise d'eau de Bahr Chibine à Carineïn un barrage ; le couronnement des piles et la naissance des voûtes ont été posés à 80 centimètres plus haut que les plus grandes inondations connues depuis plus de soixante années ; aujourd'hui, pendant les grandes crues, il y a 70 centimètres d'eau au-dessus du couronnement de ces piles, cependant, les crues réelles observées à Assouan et à Gebel-Cilcilly sont restées les mêmes.

Ce système a donné lieu à un autre inconvénient : les canaux, qui autrefois étaient navigables pendant les étiages, comme le Bahr Chibine, le canal, ou Bahr Moèze, sur lesquels de grandes barques circulaient, sont aujourd'hui à sec pendant les grandes eaux ; parce que les barrages retenant les eaux, la quantité d'eau qui y coule est moindre, la vitesse aussi, et les canaux se comblent de sable et de limon.

Un autre fait, aussi important au moins, s'est produit. Tous les terrains des grands bassins d'inondation, qui ont été subdivisés en d'autres plus petits, ne peuvent plus recevoir comme par le passé cette grande quantité d'eau qui, en lavant les terres, y déposait un nouveau limon ; ils ont été très-appauvris, aussi les récoltes sont-elles aujourd'hui loin d'être ce qu'elles étaient auparavant.

Une autre cause de l'appauvrissement des terrains, c'est que pour la culture du maïs, qui se sème au commencement de l'inondation ou vers le 15 août, pour que la récolte s'en fasse en quarante ou cinquante jours, afin de pouvoir ensuite encore inonder les terrains avant que les eaux se retirent à un niveau trop bas, on jette en quantité un engrais qui hâte considérablement la végétation. Ce sont des terres prises dans les décombres des anciennes villes où se trouvent, à l'état de poudrette, les matières des fosses d'aisances et plusieurs sels ; ce qui fait que si les terrains où cet engrais a été jeté pour la culture du maïs n'étaient ensuite recouverts de quelques centimètres d'eau, ils seraient bientôt improductifs ; mais cette quantité d'eau est trop souvent insuffisante, et il faudrait, comme autrefois, de grands lavages.

MOYENS D'EXÉCUTION DES TRAVAUX.

A l'époque où Méhémet-Ali commença à exécuter tous les grands travaux de creusement de canaux et d'élévation de digues, qui ont mis en grande partie l'irrigation de l'Égypte dans l'état où nous la trouvons maintenant, le système des corvées existait en entier, probablement tel qu'il avait existé anciennement, quand les Pharaons construisaient le lac Mœris, les Pyramides, le fameux Labyrinthe, en un mot tous les grands monuments que nous admirons de nos jours, y compris le commencement du fameux Canal des deux mers. Aussi, avec la toute puissance qu'il avait acquise par son énergique volonté, il ne lui fut pas difficile de réunir des masses d'ouvriers, car les idées de progrès et de civilisation, puisque l'on est convenu de les appeler ainsi, apportées depuis en Égypte, n'avaient pas encore fait penser à l'abolition de la corvée. Chaque année, la population presque tout entière était sur pied pour exécuter les travaux de creusement de nouveaux canaux et de nouvelles digues, pour le creusement des canaux séfi ou pour le curage des canaux déjà existant, et la réparation des digues. En même temps, on construisait des ponts-barrages, des déversoirs, des chaussées en maçonnerie, etc.

On fournissait aux ouvriers de ces corvées des pioches et des couffins ; plus tard, quand on creusa de nouveaux grands canaux, on leur fournit des rations de biscuit ou de pain. C'est ainsi que le canal nommé Mahmoudiéh a été creusé par une corvée des villages de toutes les provinces et se montant à environ 320.000 hommes.

Tous les ans, il y avait en exécution des travaux sur lesquels on comptait, en total, plus de 400.000 hommes ; et pour obtenir ce nombre d'ouvriers, il avait fallu apporter une perturbation de plus du double dans la population agricole du pays.

L'Égyptien cultivateur, le fellah, est peu attaché à son habition et se transporte volontiers, avec sa famille, d'un point à un autre ; son mobilier est si minime que la famille le porte sans peine. Alors, quand un fellah va en corvée pour plusieurs jours, sa femme, ses enfants, son père, sa mère, etc., le suivent, et tout ce monde s'établit en plein soleil, en plein vent, sur le lieu où est le travail. Ils vivent ensemble des provisions apportées, ou bien, si la famille reste au village, une partie de cette famille pouvant se déplacer, apporte au travailleur ses provisions de bouche de quelques jours en quelques jours, et cela quelquefois de très-loin. Il y a donc pour 400.000 ouvriers au moins 800.000 âmes sur pied. Les autres s'occupent aux travaux de petites rigoles, de petites digues spéciales, aux terrains de leur village.

Au début de ces grands travaux, jusqu'en 1830 environ, beaucoup auraient pu ne pas être exécutés, car ils devenaient inutiles. parce qu'ils n'avaient pas été étudiés et qu'il n'y avait pas encore de centralisation pour ces travaux. Le gouverneur d'une province, à l'instigation de cheiks de villages, demandait au vice-roi un canal, une digue, un pont en exposant l'utilité qu'on pourrait en tirer. Les ingénieurs, qui à cette époque étaient des gens seulement pratiques, sans instruction, mais qui auraient pu cependant être consultés avec fruit, recevaient simplement l'ordre de faire tel travail de telle manière, dans telle ou telle direction, et cela s'exécutait. On renouvelait souvent les mêmes fautes, et l'expérience n'avait pas encore prouvé qu'il fallût plus de réflexion, plus d'études.

Le canal Mahmoudiéh a été creusé sans nivellement, sans un tracé étudié. Chaque cheik amenait son contingent d'hommes et on travaillait à peu près dans la direction voulue ; chacun s'attaquait à une section, et ensuite il fallait relier toutes ces parties déjà commencées : c'est là la cause de tous ces coudes à angle droit qui sont sans nécessité.

Ce n'est que plus tard, de 1830 à 1834, qu'il y eut une direction générale des travaux de la Haute et Moyenne Égypte, et en 1836 qu'on créa un Ministère des Travaux publics : alors le Corps des Ingénieurs fut constitué et les travaux commencèrent à être régularisés.

Les travaux de la Haute-Égypte avaient, depuis plusieurs années, été étudiés ; dans des réunions des ingénieurs des provinces, sous la présidence de l'Ingénieur en chef de la Haute-Égypte, Linant-Effendi, plus tard Linant Bey, tous les travaux à faire pour compléter dans cette partie le système déjà commencé, furent consignés dans un état, examinés au grand conseil et décrétés, puis envoyés à chaque province pour être exécutés, année par année, par un firman signé de Méhémet-Ali ; ce fut en 1833. Depuis ce temps, chaque année, en outre des réparations aux anciennes digues et des curages des canaux, on exécuta une partie des travaux désignés dans cet état. Il en fut ensuite de même pour la Basse-Égypte ; il y eut un Conseil général permanent des ponts et chaussées qui se tenait au Barrage en 1834, 35 et 36, sous la présidence de Linant-Effendi, devenu Ingénieur en chef de l'Égypte et Directeur des travaux de ce grand ouvrage qu'il avait commencé et dont nous donnerons l'histoire en son lieu et place. C'était à ce conseil que les travaux des provinces étaient discutés et décrétés pour leur exécution.

En 1835, le Ministère des Travaux publics et de l'Instruction publique fut constitué pour la première fois, et Linant Effendi fut Chef de la division des Travaux publics ; alors eut lieu la centralisation. Chaque année, après les inondations, arrivaient au Ministère tous les ingénieurs en chef des provinces, on voyait les travaux à faire, on les étudiait, on les discutait et ils étaient décrétés.

Le partage des travaux de terrassements se faisait, pour chaque province, proportionnellement au nombre d'hommes qu'elle pouvait fournir d'après le recensement qui avait été fait, et l'on chercha autant que possible à faire travailler les individus le plus près de leur village. Le travail était donc distribué par le Ministère, et tous les quinze jours y arrivaient les états de situation des travaux.

Pour les constructions de ponts, déversoirs, etc., les projets, plans, étaient faits au Ministère, ainsi que toutes les autres études, et exécutés aux frais du gouvernement sous la direction des ingénieurs ou sous leur surveillance, si les travaux étaient donnés à l'entreprise.

On a souvent parlé, et l'on cite encore comme un immense travail de l'antiquité, l'exécution du fameux lac Mœris fait de main d'homme, car il est bien différent de dire creusé ou formé ; on peut faire un grand lac en construisant une digue, et les auteurs qui parlent du lac Mœris disent à son propos *formé* aussi bien que *creusé*. On pourra voir, dans le mémoire spécial sur le lac Mœris, ce que c'était. La digue qui l'a formé peut être évaluée à un cubage de 20 à 30 millions de mètres d'après ce qui en reste. Méhémet-Ali a fait des travaux de terrassements en une année, pour les digues qui encaissent le fleuve, évalués à 27.000.000 de mètres cubes à peu près, et d'après des états existants, sans compter les autres travaux ; ce qui arrive à un total de 40.000.000 de mètres cubes, qui, calculés à deux tiers de mètre cube par homme (moyenne observée sur les travaux), feraient pour quatre mois de travail environ 444.444 ouvriers ; c'est le nombre sur lequel on comptait au Ministère des Travaux publics pour les travaux.

On a souvent parlé de ces énormes corvées qui devaient, pensait-on, écraser le peuple. Le khédive actuel, en arrivant au pouvoir, adopta les idées suggérées par l'Europe et déclara la suppression des corvées. Le résultat fut dans plusieurs grosses affaires qu'afin de contenter les gens aux idées progressives qui ne connaissaient pas assez le pays pour pouvoir lui appliquer leurs idées, le résultat, disons-nous, fut de faire payer des sommes considérables que les fellahs durent débourser et qu'ils auraient bien préféré solder en travaux de corvée.

Nous voyons de toute antiquité ce que nous appelons *la corvée* être établie en Égypte. Effectivement, les travaux comme ceux des Pyramides, qui n'étaient faits que pour la vanité d'un roi, sans aucune utilité pour son peuple, les palais, les labyrinthes, témoignent de terribles corvées. Mais quand un chef de l'État, un souverain peut, par son pouvoir absolu sur ses administrés, les réunir en masse pour l'exécution des travaux profitables à tous, ceci n'est plus une corvée, c'est un travail obligatoire, c'est une prestation, une redevance dont chacun tire un profit.

L'Égypte, par la nature de son sol, par celle de son genre de culture, qui est due uniquement aux crues périodiques du fleuve et à ses inondations arrivant régulièrement à la même saison chaque année, ou bien aux irrigations artificielles pendant l'étiage, l'Égypte, disons-nous, ne peut en rien être assimilée à une autre contrée. On peut la comparer à une grande ferme dont le vice-roi, le chef de l'État, est le fermier-général. C'est lui qui doit la diriger et la faire valoir à de certaines conditions pour le bonheur de tous, et tous, dans cette grande exploitation rurale, doivent travailler afin de produire le plus possible. C'est pour ainsi dire un immense phalanstère où chacun doit faire tous ses efforts pour le bien commun et chacun doit profiter des résultats obtenus. Depuis Méhémet-Ali bien des progrès ont été faits dans cette voie, aussi le sort du cultivateur est-il bien amélioré.

Presque tous les travaux de canalisation, de digues et de canaux profitent ou doivent profiter à tous ; ils sont donc obligatoires et non des corvées.

Dans les grands bassins d'inondation dont nous avons parlé, les terrains, pendant les crues, sont recouverts d'une couche d'eau qui a une hauteur de 1 à 4 mètres, et dans ces bassins se trouvent de nombreux villages. Les champs de tous les propriétaires sont pour ainsi dire sans limites apparentes ; elles ne sont reconnues que quand les eaux se sont écoulées, par quelques petites digues, quelques pierres servant de bornage, mais surtout à l'aide de l'arpentage.

On concevra parfaitement d'après ce que nous venons de dire que pour cultiver son champ, et surtout pour l'arroser, un propriétaire qui ne peut obtenir ce résultat qu'au moyen des eaux du fleuve, puisqu'il n'y en a pas d'autre, et qui ne peut en recevoir que par des canaux dérivant du fleuve, serait obligé s'il voulait avoir un canal pour sa propriété de le creuser sur une longueur de plusieurs kilomètres en passant dans les terrains d'autres propriétaires ; on conçoit, disons-nous, d'après ceci que tous les cultivateurs ayant leur propriété dans un de ces grands bassins doivent se réunir pour exécuter en commun les travaux de digues, de constructions de déversoirs, de canaux nouveaux qui sont utiles à leurs propriétés. Dans ce cas, cette réunion de travailleurs qui a pour but le bien commun ne peut être organisée que par le chef de la grande ferme, sans cela comment s'entendre ; l'autorité doit donc intervenir sous une forme quelconque. Jamais ces travaux qui intéressent la prospérité de tous ne pourront être considérés comme une corvée, c'est bien un travail obligatoire, rémunératoire.

Il est impossible de laisser à chacun le soin de faire ses travaux, il ne les exécuterait pas.

Malheureusement il n'est pas toujours facile de régler les travaux proportionnellement au nombre d'ouvriers, et d'après le produit qu'ils en retirent ; je citerai, par exemple, un des cas les plus palpables.

Dans la Basse-Égypte il existe des canaux séfi, qui sont, comme je l'ai dit, ceux qui étant creusés au-dessus de l'étiage conservent de l'eau pour les irrigations pendant toute l'année ; ces canaux doivent être curés tous les ans ; c'est un travail très-pénible pour les cultivateurs, qui travaillent à bras en entrant dans l'eau et la vase, souvent jusqu'à la poitrine, et qui doivent aussi porter dans des couffins sur leur dos la boue, le sable, résultats de ce curage jusqu'à douze mètres de hauteur en moyenne.

C'est avec l'eau de ces canaux que l'on arrose les riches cultures ; ils ont peu de pente puisqu'ils servent pendant l'étiage, et que l'on ne peut même pas leur donner celle du fleuve qui est minime dans cette saison, et que d'ailleurs on doit encore diminuer cette pente afin de faire monter les eaux par le moyen de barrages jusqu'au niveau des terres : ce n'est donc qu'à une grande distance de 40 à 50 kilomètres, et même plus, que cela peut avoir lieu ; aussi, comme on peut bien s'en faire une idée, il n'y a que peu de terrains qui peuvent profiter de ces eaux ainsi élevées pour être arrosés sans machines élévatoires.

Cependant tout le pays traversé par ces canaux fournit son contingent d'ouvriers pour un travail qui ne profite qu'aux cultivateurs les plus éloignés de la prise d'eau, là où est toujours le plus grand travail de terrassements.

Par exemple, dans la province de Béhéré qui se trouve entre Alexandrie et le Nil, il y a un seul grand canal séfi, le Khatatbé, qui a sa prise d'eau en amont des terres qu'il arrose sans qu'à 60 kilomètres de là on soit forcé d'employer des machines élévatoires ; ce canal coule d'abord entre le fleuve et le désert qui sont l'un près de l'autre, puis ensuite, lorsque le désert s'éloigne du Nil en tournant vers l'ouest, il coule à une petite distance du fleuve ; à peine sur la première partie de son parcours traverse-t-il quelques terres cultivées ; ce canal est creusé en partie dans le sable et porte ses eaux, en traversant ensuite de très-belles terres, jusque dans le canal Mahmoudiéh qui, aujourd'hui, est alimenté en grande partie par des machines à vapeur placées à sa prise d'eau.

Pour bien curer ce canal de Khatatbé, il faut chaque année environ trente mille hommes pendant au moins quarante jours et souvent selon les étiages il faut y revenir en deux fois, ce qui est plus pénible pour les ouvriers. Or dans la province où est ce canal, qui seule en profite, surtout dans sa partie la plus septentrionale, il ne peut venir sur les travaux qu'environ 12 à 15.000 hommes ; il faut donc trouver encore environ quinze mille ouvriers en dehors de ceux de cette province ; alors on les fait venir des plus voisines, du Menoufiéh et du Garbieh.

Ces travailleurs quittent leur village, leurs travaux agricoles, pour venir curer sans être rémunérés un canal qui ne leur donne aucun avantage ; ils doivent apporter avec eux leurs outils, et les femmes, les enfants suivent le chef de la famille, comme c'est l'usage, ainsi que nous l'avons déja dit.

Ce qui se fait pour le canal de Khatatbé dans la province de Béhéré est aussi plus ou moins applicable aux autres canaux du même genre ; c'est là que la corvée existe véritablement.

Au temps, déjà loin de nous, où les vice-rois faisaient construire, ainsi que quelques grands fonctionnaires égyptiens, des palais, des établissements, des canaux pour leurs propres terres, des chemins de fer pour conduire seulement à un palais situé dans le désert, sans rémunérer les cultivateurs qui travaillaient à ces travaux; c'était alors que cela pouvait s'appeler la véritable corvée, mais le travail obligatoire bien réglé, bien régularisé, ne peut être supprimé. Les particularités du sol, la nature du pays, le système de propriété, les institutions, les exigences de l'irrigation s'y opposent; et si le travail obligatoire était aboli, l'Égypte agricole redeviendrait ce qu'elle était avant Méhémet-Ali, quand chacun travaillait individuellement dans le seul intérêt de sa propriété; mais il ne faut pas que des masses d'individus viennent creuser un canal, élever une digue ou enlever un monticule pour le seul avantage ou agrément d'une personne influente et haut placée.

Le khédive actuel a beaucoup fait certainement: il a payé de fortes sommes, des millions, pour supprimer la corvée sur les travaux du Bassin de radoub à Suez, il a donné encore bien davantage pour se dégager des engagements de son prédécesseur pour cette corvée.

Comment pourrait-on rémunérer le travail de tout individu creusant les canaux, réparant les digues chaque année, lorsque c'est pour donner lui-même plus de fertilité à sa terre, et par conséquent pour obtenir personnellement de meilleures récoltes; cela monterait à des sommes fabuleuses.

Par exemple, mettons 500.000 ouvriers qui vont à deux reprises chaque année sur des travaux où il leur faut donner 150 journées au moins, ce qui fait 75.000.000 journées; en leur donnant seulement la valeur de leur nourriture ou de leur travail comme cela avait été premièrement établi pour le Canal de Suez,

c'est-à-dire 75 centimes, cela ferait. . . . . 56.250.000 fr.
comptant les couffes. 1.406.250
l'usure des pioches. 60.000
       Total. 57.716.250

Cette somme considérable n'est pourtant qu'un minimum,

car la journée d'un homme vaut beaucoup plus aujourd'hui, et elle devrait encore être répartie sur les cultivateurs proportionnellement à la superficie de leurs terrains, ce qui augmenterait encore par feddan d'environ 16 francs ; ce serait énorme, puisque cette mesure aujourd'hui paye en moyenne de contribution foncière et déclarée 56 à 60 francs.

Il faudrait encore ajouter à cela la valeur des travaux d'art, et en fin de compte ce serait le cultivateur qui se payerait lui-même.

Cela n'est donc pas possible dans l'état actuel des choses, et il faut de toute nécessité, pour ceux qui ont étudié à fonds le pays et qui le connaissent, que le travail obligatoire forcé existe. Mais il doit être réglé avec justice, sans partialité, et par une répartition équitable.

Il faudrait aussi que pour les ouvriers, qui comme ceux que nous avons cités, vont dans la province de Béhéré travailler sans que leur intérêt ou leur profit soit en jeu, et qui, par conséquent, font véritablement des corvées, l'on créât un moyen de compensation, une rémunération venant des cultivateurs profitant du travail.

En un mot il faut traiter le cultivateur comme un associé à l'œuvre commune de l'exploitation de la grande ferme, et partager les produits entre chacun selon son travail, puisque chacun est appelé à faire produire.

CHAPITRE II.

LE LAC MOERIS (1).

De tous les grands travaux qui ont illustré l'antique Égypte, aucun n'a plus excité les recherches des savants que le lac Mœris ; son importance incontestable d'utilité publique est probablement la cause de l'intérêt avec lequel on a cherché à retrouver ce gigantesque travail. Dans les autres grands travaux égyptiens comme les Pyramides, comme ces immenses temples qui s'élevaient au-dessus des humbles habitations du peuple, comme ces énormes excavations dans la montagne servant de sépulture, où la magnificence des salles, des peintures, égalait au moins celle des palais, dans ces travaux gigantesques, disons-nous, on voit l'orgueil et le despotisme des prêtres et des rois qui accablaient leurs misérables peuples pour l'exécution de ces travaux : mais on ne peut faire un semblable reproche à celui auquel revient la conception et l'exécution du lac Mœris ; cette fois, les immenses corvées qui ont eu lieu n'ont été qu'un travail rémunératoire, utile à tous, loin d'être la corvée tyrannique présidant à l'élévation des Pyramides, ces fastueux tombeaux d'un homme.

Nous allons déterminer la position si souvent cherchée de ce fameux lac Mœris, sur lequel on a tant écrit ; nous ferons voir en même temps les avantages et les résultats qu'on a pu en tirer et ceux qu'on pourrait en obtenir encore aujourd'hui (2).

1, En 1843, la Société Égyptienne du Caire publia mon Mémoire sur le lac Mœris, a 400 exemplaires qui furent adressés, en grande partie aux Sociétés savantes européennes. Le Mémoire, que je donne ici, est donc une seconde édition revue et augmentée, du premier.

2 Planche II.

Le lac Mœris est dans le Fayoum. — Tout prouve que le lac Mœris ne pouvait être que dans le Fayoum, et l'excellent mémoire de M. Jomard, faisant partie du grand ouvrage de la Commission d'Égypte, ne laisse rien à désirer à ce sujet. La discussion à laquelle s'est livré cet habile géographe ne fait que confirmer ce que la simple description des anciens, rapprochée de la conformation topographique des lieux, indique d'ailleurs avec évidence.

Seulement, quoique l'on fût d'accord sur ce que le lac Mœris devait se trouver dans la province du Fayoum, on cherchait sa position naturellement, mais sans trop y réfléchir, dans un lieu où on voyait encore dans cette province un grand lac presque rempli d'eau : le lac Birket-el-Korn, que l'on appelle aussi le lac Kéroun.

La plupart des écrivains qui ont traité ce sujet ont été amenés à croire que ce lac était l'ancien Mœris. À l'appui de cette croyance, on a discuté toutes les données transmises par les anciens sur la grandeur du lac Mœris, son orientation, son utilité, sa position par rapport à d'autres lieux, comme Crocodilopolis, le Labyrinthe, etc., et l'on a aussi comparé ces traditions avec les caractères que présente aujourd'hui le Birket-el Korn. Cela a été fait; mais j'avoue que jamais je n'ai pu avoir la conviction que le Birket-el-Korn pouvait être le lac Mœris.

Dans mes premiers voyages au Fayoum, qui remontent à l'année 1821, je fus frappé, en prenant connaissance des localités, du peu de valeur des preuves qui identifiaient les deux lacs, celui de Korn existant et celui de Mœris non trouvé.

Une des preuves que je ne pouvais retrouver, c'était le caractère d'utilité du lac Mœris appliqué au lac Birket-el-Korn. Ce caractère était incompatible avec la position du lac actuel, et jamais il ne m'est venu à l'esprit de conclure, avec certaines personnes, que le récit des anciens sur les effets bienfaisants de ce grand bassin devait être rejeté parmi les fables, afin de ne pas abandonner leur idée préconçue que le Birket-el-Korn était bien le lac Mœris.

Plus tard, lorsque ma position en Égypte me fit un devoir de rechercher attentivement la véritable position du lac, afin de reconnaître si on pouvait lui restituer ses effets avantageux pour l'Égypte, après bien des recherches, j'ai eu la conviction que le lac Mœris n'était pas où est aujourd'hui le lac Birket-el-Korn, et j'ai retrouvé la véritable situation de cet ancien lac ou réservoir d'eau.

Pour comprendre plus facilement l'exposé de mes idées, il faut se rendre compte de l'état physique actuel du Fayoum et remonter aussi à sa formation géologique. J'espère, par la description et la discussion, succinctes autant que possible, dans lesquelles je vais entrer sur ces préliminaires indispensables, rendre clairs les développements ultérieurs.

Description du Fayoum. — On peut voir sur presque toutes les cartes représentant cette portion de l'Égypte, mais mieux encore sur la mienne, un bassin de terres cultivées tout à fait en dehors du long ruban qui représente l'Égypte.

Ce bassin est circonscrit par des montagnes plus ou moins élevées du désert libyque, et à l'ouest-nord-ouest desquelles on on voit un grand lac : c'est le Fayoum.

Il constitue aujourd'hui une province de l'Égypte, autrefois sous la domination romaine. C'était un Nôme. Il est relié à l'Égypte cultivable par une petite bande de terres également cultivées qui traverse le désert de Libye et au milieu de laquelle coule un canal de dérivation du Bahr Joussef, qui porte son nom. De chaque côté de cette bande, dont la longueur est d'environ neuf kilomètres, la chaîne libyque, qui borde l'Égypte, est basse; elle forme une espèce de gorge et va en s'élevant, au sud jusqu'à la montagne de Sédiment; au nord, jusqu'aux hauteurs où se trouve la pyramide en briques crues d'Illaoun.

Devant l'entrée de cette bande de terre, véritable communication des terres cultivées de l'Égypte avec celles du Fayoum, et à l'est, se trouve une petite colline sablonneuse et pierreuse formant comme une île déserte au milieu des terres cultivées, ayant du sud au nord une longueur d'environ quinze kilomètres, et laissant entre elle et le désert de Libye un espace cultivé de 1.500 mètres environ de largeur, où continue à couler pendant les crues le Bahr Joussef.

Depuis le point où la bande de terres cultivées qui relie celles de l'Égypte à celles du Fayoum commence à s'élargir et s'épanouit vers le nord et le sud pour former le Fayoum, jusqu'à la ville de Médinet, capitale moderne de cette province, le terrain, quoique entrecoupé de déchirures et de ravines formées par des cours d'eau à différentes époques, est généralement de niveau; mais cette ligne, où coulent aujourd'hui les eaux de la dérivation du Bahr Joussef allant à Médinet, est la partie la plus élevée du Fayoum. Elle forme comme l'intersection de deux plans faiblement inclinés, l'un vers le sud, l'autre vers le nord; cela constitue un seul plateau qui est circonscrit par une ligne partant de Sélé au nord et passant par El-Edoua, El-Masloub, El-Allam, Biamo, Zawet, Médinet, Ebgig, Chidimo, Miniet-el-Heit; je désignerai cette partie de terrain la plus élevée du Fayoum par le nom de plateau n° 1.

A partir des limites que je viens d'indiquer, le terrain s'abaisse et forme un autre plateau n° 2 compris entre la limite du premier et une ligne partant de Tamiéh et passant par Kafr-Mâhfoud, Mahsara-Doudé, Sennoris, Tersah, Senhour, Bogça, Abou-Goncho, Neslet.

En dehors de cette limite du plateau n° 2, les terrains vont en pente plus prononcée jusqu'à la plaine, presque au niveau du lac qui s'étend de ce second plateau jusqu'aux eaux du lac. Dans cette plaine il y a bien aussi des terres cultivées, mais ce'a semble être seulement depuis une époque peu reculée et depuis le retrait des eaux du lac, car on n'y voit d'ailleurs aucun village ancien considérable.

L'existence des ravins dont j'ai parlé plus haut permet de reconnaître clairement la constitution géologique du sol du Fayoum.

Au-dessous des couches de limon du Nil, déposé par lits comme en Égypte, on rencontre, à 5, 6 et 7 mètres de profondeur, des couches de calcaire quelquefois marneux, qui ont une épaisseur de 40 à 60 centimètres; elles sont séparées les unes des autres par des couches d'argile. Ces couches calcaires suivent à peu près la même inclinaison, vers le lac, que la surface des terres.

Cette pente, depuis la gorge d'Illaoun à Awart-el-Macta jusqu'au lac, peut provenir d'un affaissement des couches calcaires du sol, ce qui se voit par leur inclinaison, affaissement qui aurait eu lieu après le dépôt des terrains d'alluvions formant le sol superficiel du Fayoum, ou bien il se sera produit avant l'apport des alluvions du Nil, lorsque celui-ci commençait à couler dans le Fayoum.

Nous ne parlerons pas ici d'époques géologiques où, avant la formation de l'Égypte cultivable, il a pu exister de grands cours d'eau dans le désert; ce sont d'anciennes révolutions, des cataclysmes dont les traces existent, il est vrai; mais c'est d'une époque plus moderne, et dont nous avons les effets sous les yeux, que nous avons à nous occuper.

Formation géologique du Fayoum. — La vallée de l'Égypte est formée par dénudation (1), c'est-à-dire qu'avant l'existence de l'Égypte cultivable, les grands cours d'eau devenus plus tard le Nil ont creusé leur lit dans les roches de différentes formations, mais surtout composées de calcaires et de grès, qui formaient ce qui est aujourd'hui le désert arabique et libyque, depuis la hauteur de Syène ou Assouan.

D'ailleurs, aujourd'hui, dans tout ce désert, les vallées dans lesquelles les eaux ont coulé sont toutes, à très-peu d'exceptions près, formées par dénudation de la même manière, et quelques-unes aussi par soulèvement ou affaissement du sol; mais ces dernières sont plus rares.

---

(1) La vallée de l'Égypte est encaissée, du côté du levant surtout, par des montagnes venant quelquefois jusqu'au fleuve. Du côté du couchant, elles sont plus éloignées; leur formation est calcaire jusqu'au Gebel Cilcilly. Leurs couches ou stratifications semblent les mêmes des deux côtés de la vallée. Le côté du levant est plus dénudé; dans l'ouest ou au couchant elles le sont souvent aussi. Mais dans quelques parties il y a des sables et des agglomérations de graviers et de cailloux apportés par les vents d'ouest du désert; tandis que du côté du levant, les vents battent en plein et laissent les roches à nu.

Cependant à Siout, en remontant le fleuve, les montagnes, au couchant, sont aussi hautes, aussi à pic au-dessus de l'Égypte que celles du côté du levant, et elles continuent ainsi jusqu'au delà d'Esné

Il me semble donc probable que la vallée de l'Égypte est seulement formée par l'érosion produite par des grands cours d'eau.

A cette époque géologique, il pouvait exister d'autres cours d'eau dans des lieux aujourd'hui déserts, comme dans beaucoup d'autres que l'on nomme Bahr-béla-mâ. Il y en a partout, de ces Bahr-béla-mâ, un à l'ouest du Nil et des lacs Natron, un autre à l'ouest des oasis, un autre au levant sur la route de Corosco à Abou-Hamed un autre sur la route du mont Sinaï, etc.; mais de là, il ne faudrait pas déduire qu'ils fussent des lits anciens de fleuves ou de dérivations du Nil, aujourd'hui le seul fleuve de ces contrées. Les Arabes donnent ce nom de Bahr-béla-mâ (*le Fleuve sans Eau*) aux lits des vallées où il n'y a plus d'eau, où il n'en coule plus, sans rapporter cela à une époque géologique.

La vallée de l'Égypte étant donc une vallée de dénudation creusée par un fort cours d'eau, a été approfondie, et ce n'est que quand les eaux ont baissé leur niveau, en corrodant le sol, que leur pente, et par conséquent leur vitesse, en diminuant, ont permis premièrement aux graviers, sables et troubles qu'elles charriaient de se déposer, et qu'ensuite, les couches de limon apporté des contrées beaucoup plus au sud, où les pluies permettaient la végétation, ont pu se déposer et commencer à former le sol cultivable égyptien.

Alors le fleuve, le Nil d'aujourd'hui, s'est trouvé soumis, comme régime, aux lois de tous les fleuves de sa nature.

A mesure que les couches annuelles de limon se déposaient et empiétaient sur le bassin de la mer Méditerranée, le cours de ce fleuve s'étendait, sa pente diminuait, et il déposait encore plus de limon. En même temps que ses rives s'élevaient à chacune de ses crues périodiques, son lit suivait la même progression, et bientôt ses bords se trouvèrent plus élevés que les parties de terrain plus éloignées de son lit; c'est ce qui se voit encore. Pendant les crues annuelles, les eaux, trouvant les parties les plus éloignées du fleuve en contrebas, s'y précipitèrent et formèrent ces différents cours d'eau qui longent le désert libyque depuis la province actuelle de Farchiout, cours d'eau que l'on connaît sous les noms de : El-Homar, l'Assra, le Sohagiéh, le Bahr-Joussef surtout, et El-Bâten; ces derniers, aujourd'hui, sont plutôt des bas-fonds où les eaux d'inondation séjournent, que de véritables cours d'eau, comme, par exemple, dans les environs d'Emassi-el-Médine.

Le Nil, élevant donc annuellement le sol de la vallée dans laquelle il coule, ainsi que son lit, sera arrivé à une hauteur telle que ses crues auront atteint le niveau de la gorge d'Illaoun. Alors ses eaux auront coulé dans le Fayoum, et à la suite d'un grand nombre d'années, par suite du dépôt des couches successives du limon, le terrain du Fayoum sera devenu ce que nous le voyons aujourd'hui.

Ce qui pourrait faire penser qu'avant que les eaux du Nil ne pénétrassent dans le Fayoum, l'affaissement du sol avait déjà eu lieu en s'inclinant vers l'ouest et en se détachant de la partie élevée que nous voyons à l'ouest-nord-ouest au bord du lac, c'est ce que l'on voit que sur le premier plateau depuis Awarat-el-Macta au sortir de la gorge d'Illaoun jusqu'à Médinet, la couche de terre végétale est plus épaisse que sur le second, qui est entre Médinet et Senhour ; et que de la limite de ce second plateau jusqu'au lac, cette couche est bien moindre. D'ailleurs, c'est évidemment ce qui a dû arriver quand les eaux du fleuve auront commencé à entrer dans le Fayoum ; elles auront déposé moins de limon en se répandant plus loin, comme cela se voit partout, au débouché de vallées et de torrents dans la mer ou dans la plaine ; les eaux apportent des cailloux roulés, des sables, des terres qui s'épanouissent en forme de delta et s'arrondissent en surface courbe, puis les eaux creusent un lit dans la partie élevée de ces terrains apportés par le fleuve et forment plusieurs branches, comme cela arrive pour tous les deltas.

C'est donc ainsi que le sol cultivable du Fayoum aura été formé, à peu près comme nous le voyons aujourd'hui.

Les montagnes calcaires qui entourent entièrement le Fayoum à l'est et à l'ouest sont assez élevées, sans être pourtant de hautes montagnes. Au sud, elles sont moins abruptes ; la pente qui remonte à leur partie la plus élevée est beaucoup plus douce, et des versants viennent du sud vers Casr Kéiroun et au lac Garag, en passant par l'Ouadée Reyan ; au nord, ces versants sont peu de chose.

Ravins dans le Fayoum. — Le sol actuel du Fayoum est coupé par beaucoup de ravins dont les principaux prennent leur naissance dans la dérivation de Bahr Joussef, depuis Awarat-el-Macta jusqu'à Médinet ; ils se dirigent tous vers le Birket-el-Korn. Cependant, d'autres commencent seulement dans les terrains du premier plateau et même dans ceux du second.

Les principaux sont le Bahr-béla-mâ et le Bahr Neslet ou El-Ouadée.

Le premier part de Awarat-el-Macta où l'on voit un déversoir qui a été construit pour verser ses eaux dans le ravin et les conduire jusqu'à Tamiéh ; mais il a, un peu plus à l'ouest, une autre prise d'eau dans le Bahr Joussef. Cette prise d'eau est due à une grande rupture de la berge du Bahr Joussef arrivée pendant une inondation. Les eaux se précipitèrent avec une telle violence par cette brèche, qu'elles creusèrent ce ravin d'une manière désastreuse, et j'ai moi-même assisté à une autre rupture du travail qui a été fait en cet endroit pour reconstituer la berge du Bahr Joussef. Les eaux formaient un torrent impétueux ; le lit du Bahr-béla-mâ fut encore raviné, élargi, bouleversé ; des couches de calcaires furent détachées, et les eaux arrivant à Tamiéh bouleversèrent la digue en forte maçonnerie qui formait son déversoir et se précipitèrent dans le Birket-el-Korn. Ce ne fut que quand les eaux du Nil baissèrent assez pour qu'il n'y eût plus d'eau dans le Bahr Joussef qu'en très-petite quantité, que l'on pût fermer cette brèche et réparer la berge, ainsi que la digue du réservoir de Tamiéh.

L'autre grand ravin, le Bahr Neslet ou El-Ouadée, au lieu d'avoir son origine directement au Bahr Joussef, l'a dans une digue très-grande en maçonnerie à Miniet-el-Heit. Cette digue, aujourd'hui, sert, en retenant les eaux que le Bahr Joussef y laisse couler par plusieurs canaux, à préparer l'inondation du plus grand bassin de culture du Fayoum, celui où sont les villages de Toutoun et de Calamcha.

À la prise d'eau de ce ravin, ou plutôt au déversoir du bassin d'inondation dont nous venons de parler, les eaux ont plusieurs fois renversé les constructions du déversoir et de la digue, et se sont précipitées dans le ravin de Bahr Neslet, qui, alors, a présenté les mêmes phénomènes que celui de Bahr-béla-mâ.

Les autres ravins, qui n'ont pas leur naissance immédiatement au Bahr Joussef, auront été formés comme le Bahr Neslet par les eaux d'un bassin d'inondation où il se sera produit une rupture.

Les deux grands ravins, le Bahr-béla-mâ et le Bahr Neslet, de même que les autres du Fayoum, ne peuvent jamais avoir été creusés de main d'homme ; ils eussent été sans la moindre utilité, et leur existence est due aux seuls effets des eaux qui se sont précipitées accidentellement en cet endroit. Ce qui n'est point étonnant, avec une pente aussi considérable que celle qui existe entre la gorge d'Illaoun et le lac Korn, et avec un terrain si peu compacte et aussi friable que celui du Fayoum.

On ne doit pas assigner à ces ravins, tels que nous les voyons aujourd'hui, une origine fort ancienne ; et il semble assez clair qu'à une époque où le Fayoum était déjà cultivé, les eaux ont dû rompre leurs barrières et couler vers le lac, approfondissant sans cesse leur lit dans les terres du Fayoum. Ces dernières sont en effet très-maigres, très-friables, presque comme de la cendre ; ce sont les plus légères et les dernières déposées par les eaux. Elles ont dû y rester plus longtemps en suspension que les autres, et par conséquent elles n'ont pu opposer autant de résistance à l'action des eaux que les terres de l'Égypte.

D'ailleurs la pente est due ici à une différence de niveau de $61^m,80$ du point de la gorge d'Illaoun où coule la dérivation de Bahr Joussef au déversoir de Awarat-el-Macta jusqu'au lac Birket-el-Korn ; ce qui donne pour le Bahr-béla-mâ ou pour le Bahr Neslet une pente de $1^m,54$ par kilomètre.

Nous avons parlé du Bahr Joussef comme fournissant aujourd'hui des eaux au Fayoum, par une dérivation passant par la gorge d'Illaoun, par laquelle le Fayoum a été formé ; il faut donc aussi dire deux mots de ce cours d'eau.

Le Bahr Joussef. — Le Bahr Joussef, ou Bahr Youssef, est un cours d'eau naturel qui peut avoir existé de toute antiquité, mais qui n'a dû couler que pendant les inondations, et qui est certainement bien moins ancien que le Nil dont il n'a jamais été le véritable cours, car il coule dans les parties les plus basses des terres et le Nil, au contraire, dans les plus hautes.

Sa largeur est, en moyenne, de 50 à 60 mètres ; ses berges sont formées de limon, et elles sont à pic presque partout. Ce cours d'eau est tellement tourmenté qu'il a beaucoup plus de sinuosités que le Nil lui-même ; cela seul indiquerait d'une manière évidente qu'il n'a jamais été creusé de main d'homme. D'ailleurs, nulle part, sur ses bords, on ne voit de berges formées de terres de déblai provenant de l'excavation, ce qui se voit pourtant encore pour les canaux les plus anciens. Ce n'est seulement qu'à la prise d'eau actuelle du Bahr Joussef, jusque vers Geldé, que l'on voit de hautes berges qui proviennent du curage de ce cours d'eau qui, chaque année, se remplit de sable et de limon (1).

La prise d'eau ancienne du Bahr Joussef est, pendant les crues ou hautes eaux, à 27^m,55 plus haut à peu près que le seuil du canal à Awarat-el-Macta ou Illaoun.

D'après les citations des auteurs anciens, le Birket-el-Korn ne peut être le lac Mœris. — Après cette description du Fayoum, qu'il importait de connaître pour la question qui nous occupe et sur laquelle nous aurons occasion de revenir, il faut exposer le plus brièvement possible les données qui nous sont fournies par les auteurs anciens et les voyageurs, afin d'examiner si le Birket-el-Korn a pu satisfaire aux diverses conditions qu'imposent ces traditions historiques, et dans ce but nous exposerons quelques considérations préliminaires sur ce lac.

Le Birket-el-Korn peut être considéré sous deux aspects, comme ayant toujours eu le niveau qu'il a maintenant, ou comme ayant eu, à d'autres époques, et peut-être alternativement, une étendue plus considérable.

Nous ne parlerons pas de l'époque où tout le bassin du Fayoum était peut-être rempli d'eau jusqu'au niveau du premier plateau, car alors le Fayoum ne pouvait exister. C'est peut être à cette époque qu'il a pu exister un écoulement par le Bahr-béla-mâ,

---

(1) Depuis que le khédive a fait creuser le nouveau canal Ibraïmiéh, dont la prise d'eau est beaucoup plus haut, ce cours d'eau n'est plus aussi obstrué chaque année.

cette vallée qui se trouve à l'ouest des lacs Natron ; mais cela est néanmoins bien douteux.

Le lac est aujourd'hui à $61^m,83$ plus bas que le sol d'Awarat-el-Macta. En remplissant aujourd'hui le Fayoum à cette hauteur, les montagnes qui bordent le lac Korn vers le N.-O. sont beaucoup plus élevées que cela. La surface du lac actuel est plus basse que la Méditerranée de 29 mètres ; il faudrait donc, même pour atteindre ce niveau, qu'il montât jusqu'aux terrains cultivés du second plateau du Fayoum.

En résumé, de toutes les discussions déjà soutenues, on s'est arrêté de préférence à l'hypothèse qne le Birket-el-Korn avait anciennement pour limites, d'une part les montagnes qui le bordent actuellement au nord et à l'ouest, et de l'autre côté la ligne qui forme le second plateau.

Cette hypothèse présente à première vue quelques difficultés ; ainsi, entre les limites du second plateau et les bords actuels du lac, on rencontre quelques ruines, peu considérables, il est vrai, et dans la chaîne de montagnes, qui borde le lac au nord-ouest, on trouve quelques excavations qui ont servi de tombeaux; mais tout cela est beaucoup plus moderne que l'époque à laquelle le lac a dû être rempli jusqu'aux limites du premier plateau.

Dans la partie nord-ouest comme dans la partie sud-ouest et sud du lac, on voit bien des restes de terrains qui ont été cultivés, on y remarque même des petites couches de limon du Nil ; mais ces vestiges sont encore modernes et ce limon a été déposé par deux canaux d'irrigation dont on voit encore les traces. L'un est le Bahr Wardanne, qui a sa prise d'eau dans le Bahr Joussef avant d'arriver à Awarat el-Macta, et qui contourne toutes les terres cultivées pour aller se perdre dans les terrains à l'ouest de Tamiéh. L'autre est le Bahr-el-Garag et a dû porter anciennement ses eaux jusqu'aux environs de Casr Keiroun et de l'Ouadée Reyan.

On voit encore sur les bords du lac quelques ruines, celles en briques d'un bain, et le Casr Keiroun, qui se trouve sur la partie élevée hors de la limite où les eaux du lac ont pu atteindre.

Vansleb, qui fut au Fayoum en 1673, dit qu'on s'embarquait

à Senhour pour passer de l'autre côté du lac ; il faut entendre par là que c'était près du village de Senhour. Effectivement, en 1834 comme aujourd'hui, c'était encore à Senhour qu'étaient les pêcheurs, et on s'embarquait sur le lac plus près du village de Senhour que d'un autre.

Que conclure naturellement de tout ceci ? c'est qu'aux environs du Birket el-Korn, comme aux environs du Vésuve, comme en Hollande, malgré les catastrophes qui arrivent, l'habitation détruite est reconstruite à la même place où elle était, le propriétaire pensant qu'il n'est plus sous le coup d'un accident, qui pourtant peut se reproduire d'un jour à l'autre ; et que les voyageurs, qui ont vu de loin ou de près le Birket-el-Korn y seront allés, soit après qu'il aura été rempli par les ruptures des digues comme celles dont j'ai parlé pour le Bahr-béla-mâ, le Bahr Tamiéh, ou le Bahr Neslet, soit au contraire longtemps après, lorsque l'évaporation avait fait disparaître les eaux provenant des ruptures.

Quoi qu'il en soit, comme cette extension du lac Korn actuel jusqu'aux limites du second plateau du Fayoum a été favorable à l'opinion des personnes qui ont identifié le lac Mœris et le Birket-el-Korn, il importe de réfuter cette conception telle qu'on l'a énoncée ; d'autant plus que la plupart des arguments que j'aurai à opposer, s'appliqueront à la position du lac Mœris.

Hérodote dit : le lac Mœris a sa longueur dans la direction du nord au sud (1) ; et le lac d'aujourd'hui ou celui de Birket-el-Korn, a sa plus grande longueur dans la direction sud-ouest et nord-est.

Il dit aussi que *le Labyrinthe est un peu au-dessus du lac et en face de la ville de Crocodilopolis* (2). M. Jomard a parfaitement établi qu'on ne peut chercher le Labyrinthe ailleurs qu'aux environs de la pyramide d'Awarat. Les découvertes faites depuis l'époque de l'Expédition française ont mis hors de doute l'exactitude de cette position ; et si l'on ne voit pas plus de restes de

---

1 Hérodote, livre II, cap. 149.
2 Hérodote, lib. II, cap. 148.

cet immense édifice, c'est qu'il est recouvert comme je le dirai plus loin. Or la pyramide d'Awarat est à environ sept lieues du lac d'aujourd'hui et à cinq lieues et demie de la limite du second plateau. Comment alors ce lac occuperait-il donc l'emplacement du lac Mœris, qui devait être seulement un peu au-dessous du Labyrinthe et qui s'en trouve si éloigné.

Il résulte de ce que rapporte Diodore de Sicile, qu'on avait choisi vers l'entrée du lac un terrain convenable dans la Libye pour y construire le Labyrinthe (1). Cet auteur, d'accord avec Hérodote sur la proximité du Labyrinthe et du lac Mœris, nous permet donc encore de conclure que le Birket-el-Korn n'est pas le lac Mœris.

D'après Etienne de Byzance, la ville de Crocodilopolis était bâtie près du lac Mœris, et l'on peut même dire sur ses bords, selon la manière d'interpréter le texte (2). Il est certain que la ville de Crocodilopolis, qui plus tard a été celle d'Arsinoé, est bien l'immense emplacement couvert d'énormes décombres que l'on voit près, et au nord, de la ville de Médinet, capitale actuelle du Fayoum et que les Arabes ont nommée *Comfarès*. Le Labyrinthe est d'ailleurs près de la pyramide d'Awarat, et Strabon dit que la ville de Crocodilopolis est à cent stades ou 9.400 mètres au-dessous du Labyrinthe (3) ; Comfarès est à 8.600 mètres en ligne directe de la pyramide d'Awarat ; ce qui se rapporte assez, vu l'incertitude que laissent et l'expression de la distance d'une ville à un moment donné et la distance même, qui certainement n'a jamais été mesurée par ceux qui en parlent, ce que nous voyons journellement par tous les voyageurs.

Il est donc évident que ces décombres occupent bien la position de Crocodilopolis ; de plus ce point concorde aussi assez bien avec la latitude donnée par Ptolémée, quoiqu'il ne faille pas prendre ces latitudes et longitudes comme ayant été observées et calculées, mais comme déduites d'itinéraires ou de cartes de

---

1 Diodore de Sicile, lib. 1.

(2) Stephan Byzantin.

3 Strabon, lib. XVII, p. 812.

voyageurs, Ptolémée n'ayant pas été sur les lieux faire des observations.

Ainsi donc les décombres près Médinet-el-Fayoum donnant bien la position d'Arsinoé, comme elles se trouvent à une distance de trois lieues des limites les plus rapprochées du Birket-el-Korn, ce lac ne peut être celui de Mœris.

Pline dit que le lac était entre le nôme Arsinoïte et celui de Memphis (1).

La route la plus directe de Memphis au nôme Arsinoïte, la seule que l'on pouvait suivre par eau pendant l'inondation, devait être de remonter le Nil, d'entrer par le Fayoum en restant dans les terres cultivées, et c'est aujourd'hui encore la principale route.

On pouvait et l'on peut encore venir par le désert, et arriver à Tamiéh; ou bien, de Zawét-el-Maslout sur le Nil venir à Sélé; mais par ces deux routes le Birket-el-Korn ne pouvait se trouver sur la route du nôme Memphitique à celui d'Arsinoé; ce qui est encore une preuve que le Birket-el-Korn actuel n'est pas le lac Mœris.

Pomponius Mela dit que le lieu où est le lac Mœris avait été jadis une campagne (2); et ceci est à remarquer, à se rappeler quand nous parlerons de la vraie position du lac Mœris. Or le Birket-el-Korn n'a jamais pu présenter cet aspect; il est aujourd'hui, comme nous l'avons dit, à 29 mètres en contrebas de la mer (3) et à 50 ou 53 mètres plus bas que la surface du second plateau du Fayoum. Comment donc cet emplacement eût-il été une campagne avant d'être un lac; il a toujours dû, de même que les terrains qui se trouvent entre ses rives et le commencement des hauteurs qui vont rejoindre le second plateau, être imprégné de sels divers.

---

1 Pline, lib. V, cap. 9.

2 Pomponius Mela. De Situ Orbis, lib.I, p. 9.

(3) Ce n'est pas seulement le lac Korn qui offre ce phénomène; on sait quelle énorme dépression a la mer Morte au-dessous de la Méditerranée. Mais en Egypte même des lacs : comme ceux de Natron, ceux plus à l'ouest de Magarrah, ceux que l'on rencontre sur la route allant à Siwah, ceux près de cette oasis et celui plus à l'ouest encore, nommée l'Arachiéh, sont dans le même cas.

Ces lieux environnant le Birket-el-Korn ont toujours dû être à l'état de marais salants ou couverts d'eau ; et ils ont toujours été, depuis que le Fayoum a été habité, cultivé, un bassin d'écoulement pour les eaux d'irrigation du Fayoum. Ainsi, puisque ce que nous voyons aujourd'hui ne peut coïncider avec ce que dit Pomponius Mela : que le lac Mœris avait été une campagne, c'est un motif sérieux de plus pour croire que l'emplacement du Birket-el-Korn n'est pas celui du lac Mœris.

D'ailleurs si l'emplacement du lac Korn avait été jadis une campagne ; pour creuser ce lac, et le creuser à 29 mètres au-dessous de la mer, il eût fallu exécuter un travail encore plus grand que celui que M. Jomard attribue à ce creusement ; il eût fallu un million d'hommes pendant sept cent soixante ans ; encore compte-t-il à 4 mètres cubes par jour, et à ces distances, à ces hauteurs ce serait cent fois moins.

Hérodote nous fournit encore un passage remarquable sur le lac Mœris ; il dit qu'il formait un coude à l'occident, qu'il se portait au milieu des terres le long de la montagne au-dessus de Memphis, et il ajoute que sa figure était oblongue (1). Le lac actuel ne forme pas un coude à l'occident, il n'est pas non plus au milieu des terres, il est à l'extrémité des terrains cultivés ; ce n'est donc pas là que l'on doit chercher le lac Mœris.

Je sais que quelques écrivains ont voulu prendre le Casr Keiroun pour le Labyrinthe ; mais leur opinion est sans importance, car le Casr Keiroun est un petit monument bien moderne auprès de l'époque du Labyrinthe.

Hérodote donne au lac Mœris un circuit de trois mille six cents stades ou soixante shœnes (2), et en admettant que le petit stade, comme le pense aussi M. Jomard, ait eu 99^m,75, cela ferait pour les 3.600 stades de circuit un développement de 359.100 mètres.

Diodore suppose au lac Mœris la même mesure que celle que donne Hérodote (3) et semble l'avoir copié en cela comme en beaucoup d'autres choses.

---

(1) Hérodote, lib. II, cap. 150.
(2) Hérodote, lib. II, p. 149.
(3) Diodore, lib. I.

Pline attribue au lac Mœris pour contour deux cent cinquante mille pas ou deux cent cinquante milles, et il rapporte une autre mesure donnée par Mulcïn, laquelle serait de quatre cent cinquante milles (1) ; la première de ces mesures fait environ 469.442^m,75 en prenant le mille des itinéraires à 1.477^m,75 ; la seconde doit provenir des trois mille six cents stades indiqués par Hérodote, qui ne sont que de 99^m,75 et que l'on aura pris pour des stades olympiques qui sont de huit au mille d'Hérodote, ce que M. Jomard a d'ailleurs remarqué. En réduisant ces trois mille six cents stades olympiques, qui sont chacune de 184^m,72, en milles itinéraires, on a quatre cent cinquante milles.

Voilà donc bien trois mesures, qui toutes proviennent de celles données par Hérodote ; mais certainement cet historien n'a jamais lui-même mesuré le lac, il s'en sera rapporté à ce qu'on lui aura dit, et probablement qu'à cette époque comme encore de nos jours, on exagérait beaucoup. Cette tendance est tout à fait dans l'esprit des modernes comme des anciens Égyptiens ; on peut la constater également dans ce qui nous reste des anciens, comme dans la plupart des renseignements fournis à notre époque. Je pense par conséquent qu'il ne faut prendre aucune de ces mesures comme étant strictement exacte, mais seulement comme renseignement.

Pomponius Mela n'accorde que vingt milles de circuit au lac Mœris (2) et cette appréciation présente une énorme différence avec les mesures données avant lui ; on a supposé que le texte avait été altéré, mais il est aussi raisonnable de croire à cette mesure qu'à celles qui ont été citées précédemment ; elle peut servir à prouver que personne n'a mesuré le lac, et que sans doute, ainsi que nous l'avons déjà dit, les historiens et les voyageurs s'en rapportaient aux opinions diverses qu'ils entendaient énoncer à ce sujet, comme aussi à ce que d'autres avaient écrit avant eux.

Des auteurs plus modernes qui ont vu le Birket-el-Korn, d'au-

---

1 Pline, lib. V, cap.
2 Pomponius. De Situ Orbis, lib. I, cap. 9.

tres qui n'en ont jamais approché et qui ont toujours cru voir le lac Mœris dans une autre position qui n'était pas la sienne, d'autres enfin qui n'ont fait que lire ce qui avait été écrit et fait sur le lac Mœris, donnent aussi des dimensions et des positions tout à fait hypothétiques sur son étendue et sur sa position.

Paul Lucas attribue au lac Mœris de trente à quarante milles de circuit (1).

Pococke, avec le père Sicard, lui donne cinquante milles de longueur, et aussi le premier l'a-t-il estimé à trente milles en prenant toujours le Birket-el-Korn pour le lac Mœris (2).

Granger le fait de sept lieues de long (3).

Bossuet suppose au lac Mœris cent quatre-vingt lieues de contour (4).

D'Anville et de Pauw donnent au lac douze lieues de longueur (5).

Enfin M. Jomard donne au lac Keiroun, tel qu'il l'a vu, une longueur de douze lieues et un circuit de vingt-huit lieues. Mais en prenant les limites où il suppose que les eaux aient pu monter, c'est-à-dire à une hauteur à peu près de 7 à 10 mètres au-dessus des eaux à l'époque où il a visité le lac, le contour serait de trente-deux lieues, ce qui donnerait dans le premier cas un périmètre de 124.432 mètres et dans le second de 142.000; et certes, celles-ci peuvent être considérées comme bien suffisamment exactes pour la question qui nous occupe, car d'ailleurs M. Jomard a vu le lac, a marché sur ses bords, il était habitué à lever des cartes; et d'autres en même temps que lui et non moins exercés ont contourné le lac; puis enfin ces mesures s'accordent avec celles des cartes de la province du Fayoum, relevées depuis et d'après mes instructions, quand j'étais au Ministère des Travaux publics.

---

(1) Paul Lucas, 3ᵉ voyage, t. III, p. 63

(2) Description of the East by Rich, Pococke, t. II; et Mémoires des Missions dans le Levant, t. II et V, du père Sicard.

(3) Granger : Voyage en Égypte.

(4) Bossuet : Histoire universelle.

(5) Mémoire sur l'Égypte, p. 151, et Recherches philosophiques sur les Égyptiens.

On voit donc bien encore, d'après la diversité de toutes ces dimensions, soit entre elles, soit relativement à l'ancien lac Mœris, qu'il ne faut pas attacher une importance absolue à toutes ces mesures, afin d'en tirer des conclusions ou positives ou négatives sur l'identité de la position du Birket-el-Korn avec celle de l'ancien lac Mœris. Ceci, vu la nature des traditions, est un problème d'approximation ; et il suffit de ne pas s'écarter trop fortement des limites données par les auteurs anciens.

Ainsi les dimensions attribuées au lac Mœris sont trop incertaines pour que, si l'on trouve quelque coïncidence seulement entre elles et celles du Birket-el-Korn tel qu'il est aujourd'hui ou tel qu'il a pu être antérieurement, on puisse en déduire par ce seul fait que ce lac est bien le lac Mœris.

Hérodote donne au lac une profondeur de cinquante orgies (1), ce qui équivaudrait à environ 92 mètres. Or depuis la gorge d'Illaoun et le seuil du Bahr Joussef à Awarat-el-Macta jusqu'à la surface du lac, comme l'a vu M. Jomard et comme cela existait encore lorsque j'ai fait faire des nivellements, il y a 61^m,80. En mettant la profondeur des eaux du lac à 20^m,20, ce serait la mesure qu'Hérodote donne au lac ; et en supposant que tout le bassin du Fayoum fût ainsi rempli d'eau pour former le lac, il n'y aurait plus eu de nôme Arsinoïte, et plus aucun village, aussi bien de ceux qui sont sur le second plateau, que sur le premier ; de plus les dimensions du lac, dans ces conditions, eussent dépassé de dix fois les plus grandes énoncées ci-dessus.

Dans le cas même où l'on identifierait le lac Mœris avec le Birket-el-Korn il n'aurait jamais pu avoir cette profondeur, et il faut croire à une erreur de mesure ou d'unité de mesure. Mais Hérodote ajoute aussi une chose importante, c'est que la pyramide bâtie par Asychis était en briques faites avec du limon que des hommes retiraient du fond du lac avec des perches armées de crocs (2).

Ceci prouverait que le lac n'était pas si profond, car avec des perches on doit penser que l'on n'atteignait pas à plus de 4 mètres

---

(1) Hérodote, lib. II, cap. 149.
(2) Hérodote, lib. II, cap. 138.

environ. Ainsi Hérodote se contredit complétement dans ces deux mesures.

Ce fait se rapporterait peut-être à la profondeur du lac d'aujourd'hui ; mais son fond est formé de vase qui n'a jamais été propre à faire des briques ; et nous verrons bientôt, quand on parlera de l'utilité du lac Mœris, que ce fait a pu avoir lieu dans une autre localité.

Ainsi, comme nous avons vu d'ailleurs que le Birket-el-Korn ou le lac Keiroun n'a jamais pu atteindre ni la profondeur, ni les dimensions données par Hérodote, par conséquent, on ne peut rien conclure encore de l'identité de la position des deux lacs.

Hérodote dit aussi, et tous les auteurs sont d'accord avec lui et entre eux, que le lac Mœris avait été fait de main d'homme (1). quoique les uns disent *creusé*, et les autres, comme Pline, *formé*

Examinons cette question.

Les eaux du lac El-Korn actuel sont à peu près à 29 mètres en contre-bas de la mer et à 50 mètres au dessous de la surface des terrains du second plateau du Fayoum, où se trouvent tous les anciens villages. La profondeur de l'eau est en moyenne de 4 mètres ; on aurait donc creusé en partie dans le rocher à une profondeur de 57^m,20 sur une superficie de plus de 80 lieues carrées. On comprend bien que la chose ait été de toute impossibilité, et la supposition d'un semblable travail doit être rejetée parmi les fables. Où sont les déblais de cette excavation ? faudrait il encore conjecturer qu'ils ont été portés au Nil, ce qui aurait centuplé le travail si impraticable déjà, comme l'a fait voir M. Jomard ; et d'ailleurs dans quel but aller creuser un lac à 65 mètres plus bas que les terres de l'Égypte à Bénésouef, et plus bas encore de 33 mètres que les terres de la Basse-Égypte ; quel effet utile attendre d'un semblable travail ?

Le Birket el-Korn est donc bien un accident naturel du terrain ; et puisque tous les auteurs s'accordent à dire que le lac Mœris fut fait par le roi de ce nom, c'est que l'on ne doit pas le chercher où est le lac d'aujourd'hui.

---

(1) Hérodote, lib. II, cap. 150.

Le Birket-el-Korn n'a pu remplir le but utile du lac Mœris. — Sous d'autres rapports, encore bien plus graves que ceux dont nous venons de parler, nous verrons des motifs impérieux de rejeter de la discussion la comparaison du lac Mœris ; et quoique ce que nous allons dire se rapporte plutôt à l'utilité du lac Mœris comme modérateur des eaux du Nil qu'à ses dimensions, cependant ces deux points se tiennent et il est difficile de les séparer.

Hérodote dit que le lac Mœris recevait les eaux du Nil par des canaux souterrains, que ces eaux coulaient pendant six mois dans le lac et pendant six mois du lac dans le fleuve (1).

Diodore de Sicile rapporte que les débordements n'étant avantageux qu'autant qu'ils gardaient une certaine mesure, le lac Mœris donnait un écoulement aux eaux lorsque leur abondance les faisait séjourner trop longtemps dans les campagnes (2).

Selon Strabon la grandeur et la profondeur du lac le rendaient capable de recevoir à l'époque de l'inondation l'excédant des eaux sans déborder sur les campagnes habitées et cultivées, et de conserver ainsi que le canal assez d'eau pour suffire aux irrigations, lorsqu'à mesure que le Nil s'abaissait le lac se dégorgeait de son trop plein par l'une et l'autre des embouchures du canal. A cet effet on avait joint le secours de l'art ; chacune des bouches était fermée par des barrières au moyen desquelles les architectes réglaient l'entrée et la sortie de l'eau (3).

Nous voyons encore dans Hérodote que le lac se déchargeait dans la Syrte de Libye par un canal souterrain, renseignement qu'il tenait, dit-il, des habitants du pays (4).

Le second plateau est en contre-bas du sol de Bahr Joussef à Awarat-el-Macta, et ce dernier point n'a pu être plus bas puisque c'est le rocher ; ainsi toutes les eaux qui auraient pu se trouver dans le lac Mœris au dessous de ce point n'auraient pu être reversées vers les terres de l'Égypte par la gorge d'Illaoun, qui

---

1) Hérodote, lib. II, cap. 148.
2. Diodore, lib. I.
3 Strabon, lib. XVII, p. 811.
4 Hérodote, lib. II.

a été et est encore la seule issue pour le cours des eaux , et toutes celles qui auraient été dans le lac en contre-bas de ce point eussent donc été inutiles.

Les eaux supérieures à ce point auraient pu seules concourir à l'effet utile du lac ; mais alors elles auraient d'abord recouvert tout le plateau n° 2, pour être de niveau avec le sol du canal à Awarat-el-Macta, et elles auraient dû s'élever encore au delà pour pouvoir être reversées vers l'Égypte. Alors le Fayoum entier n'eût été qu'un vaste lac et avec une hauteur d'eau impossible à concilier avec l'existence de villes considérables qui formaient le nôme Crocodilopolite ou Arsinoïte, si riche selon tous les auteurs, le seul de l'Égypte, comme encore aujourd'hui, où il y ait des oliviers. La grande quantité de villes ruinées, abandonnées, comme Médinet-el-Mahdi, Médinet-el-Hati, Médinet-Nemroud, Casr-Keiroun, etc., indiquent aussi bien que celles qui existent encore, comme Sennoris, Senhoun et toutes les autres, que jamais cette partie n'a été sous les eaux, et elles datent du temps du lac Mœris et de Crocodilopolis.

Si jamais le Fayoum a été sous l'eau, comme nous l'avons supposé, c'est longtemps avant qu'il fût habitable et avant que que le lac Mœris existât. A l'époque où, par suite de l'exhaussement du lit du fleuve et du sol des terrains d'alluvion, les eaux s'échappèrent par la communication de la gorge d'Illaoun dans les basses terres du Fayoum, époque à laquelle tout ce pays dut être recouvert par les eaux, il n'y avait pas de campagne alors, pas de terrains d'alluvion, puisque le Nil n'en avait pas encore apporté : tout était roche, pierre ou sable.

Les traditions du pays sont d'accord avec ce que je dis sur la formation du Fayoum ; elles disent qu'avant Joseph, fils de Jacob, le Fayoum n'était qu'une mer, et qu'avant d'être cultivable, il avait été un marais ne servant que de lieu d'écoulement aux eaux de la Haute-Égypte.

En admettant encore, pour un moment, que le Birket-el-Korn ait eu pour limites celles du second plateau du Fayoum, voyons quels sont les changements de niveau que les eaux apportées par le Bahr Joussef, qui, de toute antiquité, a toujours conduit ses eaux dans le Fayoum, auraient pu faire subir.

La prise d'eau du Bahr Joussef, dans le Nil, à Deïrout-Chérif, est élevée au-dessus du sol de ce canal à Awarat-el-Macta, point invariable puisque c'est le rocher lui-même, de 27 mètres environ.

La longueur de ce canal, ou cours d'eau naturel, dont les sinuosités sont très-nombreuses, est, de sa prise d'eau à Awarat, de 330 kilomètres.

La vitesse des eaux, dans le Bahr Joussef, déduite et calculée sur ces données, ne fournirait qu'un résultat incertain à cause des sinuosités où la vitesse n'est pas régulière, à cause encore des variations fréquentes de sa largeur, de sa profondeur, des îles qui le divisent et des affluents qu'il reçoit par d'autres canaux venant du Nil. Nous aimons mieux alors nous en rapporter à des expériences directes et suffisamment multipliées pour que nous puissions compter sur leur résultat.

Ainsi, à l'époque des plus fortes crues, nous avons fait une opération près de Déachché et une autre à Behnessé, qui nous ont donné les résultats suivants :

Largeur du cours d'eau :

A la surface	64 mèt. cub.
Au plafond	54
Moyenne	50
La profondeur moyenne	7
La section	413
La vitesse à la surface en une minute	82
Vitesse moyenne	65, 6
Recette en une minute	27.092, 8

ce qui donne, en prenant la moyenne de la recette des eaux du Nil pendant une grande crue, au Gébel Cilcilly (Haute-Égypte), et dans la même circonstance au Caire, le rapport avec le Nil de $\frac{1}{24}$.

On ne peut supposer qu'anciennement cette recette d'eau ait été plus forte, puisque la pente n'a pu aller qu'en augmentant. Le lit du Nil, en effet, a dû s'élever à la prise d'eau, et le point de débouché dans le Fayoum, à Awarat-el-Macta, est un repère invariable à très-peu près.

Ainsi, pendant les trois mois que coule le Bahr Joussef dans le

Fayoum, ou cent jours, les eaux apportées formeront un cubage de 2.901.363.200 mètres cubes.

Le Birket-el-Korn a de surface aux basses eaux, comme il est souvent, 265.000.000 mètres carrés ; aux limites supposées du second plateau, en montant jusque-là, il aurait de surface 980.000.000 mètres carrés.

Comme la petite surface s'augmenterait considérablement au fur et à mesure que les eaux monteraient, nous compterons sur la grande dimension du lac, et alors on aurait une élévation de $3^m,9$, ce qui serait encore à $50^m,9$ en contre-bas du seuil d'Awarat-el-Macta.

Il résulte de ceci, très-clairement, que le Birket-el-Korn que l'on retrouve aujourd'hui dans le Fayoum, à quelque niveau qu'on le considère, n'a jamais pu jouer le rôle de modérateur du Nil et surtout servir aux irrigations, effet pourtant qui était le but utile du lac Mœris.

Bien certainement, d'après ce que nous venons d'exposer, le lac Mœris étant placé comme l'est le Birket-el-Korn, ne pouvait, comme le dit Strabon, rendre par deux embouchures les eaux qu'il avait reçues pendant les inondations, et cependant, comme on le voit, cet auteur affirme le fait.

Rien, non plus, ne nous indique qu'à une époque historique le Birket-el-Korn ait pu se décharger dans la Syrte libyque, à moins que ce ne soit, comme nous l'avons dit précédemment, à la formation des terrains d'alluvion du Fayoum, quand cette contrée était un immense lac, et par conséquent bien long-temps avant Mœris. Mais remarquons bien une chose, c'est que le Birket-el-Korn, par rapport à Arsinoé ou Crocodilopolis et au Fayoum, se trouve lui-même dans la Syrte libyque.

Diodore de Sicile dit qu'il y avait un grand canal servant de communication entre le Nil et le lac Mœris, qui avait 80 stades de longueur et 3 pheltres de largeur (1).

Strabon parle aussi de ce canal, en disant que le Labyrinthe est à 30 ou 40 stades plus loin que la première entrée dans le lac.

----

(1) Diodore de Sicile, lib. I.

Si le Birket-el-Korn est identique avec le Mœris, il est assez naturel de croire que le grand canal de communication dont parle Diodore est le Bahr-béla-mâ ou le Bahr Tamiéh ; mais cette supposition présente le même genre de difficultés que l'hypothèse qu'elle est appelée à soutenir.

Les dimensions du Bahr-béla-mâ ne se rapportent guère à celles citées ; la longueur du Bahr-béla-mâ est beaucoup trop grande. Ce ravin ne communique pas avec le Nil, mais bien avec un appendice du Bahr Joussef vers le Fayoum, qui n'est lui-même qu'une dérivation du fleuve, loin d'être le Nil lui-même.

Sa pente, du Bahr Joussef au lac Keiroun, est même très-forte : de $1^m,54$ par kilomètre. Comment expliquer, alors, qu'il servît au contraire à ramener les eaux surabondantes du lac vers l'Égypte, comme le dit Strabon dans la citation rapportée plus haut ? Comment admettre encore, même en négligeant cette contradiction, qu'anciennement on se fût astreint au long et pénible creusement du Bahr-béla-mâ pour faire couler vers le lac des eaux qui venaient d'une prise d'eau aussi élevée et qui passaient au point fixe d'Awarat-el-Macta, dont le niveau est de beaucoup supérieur à celui de ce ravin, tandis qu'en laissant seulement couler les eaux on pouvait raviner tout le pays, comme on le voit principalement dans le Bahr-béla-mâ et même au Bahr Neslet. L'exécution d'un semblable travail eût été en pure perte, d'ailleurs, puisqu'il ne pouvait ramener les eaux du lac vers l'Égypte, à cause de la contre-pente qui est si forte.

La position de Bahr-béla-mâ satisfait assez bien à la donnée de Strabon, qui place le Labyrinthe à 30 ou 40 stades de la première entrée du canal, car la pyramide en brique d'Awarat-el-Macta est à peu près à cette distance de l'embranchement de Bahr-béla-mâ dans le Bahr Joussef ; mais cette circonstance, d'ailleurs d'assez faible importance, n'infirme pas les raisons fondamentales qui nous empêchent de considérer ce ravin comme étant le canal de communication dont parle Strabon, et l'on verra plus loin que la distance de 30 ou 40 stades du Labyrinthe à la première entrée du canal peut s'adapter à un autre lieu.

D'autres particularités du lac Mœris sont encore à remarquer.

Hérodote dit que le pays où est le lac Mœris est sec et aride (1). Ceci, il est vrai, peut se rapporter au Birket-el-Korn, qui, d'un côté, a le désert libyque, comme il l'a toujours eu, mais qui, de l'autre, a eu, comme aujourd'hui encore, les terres cultivées du Fayoum. Cela peut parfaitement se rapporter à une autre position dont nous parlerons bientôt.

Hérodote dit aussi, en parlant de la profondeur du lac, qu'on voit deux pyramides presque au milieu du lac ; qu'elles ont 50 orgies de hauteur hors de l'eau et que leur base est recouverte par une pareille hauteur d'eau. Il ajoute que sur chacune de ces pyramides il y a une statue (2).

La profondeur des eaux de l'ancien lac Birket-el-Korn pouvait, comme nous l'avons établi, se compter, de la surface du second plateau jusqu'au fond du lac, à 57^m,80.

Hauteur de l'eau.	4,00	} 57,80
Hauteur du second plateau.	53,80	

Ainsi, si le Birket-el-Korn était le lac Mœris, les deux pyramides, qui avaient 100 orgies ou 184 mètres à partir du fond du lac, devraient dépasser non le plateau n° 2, mais celui n° 1, de 120 mètres. Alors, comment se fait-il que les eaux du Birket-el-Korn étant descendues autant en contre-bas du niveau que nous le supposons, n'aient pas laissé voir les restes d'une construction plus grande que celle de la pyramide de Giséh.

Pline dit qu'il y avait une grande pyramide dans le nôme Arsinoïte, deux dans le Memphitique, non loin du Labyrinthe, dans le lieu où fut le lac Mœris, c'est-à-dire la *Grande-Fosse* (3).

Pline affirme donc, comme Hérodote, qu'il y avait deux pyramides dans le lac ; mais aussi, d'après le passage de cet auteur, il semblerait que du temps où il écrivait, le lac était détruit ou ne fonctionnait plus, mais que les pyramides existaient toujours.

---

(1) Hérodote, lib. II, p. 149.
(2) Hérodote, lib. II, p. 149.
(3) Pline, lib. XXXVII, cap. 12.

Or, le Birket-el-Korn a dû exister sans interruption depuis que les eaux du Nil s'y sont écoulées ; il y a donc toujours eu de l'eau dans sa cuvette, et au moins autant qu'à présent.

Alors, si au temps où écrivait Pline, on eût pris le Birket-el-Korn pour le lac Mœris, il n'aurait pas écrit ces mots : *au lieu où fut le lac Mœris*. D'après ce passage, le lac Mœris n'aurait pas été le lac d'aujourd'hui ; d'ailleurs, comment le Birket el-Korn pourrait-il être détruit, à moins de le combler, chose impossible ?

La fin du passage est aussi fort remarquable : *le lac Mœris ou la Grande fosse*, ne peut pas désigner un lac et un autre lieu que le lac, ainsi qu'on l'a pensé de nos jours, pour expliquer l'effet utile du Birket-el-Korn, considéré comme identique au lac Mœris.

Ce mot de *Fosse* veut aussi bien dire un bassin artificiel qu'un canal formé de main d'homme, et cette expression ne peut s'appliquer à un lac naturel comme l'est le Birket-el-Korn.

Aujourd'hui encore, on distingue fort bien en Égypte un bassin formé par des digues, et que l'on nomme *Hod-el Khasné*, servant à inonder les terrains en y retenant les eaux, d'un lac naturel que l'on appelle *Birket*.

Nous avons passé en revue les différentes traditions qui nous sont parvenues, et l'on a pu voir que l'on ne pouvait, pour la plupart, les rapporter à la position du Birket-el-Korn ; mais ce qu'on ne rencontre pas surtout dans ce lac, c'est la possibilité d'une fonction utile analogue à celle qu'on attribue au lac Mœris ; cette fonction constituant cependant la donnée la plus positive, il paraît assez naturel de la prendre pour point de départ dans la recherche du véritable emplacement du lac Mœris, qui fut formé pour retenir les eaux apportées pendant les crues et, plus tard, arroser les terres quand les eaux manquaient ou s'étaient retirées.

Pour que pendant les crues le lac ait pu recevoir les eaux du Nil par une dérivation du Bahr Joussef, qui existait déjà, il fallait que son niveau fût inférieur à la prise d'eau du canal qui apportait les eaux ; et pour qu'en second lieu il pût renvoyer vers l'Égypte, ou les terres placées le long du fleuve, toutes les eaux qu'il renfermait et qu'il avait emmagasinées pendant les crues, il fallait naturellement qu'il fût placé de manière à ce que les eaux que ce lac pouvait contenir fussent élevées au-dessus du lieu où elles devaient se déverser et se rendre pour produire des irrigations artificielles, et par conséquent, il fallait qu'il dominât la gorge du Fayoum, c'est-à-dire le sol du Bahr Joussef à Awarat-el-Macta, où, comme nous l'avons dit, la roche elle-même forme le sol; puisque nous avons vu qu'il n'y a nulle part autour du Fayoum un lieu par lequel les eaux d'un canal quelconque situé dans ces contrées aient pu se déverser vers l'Égypte.

Nous répéterons encore ici que le Birket-el-Korn est de 29 mètres au-dessous du niveau de la mer; qu'il faudrait qu'il fût rempli à cette hauteur d'abord, puis encore à 217^m,78 pour arriver au niveau des terrains des environs du Caire; et enfin à un total de 61^m,80 pour arriver au sol de la gorge d'Il-laoun.

D'après ce qui précède et en y réfléchissant, ce serait dans la partie la plus élevée du Fayoum que l'on aurait dû chercher la position du lac Mœris, au lieu de s'attacher à en découvrir la situation dans la partie la plus basse.

Dans mes premiers voyages dans la province du Fayoum, et en parcourant toutes les routes qui y conduisent, j'avais été toujours préoccupé du lac Mœris, mais surtout de sa fonction utile; et je ne trouvais rien de satisfaisant.

Pourtant, je remarquai que, de nos jours encore, les habitants de la province du Fayoum ont conservé les traditions. pour ainsi dire vivantes, de l'existence du fameux lac Mœris.

Effectivement, tous les réservoirs que chaque grand village possède, comme Metartaris, Mahassara, Sennoris, Tamiéh, etc., ne sont en réalité que des petits lacs Mœris. On a choisi un lieu dans la plaine, on l'a entouré de digues, souvent en maçonneries considérables, et on le remplit pendant les hautes eaux à l'aide de petits canaux dérivés de la partie du Bahr Joussef allant d'Illaoun à Médinet; puis cette eau ainsi mise en réserve sert à l'arrosage des terrains environnants, qui sont plus bas que les eaux du réservoir; et quand les quantités d'eau apportées par le Bahr Joussef le permettent, on remplit plusieurs fois ces diminutifs du lac Mœris.

M. Jomard, dans les antiquités du Fayoum, cite un de ces réservoirs, remarquable par la maçonnerie qui le forme, et l'idée ne lui est pas venue que le lac Mœris devait être formé de la même manière.

Dans un de mes voyages, je m'étais arrêté dans le lit du Bahr-béla-mâ ou Bahr Tamiéh, à l'endroit où la route venant de Zawé-el-Mastoub rencontre ce ravin près de Sélé. L'endroit était très-agréable et rare dans ces contrées ; nous étions sur du gazon frais, au bord d'une eau courante, et pendant cette halte de repos, je regardais çà et là autour de moi les formations des talus du Bahr-béla-mâ, où il y a une couche de 7 à 8 mètres de limon sur des couches calcaires et argileuses.

J'aperçus au-dessus des couches de pierres, et au-dessus de celles du limon, la coupe tranversale d'un monticule, et cela sur les deux côtés du ravin ; ces deux coupes étaient perpendiculaires à la direction de la route : c'était donc les eaux qui avaient coulé dans ce ravin qui avaient fait ces deux coupes. Je me rappelai aussi que la route était très-droite, sur une hauteur qui dominait davantage les terrains au nord que ceux du sud ; et alors, pour me confirmer dans la réalité de ce souvenir et suivre l'idée qui se développait en moi, je me hâtai de gravir le talus du ravin, et je me trouvai effectivement sur un terrain élevé où se trouvait la grande route. Je vis alors distinctement, et à ne pouvoir en douter, que c'était une énorme digue très-droite, faite de main d'homme ; elle s'étendait, à l'est, jusqu'à un peu plus loin que les ruines que l'on trouve sur les bords de l'ancien canal de Wardanne. Ces ruines sont probablement celles d'un poste de gardiens pour la digue.

Le canal de Wardanne, le plus oriental de tous ceux du Fayoum, est abandonné maintenant ; il avait sa prise d'eau dans le Bahr Joussef, à l'est du déversoir d'Awarat-el-Macta.

Les dimensions de la digue, son état, sa composition, qui est d'un peu de terre, de beaucoup de cailloux, de gravier et d'argile, éveillèrent en moi la pensée que c'était un travail fort ancien et appartenant probablement au lac Mœris ; car les terres

composant la digue provenaient des parties de terrain inférieures aux couches de limon, qui étaient venues s'y déposer
plus tard.

Voulant immédiatement vérifier cette découverte, je repris
cette digue à son origine à l'est et la suivis jusqu'à El-Edoua;
toute cette partie était parfaitement alignée. Il en fut de même
jusqu'à El-Allam.

Le terrain au sud de cette digue était de deux mètres environ
en contre-bas du haut de cette chaussée, et de 8 à 9 mètres
vers le nord; différence qui s'explique par le dépôt de limon
dans l'intérieur du bassin formé par la digue, comme cela se
voit d'ailleurs à toutes les digues des bassins d'inondation de
l'Égypte.

Il est difficile de mesurer exactement la largeur de cette
digue, parce que le talus nord a une pente très-douce; au sud,
elle est recouverte par les alluvions plus modernes que sa construction; mais on peut l'estimer, au moins, à 60 mètres.

A El-Ellam, au village même, cette chaussée si remarquable
ne se voit plus; elle disparaît, ayant, sans doute, été emportée
autrefois par les eaux qu'elle retenait. Des lacunes semblables
se rencontrent sur d'autres points; mais les nombreuses traces
de ce travail se retrouvent en tant d'endroits que l'on peut sans
difficulté les réunir par la pensée et en faire une ligne continue,
qui est celle de la séparation du premier et du second plateau
du Fayoum.

Ainsi je la rencontrai aux environs de Biamo, au nord-ouest
et à l'ouest des deux constructions en pierres qu'on a prises
seulement pour des piédestaux de statues. De là en remontant
vers le sud-ouest, aux environs de Zawel-Caratça, entre ce village et les ruines de Crocodilopolis, j'aperçus les restes de
quelques parties de la digue se dirigeant vers les décombres.
Je la revis encore au sud-sud-est de Médinet, et je suppose
qu'elle a dû passer à Ebgig, El-Souafféna, Atamné, Giffara; puis
on la retrouve faite en maçonnerie sur une grande longueur,
passant pas loin du village de Miniet-el-Heït (1), village qui

____

(1) *Miniet*, veut dire porte; *Heït*, mur, muraille.

prend justement son nom de cette digue en maçonnerie. A cette digue est un déversoir formant la prise d'eau de Bahr Neslet ; elle continue ensuite jusqu'à Shek Nour, puis se dirige vers El-Garag, dans la plaine, où elle n'est plus bien marquée.

Auprès du Bahr Neslet, cette digue a environ 10 mètres de largeur ; on voit un fort talus vers le bas et des contreforts nombreux vers l'aval ; sa hauteur au Bahr Neslet est de 12 mètres, et l'on y a pratiqué des arches pour l'écoulement des eaux.

Dans cet endroit, le déversoir et la digue, comme à Tamiéh, sur le Bahr-béla-mâ, ont été souvent emportés par les eaux et reconstruits à nouveau sur place même ; on y voit une quantité de fortes pièces de maçonnerie culbutées dans le lit du ravin du Bahr Neslet.

Selon les traditions du lieu, cette digue aurait été primitivement l'œuvre des Pharaons.

Ainsi, qu'on suive sur la carte une ligne partant de Sélé au sud-est de ce village, se continuant jusque entre le Chek-Daniel et le village de Toutoun, tournant à l'est et revenant au nord par Calamchâ-Deïr, El-Nedlé, puis au Bahr Joussef ; remontant vers le sud-est au village de Dimichekin, prenant la digue de Pilawan, passant à Illaoun, suivant la digue de Gedallah, prenant par le désert et retournant à l'ouest près Awarat-el-Macta, suivant l'ancien canal de Wardanne, passant à la pyramide d'Awarat, au village de Demo et allant rejoindre le commencement de la digue au sud-est de Sélé ; toute l'étendue de terrain circonscrite par cette digue représente l'emplacement du lac Mœris.

Sur cette ligne et sur le bord du désert, on remarque de petites hauteurs de calcaire friable, qui ont été rongées à leurs bases par les eaux qui aujourd'hui ne les atteignent jamais, et c'est surtout depuis la ligne de Gedallah jusqu'au canal de Wardanne que cela est plus visible.

L'aire de tout ce terrain est de 405.479.000 mètres carrés, et ne s'accorde, il est vrai, ni avec la mesure donnée par Hérodote, adoptée par M. Jomard, ni avec les plus petites parmi celles données par les auteurs anciens ; elle est plus grande que quelques-unes et plus petite que la première ; mais nous avons vu quelle foi on devait avoir dans les dimensions données par les auteurs anciens.

La position du lac Mœris, comme je la donne ici, satisfait à toutes les conditions, surtout à celle de son but d'utilité, et l'on ne doit pas trop s'attacher à chercher dans le rapport des dimensions une exactitude scrupuleuse, que n'ont pu avoir aucune des mesures qui nous ont été transmises par les anciens, surtout quand toutes ces mesures sont si variées, et que celles que nous trouvons ne sont pas d'une différence inadmissible.

Pour établir maintenant la coïncidence qui existe, jusque dans les moindres détails, entre la position que nous indiquons pour celle du lac Mœris et celle du lac ancien, nous exposerons nos preuves dans le même ordre que celui que nous avons suivi pour démontrer que le Birket-el-Korn n'a jamais pu être le lac Mœris.

Rapports qui existent entre la position trouvée et celle du lac Mœris. — Le lac, placé dans la position que nous venons de décrire, se trouve, comme le dit Hérodote, présenter sa plus grande longueur du nord au sud.

Les positions du Labyrinthe et de la ville de Crocodilopolis étant, d'une part, à la pyramide d'Awarat-el-Macta, et de l'autre au nord de la ville de Médinet, où sont les nombreux décombres nommés comfarès, il se trouve que le Labyrinthe était bien auprès du lac.

L'endroit que l'on avait choisi pour le construire est effectivement, comme le dit Diodore de Sicile, dans la Libye, et situé d'une manière convenable, puisqu'il est situé, non dans les terres où se trouvait le lac, mais sur la lisière du désert et vers l'entrée du lac, au lieu où la chaîne s'ouvre pour former cette entrée et retourne au nord et au sud pour constituer le lac, comme on le voit sur la carte. Car, soit que l'on prenne l'entrée du lac à Illaoun, soit au contraire que l'on considère la gorge de l'entrée du Fayoum comme le canal de communication, le Labyrinthe, étant à la pyramide d'Awarat, se trouvait près de l'entrée du lac, surtout dans la dernière hypothèse.

La ville de Crocodilopolis, comme le dit Étienne de Byzance, était située près du lac et même sur son bord.

Comme Pline le dit, le lac se trouvait entre le nôme Arsinoïte et le nôme Memphitique; car en venant au Fayoum par Illaoun, ce qui était le chemin par eau le plus suivi probablement, comme encore aujourd'hui, avant d'arriver à Arsinoé, on rencontrait le lac, et même on y naviguait, comme on le voit dans Pomponius Mela (1).

Ainsi, la plus grande partie du nôme Arsinoïte était derrière le lac, ce qui a fait dire à Pline que le lac Mœris était entre ces deux nômes; et effectivement, encore aujourd'hui, toutes les terres et les villages sont à l'ouest de la position donnée ici au lac Mœris.

J'ajouterai, de plus, que, encore d'après Pomponius Mela, le lac pouvait recevoir de grands vaisseaux, qui servaient certainement à transporter les denrées de la préfecture depuis Crocodilopolis jusqu'au Nil, pour être ensuite dirigées dans toute l'Égypte, comme cela se fait encore de nos jours de Médinet à Illaoun par la dérivation du Bahr Joussef, et pendant l'inondation de ce point au fleuve, soit par le canal d'Abou-Ali, soit par le Bahr Joussef en le remontant (2).

Tout ceci se conçoit fort bien, le lac étant où je le place; mais en le supposant où est le Birket-el-Korn, à quoi eût servi de faire naviguer les barques sur ses eaux, puisqu'il est et était aux limites extrêmes de la province et aux confins du désert; il ne pouvait par conséquent servir de voie de communication.

La place que, selon nous, le lac occupait, avait été jadis une campagne, comme le dit Pomponius Mela; cette partie en effet aura dû être cultivée, étant la province la plus élevée du Fayoum; et plus tard on se sera servi de ces campagnes si appropriées au but qu'on se proposait. Il est à remarquer que dans toute cette étendue de terrain, on ne rencontre que quelques petits villages sans aucun signe d'antiquité.

En considérant le lac et sa communication avec le Nil par la gorge d'Illaoun, on voit qu'il fait un coude à l'ouest vers Biamo

---

1. Pomponius Mela, lib. I, cap. 9.
2. Aujourd'hui il y a une ligne ferrée de Médinet à Zawé-el-Massoub.

et qu'il se porte dans les terres le long de la montagne au-dessus de Memphis; c'est la partie depuis Awarat jusqu'à Sélé; on peut remarquer aussi que la forme du lac est un peu oblongue, ce qui se rapporte fort bien à ce que dit Hérodote.

Quant aux dimensions, ce serait le lieu d'en parler, selon l'ordre que nous avons établi; mais nous avons cru plus convenable d'en parler plus haut.

Utilité certaine du lac dans la position reconnue. — C'est dans le grand lac Mœris que se rendait le produit des fortes crues apportées par le Bahr Joussef ou le Nil, puisqu'il en est une grande dérivation, et dont la prise d'eau, étant comme nous l'avons dit à $27^m,99$ au-dessus du point fixe du rocher d'Awarat-el-Macta, permettait d'élever les eaux dans le lac aussi haut que les digues, qui formaient ce grand réservoir, pouvaient le permettre.

Nous avons vu que la recette fournie par le Bahr Joussef pendant le temps des crues était de 3.901.363.200 mètres cubes; ce volume, réparti sur la surface du lac, que nous avons estimée à 405.470.000 mètres carrés, devait produire une couche d'eau de $9^m,6$; ce qui pouvait être la retenue opérée par la digue, comme on la voit près de Sélé, au-dessus du plateau n° 2 et au-dessus du sol du fond du Bahr Joussef, à Awarat-el-Macta. En calculant l'évaporation d'après les observations faites pendant deux années sans interruption, ce serait, pour le temps écoulé du 1er novembre, où le lac pouvait être rempli, jusqu'au 1er août, temps où le Nil aurait recommencé à couler dans le lac, une déperdition de $0^m,009$ par jour, en moyenne, et de $2^m.43$ pour toute la saison, ou un volume d'eau de 986.313.970 mètres cubes.

Il y aurait donc eu pendant la période des arrosages un volume d'eau disponible de 2.915.049.230 mètres cubes, pouvant être renvoyé vers l'Égypte par la gorge d'Illaoun et pouvant servir à l'irrigation de toute la partie du Fayoum comprise par le plateau n° 2.

Aujourd'hui même le lac Mœris existe, pour ainsi dire, et sert à l'arrosage de tout le Fayoum : la partie du Bahr Joussef depuis Illaoun jusqu'à Médinet, et le grand bassin de distribution qui est dans cette ville, forment un bassin duquel partent tous les canaux d'arrosage de la province, qui portent leurs eaux jusqu'au Birket-el-Korn, et qui est toujours alimenté par le Bahr Joussef; pendant les crues, par les eaux venant directement du Nil, et pendant les étiages, lorsque les eaux du fleuve n'y entrent plus, par les eaux de sources qui surgissent de son plafond, particularité qui appartient au Bahr Joussef seul.

Admettons le cas où on se servait des eaux du lac pour les cultures, qui se font par irrigations ; ces cultures durent six mois, c'est-à-dire cent quatre-vingt-trois jours au plus, ce qui est beaucoup ; on sait, par un grand nombre d'expériences, que 20 mètres cubes d'eau par feddan et par jour pour les différentes cultures est une moyenne très-large ; ainsi pour les cent quatre-vingt-trois jours, il faudrait 3.660 mètres cubes par feddan ; on pouvait donc arroser une surface de 797.000 feddans.

Il faut remarquer que les eaux renvoyées par le lac Mœris ne pouvaient servir qu'à l'irrigation des territoires : de Bénésouef, de la partie du Fayoum non occupée par le lac, des environs de Giséh et de la partie du Béhéré d'aujourd'hui, à l'ouest de l'ancienne Branche Canopique jusqu'à Mariout.

Je ne présume pas que jamais il ait existé sur la Branche Canopique un pont aqueduc destiné à porter dans le Delta les eaux du lac Mœris ; les anciens auteurs en auraient fait mention, car c'eût été un travail aussi remarquable que d'autres dont ils nous donnent la description.

Toute l'étendue des terres que nous venons de désigner, et qui est la seule partie de l'Égypte susceptible de recevoir les eaux d'un lac placé dans le Fayoum, peut être évaluée comme il suit :

Le Fayoum sans l'emplacement du lac Mœris.	100.000 fed.
Bénésouef et environs.	100.000
Province de Giséh et partie du Béhéré à l'ouest de l'ancienne Branche Canopique jusqu'à Mariout . .	800.000
Total des feddans.	1.000.000

Ce sont aujourd'hui les terrains cultivés et ceux qui jadis l'ont été dans cette direction.

Si l'on se rapporte à ce qui se pratique aujourd'hui, la culture d'irrigation eût été bien loin d'atteindre le totalité de ces terrains ; il y en avait d'ensemencés par inondation, si non même le tout, et d'autres qu'on laissait reposer, comme cela se pratique encore actuellement dans le Fayoum.

Je ne puis donc admettre que, si à présent on ne cultive par voie d'irrigation qu'environ un huitième de la totalité des terrains dans la partie dont nous parlons, on cultivait plus des trois huitièmes au temps où le lac Mœris existait ; mais j'accorde le triple de culture par ce procédé d'irrigation à cette époque ancienne, où les moyens étaient plus faciles, puisque par les eaux du lac on n'avait pas besoin de machines pour irriguer, et où la population était, dit-on, sans doute, plus considérable, pourtant sans dépasser un chiffre double de celui qu'elle atteint maintenant.

Ainsi sur cette base, cela ferait alors 375.000 feddans du Fayoum à Mariout, cultivés pendant l'étiage par irrigation ; et aujourd'hui c'est à peine s'il y en a 60.000 feddans. ,

Pour cette culture, d'après ce que nous avons dit, à raison de 20 mètres cubes journellement par feddan, il aurait fallu par jour 750.000 mètres cubes d'eau, et pour toute la période des irrigations de cent quatre-vingt-trois jours : 1.372.500.000 mètres cubes.

Il restait donc encore dans le lac une réserve d'eau de 1.542.549.230 mètres cubes.

Avec ce volume d'eau, lorsque le temps de la crue était arrivé, et que par sa faiblesse elle ne permettait pas d'inonder entièrement les terres, ou bien si l'on voulait produire une inondation artificielle, on pouvait déverser sur les terrains, manquant d'eau et d'une surface de 141.259 feddans, une couche d'eau de 2^m,60 d'épaisseur en moyenne, ce qui a été reconnu, par beaucoup d'expériences, être nécessaire pour inonder les terrains pendant les crues (on sait que la surface d'un feddan égale 4.200 mètres carrés).

Et enfin dans le cas où on eut voulu employer toutes les eaux du lac à inonder des terrains, comme pendant les inondations, c'était 266.946 feddans que l'on eut couvert, mais pour compléter les inondations dans les mauvaises crues, on pouvait, en les augmentant de 50 centimètres, compléter l'irrigation de toute la partie de Bénesouef à Mariout.

Si le Nil était trop haut et que ses crues fissent craindre des dégâts, tels que cultures et villages submergés, digues rompues ; alors, comme nous avons vu que la recette par le Bahr Joussef était, pendant les hautes crues, de 39.013.633.200 mètres cubes ou la 24ᵉ partie de celle du fleuve, cette quantité d'eau détournée du fleuve était livrée à un écoulement salutaire. Il est clair que si encore aujourd'hui on produisait le même effet, par le même moyen, ce serait un grand bien dans certaines circonstances.

Le lac Mœris, placé où nous l'avons reconnu, remplissait donc le but que les traditions historiques lui attribuent.

Si après une trop forte inondation, et lorsqu'il restait encore dans le lac une quantité considérable d'eau dont on n'avait nullement besoin, il arrivait encore une grande crue ; pour conserver au lac Mœris sa propriété de lac d'écoulement, il fallait le décharger, et alors on laissait couler les eaux dans un lieu plus bas, c'est-à-dire dans le Birket-el-Korn actuel, qui existait de toute antiquité, et où elles se dissipaient par l'évaporation.

Les eaux apportées ainsi dans le Birket-el-Korn auraient produit dans ce lac une surélévation de 3ᵐ,9, qui aurait disparu par évaporation, pour lui rendre son niveau primitif, en 14 mois environ ; et ces eaux auraient pu monter beaucoup plus encore sans causer aucun dommage.

Il devait y avoir, dans la grande digue qui formait le lac Mœris, des ouvertures pour faire couler le trop plein, probablement dans le Bahr-béla-mâ près de Sélé et dans le Bahr Neslet à Miniet-el-Heit, ce qui aura été la première cause du creusement naturel de ces ravins. Ainsi le lac Mœris, placé toujours là où nous le disons, se déchargeait dans la Syrte de Libye, comme Hérodote nous le fait savoir ; et quoiqu'il dise par un canal souterrain, cela veut dire par un canal sous le sol plus bas que la plaine, comme le sont le Bahr-béla-mâ et le Bahr Neslet.

Les deux ouvertures, par lesquelles le lac Mœris recevait les

eaux et les rendait ensuite pour l'irrigation, devaient être naturellement à l'entrée de la dérivation du Bahr Joussef allant dans
le lac.

Le pont d'Illaoun, selon les traditions et selon les constructions de ses fondations, est fort ancien, et dans tout le pays on
lui attribue une grande importance qui est véritable ; car si
pendant les crues ce pont, qui supporte une grande pression,
venait à manquer, tout le Fayoum serait inondé et raviné par
les eaux : aussi ai-je fait construire en 1838 un autre barrage en
amont, par précaution.

A la digue de Gedallah dont j'ai parlé plus haut, entre le
pont d'Illaoun et la montagne, on trouve encore beaucoup de
restes de constructions d'une époque très-reculée ; c'est aussi
l'emplacement d'un ancien grand déversoir où depuis sa destruction, on en a construit un plus petit pour laisser entrer et
sortir les eaux d'inondation, qui du bassin de Cocheïché refluent
par là.

Les eaux étant apportées, comme nous l'avons dit, par le
Bahr Joussef qui a sa prise d'eau à 27^m 99 au-dessus du seuil
d'Awarat-el Macta, entraient au Fayoum, comme cela se pratique encore aujourd'hui, par le pont d'Illaoun et remplissaient
le lac jusqu'à la hauteur des digues ; celles que l'on nomme
aujourd'hui digues de Pilawan et de Gedallah retenaient les
eaux du côté des terres d'Égypte.

Quand le lac était rempli, le pont placé à Illaoun aujourd'hui
se fermait, et les eaux continuaient à couler par le Bahr Joussef
dans son lit, entre Illaoun et la petite île sablonneuse située vis-
à-vis, à l'est, et dont j'ai aussi parlé.

Enfin, lorsque les eaux avaient baissé dans le Bahr Joussef
et s'étaient retirées de dessus les terres, quand on voulait avoir
de l'eau pour compléter les inondations, ou bien pour les irrigations, alors on ouvrait le déversoir à la digue de Gedallah, et
les eaux se rendaient dans le cours du Bahr Joussef, jusqu'aux
environs d'Alexandrie, si on le voulait ; on pouvait aussi en
laisser échapper par le pont d'Illaoun : ainsi, de cette manière,
comme le dit Strabon, au moment du décroissement du Nil
l'eau sortait du lac par deux embouchures.

Canal de communication. — Aujourd'hui, comme il en était probablement autrefois, les barques pendant l'inondation viennent du Nil jusqu'au pont d'Illaoun par un grand canal que l'on nomme El-Magnoun ; là elles prennent les produits du Fayoum, qui sont aussi apportés en partie par des barques de Médinet à Illaoun sur la dérivation de Bahr Joussef.

Le canal El-Magnoun a sa prise d'eau dans le Nil au village de Béné Ali, il passe à Abou-sir-el-malag et se perd dans le Bahr Joussef en remontant vers le sud, entre la petite montagne formant une île vis-à-vis de la gorge d'Illaoun, où est la communication des terres de l'Égypte avec celles du Fayoum, et la chaine libyque ; il conduit au pont d'Illaoun où il se joint à l'ancienne dérivation du Bahr Joussef allant dans le Fayoum en amont du pont. Ce canal pendant l'inondation devait être, comme aujourd'hui, la route que l'on prenait pour arriver à l'entrée du canal de communication avec le lac ou à Illaoun, et comme on naviguait sur ce canal avec les mêmes barques qu'on avait sur le Nil, sans passer aucune écluse, sans transbordement, jusqu'à ce point on pouvait se considérer comme étant toujours sur le Nil.

Hérodote donne au canal de communication quatre-vingts stades de longueur, ce sont probablement des petits stades de $99^m,75$, ou une longueur totale de 79.800 mètres.

Strabon n'en donne que trente ou quarante, qui au contraire sont probablement aussi des grands stades de $184^m,72$, ce qui fait 73.880 mètres ; ces deux mesures se rapportent.

Strabon dit que le Labyrinthe est placé à cette distance de la première entrée du canal ; ainsi le Labyrinthe se trouvant positivement à la pyramide d'Awarat, la première entrée du canal devait être à la digue de Gedallah et la seconde à Illaoun ; alors la partie entre ce point et l'endroit où le lac s'élargissait au nord et au sud aura été appelée le canal de communication par Strabon.

D'ailleurs comme pendant l'inondation, seul temps pendant lequel on pouvait, ainsi qu'aujourd'hui, naviguer dans les canaux, on venait par le canal El-Magnoun et le Bahr Joussef jusqu'aux digues de Gedallah et Pilawan à Illaoun, c'était là

l'entrée de la dérivation allant au lac, la première à la digue de
Gedallah, la seconde à Illaoun ; et enfin le Labyrinthe se trouvait
à la distance indiquée par Hérodote et Strabon de la première
entrée du canal, puisqu'il y a à peu près cette distance du point
où il y a eu des constructions à la digue Gedallah jusqu'à la pyramide d'Awarat-el-Macta.

Particularités du lac Mœris. — Le lac, dans la position
que je lui ai trouvée, était dans un terrain sec et aride d'un
côté, tout aussi bien que s'il eût été à la place du Birket-el-
Korn ; c'était depuis Sélé jusqu'à El-Garag, puisque de ce côté
il était bordé à l'est par ia chaîne libyque.

Nous avons vu que le lac n'avait jamais pu avoir la profondeur indiquée par Hérodote, et que, sans doute, les écrits de cet
historien devaient à cet égard présenter quelque erreur ; mais il
est important de remarquer que dans l'emplacement que nous
attribuons au lac, sa profondeur permettait de retirer de son
fonds du limon pour fabriquer des briques, selon la deuxième
indication d'Hérodote ; d'ailleurs l'erreur probable que cet écrivain a commise dans la mesure explicite qu'il donne de la profondeur du lac, est liée aux dimensions des pyramides dont il
parle, et par conséquent ces pyramides ne pouvaient avoir la
hauteur de cent orgies ; mais il y avait des pyramides dans le
lac, suivant son récit confirmé à cet égard par Pline.

A Biamo on trouve, comme nous l'avons dit, deux constructions en pierre de taille que l'on a prises pour deux piédestaux de
statues. Ce sont deux masses informes aujourd'hui, en grosses
pierres de taille, qui s'élèvent au-dessus du sol : mais on peut
remarquer, si l'on y fait attention, qu'autour de ces blocs, il y a
au niveau du sol actuel une enceinte carrée, formée de grosses
pierres bien posées, et que ce qui reste debout se trouvait
presque au milieu de cette enceinte. Cet entourage carré a encore dans quelques endroits, au-dessus du sol, trois assises de
pierres ; l'enceinte du bloc le plus à l'est présente à celui des
angles qui est exposé au nord-est quatre assises de pierre
d'angle, formant l'arête d'une pyramide ; on ne peut s'y mé-
prendre, l'assise du bas est dégradée, mais celles du haut sont

bien conservées ; c'est ce que l'on peut voir dans le petit dessin qui se trouve sur la carte.

Ainsi il n'y a pas de doute que ces deux blocs aient fait partie du corps des pyramides, dont les pierres ont été enlevées pour servir à d'autres constructions, comme cela est encore l'usage quand on a besoin de bâtir, dans les environs, un petit pont, un déversoir, etc.

Ces deux pyramides ne se trouvaient pas au milieu du lac, mais dans le lac ; et comme elles étaient entourées d'eau, on a pu dire qu'on les apercevait au milieu.

On remarque encore fort bien, sur les pierres de l'enceinte, les traces des eaux qui ont baigné ces constructions.

Ces pyramides, ayant été posées sur le sol du terrain tel qu'il était lors de la formation du lac Mœris, peuvent être aujourd'hui enfouies d'environ 9 mètres, et pouvaient, lorsque le lac existait, avoir cette même partie sous l'eau ; celle qui est au-dessus du sol actuel peut avoir 10 mètres.

Ces deux constructions sont nommées dans le pays, Corsi-t-Pharaon ou *Chaises de Pharaon*, Pharaon étant pris pour tous les anciens rois d'Égypte. Voilà ce qui les aura fait nommer piédestaux de statues ; et en ceci encore la tradition, conservée dans la mémoire des habitants du pays, est d'accord avec ce que nous a transmis Hérodote, en disant que sur les pyramides il y avait des statues.

Causes de la destruction du lac Mœris. — Quand on exécuta le lac Mœris, les terrains n'étaient sans doute pas aussi élevés qu'ils le sont aujourd'hui ; ils ne devaient atteindre qu'à la hauteur, environ, où se trouve le fond du Bahr Joussef à Awarat-el-Macta ; et à celle du plateau n° 2.

A chaque inondation, les terrains du lac s'exhaussaient par l'apport successif du limon, le Bahr Joussef apportant toujours la même quantité d'eau, et l'époque d'une mauvaise administration ayant succédé au beau temps où des rois comme Mœris pensaient à immortaliser leur règne par des travaux d'une utilité générale et publique, on aura négligé les digues et les déversoirs, et alors le Bahr Joussef amenant toujours la même quantité d'eau, dans une forte crue, les eaux auront dé-

truit les digues en passant par dessus, auront emporté les déversoirs et détruit le lac Mœris; puis, coulant librement sans
être ni maîtrisées, ni guidées, elles auront sillonné le Fayoum
dans tous les sens et formé tous les grands ravins que nous
voyons aujourd'hui.

Les deux ravins du Bahr-béla-mâ et de Neslet, qui étaient les
canaux de décharge du lac Mœris, auront été approfondis; et
plus tard les eaux, arrivant toujours par le Bahr Joussef, elles
auront creusé le ravin depuis Sélé jusqu'à Awarat-el-Macta, et
depuis Neslet jusqu'à Miniet-el-Heït (1).

Enfin sous un gouvernement plus éclairé que celui qui avait
négligé le lac Mœris, on aura fermé le Bahr-béla-mâ à sa prise
d'eau au Bahr Joussef au déversoir d'Awarat et plus à l'ouest (2).

La longue discussion à laquelle nous venons de nous livrer,
et les détails que nous avons été obligés de fournir pour déterminer la position du lac Mœris, étaient nécessaires pour détruire l'erreur commise par tous ceux qui prenaient le Birket-
el-Korn pour le Mœris; et il ne nous reste plus, pour terminer
ce mémoire, que d'indiquer rapidement s'il serait avantageux
et facile de restaurer l'antique conception du lac Mœris.

La perte, que l'on ferait en restaurant le lac pour lui donner
son ancienne destination, serait celle de trois ou quatre misérables villages et d'environ quarante mille feddans de terres cultivées, espace occupé jadis par le lac; mais la compensation
serait de pouvoir cultiver par irrigation, pendant l'étiage 797.000
feddans, sans le secours d'aucune machine, et de pouvoir, dans
un autre cas, compléter, comme nous l'avons dit, dans une
mauvaise crue l'inondation des terrains.

Puis, dans le cas de crues extraordinaires, comme nous en
avons eu quelques-unes depuis 1840, le lac, remis en état, se-

---

(1) Ceci est conforme à la tradition du pays, qui dit que le Bahr
Neslet a été raviné comme il l'est par les eaux à la rupture de la digue
de Miniet-el-Heït.

(2) En 1823 cette fermeture a été rompue, et toutes les eaux se précipitèrent dans le lac en causant beaucoup de dégats; mais la même
année on construisit la forte maçonnerie qu'on y voit aujourd'hui.

rait encore un modérateur dans ces circonstances ; puisqu'il pourrait servir à recevoir et à déverser dans le Birket-el-Korn un vingt-quatrième des eaux du fleuve ; ce qui serait fort utile pour diminuer, d'une manière notable, les inondations dans la Moyenne et Basse-Égypte, si même on n'en était pas complétement préservé.

Le travail consisterait à reconstruire les digues et les déversoirs.

Longtemps après la destruction du lac Mœris, et depuis la domination des Grecs, des Romains et des Arabes, on a encore employé le Bahr Joussef et les deux ravins du Bahr-béla-mâ et de Neslet comme canaux d'écoulement vers le Birket-el-Korn : c'est dans ce but que l'on avait construit le déversoir de Awarat-el-Macta. Ce travail est pour ainsi dire encore complet, et à la hauteur à laquelle on doit craindre de voir arriver les eaux ; l'incurie et l'ignorance ont fait abandonner cet utile moyen de régler les crues trop fortes ; il serait d'une sage prévoyance de ne pas le négliger.

Nous ferons une seule remarque, qui concerne la reconstruction du lac, mais qui est tout à fait en dehors du moyen préservatif des écoulements des eaux contre les fortes crues ; c'est qu'aujourd'hui le sol du lac Mœris, qui était probablement au niveau de celui du second plateau, s'est élevé, pendant le temps que le lac Mœris a fonctionné, à une hauteur de 8 mètres au moins, et qu'il faudrait refaire les digues d'enceinte du lac à cette nouvelle hauteur au-dessus de celles dont on voit les restes ; ce qui exigerait un bien grand travail, celui de 21.131.000 mètres cubes.

L'ISTHME DE SUEZ ET SES CANAUX.

DESCRIPTION GÉOLOGIQUE ET FORMATION DE L'ISTHME.

Mes premiers voyages dans l'Isthme de Suez datent à peu près de l'époque de mon arrivée en Égypte , vers le commencement de l'année 1821 ; je m'occupais de géographie, d'antiquités, et mon attention fut naturellement portée sur tout ce qui avait rapport à l'histoire de la Bible, sur cette terre habitée par le peuple de Dieu, et sur les restes des travaux qu'on le força à exécuter ; tel fut le but de mes premières recherches.

Je visitai donc la terre que le patriarche Jacob reçut du Pharaon d'Égypte que servait son fils Joseph (1) ; je visitai les restes du canal qui joignait la mer Rouge au Nil et à la Méditerranée, ces restes d'enceintes et de villes anciennes ou forteresses, ces magasins bâtis en briques cuites au soleil que les Israélites furent contraints de construire pour le Pharaon qui les retenait en captivité.

Ce fut donc en 1822 que je fis une première tournée dans l'Isthme, précédemment j'avais déjà vu toute la côte depuis El-Arich jusqu'à Damiette.

Dans cette première excursion, je visitai tout le tracé de l'ancien canal de Trajan ou d'Adrien partant du vieux Caire et allant dans l'Ouadée rejoindre celui qui venait directement du Nil aux environs de Bubaste ; je fus, en suivant les traces du canal, jusqu'au lac Timsah, de là à Péluse et revins à Suez.

En 1823 je fis encore un autre voyage à peu près dans les mêmes lieux, mais cette fois je visitai aussi le désert des deux côtés du golfe de Suez, jusqu'aux couvents de Saint-Antoine et de Saint-Paul, jusqu'au Gebel-Zeit, sur la partie ouest de la mer Rouge, ensuite à l'est jusqu'à la Méditerranée au cap Casaroun ou cap Casius ; je restai six mois dans ces contrées.

C'est alors que l'esprit rempli de tout ce qui avait été écrit et fait sur l'Isthme de Suez et de ce que j'avais vu moi même, je commençai quelques études sérieuses et visitai tous les canaux qui viennent se décharger dans le lac Menzaléh ; je vécus alors dix-huit mois dans le désert situé entre le golfe d'Akabah-el-Arich et l'Égypte cultivée, y compris la péninsule du Mont-Sinaï, et le désert entre la mer Rouge et le Nil depuis la hauteur de Suez et du Caire jusqu'à celle de Bénésouef et de Gebel-Zeït.

En 1827 et 1829 je retournai encore dans l'Isthme que je vi-

____

(1) Voir pour tout ce Mémoire la planche III.

sitai de nouveau ainsi que ses environs, et c'est alors que je commençai les premières études d'un projet de communication entre les deux mers.

Je n'étais pas encore au service égyptien, j'avais terminé mon engagement avec la Société africaine pour laquelle je voyageais, j'étais libre de mes actions, et, avec le peu de moyens pécuniaires que j'avais à ma disposition, je fis pourtant, à cette époque, la vérification d'une partie du nivellement de l'Expédition française, depuis la mer Rouge, à Suez, jusqu'au fond de l'ancien bassin de l'Isthme au nord de ce que l'on nomme le Sérapéum.

C'est donc à cette époque que je commençai à étudier l'Isthme, non plus en historien et en géographe, mais bien en ingénieur.

Je venais de passer plus d'une année isolé dans une vallée du Mont Sinaï avec une bibliothèque choisie, afin d'étudier sérieusement et sans distractions pour acquérir ce qui me manquait de connaissances scientifiques ; afin de prendre du service près du gouvernement égyptien en qualité d'ingénieur, ce que plusieurs fois déjà S. A. Ibrahim-Pacha, père du vice-roi actuel, m'avait proposé.

En 1830 je fis encore une autre excursion dans l'Isthme sur le lac Menzaléh et à Péluse ; je vérifiai une autre partie du nivellement de M. Lepère, depuis la Méditerranée jusqu'aux environs d'Abou-Eurouq presque à l'extrémité des lagunes du lac Menzaléh, vers le sud.

Il me restait à vérifier le nivellement entre ce dernier point et celui où j'avais laissé ma première opération en partant de la mer Rouge, c'est-à-dire l'extrémité nord du bassin de l'Isthme, partie qui constitue véritablement l'Isthme ; mais je ne pouvais supposer qu'il y eût là une aussi grande erreur que celle qui a été commise dans le nivellement de 1799, puisque je n'en trouvais aucune de sensible dans les deux parties que j'avais déjà vérifiées.

En 1833, toujours préoccupé de l'Isthme de Suez et de la communication à y établir, quoique déjà au service égyptien, je terminai mon projet et je profitai des temps de congé pour faire plusieurs tournées dans l'Isthme, qui me servirent à faire la carte de ces contrées.

Enfin en 1840, je fus encore dans une partie de l'Isthme que je ne connaissais pas aussi bien que toutes les autres, afin de réunir toutes les observations et tous les documents dont j'avais besoin pour compléter ma carte.

Alors je dressai mon mémoire, je fis mes plans, mes métrés et devis.

Dans ce long travail dont M. de Lesseps en 1833 avait connu une grande partie, il y avait des détails sur la géographie ancienne, la géologie et l'histoire du canal.

C'est ce que je me propose de reproduire ici avec for. peu de changements, ou plutôt avec des augmentations, des vérifications que mes nombreux voyages dans l'Isthme depuis 1840, ainsi que les travaux préparatoires que j'ai fait exécuter pour la Compagnie du canal de Suez, m'ont mis à même d'y apporter.

Si je cite ici toutes les excursions et les travaux que j'ai faits dans l'Isthme, c'est pour que l'on puisse être persuadé que ce n'est point légèrement que je suis arrivé aux déterminations et aux conclusions que j'avance.

La plus grande partie de ceux qui ont anciennement écrit sur l'Isthme et sur le canal, comme aussi sur la géographie ancienne de cette partie, n'ont jamais vu l'Isthme ou au moins n'y ont pas séjourné; ceux qui y sont allés en passant, ont vu légèrement. Pour faire des recherches de géographie ancienne, il faut séjourner, étudier le terrain pas à pas; la moindre chose est un indice; un reste de construction, une pierre, un petit monticule, un reste de digue souvent vous conduit à une conclusion. Le voyageur qui passe sur sa monture, fatigué, brûlé par le soleil, pouvant à peine regarder le sol éclatant de lumière, ne peut remarquer comme celui qui vit dans le désert.

Celui qui ne fait que passer ne peut causer avec les Arabes habitants des lieux qu'il traverse: c'est dans les causeries du soir. près du feu établi en plein air, que les Bédouins vous parlent de leurs traditions, de leurs légendes, des choses remarquables de leur pays; il y a toujours là quelque chose à apprendre, en vérifiant autant que possible ce que l'on a entendu: et, quoique souvent j'ai eu des déceptions, cependant j'ai rarement été entièrement trompé sur ce que j'allais chercher ou voir, d'après le dire des arabes avec lesquels je m'étais lié.

Je ne citerai ici aucun des auteurs modernes qui ont écrit sur le même sujet que je vais traiter ; il serait trop long de les réfuter dans les erreurs qu'ils ont commises, et je ne citerai que les anciens auteurs jusqu'à D'Anville ; mais ce qui a été fait jusqu'à ce jour de mieux, de plus savamment exposé sur l'Isthme de Suez, c'est certainement et sans contredit ce qui est dans l'ouvrage de la Commission française de l'Expédition d'Égypte ; et si ce que je fais ici est plus complet, c'est que je suis resté longtemps sur les lieux, que j'ai eu les moyens d'avoir tous les renseignements que j'ai désirés, et que j'ai profité de ce que mes prédécesseurs avaient fait.

Quant à ce qui a été dit depuis l'Expédition française, je ne connais rien de complet sur l'Isthme de Suez, sur ses anciens canaux, ni sur sa géographie ancienne. M. Brugsch a écrit ses recherches à ce sujet ; malheureusement cela est en allemand, langue que je n'ai pas l'avantage de connaître.

Quoique la formation géologique de l'Isthme de Suez puisse sembler, à première vue, étrangère à sa géographie ancienne ainsi qu'à l'histoire de son ancien canal, il y a pourtant différentes questions qui sont assez liées avec les faits géologiques qui ont eu lieu, pour qu'il soit indispensable de parler au moins superficiellement de la formation de l'Isthme et des déserts qui y touchent pour ainsi dire.

Ces déserts (voyez la Planche I) comprennent tout le pays, qui serait circonscrit par une ligne partant de Suez, remontant au sud le long de la mer Rouge jusqu'à la montagne d'Abou Daragué, à dix lieues de Suez, puis allant à l'ouest rejoindre la montagne de Cherg Atfieh, qui est la prolongation de celle de Torah-et-Mahassara-Elouan, ou le mont Mecattam (1), tournant au nord le long des terres cultivées et le désert, jusqu'à la Méditerranée, puis de la montagne de Thich, sur le côté du levant de la mer Rouge, à la hauteur d'Abou Daragué et allant rejoindre au nord, la Méditerranée vers Katiéh et le cap Casaroun.

---

(1) Ce qui veut dire : *fermé, bouché.*

L'Isthme, qui comprend la distance entre Suez et Péluse, partagerait à peu près, du nord au sud, en deux parties égales cette étendue de désert.

La montagne d'Abou Daraguè est élevée au-dessus de la mer Rouge d'environ 800 mètres; elle est l'extrémité orientale d'une chaîne qui court vers l'ouest-nord-ouest, et qui va aboutir sur le Nil au Gebel Torah et Mahassara, où elle est moins élevée.

Ce nom d'Abou Daragué lui a été donné parce que sur le bord de la mer Rouge, au pied de la montagne, sont les ruines d'un ancien couvent où il y a des escaliers qui, en arabe, se nomment *daragué*; il sont en partie creusés dans le roc et conduisaient à une source.

Cette chaîne se continue de la mer jusqu'au Nil, et quoiqu'elle soit entrecoupée de ravins qui ont leur origine dans cette chaîne et qui coulent vers le nord, il ne s'y trouve aucun passage ou route praticable pour des caravanes allant du nord vers le sud; il n'y a de passage que sur le bord de la mer au pied de la montagne, où l'on passe à marée basse avec les pieds dans l'eau, ou sur le revers de cette montagne par un chemin assez dangereux, que les Arabes ne prennent ordinairement que lorsqu'ils sont à pied ou à dromadaire léger; ce passage peut d'ailleurs être facilement obstrué avec quelques pierres.

Du côté de l'Égypte, il faut remonter le long des terres cultivées à plus de dix lieues pour trouver une gorge praticable, celle de Cherq-Atfiéh. Sur cette chaîne on voit un plateau incliné vers le sud, mais formant presque une falaise vers le nord. Elle appartient aux terrains secondaires, et elle est de formation calcaire sans beaucoup de variétés. Toutes les différentes stratifications qui la composent sont, pour ainsi dire, parallèles entre elles; elles ont quatre inclinaisons différentes peu marquées, il est vrai, de l'est à l'ouest, mais elles sont toutes inclinées vers le sud; et du plateau au sud de la chaîne d'Abou Daragué, tous les ravins de ce côté vont se perdre dans une grande vallée débouchant à la mer, c'est celle de l'Arabah, et dans une autre nommée Ouadée Sennour, qui va rejoindre le Nil vis-à-vis de Bénésouef (1).

Les ravins du nord se dirigent : pour la partie orientale, vers une vallée débouchant à la mer au lieu nommé El Khrouébé, au nord et au pied de la montagne d'Abou Daraguè; et pour la partie occidentale, en se réunissant dans l'Ouadée ou vallée Tarabut. Les ravins, qui sont peu considérables de ce côté, viennent aboutir aux terres cultivées sur les bords du Nil entre Torah et Bassatine (2).

Toutes les couches de cette chaîne, qui ont plus ou moins d'épaisseur et sont plus ou moins compactes, sont séparées entre elles par de petites couches d'argile. Les calcaires des couches supérieures sont souvent mêlés d'un grès coquillier, composé presque en entier de coquilles pétrifiées à l'état siliceux ; dans d'autres parties, elles sont fossiles.

On trouve aussi beaucoup de formations de sulfate de chaux ou gypseuses; et dans les plus grands ravins de cette chaîne d'Abou Daragué, particulièrement ceux qui coulent à El Krouébet et surtout dans celui nommé Ouadée Caffour, il y a de beaux gisements d'un calcaire lithographique, qui fournit une excellente chaux hydraulique.

Dans cette chaine d'Abou Daraguè, à moitié distance du Nil à la mer Rouge, se trouve l'origine d'un grand ravin, qui court directement au nord-ouest et vient déboucher dans des terres cultivées juste à la ville de Bulbeïs.

---

(1) Voir planche IV, n° 1 et 2.

(2) Cette vallée a été nommée par plusieurs voyageurs et auteurs, qui ont parlé de la fuite des Hébreux, *Ouadée-Thiéh*, ou de *l'Égarement*. Celle-ci se trouve à l'est de la mer Rouge, dans le pays de la tribu des Arabes Thiéh, ou *égarés*. Non qu'ils fussent *égarés* dans le désert, mais égarés au figuré, moralement, mieux encore religieusement, parce que anciennement ils ne suivaient pas la vraie religion mahométane; d'autres prétendent que c'est dans ce désert que les Israélites s'égarèrent, selon la Bible, et que le nom de Gebel-Thiéh a été donné à ce désert à cause de ce fait, et les Arabes de cette contrée ont ensuite pris le nom du désert qu'ils occupaient et où est encore leur principale résidence. *Tarabut* ou *Térah-el-but*, veut dire : *térah*, paître, *et but*, troupeau de chameaux. C'est la tribut des Térah-el-but qui a donné son nom à cette vallée.

Nous signalerons en passant un fait, c'est que depuis la hauteur de dix milles au-dessus du Caire, toutes les grandes vallées ou *ouadées*, lits de torrents qui coupent le désert, jusqu'à la hauteur de Thèbes à peu près, coulent du nord-nord-est au sud-sud-ouest : par exemple, la vallée de Sennour a son origine dans la chaîne d'Abou Daragué et vient déboucher au Nil près de Bénésouef; la vallée de Kennèh a son origine à la hauteur de Miniet à peu près, dans les montagnes près la mer Rouge entre l'Ouadée Arabah et cette mer, et va déboucher à Kennéh même sur le Nil; par conséquent le point culminant ou du partage des eaux est dans la chaîne qui longe la mer Rouge, et plus près de cette mer que du Nil; seulement les vallées qui débouchent à la mer y vont directement, sans courir au sud, comme le font celles qui se dirigent du côté de l'Égypte.

Au nord de cette chaîne d'Abou Daragué en est une autre, qui commence à la montagne d'Attaka à Suez même, et court à l'ouest jusqu'à la montagne du Caire nommée Gebel Diouchi, et qui se prolonge le long du Nil, du nord au sud, depuis la partie nord de la ville du Caire, jusqu'à la vallée des Tarabut dont nous venons de parler et de là tourne vers l'est

La montagne d'Attaka court aussi du nord au sud du côté de l'est; elle borde, pour ainsi dire, le fond de la mer Rouge et le commencement de l'Isthme pour tourner ensuite à ses deux extrémités sud et nord vers l'ouest.

Le Gebel Attaka, qui veut dire *Montagne de la Délivrance*, est plus élevé que le Gebel Diouchi; il a environ 850 mètres au-dessus du niveau de la mer. Cette chaîne est continue de la mer Rouge au Nil, et n'est coupée que par une vallée, celle de Gandalli, venant de la chaîne d'Abou Daragué et se dirigeant vers le nord.

La chaîne d'Attaka forme un point culminant dont des ravins, depuis l'Attaka jusqu'à Gandalli, déterminent des vallées qui conduisent leurs eaux quand il pleut au sud-est, et se réunissent à El Gouebi, dont nous avons parlé. Dans la partie de Gandalli au Gebel Diouchi, les eaux de pluies coulent du versant sud dans l'Ouadée Tarabut, et peu dans la vallée de Gandalli.

Du côté du nord, les ravins de la montagne d'Attaka portent

leurs eaux, en la contournant, jusqu'à Suez même, au lieu
nommé El Gisr, où il y a un grand réservoir formé par des
digues en terre, qui conservent les eaux plus de deux mois
quand la pluie a été abondante.

Plus à l'ouest que le véritable groupe d'Attaka, les ravins
portant leurs eaux dans la vallée de Gandalli, comme aussi
ceux qui sont à l'ouest de cette vallée ; une faible partie de ces
eaux va seule du côté des terres cultivées de l'Égypte.

Les terrains de cette chaîne sont secondaires, comme ceux
de la chaîne d'Abou Daraguè ; ses stratifications sont aussi disposées de la même manière. Sur les plateaux de cette chaîne,
on trouve des grès calcaires et coquilliers, et à la surface, des
bancs de coquilles marines, surtout des huîtres, qui semblent
encore sorties de la mer depuis peu.

Dans cette chaîne, il y a quelques affaissements ou enfonce-
ments ; l'un d'eux est à moitié route du Gebel-Diouchi à Gandalli : il s'y trouve des terrains ferrugineux avec quelques cristaux de grenats dans des grès.

Au nord de cette chaîne d'Attaka, il en est une autre bien
moins élevée, qui est parallèle aux deux précédentes et conserve la même qualité de terrains ; seulement, les calcaires qui
la forment sont moins compactes, moins bien stratifiés.

Cette chaîne, qui est celle d'Awebet, ne commence pas aussi
vers l'est que les précédentes, mais seulement au Gebel Awebet,
qui est entièrement séparée de la plaine au sud et au nord, et
qui se trouve beaucoup plus vers l'ouest que le Gebel Attaka ;
elle court à l'ouest jusqu'aux terres cultivées de l'Égypte, en
venant y mourir en pente douce. Elle est aussi traversée par
l'Ouadée-Gandalli.

Enfin, au nord de cette petite chaîne d'Awebet, il en est encore une autre bien moins remarquable : mais elle commence
plus à l'est, comme le Gebel Attaka, où elle est formée par la
montagne de Généffé, qui borde aussi une partie de l'Isthme du
nord au sud, va à l'ouest parallèlement aux autres jusqu'à une
hauteur sur le bord des terres cultivées au village de Menayer. Cette chaîne est basse ; les ravins de son versant méridional viennent tous rejoindre le ravin de Gandalli, et une pe-

tite partie pénètre directement en Égypte entre Bulbeïs et l'Ouadée.

Cette chaîne, que je nomme Généffé, a une petite ramifi-cation, qui part d'un lieu nommé Mecassar Rahiéh (qui veut dire *le lieu où l'on casse* : on y exploite des meules de petits mou-lins à bras) et se dirige vers l'est-sud-est jusqu'à Chalouf Ette-rabba, petite hauteur calcaire qui se trouve dans la ligne directe de Suez allant au nord. Nous reviendrons sur ce point plus tard.

Cette montagne de Généffé est élevée sur le côté oriental et domine le grand bassin de l'Isthme. Elle est composée de ter-rains secondaires, et dans plusieurs parties, on y trouve des gisements ou plutôt des dépôts d'albâtre ou de sulfate de chaux et des gypses, comme dans les montagnes du désert, à l'est de Bénésouef. Cette petite chaîne, dans sa longueur de l'est à l'ouest, est aussi coupée par une seule vallée, celle de Gandalli.

L'ensemble de ces quatre différentes chaînes, pour ainsi dire parallèles, a dû primitivement former un seul plateau incliné vers le nord; par une révolution de la terre, ce plateau a subi un dérangement, il s'est affaissé ou soulevé dans quatre parties, et a formé quatre plateaux différents, non horizontaux mais inclinés du nord au sud (1).

De sorte que, si l'on fait un profil du nord au sud depuis la Méditerranée jusqu'à la chaîne d'Abou Daraguè, on voit, comme nous l'avons dit, que les chaînes et les plateaux ne formaient primitivement qu'un même plateau avec une pente régulière du sud au nord, et que maintenant ce plateau est partagé en qua-tre étages, que le plateau de chaque étage est incliné vers le sud, avec une pente contraire à la pente générale, jusqu'au pied du plateau qui est plus au sud que lui.

Puis sur la longueur de chaque plateau de l'est à l'ouest, il y a quatre pentes et deux points de partage (voir les profils Pl. IV, n° 1 et 2).

De la mer ou de la partie basse de l'Isthme la pente va en montant sur environ un quart de la distance ; de là, cette pente

---

(1) Voir la planche IV, n° 1.

descend jusque vers le milieu de cette distance, puis remonte encore, et descend enfin vers le Nil.

La partie basse du milieu est une vallée du nom de Gandalli, comme nous l'avons dit ; elle a son origine à la chaîne d'Abou Daraguè, traverse les autres en courant au nord, et vient déboucher à Bulbeïs aux terres cultivées. C'est la seule vallée dans cette partie qui ait été formée par un mouvement du sol, par un affaissement ; toutes les autres, qui sillonnent ces parties dont nous parlons, sont des vallées ou ravins formés par dénudation ou par des cours d'eau qui ont creusé leur lit dans les différents plateaux.

Les eaux dans toutes ces parties que nous venons de décrire sont rares ; dans la montagne d'Abou Daraguè, au lieu nommé El Khrouébé, et vers le nord, en creusant on trouve des eaux potables, qui proviennent de celles apportées par les ravins quand il pleut ; elles se trouvent à trois et quatre mètres au-dessous du sol, quelquefois moins, selon les pluies ; mais à Khrouébé même, endroit qui veut dire *bois*, où il y a beaucoup de broussailles, de roseaux, de joncs, c'est un terrain marécageux près de la mer ; il y a une belle source jaillissante, qui coule abondamment vers la mer ; elle est très-claire, mais tellement chargée de soufre et de différents sels que malheureusement elle n'est pas potable ; c'est à peu près la même que celle de Elouan au-dessus du Caire, mais avec beaucoup plus d'abondance.

Toutes les autres eaux ne proviennent que des pluies, elles sont conservées, naturellement, dans des trous de rochers, espèces de réservoirs, et souterrainement, où au moyen de quelques puits on peut les recueillir ; mais elles sont rarement bonnes. Dans la vallée de Gandalli, à l'endroit où elle coupe la chaîne d'Attaka, il y a plusieurs puits ou l'eau est potable.

Dans ces quatre chaînes, mais surtout dans celle d'Attaka, plusieurs formations qui composent ces terrains secondaires sont à remarquer. Il se trouve des fossiles dans toutes les couches calcaires ; celles qui sont les plus compactes sont du travertin avec moins de coquilles ; toutes celles que j'ai remarquées sont marines partout, seulement, lorsqu'elles se trouvent dans les couches tout à fait supérieures comme celles du Gebel-

Diouchi au Caire, qui appartiennent au calcaire siliceux, les coquilles sont encore siliceuses et pétrifiées. On y trouve encore de grands bancs d'argile de l'épaisseur de deux à trois mètres, superposés à des calcaires, qui sont souvent marneux; dans ces bancs d'argile, où l'on remarque des petites veines de gypse, il y a une immense quantité de cailloux d'Égypte.

Ces cailloux ne sont pas ce que l'on peut appeler cailloux roulés; ceux qui peuvent porter ce nom sont des parties de roches qui ont été détachées des montagnes, entraînées par les eaux soit vers la mer, soit dans un torrent; le mouvement continuel des eaux, le frottement de ces parties les unes contre les autres et sur les sables de la mer ou des fleuves, en les usant, les a arrondies. Dans ces espèces de cailloux roulés, la partie supérieure est la même qu'à l'intérieur.

Les cailloux dits égyptiens, qui sont souvent presque des jaspes, sont d'une formation bien différente et ne doivent plus leur forme ronde à une action lente du mouvement des eaux et à l'usure par le frottement.

Ces cailloux d'Égypte sont composés à l'intérieur de couches sphériques, concentriques, superposées, qui, vers le centre, se confondent souvent et représentent de jolis dessins; les couleurs en sont quelquefois fort vives; quelquefois, dans le centre est un vide rempli de fort beaux cristaux siliceux, très-brillants, de cristal de roche. L'enveloppe est toujours formée de couches plus épaisses et d'une matière moins fine; la surface est rarement polie, ce qui est le contraire des cailloux roulés.

Ces cailloux, tels qu'on les voit, présentent absolument le même aspect qu'une matière en fusion qui serait tombée dans une matière humide ou liquide; ce qui formerait des globules dont la surface serait grenée, gercée, et l'intérieur cristallisé, selon l'espèce de la matière des globules; c'est absolument l'effet que produit le plomb fondu, lorsqu'on le laisse tomber dans l'eau pour faire du plomb de chasse. Ces cailloux semblent donc avoir d'abord été une matière pâteuse, chaude, qui, lancée à l'extérieur, serait retombée dans l'argile qui les contient, qui alors était à l'état de boue; on a donc tort de prendre ces cailloux pour des cailloux roulés comme les autres.

Dans plusieurs endroits, mais surtout à l'ouest de l'Ouadée Gandalli, on voit, au milieu d'une plaine unie et dont le sous-sol est formé de terrains secondaires, un bloc noirâtre qui s'élève à une hauteur de quinze à vingt mètres; on le nomme Gebel-Greïboun. C'est un amas de grès, de brèche siliceuse, où l'on remarque l'action secondaire du feu avec des parties de scories; cette brèche a été lancée de l'intérieur de la terre à la surface en traversant par une fissure les couches calcaires et argileuses du sol, et s'est répandue sur la surface en faisant l'effet d'une faille, d'un Geyser solide, si je puis m'exprimer ainsi, ne pouvant trouver un nom propre pour ce phénomène. Ce sont les produits dus à des sources siliceuses, chaudes, qui entraînent avec leurs eaux des débris de cailloux quartzeux, du sable ferrugineux, et qui, se cristallisant peu à peu au fur et à mesure qu'elles venaient à la surface, ont formé cette brèche. Tout naturellement, la matière arrivant successivement et se répandant de tous côtés sur les parties déjà étendues, solidifiées et cristallisées, a dû prendre cette apparence de stratification.

Au surplus, ce n'est pas le seul exemple de cette formation dans le désert; il y en a beaucoup de moins visible, et surtout aux environs de la forêt pétrifiée, dont nous parlerons.

Ce sont, par exemple, de vrais failles, des cônes argileux en forme de cratères, du milieu desquels s'est élevée la même matière qu'au Gebel Greïboun, laquelle s'est répandue à droite et à gauche sur les parois extérieures du cône; on en a exploité des parties pour faire des petites meules de moulin.

Le plus bel exemple de ces espèces de failles est la montagne située près du Caire, au nord du Gebel Diouchi, nommée Gebel Dahab ou Gebel Ahrmar (*Montagne de l'or* et *Montagne rouge*); cette montagne est sortie peu à peu à l'état liquide de dessous les couches calcaires argileuses et marneuses du sol, elle s'est répandue à la surface par plusieurs bouches, on en voit fort bien deux encore; l'on remarque l'action du feu sur ces formations après qu'elles ont été élevées, vomies, en même temps; il y a autour d'une de ces cheminées des scories, comme autour d'une fournaise.

Cette pierre de la Montagne rouge, qui est composée de grès, de brèches très-belles et de pouddings, sert depuis des siècles à faire des meules de moulin ; et depuis Méhémet-Ali on y a recueilli les matériaux nécessaires aux empierrements de rues d'Alexandrie et du Caire.

Si j'ai si longuement parlé de ces failles, car je les considère ainsi, c'est que j'aurai besoin d'y revenir quand j'exposerai la cause de la formation de l'Isthme.

Revenons à la dernière petite chaîne au nord, que nous avons nommée chaîne de Généffé.

Au nord de cette chaîne, qui est peu élevée, le sol est composé de plaines de sable consolidé, de graviers et d'argile sous lesquels se trouvent des terrains calcaires sans consistance, marneux, et formant des bancs peu étendus.

Ces plaines sont bornées au levant par la partie la plus septentrionale du bassin de l'Isthme et par ce que l'on nomme le seuil du Sérapéum.

Au nord c'est l'Ouadée (1) Toumilat qui termine ce plateau, ou qui plutôt le coupe de l'est à l'ouest ; car au nord de l'Ouadée le plateau continue jusqu'aux limites des terrains bas et fangeux qui avoisinent le lac Menzalèh.

A l'ouest, ce plateau est bordé par les terres cultivées de l'Égypte. A l'est, ce sont les bas-fonds du lac Timsah, ceux qui étaient à Bir Abou-Khakam, où est aujourd'hui la ville d'Ismaïliéh ; puis par le seuil du Gisr jusqu'à Ferdanne ; et enfin par les lagunes du lac Menzaléh, que l'on a nommé Ras-el-Moyé, parce qu'il n'y a pas plus de quarante années les eaux du Nil, pendant les crues, remontaient jusque-là, par un ancien canal venant de Salhiéh, sur lequel était le Pont du Trésor ou Cantarrat-el-Khasné, pour servir à la route allant en Syrie.

Tout ce plateau est formé par des apports de sable, de gravier et d'argile.

L'Ouadée, que l'on nomme Ouadée Toumilat, est un lieu qui a dû anciennement servir au passage d'une partie des eaux du Nil, pendant les crues ; les terrains sont en moyenne à 5^m 25 audessus des basses mers de la Méditerranée, et à 5^m,99 au-dessus

---

(1) Ouadée, Wady, ou vallée.

des plus basses mers connues à Suez, ou à 5ᵐ, 13 au-dessus des
hautes mers à Péluse, et à 2ᵐ, 83 au-dessus des plus hautes
marées connues à Suez. La partie occidentale est cultivée ; et
vers le levant jusqu'au lac Timsah et ses environs, elle a été
aussi cultivée très-anciennement. Il y a seulement trente années,
cette vallée servait à écouler vers les bas fonds du lac Timsah
le superflu des crues qui arrosaient les terres d'une partie du
Cherkiéh.

Nous parlerons, maintenant, des terrains qui forment la partie
bordant l'Isthme à l'est.

Au fond du golfe de Suez, vis-à-vis du Gebel Abou Daragué,
mais loin de la mer, est la chaîne du Gebel Thiéh, ou montagne de Thiéh, nom des Arabes de ces contrées et qui veut dire
Les Égarés, d'où probablement on a fait *désert de l'Égarement*,
ou bien l'inverse.

Entre la mer et le pied de cette chaîne de montagnes on voit
une plaine de plus de quatre lieues, entre-coupée de ravins
formés par les eaux de pluie qui descendent des hauteurs. Cette
chaîne, qui, en allant vers le sud tourne ensuite vers l'est et
le nord-est pour arriver au fond du golfe d'Accaba, est escarpée
sur toute cette distance et séparée de toute la partie sud de la péninsule du Mont-Sinaï ; elle appartient entièrement aux terrains
secondaires et elle est aussi élevée que les montagnes d'Abou
Daraguè et d'Attaka.

Dans tout ce parcours de Suez à l'Accaba, il n'y a qu'une
route pour gravir le plateau qui couronne cette chaîne ; elle est
à peu près à moitié distance d'un golfe à l'autre, et encore le
passage est-il difficile.

Ce plateau a aussi, comme celui du côté de l'Égypte ou sont
les chaînes d'Abou Daragué et d'Attaka, une pente générale vers
le nord, mais bien plus régulière, et une dépression vers le
milieu de la distance des deux golfes ; ce qui forme une vallée,
dans laquelle tous les ravins viennent porter les eaux des pluies,
qui s'y réunissent et coulent jusqu'à El-Arich, à la mer Méditerranée.

La chaîne, vis-à-vis de Suez, continue vers le nord en s'affaissant, et la dernière de ces ramifications vient aboutir à Catiéh

et former le cap Casaroun, qui est très bas sur la mer. Mais, depuis vis-à-vis Suez jusqu'auprès de la Méditerranée, entre la chaîne de montagnes et la ligne de l'Isthme de Suez à Péluse, tout est recouvert de dunes de sable quelquefois fort élevées, qui ferment les vallées ou ravins qui courent de la partie ouest de la montagne vers la partie basse de l'Isthme. L'une de ces vallées, qui est au sud des dunes, vient aboutir à la mer Rouge aux Fontaines de Moïse ; une autre, entre ce point et Suez, à Gargadi ; et une troisième, qui souvent est fermée par les sables, vient se terminer à la mer vis-à-vis de Suez et se nomme Mabehouk.

Une très grande vallée, c'est celle qui a son origine dans la montagne à la hauteur du grand bassin de l'Isthme : elle réunit l'Ouadée Magarra (*Vallée des grottes*) à l'Ouadée Oum-Rhcheb (*Vallée de la mère des Bois*); lorsqu'il pleut, les eaux qui s'écoulent par ces deux vallées réunies, et qui sont retenues par les dunes, qui les empêchent de venir couler jusque dans le bassin de l'Isthme, forment un très grand réservoir, un lac même.

Ces grandes dunes ne sont pas positivement mouvantes, c'est-à-dire qu'elles ne se déplacent pas; mais elles changent de forme. Il y en a qui de loin à l'horizon ressemblent à des montagnes, quand elles sont dans l'ombre; telle est l'une d'elles, à peu près à la hauteur de Ferdanne à l'est, nommée Abachiéh, et une autre près de Katiéh, nommée Abou Assab. Dans une grande partie de ces dunes, celles qui sont le plus au nord, on voit au milieu d'elles, comme au fond d'un entonnoir, un terrain uni, avec des puits, des habitations d'arabes, des cultures et des dattiers, qui ne peuvent être aperçus que lorsqu'on se trouve sur les dunes, qui sont bien plus élevées que les dattiers. L'effet produit sur ces dunes par les vents est très curieux et demanderait une étude longue et sérieuse, je me bornerai seulement à citer quelques faits.

Au nord du Caire, à la hauteur de Kanka, est un groupe de hautes dunes de sables mouvants (1): du côté du nord, elles sont

---

(1) Planche IV, n° 3.

jointes à la dernière ramification du Gebel Geneffé près de Menayer. Ces dunes descendent vers le sud environ 8 kilomètres,
tournent à l'est et vont se terminer à environ 6 kilomètres en
diminuant de hauteur et disparaissant sur le sol de la plaine,
retournent en formant amphithéâtre vers leur point de départ,
laissant au milieu un espace uni couvert de plantes et de petites
broussailles où les eaux de pluies, qui tombent quelquefois dans
les environs, viennent se réunir.

Les plus élevées de ces dunes, qui sont toutes contiguës, peuvent avoir une hauteur de 120 à 130 mètres.

Lorsqu'il vente, et les forts vents qui règnent le plus souvent
sont ceux de nord-ouest, on ne voit plus le sommet de ces
dunes, elles forment comme un nuage de sable. Lorsque le
calme revient, on ne leur retrouve plus les mêmes formes ; seulement les hauteurs principales sont les mêmes et les sables n'ont
pas fait un pas d'envahissement.

Au pied de ces dunes est la route frayée, bien battue, bien
distincte, des caravanes de chameaux qui vont de Kanka à Suez ;
cette route depuis cinquante ans est la même et n'est pas recouverte par les sables.

Ces dunes sont donc mouvantes quant à la forme, mais fixes
quant à leur place.

Je me trouvai pris, un jour, par un très-fort coup de vent au
milieu d'autres dunes, reposant sur une plaine où il ne se trouvait que des broussailles, quelques petits buissons, et sur un
sol uni, ferme, couvert de graviers agglomérés avec argile et
sable ; près d'elles, sur les dunes voisines, le sable volait en
masses qui obscurcissaient le soleil. Mon guide arabe me conduisit au milieu d'une de ces dunes, qui pouvait avoir 15 mètres
de hauteur, et nous fûmes parfaitement à l'abri.

Voici ce qui se passait : du côté du vent, le sable montait
en pente uniforme sur la dune jusqu'à son sommet et était emporté au loin, ne tombant sur le sol qu'à une grande distance ;
sous le vent les sables de la dune étaient presque perpendiculaires sur le sol, puis la dune formait un demi-cercle et les
sables s'en allaient au loin sans tourbillonner au point où nous
étions établis.

La figure que voici fera mieux comprendre ce phénomène (1).

Ce que je trouvai de plus extraordinaire, c'est le talus que les sables prenaient sur la ligne CD; ils étaient purs et secs, mais les grains semblaient avoir une espèce d'adhésion entre eux, puisque avec ce talus ils ne s'éboulaient pas.

Dans une autre circonstance, j'ai vu les sables prendre la même forme; mais là il y avait un motif, tandis que, dans le premier cas, il n'y en avait aucun d'apparent, pas plus sur la dune où nous étions à l'abri, que sur beaucoup d'autres séparées, qui nous environnaient.

En 1853, étant campé, dans l'Isthme de Suez, sur le bord occcidental du grand bassin de l'Isthme, ayant la montagne de Géneffé à l'ouest, dans un lieu parfaitement plat, sur un sol uni et solide, recouvert de graviers, je fus surpris par un très-fort vent du sud-ouest qui dura trois jours, de manière à nous empêcher de changer de place. La tente tint parfaitement malgré la force du vent, et il se forma autour d'elle une dune de sables mouvants fins et secs, absolument de la même forme que celle dont je viens de parler; tout le sol autour de la dune était net et sans sable sur les graviers qui le composaient (2).

Dans l'Isthme, chaque petite plante, chaque broussaille forme une dune, mais tout autour le terrain reste sans être couvert. Beaucoup de dunes, telles que : celles des environs de l'Oua-dée, qui la bordent du côté du sud, celles qui bordent le lac Timsah à Néfiché, celles de Ferdanne et celles qui contournent les lagunes sud-sud-ouest du lac Menzaléh, depuis Ferdanne en passant par le côté ouest de ces lagunes jusqu'à Cantarrat, comme aussi bien d'autres dans ces contrées sont surtout formées par des Tamariscs, qui fixent les sables, les accumulent en les agglomérant avec leurs feuilles, et deviennent alors des barrières qui arrêtent les sables mouvants.

Effectivement, dans la partie dont je viens de parler, ces dunes sont élevées de 25 à 30 mètres et plus, au dessus du sol des lagunes; elles forment comme une muraille.

---

(1) Planche IV, n° 4.
(2) Planche IV, n° 5.

Voici comment se forment ces dunes : autour d'un petit tamarisc se groupe un peu de sable; les petites branches et les feuilles de cet arbuste ainsi que la partie résineuse, qui pendant les fortes chaleurs tombe sur le sol étant encore à l'état gluant (cette glue n'est autre que la manne, que l'on récolte encore aujourd'hui, au Mont Sinaï, sur ces arbustes), tout cela s'agglomère sans pourtant avoir une grande tenacité : les sables contiennent différents sels, des sulfates de chaux et des sels marins : ils arrivent, s'arrêtent, se fixent à cette petite agglomération où ils trouvent un abri formé par le buisson ; l'humidité, qu'attire toujours le tamarisc pendant les nuits, aide les sables à s'agglomérer et les sels contenus dans les sables à se cristalliser avec la grande chaleur du jour. Ainsi la dune s'élève, l'arbre aussi, et souvent elles atteignent la hauteur de 20 à 25 mètres; alors, on voit toujours sur la cime des branches de tamarisces très-vertes.

On pourrait croire, à première vue, que ces arbustes poussent dans ces dunes ; mais il n'en est rien, ils ont leurs racines dans le sol sous la dune et s'élèvent en même temps qu'elle.

Dans l'Isthme, à l'est du grand bassin, se trouve un lieu nommé El-Ambbak, où il y avait beaucoup de tamarisces avec des dunes; ils étaient fort gros et très anciens ; ils se trouvaient tous dans un bassin inférieur au niveau de la mer Rouge (1).

---

(1) Le tamarisc, que les Arabes appellent *tarfa*, est l'arbuste sur lequel, au mont Sinaï, on recueille encore aujourd'hui la manne; il est loin dans le désert d'être le même que celui des terres cultivées de l'Égypte, qui devient plus grand et qui est nommé *atle*.

Le tarfa, lorsqu'il est jeune, a l'écorce rouge ; l'autre, grise et rugueuse; le feuillage du tarfa est plus léger, sa fleur est jolie et se montre en grappe légère et couleur lilas; l'atle a la feuille plus forte, sa fleur est verte et paraît à peine; on trouve le tarfa aussi en Égypte, surtout dans les îles du Nil. Au mont Sinaï, le tarfa se montre en grande quantité dans l'Ouadée Pharaon ; là, pendant les mois de juillet, août et septembre, les Arabes et les moines du Couvent du mont Sinaï étendent sous les tarfas des nattes ou des linges pour recueillir la manne. Le matin, avant le lever du soleil, sur les feuilles et la fleur du tarfa, se voit par touffes une espèce d'écume, comme si c'était celle d'eau de savon jetée çà et là; lorsque le soleil est un peu élevé, elle se fond et tombe en larmes comme du miel, qui se solidifie ensuite et devient à l'état de manne perlée. Les moines les

Nous nous sommes très-éloignés de notre description de l'Isthme, nous y revenons.

La partie qui constitue véritablement l'Isthme d'aujourd'hui est, comparativement aux deux parties que nous venons de décrire, un vrai bas fond ; puisque d'ailleurs dans de certaines parties, il y a des lieux à 9 mètres au dessous de la mer comme à El-Ambbak et à El-Mellah dans le nord du grand bassin, et à 4 mètre 50 comme dans le lac Timsah.

Nous commencerons notre description en partant de Suez ; je répéterai encore que je sais fort bien que ce travail a été fait depuis par plusieurs personnes, et que toutes ces études sont à ma connaissance ; mais c'est à un tout autre point de vue que je fais mes recherches, c'est principalement à celui de la géographie ancienne, et, je le répète, à celui de l'histoire du canal. Il faut se rappeler que la description de l'Isthme qui va suivre se rapporte à ce qu'il était avant que le canal fut creusé, et que son exécution d'ailleurs n'a rien changé aux localités anciennes ; car, au contraire, les eaux des deux mers en se réunissant n'ont recouvert que juste les parties qui étaient indiquées sur ma carte comme ayant été antérieurement occupées par la mer, et c'est ce qui encore a confirmé mes idées (1).

Au nord de Suez, à deux milles, se termine la mer Rouge, le fond de cette partie est pour ainsi dire encore à découvert pendant les basses marées ; en continuant, on trouve un terrain bas et fangeux, salé, qui, aux très grandes marées d'équinoxe secondées par un vent du sud, est recouvert par une nappe d'eau s'étendant à l'est jusqu'au commencement de la pente qui monte vers la chaîne de Oum-Rhchéb-el-Magarra, continuation de celle de Tiêh.

Du côté de l'ouest, ce sont les terrains de la plaine, qui va en montant jusqu'au pied du Gebel Attaka, qui bordent le bas fond.

---

recueillent dans des boîtes et en vendent ou en font présent. La quantité en est minime, et ses qualités médicinales sont loin d'être celles de la manne des pharmaciens.

(1) Voir les Cartes de l'Isthme, planche n° III.

Dans la partie occidentale sont les vestiges de l'ancien canal, qui aujourd'hui est remplacée par le Canal d'eau douce.

A 12 kilomètres de Suez ce bas fond se resserre, il n'a qu'environ 400 mètres de largeur ; les eaux des grandes marées y arrivaient entre la berge de l'ancien canal et le commencement des terrains remontant vers l'est, où est aujourd'hui le Canal maritime. Elles allaient encore plus au nord, de 20 kilomètres, par le lit du canal ; ce qui est arrivé en 1860, lors du voyage des princes d'Orléans dans l'Isthme. Mais à cet endroit on voit sur une longueur de quatre kilomètres, un petit seuil, élevé de $4^{m},50$ en moyenne au dessus de la Méditerranée, on y trouve la petite montagne de Chalouf-et-Terabba, c'est une petite ramification de celle de Mecassarrahièh venant de Geneffé.

On pouvait présumer que cette ramification ne devait pas continuer plus à l'est, puisque à la surface du sol rien ne l'indiquait, que l'ancien canal était creusé à son pied et que dans les études de 1855 et 1856 un sondage fait à 250 mètres du canal vers l'est et à 12 mètres en contre bas de la Méditerranée n'avait fait reconnaitre aucune roche, mais seulement du sable et de l'argile. Cependant, lorsqu'on en est arrivé à détourner le tracé primitif du canal, en le portant plus à l'est du point où avait été fait le sondage, on a rencontré un banc de roches sur des sables argileux.

Dans les îlots du fond du port de Suez et dans toute la baie, on trouve un banc au niveau des hautes marées de l'épaisseur d'un mètre au plus, formé d'un grès coquillier très dur, grossier, peu homogène, qui est d'une formation toute moderne et plutôt une agglomération de sables siliceux et de coquillages, agglomérés par des cristallisations d'eaux siliceuses filtrant souterrainement.

Ces espèces de grès, et d'autres encore en formation, se présentent dans la partie jusqu'au grand bassin.

Il est à remarquer que ce banc trouvé à Chalouf, qui avait sa surface inclinée vers le nord-est et d'une épaisseur de 2 à 3 mètres, est composé d'une agglomération de cailloux siliceux, quartzeux, de différentes natures, tous en morceaux ; puis d'un gros sable rond aussi quartzeux et formant un grès, dans lequel il y a des

parties ferrugineuses, brunes et rouges, le tout agloméré et lié
par un gluten de silice cristallisé. Cette formation est absolument la même, mais moins complète, moins compacte que
celle que nous avons signalée à la Montagne Rouge des environs
du Caire, dans les parties avoisinant la forêt pétrifiée et dans
la roche de Greïboun.

Cette formation a du être produite par des eaux chaudes siliceuses, qui auront saisi les débris de cailloux, les grains de
sable, et se répandant en pâte se seront consolidées et cristallisées en formant cette espèce de brèche, parmi laquelle on trouve
aussi des pouddings parfaits. Après la formation de ce banc,
des sables s'y sont accumulés, et il s'y trouve aussi de petites
couches de limon du Nil.

Ce banc et cette localité sont importants, nous ne devons
pas l'oublier.

Au nord de ce seuil, le sol s'abaisse et revient à des cotes
même en contrebas de la Méditerranée jusquà 4^m,95 ; c'est là
le petit bassin de l'Isthme : limité à l'est par les terrains remontant vers les sables et la chaîne de Magarra ; puis à l'ouest, par
la berge de l'ancien canal pour une partie, et la plaine allant
par ondulation très faibles jusqu'à la montagne de Mecassarrahièh, ramification de celle de Généffé.

Les sondages, que j'y ai fait faire jusqu'à 12 mètres en contrebas du niveau de la Méditerranée, n'ont donné que des
sables, des argiles, dépôts de la mer.

Toute la plaine, qui s'étend vers l'ouest, est recouverte de
grandes plaques de sulfate de chaux ou gypse très pur, qui de
loin ressemblent à des débacles de glaces.

A 18 kilomètres de Chalouf, ce petit bassin se trouve rétréci
pendant l'espace de 4 kilomètres : puis il s'élargit de nouveau,
alors commence le grand bassin : sa limite tourna d'abord à
l'ouest vers le Gebel Généffé, puis décrivant une courbe il va
vers le nord ; de l'autre coté, il tourne presque directement
vers le nord, et les deux rives se rejoignent à 22 kilomètres au
commencement des hauteurs et des dunes qui forment ce que
l'on appelle, sans raisons bien claires, le seuil du Sérapéum.

Tout ce grand bassin, avant d'être rempli comme il l'est aujourd'hui par les eaux de la mer, était très bien limité par des laisses de la mer, lorsque anciennement il avait été aussi rempli par elle. Ces laisses étaient considérables, des masses de coquilles les formaient, et le contour de ce grand bassin était, par ce fait, aussi bien dessiné qu'aujourd'hui par l'eau qui s'y trouve.

Ces laisses de plantes marines et de coquilles, semblables à celles que l'on trouve sur les plages de la mer Rouge, loin d'être à l'état de fossiles agglomérés par des formations calcaires ou siliceuses, sont au contraire à leur état naturel, comme le sont absolument celles des bords de la mer Rouge ; ce qui prouve évidemment que ce n'est pas à une époque fort ancienne que la mer occupait ces lieux, et que cette époque ne remonte pas au delà des temps historiques.

A l'est de ce bassin, les terrains vont en s'élevant, par une pente très douce, jusqu'aux sables qui bordent la chaîne de Magarra ; et à l'ouest, par la plaine pierreuse qui remonte jusqu'au pied de la montagne de Généffé, comprenant sur le versant oriental, le ravin de Ced-el-Gamous, et la partie nommée Ahmet-Taher ; au nord, le pic de Chebrewet terminant cette montagne et qui se détache de la petite chaîne principale.

Vers le nord-est et le nord-ouest du bassin, il y avait une végétation assez forte : au nord-est, c'étaient d'énormes tamarisces formant aussi, comme nous l'avons dit, de petites dunes, là était le débouché d'un ravin venant du Gebel-Magarra ; au nord-ouest venait aussi aboutir le débouché d'une vallée nommée Ouadée l'Ackram ; la végétation y était plus étendue, plus variée ; aux tamarisces venaient s'ajouter différentes plantes et arbustes mêlés. Cette végétation prouve clairement que les eaux du Nil arrivaient jusque là. Au nord, le bassin est borné par ce que l'on appelle le seuil du Sérapéum.

Tout le grand bassin, aujourd'hui rempli par les eaux de la mer Rouge, a été occupé par cette même mer avant d'être à sec comme il l'était encore il y a quatre ans, et le sol avait une dépression de 8 à 9 mètres au-dessous de la Méditerranée. Dans la partie la plus basse on voyait une grande plaine de sel, nommée, à cause de cela, *el-Mellâh*, où toute la province de Cherkiéh venait s'approvisionner de sel. La couche de sel de cette plaine avait de 1 mètre à 3 mètres d'épaisseur ; elle ressemblait à un lac glacé. Sous cette couche de sel, il y a quelques années, ce que j'ai vu plusieurs fois, il y avait ou de l'eau qui remontait jusqu'à la surface, ou quelquefois un vide de 1 à 2 mètres entre l'eau et la couche de sel soutenue par des masses de sel formant pilastres et voûtes ; c'était un lieu très-dangeréux à traverser.

Les Arabes citent plusieurs graves accidents arrivés à leurs compatriotes, qui ne connaissaient pas bien les localités, déviaient de la route pour aller prendre du sel ou traverser ce bas-fond et qui disparurent avec leurs chameaux. Moi-même, étant campé à El-Ambbak, je fus surpris par un mauvais temps : nos chameaux étant allés paître et voyant à l'ouest beaucoup d'arbustes voulurent traverser la plaine de sel pour les atteindre ; la pluie survint, le sol devint glissant, boueux, les Arabes ne purent les aller chercher, et bientôt en continuant dans cette même direction de l'ouest, l'un d'eux disparut à nos yeux, comme si la glace se fut entr'ouverte sous ses pas.

J'ai sondé cette croûte saline, et de la couche de sel à la vase molle du fond il y avait huit mètres à certains endroits ; ce qui porterait ce fonds à 17 mètres en contre-bas de la Méditerranée.

D'après les sondages que j'ai fait exécuter, la vase du fond est noire, fangeuse et semblable à de la glaise ; c'est évidemment le produit des eaux du Nil à une époque bien reculée.

Il est un fait intéressant à remarquer : c'est qu'avant que les eaux ne remplissent tout le bassin par l'ouverture du canal, le sel se reproduisait tous les ans à la surface de la partie nord-nord-ouest du bassin, sans que pour cela ni l'eau de la mer ni celles de sources salines, ni même les eaux douces du Nil, arrivassent jusque là, et seulement par le moyen des eaux de pluie.

Dans beaucoup d'autres lieux de l'Égypte, de l'Isthme même, sur les terrains où la mer a séjourné, mais où elle n'arrive plus, tous les ans, après les pluies qui tombent toujours en certaine quantité, aux mois d'août et de septembre, il se forme du sel cristallisé à la surface du sol là où les eaux de pluie ont séjourné et où elles se sont évaporées.

Dans le lac Maréotis et dans ceux de l'intérieur, ce sont les eaux de pluie ou du Nil qui, en se répandant sur ces terrains occupés et abandonnés par la mer, font produire au sol salé ces efflorescences qui se cristallisent et forment le sel.

Dans les Lacs Amers ou plutôt dans l'ancien bassin de la mer Rouge, ce ne sont pas les eaux de la mer qui y arrivaient par infiltrations ; l'eau dont j'ai parlé se trouvant sous la couche de sel, n'augmentait jamais de hauteur qu'avec les pluies ; tandis que si elle avait été en communication souterraine avec la mer, elle serait restée toujours à peu près au même niveau, et aurait recouvert la couche de sel qui se trouvait à 8 mètres en contre bas de la mer. D'ailleurs, rarement, pour ne pas dire jamais, les eaux de la mer ne filtrent à l'intérieur, à moins de circonstances exceptionnelles ; la mer se forme sur les côtes ou plutôt sur les plages un lit argileux, qui devient imperméable.

Je citerai : la mer Morte, qui est en contre-bas de la Méditerranée et de la mer Rouge ; le lac du Fayoum, qui est à 29 mètres plus bas que la Méditerranée ; toute cette suite de lacs que l'on rencontre sur la route de l'Égypte à Derne ou à Benghazi, qui sont seulement à une distance de 12 à 15 lieues de la mer, comme : l'Ouadée Magarra, à l'ouest des lacs Natrons ; plus à l'ouest, El-Garrah, l'Ageim-Zeitoun, les lacs de Siwa, Agarmi, Athyéh, l'Arachiéh, qui tous sont en contre-bas de la Méditerranée.

Toute la formation de la surface du grand bassin de l'Isthme est due à l'occupation antérieure des eaux de la mer, et en même temps à l'écoulement des eaux du Nil ; puis, les deux mers s'étant séparées, les eaux marines se sont évaporées, et les eaux douces ont seules coulé dans le bassin ; d'abord celles du Nil, puis ensuite celles des pluies, comme cela avait encore lieu avant le percement du Canal maritime de Suez, il y a quatre ans. Voici pourquoi toute cette grande surface ressemble, dans certains endroits, à une mer couverte de glaçons brisés, bouleversés, boursouflés, dans d'autres elle est unie, transparente, et sur ses bords on voit des tamarices morts et d'autres vivants.

Cette vase noire, de glaise, du fond du sous-sol, apportée par

les eaux du Nil ; puis ces couches de sel marin ou de chlorure
de sodium, qui se sont formées lorsque les eaux de mer se sont
évaporées, mais quand les eaux douces arrivaient encore, puis
enfin quand il n'y eut plus que les eaux de pluie qui y tombaient
et celles des petits torrents venant des montagnes chargées de
leurs dégradations ; toutes ces formations gypseuses mêlées
à d'autres sels, ces sulfates de chaux cristallisés souvent en
aiguilles rayonnantes à couches concentriques, ainsi que des
agglomérations de graviers quartzeux avec des gypses, le tout
représentant assez bien une éponge, et sans aucun sel marin,
sans qu'on y trouve au goût la moindre salure ; tout cela prouve
que ces différentes formations sont nouvelles, qu'elles ont succédé au retrait de la mer, et que depuis qu'elles existent il n'y a
eu que des eaux douces, ce qui ne remonte pas à une époque
très-reculée.

Ces Lacs Amers, ainsi nommés de nos jours, doivent jouer un
rôle important dans la formation de l'Isthme, dans l'histoire des
anciens canaux et dans celle de la géographie ancienne (1).

Le bassin de l'Isthme est séparé, au nord, du lac Timsah par
une partie élevée de 11 mètres, au plus, au-dessus du niveau de
la Méditerranée ; ce seuil, nommé du Sérapéum, est composé de
sable pur et mobile, formant des dunes recouvertes de broussailles au milieu desquelles sont des parties de terrains plus
basses et unies, où il y a des efflorescences de différents sels,
mais non marins.

Ce seuil du Sérapéum a, du sud au nord, environ 15 kilomètres ; les dunes de sable, qui vont en diminuant de hauteur vers
l'est, où elles disparaissent dans la plaine, sont la continuation
de celles qui bordent l'Ouadée au sud, et qui ont dû recouvrir
peu à peu cette partie de l'Isthme d'aujourd'hui.

Les sondages effectués dans ce seuil n'ont donné que des
couches de sable mobile pour la plupart, quelque peu d'argile,
et à huit mètres au-dessous de la Méditerranée de l'argile ver-

______

(1) Ils n'ont jamais été les Lacs Amers des anciens, mais bien le
bassin de l'Isthme et le fond du golfe à l'époque de Ptolémée Philadelphe.

dâtre, du sable et du limon, semblables aux alluvions du Nil.

Dans ces sables se trouvent quelques petits bancs, séparés les uns des autres, formés de calcaires marneux et d'autres d'un grès tout moderne ; ces bancs n'ont guère que de 10 à 60 centimètres d'épaisseur et reposent sur de petites couches de sable et d'argile.

Le terrain, formant le seuil dit du Sérapéum, est donc de la formation la plus moderne.

Au nord de ce seuil est une dépression du sol qui forme un grand bassin nommé Birket Timsah (*lac du Crocodile*). Il n'est pas étonnant que ce lac soit ainsi appelé : lorsque les eaux affluaient en abondance, apportées par différents canaux dans l'Ouadée, et parconséquent jusqu'au lac Timsah, elles auront entraîné un crocodile, et delà vient le nom. Il n'y a rien de surprenant à ceci : pendant une des crues du Nil, en 1824, lorsque les eaux remplissaient la place de l'Esbékiéh, ce qui en faisait un lac, on y prit un jeune crocodile.

En 1827, à Cafr-el-Zaïat et à l'Esbet, près de Damiette, on fit la chasse à un très-bel hippopotame qui ravageait les rizières, et l'on envoya son corps au Caire, où tout le monde le vit empaillé. Le crocodile au lac Timsah n'est pas plus extraordinaire que l'hippopotame à Damiette et que le crocodile à la place de l'Esbékiéh, non plus que tant d'autres faits de ce genre.

La dépression de terrain qui forme ce bassin a pour limites, depuis le seuil du Sérapéum : à l'est, premièrement la hauteur de Chek-Ennedek, ainsi nommée parce que sur cette hauteur est le tombeau d'un chek de ce nom ; plus au nord, du même côté, les terrains bas du bassin du lac Timsah s'enfoncent vers l'est et vont rejoindre la plaine et la pente qui monte vers les sables de la chaîne de Magarra ; jusqu'aux limites nord du lac Timsah il y a des collines pierreuses formant îlots, comme El-Fawar, Gebel, Dabâh et autres ; des couches superficielles de calcaires et de grès coquillier, quelquefois d'une épaisseur de 50 à 60 centimètres, forment le plateau de ces îlots, et ces couches reposent sur des couches d'argile et de sable ; on rencontre quelquefois aussi des marnes.

Vers le nord, le bassin du lac Timsah est bien limité ; mais il y a là un bas-fond, moins bas que le s terrain du lac pourtant, et où est aujourd'hui la partie qui s'étend entre la ville d'Ismaïliéh et le Canal maritime ; il s'appelle Abou-Khakam (père du vautour).

Vers l'ouest sont les dunes de Néfiché et d'Abou-Balâh, venant jusqu'à l'eau qui formait la cuvette du lac Timsah.

Ces dunes sont aussi la continuation de celles qui limitent et bordent l'Ouadée Toumilat au nord, comme celles du Sérapéum au sud ; et entre ces deux chaînes de dunes, qui se sont avancées vers l'est, est le bassin du lac Timsah ; mais à l'ouest il existe un terrain d'alluvion qui était couvert de plantes et d'arbustes, comme tout le bassin du lac Timsah l'était encore en 1860 ; ce terrain avait été jadis cultivé, partout on en voyait les traces : des petits canaux, des digues, des conduits, etc., et depuis l'exécution des travaux du canal, beaucoup de parties de ce terrain ont été de nouveau mises en culture.

Dans la partie méridionale du bassin du lac Timsah, on voit une hauteur plus élevée que les autres nommée Gebel Ghârh (1) et Gebel Mariam ; ce dernier nom lui vient, selon les traditions, du nom d'une femme nommé Marie ou Mariam, qui avait une ferme au pied septentrional de cette colline, et dont on voit les restes que l'on connaît sous le nom de Daer-Mariam (Daer veut dire une ferme, un lieu entouré).

Cette petite hauteur est de même formation que les autres, sable et argile gypseux, marnes, peu de calcaire ; le sommet, en forme de plateau, est d'un grès calcaire friable, le tout couvert de nombreux coquillages.

Les sondages, sur le bord du lac Timsah, vers le sud, ont fait voir qu'à 8 mètres au-dessous du niveau de la Méditerranée, on rencontre une forte couche de terrains identiques aux alluvions du Nil.

Toute la cuvette du lac était d'une boue fangeuse recouverte presque partout d'efflorescences salines et de détritus organiques. Au nord-ouest était la cuvette véritable, toujours rem-

---

(1) *Montagne du chagrin, de la douleur.*

plie d'une eau claire, bordée de magnifiques roseaux d'une longueur de six à sept mètres et de joncs; on y trouvait des poissons du Nil, et même de fort gros. L'eau provenait de l'écoulement de celles des crues, qui avaient servi à l'arrosage des terrains cultivés de l'Égypte. En 1825, quand on fit spécialement des canaux pour l'Ouadée, le lac fut rempli par les eaux du Nil jusqu'au niveau de la Méditerranée, à peu près comme on peut le voir aujourd'hui.

Il est donc évident que de tout temps le lac Timsah et l'emplacement du seuil du Sérapéum ont reçu les eaux provenant des crues du Nil, soit que primitivement elles y arrivassent naturellement, soit que, plus tard, elles y fussent amenées par des canaux pour y déverser la surabondance de celles qui arrosaient les provinces actuelles du Cherkiéh et de l'Ouadée.

Au nord du lac Timsah il y a un terrain plus solide que celui du seuil du Sérapéum ; en partant du lac Timsah il remonte l'espace d'environ 5 kilomètres, puis ensuite descend en pente douce vers le nord jusqu'à Ferdanne, sur une longueur de 6 kilomètres; le seuil a donc une longueur d'environ 11 kilomètres. Ce terrain, d'après ce que nous avons vu par des sondages exécutés jusqu'à 10 et 12 mètres en contre-bas de la Méditerranée, est formé de dépôts de sables argileux, d'argile brun micacé, le tout étant pour ainsi dire semblable aux alluvions du Nil : des couches de sable mélangées d'argile, des sables fins, rouges, avec de petites couches de grès en formation, et des sables de différentes couleurs mêlés à de petites couches de grès et de marne. Dans les argiles et les sables, on remarque des cristaux de sulfate de chaux, et à la partie la plus septentrionale, de minces formations calcaires. Il en est ainsi jusqu'à la hauteur maximum de 16 mètres au-dessus de la mer, qui est le point culminant de ce seuil, à l'endroit nommé El-Gisr. Au niveau de la mer et plus bas on trouve des sables gris et verdâtres, des argiles compactes et verdâtres et des terres d'alluvions.

El Gisr veut dire *digue*; effectivement le point le plus élevé est le cavalier d'un ancien canal venant du côté occidental des bas-fonds des dernières lagunes du lac Menzaléh et allant au lac Timsah ; nous en parlerons plus tard.

Ce seuil du Gisr est la continuation des terrains qui sont entre l'Ouadée et ceux placés plus bas, entre Sahliéh et les lagunes de Ras-el-Moye, et qui vont de là vers l'est en s'abaissant jusqu'à la plaine, qui en montant ensuite va rejoindre les sables bordant la chaîne de Magarra.

On voit donc que le sous-sol du seuil d'El-Gisr appartient entièrement aux apports de terrains du Nil; mais il est un fait aussi qu'il faut faire observer, c'est que le point le plus élevé de ce seuil, qui a dû constituer de toute antiquité le véritable Isthme et la séparation de la Méditerranée de la mer Rouge, est précisément la digue ou l'excavation d'un canal, et que sur leurs parties les plus élevées se trouvent des terrains d'alluvions et des débris d'un calcaire marneux très-friable; et cela provenant du fond de l'excavation, puisqu'on les trouve sur le haut du déblai.

Cette hauteur est, pour ainsi dire, au niveau de la plaine du côté de l'ouest, mais à l'est et au nord-est les terrains ont une dépression de 5 à 8 mètres; ce qui prouverait que, lorsque le canal eut été creusé, ce seuil était loin d'avoir cette hauteur, puisque c'est la digue de ce canal qui est la cause que les sables, graviers, argiles, venant avec les vents du nord-ouest et de l'ouest, se sont accumulés sur elle, et qu'à l'est le terrain, qui est plus bas, est solide jusqu'aux dunes de sable, qui sont fort éloignées du côté du levant.

Au nord de ce seuil, qui a, du lac Timsah au bas-fond de Ras-el-Moye, environ 11 kilomètres, sont les dernières lagunes du lac Menzaléh et les dunes de Ferdanne qui les bordent. Ras-el-Moye veut dire la Tête des eaux, et effectivement, c'est le point où se sont arrêtées celles qui viennent du nord ou du lac Menzaléh; les terrains de ce point de la plaine sont au niveau de la basse mer de la Méditerranée.

Dans les sondages faits dans cette partie, depuis Ferdanne jusqu'au lac, au nord de Cantarrat, à 10 et 15 mètres en contre-bas de la mer, on a toujours trouvé des argiles bleues, vertes, des vases compactes, d'autres liquides, des sables marins; et dans d'autres endroits, au-dessus du niveau de la Méditerranée à 1^m,50, depuis Ferdanne jusqu'à la mer vers Péluse, le terrain, à l'est des lagunes et du lac, est premièrement vers le sud recouvert de hautes dunes de sables nommées Abou-Eurouq, et d'autres formant des entonnoirs et des hauteurs très-fatigantes à traverser à chameaux ; elles sont remplies de plantes et de broussailles, dont les racines serpentent à fleur du sol et entravent la marche. Mais bientôt ces dunes s'abaissent, et jusqu'à la mer le terrain est plat, semé de petits tertres couverts, comme le sol, de plantes et de broussailles ; on y trouve, jusqu'aux sables qui le bordent à l'est, plusieurs étendues de terrains ensemencés et plantés de dattiers formant de petites oasis, et l'on remarque fort bien que sous le sol il y a de la terre végétale semblable à celle des alluvions du Nil.

Les lagunes du lac Menzaléh sont rétrécies à la hauteur de ces oasis, et tellement que les eaux ne peuvent y parvenir que par un canal sur lequel était bâti un pont où passait la route allant de Sahliéh en Syrie.

Au nord de ce point est le lac Menzaléh, continuant jusqu'à la mer où il est borné par le littoral formé par les apports de celle-ci.

Les sondages faits aux environs de Cantarrat, et sur le littoral même, aussi bien que dans la plaine de Péluse, prouvent que tout ce terrain est composé, jusqu'à une profondeur de 14 mètres, d'argile bleue et verte, de vase compacte et quelquefois coulante suivant la localité, puis d'un sable vaseux, et enfin au niveau de la mer d'une couche de sable, apport de la mer, qui est de 1^m,60 en contre-bas.

Il est donc certain que l'Égypte cultivée s'étendait sur toutes ces plaines au nord de l'Ouadée et à l'est des lagunes du lac Menzaléh ; d'ailleurs la quantité de monticules, qui annoncent toujours des restes de villes ou de villages, que l'on trouve dans ces lieux, prouverait seule le fait que nous énonçons.

Dans plusieurs parties, depuis Abou-Eurouq jusqu'à la mer, à Péluse, et dans une espèce de bas-fond qui se trouve sur la route de Cantarrat à Catiéh, que l'on nomme Bir-el-Devictar (ou *Puits du Porteur d'écritoire*, nom que l'on donnait à un des fonctionnaires près des grands personnages d'autrefois), dans ces endroits, disons-nous, on trouve à la hauteur de 3 mètres environ des laisses de coquillages comme ceux de la Méditerranée, qui sont à l'état naturel, non fossiles, ni pétrifiés, et comme ceux des laisses du grand bassin de l'Isthme.

Une remarque à faire, c'est que la côte de la Méditerranée, depuis Damiette jusqu'à Catiéh, est la même depuis bien des siècles.

A Damiette, le Boghaz ou la barre de l'entrée du Nil, où il y a une ruine en briques au milieu de l'eau, est encore à la même distance de la ville et de l'église Saint-Jean, aujourd'hui la mosquée d'Abou-Latha, que lorsque Saint-Louis vint en Égypte.

Les ruines de Péluse sont pour ainsi dire encore sur la mer.

Plus à l'est sont les ruines d'une ville conservant encore son ancien nom de *Gerreh* qui, au lieu d'être plus éloignée de la mer que dans les temps anciens, comme on pourrait le croire à cause des prétendus atterrissements sur ces plages, est au contraire à moitié emportée par les vagues qui battent ses restes.

Le mont Casius, au nord de Catiéh, est toujours sur la mer.

Ainsi donc les atterrissements sont fort peu sensibles sur la côte, on pourrait même dire nuls.

De toute cette longue description et des faits que nous avons exposés, il résulte qu'on est porté à déduire une conséquence : c'est que si les deux mers ont été primitivement en communication, la première barrière qui s'est élevée entre-elles a été celle du seuil du Gisr.

Cette séparation n'a pu avoir lieu que par quelque soulèvement du sol ou de la mer : par le premier phénomène, la communication pouvait être interrompue, et, par le second, la Méditerranée s'élevant, le niveau des deux mers s'égalisant, le courant disparaissait pour ainsi dire et alors les atterrissements se formaient; mais ceci n'a pu avoir lieu qu'à une époque anté-historique. Pourtant, si l'on juge du niveau que la Méditerranée a eu d'après celui des laisses de coquillages dont nous avons parlé, si elle atteignait effectivement jusque là, il y avait équilibre à peu près avec les hautes marées de la mer Rouge, et peut-être alors la base du bourlet de El-Gisr a-t-elle pu se former, ce qui pourtant est difficile à concevoir, car les deux mers communiquant entre elles, il aurait toujours existé dans ce détroit un courant, des marées qui auraient empêché les atterrissements de se former, comme au Bosphore, aux Dardanelles, à Gibraltar. Cependant, à l'appui des changements qui peuvent avoir occasionné cette séparation, nous avons à citer quelques auteurs anciens.

Diodore parle d'une submersion de l'île de Samothrace, et ce qu'il dit est assez curieux pour être rapporté ici en entier (Volume II, livre V, page 209 de la traduction de l'abbé Terrasson) : « Quelques-uns disent que cette île (Samothrace) s'appelait autrefois Samos; mais que depuis on l'a nommée Samothrace pour la distinguer de l'île voisine où la ville de Samos a été bâtie ; les habitants de Samothrace sont indigènes, c'est pourquoi il ne nous reste rien de certain de l'histoire ancienne de ce pays. D'autres prétendent qu'elle a tiré son nom des colonies de Samos et de Thrace, qui vinrent s'établir en même temps. Puis ses historiens racontent qu'avant les déluges des autres pays, elle en avait souffert un très grand par les eaux, qui étaient venues d'abord de la séparation de Cyanées (détroit de Constantinople ou Bosphore) et qui s'étendirent jusqu'à l'Hellespont (détroit de Gallipoli ou des Dardanelles). On dit que la mer de Pont (Mer Noire), autrefois fermée comme un lac, fut pour lors tellement grossie par les eaux des fleuves qui s'y jettent, qu'elle s'éleva impétueusement par dessus ses rivages et se répandit sur les campagnes de l'Asie.

« Alors une grande partie de la Samothrace en fut submergée, de telle sorte que longtemps après quelques pêcheurs amenaient encore des chapitaux de colonnes dans leurs filets : ce qui marquait que cette mer couvrait des ruines. »

Hérodote (1) dit que « les Ichthyophages conservaient la mémoire d'un flux considérable, qui aurait mis à sec le Golfe de Suez et que le reflux aurait couvert de nouveau. »

Quelques auteurs anciens ont dit aussi que l'ouverture du détroit de Gibraltar était due au travail de l'Hercule Gaulois ou Isaï.

Quant à ce que dit Diodore de la Samothrace, on pourrait

_____

(1) Traduction de Larcher, liv. II, sect. II, note 34, t. II, p. 184.

voir aujourd'hui, dans le fait qui se présente sur la plus grande
partie des côtes de la Méditerranée, les résultats de cet écoulement du Pont-Euxin ou mer Noire, dans la Propontide et la
Méditerranée ; puisque l'on remarque que plusieurs villes sur
ces côtes sont aujourd'hui sous les eaux de la mer. Par exemple :
à l'ouest d'Alexandrie, on voit sur la côte plusieurs ruines sous
la mer ; ces ruines sont elles plus anciennes que le déluge dont
parle Diodore? A Alexandrie même, dans le port neuf, on voit
des ruines de monuments à plusieurs mètres sous l'eau : sur
toute la côte jusqu'à Aboukir, on voit de très grandes constructions et des colonnes sous l'eau.

Le lac Menzalèh ne renferme-t-il pas plusieurs villes, qui aujourd'hui sont des îles et dont les terrains cultivés autrefois sont
aujourd'hui sous l'eau?

Sur toute la côte de Syrie, presque toutes les villes connues
appartenant à l'antiquité ne sont-elles pas sous l'eau en partie?

Ceci prouverait donc un exhaussement des eaux de la Méditerranée ou un affaissement général des côtes. Mais, par exemple,
pour les villes qui se trouvent dans le lac Menzalèh, celles-ci
sont encore au-dessus du niveau des eaux, tandis que les terrains
sont recouverts par la mer ; or, si cet état était dû à un affaissement, le sol des villes se serait aussi affaissé, ce qui semble
ne pas avoir eu lieu; ce serait donc la mer qui se serait élevée.

Seulement, tous les restes de villes dont je viens de parler
appartiennent-ils à des villes existant avant l'époque de la submersion de la Samothrace, dont parle Diodore, qui peut être
calculée dater de 1900 avant notre ère ; ou bien serait-ce les
restes de villes plus modernes, submergées par un exhaussement
plus récent de la mer? On peut faire bien des suppositions.

A propos de ce que dit Hérodote du flux et reflux considérable
de la mer Rouge, dont les Ichthyophages conservaient la tradition, on peut encore remarquer ce fait : au fond du golfe
d'Akabah aujourd'hui, l'Ælanitique des anciens, on voit à quelques pieds sous l'eau de grosses parties de maçonneries, qui
ont appartenu à la ville d'Aëlah.

On peut encore remarquer un fait assez curieux, qui pourrait
faire croire que la mer à Suez n'a pas toujours été au niveau

qu'elle a aujourd'hui. Je sais fort bien que, physiquement, toutes les mers qui communiquent entre elles doivent, bien entendu, être de niveau ; pourtant, dans certaines localités, les vents, les courants doivent produire des exhaussements accidentels des eaux, et certainement dans certains parages, comme dans le golfe d'El-Arich, où tous les courants portent et qui ne peuvent être occasionnés que par une plus grande évaporation sur ce point, il y a une dépression de la mer.

Sur toute la côte de la mer Rouge, à peu près, on observe, à une petite distance du bord, un banc de madrépores ; ce banc est plat et taillé à pic ; sur sa surface, à la marée basse, il n'y a qu'environ vingt centimètres d'eau ; et du côté du large, on passe verticalement pour ainsi dire à une profondeur de plusieurs mètres avec un fond sablonneux.

Ce banc à pic sur le fond semble avoir servi d'encaissement à la mer Rouge ; on le retrouve dans une grande partie de cette mer avec différentes hauteurs par rapport au niveau des eaux : vers Sawakin il est au dessus des eaux de quelques mètres ; à Moka et à Oudeïda, il est encore élevé au dessus de la mer.

Ceci pourrait faire présumer que ce banc de madrépores était partout à la même hauteur au dessus de la mer Rouge, lorsque celle-ci était en communication avec la Méditerranée et presque de niveau avec elle, et que depuis leur séparation par un événement quelconque, elle est aujourd'hui (étant séparée par l'Isthme) plus élevée, au fond du golfe, que plus au sud, en allant vers l'Océan indien ; ce qui peut s'expliquer par l'action des vents qui engouffrent les lames dans le fond du golfe et occasionnent un refoulement vers le nord, chose que j'ai vue accidentellement ; lorsque les vents du sud règnent, ils font monter les eaux au fond de la baie de plus de 60 centimètres.

Aujourd'hui, dans le lac Menzalèh, lorsque les vents viennent du large, les eaux s'accumulent quelquefois sur les parties méridionales, qui sont ordinairement découvertes, jusqu'à une hauteur de 60 à 80 centimètres.

Malgré tous ces faits, il est bien difficile de se figurer que la Méditerranée et la mer Rouge, communiquant d'abord entre elles, se soient ensuite séparées sans un phénomène quelconque ;

mais si l'on veut supposer que dans le détroit, qui, alors, aurait existé, il n'y eût pour ainsi dire qu'un courant très-faible, alors on peut concevoir que la mer Méditerranée arrivant jusqu'à El-Ferdanne ait formé sur ce point un liteau, comme celui qui existe aujourd'hui sur le littoral entre la Méditerranée et les lacs Menzalèh et Bourlos ; et qu'ensuite il se soit peu à peu renforcé par l'apport des sables, des terres, des graviers, etc., comme on le voit dans le seuil de El-Gisr qui est le véritable Isthme ancien. Mais dans un terrain aussi meuble que celui du sous-sol trouvé à 12 mètres au dessous du niveau de la mer, un simple courant, comme celui qui existe aujourd'hui par le canal d'une mer à l'autre, doit empêcher la fermeture de ce passage, malgré l'action des sables apportés par les vents.

Il faudrait qu'au seuil actuel il y ait eu équilibre entre la force du courant provenant de la mer Rouge vers la Méditerranée à cause de l'élévation des marées, et celui du littoral de la Méditerranée aidé par les vents du Nord ; alors, à ce même seuil du Gisr d'aujourd'hui, il s'établissait un remou et par conséquent un atterrissement.

On voit aujourd'hui que la mer Rouge fournit un courant d'environ six nœuds dans la partie du canal depuis Suez jusqu'au bassin de l'Isthme, et aussi, que de la Méditerranée au lac Timsah, il y a souvent un courant, très-faible il est vrai.

L'évaporation de la grande superficie des bassins de l'Isthme est donc la cause de ces deux courants : ainsi, dans le parcours de la mer Rouge à la Méditerranée, il y a un point où le courant est pour ainsi dire nul ; alors les sables peuvent s'y accumuler et former un atterrissement qui à la longue intercepterait le canal ou la communication des deux mers, comme elle l'a été au seuil du Gisr dans les temps anté-historiques.

Enfin, quoi qu'il en soit, il est évident, d'après tout ce qui a été dit, que le seuil du Gisr a été le premier Isthme, la première cause de séparation des deux mers.

Le seuil dit du Sérapéum aura été un atterrissement formé, comme nous l'avons dit, par la continuation des dunes qui bordent l'Ouadée au nord, et postérieurement à la formation du seuil de El-Gisr.

Enfin le seuil de Chalouf, formé le dernier, aura reculé les limites de la mer Rouge au golfe de Suez d'aujourd'hui.

Quant à ce dernier, comme il devait exister toujours un courant quelconque dans cette partie rétrécie, à cause de l'évaporation des grands bassins de l'Isthme, il aura dû son existence à la formation et au soulèvement du banc de grès et de brèche de Chalouf, comme nous l'avons dit ; sur ce banc, se seront accumulés les sables et agglomérations diverses que nous y voyons aujourd'hui.

D'après ce qui précède, les limites de la mer Rouge arrivaient donc jusqu'au lac Timsah et aux environs d'Abou-Ballah et Sababiars, à l'époque où le seuil du Sérapéum n'était pas encore formé.

C'est dans cet état que les plus anciens géographes et historiens auront connu l'Isthme ; plus tard, d'autres l'auront connu avec l'atterrissement dit du Sérapéum ; et enfin, les plus modernes, après l'atterrissement de Chalouf.

Ce sont ces différents changements qui ont été cause que tant d'écrivains, qui ont parlé et écrit sur la géographie ancienne de l'Isthme, se sont trompés et ont rencontré de si grandes difficultés.

Nous allons essayer, au moyen de ce que nos prédécesseurs ont fait, par l'examen de ce que disent les auteurs anciens et par la connaissance complète des localités, d'établir cette géographie ancienne de l'Isthme.

Mais, comme cette géographie est intimement liée à celle des anciens canaux qui ont existé entre le Nil, ou la Branche Pélusiaque, la Méditerranée et la mer Rouge ou golfe Héroopolite, et comme aussi tant de positions citées dans les auteurs anciens se rapportent directement à ces canaux, il semble indispensable avant tout de mentionner ceux de ces canaux qui existent encore aujourd'hui, et aussi ce qui a rapport au cours des eaux de l'Isthme.

HYDROGRAPHIE DE L'ISTHME ET DESCRIPTION
DES RESTES DES ANCIENS CANAUX.

Au seuil du Gisr le point culminant est formé, comme je l'ai dit plus haut, par les cavaliers d'un ancien canal ; sa largeur est de 40 mètres, et la largeur entre les cavaliers de 80 à 100 ; il est parfaitement aligné sur de grandes longueurs. On commence à voir parfaitement ses deux berges à une distance de 500 mètres environ des bords du bassin du lac Timsah, venant du nord-ouest et se dirigeant vers le sud-est d'un mamelon de grès en formation, où est aujourd'hui bâti, je crois, le palais du vice-roi à Ismaïliéh.

De ce point, ce canal courait vers le nord-ouest ; et à une distance de 1,800 mètres environ des bords du lac, ses berges étaient très-élevées ; c'est un point où, pendant les travaux préparatoires du canal de Suez, a été exécuté un des sondages de reconnaissance du terrain ; il se trouve à la cote 23,2 au-dessus du niveau de la Méditerranée. Dans la tranchée du seuil et dans la courbe du canal, on peut encore voir la section de cet ancien canal.

Les traces de ce canal sont aussi distinctes que si son creusement avait eu lieu il y a peu de temps ; il continue jusqu'aux dunes qui bordent les bas-fonds des dernières anciennes lagunes du lac Menzaléh, qui sont la continuation de celles de Ferdanne vers l'Ouest ; en ce point, le canal tourne au Nord et il longe les lagunes au milieu des dunes qui les bordent, et se dirige vers Cantarrat-el-Khasnè.

Aujourd'hui le sol du plafond de ce canal est à 14 mètres au-dessus du niveau de la mer Méditerranée ; mais lorsqu'étant creusé jusqu'à ce niveau, il se trouvait rempli par les eaux de la mer Rouge, soit que les limites de celle-ci fussent, à cette époque, où on les voit aujourd'hui, soit, bien plutôt, qu'elles atteignissent le lac Timsah, comme nous avons vu que cela pouvait être, ou a dû être, il pouvait y avoir alors une hauteur d'eau de $1^m,60$ à 2 mètres, obtenue par les marées de la mer Rouge.

Tel est ce que l'on voit encore aujourd'hui de cet ancien canal.

Il y a plus de quarante années que l'on voyait, dans la partie septentrionale de l'Ouadée Toumilat d'aujourd'hui, les restes d'un ancien canal qui avait eu de faibles dimensions; il venait de l'Ouest et courait à l'Est le long du désert et des terres cultivées; il n'était visible que depuis les environs d'Abou-Ahmed et jusqu'aux ruines de Tel-Retabé.

Ce canal était comblé et ne servait que pour les crues, surtout pour l'écoulement des eaux, qui pendant l'inondation couvraient les terrains de l'Ouadée. Auprès de Tel-Retabé, ce canal en rencontrait un autre beaucoup plus large, à l'endroit nommé Ras-el-Ouadée; mais il était aussi abandonné en partie.

Comme c'était le principal ancien canal, c'est celui que nous allons d'abord décrire.

C'est seulement à Tel-Abou-Soliman, lieu placé à l'ouest du village de Gawarni, que l'on reconnaît parfaitement ce canal; car de là jusqu'à l'Abou-l'Ardar où l'ancienne Branche Pélusiaque, on ne voit que fort peu de ses berges; les nouvelles digues, les nouveaux canaux et les bassins d'arrosage ont pour ainsi dire fait disparaître les berges de ce canal.

A Tel-Abou-Soliman, on voit parfaitement les deux berges, qui sont éloignées l'une de l'autre de près de 80 mètres. Sur la berge nord du canal, est un monticule qui renferme des restes de constructions en briques cuites au soleil, qui doivent être celles d'un fort. De cet endroit on voit que le canal venait du côté de l'ouest, probablement des environs de Bardouanah sur le Bahr-Abou-l'Ardar.

De Tel-Abou-Soliman au village de Gawarni, qui se trouve sur la berge même du canal, ces berges sont élevées surtout sur le côté nord du canal; elles passent au sud du village et courent dans les sables en traversant la digue d'Abascé ou de Méhémet-Ali, où l'on voit un petit pont; ensuite le canal longe les dunes de sable sous lesquelles il a disparu pour ainsi dire depuis trente-cinq années, quoique à cette époque on y creusât une rigole pour apporter les eaux des environs de Gawarni. Cependant on ne perd pas ses traces : elles reparaissent sous les grandes dunes d'Abou-Néchabé, et sont parfaitement à découvert jusqu'à Ras-el-Ouadée en passant à Rfègé. C'est là que l'autre canal de la partie nord venait rejoindre celui-ci, qui est bien plus considérable et présente l'aspect d'un très-ancien canal bien exécuté.

A côté des restes de ce grand canal, depuis les dunes d'Abou-Néchabé jusqu'à Ras-el-Ouadée, à 60 mètres, environ, au Nord, on voit un petit canal moderne, creusé pour les irrigations et qui n'a aucune importance.

De Ras-el-Ouadée le canal va directement à l'Est, on le voit toujours ; mais à Chek Selim ses berges sont très-élevées. Ce canal continue à courir à l'Est, en faisant des sinuosités, et vient passer au pied d'un large monticule de décombres nommé Tel-el-Maskhouta (1).

Il y avait là autrefois une grande ville, et dans les décombres on voit encore un monolithe en granit représentant un groupe composé de trois statues de Rhamesès II et de deux de ses enfants.

Au sud du canal, il y a aussi des restes d'antiquités. Dans cette partie le canal était parfaitement bien tracé, régulièrement ; il continuait ainsi en passant à un lieu nommé Abou-Khcheb, à Oum-Khamer et à Mahfar, jusqu'à Saba-Biars, où il déviait un peu vers le Sud-Est en laissant Abou-Balàh sur la gauche à l'Est. Il continuait alors, dans de larges proportions, 30 mètres d'une berge à l'autre ; ses berges sont encore bien alignées, bien parallèles, sur une longueur régulière de 6 kilomètres environ, jusqu'à l'ouest-sud-ouest de Chek-Ennedek, où le canal avait sur sa berge un mur de soutènement en maçonnerie de briques. De ce point, une dérivation du canal, encore reconnaissable à une haute berge bien alignée, se divise à l'est-nord-est vers la hauteur où est Chek-Ennedek, en allant jusqu'auprès d'un monticule de décombres, où il y a des restes de fondations de constructions ; on y trouve de pauvres restes d'antiquités grecques et romaines avec quelques médailles ; mais ça n'a jamais pu être qu'un petit établissement.

---

(1) Tel-el-Maskhouta, veut dire *le Monticule de la Statue.*

Le sol qui environne ces quelques ruines est à 2ᵐ,50 au-dessus du niveau de la Méditerranée.

Ici le canal tournait au sud et ne disparaît jamais entièrement sous les dunes de sable ; il est encore bien tracé. À huit kilomètres environ de la dérivation, il passe à une distance de 1.000 mètres à l'est d'un monticule plus élevé que les autres, nommé par les arabes El-Téreye, et que l'on connaît depuis l'Expédition française de 1800 sous le nom de Sérapéum. À cet endroit il existait encore une petite dérivation vers l'est, qui pouvait être une rigole d'irrigation ou une digue de retenue pour les eaux afin de pouvoir arroser des terrains.

Plus au sud, le canal diminuant de dimensions et de régularité allait jusqu'au bassin de l'Isthme, ou à la ligne des laisses de la mer dans le bassin ; là il disparaissait entièrement.

À cette jonction du canal et du bassin de l'Isthme se trouvait un grand établissement, dont les murs existent encore en partie ; devant la porte était un escalier descendant au canal. Cette construction était entièrement dans le genre de celles que l'on construisait, il n'y a pas encore longtemps, pour de grands magasins que l'on nomme *Chouneh*, nom que les arabes donnent à cette construction ; elle ressemble aussi à un caravansérail, à un Khan.

Vers le sud, à la fin du grand bassin et au commencement du petit, à une distance de 35 kilomètres de la Chouneh, à l'endroit nommé Cabret-el-chôf, le canal, qui avait entièrement disparu, recommençait à paraître à une distance de 22 kilomètres du fond du port de Suez ; mais dans cette dernière partie ce canal n'était pas aussi grand que dans la partie précédente, son tracé n'était pas aussi régulier ; ce n'est plus un travail de la même époque.

Cette dernière partie du canal arrivait jusqu'auprès du monticule qui est au nord de Suez, et là on peut encore voir que ce canal avait ses berges en partie faites de bonne maçonnerie, comme celle que l'on remarque aussi au pied du monticule, et dans la mer entre ce monticule et l'île où est le cimetière européen à Suez ; ce mur semble avoir été un mur de soutènement pour encaisser les eaux du canal.

Voici donc la description du canal qui venait de la Branche pélusiaque à la mer Rouge.

Anciennement, pendant les inondations, l'Ouadée était entièrement couverte d'eau ; à l'époque où il était nécessaire de les faire écouler, pour cultiver les terres, on ouvrait à l'est de Ras-el-Ouadée une digue qui les retenait, et alors elles s'écoulaient, en grande partie, par l'ouverture de cette digue dans les bas-fonds de l'Ouadée, à Oum Saracir et Mahsama. Ces eaux allaient aussi en grande partie se déverser par le canal dont je viens de parler jusque dans le lac Timsah, par une dérivation siuée entre les dunes et les puits de Saba Biars et le coude allant au sud-est ; cette dérivation était ravinée par le cours de ces eaux d'écoulement, et on l'appelait Abou Balâh ; il y avait dans ce lieu un puits de ce nom.

Une partie de la grande quantité d'eau qui était apportée dans l'Ouadée restait dans les bas-fonds et formait une espèce de marais. Les eaux de ce marais ne pouvaient être écoulées nulle part, sans que l'on creusât des canaux dont les travaux n'auraient pas été compensés, croyait-on, par les résultats qu'on aurait obtenus. Mais Méhémet-Ali, désirant faire jouir cette petite province de tous les avantages que sa position pouvait lui procurer, voulut qu'elle fût arrosée non plus par suite d'une inondation nuisible, mais bien par des moyens offrant toute sécurité, et pouvant procurer l'irrigation non-seulement pendant les crues du fleuve, mais encore pendant les étiages.

On creusa alors un canal, qui avait sa prise d'eau à Zagazig, où l'on établit un barrage sur le canal de Bahr Moèze. En fermant ce barrage, on élevait les eaux du Bahr Moèze et l'on pouvait ainsi les faire entrer dans le nouveau canal, qui fut nommé Canal de l'Ouadée. Par ce moyen les eaux arrivèrent, en toute saison, au nord des terres cultivées de l'Ouadée ; et aussi cette Ouadée devint une des parties de l'Égypte les plus belles. Beaucoup de Syriens du Mont-Liban vinrent s'y établir pour y planter des mûriers et élever des vers à soie dont les produits précieux les enrichirent.

Ce nouveau canal, qui avait sa prise d'eau à Zagazig au Canal de Moèze (ancienne Branche Tanitique), rencontrait bientôt l'ancienne Branche Pélusiaque, nommée aujourd'hui Abou-l'Ardar, et passait auparavant près des ruines de *Bubaste*, nommées aujourd'hui Tel-Basta (monticule de Basta).

Sur cette ligne, on voyait les traces d'un ancien canal, depuis l'Abou-l'Ardar jusque dans l'Ouadée ; et sur le parcours de cet ancien canal, on remarquait plusieurs ponts ruinés, qui avaient été pratiqués dans les berges vis à vis les uns des autres, pour l'écoulement des eaux d'inondation des terrains supérieurs, au sud, dans ceux inférieurs, au nord ; ces ponts ont été réparés ou refaits.

Ainsi, tout le canal de Zagazig, jusque dans l'Ouadée, était en partie un ancien canal dont on a profité pour l'irrigation de l'Ouadée.

La partie de ce canal qui depuis la digue d'Abou-Ahmed va le long du désert et des terres cultivées de la partie nord de l'Ouadée jusqu'à Ras-el-Ouadée, est également un ancien canal qui a été creusé à nouveau par ordre de Méhémet-Ali ; mais il avait toujours de faibles proportions et bien moindres en tout cas que celles du canal qui traversait la partie méridionale.

Remarquons en passant que l'Abou-l'Ardar, qui, pendant les crues et les inondations, est un très-grand cours d'eau fort large, mais presque au niveau des autres terrains, c'est-à-dire à 1ᵐ, 50 environ en contre-bas, vient des environs de Benha ; il prend naissance aujourd'hui dans les plaines, il coule, seulement dans les saisons de l'inondation, vers le nord, en passant au pied des ruines de Tel-Basta à l'est, et il va conduire ses eaux, sans avoir un lit bien encaissé, jusqu'au lac Menzaléh. Dernièrement, il a été canalisé et l'on a refait ses barrages et ses berges pour le rendre propre à servir aux arrosages.

Il existe encore un ancien canal intéressant au double point de vue de l'antiquité et du sujet dont nous nous occupons : c'est celui qu'on nomme aujourd'hui le Khalig du Caire, qui traverse cette ville. Il a maintenant sa prise d'eau en aval de l'aqueduc du vieux Caire ; mais d'après quelques vestiges de berges, qui se trouvent dans les décombres entourant le Vieux-Caire, à l'est de la mosquée d'Amrou et du couvent Copte, qui est dans l'enceinte romaine de la forteresse de Babylone, on peut croire que ce canal avait anciennement sa prise d'eau au sud du Vieux-Caire actuel, au point où se trouve le grand quai de la forteresse de Babylone.

Ce canal, après avoir traversé le Caire, était parfaitement visible avant que l'on eût creusé celui que l'on nomme aujourd'hui Khalig Zaffranné ; mais tout en exécutant ce dernier, on en a creusé un autre, du côté de l'Est, qui continue parallèlement celui du Caire, et dans beaucoup d'endroits on retrouve les berges de l'ancien ; on le voit à Tel-el-Ychoudiéh et jusque plus bas que Bulbeïs ; il sert même encore aux irrigations dans plusieurs de ces parties.

Au nord de Bulbeïs, le canal Khalig Zaffranné se dirige vers le Nord-Nord-Ouest, tandis que l'on voit encore des restes de l'ancien canal du Caire, qui se continue très-visiblement plus à l'Est, pour rejoindre le canal, si remarquable, venant de Tel-Abou-Soliman et passant à Gawarni, avec lequel il va se confondre pour ne plus former qu'un seul et même canal.

Le Khalig Zaffranné est devenu aujourd'hui le canal d'Ismaïliéh, depuis sa prise d'eau jusqu'à Sériakos, à peu près ; mais on a dû le creuser nouvellement à l'est de Gawarni et lui faire traverser l'Ouadée en suivant la digue d'Abascé. Dans cette partie, à l'est de Gawarni jusqu'à la digue, les traces des deux canaux dont je viens de parler ont disparu.

Telle est donc la description des canaux qui, dans l'état actuel, ont rapport à la géographie ancienne et en même temps historique de l'Isthme et dont nous avions besoin de donner un aperçu afin de fixer les positions anciennes, qui vont nous occuper bientôt.

Il nous reste à parler encore d'une particularité relative aux eaux du désert, surtout à celles qui avoisinent Suez ; et à donner quelques cotes de nivellement se rapportant aux canaux dont nous venons de parler, et à différents points de l'Ouadée et de l'Isthme.

Toutes les eaux de pluie qui tombent d'année en année sur la montagne d'Attaka et ses environs, depuis le point culminant ou de partage, entre l'Attaka et l'Awebet, dont j'ai parlé, nommé Chorafa, jusqu'à la partie de cette montagne en face de Suez, viennent couler près de cette ville par différents ravins. Les plus éloignés de ces ravins, qui passent près d'Agerout au Sud-Ouest, deviennent quelquefois des torrents considérables ; ils ont creusé le terrain et formé sur leurs bords des hauteurs de cailloux et d'argile, qui semblent à première vue de vraies berges d'un canal, faites de main d'homme ; mais, quand on a parcouru le désert pendant quelque temps, on n'est pas trompé par ces faux indices, car on en remarque beaucoup de même genre.

Quelques-uns de ces torrents courent vers l'Est, du côté de la route que suivent les pèlerins allant à la Meck, et se perdent dans les lagunes qui terminent le fond du golfe de Suez ; mais tous les autres coulent vers Suez même, par plusieurs détours. Le plus considérable, qui vient du nord-ouest de la montagne, est nommé Abou-Amatta et Wadée-el-Bahara ; ce torrent, après en avoir reçu beaucoup d'autres, vient à l'ouest-nord-ouest de Suez, près de la mer, remplir un grand réservoir formé par une digue où l'on a construit un petit déversoir pour laisser échapper le trop plein. Ce réservoir fournissait de l'eau à la ville pendant deux mois et plus, lorsque les pluies l'avaient bien rempli ; le terrain est argileux et contenait les eaux sans une trop grande déperdition ; on nommait ce lieu, qui avait été approprié à ce réservoir, Moyet-el-Gisr (*l'Eau de la Digue*). Aujourd'hui les eaux du Canal d'eau douce y arrivent, et on y fait quelques cultures.

Les autres ravins du versant oriental de la montagne avaient été anciennement réunis et barrés par des digues en argile et en pierres brutes, pour retenir les eaux de pluie et les faire entrer dans des réservoirs creusés dans l'argile, à droite et à gauche du lit du ravin. Ces réservoirs, de forme carrée, étaient revêtus d'un mur en pierres sèches et sans mortier. Il y a encore beaucoup de ces réservoirs, qui tous sont en très-mauvais état et depuis longtemps ne servent plus à retenir les eaux ; celles-ci vont se perdre dans la mer au fond de la baie de Suez. Quand tous ces réservoirs et la digue qui barrait le ravin étaient en bon état, on pouvait par une rigole faire arriver l'eau jusqu'à Suez même.

On voit que par tous ces travaux l'on devait avoir des eaux non-seulement pour les besoins des habitants de Suez, mais encore pour la culture de quelques parties de terrain, comme cela se faisait au Gisr quand il pleuvait beaucoup.

Il nous faut dire, en passant, quelques mots des eaux de ce pays.

Il n'est nullement évident que ce soit la négligence apportée à l'entretien de ces réservoirs, ou bien le manque de population, qui ait causé l'abandon de ces réservoirs et leur destruction, ainsi que celle des cultures qui pouvaient en dépendre. On remarque dans beaucoup de lieux, comme dans le désert entre la mer Rouge et le Nil, dans la montagne de Magarra, dans l'Ouadée-Moussé ou Pétra, dans toutes celles qui sont au nord de l'Accaba, dans le Yémen et au mont Sinaï ; comme dans l'Etbaye, pays des Bichariéh, où il existait des habitations en grand nombre, qui servaient au temps de l'exploitation par lavage des mines d'or, on remarque, disons-nous, qu'il n'y a plus, dans tous ces lieux, à peine assez d'eau pour les rares populations qui s'y trouvent. Les puits existent dans bien des endroits encore ; mais ils sont à sec ; au mont Sinaï, par exemple, où l'on voit beaucoup de restes d'habitations sans voir aucune trace d'eau, on se souvient d'avoir vu couler des ruisseaux assez considérables, qui sont maintenant taris.

J'ai vu moi-même en 1821, au mont Sinaï, le grand ruisseau de l'Ouadée-Faran, celui de l'Ouadée-Abran, couler toute l'année avec assez de puissance pour fournir à l'arrosage de tous les jardins de la vallée, et même pour alimenter des moulins, si on l'avait voulu ; en 1828, l'eau des puits, même dans ces vallées, était tarie ; et plus de vingt ans après, elle a reparu, mais en très-petite quantité. Souvent, dans ces contrées, on est resté plusieurs années sans recevoir la moindre ondée de pluie. Il est arrivé que les Arabes du mont Sinaï, qui ont de beaux jardins fruitiers dans leurs montagnes, ont été forcés de les abandonner et de quitter leur pays par suite du manque d'eau, pour venir en chercher en Égypte. Ils sont restés une fois huit années sans pluies, et par conséquent sans pouvoir retourner chez eux. Il n'en faut pas davantage pour faire abandonner les champs, les jardins et toutes les habitations.

Ces faits prouvent que les eaux diminuent toujours dans ces contrées; il est permis de penser que dans les temps reculés les pluies étaient plus fréquentes à Suez qu'aujourd'hui et qu'alors les réservoirs pouvaient être utiles; tandis que maintenant il ne pleut pas régulièrement, et l'on reste au contraire souvent trois et quatre années sans avoir la moindre ondée de pluie. Dans des cas semblables, la population, ne pouvant baser ses besoins sur une chose aussi incertaine, aura abandonné ses habitations et aura émigré dans d'autres lieux, comme l'ont fait les Arabes du Mont Sinaï dans la circonstance dont je viens de parler. Les habitants restant, étant ceux qui s'occupaient de commerce, n'auront plus eu le même besoin d'avoir des réservoirs, et se seront d'ailleurs trouvés en trop petit nombre pour les réparer; on les aura négligés, et peu à peu ces réservoirs auront été entièrement ruinés et seront tombés dans l'état où nous les voyons.

Tel était l'état des choses, il y a quinze ans; aujourd'hui tout est changé : le Canal d'eau douce a rendu inutiles tous les réservoirs possibles.

D'après les nivellements de 1847, exécutés par une brigade d'ingénieurs français conduits par M. Bourdaloue, et en même temps par une brigade de mes ingénieurs arabes avec des chefs européens, ce qui constitua une expédition que je conduisais avec M. Bourdaloue; puis d'après une vérification que j'ai exécutée moi-même en 1853, sur la demande du gouvernement français et par ordre du vice-roi Abas-Pacha; ensuite par d'autres nivellements exécutés sous ma direction, ainsi que la triangulation de tout l'Isthme et de la ligne du canal d'eau douce, constituant en partie les travaux préparatoires du canal de l'Isthme de Suez; tout ce pays, dont la carte est couverte de plus de 30.000 cotes de nivellement, nous est parfaitement connu, ainsi que les hauteurs de chaque point de l'Isthme, jusqu'au Caire au-dessus de la Méditerranée et de la mer Rouge.

Nous allons donner ici celles qui sont nécessaires au sujet que nous traitons :

		mètres
Méditerranée.... { Basses mers.		0,00
Hautes mers.		0,38

Mer Rouge à Suez. { Basses mers. 0,74
{ Hautes mers. 2,42
Terrains à Chalouf, baisses du bassin de l'Isthme. 3,41
Plus basses. 1,86
Seuil du Sérapéum à sa chounah. 0,60
     Id.   près le monument. 4,90
     Id.   monticule du monument. 13,00
Plafond du canal, seuil du Sérapéum à différents points. . . 3, 6, 7
Canal à la bifurcation allant vers le Chek-Ennedek, ruines
   au sud-ouest. 3,00
Celle au sud-est plus près de la bifurcation. 3,72
Lac Timsah : moyenne. 3, 4, 5
Point culminant du seuil du Gisr, berge du canal. 16,00
Lagunes de Ferdanne. 0,90
Terrains de l'Ouadée depuis Saba Biars jusqu'à Abascé, en
   moyenne.. 5,50
Environs d'Abou Balâh. . . . . { 3,64
                                                           { 4,50
Entre la digue de Gawarni et celle d'Abou Ahmed, lac ancien
   des pèlerins, à l'Ouadée. 3,00

*Prise d'eau à Zagazig du canal de l'Ouadée dans le Bahr Moèze et
dans l'ancienne Branche Pélusiaque (Abou-l'Ardar), à Bubaste (Tel-
el-Basta) :*

Hautes eaux. 100,65
Basses eaux 48,69

Prise d'eau du Khalig du Caire :

Hautes eaux. 21,69
Basses eaux. 14,06

CHAPITRE III

ISTHME DE SUEZ ET SES CANAUX

GÉOGRAPHIE ANCIENNE SE RAPPORTANT A L'ISTHME.

Maintenant que nous avons terminé la description de l'Isthme et des canaux qui, dans l'état actuel, ont rapport à la géographie historique, description dont nous avions besoin pour fixer les positions anciennes qui nous occuperont bientôt, nous allons encore donner une idée de la position de villes anciennes que l'on voit dans cet Isthme ; positions dont quelques-unes sont parfaitement déterminées, et sur lesquelles il n'y a plus à discuter ; elles nous serviront de points de départ et de repère pour compléter cet aperçu de l'ancienne géographie de l'Isthme de Suez.

Babylone. — Près de la ville du Vieux-Caire et presque contiguë à ses murs au sud-est, on voit, au milieu de décombres, une grande enceinte de fortifications romaines, formant encore aujourd'hui un vaste quartier habité par des Coptes chrétiens, pour qui cet endroit est en grande vénération, à cause d'une grotte renfermée dans une de leurs églises que les traditions donnent comme une des stations de la Vierge Marie, lors de sa fuite en Égypte. Dans cette enceinte sont des chapelles et des tombeaux, où l'on enterrait les Européens, il y a moins de vingt années.

La principale ancienne entrée de cette forteresse était entre deux grosses tours dans la partie sud. C'est une porte bien construite et ornée, sur le fronton de laquelle se lit une inscription latine, qui indique que c'était là le lieu de garnison d'une légion romaine. Je crois ne pas devoir donner plus de détails sur ce point bien connu, renvoyant à tous les écrivains qui ont écrit sur l'Égypte, et surtout à la description de ce lieu donnée par

M. Boisaimé dans le cinquième volume de la *Description de l'Égypte*.

On, **Hélicu**, **Héliopolis**. — A 18 kilomètres au nord de *Casr Chamâ* ou *Château de la Bougie*, ou bien de l'ancienne forteresse de Babylone, un peu au nord du village de Matariéh et presque sur le bord du désert, se trouvent une enceinte en briques crues et beaucoup de décombres.

L'enceinte est divisée en deux parties; dans celle du couchant est l'obélisque que tous les voyageurs vont visiter, c'est l'un des plus anciens de la vieille Égypte... A l'occident de cette partie de l'enceinte sont de gros fragments de granit avec des caractères hiéroglyphiques, et j'ai vu dans la hauteur qui sépare la grande enceinte, une construction en pierres calcaires formée de gros blocs avec des inscriptions hiéroglyphiques, puis un fragment de statue colossale de la même pierre.

L'enceinte en briques était seulement celle des temples; mais la ville était en dehors. On voit au nord, tout près de l'enceinte, de gros monticules de décombres très-étendus : cependant ce n'était pas là seulement où était la ville; elle s'étendait beaucoup au delà, surtout vers les parties ouest et nord, jusqu'aux villages de Bêtine, de Mesteroud et de Coussous : car on rencontre partout de ce côté des petites hauteurs de décombres dispersées dans les terres cultivées, ce qui peut faire présumer, avec raison, que la ville s'étendait sur tous ces endroits, et si l'on ne remarque pas plus de décombres dans la campagne, c'est que peu à peu les alluvions du fleuve les ont recouverts comme on voit que la base de l'obélisque l'a été, et il faut remarquer que les terrains en dehors de l'enceinte n'ont pas été préservés des alluvions comme ceux de l'intérieur, et que par conséquent ils se sont beaucoup plus élevés.

Dans l'est des enceintes, sur toute la surface du désert, jusqu'au village de Cafr-Gamout distant de 2.500 mètres, tout le sol est ondulé par de petites hauteurs qui proviennent des excavations qui ont été faites pour des sépultures, et qui doivent se trouver au moins au même niveau que la base de l'obélisque, et où, à l'époque de la pose de cet obélisque, les eaux par infiltration même ne devaient pas arriver.

J'ai fait faire dans cette nécropole quelques fouilles superficielles, et j'y ai trouvé de très-beaux fragments d'antiquités... Un très-joli petit obélisque en grès rouge de la montagne près de Sultan Barkouq, de la hauteur de 1ᵐ,80, avec des inscriptions, y avait été trouvé et porté à Coussous où je le pris.

Je crois inutile d'entrer ici dans de plus longs détails pour déterminer la position de *On* des Égyptiens, d'*Héliopolis* des Grecs et de *Helieu* des Latins; car il a été fait de longues dissertations à ce sujet en rapportant les citations des auteurs romains, et par conséquent je ne répéterai pas ce qui a été dit.

Onion, Castra Judæorum. — A 20 kilomètres d'Héliopolis, au nord, on voit un grand monticule de décombres qui sont les restes d'une très-grande ville : ce monticule se nomme *Tel-Yeuhoud* ou *Monticule des Juifs.*

La ville qui se trouvait en ce lieu semble beaucoup antérieure à l'époque où le grand Onias, venu de Jérusalem en Égypte, obtint de Ptolémée Philométor, qui régnait alors, l'autorisation d'élever un temple sur le même plan que celui de Jérusalem, temple qui venait d'être détruit par Antiochus Épiphane, roi de Syrie, à la prise de la ville de Jérusalem.

Ce temple, bâti par Onias, fut fermé sous Vespasien, ce qui probablement marqua aussi la décadence de la ville qui était connue sous le nom d'*Onion.*

Le temple de cette ville fut donc bâti sur le plan de celui de Jérusalem, en l'année 173 avant Jésus-Christ, et fermé en 72 à peu près de notre ère; ce qui lui donne 245 ans de durée.

Dans un si court espace de temps une ville ne pouvait prendre l'extension que semble avoir eue le Tel-Yeuhoud, vu les décombres que l'on voit encore aujourd'hui.

Il est donc probable que le grand prêtre Onias choisit, demanda et obtint, pour y bâtir son temple, une ville existant déjà ou peut-être même ruinée dans laquelle habitaient déjà des Juifs.

Effectivement aujourd'hui, dans les excavations que l'on pratique, on peut remarquer dans différents endroits trois époques de constructions, superposées les unes sur les autres.

Les constructions les plus basses ne sont composées que de

briques crues, sur lesquelles, une fois ruinées, est venu se superposer dans quelques parties une couche de sable, et dans d'autres des constructions postérieures, toujours en briques crues.

Sur cette partie sablonneuse, qui aujourd'hui ne se voit plus, à cause des excavations, que sur la partie élevée, reste du grand monticule, il y a encore des constructions plus modernes, toujours en briques crues.

Ce grand Tel-Yeuhoud, cette grande ville ancienne plutôt, a été entourée d'une forte muraille en briques crues ayant, de distance en distance, et aux angles, de grosses tours. On voit encore à l'angle sud-est de l'enceinte les restes de l'une d'elles. Ce qu'il y a de remarquable, c'est que le bas de cette tour repose sur des constructions ruinées, formées par des briques crues beaucoup plus grosses que celles qui appartiennent au haut de la tour qui paraît plus moderne.

De ce côté de la tour et sur la face de l'enceinte du levant on voit que les constructions en briques ont subi l'action du feu. Toutes les briques sont rouges, comme cela se voit d'ailleurs à l'enceinte de la ville de Saïs ou *Saël-Agar* dans la Basse-Égypte, et Tel-Basta ou Bubastis, à Médinet-Abou dans la Haute-Égypte et encore dans bien d'autres endroits.

Ces espèces d'incendies spontanés proviennent de ce que les briques, mélange de terre avec de la paille, séparées quelquefois par couches au moyen de feuilles de roseaux ou autres herbes en guise de mortier, forment avec l'humidité une espèce de tourbe qui s'échauffe, brûle pour ainsi dire sans feu, ou du moins sans flamme et avec fumée.

J'ai été témoin à Médinet-Abou de la combustion d'une grande partie de l'enceinte, et à Com-el-Armar, près de Miniet, de celle d'un ancien village bâti de la même manière.

Ce grand monticule de Tel-Yeuhoud, si considérable il y a quarante ans, a été en grande partie enlevé pour servir d'engrais aux champs de toute la province.

Dans tous les monticules de décombres d'anciennes villes égyptiennes, la partie basse est imprégnée de matières que les fosses d'aisances y ont laissé écouler, et ceci a formé

une espèce de *guano* humain ou de terreau très-actif. On s'en
sert pour ensemencer le blé de Turquie ou maïs afin d'activer
sa végétation et par conséquent sa récolte, qui doit se faire en
quarante ou cinquante jours après les semailles. On sème à la
fin de juillet et en août, à l'arrivée des premières eaux de la
crue, pour récolter en septembre, afin de pouvoir ensuite inonder les terres, pendant les grandes crues, et les ensemencer en
d'autres cultures.

Cet engrais est si puissant, si chaud, que si, immédiatement
après la récolte du maïs, on n'avait pas les moyens de laver à
grande eau du fleuve tous les terrains où il a été répandu, ils ne
produiraient pour ainsi dire plus rien.

Le Tel-Yeuhoud disparaîtra donc en peu d'années par suite
des grands transports que l'on fait de ses ruines ; on voit continuellement des quantités d'hommes piocher ces décombres,
tamiser ce qu'ils en retirent et transporter ce terreau à dos d'ânes
et de chameaux à de grandes distances, comme d'ailleurs cela
se pratique partout où se trouvent les restes d'une ancienne ville
égyptienne.

Dans toutes ces excavations du Tel-Yeuhoud, les fragments
d'antiquités qu'on y trouve sont fort peu de chose, et ils paraissent d'ailleurs apportés ; on n'a pas trouvé une construction
de monument, même à une grande profondeur.

Il y a quarante-cinq années on voyait seulement sur le haut
du monticule une partie de corniche faite comme celle des monuments égyptiens, mais sans ornements, sans inscriptions ;
puis dans le sud de l'enceinte, au niveau des terrains cultivés, se
trouvait une grande muraille, courant de l'est à l'ouest, large de
4 mètres, longue de 6 à 700 mètres, et allant à environ 6 mètres
de profondeur, construite en grosses pierres de taille ayant été
en partie apportées en ce lieu d'un monument des environs.
Cela semblait être un quai.

Aujourd'hui, à peu près au centre des décombres et aux deux
tiers de leur hauteur, on voit une statue en granit, ainsi que
plusieurs morceaux de colonnes de la même pierre, jetés au
milieu de ruines de briques, sans aucune apparence de con-

struction d'où ces restes ont pu provenir ; tout est terre provenant des briques qui formaient les maisons de la ville.

A côté de ces débris on voit aussi jetés de la même manière deux piliers carrés en pierre calcaire très-blanche et couverts tous les deux d'inscriptions hiéroglyphiques.

D'après ceci on est porté à croire que ces débris proviennent de la ville d'Héliopolis, et qu'ils auront été transportés en ce lieu. On prétend que dans les inscriptions on lit le nom de la ville d'Héliopolis ou de On, mais si l'on trouvait encore d'autres restes éparpillés de la même manière, il faudrait bien se garder de conclure de ce fait, que ce lieu, cette ville ruinée, ce Tel-Yeuhoud eût été jadis On ou Héliopolis, car ce serait commettre une grande erreur.

Dans beaucoup d'endroits, dans bien des monuments égyptiens, on voit dans l'intérieur de leurs murs des pierres avec des inscriptions qui ont appartenu à d'autres monuments plus anciens, érigés dans des localités souvent fort éloignées des lieux où se trouvent ces pierres.

On voit encore à Tel-Yeuhoud, à peu près à la surface des décombres, vers la partie du couchant, les restes d'un bain en albâtre oriental égyptien. Il se composait d'un petit portique avec deux colonnes et d'une grande cuve monolithe ayant un escalier ménagé dans le bloc pour descendre au fond. Cette cuve a $2^m,50$ environ sur 3 mètres et $1^m,80$ de hauteur. A côté on voit aussi une baignoire faite de la même pierre. Ce bain est tout à fait semblable, pour la disposition, à une partie des bains arabes que l'on nomme *mactasse*.

Le bain est entièrement posé, sans fondations, sur les décombres de l'ancienne ville. Le pavé, qui est aussi en albâtre, est aussi posé sur les décombres ; c'est donc une construction toute moderne, et la qualité de l'albâtre semble désigner celui du Gebel-Genéffé et non pas celui de la carrière de l'Ouadée-Sennour ni de celle vis-à-vis Siout.

On voit dans ce bain un gros morceau de granit curieux ; il est rond, et je ne sais à quoi il a pu appartenir. Je n'ai vu nulle part ni base de colonne ni chapiteau de ce genre. Cette pièce a été apportée de la ville d'Héliopolis, comme tout le reste. Voici quelle est sa forme :

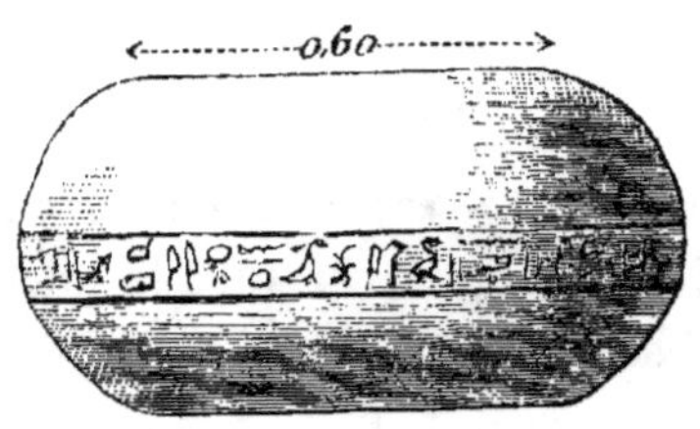

Près de Tel-Yeuhoud, au nord-ouest, est le village de Chibine-el-Canater, ainsi nommé parce que le canal actuel de Chercawé se divise à Chibine même en deux branches, sur chacune desquelles il y a un pont pour régler les recettes des eaux, et qu'en arabe un pont se dit *cantara* et *canater* au pluriel (1).

Le canal de Chercawé a sa prise d'eau dans le Nil près de l'endroit où était anciennement celle de l'Abou-Ménéged, qui fut le canal de Suez à une certaine époque, et plus anciennement, la Branche Pélusiaque.

Les deux ponts qui sont sur les deux dérivations du Chercawé à Chibine-el-Canater sont tous les deux de construction moderne. L'un sur la dérivation qui court à l'ouest se nomme El-Khalili ; celle de l'est, le Chercawé, qui va rejoindre le Zaffranniéh.

Ce village n'a aucun monticule de décombres, aucune antiquité qui puisse faire penser qu'il occupe l'emplacement d'une cité antique.

L'ancien pont de construction romaine, qui existait encore il y a quelques années, était construit comme ceux d'aujourd'hui pour régler la distribution des eaux et non comme un simple pont de passage, surtout sur la Branche Pélusiaque, comme on l'a pensé, puisqu'il n'y avait que quatre arches ayant ensemble

---

(1) Il y a dans le Delta, province de Ménoufiéh, un grand village nommé aussi Chibine, avec le surnom de *El-Com*, à cause des monticules de décombres qui l'entourent ; c'est pour les distinguer l'un de l'autre qu'on leur donne ces surnoms.

à peine un débouché de 8 mètres environ. Il ne pouvait donc avoir été construit que sur un canal ; d'ailleurs la Branche Pélusiaque passait beaucoup plus à l'ouest, puisque l'on en voit le cours indiqué par de hautes berges un peu à l'est du village de Sindioun, entre le chemin de fer et Tânan.

Ce grand monticule de Tel-Yeuhoud, ou la *Hauteur des Juifs*, est bien, comme il est reconnu par tout le monde, l'ancienne *Onion* ou *Castra Judæorum*.

Scena Veteranorum. — Ce nom n'indique pas une ville, mais seulement un campement : *les Tentes des vétérans*. Ainsi cette position ne peut être reconnue par des ruines, et ce ne serait que par quelques restes de campement. Or la route indiquée par l'Itinéraire d'Antonin ne peut être que sur la lisière des terres cultivées, pour être fréquentée pendant toutes les saisons, en dehors des inondations et le plus directement, comme cela se fait encore aujourd'hui. Ce lieu peut être placé aux environs de Menayer, où il y a près du désert quelques petits monticules de décombres et de restes de poteries, qui indiquent un campement ancien.

Vicus Judæorum. — Toujours en allant vers le nord et le long du désert, on trouve à 15 kilomètres et avant d'arriver à Bulbeïs, à l'est du village de Géhètré, un monticule de décombres assez étendu, qui a encore conservé dans le pays le nom de *Beled-el-Youdièh* (*Pays* ou *Ville juive*), et comme le nom et la distance donnée dans l'Itinéraire d'Antonin pour celle de Babylone à *Vicus Judæorum*, se rapporte bien à Géhètré, je crois qu'il ne peut y avoir d'hésitation sur ce point.

Daphné. — En poursuivant vers le nord et laissant l'Ouadée à droite, on trouve Coreïn, ensuite Sahlièh, où sont quelques décombres. La distance de Beled-el-Youdièh à Abascé ou à l'entrée de la vallée, comme nous le verrons plus tard, est de 20 kilomètres ; celle de la vallée à Coreïn et à Sahlièh, ou un peu plus au nord à Cassassine, est de 25 kilomètres ; puis en se dirigeant vers le nord-est, on voit deux grands monticules de décombres, qui sont les ruines de la ville de *Daphné*, à une distance de Sahlièh ou de Cassassine de 18 kilomètres. Enfin, en traversant les plaines du lac Menzaléh, et se dirigeant vers le nord-est, à

une distance de 40 kilomètres, on rencontre les ruines de Péluse. Ainsi on a le tableau suivant :

PAR LES DISTANCES PRISES SUR MES CARTES.	Kilomètres.	PAR LES DISTANCES PRISES DE L'ITINÉRAIRE D'ANTONIN.	Milles romains.	Kilomètres.
De Casr-Chamâ au vieux Caire à Meitarièh, obélisque....	16	De Babylone à *On. Heliopolis. Helieu*..............	12	17.7
A Tel-el-Yeuhoud (*Onion. Castra Judæorum*)........	20	A *Scena Veteranorum* (incertain)..............	18	26.5
A Guéhètré (*Tel-el-Youdieh*). .	20	A *Vicus Judæorum*.......	12	17.7
Ouadée Toumilat (*Tel-el-Kibir*)	20	A *Thou*..............	12	17.7
Salhieh, Cassassine........	32	A *Tacasarta*..........	24	35.3
Tel-Daphné...........	25	A *Daphné*..........	18	26.5
Tel-el-Amareïhin. Tinèh....	36	A *Pelusium*..........	16	23.5
	169		112	164.9
		Différence entre le total des distances......... 4 kilom.		

Il faut remarquer qu'en prenant la somme de toutes les distances des différents lieux que nous venons d'indiquer depuis
Memphis jusqu'à Péluse, sur nos cartes, cette somme se rapporte bien avec celle des distances données dans l'Itinéraire
d'Antonin ; mais il n'en est pas ainsi pour les distances partielles.
Par exemple : la dernière distance, celle de Daphné à Péluse, est
de 36 kilomètres sur les cartes, et seulement de 23 1/2 dans l'I-
tinéraire ; mais les noms des lieux coïncident si bien, qu'il faut
se rapporter à ces preuves, puisque les différences dans les distances ne sont pas très-grandes, toujours en considérant la manière dont elles doivent avoir été prises par les anciens, qui ont
presque toujours dressé leurs itinéraires sans voir les lieux.

Péluse. — Aujourd'hui il ne reste plus des ruines de Péluse
qu'un fort de construction arabe, nommé Tinèh qui en arabe
veut dire *boue*, comme Pélusium : *boue, terre humide ;* ce fort
a été bâti en cet endroit, pour protéger l'entrée de l'embouchure de la Branche Pélusiaque, nommée aussi Fum Tinèh,
Bouche de Tinèh ou *de Péluse.*

Les ruines que l'on voit à Péluse consistent aujourd'hui en un
monticule de décombres, où l'on a fait une grande enceinte

carrée, bâtie en briques rouges ; la porte est au nord du côté de la mer ; c'est un travail arabe, qui n'est pas fort ancien.

On trouve dans les décombres des colonnes en granit et des fragments en pierres, rien de bon et rien d'égyptien. A l'est, et tout auprès de ces décombres, est un autre monticule assez élevé que l'on nomme *El-Casr* ou *Le Château*, qui probablement était la citadelle.

Toutes ces ruines sont aujourd'hui connues sous le nom de El Amaréhine, et El Faramah par quelques-uns. Sur le bord des sables, qui marquent les limites du lac actuel, est encore un lieu où sont des décombres et que l'on nomme Tel Fadda (*La Hauteur d'argent*).

La position de *Péluse* est tellement connue par ce que tant d'auteurs en ont dit, qu'il est inutile de rien rapporter pour établir l'identité de ces ruines avec celles de *Péluse*.

Am-diab-Gerreh. — En allant vers l'est des ruines de Tel-el-Amaréhine ou de Péluse, à une distance de 14 kilomètres, tout à fait sur le bord de la mer, on voit un monticule de décombres que viennent battre les vagues lorsque la mer est agitée. Dans ce monticule il y a des fragments d'antiquités, et dans la mer à une soixantaine de mètres, des restes de constructions qui ont appartenu à la ville ; on nomme encore aujourd'hui cet endroit *Gerreh*, et c'est le nom cité par Strabon et Pline.

Tel-Basta, Bubastis. — A l'entrée de l'Ouadée, où d'après l'Itinéraire on place Thou, est le grand village d'Abascé qui semble avoir été une position ancienne.

De ce point vers l'ouest, à une distance de 22 kilomètres environ, on voit un très-grand monticule de décombres nommé Tel-Basta ; ce monticule est entouré d'une forte muraille en briques crues. Dans cette enceinte on remarque beaucoup de restes d'habitations bien bâties en briques crues, et l'on reconnaît que successivement les nouvelles ont été construites sur les ruines des anciennes, ce qui a élevé considérablement le sol jusqu'au niveau où il est maintenant. Au milieu de ces ruines sont beaucoup de restes de monuments consistant en colonnes et grandes pièces de granit brisées ; on détruit ces colonnes en les cassant pour en faire des meules de moulins à huile et à plâtre.

Ce grand monticule de Tel Basta est situé près du cours d'eau nommé Abou-l'Ardar, dont j'ai déjà parlé, et qui n'est autre que le lit de l'ancienne Branche Pélusiaque, canalisé depuis une dizaine d'années. On pourrait, avec difficulté cependant, retrouver les traces de l'Abou-l'Ardar ou de la Branche Pélusiaque ancienne jusqu'au Nil, entre les villages de Choubra et de Bessous. C'est l'ancien Abou Meneged sur lequel sont les ruines d'un grand pont nommé le Pont-des-Lions qui a été construit par le sultan Bibarsi-el-Bondoucdari en 1259 de notre ère et 658 de l'hégire.

Les traditions disent que ce canal d'Abou Meneged était l'ancien canal de Suez : il a pu se faire que, quand la Branche Pélusiaque était encore un cours d'eau dans sa partie supérieure, comme Abou-l'Ardar l'est encore, aujourd'hui, dans sa partie inférieure, on prît cette voie pour arriver du Caire au canal de communication du Nil à la mer Rouge. On voit encore (1) à l'est du village de Sindioun, au nord de Calioub, de hautes berges d'un large canal qui doit venir de l'Abou Meneged, et qui doit être le lit de l'ancienne Branche Pélusiaque, qui, lorsque le sultan Bibars vivait, n'était plus qu'un cours d'eau assez fort cependant. Aujourd'hui il est remplacé par le Chercawé, qui passe au village de Chibin-el-Canater, où il se divise en deux bras. La partie de l'ouest nommée El Khalili va à Mit Abib, Berdenoua, et c'est probablement l'ancienne Branche Pélusiaque. L'autre branche coule plus à l'est jusqu'à Bulbeïs, et ensuite par une dérivation va aussi à Berdenoua et à Tel Basta ; de là, ce cours d'eau, qui porte le nom d'Abou-l'Ardar, va vers le nord-nord-est en conservant son nom.

A la position de Tel Basta sur l'ancienne Branche pélusiaque, à son nom actuel, et d'après tout ce qui a été écrit, on ne peut douter que Tel Basta ne soit vraiment l'ancienne *Bubastis*.

Les sites dont nous venons de parler sont les plus connus, et personne ne doute de leur identité avec les villes ou positions anciennes, dont presque tous ont conservé les noms encore aujourd'hui.

---

(1) **Voir** planche VI, n° 2.

Ceux dont il va être question sont beaucoup moins faciles à déterminer.

A environ 10 kilomètres de l'embouchure ou l'entrée de la Vallée (Ouadée Toumilat), est le plus grand village de l'Ouadée, c'est Tel-el-Kibir (*le Grand monticule*), le chef-lieu de ce district; et en continuant à marcher dans l'Ouadée, vers l'est, dans les terres cultivées, pendant 15 kilomètres, on remarque sur la gauche à la fin de ces terres, là où le canal de l'Ouadée finit et rejoint celui qui vient par la partie sud de l'Ouadée, on voit, disons-nous, un gros monticule nommé Tel Retabé, qui est un site ancien.

Tel-el-Maskhouta. — Plus à l'est encore, à une distance de 15 kilomètres, apparaissent de très-grands décombres annonçant les ruines d'une grande ville; elles sont sur les bords du canal qui parcourt l'Ouadée de l'ouest à l'est, comme je l'ai dit, et en bien plus grande quantité sur la rive septentrionale que sur celle du sud où il y peu de décombres.

On trouve dans ce monticule des restes d'enceintes, beaucoup de fragments de granit et de grès siliceux, et surtout un très-beau monolithe en granit rouge, représentant trois figures assises; sur le dossier de leur siége est une longue inscription en caractères hiéroglyphiques; on sait que c'est une statue de Rhamesès II avec celles de deux de ses fils. Ce monument est parfaitement connu. Ce lieu se nomme aujourd'hui *Tel-el-Maskhouta* (*Monticule de la Statue*) et quelquefois *Abou-Khchèb* (*le Père du bois*); il y a là un puits de ce nom.

El Mahfar. — Plus à l'est, à une distance de 4 kilomètres seulement, sur la berge septentrionale du canal, sont les restes d'une construction qui paraît avoir été un khan ou caravansérail bâti en briques crues, dans le même genre que celui que l'on trouve à la sortie du canal dans le bassin de l'Isthme, mais plus petit; on voit quelques fragments de grès et de granit, apportés probablement de Tel-el-Maskhouta.

Les Arabes nomment ce lieu *El Mahfar* ou mieux *El Mahfar-bè-Kiman*, ce qui veut dire : *le Lieu creusé, raviné où il y a des monticules*, nom qui convient parfaitement à l'endroit. Car le canal était, en cet endroit, bien creusé par le courant des eaux qui s'écoulaient de l'Ouadée au lac Timsah, et il y a des monticules aux environs.

Entre Tel-el-Maskhouta et El Mahfar est un lieu nommé *Oum-Khamer* que quelques personnes, qui depuis peu ont écrit sur l'Isthme, nomment *Oum Khriam*, ce qui voudrait dire la *Mère des Tentes*; mais le nom arabe est celui que je donne, et l'on ne peut en déduire malheureusement celui du *Soccott* de la Bible, qui veut dire les tentes, en hébreu.

En continuant à marcher vers l'est dans la vallée, qui prend ici le nom de Saba Biars ou des *Sept puits*, parce qu'il y a là dans les dunes des puits qui probablement étaient en ce nombre; en suivant les berges de l'ancien canal, et tournant vers le sud, après une distance d'environ 28 kilomètres, on voit un monticule plus élevé que les dunes environnantes, formé de gravier, d'argile, de sable et de débris de construction. Sur son sommet il y avait encore, en 1856, des fragments de granit et de grès de la Montagne Rouge du Caire. Ces restes étaient ceux d'une grande stèle en granit, dont le haut arrondi l'avait fait prendre, étant couchée à plat sur le sol, pour le débris d'un monument circulaire; mais sur une de ses faces, on voyait des hiéroglyphes sculptés en creux, ainsi que des inscriptions cunéiformes, dont j'ai quelques fragments. Cet endroit se nomme en arabe *El Térèye*, ce qui veut dire *Le Signal*, et aussi la *Constellation des Pléiades*.

Chek Ennédek et Ennadé. — Au nord de ce point, à environ 8 kilomètres, est une petite hauteur rocheuse sur laquelle est placé le tombeau d'un saint, qui a donné son nom à ce lieu. Au pied de cette hauteur passe la route venant de Syrie et allant à Suez; là aussi arrivaient les eaux du lac Timsah, lorsque celles de l'Ouadée s'y déversaient en grande quantité.

Gébel Gârh (1) **et Gebel Mariam.** — A l'ouest-nord-ouest de la hauteur du Chek Ennèdek est une petite montagne qui s'élève comme une île isolée sur le lac Timsah; elle est formée d'argile et de couches marneuses; le sommet présente un

---

(1) *Montagne du Chagrin, de la Douleur.*

plateau formé d'une couche de grès calcaire d'une épaisseur d'environ un mètre; il y a quelques petites excavations mal exécutées, qui probablement ont servi de tombeaux.

Cette petite montagne est nommée aussi Gébel Mariam, à cause d'une construction qui se trouvait au pied de cette hauteur, du côté du nord-ouest et sur le bord du lac. Cette construction, qui avait été une ferme appartenant à une femme nommée Mariam, était connue sous le nom de Dâr Mariam.

Dans le sud-sud-est de cette montagne, et presque à son pied, à une distance de 150 à 200 mètres, sont les ruines d'une petite ville, dont les décombres sont élevés seulement de 3 mètres au-dessus du niveau des laisses du lac. Les constructions de ce village étaient en briques cuites et quelques pierres. On y voit quelques fondations de maisons, on y trouve des médailles; mais le tout est tellement rongé par les sels du sol, que l'on ne peut rien reconnaître. Cependant par le mode de constructions, on voit fort bien qu'elles ne sont pas de la même époque que les villes égyptiennes, mais plus modernes.

A peu de distance dans le sud-ouest de cette ruine, apparaît encore, au-dessus du sol, une autre position ancienne, mais plus petite que la première, dont le sol est de 72 centimètres plus élevé.

Tous les environs de ces deux ruines, depuis Chek-Ennedek jusqu'aux berges du canal vers l'ouest, et entre la dérivation du canal et Gebel Gârh, ont jadis été cultivés; on y voit des restes de sakiéhs et des petites rigoles pour l'irrigation.

Awaled Germi. — Maintenant, si l'on part du monticule où est la stèle en granit nommée El Terèye, et que l'on se dirige vers le sud-ouest pour contourner le bassin de l'Isthme, on rencontre, au débouché de l'Ouadée Ackram sur le bord du bassin, une petite construction faite avec des morceaux des sels et gypse du bassin, taillés en forme de briques, dont la disposition semble être celle d'un corps de garde qui était bien bâti.

Toujours en contournant le bassin, et en se dirigeant vers sa partie nord, à une distance de 35 kilomètres du point de départ, en contournant le bassin jusqu'à l'endroit où la route venant de Syrie à Suez traverse la partie étroite où finit le grand bassin et commence le petit, à une distance d'environ un kilomètre des laisses, on voit un mamelon à gauche de la route, sur lequel était un monument semblable à la stèle de El Terèye, mais plus grand. Il y avait plusieurs blocs de granit provenant de la stèle brisée, sur lesquels se trouvaient des caractères hiéroglyphiques et des inscriptions cunéiformes, mais aucune construction. A côté de ces restes d'antiquités, dans le ravin qui passe au sud, on voit des restes d'habitations bâties en pierres brutes, comme celles que font aujourd'hui les Arabes, avec beaucoup plus de régularité. Dans l'est de ce lieu on trouve le lit des eaux de pluies, qui ressemble parfaitement au tracé d'un canal, mais il n'y a, ni au sud, ni au nord, aucun autre indice; cet endroit, où l'on trouve quelques mimosas rabougris, se nomme *Awaled Germi* (*Les Enfants Germi*) (1).

A une petite distance du monument, vers le sud, est le lit d'un petit torrent, dans lequel on a creusé des réservoirs pour les remplir, quand les eaux de pluie coulaient par là; et à l'ouest de ce point, sur la plaine, on trouve les fondations de constructions de maisons parfaitement alignées, comme le serait un camp ou un caravansérail. On voit aussi dans ce lieu le tracé d'une grande route venant de l'ouest-nord-ouest, et se dirigeant vers l'est-sud-est; il est probable que ces constructions appartenaient à un poste, à un corps-de-garde, comme celui de Ouadée Ackram, pour protéger cette route.

En continuant la même route, et laissant la hauteur de Chalouf-et-Terabba sur la gauche pour reprendre la route directe de Suez, qui est celle qui longe la montagne de Généflé, au haut de celle de Mécassarrahiéh, on trouve sur la route, qui est bien indiquée par deux petites berges anciennes, les restes d'un monument en grès de la Montagne Rouge du Caire, qui semble avoir été semblable à ceux de El Terèye et de Awaled Germi; seulement en les déblayant, je n'ai vu, sur les différents morceaux que j'ai sortis des sables, que des caractères hiéroglyphiques et aucun cunéiforme.

______

(1) Ce pouvait être là l'embouchure du canal d'Amrou, dans le bassin de l'Isthme.

Ce lieu porte le même nom arabe que la montagne à l'ouest, *Mecassar Rahieh, Montagne d'où l'on taille des meules de moulins à bras.*

Sur la même route, à une distance de quelques cents mètres, sont encore des restes d'un petit monument; je n'y ai vu aucun fragment avec des caractères.

Agerout. — A environ 20 kilomètres au nord-nord-ouest de Suez et à 23 kilomètres de Awaled Germi, vers le sud-ouest, est la forteresse d'*Agerout*, une des stations de campement de la caravane de la Mecque. — On y trouve un puits taillé dans le roc à la profondeur de 70 mètres; il fournit une eau saumâtre que l'on élève au moyen d'une sakiéh ou roue à chapelet, qui la déverse dans un bassin pour les besoins de la caravane; il ne s'y trouve aucun reste d'antiquité.

Ce port a été bâti depuis l'Islamisme, et depuis que la caravane ne part plus de Abascé dans l'Ouadée pour aller à la Mecque, à la suite de circonstances qui auront fait préférer la route du Caire au fond de la mer Rouge d'aujourd'hui. Agerout est à 105 mètres au-dessus de la Méditerranée.

Sur la route des pèlerins partant d'Agerout, avant d'arriver à l'ancien canal, on trouve les restes d'une petite forteresse, composée d'une enceinte carrée avec quatre tours aux angles comme celles que bâtissent encore aujourd'hui les Arabes; c'était un corps-de-garde pour la route.

Dans l'intérieur on voit quelques fragments de granit et de marbres.

Au sud, pour ainsi dire sur les bords de l'ancien canal, dans un petit monticule on trouve encore des restes d'une stèle, comme celles de Terrèyc et de Awale dGermi; il y en a un morceau dans la ville de Suez.

Il est à remarquer que dans l'Isthme, depuis le seuil dit du Sérapéum, on trouve quatre de ces monuments ruinés.

Nous passons maintenant sur la côte orientale de la mer Rouge.

En suivant la route des pèlerins, qui traverse le fond des lagunes de la mer Rouge, on arrive à la côte orientale, et en remontant vers le nord, on trouve sur la hauteur beaucoup de restes de poteries, de débris de pierres et de briques, qui indiquent qu'il y avait en ce lieu un établissement. On y voit aussi deux restes de fondations de murailles, qui courent parallèlement vers le nord; ce sont les deux côtés d'une route qui traversait le bassin ou plutôt l'Isthme, plus au nord que Chalouf, et allait rejoindre celle dont j'ai parlé.

Ancienne route des pèlerins à la Mecque. — Voici, d'après les traditions du pays, ce qu'était cette route : Les pèlerins qui se rendaient à la Mecque se rassemblaient à Abascé et près du lac qui en était voisin, et dont les restes existent encore dans le voisinage de la digue. Cela peut bien avoir eu lieu même avant Mahomet et l'Islamisme, puisque le pèlerinage se pratiquait déjà du temps d'Abraham. La route partait donc de l'Ouadée-Toumilat, passait à l'Ackram et sur le bord du grand bassin de l'Isthme, où est cette construction faite avec les cristallisations gypseuses qui couvraient le bassin de l'Isthme. Elle passait ensuite près du monument persépolitain nommé Awaled Germi, traversait le bassin au nord de Chalouf où sont encore les restes d'une jetée sur la rive orientale, tournait vers le sud-sud-est où elle est tracée par deux lignes de pierres ramassées sur la route, et arrivait au fond des lagunes; de là elle se dirigeait à travers les sables jusqu'à Mahbchouc à l'est de Suez, à une distance de 20 kilomètres. On voit encore en ce lieu les ruines d'un petit fort, dans lequel il y avait une sakiéh puisant l'eau dans un puits au pied du petit rocher où est le fort; plus loin, cette route se réunissait à celle d'aujourd'hui.

Euyoun Moussè. — Fontaines de Moïse. — Au sud-sud est de Suez, à environ 16 kilomètres, sur le bord de la mer, sont les sources de Moïse, en arabe Eyoun Moussè.

Les habitants de Suez y ont des jardins où il y a des tamarics et quelques arbres fruitiers; ils y cultivent des légumes. On y voyait beaucoup de bouquets de dattiers, qui aujourd'hui n'existent plus; ils ont été coupés lors du retour d'une partie de l'armée égyptienne en 1841, venant de Syrie par l'Accaba, et lorsqu'elle campa en ce lieu.

Les sources de Moïse sont des puits artésiens naturels ou sources jaillissantes d'une formation curieuse. Chaque source

se trouve sur un petit tertre de forme conique, qui s'élève de
1 à 3 mètres au-dessus de la plaine, il y en a eu qui avaient davantage. Ces hauteurs sont recouvertes extérieurement de gazon
et d'herbes ; l'intérieur présente un bassin en forme de cratère,
rempli jusqu'en haut par les eaux qui surgissent de la source
qui est au fond. Les eaux arrivent par des conduits souterrains
naturels d'un lieu plus élevé que celui où elles paraissent ;
elles apportent avec elles un sable noir, fin, ferrugineux et sul-
fureux. A mesure que l'eau sort de terre, le sable se dépose autour et s'agglomère avec des argiles et des herbes, puis s'élève
peu à peu en formant un monticule en forme de cratère. Quand
les eaux sont élevées au niveau de leur point de départ, l'ac-
croissement du tertre cesse, et les eaux restent en équilibre.
Aux environs il y a eu jadis beaucoup de ces sources, qui, recouvertes par les dépôts des sables qu'elles ont apportés, ne
surgissent plus au dehors.

On remarque plusieurs constructions qui ont appartenu soit à
des bassins pour recevoir les eaux, soit à des conduits pour les
réunir ; l'un d'eux les conduisait jusqu'à la mer, où étaient les
restes d'un bassin servant d'aiguade aux navires.

Il y avait aussi des fabriques de poteries grossières, comme
celles des grandes jarres dont on se sert encore pour conserver
l'eau à bord des barques de la mer Rouge. Ce lieu a dû avoir
une certaine importance, quoiqu'on n'y remarque aucune construction de maison.

Près de Suez, en dehors des murailles d'enceinte, on voyait
des décombres, qui semblaient témoigner qu'à une époque plus
reculée la ville avait plus d'étendue ; aujourd'hui, la nouvelle
ville est bâtie sur ces décombres.

Établissement Juif. — Dans le golfe, derrière l'île du
Cimetière anglais, est une autre île où il y a quelques dé-
combres et aussi sur la route ; on nomme ce lieu l'Youdièh (*la
Juive*).

Tel-el-Clysmel, Clysma. — Enfin, dans le nord de la
ville, sur le bord du fond du port, à une distance d'environ
1,000 mètres des anciens murs, est un monticule assez élevé
que l'on désignait quelquefois sous le nom de El-Galaa (*la for-*

teresse); j'y ai reconnu de grosses murailles et une porte en pierres du côté de la mer.

De ce monticule on voit, se dirigeant vers le nord, et dans la mer, lorsqu'elle est haute, une muraille bien alignée, qui, au premier abord, a l'apparence de rochers; c'est la berge d'un canal. Du monticule, jusqu'à l'île du cimetière, qui est à l'est, on voit encore des parties de maçonneries semblables, comme aussi sur le bord de l'île. Ces maçonneries sont faites avec un ciment si dur, que les pierres ou moellons composant ces constructions ne forment qu'un tout très-compacte.

Ces restes semblent avoir appartenu à une jetée, ou aux fondations d'un pont, ou bien encore à une digue pour retenir les eaux.

Les Arabes connaissent ce monticule sous le nom de Tel-el-Clysmel, et les gens lettrés de Suez sous celui de Kolzoum.

D'après ce que nous venons d'exposer, on peut maintenant déterminer la position des villes et des lieux anciens de l'Isthme de Suez, dont les noms sont mentionnés dans les auteurs anciens et dans l'Écriture sainte; et pour cela nous partirons de points qui nous sont bien connus aujourd'hui, et qui nous serviront de repères.

Un des points de la géographie ancienne, qui est resté jusqu'à ce jour sans être bien déterminé, malgré toutes les discussions savantes auxquelles on s'est livré, c'est l'ancienne *Clysma*.

Dans des pays comme l'Égypte et l'Arabie, et chez un peuple comme les Arabes, qui conservent si bien leurs traditions, qui le plus souvent forment à elles seules les annales de leur histoire, on doit ajouter une certaine foi à ce qui se dit de père en fils, surtout quand leurs récits ont quelque concordance avec les notions fournies par les historiens.

Tous les Arabes qui campent dans l'Isthme de Suez, ainsi que ceux du Mont Sinaï, connaissent sous le nom de Tel el-Clysmel le monticule qui est au nord de Suez à une petite distance.

La première fois que je fus à Suez, et il y a longtemps de cela, car c'était en 1822, en passant près du monticule, je demandai à mes arabes le nom de cette hauteur; ils me répondirent : Tel-el-Clysmel.

Cette indication ne permettrait pas de douter que ce monticule ne soit les restes de *Clysma* ; cependant nous donnerons quelques preuves à l'appui.

La première sera prise de l'Itinéraire d'Antonin : il est dit que de Babylone, qui est placée au couvent du Vieux Caire connu aujourd'hui sous le nom de Deïr-el-Chama, il y a 146 milles romains ou 214.126 mètres jusqu'à Clysma.

Cette route de l'Itinéraire est donnée le long du canal venant du Caire en longeant le désert, passant par l'Ouadée et ensuite allant vers le sud le long du bassin de l'Isthme. Cette distance désignée de 214 kilomètres vient aussi aboutir, d'après nos cartes, juste à Tel-el-Clysmel.

Selon saint Épiphane, Clysma devait être au fond d'un des golfes de la mer Rouge, comme Eïlah était dans l'autre ; et il est dit que Clysma était une forteresse (1).

Il y a lieu de faire une observation intéressante : c'est que l'itinéraire que l'on suppose, à tort je crois, être du temps de César à peu près, ce qui serait environ 48 années avant notre ère, et par conséquent 236 ans après Ptolémée Philadelphe, qui fonda Arsinoé, ne parle aucunement de cette ville, et au contraire ne cite que Clysma dont ni Diodore, ni Strabon, ni Pline même, qui sont postérieurs à César, ne font aucune mention ; mais tous parlent d'Arsinoé.

Clysma ne commence à être nommée que dans les écrivains arabes et dans les écrits sur la vie des anachorètes habitant les déserts, et dans la vie des Saints, à peu près de 300 à 400 de notre ère. Ceci porterait à penser que l'Itinéraire est bien postérieur à la date qu'on lui attribue.

Certainement la position de Tel-el-Clysmel correspond parfaitement à cette description : ce monticule est au pied du golfe, comme cela devait être du temps de saint Épiphane, et semble aussi, à n'en pas douter, avoir été une citadelle plutôt qu'une ville, car son étendue est peu considérable. *Clysma*, en grec, veut dire une fermeture quelconque, et aussi voyons-nous dans

---

(1) Saint Épiphane, *Adversus Xareses*, t. I, p. 618 et suivantes.

l'écrivain arabe Shams Eddin, qui écrivait en 1650 de notre ère, et qui par conséquent vivait à peu près 1028 années après l'époque où Amrou fit recreuser le canal des rois et le conduisit jusqu'à Kolzoum, ou Suez, ou Clysma, que le canal du Caire doit son origine à un ancien roi d'Égypte nommé Tarsis-ben-Malia. Ce fut sous son règne qu'Abraham vint en Egypte. Ce canal venait jusqu'à la ville de Kolzoum en passant près de Suez, et les eaux du Nil se déchargeaient en ce lieu dans la mer Salée. Les vaisseaux chargés de grains descendaient par ce canal pour aller dans le golfe Arabique jusqu'à Yambo. Amrou ayant fait recreuser le canal, on le nomma canal ou khalig Emir-el-Mohmenine.

Ce passage est incompréhensible, car le canal d'Amrou passe aux ruines de Kolzoum ou Tel-el-Clysmel avant d'arriver à Suez, si Kolzoum et Clysma sont les mêmes ; ou bien, si Suez d'aujourd'hui a bien été bâtie sur les restes de Kolzoum, ce que l'on est porté à croire en voyant toute l'étendue de décombres qui entourent la Suez d'aujourd'hui, alors le canal ne passait pas d'abord à Suez.

Ce canal, toujours selon Shams Eddin, fut comblé 150 années après Amrou, par le khalife abasside Abou-Djafar-el-Mansour, à son embouchure, en l'année 775 de notre ère à peu près.

Cette fermeture ne peut avoir donné son nom de *fermeture* à la forteresse de *Clysma*, qui existait avant Amrou.

Tout ceci prouve bien que Tel-el-Clysmel est bien le site de l'ancienne Clysma, mais de ce que ce mot peut être pris comme exprimant une fermeture, peut-on en déduire qu'avant Amrou il existait en ce lieu une fermeture sur un canal? évidemment non, puisque aucune des mesures ni des données des auteurs beaucoup plus anciens ne peuvent faire conclure ce fait.

Les auteurs anciens jusqu'à l'époque des Ptolémées ne font aucune mention de la ville de Clysma. Pline même, qui vivait en l'année 103 de notre ère, et par conséquent 151 ans après la date supposée de l'Itinéraire, n'en parle pas. Ce n'est qu'à l'époque de l'Itinéraire, qui n'est pas bien connue, et dans les Tables de Ptolémée le Géographe, que l'on commence à voir paraître le nom de la ville de Clysma. C'est que probablement avant cette époque la position, sinon la ville d'Héroopolis, était encore connue, et surtout celle d'Arsinoé ou de Cléopatris, beau - coup plus moderne et mieux connue des géographes.

Plusieurs écrivains, qui ont traité cette question de la position de Clysma, en ont supposé deux pour accorder les citations de plusieurs auteurs ; c'est ainsi que l'on a placé une Clysma dans la vallée que l'on a nommée à tort Oua-lée-Thieh (ou *Vallée de l'Égarement*), nom d'une tribu arabe qui campe quelquefois dans ces lieux. Mais la vallée dont il s'agit se nomme El-Khrouèbet-el-Hédèb-Ramlié ; c'est un lieu où une quantité de torrents portent leurs eaux quand il pleut. Or, en plaçant une Clysma dans ce lieu, ce serait oublier entièrement toutes les distances données par les auteurs et les itinéraires, dont aucune ne porte ni le fond du golfe, ni Clysma à un point aussi reculé vers le sud.

Ainsi donc, il n'y a eu qu'une seule Clysma, celle de Tel-el-Clysmel, à Suez.

Héroun, Héroopolis. — Plusieurs auteurs placent la ville d'Héroopolis au fond du golfe qui prenait son nom de cette même ville ; ainsi en déterminant positivement soit le fond du golfe, comme il l'était à l'époque d'Héroopolis, soit la situation de cette ville, on aura certainement l'autre point par la relation qui existe entre eux, et cela servira avec le site de Clysma à déterminer les positions qui ne sont pas fixées.

D'après Flavius Josèphe (1), Jacob, qui venait du pays de Canaan, rencontra à Héroopolis son fils Joseph ; c'est-à-dire 1706 ans avant notre ère.

Quoique dans le texte hébreu de la Bible il ne soit pas parlé de la ville d'Héroopolis, dans la circonstance où en parle Flavius Josèphe, cependant cette ville est nommée dans la version des Septante, et selon cette version elle se trouve placée dans la terre de Gèchen. Il n'est pas probable que ces Septante, qui devaient être versés dans les langues grecque et hébraïque, aient commis une faute de traduction aussi énorme que celle que plusieurs personnes veulent bien leur prêter ; mais il est

---

(1) Flavius Josephe, *Antiquités*, liv. II, chap. 4.

probable, au contraire, qu'ils auront voulu expliquer plus clairement pour leur éqoque le texte hébreu et l'adapter à ce qui existait de leur temps. Et bien qu'à cette époque Héroopolis ne fût plus ce qu'elle avait été jadis, il devait pourtant y rester encore une ville, puisque aujourd'hui, après tant de siècles écoulés, on en voit les restes.

D'après la Bible, ce fut dans la terre de Gèchen que Joseph rencontra son père Jacob, au devant duquel il était allé. Ainsi cette terre de Gessen devait se trouver sur la route qui partait de Matariéh, située sur l'emplacement de l'ancienne ville de On ou Héliopolis, une des capitales de l'Égypte, pour gagner la Terre de Canaan et de Bir Sabeh (*puits du serment*); ou bien encore la route allant de Memphis dans ce même pays. Or toutes les routes de la Terre de Canaan pour venir en Égypte devaient passer, à cette époque comme à la nôtre, aux environs de El-Arich; les routes qui pouvaient passer plus au sud, devaient être, comme elles le sont encore, fort difficiles à cause des montagnes qu'il faut traverser.

Les Arabes, qui changent fort peu leurs habitudes, n'en prennent pas d'autre encore aujourd'hui; car le long de la route par El Arich, qui est entièrement en plaines sablonneuses et sur les bords de la mer, on trouve plus de pâturages pour les chameaux des caravanes, plus d'eau, et l'on arrive plus vite à un point où l'on en trouve en grande quantité : c'est l'Ouadée Saba Biars et ses environs.

Aujourd'hui, si les caravanes passent plus souvent par Catiéh, Bir-el-Devictar, Cantarrat, Salhièh, Coreïn et Bulbeïs, c'est pour la plus grande commodité des commerçants qui, traversant plusieurs villages, y trouvent l'eau du Nil, les vivres, et l'occasion de faire du commerce; mais les Arabes bédouins ne prennent jamais cette route.

Le Pharaon qui régnait en Égypte à l'époque de Joseph, fils de Jacob, donna au père de son ministre favori, ainsi qu'à ses frères, la terre de Gèchen pour s'y établir, et Joseph mit Jacob en possession de la ville de Rhamesès, dans le pays le plus fertile de l'Égypte (1).

(1) Genèse, chap. XLVII, versets 6 et 11. Traduction de M. de Sacy.

D'autres traducteurs disent (1) que Joseph leur assigna une demeure et leur donna *une possession au pays d'Égypte, dans le meilleur endroit du pays, dans la contrée de Rhamesès* (2).

On doit être porté à croire que l'on donna à Jacob et à ses fils plutôt une possession dans la contrée de Rhamesès que Rhamesès même, qui semble avoir dû être un lieu important comme ville ou position.

Or cette famille de Jacob, qui était toute composée de pasteurs, obtint de se fixer dans ce pays parce que c'était le plus convenable pour des bergers et pour leurs troupeaux, comme l'est encore de notre temps la terre et les environs de l'Ouadée. Son nom de *Gèchen* ou *Gessen* est encore aujourd'hui conservé par les Bédouins, qui appellent la partie non cultivée de l'Ouadée, au nord, au sud et les environs : *Belad-el-Gèch, Pays de l'herbe,* ou *paturage;* et quand les pluies sont tombées, on le nomme *Pays des paturages* ou *Rabih* (3).

Cette contrée est d'ailleurs sur la route directe de Syrie, de Gaza par El Arich, aux environs du Caire, à Matarièh, Héliopolis ou On et Memphis.

On ne peut penser qu'autrefois, à l'époque de Jacob, la partie entre Cantarrat et Catièh, et celle entre les lagunes de Ras-el-Moyè et Salhièh, fussent couvertes de plantes, de broussailles et d'herbes comme l'Ouadée; car toute cette partie formait des terres cultivées, dont on voit les restes, et connues postérieurement à la Bible, sous la dénomination de Nôme *Arabia Sethroïtes.*

Ce n'était donc pas là qu'était la Terre de Gèchen, et l'on ne peut élever aucun doute sur l'identité des environs de l'Ouadée avec la Terre de Gèchen de la Bible.

Ainsi, comme la version des Septante dit que Joseph rencontra son père à Héroopolis, dans le pays de Rhamesès, et que Flavius Josèphe dit aussi que Jacob et Joseph se rencontrèrent au même point; il faut donc en conclure que cette ville d'Héroopolis, qui

---

(1) Même. Traduction de David Martin et Ostervald.

(2) Traduction de M. Martin et autres.

(3) Quand on conduit des chevaux, bestiaux ou troupeaux de chameaux et de moutons au vert. on dit qu'ils vont au *Rabih,* pâturage.

se trouvait dans la Terre de Gèchen, est l'Ouadée d'aujourd'hui avec ses environs.

Effectivement on rencontre sur la route du Caire, soit de Memphis ou d'Héliopolis à Gaza, qui, au lieu de longer les terres cultivées, va directement à l'Ouadée, les ruines d'une grande ville dans l'Ouadée même, sur le bord de l'ancien canal, et qui ne peuvent être que celles d'Héroopolis; c'est Tel-el-Maskhoùta Abou Rhcheb.

Tous les auteurs anciens qui ont parlé d'Héroopolis, s'accordent à dire qu'elle était au fond du golfe qui en avait pris le nom; ce serait donc au fond du golfe, ou dans ses environs, qu'il faudrait chercher cette place.

Hérodote dit (1) que du mont Casius à la mer Erythrée ou mer Rouge, il y a mille stades.

Nous mesurons sur les cartes cette distance à partir du cap Caseroun, qui correspond parfaitement à ce que Strabon dit du Casius (qui est le Caseroun) : Le Casius est une colline sablonneuse et stérile qui s'avance dans la mer; on y voit un temple de Jupiter Casius, et le corps du grand Pompée y est enterré (2).

De plus tous les historiens ou géographes s'accordent sur cette position : ainsi en partant de ce cap et en se dirigeant vers le fond du golfe d'alors, qui était au lac Timsah, comme on le voit sur notre carte, en passant par Catiéh, contournant les sables qui recouvrent les dernières ramifications de la chaîne de Magarra, par Abou Assab, Abou Eurouq et Ferdanne, on trouve exactement les 1000 stades d'Hérodote en comptant chaque stade à 97 ou 100 mètres.

Le fond du golfe se déterminant de cette manière, la ville d'Héroopolis ne devait pas se trouver éloignée de ce point.

Hérodote dit aussi (3) *que Nécos fut le premier qui entreprit de faire communiquer le Nil à la mer Érythrée, par un canal qu'il commença et que Darius, roi des Perses, fit creuser une seconde fois; sa longueur est de quatre jours de navigation et sa*

---

(1) Hérodote, liv. II, § CLVIII.
(2) Strabon, liv. XVI, p. 760.
(3) Hérodote, liv. II, § CLVIII.

largeur telle que deux trirèmes peuvent y passer en ramant. L'eau
qui alimente ce canal provient du Nil, d'où elle est dérivée un peu
au-dessus de Bubaste, près de la ville arabe appelée Patumos.

En comparant les deux routes : celle du mont Casius à la
mer Érythrée et celle de la Méditerranée au même point par le
canal, il est dit, au même chapitre, que cette dernière est plus
longue que l'autre à cause des sinuosités du canal. Ceci est
évident, mais cela veut toujours dire que la distance est celle
de la Méditerranée à la mer Érythrée, et non-seulement la longueur du canal creusé.

Pline dit que : « du golfe Aéant où est la ville des héros, on a
« voulu plus d'une fois conduire un canal navigable jusqu'à
« l'entrée du Delta par un espace de soixante-deux milles, ce
« qui est la plus courte distance du Nil à la mer Rouge ; et que
« ce fut Sésostris qui en eut la première idée. Darius, roi de
« Perse, eut aussi le même dessein. Le second des Ptolémées
« alla plus loin, il fit creuser un canal jusqu'aux Fontaines Amè-
« res, large de deux cents pieds, profond de quarante et long de
« trente-sept mille cinq cents pas. Il n'acheva pas l'ouvrage
« de crainte d'inonder l'Égypte, dont le niveau se trouve plus
«   de trois coudées que celui des eaux de la mer Rouge. Ce-
« pendant, à en croire d'autres auteurs, la crainte de l'inonda-
« tion ne fut point ce qui retint ce prince, mais celle de gâter
« les eaux du Nil, par le mélange des eaux salées, n'en ayant
« pas d'autres (1). »

En prenant la distance de Bubaste ou du Nil à cet endroit à
peu près, car il n'est pas parlé de cette ville (mais partons de
là, selon Hérodote), et passant par toute l'Ouadée, avec
les 62 milles de Pline, on arrive aux environs du Sérapéum :
et Pline devait parler du fond du golfe de son époque où
Ptolémée avait fondé Arsinoé et non du fond du golfe d'Hérodote qui écrivait 548 années avant Pline.

De plus, les autres routes de terre que donne Pline sont toutes aussi concluantes pour déterminer la position du golfe de la

---

1 Pline, liv. VI chap. XXIX.

mer Rouge ; il dit (1) : *que la route, qui prend à deux milles par de là le mont Casius, traverse les demeures des Arabes An-téens, et après l'espace de soixante milles elle va se joindre à celle de Pélusium. Celle de Pélusium se fait à travers les sables, où l'on se guide par des roseaux enfoncés dans la terre de distance en distance. La troisième se prend de Gerreh, surnommée l'adipse ; elle n'a pas tout à fait soixante milles de longueur. Tous ces différents chemins aboutissent par un seul à la ville d'Arsinoé bâtie sur le golfe Charendra par Ptolémée Philadelphe, qui la nomma ainsi du nom de sa sœur, de même qu'il nomma Ptolémée le fleuve qui passe aux pieds des murs d'Arsinoé.*

Cette donnée de la distance de la Méditérranée est encore exacte, car on part des environs de Ras Caseroun pour venir à Chek Ennédek, qui est la direction du fond du golfe de la mer Rouge ; on marche premièrement au sud-ouest pour venir aux environs de Catièh, on tourne vers le sud ensuite ; et c'est aux environs de Abou Eurouq que l'on devait rencontrer dans les sables la route venant des environs de Péluse. On ne peut prendre d'autres routes aujourd'hui, pas plus que dans l'antiquité.

La troisième route, venant de Gerreh, à peu de chose à l'est de Péluse, avait un peu moins de 60 milles ; c'est la plus courte des trois, et toutes ces différentes routes aboutissent près du bassin de l'Isthme, au Sérapéum d'aujourd'hui ou Arsinoé de Ptolémée.

Ainsi, en prenant pour Gerreh des ruines dont nous avons parlé, qui sont à l'est de Péluse et qui portent encore ce nom avec celui de Tel-am-Diab (*hauteur des mangeurs de loups*) et se trouvant dans le plus grand enfoncement du golfe de Péluse, on est encore d'accord avec Pline et même aussi avec Strabon, qui dit (2) : *Sur la route qui conduit du mont Casius à Péluse, on trouve Gerreh, le retranchement de Chabrias et le Bahr Atra que le Nil forme lorsqu'il déborde vers Péluse dans ces lieux naturellement bas.*

---

(1) Pline, liv. VI, chap. XXIX.
(2) Strabon, liv. XIV, p. 760.

De ce point de Gerreh, on trouve que les soixante milles conduisent encore à peu près aux environs du Sérapéum, surtout lorsque l'on tient compte du tracé d'une route au milieu de collines de sables et d'accidents de terrains. Ainsi toutes ces différentes routes portent, à l'époque de Strabon et de Pline, le fond du golfe à l'extrémité septentrionale du bassin de l'Isthme, que l'on a nommé à tort les Lacs Amers et où était Arsinoé.

Nous nous appuierons encore du témoignage d'autres auteurs.

Strabon (1) donne 900 stades de longueur à l'Isthme, en comptant de Péluse jusqu'au fond du golfe Arabique. Ces 900 stades sont une mesure bien probablement prise en Égypte, et par renseignements égyptiens; car certainement Strabon ne l'aura pas mesurée lui-même, et elle peut être empruntée aux géographes historiens ses prédécesseurs.

Quoi qu'il en soit, cette distance serait d'accord avec les précédentes, et placerait toujours le fond du golfe, à l'époque de Strabon, aux limites nord du bassin de l'Isthme.

D'après ce qui précède, on ne peut, il me semble, douter que le fond du golfe Arabique, nommé Héroopolite par les auteurs anciens, du temps de Strabon et de Pline, par conséquent depuis Hérodote, ne fût pas là où l'on remarque par l'examen des lieux les limites du bassin de l'Isthme, puisque aucune mesure donnée ne dépasse le seuil qui sépare le lac Timsah du bassin de l'Isthme.

Nous avons encore une autre donnée, pour déterminer cette position d'Héroopolis par rapport à des points connus, tels que Babylone d'Égypte et Clysma.

L'Itinéraire d'Antonin donne de Babylone à Héroopolis, en passant par Hélieu ou Héliopolis près de Matariêh. par *Scena Veteranorum*, près Tel-el-Youdiêh, *Vicus Judœorum*, ou Beled-Youdiêh près Guehètré, comme nous l'avons désigné; puis par Thou ou Tel-el-Kébir, jusqu'à Tel-el-Maskhouta, 78 milles ou 114.930 mètres, et de Clysma au même point, en passant par le Sérapéum, 68 milles ou 100.196 mètres.

---

1 Strabon, liv. XVII, p. 803.

Or, en mesurant sur la carte la distance depuis Tel-el-Clysmel, ancienne Clysma, où le monticule qui est près de Suez et au nord de la ville, jusqu'à Tel-el-Maskouta en suivant les vestiges du canal, on trouve la distance de 68 milles romains; ce qui doit bien prouver encore que c'est là le site de la ville d'Héroopolis.

Nulle part il n'est dit, dans les auteurs anciens, que la ville d'Héroopolis ait été bâtie sur le bord du fond du golfe de la mer Rouge ou Érythrée comme ville de commerce; mais au contraire le golfe prit le nom de cette place, et elle pouvait être éloignée d'une certaine distance de la mer.

On verra bientôt que Héroopolis et Rhamcsès sont la même place, bâtie comme lieu de garnison; et alors cette position se trouve on ne peut mieux située.

Je dirai encore ici que je connais toutes les objections que l'on peut faire à la véracité de l'Itinéraire d'Antonin, quoique je pense aussi que, dans ce que j'en ai cité, les mesures qu'il donne se rapportent avec la réalité.

Je sais que l'on a trouvé étonnant que dans cet Itinéraire on ait parlé d'Héroopolis, à une époque où Arsinoé, d'une fondation bien plus moderne, était déjà oubliée et remplacée par la place plus moderne de Clysma. Mais Arsinoé a dû avoir une bien courte existence, puisque celui qui la fonda fit bâtir une autre ville, celle de Bérénice, pour la remplacer. Et si, à l'époque où Clysma florissait, Héroopolis était ruinée ou en décadence, ce n'est pas une raison pour que cette place ait entièrement disparu, et qu'on ne la nommât pas au moins comme station encore au temps de Clysma. Car aujourd'hui même on indique Memphis, Thèbes et autres villes avec leurs anciens noms, quoiqu'il y ait des milliers d'années que ces villes soient entièrement ruinées.

Arsinoé, Cléopatris. — La ville d'Arsinoé fut fondée par Ptolémée Philadelphe, qui lui donna le nom de sa sœur; et cette même ville, ou seulement un de ses quartiers, fut appelé aussi Cléopatris, selon Strabon (1).

____

(1) Strabon, liv. XVII, p. 804.

Il est à remarquer que cette ville fut bâtie pour faciliter le commerce par la mer Rouge ; ainsi, puisque la ville d'Héroopolis se trouvait de toute antiquité au fond du golfe, et qu'elle est reconnue pour avoir donné son nom au golfe, il faut donc qu'à l'époque de Ptolémée Philadelphe, il soit survenu une circonstance nouvelle pour le déterminer à fonder une autre ville, et cette circonstance doit être le retrait de la mer Rouge, qui se sera éloignée de plus en plus de la ville d'Héroopolis, en laissant à sec toute la partie de Saba Biars, d'Abou Balah, et la partie occidentale du seuil du Sérapéum, celle qui alors, comme encore aujourd'hui, était la plus élevée, celle où se trouve le monument ; tandis que vers l'est, l'atterrissement étant moins élevé, permettait aux eaux à marée haute de passer, ainsi qu'on peut le voir encore sur le banc de Suez.

Pline dit que le second des Ptolémées, qui creusa le canal jusqu'aux Fontaines Amères, n'acheva pas le canal (1), et alors, pour les raisons que nous venons de dire, il fonda la ville d'Arsinoé, près du fond du golfe, navigable encore à cette époque, c'est-à-dire près de ce que l'on nomme le Sérapéum.

Quand Ptolémée a voulu creuser son canal jusqu'au fond du golfe, et qu'il y a renoncé, Héroopolis se trouvait déjà éloigné de ce fond du golfe ; le seuil du Sérapéum était comme nous venons de le décrire, et le bassin du lac Timsah restait au nord, séparé de la mer par les terrains élevés entre Abou-Balah ou Néfiché, ceux que l'on rencontre depuis Chek Ennedek jusqu'au Sérapéum, le seuil enfin terminant le fond du golfe. Alors Ptolémée aura bâti la ville d'Arsinoé, là où les vaisseaux pouvaient encore arriver, et il aura conduit le canal jusqu'au Sérapéum ou Arsinoé et jusqu'au fond du golfe très-près de là, en le faisant passer à Arsinoé, comme on le voit sur la carte.

Cette place d'Arsinoé n'a jamais dû être considérable, puisque le même Ptolémée, qui la fit bâtir, fonda aussi une autre ville sur la mer Rouge, celle de Bérénice, beaucoup plus au sud que Coseïr, pour faciliter le commerce qui venait alors sur le Nil à

(1 Pline, liv. VI, chap. XXIX.

Coptos ; ce qui permettait d'éviter la navigation longue et difficile de la plus grande partie de la mer Rouge, comme le dit l'histoire. Alors Arsinoé n'aura pas eu le temps de prendre un grand développement à cause de Bérénice, sa rivale préférée, et puis peut-être encore à cause de nouveaux atterrissements, celui de Chalouf Esterabbat, le plus récent.

Cette position d'Arsinoé répond à ce que dit Pline, nous faisant savoir : que les trois routes, qui établissaient une communication de la mer d'Égypte à la mer Rouge, se réunissaient en une seule pour aboutir à Arsinoé (1).

Effectivement les trois routes citées par cet auteur, partant de Pélusium, du mont Casius, et de Gerreh, devaient se réunir, comme nous l'avons dit plus haut, avant d'arriver au fond du bassin, de l'Isthme d'aujourd'hui, où elles devaient aussi rencontrer la troisième route indiquée par Pline avant de gagner l'emplacement que je désigne pour Arsinoé.

Supposons un moment que l'on puisse penser que la ville d'Arsinoé fut où est Suez maintenant, sans tenir compte de la distance de la Méditerranée à ce point, qui serait alors à peu près le double de ce qui est désigné ; comment accorder la direction des trois routes dont parle Pline ? Le bassin de l'Isthme a toujours existé, sur quelle rive du bassin passaient les routes ? Il est bien difficile de le préciser.

Strabon (2) dit : *qu'il existe un canal qui va se décharger dans la mer Érythrée, près de la ville d'Arsinoé appelée par quelques-uns Cléopatris et qu'il traverse les Lacs Amers.* Strabon dit encore *que près d'Arsinoé on trouve Cléopatris et Héroopolis* ; Arsinoé et Cléopatris n'étaient donc pas la même ville, selon lui ; mais d'autres disent que Cléopatris n'était qu'un quartier de la ville d'Arsinoé.

Nous avons vu, en parlant des restes du canal, que la partie creusée entre le bassin de l'Isthme et le fond du golfe d'aujourd'hui, n'était autre chose que le travail fait par les Arabes au temps d'Amrou, et que l'ancien canal des Ptolémées n'arrivait

---

(1) Pline, liv. VI, chap. XXIX.
(2) Strabon, liv. XVII, p. 804 et 805.

que jusqu'au seuil du Sérapéum. Ainsi, la position que nous admettons pour Arsinoé et Cléopatris répond encore à celle que lui donne Strabon.

Pline (1) dit, en parlant des différentes routes qui aboutissent à Arsinoé, que cette ville est bâtie sur le golfe Charandra par Ptolémée Philadelphe, qui la nomma ainsi du nom de sa sœur, et qu'il donna le nom de Ptolémée au fleuve qui passe au pied de cette ville.

Diodore de Sicile (2) prétend que Ptolémée second, celui qui bâtit la ville d'Arsinoé, fit terminer le canal; c'est pour cela que la partie qui se jette à la mer, à l'endroit où est la ville d'Arsinoé, prend le nom de Fleuve de Ptolémée.

Ainsi, il est évident que cette ville d'Arsinoé devait être ou à l'extrémité du canal navigable ou sur la prolongation de ce canal, et c'est ce que présente la position que nous assignons à cette ville : le canal se jetait dans la mer Rouge, auprès du Sérapéum, près du fond du bassin de l'Isthme d'aujourd'hui. La prolongation du canal était cette partie qui s'étend depuis les environs d'Abou Balah jusqu'au delà du Sérapéum ou Arsinoé, et par conséquent la Rivière de Ptolémée.

Tohum. Thou. Thoum. — D'après l'Itinéraire d'Antonin, une ville de *Tohum* se trouvait à 54 milles de Babylone, sur la route conduisant par le canal ou l'Ouadée, à la ville de Clysma, sur le golfe Arabique.

Cette distance nous porte au nord de Bulbeïs d'aujourd'hui, à l'entrée de l'Ouadée Toumilat, qui se prolonge vers l'est, comme nous l'avons dit et comme on le voit sur la carte, où cette distance est de 80 kilomètres, équivalant à 54 milles romains de 1.474 mètres chacun.

D'après une Notice de l'Empire, Tohum était un poste militaire : effectivement, l'entrée de l'Ouadée est un point fort convenable pour tenir un poste de troupes, afin de surveiller la route venant de Syrie, tant celle qui suit le bord des terres cultivées, que celle qui traverse par le désert.

---

(1) Pline, liv. VI, chap. XXIX.
(2) Diodore de Sicile, liv. I. p. 19.

Du temps de Méhémet-Ali et avant lui, Tel-el-Kébir et Abascé ont toujours été occupés par de la cavalerie, pour surveiller le désert entre le lac Menzaléh ou plutôt Ferdanne et le bassin de l'Isthme.

Le village de Tel-el-Kébir est une position ancienne, ce qui se reconnaît à ses monticules de décombres, et me semble correspondre parfaitement à la position de Thoum, mieux que le village d'Abascè, où il n'y a pas de décombres de ville ancienne ; car les hauteurs, qui sont aux environs du côté de l'ouest, ne sont que des bancs de sable semblables à ceux du désert, où l'on ne trouve que quelques poteries anciennes.

De Tel-el-Kébir à Abou Rhcheb ou plutôt à Tel-el-Maskouta, l'ancienne Héroopolis, il y a à peu près 24 milles indiqués dans l'Itinéraire d'Antonin, puisque nous trouvons 32 kilomètres, distance trop petite, il est vrai, d'environ 3 kilomètres ; mais si l'on plaçait Tohum à Abascè, la distance serait trop grande, et il n'y a aucune raison pour cela.

Une autre route, donnée dans l'Itinéraire, porte Tohum à 58 milles romains de Péluse, ou 85 kilomètres 1/2, en passant par Tel Daphné et Tacasarta. Sur la carte, nous trouvons cette même route plus grande, il est vrai, d'environ 15 kilomètres ; mais nous avons vu plus haut que la distance de Péluse à Daphné était trop petite de cette quantité, ainsi nous plaçons Tohum ou Thou ou Thoum en arabe, à Tel-el-Kébir, dans l'Ouadée.

Tohum ou Thoum en arabe littéral veut dire *bouche*, de même que Foum en arabe vulgaire. Ce mot de bouche s'emploie pour embouchure, comme celle d'un fleuve, d'un canal, d'une vallée. Ainsi il ne peut être mieux adapté qu'au lieu de Tel-el-Kébir, qui se trouve à l'embouchure de la vallée, car ce mot Tohum est tout à fait racine arabe.

Aujourd'hui encore la vallée, dont il est question, s'appelle Ouadée Toumilat, et une tribu de Bédouins de ce lieu porte aussi ce nom.

Quoique le pluriel de Thoum ne soit pas Thoumilat, mais bien Thoumièh, nom que prendraient les Arabes sortis d'un lieu, ou bien habitant un endroit, nommé Thoum, ou bien que des Arabes se nommant Thoumièh aient donné le nom de Thoum à leur ré-

sidence, il y a cependant lieu de croire que Thoumilat ou Toumilat est un pluriel corrompu de Thoumiéh. Et il y a tant d'analogie entre ce mot et le nom donné à la vallée, ainsi que celui
qui est mentionné dans l'Itinéraire, que l'on ne peut douter de
la position de Tohum ou Thoum dans l'Ouadée.

Pithoum. Patumos. — Le lieu nommé *Pithoum*, dont il
est parlé dans l'Écriture sainte (1) comme d'une ville bâtie par
les Israëlites pendant leur captivité, pour servir de place forte
et de magasin, est cité dans les versions coptes du texte grec,
au lieu d'Héroopolis. Il faut donc que cette ville de Pithoum, si
elle n'est pas la même qu'Héroopolis, n'en soit pourtant pas
éloignée.

Je ferai remarquer que Pithoum est un nom hébreu. ce qui
ne serait point étonnant, si ce sont effectivement les Israëlites
qui ont bâti cette place. Ce serait alors le même lieu que le
Tohum de l'Itinéraire avec l'article *Pi* hébreu et copte, c'est-
à-dire *le Toum : la bouche, l'entrée*; comme en arabe *el-Thoum*
aujourd'hui *el-Foum*.

Cette complète analogie me fait placer le Pithoum de l'Écriture
sainte. avec le Tohum de l'Itinéraire, à Tel-el-Kébir, dans l'Ouadée. Selon la meilleure explication du texte d'Hérodote, on
doit croire que la ville de Patumos était près de la prise d'eau
du canal dérivant, un peu au-dessus de Bubaste, et non certainement sur le bord du canal, à son débouché vers la mer.

Bien probablement le nom de Patumos est encore le même
que Pithoum ou Thoum avec l'article, comme nous l'avons dit
plus haut, plus la terminaison *os* donnée par les Grecs; et ce
serait la même position que Tohum ou Thoum de l'Itinéraire.

Danéon. — Pline est le seul qui parle d'un port de *Danéon*,
placé selon lui au fond du golfe que les Arabes appelaient *Cha-
randras*, où est la Ville des Héros (2).

Du temps de Pline. la ville d'Arsinoé était en décadence; et
peut-être que depuis sa fondation jusqu'au temps de Pline, c'est-
à-dire 387 années, il y aura eu de ce côté un petit village, dont

---

(1) Exode, chap. I, verset 2.
(2) Pline, liv. II, chap. XXIX.

on ne connaît pas la position, puisque seul cet auteur en a parlé et encore très-vaguement.

Vers les limites de l'ancien golfe, on voit plusieurs positions où il y a quelques décombres, et peut-être celle de Chek Ennédec est-elle ce Danéon de Pline? ce qui est peu important à connaître.

Serapieu. Sérapéum. — D'après l'Itinéraire d'Antonin, un Sérapéum se trouvait sur la route d'Héroopolis à Clysma, à une distance de 18 milles romains de cette première et à 50 de la seconde. Des ruines de Tel-el-Maskhouta ou Héroopolis, en suivant le canal, ce qui est presque la route, à une distance de 24 kilomètres, ce qui fait les 18 milles romains, on voit effectivement le monticule, dont j'ai parlé, nommé El-Tereyé, sur le sommet duquel on trouve des blocs de grès siliceux et de granit. De là, au monticule près de Suez, qui représente les ruines de Clysma, en contournant les bassins de l'Isthme, il y a 72 kilomètres, ce qui fait à très-peu près les 50 milles romains de l'Itinéraire. Ce serait donc bien la position donnée pour le Sérapéum; tout le monde d'ailleurs a ainsi nommé ce monticule; mais aucun des débris que l'on y rencontre ne l'atteste, et comme je l'ai dit, on n'y voit que les morceaux du haut ou de la partie arrondie d'une stèle, qui était couverte d'une inscription en caractères cunéiformes et hiéroglyphiques; ce qui fut pris par les ingénieurs de l'Expédition française pour un monument circulaire. Mais il est possible qu'il y ait eu à Arsinoé un Sérapéum, ou plutôt, qu'auparavant que cette ville existat, il y ait eu, en ce lieu, un monument : car la stèle qui s'y trouvait comme toutes celles du même genre qui existaient dans l'Isthme, sont bien plus anciennes que la fondation de la ville d'Arsinoé. Ces stèles datent probablement du temps de la domination persane.

Awaris.—Selon Manéthon, les rois d'un peuple pasteur, qui opprima l'Égypte pendant longtemps, firent leur résidence et eurent le siége de leur gouvernement dans la ville d'Awaris; et voici ce que dit à ce sujet Flavius Josèphe, en citant Manéthon (1).

Nous ne donnons ici que des extraits, ceux qui ont un rapport direct avec Awaris.

---

(1) Flavius Josèphe, *Réponse à Appion*, chap. V.

« *Une grande armée d'un peuple, qui vint de l'Orient, établit un roi de sa nation nommé Salasis ; ce nouveau prince vint à Memphis, imposa un tribut aux provinces tant supérieures qu'inférieures et y établit de fortes garnisons, principalement du côté de l'Orient ; parce qu'il prévoyait que lorsque les Assyriens se trouveraient encore plus puissants qu'ils ne l'étaient, l'envie leur prendrait de conquérir ce royaume. Ayant trouvé dans la contrée Saïte, à l'orient du fleuve Bubaste, une ville autrefois nommée Awaris, dont la situation lui parut très-avantageuse, il la fortifia extrêmement, et y mit ainsi qu'aux environs tant de gens de guerre que leur nombre était de 240.000.* »

Josèphe dit : « *que les Hycsos ayant été chassés pour la plus grande partie, ceux qui restèrent se retirèrent dans un lieu nommé Awaris, qui contenait dix mille mesures de terre, et l'enfermèrent d'une très-forte muraille, pour y être en sûreté.* »

Ce peuple de pasteurs, que Josèphe nomme les Hycsos, venant de la Syrie chassés par les conquêtes des Assyriens, arriva en Égypte et habita les environs de *Herroun*, de *Benherrin*, d'*Awara* ; Awaris est le même nom qu'Awara, mais avec une terminaison grecque.

A cette époque, comme plus tard et aujourd'hui encore, les Arabes, comme l'étaient les Hycsos, arrivaient dans un lieu, s'y établissaient et en prenaient le nom, ou s'il n'en avait pas lui donnaient le leur.

Les Thiè, en Égypte, ont donné leur nom au désert dans lequel ils vivent, ou bien ils ont pris le leur de ce désert lui-même : Thiè, les *Égarés*, le désert de l'*Égarement*.

Les Tawara, du mont Sinaï, prennent leur nom de Gebel-Thor ou Mont Sinaï.

Une chose à remarquer, c'est que les Arabes du Haouran, en Syrie, sont nommés Howrani ou Hawari.

Les Hawari peuplent entièrement la province de Girgèh, dans la Haute-Égypte ; ils y sont arrivés à différentes époques en émigrant de leur pays, ce qui est connu par les traditions et quelques auteurs arabes ; ils sont Arabes et ne se disent pas Fellahs, Égyptiens.

Lorsque les Égyptiens forcèrent les Hycsos à quitter l'Égypte, il s'en trouvait beaucoup de répandus dans toute l'Égypte ; ils furent relégués dans la Haute-Égypte, où ils furent contraints de se conformer aux usages du pays ; et, plus tard, les émigrations des pasteurs furent dirigées sur la province de Girgèh, où ces émigrés conservent pourtant encore le caractère bédouin. Ce sont des éleveurs de chevaux, ils sont excellents cavaliers, et les Hawari sont reconnus pour cela dans toute l'Égypte.

Il est donc bien probable que ces Hawari sont les descendants de ces pasteurs ou Hycsos ; pasteurs captifs, comme on le voit dans Flavius Josèphe, et qu'ils auront imposé leur nom au lieu qu'ils choisirent pour leur résidence.

Un exemple vient encore à l'appui de ce que nous disons : sous le califat de Merwan-ben-Mohamed il arriva que le dernier des califes, Oumaïah, se réfugia en Égypte l'an 133 de l'hégire, pour échapper aux Abassides. Les troupes de Saleh-Ben-Ali et d'Abou-Oum-Abdelmelek-Ben-Sézid vinrent camper à l'est de Fostat, entre la montagne et l'Iman-el-Chafich, près de Chek-Sedad. Les gens de la ville prirent l'habitude, en parlant de ce camp, de le désigner par les mots de El-Askar, ce qui veut dire mot à mot : *les soldats* ; on bâtit en ce lieu des cabanes en terre et en briques crues ; elles étaient alignées comme celles d'un camp ; et, lorsque l'armée fut partie, on y construisit un quartier, mais on continua à le nommer El-Askar, nom que l'on donne encore aujourd'hui à ce lieu.

Aux environs de l'Ouadée, au levant de Zagazig et au couchant d'Abascé se trouve un grand village nommé Hérich ; et un peu au nord de l'Ouadée, un autre nommé Corein. Ces noms ont tant de rapport avec les anciens, la position est tellement analogue, que je crois que ce sont là les lieux que les Hycsos ont occupé primitivement ; et alors la ville d'Awaris doit être dans ces environs. Peut-être occupe-t-elle l'emplacement même de Tel-el-Maskhouta, qui plus tard sera devenue Rhamesès et Héroopolis.

L'invasion des Hycsos date à peu près de 2082 ou 1820 ans avant l'ère chrétienne.

Rhamesès II, notre Sésostris, vivait en 1571.

La place de Rhamesès dans la Terre de Gèchen doit dater à

peu près de cette même époque et elle fut bâtie par les Israélites, qui étaient en Égypte depuis 1706 avant Jésus-Christ.

On parle d'Héroopolis en 445 avant Jésus-Christ; ainsi donc
cette place de Tel-el-Maskhouta ou Abou-Rhcheb peut avoir été:
premièrement Awaris occupée par les Hycsos, ensuite par Rhamesès lorsque ce conquérant revint de ses conquêtes, et Héroopolis ensuite par la raison que nous donnerons ici.

Rhamesès. — Ainsi que Pithoum, Rhamesès selon l'Écriture Sainte fut bâtie par les Israélites pour servir de place forte
et de magasins.

Dans la Bible, Genèse, chapitre XLVI, versets 28 et 34, il
n'est point parlé de Rhamesès mais seulement de la Terre de
Gessen ou Gèchen. Cependant au verset 11 du chapitre XLVII
de la Genèse il est dit que Joseph mit son père et ses frères en
possession de Rhamesès dans le pays le plus fertile de l'Égypte;
il faudrait donc conclure de ceci que quand on écrivit la Bible
Rhamesès avait déjà été bâtie par les Israélites et que l'on se
servait du nom de cette place pour mieux préciser les lieux.

Rhamesès devait être, comme Pithoum, sur la route de Bubaste, au fond du golfe de la mer Rouge.

Si nous en croyons les traditions arabes, cette place était sur
le bord du canal; elles disent en effet qu'il fut fait par un roi
Tarsis au temps d'Abraham; comme on a dû le voir plus haut,
selon les auteurs grecs ce serait sous Sésostris. S'il en était
ainsi, le creusement du canal sous ce pharaon pourrait avoir
été fait par des juifs, car ils étaient toujours esclaves en Égypte
du temps de Rhamesès second, puisqu'ils ne quittèrent seulement l'Égypte qu'en 1491 avant Jésus-Christ.

Ce Rhamesès II, en revenant de ses conquêtes et pour protéger son pays contre les invasions des pasteurs ou Hycsos,
aura dû laisser sur les frontières, comme les pasteurs l'avaient
fait eux-mêmes, une forte garnison, qu'il aura établie dans un
lieu bien retranché auquel on aura donné son nom; et c'est cet
endroit qu'il faut chercher, c'est-à-dire la place forte et les
magasins faits par les juifs captifs. Or, aux ruines de Tel-el-
Maskhouta on rencontre toutes les conditions voulues, même
une statue de Rhamesès II. Et plus tard le nom de Héroopolis

lui sera venu de ce que les soldats de Sésostris y tenaient garnison; on l'aura appelée la Ville des guerriers, des militaires, des héros, d'où Héroopolis; comme on a fait pour le quartier de El Askar près du Caire. Ensuite, lorsqu'il n'y aura plus eu de garnison, ni peut-être même d'habitants, on aura toujours conservé à cette place le même nom; comme au quartier de El-Askar, qui est aujourd'hui entièrement ruiné.

Taubastum. Sèlé. Magdolum. — Selon l'Itinéraire d'Antonin la ville de *Taubastum* devait se trouver sur une route conduisant du Sérapéum à Péluse, ainsi que celles de *Sèlé* et de *Magdolum*, la première à 8 milles, la seconde à 36, et la troisième à 48; cette dernière était à 12 milles de Péluse, en tout 60 milles du Sérapéum à Péluse.

Taubastum. — A 8 kilomètres de l'emplacement du Sérapéum, vers le nord, on voit les ruines de petites villes à Gebel-Gâhr, à Mariam; et à Chek Ennédek, elles étaient peu importantes et ont dû plus anciennement porter d'autres noms : c'est de ce côté qu'il nous faut chercher *Taubastum*.

C'était effectivement à l'extrémité des terres cultivées et habitées que se trouvait cette place. Saint Jérome dit que Saint Hilarion mit trois jours de marche, en partant de Babylone, pour arriver au château de Taubastum où était exilé Dracontius, évêque d'Hermopolis. Ce lieu est à trois grandes journées effectivement du Caire, et assez écarté pour être propre à l'exil; il se trouve sur la route du Sérapéum à Péluse. Or, la hauteur ou le monticule qui recouvre ces ruines même se nomme, comme nous le disons, Gebel Gârh ou *Montagne du chagrin, de la Douleur*, ce qui convient bien à un lieu d'exil.

Sèlé. — Quant à Sèlé, son nom certainement n'a aucun rapport avec celui de Salhièh, comme quelques-uns l'ont cru; d'ailleurs sa position est tout à fait en dehors de celle de la ligne du Sérapéum à Péluse; et de plus la distance entre ces deux points est beaucoup plus grande que celle que donne l'Itinéraire; puis enfin les deux noms de Sèlé et de Salhièh sont loin d'avoir la même signification.

Salhièh vient de *Saleh*, qui est un nom propre, signifierait le lieu où est Saleh, ou ceux qui descendent de Saleh; tandis que Sèlé en arabe voudrait dire *torrent* ou *lieu du torrent*.

A 41 kilomètres, qui font juste les 28 milles donnés dans l'Itinéraire pour la distance de Taubastum à Sèlé, sur le bord des lagunes du lac Menzaléh, à l'est du pont du Trésor nommé Cantarrat-el-Khasnè, aujourd'hui un des postes ou stations sur le Canal maritime de Suez, est un grand monticule de ruines où sont les restes d'un monument en grès siliceux de la Montagne-Rouge du Caire, et dont les sculptures sont du plus pur et du plus beau style égyptien. On y voit aussi les restes d'un obélisque et d'autres monuments, puis des tombeaux, dont la plus grande partie se trouve sur une petite colline près de la station de Cantarrat. Cette ville ruinée est nommée par les Arabes Tel-Abou Séfièh; elle est située de manière à ce que l'on ait pu lui donner le nom de Silè, Sélè.

Anciennement, et il y a seulement 30 années, toute la partie depuis Cantarrat-el-Khasnè jusqu'à Ferdanne formait encore une espèce de marais qui se trouvait alimenté par les eaux du Nil; et ce qui prouve qu'autrefois toute cette étendue était cultivée, c'est la quantité de petits monticules de décombres qui indiquent toujours d'anciens villages. Quand ces terrains furent abandonnés probablement par le manque de populations, ou pour toute autre raison, la contrée entière, arrosée par les eaux du Nil, était couverte de plantes, de broussailles et d'herbes, qui donnaient de très-bons paturages aux troupeaux des Arabes venant de tous les côtés.

Les eaux du Nil arrivaient par un canal dérivé de la Branche Pélusiaque, et qui passait à Salhièh, contournait le terrain où les eaux du lac Menzaléh n'arrivaient pas, et entrait par El-Cantarrat, pour inonder chaque année toute la partie dont nous parlons. Tout cela formait un grand bassin d'inondation, dont on voyait parfaitement le contour limité par des bois de Tamarises. Il s'accumulait en cet endroit pendant les inondations une grande quantité d'eau, à un niveau de 2 et 3 mètres environ au-dessus des terrains; tous ces terrains, autrefois comme aujourd'hui encore, ne pouvaient être arrosés ou inondés que par ce canal.

Les eaux entraient donc par une espèce de ravine creusée à

El-Cantarrat, où on avait établi un pont pour la route de Syrie, route très-ancienne sur laquelle on remarque encore plusieurs ruines de corps de garde. Les eaux une fois apportées par le canal et couvrant les terres, étaient retenues en fermant le pont d'El-Cantarrat-el-Khasné, comme cela se pratique toujours en Égypte pour l'arrosage des bassins d'inondation, et le mot de *Cantarrat-el-Khasné* voulant tout aussi bien dire réservoir que magasin et trésor, servait à désigner en ce lieu un grand reservoir d'eau. Au Fayoum, encore aujourd'hui, tous les réservoirs se nomment *Khasné*. Dans le lieu dont nous parlons, quand l'inondation avait été complétée et que le temps de découvrir les terres pour les cultiver était arrivé, on ouvrait la fermeture du pont déversoir, et les eaux s'écoulaient vers les plaines de Péluse et vers le lac Manzaléh, et plus anciennement vers la Branche Pélusiaque.

Quand les eaux d'écoulement des bassins d'inondation en Égypte viennent à s'écouler, c'est absolument un vrai torrent, et il en devait être ici comme ailleurs : c'était un *sèl*, *un vrai torrent;* la ville, qui en était voisine, aura été appelée la *Ville du Torrent* ou *Sélé*.

Migdol ou **Magdolum.** — *Magdolum* était à 12 milles de Sélé; et effectivement, à la distance de 17 kilomètres qui font les 12 milles, on trouve sur la lisière des dunes et de la plaine souvent submergée de Péluse un haut monticule de ruines nommé Tel-el-Herr, ce qui veut dire, en arabe littéraire, *Monticule du Chat;* peut-être au lieu de Herr faut-il dire Rièr qui voudrait dire *jalousie* ou *peine;* on y voit une forte enceinte et des murailles qui indiquent une forteresse ou château, elles sont en briques cuites; et presque toutes les murailles semblent avoir éprouvées l'action d'un incendie.

C'est ce site, éloigné de 12.500 mètres seulement de Péluse, ou d'à peu près les 12 milles de l'Itinéraire, qui est certainement le Magdolum et le Migdol de la Bible.

Daphné et Tacasarta. — Toujours d'après l'Itinéraire, il y avait sur la route de Péluse à Memphis une ville de Daphné éloignée de 16 milles de Péluse. Dans la direction voulue, il se trouve, dans les environs des bords du lac Menzaléh d'aujourd'hui, de grands monticules de décombres ; mais les 16 milles feraient environ 23 kilomètres 1/2, et sur nos cartes il y en a 36 ; c'est la distance de l'Itinéraire qui offre une différence notoire avec les distances réelles prises sur nos cartes. Cependant, le nom de Tel-Dèfné, que porte encore aujourd'hui cette place, ne permet pas de douter de son identité avec l'ancienne Daphnè.

Près de Salhièh, au nord, est un village nommé aujourd'hui Cassassine, qui est juste à la distance selon l'itinéraire de Tel-Dèfné, pour être le *Tacasarta* de l'Itinéraire. Le nom aussi a de l'analogie, et a été arrangé par les Arabes pour lui donner une signification ; ou bien il aura été défiguré par les Grecs et les Latins : Cassassine veut dire : *Ceux qui cherchent les traces, les pistes.*

Ville Juive. — Vis-à-vis de Suez, on voit au nord-est un îlot nommé El-Youdièh, où sur le bord de la mer on exploite un banc de madrépores pour servir aux constructions de la ville. L'on remarquait en ce lieu quelques décombres insignifiants et les restes d'une aiguade, qui probablement était alimentée par les eaux du Mabehouc dont j'ai parlé, et au moyen d'une conduite en tuyaux de poteries dont on voit quelques restes.

Les traditions nous apprennent que jadis il y avait en ce lieu une ville Juive florissante par les navires que l'on y construisait, ce qui faisait qu'elle avait été la rivale de Kolzoum.

Lacs Amers. — Presque toutes les personnes qui ont écrit sur la partie géographique que nous traitons, ont considéré le bassin de l'Isthme comme étant ce que l'on nomme les Lacs Amers dans les auteurs anciens.

Il y a là, je crois, une grande erreur, et nous allons chercher à démontrer que le bassin de l'Isthme n'a jamais été les Lacs Amers.

Strabon (1) *est le premier* qui parle des Lacs Amers, en disant *« que le canal qui va se jeter dans la mer Rouge ou golfe Arabique, près d'Arsinoë, ville que l'on nomme aussi Cléopatris, coule à travers des lacs dont les eaux qui étaient amères sont*

---

(1) Strabon, liv. XVI, p. 804.

*devenues douces par la communication du fleuve avec le canal,
ce qui a changé la nature des terrains. Aujourd'hui ces lacs
produisent de beaux poissons et abondent en oiseaux aquatiques.* »

Nous avons remarqué que dans le bassin, tout prouvait qu'il
avait été occupé, au moins en dernier lieu, par les eaux de la
mer ; mais que pourtant, quoique toutes les laisses de coquillages si bien marquées qui désignaient son contour fussent
formées de coquilles marines, on y reconnaissait aussi toutes les
formations des sels gypseux qui prouvaient que les eaux douces
y étaient également venues, soit celles des pluies, soit celles du
Nil, quoique l'on n'aperçut pas de traces de limon du fleuve à
la surface du sol.

Cependant, voyons un peu ce qu'il faudrait que le canal,
dont on voit les traces, eût dû apporter d'eau pour remplir les
bassins de l'Isthme.

La surface des deux bassins est :

Pour le grand.	220.000.000 mèt. carr.
Pour le petit.	60.000.000
Total.	280.000.000

La profondeur moyenne du grand bassin est. 4,5
La profondeur moyenne du petit bassin est. 2,5
Le cubage du grand bassin est donc de. . . . .   990.000.000 m. cub.
Celui du petit bassin, de. 150.000.000

Leur total est donc de. 1.140.000.000

Pour l'évaporation, d'après les observations faites pendant
deux années, on aurait par jour, en moyenne, 0,009 mèt.
cub; ce qui donnerait pour 365 jours ou une année, 3,29; ou
pour les deux bassins un cubage de 921.200.000 mètres cubes.

Enfin un total général de 1.061.200.000 mètres cubes ; le
canal ayant une section de 78 mètres, due à 30 mètres à la
surface, une profondeur de 3 mètres, une vitesse moyenne
de 25.

Ce serait dans une année 1.024.920.000 mètres cubes. —

Il aurait donc fallu ce temps pour remplir le Bassin, qui
aurait reçu ses eaux de la Branche Pélusiaque, au moment des
inondations.

Si effectivement ce remplissage a eu lieu, ce n'a pu être que du temps d'Amrou, lorsque le bassin de l'Isthme était entiérement séparé de la mer Rouge ; car avant, nous avons vu que la mer avait toujours dû arriver jusqu'au seuil où est le Sérapeum, séparant le lac Timsah du bassin de l'Isthme.

Comment un espace aussi considérable que celui des bassins de l'Isthme aurait-il pu être un lieu abondant en oiseaux aquatiques ; jamais ils n'y auraient trouvé la moindre végétation sur les bords, et sa profondeur se trouvait trop grande pour eux. Sur le lac Menzaléh nous voyons une immense quantité d'oiseaux aquatiques, mais c'est que l'eau est très-peu profonde, et qu'il y a de la végétation partout sur ses bords, ainsi qu'un grand mélange d'eaux douces.

D'ailleurs, Pline ne dit pas la même chose que Strabon : il prétend que Ptolémée creusa le canal jusqu'aux Fontaines Amères (1); ce qui est bien différent et d'accord avec ce que l'on voit aujourd'hui.

La partie du canal creusée par Ptolémée, et qui selon Pline devait être de 37.500 pas, serait celle depuis la Branche Pélusiaque jusqu'aux environs de Saba Biars, peut-être même jusqu'au lieu où est la dérivation vers Chek Ennédek, ou plutôt seulement une petite partie, car la distance de la Branche Pélusiaque au Sérapéum est beaucoup plus grande. Ce serait alors dans ces environs que commençaient les Lacs Amers de Strabon et les Fontaines Amères de Pline, et ce serait bien le lac Timsah, qui semble n'avoir jamais reçu d'eau de la mer Rouge, ou ce serait, au moins, un lac bien plus ancien que le bassin de l'Isthme. Tous ces endroits sont marécageux ; les eaux du Nil s'y sont toujours déversées et il y a beaucoup de végétation. A Néfiché, il y avait immensément de joncs, de magnifiques roseaux de six à dix mètres de long, beaucoup de tamariscs. Et comme de tout temps il y a eu du poisson et beaucoup d'oiseaux aquatiques dans ce lieu, ce sont donc là véritablement les Fontaines et les Lacs Amers (2).

____

(1) Pline, liv. VI, chap. XXIX.

(2) Depuis que la communication entre les deux mers est établie,

Ainsi, Héroopolis étant à Tel-el-Maskhouta, le fond du golfe ancien arrivant jusqu'au seuil du Sérapéum ; les Fontaines et les Lacs Amers se trouvaient entre le Nil et le golfe à l'époque de Ptolémée, qui continua le canal par les Fontaines Amères et fit passer le fleuve qui porta son nom près la ville d'Arsinoé.

Comment se pourrait-il faire que jamais on ait pu confondre le bassin de l'Isthme avec les Lacs Amers ? Tous les auteurs qui parlent de la communication du Nil avec la mer Rouge ou Golfe Héroopolite ou Arabique avant l'Islamisme, n'ont jamais fait mention que d'une navigation par canal ; mais, si le bassin de l'Isthme avait été plein d'eau, cet espace de plus de douze lieues de longueur et de deux de largeur, n'aurait certainement plus été considéré comme un canal, ceci eût été une petite mer. Or, cela n'est dit nulle part ; on n'a jamais dit que pour se rendre du Nil à la mer Rouge, on faisait plus d'un tiers du parcours sur un grand lac. Ainsi, bien certainement encore au temps des Ptolémée le golfe se terminait bien aux limites nord du bassin de l'Isthme, et celui-ci n'a jamais été ni les Lacs Amers, ni les Fontaines ; c'étaient, au contraire, les Lagunes du lac Timsah.

HISTOIRE DES ANCIENS CANAUX DE COMMUNICATION
DE LA MÉDITERRANÉE A LA MER ROUGE,
PAR L'ISTHME DE SUEZ, SOIT DIRECTEMENT, SOIT PAR LE NIL.

Si l'on ajoute foi aux historiens arabes, le Canal de communication à travers l'Isthme de Suez aurait existé depuis la plus haute antiquité.

Shams Eddin, d'après une traduction de M. de Sacy, dit que le canal du Caire, comme il le nomme, fut fait par un ancien

----

le bassin du lac Timsah est très-poissonneux, et surtout rempli de coquillages, ce qui n'a pas lieu dans le grand bassin de l'Isthme ; mais comme ce sont seulement aujourd'hui des eaux salées qui le remplissent, les oiseaux aquatiques ne sont plus aussi nombreux que quand les eaux du Nil arrivaient seules au lac Timsah.

roi d'Égypte nommé Tarsis-ben-Malia, qui régnait quand Abraham vint en Égypte.

Macrizi dit à peu près la même chose, puisqu'il nous fait savoir que ce canal a été creusé pour la mère d'Ismaïl, à l'époque où elle demeurait à la Mecque.

On ne sait où ces auteurs ont recueilli ces traditions; mais nous aurons dans des écrivains plus anciens, soit grecs, soit latins, des données plus positives; ensuite les notions que nous fourniront les historiens arabes, nous serviront pour connaître l'histoire du canal à une époque plus voisine de la nôtre.

Hérodote, le plus ancien des historiens, qui avait voyagé en Égypte, dit (1) : « que Nécos, fils de Psammétichus, fut le « premier qui entreprit de faire communiquer le Nil avec la « mer Érythrée, par un canal qu'il commença, et que Darius, « roi des Perses, fit creuser une seconde fois : sa longueur est « de quatre journées de navigation, et sa largeur telle que deux « trirèmes peuvent y passer en ramant; l'eau, qui l'alimente, « provient du Nil, d'où elle est dérivée un peu au-dessus de « Bubaste, près de la ville arabe de Patumos. Ce canal se jette « dans la mer Érythrée, et prend naissance dans la partie de la « plaine d'Égypte attenante à l'Arabie, située à l'opposite de « Memphis et contiguë à la montagne dans laquelle sont les « carrières. A partir du pied de cette montagne, le canal est « creusé pendant un assez long espace dans la direction du « couchant à l'orient, puis il suit les contours des vallées, et « après s'être dégagé de la montagne, il s'avance au midi pour « se jeter dans le golfe Arabique. . . . .

« . . . .

« Lorsque ces travaux furent entamés sous le règne de Nécos, « cent-vingt mille ouvriers y périrent, et l'entreprise était à peine « à moitié, quand le roi fit cesser de creuser, arrêté par un ora- « cle qui lui déclara qu'il travaillait pour un barbare, etc., etc. »

Avant de passer aux citations des autres auteurs, voyons

---

(1) Hérodote, Euterpe. liv. II, chap. CLVIII.

quels sont les restes des anciens canaux dont nous avons parlé, que l'on reconnaît encore, et qui correspondent à ce que vient de nous dire Hérodote.

Comme nous venons de le voir, cet historien dit que la navigation était de quatre journées ; était-ce à la voile, à la rame, à la cordelle? Dans le premier cas, c'est trop incertain pour s'y rapporter ; c'était probablement à la rame, comme il semble l'indiquer en parlant des trirèmes. Ainsi à la rame, sans un courant, on ne peut faire plus de 18 kilomètres par jour ; cela se rapporterait assez bien à la distance de 72 à 80 kilomètres qu'il y a de l'Abou-l'Ardar (Branche Pélusiaque) au seuil du Sérapéum. Faite à la cordelle, ce qui est le moyen le plus usité sur un canal, cette route constituait de fortes journées, en faisant 18 à 20 kilomètres.

Mais Hérodote n'est pas du tout clair dans ce qu'il dit; car, plus loin, il semble parler plus positivement d'un autre canal, et sans connaître parfaitement les localités, ce qu'il dit ne serait pas compréhensible. Il dit que le canal ou l'eau qui l'alimente, est dérivée du Nil un peu plus haut que Bubastis, près la ville de Patumos : celui-ci est bien le canal dit de l'Ouadée, que nous avons décrit. Puis il ajoute que ce canal se jette dans la mer Érythrée, et prend naissance dans la partie de l'Égypte attenante à l'Arabie, située à l'opposite de Memphis. Par ceci, il a voulu certainement dire la partie de la rive droite du fleuve, Memphis étant sur la rive gauche, et l'Arabie étant le désert ou la montagne; il a voulu désigner la lisière du désert depuis Mahassara, vis-à-vis de Memphis jusqu'à l'Ouadée, et effectivement les grandes carrières, qui ont fourni les pierres pour la construction des pyramides, sont à Toura-el-Mahassara, à partir du pied de la montagne : ce n'est pas au pied, mais à la fin de la chaîne ou à l'ouverture de l'Ouadée; et c'est effectivement là où l'ancien canal, venant du Nil, un peu plus haut que Bubaste, se dirigeait vers le levant en suivant d'abord le contour de la vallée ou de l'Ouadée, puis tournant au midi.

Ainsi donc la description que fait Hérodote se rapporte bien au canal, qui a sa prise d'eau dans l'Abou-l'Ardar ou ancienne Branche Pélusiaque, au dessus de Tel-Basta (ancienne Bubaste), et qui de là, vient dans l'Ouadée jusqu'au seuil du Sérapéum, anciennes limites de la mer Rouge. Seulement la longueur que donne Hérodote est très-vague, puisqu'il la représente seulement par quatre journées de navigation. Il faut présumer que c'était le trajet fait par des barques chargées, qui faisaient alors, comme encore aujourd'hui, 18 à 20 kilomètres par jour, soit sur les canaux, soit sur le Nil, en tirant à la cordelle.

Diodore de Sicile, qui vient 400 ans après Hérodote, en parlant du canal, s'explique d'une autre manière ; il dit : « on a « fait un canal de communication, qui va du golfe Pélusiaque « dans la mer Rouge ; Nécos, fils de Psamméticus, l'a « commencé ; Darius, roi des Perses, en continua le travail ; « mais il l'interrompit sur l'avis qu'on lui donna, que la mer « Rouge étant plus élevée que les terres d'Égypte, elle les « inonderait, si l'on ouvrait ce canal. »

D'après ceci, il y aurait eu un commencement de canal direct du golfe Pélusiaque à la mer Rouge ; et effectivement, comme je l'ai dit en parlant des anciens canaux de l'Isthme de Suez, il y a eu un canal très-bien tracé, dont on voit encore les berges bien dessinées depuis les environs de Cantarrat jusqu'aux environs du lac Timsah, et dont les berges sont le point le plus élevé de ce qu'on nomme aujourd'hui le seuil du Gisr (ce qui veut dire *digue* ou *berge*) ; c'est le point culminant de tout l'Isthme de Suez à Péluse ou à la Méditerranée.

Voyons maintenant, ce que dit Diodore de la cause qui fit abandonner le creusement de ce canal ; c'est « parce que l'on « trouva la mer Rouge plus élevée que les terres de l'Égypte ; « on craignit, en ouvrant le canal, d'inonder les terres par les « eaux de la mer. »

Quoiqu'il soit bien constaté aujourd'hui, d'après les nivellements des ingénieurs de l'Expédition d'Égypte, que cette différence de niveau n'existe pas, cependant la crainte que l'on eût à l'époque où Darius fit reprendre le creusement du canal, serait encore fondée.

De nos jours, il a été reconnu, à ne plus pouvoir en douter, par toutes les opérations de nivellement qui ont été faites, que les deux mers, à un certain moment, sont pour ainsi dire de

niveau ; c'est-à-dire que la basse mer de la Méditerranée étant
à 0^m, 00, la mer Rouge, aux basses mers moyennes, serait
à 0^m, 15, en supposant l'heure de l'établissement du port la
même ; et dans des cas exceptionnels, ce serait — 0^m, 74. Mais
dans la Méditerranée les marées ne sont que de $+ 0^m,38$; tandis
qu'à Suez, en moyenne, elles atteignent $+$ 1,79, et au
maximum, dans des cas exceptionnels, $2^m,42$. Aussi l'on peut
remarquer aujourd'hui, que la communication d'une mer à
l'autre est bien établie, qu'il existe pour ainsi dire continuellement un courant de la mer Rouge vers le Nord, très-faible,
il est vrai, du lac Timsah à la Méditerrannée.

Ainsi donc, lorsque le golfe arrivait jusqu'aux limites septen-
trionales du lac Timsah, cette différence de niveau devait donner
une pente beaucoup plus considérable qu'aujourd'hui, puisque
la distance d'une mer à l'autre se trouvait bien plus petite.
D'ailleurs les terres des plaines de Péluse, celles des environs de
Daphnè, de Sethron, et toutes celles depuis Damiette jusqu'à
Sâné, près du lac Menzaléh, sont plus basses que le niveau des
hautes marées de la mer Rouge : et même les eaux de la Branche
pélusiaque, en la remontant, à une certaine distance, depuis la
mer, devaient être aussi plus basses que les hautes marées de
la mer Rouge.

Donc, si à l'époque à laquelle le lac Timsah était la limite
septentrionale du golfe, on avait ouvert un canal à cours libre
jusqu'à la Branche Pélusiaque, les eaux auraient recouvert les
terres dont nous venons de parler ; ce qui se pourrait encore
aujourd'hui, quoique la pente soit bien moindre.

Ce canal direct, dont nous parlons, et dont les traces sont si
bien marquées, a problablement été connu au temps même
d'Amrou ; car celui-ci n'aurait pas eu l'intention de faire un
canal direct, si les traditions, et même les restes existant de
l'ancien canal, ne lui en avaient pas donné l'idée.

Un historien syrien, Aboul Feda, dit : *que Amrou eut*
« *l'intention de faire un canal de la mer Rouge à Farama,*
« *ville au fond du golfe de Péluse.*

Un autre, Abd-el-Rachid-el-Bakouy, dit encore la même
chose, et ajoute « *que ce fut le calife Omar qui y mit opposi-*

« *tion, alléguant que par cette communication les pèlerins de la*
« *Mecque pourraient être pillés par les Grecs.*

Tout ceci est loin de faire présumer que ce fut Amrou qui commença ce canal direct du seuil du Gisr ; mais puisque, à son époque, on devait très-bien voir encore les restes du canal communiquant du Nil par l'Ouadée jusqu'au Sérapéum, il n'aurait pas eu l'idée d'en creuser un autre au lieu de remetttre celui-là en état, comme il le fit, si, d'après l'examen de l'Isthme ou sur des traditions qui pouvaient être vérifiées, on n'avait pas reconnu que déjà on avait travaillé à cette communication directe.

Strabon dit (1) aussi « *que le Canal qui va se décharger dans*
« *la mer Éryhtrée au golfe Arabique près la ville d'Arsinoé, appe-*
« *lée par quelques-uns Cléopatris, traverse les Lacs Amers dont les*
« *eaux étaient jadis amères, avant que l'ouverture du canal eût*
« *changé la nature de ces eaux en y mêlant celles du fleuve ;*
« *aussi maintenant ces lacs sont très-poissonneux et remplis*
« *d'oiseaux aquatiques* (2). »

Toujours selon Strabon, « *ce Canal fut d'abord creusé par*
« *Sésostris, avant la guerre de Troie ; selon d'autres il fut entre-*
« *pris par le fils de Psammélicus, qui n'eut que le temps de le*
« *commencer, parce que ce prince mourut peu après. Darius* 1.er
« *reprit le travail et l'abandonna, lorsqu'il était déjà sur le point de*
« *l'achever ; le motif de cet abandon fut qu'il ajouta foi à l'opi-*
« *nion erronée : que la mer Érythrée est plus haute que l'Égypte,*
« *et qu'ainsi elle submergerait le pays, si l'on venait à couper*
« *entièrement l'isthme de séparation. Néanmoins les rois Ptolé-*
« *mées coupèrent cet isthme, et fermèrent le canal à l'entrée, de*
« *manière qu'on pût à volonté et sans obstacle passer dans la mer*
« *extérieure et entrer dans le canal.* »

Ce que dit ici Strabon semble premièrement se rapporter au

---

1 Strabon, liv. XVII.

2 Il faut se rappeler qu'à l'époque de Strabon et des Ptolémées, le fond du golfe n'était plus où on l'avait vu du temps de Moïse ni même de celui d'Hérodote, au lac Timsah, et que l'atterrissement, dit du Sérapéum, avait transporté le fond du golfe au fond du bassin de l'Isthme, à Arsinoé.

canal direct ; car il ne parle ni de Bubastis, ni de Patumos, mais seulement de la sortie du canal dans le golfe Arabique près d'Arsinoé, et des Lacs Amers, qui furent changés en eau douce par les eaux du fleuve.

En prenant la communication directe par le canal qui traverse le seuil du Gisr, et en identifiant le lac Timsah avec les Lacs ou Fontaines, ces derniers pouvaient être remplis jusqu'au niveaux des eaux de la mer Rouge ; car il n'y a pas encore longtemps, avant que les eaux de la mer Rouge y fussent parvenues par le nouveau canal maritime et que celles de la Méditérranée y arrivassent, il y avait une dépression de quatre à cinq mètres en contre-bas de la Méditérranée ; et si les eaux du Nil y avait été conduites par un canal dérivé de la Branche Pélusiaque, en amont de Séthron, elles auraient certainement pu donner un niveau de un à deux mètres au dessous de cette cote.

 Le canal fut, selon Strabon, creusé comme le disent Hérodote et Diodore ; il ajoute aussi que le travail fut abandonné par suite de l'opinion erronée : que la mer Érythrée était plus élevée que l'Égypte. Ce qui est curieux et demande réflexion, c'est qu'il dit que les Ptolémées coupèrent l'Isthme et fermèrent le canal à son entrée, de manière que l'on pût à volonté et sans obtacle passer dans la mer extérieure et entrer dans le canal.

Au sujet de cette fermeture, voyons ce que disent les autres auteurs.

Diodore dit comme Strabon : « qu'à l'endroit le plus favorable « du canal, des barrières très-ingénieusement construites, « qu'on ouvrait et qu'on fermait à volonté très-promptement, « permettaient aux barques de passer, et au canal de se dé- « charger dans la mer. »

Pline dit : *qu'à croire quelques auteurs la crainte de l'inonda-* « *tion ne fut point ce qui retint Ptolémée dans l'achèvement du* « *canal, mais bien celle de voir les eaux du Nil, les seules qu'on ait* « *pour boire dans le pays, gâtées par le mélange des eaux salées.*»

Si les eaux du Nil étaient conduites de la Branche Pélusiaque. par le canal passant par l'Ouadée ; comme la prise d'eau, même pendant l'étiage, eût toujours été de 4 ^{m}, 86 au dessus de la mer et aux hautes eaux de 10 ^{m},067, il aurait fallu, à l'endroit où le canal se déversait dans la mer, un barrage-déversoir, une barrière, une écluse, un euripe pouvant retenir les eaux à cette hauteur; ou bien plusieurs biefs et plusieurs écluses, ce dont personne ne parle.

Avec une différence de niveau semblable, on ne pouvait certainement craindre qu'une chose : non que les eaux de la mer entrassent dans le canal, mais qu'il ne se perdît trop d'eau de celui-ci, surtout pendant l'étiage.

Remarquons en passant que si les eaux fussent arrivées librement par le canal passant dans l'Ouadée, il y aurait des laisses à peu près à la hauteur de la prise d'eau, dans le bassin de l'Isthme, si ce bassin eût été les Lacs Amers.

Mais Pline dit bien positivement que l'on en fit la fermeture, parce que l'on craignait de voir le mélange des eaux de la mer avec celles du fleuve ce qui aurait gâté celles-ci.

Or, depuis les opérations du nivellement faites en 1847, vérifiées en 1853, recommencées plusieurs fois en 1856 et 1857 pour les études du Canal de Suez, et dont tous les résultats se sont accordés, on sait que la mer Rouge étant élevée pendant les hautes marées moyennes de 1 ^{m}, 60 seulement au-dessus de la Méditerranée, si à l'aide d'un canal les eaux de cette mer venaient à se déverser vers le nord, dans l'ancienne Branche Pélusiaque aux environs de l'ancienne Séthron, l'eau du fleuve serait mélangée, jusqu'à la mer, d'eau de la mer Rouge.

Aujourd'hui, presque tous les ans, pendant les forts étiages, les eaux de la mer Méditerranée se mêlent, dans la Branche de Damiette, à celles du Nil jusqu'à la hauteur de Farescor et même plus haut, ce qui est la hauteur où le canal direct aurait dû avoir son embouchure dans la Branche Pélusiaque.

Qu'on se figure ce qui aurait pu arriver dans la partie basse de la Branche de Péluse, si les eaux de la mer Rouge avaient été libres de s'y déverser; il fallait donc que le canal qui passait par le seuil de Gisr fut nécessairement fermé à son extrémité dans la mer Rouge.

Or, d'après Strabon et Diodore, ces fameuses barrières ne

pouvaient se trouver qu'entre les Fontaines Amères et la mer Érythrée, et non à l'extrémité du canal vers le nord.

Ainsi donc, pour être d'accord avec ce que disent Diodore, Strabon, et Pline surtout, il aurait fallu que la mer Rouge fût plus élevée que l'embouchure du canal dans le Nil; ce qui ne pouvait être si le canal était alimenté par les eaux de la Branche Pélusiaque près de Bubaste, puisque la prise d'eau en cet endroit se trouvait, en toutes saisons, de beaucoup plus élevée que la mer Rouge.

Au contraire, le canal ayant son embouchure dans la Branche Pélusiaque à l'ancienne Séthron ou plus bas, la mer Rouge se trouvait plus élevée. C'est donc le canal qui traversait le seuil du Gisr, dont Pline veut parler. Il nous dit une chose fort remarquable, toujours dans le Chapitre VI que nous avons cité : *c'est que l'on avait trouvé que le terrain de l'Égypte était de trois coudées plus bas que la mer Rouge.* Or c'est presque exact, si Pline, comme cela doit être, parlait des terrains environnant le lieu où devait déboucher le canal dans la Branche Pélusiaque, car toute la plaine de Péluse, les environs de Séthron, de Daphné, etc, sont à cette cote au dessous des marées de Suez. Et si le canal d'aujourd'hui n'était pas endigué depuis Cantarrat jusqu'à la mer et que les eaux se répandissent dans le lac Menzaléh, les terrains de Menzaléh, de Matariéh, etc., et la plaine de Péluse seraient recouverts par les eaux venant de la mer Rouge.

La fermeture, dont il est parlé, doit se trouver dans le seuil de Sérapéum.

Au surplus ce que dit Strabon se rapporte entièrement au canal du Nil à la mer Rouge, mais avec cette différence qu'il lui donne une origine plus ancienne que les auteurs qui l'ont précédé; et il est d'accord en cela avec ce que disent d'autres auteurs : que Ménélas, après la guerre de Troie, était entré en Éthiopie en traversant l'Isthme, qui sépare les deux mers au moyen d'un canal qui y était creusé.

Plusieurs personnes ont voulu retrouver l'Euripe ou la fermeture du canal dans quelques restes de construction qui apparaissent au fond du golfe de Suez un peu au nord de Clysma, et au pied même du Tel de ce nom, du côté de l'est en se dirigeant vers l'Ile du cimetière ; mais c'est là une erreur, puisque, comme nous l'avons dit, nous savons que ces restes sont ceux d'un pont de Kolzoun ; et peut-être la fermeture du canal conduit jusque-là par Amrou, sous le califat d'Omar, aux premiers temps de l'Islamisme, car il fallait nécessairement qu'il y eût là une fermeture quelconque pour empêcher les eaux douces du canal de se déverser dans la mer, comme on vient de le faire pour le nouveau canal d'eau douce. D'après ce que nous apprennent deux écrivains arabes, Massoudy et Macrizi, ce pont aura été construit pour abréger le trajet qui doit être fait encore aujourd'hui pendant les marées hautes, quand on veut passer de Suez sur la rive orientale du golfe, afin de se rendre sur la route de l'Accaba ou bien du Mont Sinaï.

Voici donc l'histoire du Canal de communication par l'Isthme, ou plutôt des canaux, autant qu'il est possible de la faire.

Un fait qui prouve que la navigation d'une mer à l'autre par le moyen d'un canal n'a point été faite par de grands navires, comme on pourrait le penser d'après la grande profondeur de 40 pieds que donne Pline, c'est celui qui est rapporté par Plutarque dans la vie d'Antoine; il dit : *que ce triumvir, étant arrivé à Alexandrie peu de temps avant la bataille d'Actium, trouva Cléopatre occupée à chercher les moyens de faire transporter ses vaisseaux par dessus l'Isthme qui sépare les deux mers, afin de s'échapper sur l'Océan avec tous ses trésors.*

Ceci se passait 300 ans à peu près plus tard que l'époque à laquelle le canal fut refait par le second des Ptolémées.

On voit par ce fait : ou que les vaisseaux étaient trop grands, et par conséquent le canal trop petit, et alors il n'avait pas la profondeur que Pline lui donne ; ou bien plutôt que le canal était en mauvais état, peut-être comblé ; ou bien encore que de nouveaux atterrissements s'étaient formés, celui de Chalouf ou le troisième, par exemple, ce qui est beaucoup plus probable, puisque longtemps avant Cléopatre le commerce abandonnait la voie d'Arsinoé, et qu'il avait pris la route de Bérénice à Coptos par le désert, puis par le Nil, route qui fut établie par le même Ptolémée qui creusa le canal et fonda Arsinoé.

D'après ce que dit Plutarque, ce n'est plus que sous la do-

mination romaine que l'on entend parler une autre fois du canal
de jonction du Nil à la mer Rouge ; c'est-à-dire 400 ans après
le règne de Ptolémée II.

Macrizi nous fait savoir que l'*empereur Adrien est le prince
qui a fait achever le canal commencé sous les auspices de Trajan, son père adoptif ;* cet auteur arabe nous dit encore qu'*Adrien,
ayant fait recreuser le canal qui allait à la mer de Kolzoum,
les navires y passaient encore dans les premiers temps de l'Islamisme.*

D'après ceci, il serait difficile de savoir si Adrien se borna à
curer l'ancien canal des Pharaons et des Ptolomées. Mais dans
l'histoire du Bas-Empire par Lebeau on lit que : « *Omar n'ayant
pas consenti à ce que Amrou ouvrît un canal direct de Faramah au fond du golfe, celui-ci tourna ses vues d'un autre côté,
et recreusa l'ancien canal, nommé Trajanus Amnis, qu'Adrien
avait fait conduire du Nil, près de Babylone, jusqu'à Phebeïlus
aujourdhui Bulbeïs, où il rencontrait un autre canal commencé
par Nécos et continué par Darius ; et que ces deux canaux allaient se décharger dans une lagune d'eau salée, au sortir de
laquelle Ptolomée Philadelphe avait fait construire un large fossé,
lequel conduisait les eaux jusqu'à la ville d'Arsinoé ou Cléopatris,
à la pointe du golfe où est aujourd'hui Suez.*

Cette description du canal de Trajan coïncide parfaitement
avec ce qui existe, à part seulement la position d'Arsinoé près
de Suez, ce qui est une erreur provenant de ce que l'on ne pouvait savoir, qu'après un long examen des lieux , que les limites
de la mer Rouge à l'époque de l'existence d'Arsinoé n'étaient point
les mêmes qu'aujourd'hui.

Le canal de Trajan et d'Adrien est donc ce que l'on nomme
aujourd'hui le Khalig du Caire, qui longeait le désert sur la
lisière des terres cultivées, et venait aboutir à l'Ouadée, comme
cela existe encore. Ce canal alors ne pouvait servir pour la navigation qu'au moyen de différents biefs, à cause de la grande
différence de niveau qui existe, premièrement entre les terres
de l'Ouadée et celles du Caire, ou des eaux du Nil au Caire et
des terrains de l'Ouadée ; quand bien même cette partie du
canal allant du Caire à l'Ouadée eût été creusée assez profondé-

ment pour recevoir l'eau du fleuve pendant l'étiage, comme tous les canaux séfi et comme le Chercawé, qui fournit encore aujourd'hui de l'eau pour alimenter le canal de Zagazig à Ismaïlia et à Suez, il eût toujours fallu racheter les pentes par trois biefs éclusés d'une manière ou de l'autre. Ou bien encore ce canal de Trajan, à cette époque, ne pouvait servir, comme le fait aujourd'hui le Chercawé, pour alimenter le canal de Zagazig à Ismaïlia et à Suez, ou comme le Khattatbé, qui alimente le Mahmoudiéh, alors il ne pouvait servir que pendant la saison des crues.

Macrizi nous dit que *le canal du Prince des fidèles est situé hors de la ville de Fostat et passe à l'occident du Caire.*

Plus loin, il ajoute, qu'on le recreusa d'après l'ordre du Prince des fidèles, envoyé à Amrou son lieutenant; que ce dernier conduisit le canal jusqu'à la mer de Kolzoum d'où les vaisseaux se rendaient dans le Hégias.

D'après ce qui précède, on est porté à croire qu'Amrou continua le canal plus loin que les autres, ce qui est probable.

Effectivement, depuis les Ptolémées jusqu'à l'époque d'Amrou il y a 900 et quelques années; de Ptolémée à Adrien, 400 ans, espace de temps assez considérable pour que le canal ait pu être entièrement comblé par les sables, et qu'il ait fallu le creuser à nouveau, ou bien encore pour que le troisième atterrissement de Chalouf d'aujourd'hui fût déjà formé. Mais d'Adrien à Amrou il y a 517 années; c'est dans cet espace de temps que l'atterrissement, qui forme aujourd'hui le fond du golfe de la mer Rouge et qui a séparé les petits et grands bassins de l'Isthme de cette mer, se sera produit par l'effet du banc qui a été creusé pour le canal maritime à Chalouf-el-Terabba.

Cet atterrissement se sera produit jusqu'à l'époque d'Amrou, et pour établir la communication, on aura été obligé de le couper dans cette partie de Chalouf, où l'on voit les vestiges de l'ancien canal, depuis le fond du golfe de Suez jusqu'aux limites du petit bassin vers le midi; travail qui est tout moderne, comparativement à l'autre partie, celle qui est dans l'Ouadée.

Ainsi, la partie du canal depuis le Caire jusqu'aux environs de Bulbeïs, est le canal de Trajan, qui rencontrait l'ancien canal des Ptolémées, celui qui passe à Tel-abou-Soliman et à Gawarni, et qui lui-même allait jusqu'au fond du golfe ou du bassin de l'Isthme ; l'autre canal, entre Suez et les bassins, est la partie nouvelle faite par Amrou, qui aura remis en état aussi les autres parties.

Toujours selon Macrizi, le canal fut fermé en 767 par l'ordre du second calife Abasside Abou Djafar-el-Mansour, contre lequel s'était révolté un nommé Mohamed-Ben-Abdallah-Ben-Hassan résidant à Médine, et ce fut pour empêcher les vivres de lui parvenir ; ainsi ce canal remis en état par Amrou ne fut navigable que pendant environ 133 ans, et depuis ce temps il a été entièrement abandonné.

D'après tout ce que nous venons de dire, on peut voir en résumé qu'il y a eu un canal de communication directe de la Méditerranée à la mer Rouge, qu'il ait été fini ou non ; et c'est celui qui vient des lagunes du lac Menzaléh au lac Timsah, par le seuil de Gisr. Ce travail fut fait à l'époque où le fond du golfe Arabique arrivait jusque là.

Qu'il y en a eu un autre du Nil à la mer Rouge avant la guerre de Troie, qui fut fait par Sésostris vers l'année 1480 avant Jésus-Christ, ou bien 1910 ans si l'on s'en rapporte aux auteurs arabes, qui prétendent qu'on l'exécuta du temps d'Abraham ; que plus tard Nécos travailla à un canal de communication directe et qu'il l'abandonna, mais qu'il entreprit aussi un canal de communication du Nil à la mer Rouge, environ 668 années avant notre ère.

Que Darius, en l'an 500, toujours avant Jésus-Christ, travailla aussi au canal ; mais que ce ne fut que sous le règne des Ptolémées que le canal fut complétement navigable, c'est-à-dire 284 ans environ avant notre ère, il y a environ 2154 ans de cela.

Que l'empereur Adrien, en l'année 117 de Jésus-Christ, rétablit le canal sous un nouveau système ; et qu'enfin ce fut en l'année 663 de notre ère qu'Amrou, sous le califat d'Omar, recreusa le canal et le conduisit jusqu'à Suez d'aujourd'hui ou Kolzoum d'autrefois.

Le canal de Sésostris, selon Pline, serait celui qui communiquait du Nil au fond du golfe, qui à cette époque était près du lac Timsah.

D'après Strabon, c'est aussi le même ; mais il lui fait passer les Lacs Amers, ce qui n'a pu avoir lieu que sous les Ptolémées.

Pline nous apprend que le canal de Darius allait aussi du Nil au fond de l'ancien golfe.

Hérodote prétend, de son côté, que le canal est le même que celui de Nécos, et qu'il venait aussi du Nil, près de Bubaste, à la mer Érythrée, aux environs du seuil du Sérapéum.

Pour Strabon, il dit que le canal de Darius est également celui du fils de Psamméticus, et que ce prince ne le conduisit qu'aux Lacs Amers, qui apparemment, à l'époque où il vivait, étaient voisins du fond du golfe d'alors, ou le bassin de l'Isthme.

Diodore seul veut que le canal de Nécos ait été entrepris directement d'une mer à l'autre, et quoique plus tard il semble confondre celui de Ptolémée avec les autres, cependant on peut rapporter ce canal aux vestiges dont j'ai parlé, et que j'ai vus au nord du lac Timsah, dans le seuil de Gisr.

Quant au canal de Ptolémée II, on peut présumer, d'après Diodore, que la partie qui s'étendait jusqu'aux Lacs Amers avait été faite avant lui, et que ce prince le recreusa seulement ; mais que son ouvrage proprement dit est la partie qui existe depuis les Lacs Amers jusqu'au bassin de l'Isthme.

Selon Strabon, ce fut Ptolémée II qui fit couper l'Isthme : or, ce ne pouvait être qu'en continuant le canal jusqu'au golfe, ou bien aux limites du bassin de l'Isthme ; et, d'après cet écrivain, ce serait toujours la partie depuis les Fontaines Amères jusqu'à Arsinoé.

Pline dit que Ptolémée fit creuser le canal jusqu'aux Fontaines Amères, à partir du Nil jusque vers le golfe ; cela se rapporterait encore à la partie qui est dans l'Ouadée, depuis l'Abou-l'Ardar, près de Tel Basta jusqu'aux environs de Saba Biars.

Enfin, la partie qui du Caire va rejoindre l'Ouadée, est le canal de Trajan ou d'Adrien ; ce canal a été recreusé par Amrou aussi bien que celui de Sésostris, de Nécos et de Darius, ainsi que le Fleuve de Ptolémée ; et de plus, il a ajouté la dernière partie, dans l'atterrissement de Chalouf-el-Terabba, entre Suez et le petit bassin de l'Isthme.

Maintenant nous allons encore parler des limites du golfe de la mer Rouge à différentes époques.

Nous avons vu, par la description de l'Isthme sous le rapport de la géologie, de la géographie et de l'hydrographie, que le bassin de l'Isthme avait été occupé jadis jusqu'au seuil du Sérapéum par les eaux de la mer Rouge, et que les eaux douces n'y ont pénétré que bien plus tard et en bien moindre quantité.

Nous avons vu aussi que les distances données par les différents auteurs, soit pour les routes les plus directes de la Méditerranée au fond du golfe Arabique, soit par les mesures fournies pour la longueur du canal depuis Bubaste jusqu'à ce même point, plaçaient le fond de l'ancien golfe, du temps de ces auteurs, au seuil même du Sérapéum, près du lac Timsah ; et plus tard, aux environs de la limite septentrionale du bassin de l'Isthme, là où l'on voit des sables accumulés à la partie sud du seuil du Sérapéum. Ainsi, il n'y a plus à douter que la mer Rouge ait anciennement occupé tout le bassin, à une époque connue, au moins depuis le temps d'Hérodote.

De plus, nous avons vu aussi que les ruines d'Abou Khchèb ou de Tel-el Maskhouta correspondaient à celles de la ville d'Héroopolis ou de Rhamesès, et je ferai observer que les auteurs anciens disent presque tous que cette ville n'était point éloignée du fond du golfe; d'autres qu'elle était au fond du golfe et que celui-ci en prenait son nom.

Il est aussi très-probable qu'à une époque reculée et du temps d'Héroopolis, la mer venait encore près des ruines de Tel-el-Maskhouta jusqu'à Abou Balah et à Saba Biars, par exemple, car tous les terrains du seuil du Sérapéum et jusqu'aux environs de Saba Biars sont formés de sables récemment apportés. Alors le seuil du Sérapéum ayant été formé par l'exhaussement du terrain de Saba Biars, au seuil le lac Timsah sera resté un bas-fond, qui se sera desséché peu à peu; puis les eaux douces y seront arrivées, et c'est là ce qui aura créé les Fontaines et Lacs Amers.

Hérodote, par son silence sur les Lacs Amers dont il ne fait aucune mention, semblerait faire croire qu'à son époque la mer arrivait encore jusque dans le lac Timsah.

Diodore lui-même n'en parle pas, et ce n'est que Strabon et Pline qui viennent nous les faire connaître en parlant du canal de Ptolémée. Ceci prouve que depuis l'époque de Nécos et de Darius jusqu'au temps de Ptolémée la mer s'était déjà retirée, et ne laissait plus de ce côté que des marais salés ou amers, comme les nomment Strabon et Diodore.

Effectivement, on voit dans le sud-ouest de Chek Ennédek une hauteur où il y a une berge ou digue de canal, soit en partie formée naturellement, soit par la main des hommes, et constituant le fond du golfe, au commencement du lac Timsah dans sa partie sud.

Ceci explique encore pourquoi Ptolémée II aura voulu bâtir une autre ville que celle d'Héroopolis, celle d'Arsinoé; et pourquoi aussi il aura conduit la partie du canal qui porte son nom depuis les marais, dont nous avons parlé, jusqu'au lieu où nous voyons aujourd'hui les ruines d'Arsinoé.

L'atterrissement de Chalouf s'étant élevé, les chaloupes n'arrivaient plus que difficilement jusqu'à cette place; et alors, le même Ptolémée, qui avait fondé et bâti Arsinoé, éleva la ville de Bérénice au sud de Coseïr.

Sous les Romains, lorsque Trajan et Adrien rétablirent le canal, l'atterrissement n'avait pas fait de grands progrès; mais, à l'époque d'Amrou, il s'était tellement élevé qu'il fallut y pratiquer un canal pour laisser circuler les bâtiments.

Je regarde comme probable qu'à cette dernière époque, l'atterrissement était complet, et que les eaux du bassin de l'Isthme étaient peut-être déjà évaporées.

Alors Amrou aura d'abord laissé couler les eaux du Nil dans le bassin; c'est pour cela qu'on y voit des produits attestant la présence des eaux douces; et que les parties à l'orient, où sont les bois de Tamariscs, et à l'occident vers l'Ouadée Ackram, où il y a beaucoup de végétation, arbustes et plantes, ayant reçu des troubles de terre végétale, auront produit cette végétation.

Lorsque, plus tard, les eaux se seront évaporées, pour avoir de l'eau douce dans le canal jusqu'à Suez, il fallut bien remplir les bassins avec l'eau du Nil, ou bien creuser, comme on vient de le faire dernièrement, un canal contournant les Lacs Amers d'aujourd'hui, ou le bassin de l'Isthme.

Mais rien n'indique que ce canal ait été fait ; alors il fallait au temps d'Amrou qu'il y eût une fermeture à l'entrée des bassins, au seuil du Sérapéum d'aujourd'hui, et une autre à Suez.

Effectivement, au débouché du canal dans le bassin de l'Isthme il y avait un grand établissement qui a dû être fait pour des magasins, un long mur de quai ; et il est probable que sous les sables accumulés en cet endroit se trouvent les restes de la fermeture du canal.

A Suez même, on en voit les restes sous le monticule des ruines de Clysma, en ce point où sont les constructions attribuées au pont de Kolzoum, restes qui semblent former une espèce de darse ; et ce qui prouve qu'alors les eaux du Nil dans le canal, à leur arrivée à la mer, à Suez, étaient plus élevées que celles de cette mer, c'est que les berges du canal étaient en maçonnerie et remblais pour maintenir les eaux ; ce sont ces restes de murs que l'on voit encore de distance en distance se dirigeant du monticule de Tel-el-Clysmel vers le nord.

Enfin, je le répéterai encore, il y a eu trois atterrissements : le premier, qui se rapporte à une époque géologique bien antérieure à tout ce qui est historique, c'est celui qui existe entre les lagunes les plus au sud du lac Menzaléh et le lac Timsah, nommé seuil de Gisr. Le second, entre le lac Timsah et le bassin de l'Isthme, c'est celui que nous nommons le seuil du Sérapéum, formé comme je l'ai dit précédemment. Et le troisième, formé, comme je l'ai fait voir aussi, entre les bassins de l'Isthme et le fond du golfe actuel, nommé seuil de Chalouf-el-Terabba.

Et si le Canal maritime de Suez venait à être comblé, le port de Suez se fermerait dans la suite par l'allongement du banc de Suez jusqu'à la côte d'Asie. Alors la baie de Suez deviendrait ce qu'a été le lac Timsah, et plus tard, un seuil comme celui du Sérapéum se formerait à la pointe de l'Adabièh, qui s'avance tous les jours vers l'est.

VILLES ANCIENNES CITÉES DANS LA BIBLE.
FUITE DES HÉBREUX ET LEUR PASSAGE DANS LA MER ROUGE.

Il nous reste à parler de quelques lieux ou villes nommés dans la Bible, et cela nous conduira naturellement à dire un mot sur la route que les Israélites ont du suivre à leur sortie d'Égypte.

Nous avons vu qu'à l'époque la plus reculée, l'ancien golfe d'Héroopolis s'enfonçait jusqu'au lac Timsah, et par conséquent jusqu'à Néfiché, où était le *Pithahirot* de la Bible : *la Baie* ou *le Bois des roseaux*, aujourd'hui Krouébet-el-Bous, nom arabe qui a la même signification.

On admettra aussi que le second atterrissement, celui du Sérapéum d'aujourd'hui, quoique submergé pendant les hautes marées de la mer Rouge, indiquait à peu près la limite navigable du golfe aux basses marées, comme le fait aujourd'hui encore le banc sous-marin qui forme la passe, à la pointe du banc de Suez, qui assèche à chaque marée : tandis que dans la passe, il y a des moments où il n'y a à peine que 80 centimètres d'eau (1).

Il est d'abord évident que la Terre de Gèchen comprenait l'Ouadée, ses environs, le seuil de Gisr et jusqu'à Salhiéh d'aujourd'hui ; et aussi enfin, que Rhamesès, cette place ou ces magasins construits par les juifs, était située, comme nous l'avons dit, dans cette même Terre de Gèchen, sur l'emplacement des ruines où plus tard s'éleva l'Héroopolis des grecs.

Il faut remarquer avant d'aller plus loin, que l'on ne doit pas prendre les noms des stations des routes des arabes dans le désert pour des noms de villes ou de villages ; ce sont le plus fréquemment les noms de quelque chose de naturellement remarquable, comme une montagne, un rocher, une source, un

---

(1) Les navires de cette époque ne pouvaient être autres que les mêmes qui existaient encore il y a trente ans sur la mer Rouge, tirant au plus trois mètres étant chargés ; ils pouvaient alors passer à marée haute sur l'atterrissement, comme de nos jours sur celui de Suez, avant que le Canal ne fût creusé.

arbre, ou selon une légende un nom qui rappelle un événement, un accident, une histoire. Il arrive souvent que le lieu de campement d'une tribu conserve le nom de cette tribu ; ainsi les hébreux, qui étaient essentiellement un peuple nomade, ayant à peu près les mêmes usages avant Moïse que les autres bédouins, devaient aussi donner des noms de cette manière, et les traditions parmi les auteurs qui ont plus tard écrit la Bible se seront conservées, tandis que dans le pays et sur les lieux mêmes elles auront été oubliées.

Beaucoup de ces noms ont des significations, qui sont propres aux localités qu'on voulait désigner ; par exemple : *Socoth*, en hébreu, veut dire *tente*, ce qui probablement était un campement ; *Etham* est encore aujourd'hui le nom d'une petite tribu arabe, qui campe dans l'Isthme aux environs de l'Ouadée ; *Pithahirot* signifie, en hébreu. *le bois* ou *la baie des roseaux*, dont la traduction en arabe est, ainsi que nous l'avons remarqué plus haut, Krouébet-el-Bous. Il serait donc bien difficile, après un laps de temps aussi considérable et après tant de changements topographiques dans l'Isthme, de retrouver les mêmes lieux dans le même état et avec les mêmes noms qu'ils portaient à cette époque reculée de l'histoire ; mais pourtant on peut malgré cela reconnaître la route que les Juifs ont suivie.

La Bible dit que les Juifs partirent de Rhamesès, dans la terre de Gèchen, et très-probablement l'intention des Juifs, ayant Moïse à leur tête, était de se rendre vers le premier atterrissement de l'Isthme, qui déjà à cette époque devait fournir un gué pendant les basses marées, ce que les Hébreux devaient bien connaître, et surtout Moïse qui avait été plusieurs fois au Mont Sinaï.

Il est possible que les Égyptiens, livrés seulement à l'agriculture et, comme aujourd'hui encore, ne s'écartant pas des terres cultivées, ignorassent l'existence de ce gué sur l'atterrissement.

De nos jours, les Fellahs qui se rendent à Suez pour y porter ou y prendre des marchandises sur leurs chameaux, et ceux qui vont à la Mecque en qualité de conducteurs de caravanes, ou qui vont même quelquefois porter des provisions au Mont Sinaï,

connaissent à peine le gué qui est au nord de Suez, au-dessous
de la butte de Clysma, et qui épargne, en traversant la mer à
marée basse, une longue marche pour contourner les lagunes
marécageuses du fond du golfe. Les Fellahs ne prennent aucune
connaissance des indications des routes, accoutumés qu'ils sont
à regarder la conduite des caravanes comme une spécialité qui
appartient uniquement aux Bédouins; mais ces derniers, qui
font souvent cette route connaissent parfaitement ce passage
et les heures auxquelles ils peuvent le franchir.

A l'époque de Moïse, ce qui arrive aujourd'hui pour le fond
du golfe, à Suez, devait également avoir lieu pour l'atterrissement qui existait entre le lac Timsah et le bassin de l'Isthme.

Moïse devait évidemment prendre de ce côté, plutôt que de
suivre la route directe de la Palestine; car par là il aurait rencontré beaucoup de tribus ennemies (1). « Or, Pharaon ayant
« fait sortir de ses terres le peuple d'Israël, Dieu ne les con-
« duisit point par les chemins du pays des Philistins qui est
« voisin, de peur qu'ils ne se repentissent d'être ainsi sortis,
« s'ils voyaient s'élever des guerres entre eux, et qu'ils ne
« retournassent en Égypte. »

D'ailleurs, en suivant cette route du fond du golfe, il aurait
pu donner trop d'ombrage au Pharaon roi d'Égypte, qui pensait
que les Hébreux allaient sacrifier à leur Dieu (2). La route
par l'atterrissement étant la plus courte et la plus directe pour
se mettre promptement en sûreté autant qu'il était possible,
puisque l'on entrait dans les montagnes de la péninsule du
Mont Sinaï, où Moïse trouvait, chez son beau-père Gétro, des
alliés avec lesquels il avait déjà vécu.

Les Israélites, qui étaient au nombre de 600.000 hommes,
sans les enfants (3), étaient pressés par l'ordre qu'avait donné
Pharaon de partir immédiatement; mais, malgré la crainte qu'ils
pouvaient avoir que cet ordre ne fût révoqué, malgré le désir
qui les poussait à s'éloigner promptement, les Juifs ne pouvaient

---

1. Exode, chap. XIII, versets 17 et 18, traduction de Sacy.
2. Exode, chap. XII, verset 31.
3. Exode, chap. XII, verset 37.

marcher que très-lentement, puisqu'ils partaient en plusieurs
bandes (1), comme le dit l'Exode : « et en ce même jour le
« Seigneur fit sortir de l'Égypte les enfants d'Israël en diverses
« bandes. »

Ils devaient s'attendre avant d'être tous réunis pour être
ensemble; ils avaient leurs bagages, leurs femmes, leurs enfants et leurs troupeaux. Aussi la marche de la première journée
ne pouvait être que de quatre à cinq heures au plus, ce qui
serait encore beaucoup aujourd'hui pour une grande tribu arabe,
le premier jour de son départ surtout, ce que j'ai été à même de
voir souvent.

La première station fut à *Socoth*, comme le dit l'Exode (2) :
« Les enfants d'Israël partirent de Rhamesès et vinrent à
Socoth » *Socoth* en hébreu veut dire *tente*, ce qui qui probablement était le lieu d'un campement. On trouve dans l'est de
Tel-el-Maskhouta, sur le bord de l'ancien canal, un endroit où
sont les restes d'une sakièh ou puisard que l'on nomme Oum-
Khahmer et que plusieurs personnes dernièrement ont pris pour
Oum Khéïam, ce qui voudrait dire la *mère des tentes*, et de là
déduisaient que ce lieu était celui de Socoth. Mais on concevra
que Socoth étant probablement un campement, il serait difficile
de le retrouver aujourd'hui; aussi la position du Socoth de
l'Écriture est-elle difficile à fixer, mais elle ne pouvait certainement être loin de Rhamesès ou Tel-el-Maskhouta.

Au sud-est de ce point, en dehors des dunes qui bordent
l'Ouadée, se trouve un lieu où, entre de hautes dunes de sable
et un terrain bas couvert de plantes, il y a des dattiers et un
puisard pour une sakièh qui servait à arroser un peu de terrain
que l'on cultive en orge, aujourd'hui encore; ce lieu se nomme
Menasché et Menaïef (3), c'est peut-être le campement d'une des
douze tribus d'Israël dont le nom a une analogie avec celui de
cet endroit : et comme la distance des environs de Rhamesès,
d'où sont partis, par différentes bandes, les Hébreux jusqu'à

---

(1) Exode, chap. XII, verset 51,
(2) Exode, chap. XII, verset 37.
(3) Voir pour tout ce mémoire la carte de l'Isthme.

Menaïef est convenable pour une première marche, on pourrait bien l'attribuer au Socoth de l'Écriture.

La seconde station est à *Etham* ou l'*Extrémité de la Solitude* (1), comme il est dit dans la Bible : « étant donc sortis de Socoth, ils campèrent à *Etham* qui est à l'*Extrémité de la Solitude*, » lieu qui devait être la fin des campements, le désert vers la mer.

M. Bois-Aimé, qui a été si perspicace pour reconnaître les anciennes limites de la mer Rouge, a placé Etham, je ne sais pour quelles raisons, au puits de Suez. Cette distance est d'abord beaucoup trop grande pour qu'en partant de l'Ouadée ou la Terre de Gôchen, les Juifs pussent avec tous leurs troupeaux, leurs enfants, leurs bagages, etc. avoir parcouru cette distance en deux jours; car alors ils auraient dû faire près de 40 kilomètres par jour, ce qui est certainement beaucoup trop, et surtout pour la première journée.

Pour moi, qui connais comment marchent les Bédouins dans de semblables circonstances, je placerai Etham, qui d'ailleurs aussi ne peut être que le nom du campement d'une tribu, dans les environs du Sérapéum d'aujourd'hui, entre ce point et l'Ouadée Ackram, près du bassin de l'Isthme.

L'Écriture dit (2) : « dites aux enfants d'Israël qu'ils retournent et qu'ils campent devant *Phihahiroth* qui est entre *Magdol* et la mer vis-à-vis *Baal Séphon ;* vous camperez vis-à-vis de ce lieu sur le bord de la mer. »

Pharaon s'étant repenti d'avoir donné la permission aux Juifs de s'en aller, et les Égyptiens ayant appris la nouvelle de leur fuite se mirent à leur poursuite (3) ; et comme ils présumaient naturellement qu'ils gagneraient la Palestine, ils se seront dirigés sur cette route.

Pharaon avec ses guerriers, venant de Memphis, ou peut-être bien aussi de Sâné, aura dû prendre directement la route du fond du golfe d'alors, par Abou Souèra et le Gisr, qui est encore aujourd'hui la route directe de Syrie. Moïse, marchant au

---

(1) Exode, chap. XIII, verset 20.

(2) Exode, chap. XIV, verset 2.

(3) Exode, chap. XIV, versets 5, 6, 7, 8, 9.

contraire vers le seuil du Sérapéum, le second atterrissement de l'Isthme, aura été averti par le commandement de Dieu, qui lui ordonnait de faire un détour, que les Égyptiens arrivaient ; il se sera jeté sur la gauche vers la mer. Les Égyptiens, arrivés sur la route suivie par les différentes tribus, auront reconnu la marche de celles ci et seront retournés sur leurs traces pour les poursuivre, et ils seront arrivés près des Israëlites, un peu plus au sud que Néfiché, à Abou Balah. Alors le pharaon avec toute son armée aura campé au nord-ouest des Hébreux, qui étaient devant Pithahirot ou le Khrouèbet el-Bous de nos jours, près de Néfiché, où était la cunette du lac Timsah ou les Lacs Amers remplis de roseaux et d'arbustes ; alors il fallait qu'ils eussent vis-à-vis d'eux Baal Séphon comme le dit la Bible (1) : « les Égyptiens poursuivant donc les Israélites, qui étaient devant eux, et marchant sur leurs traces, les trouvèrent dans leur camp sur le bord de la mer ; toute la cavalerie et les chariots de Pharaon étaient à Pithahirot vis-à-vis Baal Séphon. »

Effectivement, lorsque les Égyptiens, qui allaient poursuivre les Israélites sur la route de la Palestine, se seront aperçus que ceux-ci avaient pris un autre chemin, ils devaient être parvenus vers le fond du golfe d'alors, et en retournant vers le sud, ils se seront trouvés entre le Khrouébet-el-Bous, le Pithahirot et les Israélites.

Il faut donc retrouver le Baal Séphon. Cette position pouvait être à Chek Ennédek, au fond du golfe ; ce Baal-Séphon est un mot qui peut être tout bonnement le nom d'un lieu dans le désert et non celui d'une place d'une ville, comme tous les noms qui précèdent. Ce mot peut être d'origine hébraïque, et signifier le dieu Thiphon. Ainsi on pourrait, sans chercher une place de ce nom, s'en tenir au désert, qui peut être au figuré pris pour l'habitation de Thiphon dieu du mal et pour le Dieu lui-même, puisque chez les Égyptiens Thiphon était le Dieu de tous les maux (2).

---

(1) Exode, chap. XII.

(2) Mémoire de M. Rosier sur la géographie comparée des côtes de la mer Rouge.

Description de l'Égypte, édition Panckoucke, vol. VI, p. 292.

Pour la position de Pithahirot entre Magdol et la mer, nous avons vu que les Lacs Amers ou le point de Néfiché se nommait Khrouébet-el-Bous, et que c'était certainement le vrai Pithahirot, et qu'il ne peut être à Agerout comme l'a pensé M. Bois-Aimé.

Il y a bien à l'oreille une certaine ressemblance entre les mots ; mais, comme je l'ai dit, Pithahirot veut dire : bois de roseaux, et n'est pas le nom d'une ville ; et ni l'une ni l'autre de ces significations n'était applicable à Agerout, qui est une forteresse moderne bâtie sur une hauteur de rochers arides de 105 mètres au-dessus du niveau de la mer, avec un puits creusé dans le rocher à 70 mètres. C'est un endroit où il n'y a jamais pu y avoir ni roseaux, ni eau, ni broussailles, rien enfin qui ait pu porter les Juifs à nommer cet endroit Pithahirot.

Le mot Agerout a été très-bien donné à cet endroit ; car il signifie en arabe une chose, un lieu *pelé*, *aride*, *uni* ; par exemple, on dit d'un jeune homme qui a le menton sans barbe, d'un homme qui a perdu ses cheveux et qui a la tête nue, que ce sont des *Agerout*.

Nous laissons donc Pithahirot à Khrouébet-el-Bous ou Néfiché, l'ancien golfe et les Fontaines ou Lacs Amers des anciens.

Pour que Pithahirot se trouvât placé entre Magdol et la mer, qui allait jusqu'au lac Timsah, il fallait que Magdol fût située, environ, vers le nord-est ou le nord ; et, effectivement, nous avons vu, d'après l'Itinéraire d'Antonin, que de ce côté il y avait une ville de *Magdolum*, qui doit être la même que Magdol de la Bible avec une terminaison latine.

Ce lieu ayant été une place forte, un lieu de garnison pour défendre la frontière, il est probable que, quoique éloigné du fond du golfe à cette époque, on en aura fait mention comme étant le site qui devait frapper davantage par son importance militaire ; et la position qui se rapporte le plus à cette Magdol est certainement celle que je lui ai assignée, c'est-à-dire Tell-el-Herr.

Les Juifs étaient donc campés de manière à avoir derrière eux Pharaon et son armée qui les poursuivaient ; ils ne pouvaient s'échapper sans un miracle, puisque, comme on peut le voir sur ma carte. ils avaient sur leur gauche la mer Rouge, à leur droite le désert de l'Égypte, et devant eux, vers le sud, la montagne de Généffé qui, à cette époque, était sur le bord de la mer, comme aujourd'hui elle se trouve sur le bord du bassin de l'Isthme ; alors ils se trouvaient donc bien dans la position où Flavius Josèphe nous dit qu'ils étaient (1) : « lors donc que les Hébreux étaient sur le bord de la mer Rouge, ils se trouvaient environnés de toutes parts par l'armée des Égyptiens composée de 600 chariots de guerre, 50.000 chevaux et 20.000 hommes de pied très-bien armés, sans qu'il leur fût possible de s'échapper parce que la mer les enfermait d'un côté et qu'ils l'étaient de l'autre par une montagne inaccessible, et des rochers qui s'étendaient jusqu'au rivage. Dans cette position ils ne pouvaient s'échapper sans un miracle ; mais il restait à Moïse la fuite par l'atterrissement qu'il connaissait près du fond du golfe, ou le seuil du Sérapéum. »

Soit qu'il y ait eu un véritable miracle en faveur de Moïse et du peuple qu'il conduisait, soit que ce fût tout naturellement, il n'en souffla pas moins toute la nuit un vent violent et brûlant (2), et « l'Ange de Dieu, qui marchait devant les Israélites, alla derrière eux, et en même temps la Colonne de nuées quittant également la tête du peuple en marche se mit aussi derrière lui, entre le camp des Égyptiens et le camp d'Israël ; et la nuée était ténébreuse d'une part, et de l'autre elle éclairait la nuit, en sorte que les deux armées ne purent s'approcher durant tout le temps de la nuit.

« Moïse, ayant étendu sa main sur la mer, le Seigneur l'entrouvrit en faisant souffler un vent violent et brulant pendant toute la nuit, et il en dessécha le fond, et l'eau fut divisée en deux. »

C'est alors que les Israélites, profitant de l'obscurité et du vent, auront décampé très-précipitamment, qu'ils auront gagné l'atterrissement qu'ils connaissaient et sur lequel ils voulaient passer ; ils y arrivèrent sans doute au moment de la marée basse, alors qu'il y avait d'autant moins d'eau dans cette partie qu'il régnait un très-fort vent d'est ou d'ouest, vent régnant le plus

____

(1) Flavius Josèphe, chap. VI, p. 98.
(2) Exode, chap. XIV, versets 19, 20, 21.

souvent, qui en diminuait la hauteur; de sorte que les marées qui, en moyenne, sont d'un mètre, soixante centimètres (1ᵐ,60) et qui arrivent même à moins, pouvaient diminuer encore; les Juifs purent ainsi passer à gué de l'autre côté sans danger, conduits comme ils l'étaient par un garde aussi expert que Moïse.

Les Égyptiens, fatigués de leur marche forcée, voyant le grand vent qui soufflait et croyant avec confiance que les Israélites ne pouvaient leur échapper, se seront reposés bien tranquillement, et n'auront connu la fuite de leurs esclaves que vers le jour, lorsque ceux-ci étaient déjà fort éloignés et de l'autre côté du golfe. Alors ils auront voulu les poursuivre, ils seront arrivés sur leurs traces à l'atterrissement qu'ils ne connaissaient pas bien au moment où la mer remontait déjà, en donnant une hauteur d'eau de 1ᵐ,60, plus la quantité qui s'y trouvait au moment de la basse mer sur le gué; ils se seront engagés dans ce gué, sur l'atterrissement, où ils auront trouvé trop d'eau. Il y aura eu confusion dans les rangs; ceux qui venaient derrière, ne connaissant pas l'obstacle qui empêchait les premiers d'avancer, les auront poussés par derrière, et ils auront péri en grande partie dans les eaux.

Il faut bien reconnaître que la réunion de toutes ces circonstances favorables à la fuite des Israélites, combinées par la Providence, est une preuve de la protection divine que Dieu donnait à ce peuple, et qui aussi a pu être considérée comme un miracle.

Quand on connaît bien les peuples de ces contrées, qui, anciennement, étaient ce qu'ils sont encore aujourd'hui; quand on connaît aussi leur imprévoyance, leur ignorance; quand on a vécu avec eux, on est persuadé que des faits semblables pourraient encore arriver de nos jours.

Quant à la suite de la marche des Juifs jusqu'au Mont Sinaï, nous nous contenterons de dire que les localités prouvent qu'effectivement ils auront dû faire trois jours de marche depuis l'endroit de leur passage jusqu'au pied de *Mara* ou *Mourra*, ce qui doit être le puits de Khargadé; car, avant ce dernier, on ne trouve aucune eau (1).

---

(1) Exode, chap. XV, verset 23.

C'est à *Mara* (ou l'*Amertume*) que Moïse, pour rendre les eaux douces, jeta dans les eaux un certain bois qui les rendit douces, d'amères qu'elles étaient (1).

Une chose remarquable, qui s'est perpétuée chez les Arabes et qui existe encore de nos jours depuis cette époque, et probablement avant Moïse, c'est que les Bédouins du Mont Sinaï m'ont souvent présenté, pour rendre potables des eaux saumâtres et sulfureuses, un certain fruit, celui du caprier du désert, ou un certain bois nommé l'assaf el-céder, qu'il suffisait d'y jeter et d'y faire infuser; d'ailleurs cela n'est pas seulement connu au Mont Sinaï, mais encore parmi les Arabes Bichariéh et autres.

De Mara ou Mourra les Juifs vinrent à *Elim*, et, d'après ce qui en est dit dans l'Exode (2), que les enfants d'Israël vinrent ensuite à Elim où il y avait douze fontaines et soixante dattiers, on ne peut se tromper sur cette position, qui aujourd'hui est celle des Fontaines de Moïse (*Eyoun-Moussa*), où l'on voit des sources et des dattiers.

Il nous faut maintenant parler du vent nommé *Khamsin*, et abandonner la marche des Israélites qui dépasse notre sujet.

Le vent de Khamsin est ainsi nommé seulement par les Européens en Égypte; ils confondent, en l'appelant ainsi, le nom de la période pendant laquelle règne un certain vent et ce vent lui-même.

Les Arabes le nomment *Cherd*, *Méris*, et dans les déserts, en Arabie, ils le désignent sous le nom de *Simoun* ou *Vent empoisonné*.

En Égypte, on le nomme *Méris*, parce qu'il vient du sud, ou anciennement était le pays de Méris ou le Dongolah; on le nomme *Cherd*, parce qu'il vient par raffales et qu'il est fort désagréable.

Ce vent violent commence à souffler le matin du côté de l'est, il passe au sud-est en augmentant de force, vient ensuite vers le midi, au sud, et passe au sud-ouest; il souffle avec impétuosité, soulevant le sable, la poussière à en obscurcir l'atmo-

---

(1) Exode, chap. XV, verset 25.
(2) Exode, chap. XV, verset 27.

sphère, qui est chaude et enflammée comme si l'air sortait de la bouche d'un four, lorsqu'il souffle en avril et mai; autrement le vent du sud en décembre, janvier et février est froid. Cela s'explique, parce que pendant l'hiver, les sables du désert, sur lesquels il passe pour venir en Égypte, sont assez considérablement refroidis pendant les longues nuits, pour que pendant les jours, qui sont courts, le soleil, qui est bas et ne darde ses rayons qu'obliquement, n'ait ni le temps, ni la puissance de les échauffer; mais au printemps et en été, au contraire, les nuits étant courtes et le soleil pendant les longs jours dardant ses rayons perpendiculairement à plomb sur les sables et les terrains pierreux du désert, ceux-ci s'échauffent à une température élevée; ce qui fait que les vents, qui passent sur ces déserts, sont échauffés et deviennent brûlants.

Ces vents du sud, de l'est et du sud-ouest, commencent en décembre et règnent jusqu'en mai, ensuite plus rarement jusqu'en juin. Il ne faut pas non plus penser que ce vent est continu, il ne souffle que périodiquement.

Dans la première période, il souffle quelquefois quinze jours de suite, mais tous les ans cela varie et c'est plus ou moins; dans la seconde période, il continue seulement à des espaces de temps plus ou moins éloignés d'un à trois jours, rarement davantage; quelquefois cependant il souffle jusqu'à six et neuf jours, alors il est extrêmement chaud, et le thermomètre à l'ombre, dans de bons appartements, monte jusqu'à 32 et 33 Réaumur.

Les Coptes ont leur année divisée en huit périodes : quatre Khamsin et quatre Arbahin; ce qui veut dire quatre cinquantaines et quatre quarantaines; l'une des cinquantaines commence à leur Pâques.

Le commencement de cette Pâques est toujours fixé au premier dimanche qui suit la première pleine lune qui commence après l'équinoxe; ainsi l'on voit que cette Pâques peut varier beaucoup, jusqu'à vingt-neuf jours, par rapport aux saisons. Malgré cela, le lundi de leur Pâques est ce que les Coptes nomment le *Chum-el-Nessim* (*respire le zéphir*), et ce qu'ils prétendent être le dernier jour de beau temps. Ce jour-là tout le monde sort de la ville pour passer la journée dans les jardins ou en rase campagne, en donnant pour raison qu'alors commence une période Khamsin ou cinquantaine, pendant laquelle les Coptes prétendent que le temps est mauvais, malsain, et que le vent qui souffle est pernicieux, que c'est le temps des maladies et des épidémies.

Comme c'est alors que le vent chaud du sud règne et qu'il vient dans le Khamsin, les Européens ont nommé ce vent le *Khamsin*, qu'il vienne dans une saison ou une autre, confondant ainsi le nom de la période et celui du vent.

Dans l'Exode aussi il est dit (1) : *alors l'Ange de Dieu, qui marchait devant le camp des Israélites, alla derrière eux, et en même temps la Colonne de nuée quittant la tête du peuple se mit aussi derrière, entre le camp des Égyptiens et le camp d'Israël, et la nuée était ténébreuse d'une part, et de l'autre elle éclairait la nuit.*

Aujourd'hui encore, la grande caravane, qui tous les ans part du Caire pour la Mecque, a un conducteur monté sur un chameau qui marche en tête; c'est une fonction héréditaire dans la famille, on nomme ce guide *Chek-el-Gamal*. Il fait tout le voyage sans être couvert ni la nuit ni le jour quelque temps qu'il fasse, il est nu jusqu'à la ceinture, n'ayant qu'un caleçon de toile. Avec lui marchent des hommes portant de grandes torches ; pendant la nuit elles sont allumées et entretenues avec du bois résineux, et pendant le jour, quand le chemin est difficile au milieu de dunes ou de collines, elles produisent : au lieu de la lumière qui servait pendant la nuit, une quantité de fumée s'élevant en colonne lorsque le temps est calme, et s'apercevant de fort loin. Quand ces torches, que l'on nomme en arabe *Machâal*, sont fixées, c'est un signe que le camp se pose ou est posé. Ceci se rapporte parfaitement à ce que dit l'Écriture : Alors les Égyptiens voyant ces nuées lumineuses toujours à la même place pendant que les Juifs fuyaient derrière, crurent qu'ils ne bougeaient pas de leur campement de nuit. Le vent portant la

____

(1) Exode, chap. XIV, versets 19 et 20.

fumée du côté des Égyptiens, ceux-ci ne voyaient pas la clarté qui éclairait l'autre côté (1).

---

(1) Depuis que j'ai fait ce travail, des personnes savantes et en état de déchiffrer les inscriptions hiéroglyphiques, ont cru voir par ces inscriptions que les restes de la grande ville de *Tanis*, connue sous le nom de San, avait été *Awaris*, la ville des *Hycsos* et aussi *Rhamesès* du temps des Hébreux.

Quant à la première, je trouverais étonnant que ces Hycsos, qui fuyaient devant un peuple conquérant, et qui au dire des historiens conquirent eux-mêmes l'Égypte, vinssent faire leur principale résidence derrière la Branche principale du Nil, lorsqu'au contraire ces mêmes historiens nous font savoir que le roi qu'ils choisirent établit sa résidence à Memphis, et qu'il mit de fortes garnisons vers l'Orient, parce qu'il craignait d'être attaqué par les A-syriens. La ville d'*Aouara*, l'Awaris des Grecs, qui devint leur principale place d'armes, était située à l'orient de la Branche Bubastique ou Pélusiaque et reçut une garnison de 240,000 hommes.

Quant à placer Rhamesès au lieu où est San ou Sâné aujourd'hui, comment concevoir que les Hébreux, qui étaient un peuple de pasteurs et d'esclaves, eussent eu pour résidence un pays entièrement cultivé, coupé de beaucoup de canaux et si éloigné des bords du désert, où devait se trouver cette Terre de Gèchen ou des Pâturages propres à leurs troupeaux ; car de San aujourd'hui, jusque bien au levant du lieu nommé Cantarrat, tout était autrefois cultivé ; les Hébreux n'ont donc pu être établis que dans la partie que nous désignons sur notre carte comme Terre de Gèchen.

On dit aussi, pour accréditer l'opinion que les Hébreux habitaient San et ses environs, qu'ils exécutèrent leur fuite en Égypte en prenant la route par Péluse, le long de la mer sur la langue de terre qui sépare la Méditerranée des Marais nommés Berdaoui, nom qui leur vient de ce que Baudouin, à l'époque des croisades, voulant les traverser s'y perdit avec sa troupe. Cette hypothèse se base, disent ceux qui ont cette opinion, sur ce qu'ils prétendent avoir trouvé sur cette route des restes d'antiquités avec des inscriptions en caractères hiéroglyphiques, où sont les noms des villes et positions citées dans la Bible.

S'il en est ainsi, ce qui demande confirmation, il est encore possible que ces restes d'antiquités aient été apportés en ce lieu de fort loin même, comme cela se voit dans beaucoup de localités.

HISTOIRE MODERNE DU CANAL DE SUEZ.

Depuis l'époque à laquelle le Canal fut creusé par Amrou, en 634 ou 640, et fermé 140 ou 150 années après, en 764 ou 67, pour les raisons que nous avons dites, on n'en entend plus parler qu'après de longues années.

Lorsque le sultan Sélim fit la conquête de l'Égypte, en 1519, il se proposait de faire creuser de nouveau le canal de Suez, qui avait été remis en état sous le premier calife Omar ; mais il ne fut pas donné suite à ce projet.

Lorsque Moustafa, fils de Mahomet III, devint sultan de Constantinople, il envoya aussi des commissaires en Égypte, pour étudier la question du canal de Suez qu'il voulait remettre en état, ce fut en 1621 ; et il chargea le baron de Tott de faire une étude sur ce projet. Il se promettait d'exécuter ce travail aussitôt que les embarras de la guerre le lui permettraient ; mais, avant la paix, ce sultan fut déchu du pouvoir, en 1031 de l'Hégire, o u 1622 de notre ère.

En 1766, on envoya encore de Constantinople des commissaires pour étudier la question du canal.

Enfin Ali Bey, qui était le chef en Égypte en 1788, il y a 82 ans, avait eu aussi l'idée de rétablir le canal; mais il se borna pour le moment à faire construire des navires sur la mer Rouge.

Le seul projet sérieux qui fut dressé, est celui de l'Ingénieur en chef des Ponts-et-Chaussées, pendant l'occupation de l'Égypte par l'armée française, commandée par Bonaparte, auquel M. Lepère adressa son projet.

Ce projet, parfaitement conçu et complet, très savant, était malheureusement basé, comme on l'a reconnu plus tard, sur des documents manquant d'exactitude, à cause des erreurs qui s'étaient glissées dans les opérations du nivellement.

Quand nous en viendrons aux opérations qui ont été faites plus tard, avant 1847, celles de l'expédition Bourdaloue de cette année, et puis celles de vérification de 1853, et en dernier lieu, celles des travaux préparatoires d'après lesquelles, toutes données réunies, on a dressé le projet du Canal qui existe aujourd'hui; nous indiquerons la partie où se trouve la plus grande erreur du travail de 1799.

D'après le nivellement exécuté sous la direction de M, Lepère, cet ingénieur avait établi tout son système de canal.

Il semble que M. Lepère donnait la préférence au Canal d'eau douce, le canal des rois, partant de Bubaste ou du canal de Moeze, qu'il pensait être la Branche Pélusiaque. Ce canal devait être alimenté par le canal du Caire ou de Trajan; il avait plusieurs biefs, il n'était navigable que pour les barques du Nil, et encore il ne l'était que pendant les hautes eaux du fleuve et non à l'étiage.

Cette grande différence de niveau qu'il croyait exister entre les deux mers, qui était évaluée à 9^m,908, et le peu de différence des hautes eaux d'inondation entre le Mékias du Caire et la Méditerranée qu'il trouva n'être que de 12^m,865, expliquent fort bien le projet de biefs d'eau douce au nombre de deux, et de deux autres d'eau de mer.

Avec ce projet, les navires ne devaient tirer que 4 à 5 mètres, et comme le complément était une navigation d'Alexandrie à l'ancien canal des rois, à l'aide d'autres canaux et par le fleuve, ces navires ne pouvaient naviguer sur le Nil; puisque dans les basses eaux, il ne s'y trouve dans beaucoup de passages que 1^m,50 au plus.

Ce projet n'était donc pas complet, et aurait été loin de suffire, surtout aux besoins de la navigation actuelle qui se fait au moyen de grands bateaux à vapeur.

M. Lepère aurait volontiers penché vers le projet d'un canal direct, mais il se trouvait une grande difficulté à établir un port sur le bord de la Méditerranée, et à tenir en état la partie située entre Suez et la rade; aussi, ne parle-t-il de ce projet que comme d'un complément à l'autre travail.

Il semble de plus avoir eu quelques craintes du danger qu'un canal à cours libre d'une mer à l'autre aurait pu faire courir; or, comme plusieurs personnes avaient eu la même crainte et pensaient à faire des écluses, quoique la chose soit aujourd'hui décidée, voyons si même avec cette différence de niveau que M. Lepère croyait exister entre la mer Rouge et la Méditerranée, on aurait eu à craindre un exhaussement dans cette mer.

Avec la différence de niveau trouvée par le nivellement de 1799, on pouvait faire ce calcul : Le canal ayant 80 mètres de largeur à sa ligne d'eau, 8 mètres de profondeur avec des talus de $1^m,50$ et une longueur de 180 kilomètres, sur une différence de niveau ou pente totale de $9^m,907$, donnerait une recette, en 24 heures, de $671.404^{mèt.cub.},8$; et la surface de la Méditerranée avec l'Adriatique, la mer de Marmara et la mer Noire étant de 3.365.931.536.006 m., cela donnerait par le canal, en 100 années, un exhaussement de $0^m,044$.

On voit donc que toute crainte était puérile, même en admettant la différence de niveau présumée entre les deux mers.

Le projet de M. Lepère n'eut aucune suite, puisque l'Égypte ne continua pas à être sous la domination française.

Le projet connu, qui vient après celui de M. Lepère, est le mien. Je le communiquai en 1830 et 1833 à MM. Mimaut et de Lesseps, tous les deux consuls en Égypte à cette époque, et ce fut en 1840 que je le terminai entièrement.

A cette époque, l'Angleterre et la Compagnie des Indes désiraient que le canal de Suez existât, et comme j'étais en relations avec les Consuls généraux en Égypte, ainsi qu'avec plusieurs hauts personnages en Angleterre, j'envoyai mon projet par leur entremise à plusieurs cabinets européens, dont quelques-uns m'ont adressé des remerciments ; en Autriche surtout, mon travail fut bien reçu par les soins du Consul-général.

J'envoyai aussi mon projet au Gouvernement des Indes, en 1842, et d'après des lettres que je possède, j'appris que ce projet avait été accueilli avec enthousiasme.

En 1841, je me liai avec le Directeur de la Compagnie péninsulaire orientale, pour l'entreprise du canal de communication de la Méditerranée à la mer Rouge, et un contrat fut signé entre nous.

Quatre années après, en 1845, le duc de Montpensier vint en Égypte, et le vice-roi, Méhémet-Ali, m'ordonna de l'accompagner pendant tout son voyage. Le Prince emporta en France tout mon travail sur le Canal de Suez, mémoire, devis, cartes, plans, etc., dans le but de faire avancer la grande entreprise du percement de l'Isthme de Suez.

En 1847, à la suite des démarches du duc de Montpensier, une société d'études du Canal de Suez se forma en France, e dans la pièce qui la constituait, il était dit : « que l'on a conçu le projet de former une société pour étudier les travaux du canal destiné à établir une communication entre la mer Rouge et la Méditerranée, en pratiquant, selon les plans de M. Linant, une espèce de bosphore ou passage à travers le désert de Suez, c'est-à-dire un canal à cours libre. »

Puis aussi, après examen des plans et mémoires de M. Linant, « on déclarait être convaincu de la possibilité d'établir une telle communication. »

En mai 1847, par suite de la formation de cette société d'études, il arriva premièrement une brigade d'ingénieurs autrichiens ; car la société était formée de trois groupes, l'un autrichien, représenté par M. Negrelli ; le second anglais, représenté par M. Stephenson ; et le troisième français, représenté par M. Talabot.

Cette brigade d'ingénieurs autrichiens avait pour mission de relever toute la côte du golfe de Péluse, d'y faire des sondages, et de placer trois repères en maçonnerie sur la côte, pour y rapporter les observations que l'on ferait sur les marées, ainsi que les opérations de nivellement et de triangulation.

Cette brigade m'apporta une dépêche de M. de Negrelli, avec les instructions qui lui avaient été données et que je pouvais modifier s'il y avait lieu. Après avoir accompli sa mission, elle s'en retourna en Europe.

En septembre 1847 arriva M. Bourdaloue avec sa brigade, il m'apportait aussi avec les instructions qu'il avait, des pouvoirs pour les modifier et en donner de supplémentaires. On devait s'entendre avec moi pour tout ce qui concernerait cette expédition.

Mais, de plus, le vice-roi Méhémet-Ali, qui savait combien j'avais déjà travaillé pour le canal de Suez, me désigna pour conduire et diriger la mission dans le désert. Son Altesse me prit à part et me dit : « J'ai mes raisons pour vous envoyer dans l'Isthme de Suez ; je ne crois pas à l'exécution du projet, mais je veux que l'on puisse dire que je facilite de tout mon pouvoir cette grande entreprise. Ainsi veillez à faire donner à M. Bourdaloue et à tous les autres tout ce qui peut faciliter leurs travaux, et prévenez tous leurs besoins. »

Pendant quatre mois je fus occupé avec M. Bourdaloue à me transporter tantôt d'un côté, tantôt d'un autre, pour visiter les trois divisions qui opéraient sur des parties différentes : une de triangulateurs et deux de niveleurs ; en outre, je disposai d'une brigade d'ingénieurs de mon administration : la Direction générale des Travaux publics, dirigée par M. le baron de Gotberg, ingénieur employé aux travaux publics ; avec sa brigade il fut chargé de faire le lever du plan du lac Timsah et de ses environs, ainsi que de tous les nivellements parcellaires de cette partie.

Les opérateurs, facilités par tous les moyens dont je pouvais disposer, d'après les pouvoirs que j'avais de Méhémet-Ali, n'éprouvèrent aucun retard, aucune entrave ; chameaux, Bédouins, provisions, tentes, soldats du génie, etc., tout fut largement fourni ; aussi en trois mois et demi, à la fin de décembre et au commencement de janvier tout fut terminé : triangulation du Caire au point de repère, à Bir Abou Balah, de Suez à ce même point de Bir Abou Ballah, et de là jusqu'à la Méditerranée à Péluse. Puis les nivellements sur toutes ces lignes avec d'autres pour des profils en travers, ainsi qu'un nivellement de Suez au Caire par la ligne de la route de poste qui, comme vérification, vint fermer le nivellement circulaire. On fit encore à part un grand nivellement de vérification à grandes stations de Péluse à Suez.

Ces nivellements donnèrent les résultats suivants :

	met.
Dessus du couronnement du quai de Suez, au-dessus de la basse mer de la Méditerranée prise pour point de comparaison, est de.	2,61
Différence entre ces deux points, obtenue par le nivellement direct à grandes stations, est de.	2,028
Différence entre ces deux nivellements sur toute la distance, est de.	0,592

Dessous de la pierre de taille du couronnement de l'avant-bec
de la maçonnerie de défense de l'île de Rhoda au Mékias. . 22,28
Dessus de la poutre du Mékias. 21,05
Grandes eaux extraordinaires au Mékias 21,78
Basses eaux extraordinaires au Mékias. 14,08
Couronnement du quai de Suez. 2,61
Plus basses mers extraordinaires à Suez. 0,63
Plus hautes mers à Suez. 2,27

Plus loin nous donnerons d'autres résultats comparés à ceux-ci.

M. Talabot rédigea un mémoire d'après les travaux qui furent faits tant par la brigade autrichienne que par la brigade française, et établit plusieurs projets de tracés plus ou moins praticables, mais toujours n'attaquant pas décidément la communication directe pour les plus grands navires, et laissant les esprits encore dans l'indécision sur le meilleur système de communication à établir. Il voulut aussi s'occuper de la géographie ancienne de l'Isthme, de la géologie et de l'histoire de ses canaux, et il ne fit que répéter ou ce que M. Lepère avait déjà dit, ou copier différents articles de mon mémoire. Il eut la bonté d'approuver presque entièrement les dispositions de mes projets, mais enfin rien n'était bien clair ni bien décidé ; cela provient du trop d'empressement qu'il mit à son travail, fait en 1847, et même avant que la division envoyée par lui n'eût entièrement terminé ses travaux ; puisqu'elle ne partit d'Égypte qu'au commencement de la seconde quinzaine de décembre, et que l'un des opérateurs resta en Égypte pour y faire, avec un de mes ingénieurs, un nivellement à grande portée pour une grande vérification.

La carte sur laquelle M. Talabot traça toutes les lignes des projets qu'il avait conçus, est la carte de la Basse-Égypte que j'avais moi-même dressée et que S. M. Louis-Philippe ordonna de faire graver en 1846 au Dépôt de la Guerre ; elle parut en 1848. C'est aussi sur cette carte que M. Bourdaloue rapporta toutes ses opérations de triangulation et de nivellement.

Quant à la brigade d'ingénieurs anglais qui devaient être envoyés par M. Stephenson, pour étudier la baie de Suez et la mer Rouge, elle ne vint pas ; et dès lors en Angleterre, au lieu de continuer à désirer le canal, comme on l'avait fait lorsque j'envoyai mon projet au gouvernement général des Indes et que je conclus un arrangement avec le directeur de la compagnie péninsulaire et orientale M. Davidson, il y eut au contraire une opposition continuelle ; en exposer ici les motifs, ne serait pas de mon sujet.

Les projets de la société d'études de l'Isthme de Suez se bornèrent donc au mémoire de M. Talabot, qui même ne le donna seulement que sous le titre d'épreuve.

L'affaire du Canal de Suez ne fit plus aucun bruit ; mais en juillet 1853, M. Favier, inspecteur général des ponts-et-chaussées, qui avait été un des opérateurs des nivellements de 1799, publia une lettre sur les nivellements de l'Isthme de Suez en 1799 et 1847 où, par inductions, il tendait à prouver que le dernier était fautif.

Malgré la certitude que j'avais, pour ainsi dire, de la précision des opérations de nivellement exécutés sous mes yeux en 1847 par la brigade d'ingénieurs de M. Bourdaloue et la mienne, je désirais pourtant faire encore moi-même une dernière vérification tant de ceux-ci que de ceux exécutés en 1799.

Les résultats de ceux qui avaient été exécutés en 1799 se trouvaient être si différents de ceux que les ingénieurs de l'expédition avaient obtenus, et si peu d'accord aussi en apparence, au premier abord, avec ce que les anciens historiens avaient écrit sur le niveau des deux mers, que, quoique je reconnusse la précision avec laquelle les opérations de 1847 avaient été exécutées par des hommes expérimentés et avec toutes les facilités possibles, cependant il me peinait de pouvoir mettre en doute les résultats donnés par les ingénieurs de l'armée de Bonaparte, et je doutais. Je me raccrochais pour ainsi dire aux plus petites circonstances qui pouvaient faire présumer une cause d'erreur, plutôt que d'admettre sérieusement le moindre soupçon sur la véracité des opérations de 1799. Le caractère de grandeur, qui existe dans tout ce qui fut fait à cette époque, me faisait croire, il faut bien le dire, à une erreur dans les opérations ou calculs de chiffres des opérateurs de M. Bourdaloue, erreur que pourtant nous ne pouvions trouver.

J'étais si fortement intéressé à ces travaux, que j'avais suivis avec grand intérêt, pour lesquels j'étais en rapport avec MM. Talabot et Negrelli, et que le vice-roi Méhémet-Ali m'avait ordonné de diriger et de surveiller, que je désirais revoir ces nivellements.

Il y avait bien des années que j'avais moi-même exécuté un nivellement depuis le fond du golfe de Suez jusqu'aux limites nord du bassin de l'Isthme en suivant la même ligne que les ingénieurs de l'Expédition de 1799, et je m'accordais à quelques centimètres près avec leur nivellement aux laisses du bassin, ce qui me faisait penser qu'il n'y avait pas d'erreur ailleurs ; d'autant plus qu'un peu plus tard j'exécutais un autre nivellement depuis la Méditerranée jusqu'aux dernières lagunes du lac Menzaléh, entre Abou-Eurouq et les dunes de Ferdanne ; il se rapportait encore très-bien avec les résultats de 1799. Je croyais donc ne pas pouvoir douter de leur exactitude ; mais malheureusement c'était justement dans la partie entre ces deux nivellements que se trouvait l'erreur, comme on le verra tout à l'heure.

Les résultats des deux nivellements de 1799 et de 1847 ayant été connus en Europe, les opinions furent partagées ; car le grand nombre de personnes s'occupant de ces questions étaient portées à croire à la grande différence de niveau des deux mers.

Je reçus un grand nombre de questions à ce sujet ; mais, malgré mon vif désir d'y répondre, je sentais que je ne devais le faire qu'après avoir obtenu une nouvelle vérification.

Enfin ce moment arriva : M. Sabatier, agent et consul-général de France en Égypte, sur les demandes qu'il reçut de France, me fit donner l'ordre, par le vice-roi d'Égypte Abbas-Pacha, de faire de nouveau, comme vérification, les nivellements de l'Isthme de Suez d'une mer à l'autre ; cet ordre me donnant toute facilité possible pour bien faire, je fis donc mes préparatifs pour ce travail. Le 3 février 1853 je partis pour Suez, d'où je voulais commencer mes opérations. M. Sabatier, qui désirait faire le voyage de Suez pour connaître la mer Rouge, profita de cette occasion, et nous fîmes route ensemble.

Mon intention avait toujours été de faire l'opération moi-même, avant de pouvoir avoir la satisfaction de répondre à toutes les objections et de n'avoir pas à dire que je m'en rapportais à d'autres.

Je pris avec moi le moins de monde possible, n'ayant besoin d'aucune escorte. J'avais comme opérateur M. Michel Aivas, ingénieur au service égyptien, et qui depuis longtemps servait sous ma direction ; son caractère, sa capacité, sa bonne volonté et son exactitude m'assuraient que je n'aurais qu'à me louer de l'avoir choisi ; et avec lui j'avais deux ingénieurs arabes, sur lesquels depuis longtemps j'étais habitué à compter ; puis j'avais aussi quatre sous-officiers d'artillerie, ce qui complétait le personnel des travailleurs.

Nous avions en outre nos domestiques, cuisiniers, et onze arabes bédouins conduisant notre caravane, montant les tentes du camp, allant chercher l'eau, etc., et vingt chameaux outre nos dromadaires.

Pour me mettre en dehors de toute chance d'interruption dans mon opération, j'avais pris beaucoup plus de provisions qu'il ne nous en fallait pour tout le monde ; et d'ailleurs, en envoyant un courrier soit à Suez, soit à Bulbeïs, soit à Salhièh, j'aurais eu immédiatement ce que j'aurais demandé. Quatre de mes chameaux étaient destinés au transport journalier de l'eau selon les besoins ; ils allaient la prendre premièrement dans la montagne d'Attaka à Suez, où il y a des réservoirs naturels dans lesquels l'eau de pluie se conserve bonne longtemps ; puis au Gebel Géneffé, à l'endroit nommé Cèd-el-Gamous, où on en trouve aussi quand il pleut ; et enfin dans l'Ouadée à Mahsama, quand nous en étions rapprochés ; au lac Timsah et à Ferdanne, quand nous y fûmes ; puis ensuite à Salhiéh et dans les petites Oasis de Zaheg.

Nous avions d'excellentes tentes, bien commodes, où, malgré les forts coups de vent et les orages que nous eûmes à essuyer, nous avons été parfaitement abrités, elles résistèrent aux plus forts vents ; enfin j'avais tout organisé, pour que pendant nos travaux dans le désert nous fussions aussi confortablement que nous l'eussions été dans une partie de campagne aux environs du Caire.

Pour perdre le moins de temps possible, en revenant le soir du lieu où nous terminions le travail de la journée jusqu'à notre camp, ce que nous faisions promptement à dromadaire, pour pouvoir être le matin sur le terrain des opérations avant le lever du soleil, et être à même de nous reposer pendant les chaleurs du milieu du jour ; je faisais lever le camp une heure ou deux après notre propre départ, alors vers dix heures la caravane nous rejoignait, nous faisions établir le camp au lieu que j'indiquais en avant, nous allions nous y reposer vers onze heures ou midi, nous reprenions les opérations vers trois heures jusqu'au coucher du soleil, et alors nous retournions au camp à dromadaire.

Malgré toutes les précautions prises, nous faillîmes, une fois, manquer d'eau, à cause d'un grand coup de vent qui dura deux jours sans interruption et pendant lequel les chameaux ne purent marcher ; à deux reprises différentes le mauvais temps nous retint deux jours sous la tente où nous fûmes pour ainsi dire recouverts de sable. Les brouillards aussi nous firent rester sur le terrain depuis le jour jusqu'à neuf heures, sans pouvoir faire une station, même de 50 mètres ; et, pour en finir, les chaleurs nous ont aussi tourmenté quelquefois dans la journée, depuis neuf heures du matin jusqu'à quatre et cinq heures de l'après-midi.

Ces petites contrariétés, que je rapporte ici, me conduisent à faire remarquer que si je les ai éprouvées combien les ingénieurs français de l'Expédition de 1799 durent-ils au si essuyer les mêmes désappointements. Eux qui ne pouvaient avoir, comme nous, l'entière sécurité du désert où nous étions comme dans notre campagne ; eux qui au contraire devaient éprouver des craintes continuelles, tandis que nous étions là en maîtres, et que tous les Arabes que nous pouvions rencontrer n'étaient pour nous que des amis et des serviteurs empressés.

Maintenant je donnerai une idée des instruments dont je me suis servi dans mes opérations, et j'indiquerai la manière dont j'ai opéré ; ensuite viendront les tableaux des résultats obtenus, et la comparaison de ces résultats avec ceux des nivellements précédents.

Dans les opérations de 1847 faites par les ingénieurs français conduits par M. Bourdaloue, aucun des six niveaux qui servaient ne fut mis hors de service pendant le cours de l'opération, les théodolites, les boussoles non plus, et fort peu de mires furent cassées; d'après ceci, j'aurais pu me contenter de deux instruments. Mais, comme je l'ai déjà dit, ne voulant laisser aux interruptions que le moins de chances possibles dans mes travaux, et de plus ayant su que M. Rochet d'Héricourt, consul de France à Djeddah, qui avait voulu faire le nivellement des deux mers, avait cassé trois fois son niveau tout à fait au début de ses opérations, je pris toutes mes précautions pour éviter de semblables accidents, je pris donc avec moi cinq niveaux; deux seulement m'ont servi, les autres étaient en réserve. Ces deux niveaux étaient d'excellents instruments que M. Bourdaloue me laissa, lors de son départ d'Égypte en 1847; c'étaient des niveaux cercles système Egault, exécutés par M. Gravet, successeur de M. Lenoir, et améliorés par M. Bourdaloue.

Avec ces niveaux on pouvait lire très-facilement sur les mires jusqu'à 500 et 600 mètres dans quelques circonstances; mais je n'ai jamais pris de distances plus longues que 450 mètres, c'était le matin et le soir; car après huit ou neuf heures et avant quatre heures lorsque le temps n'était pas couvert, le miroitement occasionné par le soleil sur le terrain et un peu de mirage ou de vent, empêchaient de lire sur la mire à plus de 150 mètres.

Avec des niveaux comme ceux que j'ai employés, les rectifications deviennent extrêmement faciles : la lunette est indépendante de la bulle d'air, et l'une et l'autre le sont du cercle de l'instrument; ainsi l'on prend à chaque station deux cotes en avant, deux cotes en arrière, ce qui donne une moyenne pour chaque cote; de plus j'ai toujours eu le soin de prendre à chaque station des distances égales pour éviter les erreurs provenant de l'instrument et aussi les corrections de la réfraction.

Outre ces deux niveaux j'en avais un des trois en réserve, qui est le niveau de détails de M. Bourdaloue; j'avais un niveau anglais de Troughton et Simms d'une grande dimension; excellent instrument de vérification avec la lunette duquel on peut facilement lire à 800 mètres, la bulle ayant $0^m,35$ de longueur, le corps de la lunette $0^m,85$ et le diamètre de l'objectif $0^m,055$.

Je ne me suis pas servi cette fois de cet instrument, parceque son maniement et sa rectification sont plus longs et moins faciles que pour les autres. Enfin pour dernière ressource, j'avais aussi un niveau d'eau, une excellente boussole nivellatrice à lunette de Chevalier, et un sextant pour prendre les directions et mesurer des angles; cela, avec des chaines en rubans d'acier et des mires parlantes système Bourdaloue, composaient le total de mes instruments.

Ayant observé dans mes précédents travaux de nivellements toutes les difficultés et les causes d'erreur qui proviennent de la manière dont les mires sont posées et tenues, je me précautionnai contre cela : je fis faire avec de la tôle de l'épaisseur de 5 millimètres des plaques ayant $0^m,30$ de longueur sur $0^m,17$ de largeur, avec deux fortes fiches de $0^m,12$ de long sur $0^m,015$ de diamètre tenant à la plaque avec des têtes rivées sur une face. Pour me servir de ces plaques, je faisais bien nettoyer le sol par le porte-mire, il égalisait le terrain, le creusant un peu si c'était du sable ou des terrains salés et spongieux qui enfonçaient. Alors sur ce sol devenu solide, il posait la plaque de tôle, et en sautant dessus avec les pieds il enfonçait les pointes dans le terrain et fixait la plaque sur laquelle était posée la mire entre les deux têtes rivées des deux pointes; la mire se trouvait ainsi fixée. Avec toutes ces précautions, et celle de ne pas travailler quand le vent faisait vaciller la mire, je crois avoir écarté toutes les chances d'erreur.

Pour le chainage: les soldats, que j'avais exercés à ce métier, en avaient une longue habitude, c'étaient des soldats du génie, et d'ailleurs ils étaient encore surveillés par un des ingénieurs porte-mire ou par moi-même ou par M. Aivas en changeant de station; car en passant à chaque mire j'indiquais auparavant la direction à prendre.

Lorsque le point de la station était fixé, mon instrument était établi, je lisais la cote sur la mire, mais sans que M. Aivas, qui était mon lecteur, en eut connaissance; alors, il lisait tout haut la cote qu'il voyait par le même coup de lunette que moi; si sa lecture était conforme à la mienne, j'inscrivais cette cote après avoir regardé encore la mire; si non, nous recommencions. Cela se faisait de même, après avoir retourné la bulle et la lunette pour avoir la seconde cote, et l'instrument étant retourné nous opérions de la même manière que pour les deux cotes de la mire précédente.

Mon opération terminée, nous allions à l'instrument de M. Aivas placé à quelques pas du mien, et là nous recommencions la même opération, lui devenant opérateur et moi lecteur. Ainsi, nous avions deux carnets et quatre coups de niveau ou quatre cotes pour chaque point de mire, puisque le même servait aux deux opérateurs. Ensuite à chaque piquet de repère, soit à celui que nous plantions à midi pour aller nous reposer, soit à celui du soir, nous calculions nos ordonnées; et alors nous voyions si celles d'arrivée étaient semblables ou leur différence tolérable. C'était donc un nivellement circulaire, qui se fermait à chaque repère. J'ai employé avec cette méthode, qui est celle de Bourdaloue, ses propres carnets, qui sont les plus commodes et les plus simples.

C'est avec ce mode d'opérations que nous partîmes de Suez et que nous arrivâmes à la fin de notre travail; et, comme on le verra plus loin, si nous avons une différence avec le nivellement de M. Bourdaloue, différence pourtant insignifiante, ce n'est que dans la première distance de Suez à son premier repère au monument persépolitain; les autres, de repère à repère, sont nulles.

Le repère de M. Bourdaloue à Suez est marqué sur l'angle de droite de l'escalier enclavé dans le quai, et servant à descendre à la mer devant la porte de l'hôtel.

Le point de départ de nivellement des ingénieurs français en 1799, est un piquet qu'ils placèrent aux vestiges de l'ancien canal et au niveau des laisses.

Le mien est un gros piquet placé au niveau des hautes marées du port de Suez, au nord du monticule de décombres nommé Tel-el-Clysmel, sur la ligne des laisses, près de la route conduisant de Suez à la jonction de l'ancien canal et du chemin des caravanes de la Mecque.

Ayant rapporté la tête de ce piquet au repère Bourdaloue à

l'hôtel de Suez sur l'angle de l'escalier, qui a pour ordonnée au dessus de la basse mer de Tinèh 2^m,61, nous avons trouvé qu'il était en contre-bas de 0^m,91, ce qui donnerait l'ordonnée de la tête de ce piquet au dessus de la basse mer à Tinèh à 1^m,70.

En partant de ce point, nous avons pris un plan général de comparaison de 22^m.61, inférieur au repère Bourdaloue à Suez, ou supposé de 20 mètres plus bas que la basse mer de la Méditerranée à Tinèh, puisque le repère donne 2^m,61 ; mais, comme d'après les résultats de nos nivellements et en prenant la moyenne des cotes d'arrivées des deux carnets : cotes dont l'une est de 22 ^{m}, 2140 et l'autre 22^m,1088, la différence était 0^m,1052, cette moyenne pour la cote ou l'ordonnée d'arrivée serait 22^m,1614. Or, puisque la cote ou l'ordonnée de ce point dans le nivellement Bourdaloue est de 21^m,98, nous trouvons donc notre point d'arrivée plus élevé de 0^m,1814 que celui de Bourdaloue. C'est-à-dire que la basse mer à Tinèh serait plus élevée par rapport au repère à Suez de cette quantité. Ainsi nous retrancherons ces 0^m,1814 de l'ordonnée de notre point de départ, et au lieu d'avoir 1^m,70, nous aurons 1^m,5186, et pour le repère Bourdaloue à Suez 2^m,4286 ; et alors toutes les ordonnées de nos nivellements ont été rapportées au niveau de la basse mer à Tinèh.

Nos carnets à la fermeture de chaque nivellement circulaire ont donné des différences très-minimes, qui ne peuvent laisser aucun doute sur l'exactitude de nos opérations.

Au premier repère, éloigné du point de départ de 7400 mèt., la différence entre les deux ordonnées d'arrivée des deux carnets a été +0^m,032 ;

Au second, sur une longueur de 25.200 mètres, elle a été de + 0^m,0150 ;

Au troisième repère, sur une longueur de 4.680 mètres, la différence était —0^m,0170 ;

Au quatrième, sur une longueur de 36.840 mètres, la différence était + 0^m,0240 ;

Au cinquième repère, sur une longueur de 7.960 mètres, la différence des deux carnets a donné + 0^m.0125 ;

Au sixième, sur une longueur de 3.200 mètres, la différence était — 0,0018 ;

Au septième repère, la longueur nivellée était de 9.100 mètres et la différence était de + 0^m,0220 ;

Enfin au huitième repère, sur une longueur de 12.260 mètres, la différence était de + 0^m,0230 ;

En ne considérant le nivellement que comme un cercle commencé du point de départ et finissant au point d'arrivée, la différence des deux carnets, sur une longueur totale de 10.6640 mètres, n'est que 0^m,1052.

Résultats du Nivellement de 1853.

	ORDONNÉES par rapport à la basse mer de la Méditerranée à Tinèh.	ORDONNÉES selon les Nivellements de 1847.
	m	
Basse mer de la Méditerranée à Tinèh..	0,0000	»
Bourdaloue, basse mer observée à Suez, le 25 novembre 1847.	— 0,1514	m + 0,0300
Basse mer observée à Suez par les officiers anglais de la marine royale..	— 0,7414	— 0,5600
Basse mer d'équinoxe (très-rare), d'après les renseignements du capitaine du port	— 0,8111	— 0,6300
Hautes marées à Tinèh, d'après des observations des ingénieurs autrichiens..	+ 0,3800	+ 0,3800
Hautes marées à Suez, observees par M. Bourdaloue..	+ 1,7986	+ 1,9800
Hautes marées à Suez, le 5 février 1853. . . .	+ 2,1486	
Hautes marées à Suez, selon les officiers de la marine anglaise.	+ 2,0886	+ 2,2700
Hautes marées extraordinaires, d'après les renseignements et d'après les laisses.	+ 2,4200	

D'après ces résultats, on a pour relations entre les niveaux des deux mers.

	A DIFFÉRENTS moments comparés à la basse mer à Tinèh.	A DIFFÉRENTS moments comparés à la haute mer à Tinèh.	SELON les Nivellements de 1847 comparés à la haute mer.
	m	m	m
Bassse mer à Suez, le 25 nov. 1847..	— 0,1514	— 0,5314	— 0,35
Basse mer observée par les officiers anglais.	— 0,7414	— 1,1214	— 0,94
Basse mer d'équinoxe extraordinaire.	— 0,8114	— 1,1914	— 1,01
Haute mer à Suez, le 25 nov. 1847.	+ 1,7986	+ 1,4186	+ 1,60
Haute mer donnée par les officiers anglais.	+ 2,0886	+ 1,7086	+ 1,89
Haute mer, le 5 février 1853. . . .	+ 2,1486	+ 1,7686	
Hautes marées extraordinaires.. . .	+ 2,4200	+ 2,0400	

Cas des moyennes entre les hautes et basses marées à Suez et à Tinèh.

Suez. .
- Hautes marées ordinaires. . . . . + 2,0886
- Basses marées ordinaires. . . . . — 0,7414
- Moyenne entre la haute et la basse. . . . . + 0,6736

Tinèh.
- Hautes marées. + 0,3800
- Basses marées. — 0,0000
- Moyenne entre la haute et la basse. . . . . + 0,1900

Différence en moins pour la Méditerranée. 0,4836

Selon le Nivellement de 1847. 0,6650

Repères du Nivellement de 1853 comparés aux mêmes repères du Nivellement de 1847.

	ORDONNÉES au-dessus de la basse mer, de la Méditerranée à Tinèh.		DIFFÉRENCE avec le Nivellement de 1847.
	1853	1847	
Basse mer de la Méditerranée à Tinèh.	m 0,0000	m 0,0000	m 0,0000
Repère des ingénieurs autrichiens à Tinèh.	1,5586	1,740	+ 0,180
Repère au piquet 29 L, 1853, point 26 de la triangulation.			
Bourdaloue sur les lagunes les plus élevées du lac Menzaleh, près Ferdanne.	1,9800	1,980	0,000
Repère 4 L, 1853, point A Bourdadaloue, qui a été retrouvé et constaté.	7,8210	7,430	+ 0,391
Piquet repère Bourdaloue, à l'embranchement du canal. Ce piquet n'est pas très-certain..	3,8280	3,080	+ 0,748
Repère 3 L, 1853, au sérapéum. . .	16,5950	16,230	+ 0,3650
Repère Bourdaloue, n° 83, sur les laisses les plus élevées du bassin de l'isthme.	2,41 2,03 1,86	1,800	+ 0,060
Repère 2 L, 1853 et repère Bourdaloue B 30, sur un bloc de bois pétrifié recouvert de concrétion sablonneuse aux laisses du bassin de l'Isthme.	2,438	2,110	+ 0,3280
Repère 1 L, 1853 au monument persépolitain sur un bloc de grès au sud des fouilles, Bourdaloue E. .	11,630	11,370	+ 0,2600
Repère au chemin des caravanes, au piquet repère 3 L, 1853..	2,390	2,410	— 0,0200
Repère au piquet du point de départ n° 1 L, 1853.	1,5186	»	»
Repère quai de Suez à l'hôtel, le même que celui de Bourdaloue. .	2,4286	2,610	— 0,1814

On voit par ce qui précède que la différence absolue entre les deux nivellements, depuis le point de départ jusqu'au point d'arrivée, est de 0^{m},1814.

On doit remarquer que la plus grande différence qui existe entre les différents repères des nivellements de 1853 et de 1847, est celle entre le repère de Suez et le monument persépolitain; différence qui est de 0^{m},26.

Le nivellement de 1853 ayant été fait en commençant à Suez pour aller vers le Nord, on a pour différences respectives :

Du repère de Suez à celui du monument persépolitain. . . + 0,2600^m
Du monument persépolitain au repère 2 L, 1853, au repère
   Bourdaloue B 30 . . . . + 0,0680
Du repère 2L, 1353, B Bourdaloue, à celui du Sérapéum. . + 0,0370
Du Sérapéum au point A de la base. . . . . + 0,0260
Du point A au point 26 de la triangulation (incertain). . . . 0,0000
Du point 26 à la basse mer à Tinèh. . . . . + 0,1814

Il nous reste à comparer quelques points de notre nivellement avec ceux qui, dans le travail des ingénieurs de l'expédition de 1799, peuvent être reconnus comme à peu près les mêmes.

Pour faire cette comparaison nous rapporterons à la haute mer de Suez, qui doit être à peu près la même, et les cotes du nivellement de 1853 et celles du travail de 1799.

Chemin des Caravanes de la Mecque :

Ce point est bien indiqué à la station 6 et 7 du nivellement de 1799 :

$$1799 \begin{cases} \text{L'ordonnée des hautes mers à Suez. . .} & 48{,}726 \\ \text{Celle du chemin. . . . .} & 48{,}990 \end{cases} -0{,}264 \Big\}$$
$$1853 \begin{cases} \text{L'ordonnée de la haute mer à Suez. . .} & 2{,}088 \\ \text{Celle du chemin. . . . .} & 2{,}392 \end{cases} +0{,}304 \Big\} \; 0{,}568$$

POINT DANS LE LIT DU CANAL

Où est une maçonnerie sur la berge du canal : Station 11 de 1799.

$$1799 \begin{cases} \text{L'ordonnée de la haute mer à Suez. . .} & 48{,}726 \\ \text{Celle de ce point dans le canal. . . . .} & 50{,}079 \end{cases} -1{,}353 \Big\}$$
$$1853 \begin{cases} \text{L'ordonnée de la haute mer à Suez. . .} & 2{,}088 \\ \text{Celle de ce point dans le canal. . . . .} & 1{,}879 \end{cases} -0{,}209 \Big\} \; 1{,}144$$

LAISSES DE COQUILLAGES DU BASSIN.

Station 67 de 1799.

$$1799 \begin{cases} \text{L'ordonnée de la haute mer à Suez. . .} & 48{,}726 \\ \text{Celle des laisses. . . . .} & 49{,}493 \end{cases} -0{,}767 \Big\}$$
$$1853 \begin{cases} \text{L'ordonnée de la haute mer à Suez. . .} & 2{,}088 \\ \text{Celle des laisses. . . . .} & 1{,}740 \end{cases} -0{,}348 \Big\} \; 0{,}419$$

AUTRE SEMBLABLE.

Station 153 de 1799.

$$1799 \begin{cases} \text{L'ordonnée de la haute mer à Suez. . .} & 48{,}726 \\ \text{Celle de ce point. . . . .} & 48{,}956 \end{cases} -0{,}230$$
$$1853 \begin{cases} \text{L'ordonnée de la haute mer à Suez. . .} & 2{,}088 \\ \text{Celle de ce point. . . . .} & 1{,}860 \end{cases} -0{,}228 \Bigg\} \; 0{,}002$$

La longueur de cette distance est de 74842 mètres. Jusqu'ici les deux nivellements coincident assez ; mais alors commencent des différences inconcevables.

ENVIRONS DU SÉRAPÉUM.

Station 157 du nivellement de 1799.

$$1799 \begin{cases} \text{L'ordonnée de la haute mer à Suez. .} & 48{,}726 \\ \text{Celle du point au Sérapéum. . . . . .} & 49{,}357 \end{cases} -0{,}631$$
$$1853 \begin{cases} \text{L'ordonnée de la haute mer à Suez. .} & 2{,}088 \\ \text{Celle du point au Sérapéum. . . . . .} & 7{,}041 \end{cases} +4{,}953 \Bigg\} \; +5{,}584$$

CANAL AU NORD DU SÉRAPÉUM.

Entre la station 159 et suivantes, nivellement 1799.

$$1799 \begin{cases} \text{L'ordonnée de la haute mer à Suez. .} & 48{,}726 \\ \text{Celle du point plafond du canal. . .} & 49{,}554 \end{cases} -0{,}828$$
$$1853 \begin{cases} \text{L'ordonnée de la haute mer à Suez. .} & 2{,}088 \\ \text{Celle du point dans le canal. . . . .} & 6{,}973 \end{cases} +4{,}885 \Bigg\} \; +5{,}713$$

A LA DÉRIVATION VERS L'EST DU GRAND CANAL.

Entre la station 159 et suivantes, nivellement 1799.

$$1799 \begin{cases} \text{L'ordonnée de la haute mer à Suez. .} & 48{,}726 \\ \text{Celle du point plafond du canal. . .} & 49{,}554 \end{cases} -0{,}828$$
$$1853 \begin{cases} \text{L'ordonnée de la haute mer à Suez. .} & 2{,}088 \\ \text{Celle du point dans le canal. . . . . .} & 6{,}973 \end{cases} +4{,}885 \Bigg\} \; +5{,}713$$

FIN DES VESTIGES DU CANAL VIS-A-VIS LE PUITS D'ABOU BALAH.

Station 157 du nivellement de 1799.

$$1799 \begin{cases} \text{L'ordonnée de la haute mer à Suez. .} & 48{,}726 \\ \text{Celle du point au canal. . . . .} & 54{,}304 \end{cases} -5{,}578$$
$$1853 \begin{cases} \text{L'ordonnée de la haute mer à Suez. .} & 2{,}088 \\ \text{Celle du point au canal. . . . .} & 3{,}828 \end{cases} +7{,}810 \Bigg\} \; +7{,}810$$

On voit qu'ici il y a une très-forte erreur, d'autant moins

facile à expliquer que, même à la simple vue, on s'aperçoit fort bien que le terrain va en montant depuis les laisses du bassin de l'Isthme jusqu'aux environs du Sérapeum, ou depuis la station 152 à celle 157 du nivellement de 1799.

Après ce dernier point de comparaison, je n'ai plus suivi la même ligne que les ingénieurs de l'Expédition de 1799, je ne puis donc dire où sont les autres erreurs; mais celle-ci est la plus grande et la principale.

Maintenant, si l'on veut comparer le nivellement de 1799 avec ceux de 1853 et 1847, à partir de la Méditerranée pour revenir au sud, on trouve qu'aux environs du puits d'Abou Eurouq, sur les laisses des lagunes les plus élevées du lac Menzaléh et par conséquent par une distance de 40.000 mètres environ à partir de la Méditerranéé, le nivellement de 1799 est encore d'accord avec les autres puisque les cotes ou ordonnées au dessus de la Méditerranée seraient : pour le nivellement de 1799 : $1^m,93$, pour ceux de 1847 et 1853 ; $1^m,98$.

Ainsi donc la différence ou l'erreur du nivellement de 1799 est tout entière entre les laisses du bassin de l'Isthme les plus au nord, et les laisses des lagunes du lac Menzaléh les plus au sud, ou depuis la station 153 jusqu'à celle 267.

Il faudrait donc pouvoir reprendre les carnets de ce nivellement et les revoir pour refaire les calculs et l'on verrait peut-être que cette apparence d'erreur ne provient que des calculs des ordonnées en les réduisant à un même plan, ou du travail que l'on a dû faire pour rajuster ensemble toutes les différentes opérations.

D'après les ordonnées du nivellement Bourdaloue et les miennes, on peut remarquer à différents points, sur le canal aux environs du Sérapéum et en allant vers le nord, que ces points sont bien plus élevés que les laisses du bassin de l'Isthme, et qu'il semble y avoir une contre-pente du canal vers le nord. Ceci m'avait d'abord frappé et je pensais que puisqu'en cet endroit le canal semblait avoir une chute vers le bassin de l'Isthme, il devait s'y trouver une digue, une écluse, un travail quelconque pour empêcher les eaux du canal de se déverser dans le bassin de l'Isthme.

Après avoir bien cherché, j'ai trouvé au sud du monument que l'on a nommé le Sérapéum, à une distance d'environ 7.000 mètres, l'embouchure du canal dans le bassin de l'Isthme; mais il n'y a ni écluse, ni digue; seulement on y reconnaît les restes d'un grand établissement avec de petites maisons, et tout-à-fait dans le genre des magasins arabes ou Chounèh qui se font encore aujourd'hui. Ce magasin a dû servir pour les vivres et instruments des ouvriers, quand en dernier lieu Amrou remit le canal en état; et cette construction est du même temps que celle de Mahfar.

N'ayant rien trouvé en fait de fermeture, j'ai été porté à expliquer cet exhaussement du lit actuel du canal, et des terrains du seuil du Sérapéum à l'ouest de la berge du même côté, d'une manière bien simple. Quand on a creusé le canal dans cette partie, depuis les environs d'Abou Balah, jusqu'au bassin de l'Isthme où est la Chounèh dont nous venons de parler, on l'a fait dans le seuil du Sérapéum qui était déjà élevé, et alors les déblais formant les digues les ont élevées plus haut qu'ailleurs; on a dû, à cause de leur profondeur, excaver le canal plus bas que les eaux du bassin de l'Isthme. Les sables et les terrains à l'ouest se seront accumulés sur la berge, tandis que ceux de l'est sont restés à peu près ce qu'ils étaient, et on les voit plus bas aujourd'hui que le fond du canal actuel.

Le canal aussi se sera comblé de sable et de poussière apportés par les vents d'ouest, et l'exhaussement de son lit sera arrivé au niveau du sol environnant; tandis que les berges, formées de terrains plus solides, plus agglomérés, provenant des parties basses de l'excavation, se sont conservées à peu près à leur hauteur première; et c'est cela qui fait croire que le canal était plus élevé que le bassin de l'Isthme.

Cela pourrait bien être, sous toute réserve cependant, la cause de l'erreur du nivellement de 1799.

On peut remarquer que les cotes des laisses du bassin, celles du Sérapéum, celles du canal au nord du Sérapéum sont à peu près toutes les mêmes, c'est-à-dire 49^m,49; 48^m,95; 49^m,55; 49^m,35; 49^m,55; et que, pensant que le fond du canal devait être au niveau du bassin, puisque les eaux étaient en communication, on aura pris ces cotes sans nivellement. Je ne puis expliquer autrement l'erreur de 7,81, qui se trouve dans cette distance (1).

Entre le lac Timsah et les lagunes méridionales du lac Menzaléh est un lieu nommé par les Arabes *El-Gisr* ou la Digue; il présente effectivement l'apparence d'une digue faite de main d'homme, et c'est le point culminant entre les deux points que je viens de mentionner, le plus élevé de tout l'Isthme depuis Suez jusqu'à Péluse.

Lors de mes premières excursions dans ces lieux, j'avais remarqué cette hauteur, et son nom, ainsi que sa formation, me semblaient prouver que c'était bien là un travail de main d'homme.

J'avais vu aussi, dans le nord-est du Chek-Ennédek et du lac Timsah, des vestiges d'un canal que j'avais attribué aux travaux de Nécos.

Enfin, dans mon dernier voyage dans l'Isthme, je traversai cette hauteur plus à l'ouest que les autres fois, et au lieu d'une digue, j'en ai remarqué deux parfaitement parallèles et dessinant très-bien un superbe canal.

Je fis la reconnaissance de ce canal sur une longueur de 18.000 mètres, et je ne doute nullement que ce ne soit là le canal commencé par Nécos, et qui ne fut pas terminé par la crainte d'inonder les terres de l'Égypte à cause de la hauteur des eaux de la mer Rouge.

---

(1) On a fait exécuter deux autres nivellements en 1855 et 1856, sur l'axe du tracé du canal des deux mers, par deux divisions d'ingénieurs du ministère des travaux publics sous ma direction et ma surveillance, pour les travaux préparatoires du canal de Suez, travaux dont je parlerai en lieu et place.

Ces deux nivellements ont donné les résultats suivants :

Pour l'ordonnée du repère au couronnement du quai de l'hôtel de Suez :

1ʳᵉ division.	2,049
2ᵉ division.	1,874
Moyenne.	1,9615

La différence de ce nivellement, avec celui de 1847, est de 0,649; avec celui de 1853 : 0,467.

Ce fait, malgré les résultats des nouveaux nivellements, est encore pourtant vrai ; et si une communication sans écluses à cours libre, sans endiguement, avait été établie sur cette ligne venant aboutir à la Branche Pélusiaque, nul doute que toutes les terres d'une grande partie du Daccalièh, de Damiette, de Matariéh, de Menzaléh n'eussent été inondées, à cause des marées de la mer Rouge qui donneraient une hauteur de près de 1^m,74 d'eau sur ces terrains. Et, à l'époque dont nous parlons, toutes les plaines de Péluse auraient été recouvertes par les eaux de la mer Rouge.

Cet ancien canal vient des dernières lagunes du lac Menzaléh à l'est de Salhiéh ; on le voit à l'est d'un lieu nommé Abou-Taflé ; plus loin, il se perd dans les marais ; dans le sud on peut encore le suivre jusqu'à l'est du puits d'Abou Rakham, et jusqu'aux bas-fond du lac Timsah.

Ce canal a, de largeur, 35 à 40 mètres ; au point du terrain le plus élevé du seuil de Gisr, la cote du terrain, que j'ai prise dans le lit du canal, donne au-dessus de la basse mer de la Méditerranée 12^m,00 ; les berges, 21^m,00. Il a donc fallu creuser ce canal au moins à 14 mètres en contre-bas du terrain actuel ; mais cela n'existe seulement que dans une partie. Dans celle qui est la plus élevée, on voit qu'il a été creusé dans un terrain calcaire, marneux.

Il faut bien se rappeler qu'à cette époque le bassin de l'Isthme était occupé par la mer Rouge, qu'elle arrivait très-probablement, ainsi qu'on le peut constater aujourd'hui encore, jusqu'au lac Timsah et qu'alors on a pu songer à exécuter plus facilement ce travail ; mais aussi à l'abandonner, quand on aura reconnu la hauteur des marées de la mer Rouge au-dessus des basses terres de la Branche Pélusiaque.

Aujourd'hui, il faut l'espérer, on ne mettra plus en doute les relations de niveau qui existent entre la Méditerranée et la mer Rouge.

Voici deux opérations, faites avec le plus grand soin, avec d'excellents instruments, avec toutes les facilités, toutes les sécurités désirables. Ces deux nivellements donnent des résultats pour ainsi dire identiques, et nous venons de voir qu'avec ces résultats, les anciennes craintes de ceux qui ont voulu faire un canal de communication directe étaient fondées, en conduisant ce canal dans la Branche Pélusiaque.

Il faut malheusement reconnaître qu'il existe une faute considérable dans le nivellement de 1799, mais sans doute bien excusable, si l'on considère la manière dont on a dû opérer, ce que comprendront toutes les personnes qui ont fait de semblables travaux. J'ai été moi-même peiné plus que personne de trouver cette erreur; car, depuis plus de trente ans. je comptais sur les nivellements de 1799; et il est regrettable de reconnaître que l'on a été si longtemps dans l'erreur.

Après ces travaux de 1853, que je fis à mes frais ainsi que les précédents, à l'exception toutefois de ceux de 1847, entrepris avec la division des ingénieurs arabes de mon administration; je n'épargnai ni peines, ni fatigues, ni mes moyens pécuniaires pour faire avancer cette grande œuvre du Canal des deux mers, et certainement bien longtemps avant que M. de Lesseps et les collègues que j'ai eus depuis y eussent pensé.

Enfin en 1854, le 17 novembre, M. de Lesseps arriva chez moi au Caire; ici commence une nouvelle période de l'histoire du Canal de Suez et de ma coopération à cette importante entreprise du percement de l'Isthme de Suez.

La première chose qui me fut dite par M. de Lesseps, en présence de nos amis communs, ce qui d'ailleurs se trouve à peu près répété dans une lettre adressée à M. Arlès Dufour, c'est mot pour mot ce qui suit (1) :

« Vous savez que l'on va faire le canal de Suez, et comme
« depuis fort longtemps vous avez travaillé à ce projet, car je
« me rappelle qu'en 1833 déjà vous aviez fait un travail sur
« l'Isthme que vous me communicâtes, c'est vous que l'on

(1) Lettre écrite au Caire le 16 janvier 1855 :

« Vous savez que Linant-Bey est depuis trente années en Égypte, et qu'il s'y est occupé constamment de travaux de canalisation. Lorsque j'étais consul au Caire, en 1830, c'est lui qui m'a initié à ses projets d'ouverture de l'Isthme de Suez, et qui a fait naître en moi ce violent désir, que je n'ai jamais abandonné au milieu de toutes les vicissitudes de ma carrière, de participer de tous mes moyens à la réalisation d'une œuvre aussi importante. »

« choisit pour être l'ingénieur de ces immenses travaux, puisque
« d'ailleurs votre expérience doit décider ce choix, comme
« aussi vos travaux et votre position en Égypte ; Son Altesse le
« vice-roi approuve cela. »

Dans cette première entrevue et dans notre conversation,
M. de Lesseps me dit avec un mouvement de franche conviction
et en me prenant les mains : nous n'aurons pas besoin des ingénieurs de l'École polytechnique hein! nous nous passerons
bien d'eux, n'est-ce pas?

Dans le moment même je ne fis pas une grande attention à
cette insinuation ; je n'avais encore rien dit de mes intentions ;
mais je répondis qu'au contraire probablement nous aurions
besoin d'eux, et que j'étais loin de faire aucune difficulté à être
mis en contact avec eux et avec d'autres.

J'ai malheureusement vu qu'en parlant ainsi M. de Lesseps
n'avait pas eu la franchise que je lui connaissais, ce qui me
peina sensiblement : car, j'ai su plus tard, par une lettre qu'il
m'écrivit le 6 avril 1857, qu'avant même de me voir et à son
arrivée à Alexandrie, il s'était engagé envers Mougel-Bey, con-
trairement à ce qu'il m'avait dit qu'il n'avait encore parlé à
personne de cette affaire.

M. de Lesseps ne me sembla pas très-diplomate ni très-sin-
cère lorsque deux jours après ce qu'il m'avait dit des ingénieurs
de l'École polytechnique, il vint directement me demander si je
serais opposé à ce que Mougel-Bey fût mon collègue dans l'affaire du canal.

Il m'était impossible de ne pas avoir d'ingénieurs avec moi,
et j'aimais autant et même mieux avoir celui-ci que je connaissais, avec lequel j'avais déjà eu beaucoup de relations, qu'un
autre que je ne connaîtrais pas. D'ailleurs je savais bien que
c'était une chose entendue ; et pour des choses personnelles je
ne voulais pas mettre la moindre entrave à l'avancement de
l'affaire, en me retirant dès son début. Mais je priais M. de
Lesseps de s'arranger de manière à ce que Mougel marchât loyalement, et non comme précédemment pour les barrages du Nil.

Le lendemain M. de Lesseps me donna sa parole d'honneur
que je n'aurais à me plaindre en rien.

Il faut remarquer qu'avant la proposition de M. de Lesseps au sujet de Mougel-Bey, il n'avait pas été question de celui-ci ; et que le premier Firman du vice-roi Saïd-Pacha, qui accorde la concession de l'entreprise du Canal, déjà écrit et signé le 30 novembre, ne parle absolument que de moi comme son ingénieur-commissaire.

Il y eût même quelques difficultés à faire consentir Saïd-Pacha à me donner Mougel-Bey pour collègue ; ce prince craignait de me causer des désagréments, ce que d'autres prévoyaient aussi.

Si je rappelle toutes ces circonstances qui peuvent sembler minuticuses, c'est que je tiens à bien établir l'état des choses et ne pas laisser à César ce qui appartient à Dieu, mais au contraire rendre à chacun ce qui lui est dû ; je veux prouver, ou plutôt faire voir, que ma part dans la coopération de l'œuvre du Canal a été en principe de beaucoup la plus grande.

M. de Lesseps écrivait alors que : Linant-Bey et lui allaient faire telle chose ou telle autre ; et ce n'est que plus tard, le 29 novembre 1854, que dans une lettre à M. Sabatier, M. de Lesseps écrivait : Nous partons avec Linant-Bey et nous emmenons Mougel-Bey que S. A. le Vice-Roi nous a permis de nous adjoindre.

Tout ceci fait voir que j'étais dans cette grande affaire avant mon collègue, et je veux prouver que M. de Lesseps m'avait cru plus utile à son entreprise que tout autre et que par le firman de S. A. le Vice-Roi ainsi que par ses lettres, j'étais officiellement reconnu ; tandis que ce n'est qu'après et de mon consentement que Mougel-Bey est devenu conditionnellement mon collègue.

Si donc M. de Lesseps a commencé par m'associer à la grande affaire du percement de l'Isthme, c'est qu'il pensait à cette époque que peut-être je pouvais être utile peut-être même indispensable au prompt avancement de l'affaire du canal, à cause de mes travaux antérieurs, de ce que je pouvais faire encore dans ma position, et enfin parce que je lui convenais mieux que tout autre pour le moment.

J'établirai aussi quelles étaient nos mises individuelles en entrant dans l'affaire.

J'apportais pour ma part toutes mes études, mes travaux, avec mon expérience du pays et des localités; une bonne carte très-détaillée de l'Isthme, qui à force d'en faire de nouvelles éditions pour le commerce a perdu tous ses détails intéressants; le tracé du canal était indiqué sur cette carte; j'avais des nivellements exécutés par moi, un mémoire volumineux, des plans, des devis, des métrés, etc., etc.; j'avais des états comparatifs des différents nivellements.

Mon collègue n'avait rien, ne s'étant pour ainsi dire aucunement occupé du canal et de l'Isthme, et n'ayant jamais approché ni de Suez, ni de Péluse, ni du lac Timsah.

Au surplus voici ce que disait M. de Lesseps lui-même, dans une lettre à M. Arlès Dufour, en date du 16 janvier 1855 : « Le premier (Linant-Bey) qui connaît l'Isthme pouce par pouce et qui a fait, à plusieurs reprises, avec science et intelligence, les études préliminaires servant de base et de règle à notre exploration, pouvait difficilement être remplacé pour la direction à donner au Canal maritime et au Canal d'alimentation dérivé du Nil. Le second, par ses connaissances spéciales dans les constructions hydrauliques et ses constantes études sur les effets des courants maritimes et des atterrissements des côtes........ »

M. de Lesseps, dans son mémoire au Vice-Roi en date du 15 novembre 1854, dit encore : « M. Linant-Bey, qui depuis trente années dirige avec habileté des travaux de canalisation en Égypte, qui a fait sur les lieux, de la question du Canal des deux mers l'étude de toute sa vie, et dont l'opinion mérite une sérieuse attention, avait proposé de trancher l'Isthme sur une ligne presque directe dans sa partie la plus étroite; en établissant un grand port intérieur dans le bassin du lac Timsah et en rendant abordables aux plus grands navires les passages de Péluse et de Suez.

« M. Mougel-Bey, directeur des travaux du barrage du Nil, ingénieur en chef des ponts-et-chaussées, avait également entretenu Mehémet-Ali de la possibilité et de l'utilité du percement de l'Isthme de Suez; et en 1840, sur la demande de M. le comte Valewski, alors en mission en Égypte, il fut chargé de faire des démarches préliminaires auxquelles de graves événements ne permirent pas de donner suite (1). »

Tels étaient donc les droits de mon collègue pour entrer dans l'affaire, et l'on voit clairement quel était l'apport de chacun.

C'est donc avec la certitude d'avoir dans l'entreprise la position qui m'était donnée par le Firman de concession de S. A. Saïd-Pacha, qui était aussi bien imposée par cette pièce que celle de M. de Lesseps lui-même (2), que je me suis engagé à travailler pour conduire à bonne fin l'entreprise du canal des deux mers.

Les choses étaient ainsi établies lorsque nous partîmes pour l'Isthme; j'y conduisis M. de Lesseps et mon collègue de manière à le leur faire connaître en quelques jours presque aussi bien que moi-même; expliquant tout avec mes cartes, mémoires, etc., à la main. Mes compagnons d'exploration virent partout les preuves de mes travaux et de ceux de M. Bourdaloue. Ce fut avec tout ce que j'avais que mon collègue, qui ne connaissait pas plus l'Isthme que M. de Lesseps, s'en occupa sérieusement pour la première fois; et l'on conviendra que s'ils n'avaient pas été avec moi, ce n'eût pas été en quinze jours sans faire aucune opération mais seulement une promenade que M. de Lesseps aurait pu concevoir et nous donner les instructions qui ont précédé l'avant-projet, et que l'on aurait pu poser les bases sérieuses de celui-ci.

Si j'avais posé des conditions pour me lier à M. de Lesseps, n'aurait-il pas alors consenti à tout? car sans cela, il n'aurait rien pu faire immédiatement. Si j'avais refusé d'aller dans l'Isthme, si j'avais gardé pour moi seul mes cartes, mes documents, etc., etc., quels fruits auraient produits son excursion et

---

(1) Il eût autant valu dire, pour lui donner quelques droits, que son grand-père avait eu l'intention de travailler au percement de l'Isthme.

(2) M. de Lesseps écrivait encore à M. Arlès-Dufonr : « Je n'ai pris aucune espèce d'engagement avec lui, mais je n'en considérerai pas moins comme un devoir sacré de rendre la justice qui lui sera due, et d'assurer la position qui me paraît lui revenir de droit dans l'exécution des travaux. »

celles de mon collègue, s'ils s'étaient décidés à la faire ? Aurait-il pu donner les instructions qu'il n'a pas manqué de faire imprimer ? Avais-je besoin de ces instructions que je connaissais avant lui ?

Pendant tout le voyage dans l'Isthme, je vis déjà la tendance de mon collègue à s'emparer de l'affaire et à faire à lui seul un projet, comme il avait déjà fait pour le barrage; mais il voulait surtout, avant tout, faire exécuter le canal d'eau douce; et la raison en était que : précédemment lui et M. Aidé avaient obtenu de Saïd-Pacha la promesse de la concession d'un canal à travers l'Ouadée, avec celle de terrains qui devaient être arrosés par ce canal. L'arrivée de M. de Lesseps avait dérangé ce projet; or, comme Mougel Bey ne croyait nullement à la réalisation du canal maritime, il eût été bien aise que l'on exécutât d'abord le canal d'eau douce, en pensant que l'entreprise venant à manquer, il pourrait avoir la concession promise et que le canal pour ses terres serait fait.

Il faut dire aussi que S. A. Saïd-Pacha, même en donnant son Firman de concession, ne pensait pas sérieusement à l'engagement immense qu'il prenait, et qu'il croyait fermement que cela n'aurait aucune suite. Il pensait que cette affaire aurait un grand retentissement en Europe, que cela lui ferait un magnifique piédestal, une grande réputation d'homme avancé, d'ami du progrès, et cela lui souriait. Mais jamais il n'a cru au commencement même de travaux matériels sérieux, et souvent, bien souvent même, il m'a exprimé son regret de s'être laissé aller et de ne pouvoir plus reculer.

De retour de l'excursion dans l'Isthme, je fus, malheureusement pour l'avant-projet, forcé de partir par ordre du Vice-Roi pour accompagner S. A. R. le Duc de Brabant dans la Haute-Égypte; mais je laissai à mon collègue tous mes mémoires pour dresser ou rédiger cet avant-projet et nous convînmes de la forme à lui donner comme aussi de ses détails.

À mon retour, il était trop tard pour revenir sur plusieurs points que j'aurais voulu changer et que je ne fis que modifier. M. de Lesseps était pressé de retourner en Europe montrer quelques résultats de son voyage en Égypte, et on ne put faire

mieux que ce qui fut fait ; quitte plus tard à recommencer et à
modifier, il fallait immédiatement produire quelque chose pour
le public, et cela se fit. Les erreurs même que je signalai alors
ne furent jamais rectifiées.

A mon retour de la mission que m'avait donnée le Vice-Roi,
je me mis immédiatement à l'ouvrage ; je fis une copie de ma
carte de l'Isthme avec les petits plans de détails du canal et la
vue à vol d'oiseau de l'Isthme, que M. de Lesseps désirait tant
et qui avait fait un si grand effet à Paris pour l'avancement de
l'affaire, comme il m'écrivit, et dont, toujours selon les lettres de
M. de Lesseps, l'empereur Napoléon III manifesta son contente-
ment à *M. de Lesseps.*

M. de Lesseps, l'homme à la nature droite et loyale par excel
lence, se laissait quelquefois aller avec faiblesse à des influences de coterie, tout en le faisant avec conscience de bien faire.
C'était à l'insinuation de personnes solliciteuses et adulatrices,
et il prétendait pourtant ne se laisser dominer par aucune. M. de
Lesseps, au moment de son départ pour la France, emportant
l'avant-projet en mai 1855, présentait au Vice-Roi Saïd-Pacha à
Ras-el-Tine, un rapport daté du 30 avril, ayant pour but d'indiquer les travaux préparatoires qui devaient être faits. Dans ce
rapport il faisait entrer une combinaison, engageant le Vice-Roi à
favoriser une compagnie dite de remorquage. Les deux affaires,
celle-ci et celle de l'Isthme, devaient être liées. Je pensai, ainsi
qu'un autre ami de M. de Lesseps, Kœnig Bey, très-attaché à lui,
que quand on avait entre les mains une aussi grandiose affaire
que celle dont il avait la concession, on ne devait pas compromettre son avenir pour plaire même à des amis. Nous eûmes
des difficultés à le faire revenir sur cela, mais son esprit juste
fit que nous le persuadâmes et la modification fut faite, ce qui
laissa l'œuvre du canal de Suez dans toute sa pureté. À cette
époque, M. de Lesseps ne voyait pas encore les choses d'aussi
haut qu'il les a vues plus tard; c'était alors au commencement
de l'affaire, au moment pour ainsi dire du second Firman de concession, et il n'est pas étonnant qu'ayant besoin d'être secondé,
il voulut s'attacher des personnes utiles. Par cette affaire certainement je me fis des ennemis des intéressés qui n'avaient pu

réussir, mais M. de Lesseps au fond aura probablement reconnu toutes nos bonnes intentions à l'aider dans son entreprise.

Je restai en Égypte, après le départ de mon collègue et de M. de Lesseps, pour organiser tout le service de mes ingénieurs qui devaient exécuter les travaux préparatoires, comme : triangulations, nivellements du profil en long sur l'axe du canal avec des profils en travers, pour établir le métré des terrassements à exécuter, faire faire le piquetage du tracé des canaux, les sondages, etc.: et tous les ingénieurs reçurent par écrit leurs instructions de moi seul.

En septembre 1855, je reçus l'ordre d'aller rejoindre en France M. de Lesseps pour assister aux réunions qui devaient avoir lieu pour la formation de la Compagnie du Canal de Suez. Je fus aussi en Angleterre avec mon collègue, pour avancer l'affaire; le but était d'avoir des ingénieurs pour une Commission internationale.

Mon collègue et moi nous allâmes en Angleterre, pour engager M. Stephenson à faire partie de cette Commission ; mais, soit qu'il ne voulût pas paraître seconder l'entreprise, soit que, peut-être, il ne voulût pas être forcé de revenir sur ce qu'il avait déjà dit à propos du canal, ou qu'il n'y trouvât pas les avantages qu'il aurait désiré avoir, le fait est qu'il refusa et indiqua pour le remplacer M. Randel. Mais la somme que demandait celui-ci pour son voyage et son déplacement sembla trop forte pour que nous puissions nous engager à la lui promettre, car, à cette époque, les fonds dont on pouvait disposer étaient limités.

Ce fut M. Mac-Leane qui fut choisi pour faire partie de la Commission; ses connaissances et son caractère loyal et désintéressé justifiaient ce choix.

Nous partîmes pour l'Égypte, avec toute la Commission et les personnes invitées par M. de Lesseps qui remplissaient pour ainsi dire le petit bateau l'*Osiris*; car il ne conduisait pas seulement les membres de la Commission, mais encore plusieurs de ses amis et connaissances ; son caractère hospitalier et bienveillant faisait qu'il invitait tout le monde, même sans bien connaître les individus, et si les personnes engagées de cette manière avaient toutes voulu nous suivre, il aurait fallu avoir plusieurs navires pour la traversée, occuper les hôtels de l'Égypte et avoir sur le Nil plusieurs bateaux pour faire faire le voyage jusqu'aux cataractes.

Je n'ai jamais compris l'utilité de ce voyage des membres de la Commission internationale et des invités de M. de Lesseps, pour l'utilité directe ou l'avancement de l'affaire du Canal de Suez ; c'était une partie de plaisir, un voyage d'agrément que le Vice-Roi faisait faire à ses frais, pour poser les premières marches du piédestal sur lequel on pensait qu'il monterait par ce moyen, et peut-être aussi le pensait-il lui-même. Cependant, je le répète encore, jamais Saïd-Pacha, en la commençant, ne croyait à la réalisation de cette grande affaire. La partie de plaisir dans la Haute-Égypte se fit gaiement, excellente table, bons vins, tout à profusion : résultats positifs ? On peut le dire : Rien.

De retour au Caire, nous fîmes les préparatifs pour le voyage de Suez. Ici, comme précédemment, plusieurs invités de M. de Lesseps vinrent à Suez. Ce ne fut qu'à partir de cela que l'on commença quelque chose d'un peu sérieux.

Une simple circonstance fera voir combien les choses se faisaient légèrement, en ayant seulement l'air de faire croire au monde, peu sérieux, ou enthousiaste, que l'on étudiait véritablement. La Commission, avec M. de Lesseps, arriva à Suez le 15 décembre 1855; pour moi, ayant encore des affaires à régler pour l'expédition dans l'Isthme, je ne partis que le lendemain 16. Je trouvai toute la Commission revenant de faire dans la baie, sur un petit vapeur, une promenade, soi-disant une reconnaissance et une étude ; on fit des sondages au hasard, on prit des relèvements de même : il ne pouvait en être autrement, dans une seule demi-journée, sans personne pour guider, ou indiquer ce qui avait déjà été fait.

Je causai avec ces Messieurs et surtout avec M. Lieussou, qui me dit qu'il ne savait pas où on l'avait conduit, qu'il avait travaillé au hasard, et que personne ne lui avait rien expliqué : c'était pourtant l'ingénieur hydrographe. Aucune des personnes de la Commission, ni M. de Lesseps, ni mon collègue Mougel ne connaissaient les localités, rien de la rade ; on se promenait à l'aventure, les uns disant allons par ici, les autres, non c'est de ce côté qu'il faut aller ; et tout cela étourdit tellement M. Lieussou, qu'il ne put m'expliquer ce qu'on lui avait fait faire. Le lendemain, nous allâmes, avec lui, en rade et nous passâmes la journée à travailler ou plutôt à lui expliquer sur les lieux le travail que j'avais déjà fait.

Pendant notre séjour à Suez, M. de Lesseps et moi nous eûmes quelques discussions ; en voici le sujet :

D'après le mémoire que M. de Lesseps présenta à S. A. le Vice-Roi, il était décidé que les ingénieurs du Vice-Roi prépareraient les éléments de leur projet définitif, qui une fois achevé serait soumis à une Commission qui donnerait son opinion et indiquerait d'après tous les documents recueillis les modifications à faire, s'il y avait lieu. D'après tout cela, les plans définitifs et d'exécution devaient être faits par les ingénieurs du Vice-Roi : Linant-Bey et Mougel-Bey.

Or, déjà à Suez, chacun des membres de la Commission, pour ainsi dire, les Français surtout, oubliant le rôle de juge qu'on lui avait donné, voulait faire son avant-projet pour concourir au projet définitif, en se servant pour l'établir des documents faits et recueillis par d'autres, par moi surtout ; ce qui était fort facile, et au surplus ce qui est la manière de faire de beaucoup d'individus, qui trouvent cela plus commode et moins fatigant. Pendant tout le temps du voyage de Suez à Péluse, presque tous les membres de la Commission manifestaient l'intention d'agir chacun pour son compte ; ce ne fut que là, sur mes représentations, sur ce que je fis connaître de mon intention de me retirer de l'affaire si cela continuait ainsi, qu'il fut bien arrêté que chacun ne ferait pas un projet à part.

Ce ne fut pas le seul sujet de mon mécontentement envers M. de Lesseps, il y eut quelque chose de plus grave.

D'après le premier Firman de concession de Son Altesse, où je suis nommé et désigné comme ingénieur et commissaire, j'avais commencé à travailler avec M. de Lesseps, persuadé que dans toute cette grande entreprise, pour laquelle j'avais déjà bien des droits acquis, j'aurais un brillant avenir, puisque ma position était d'ailleurs assurée par le Firman de concession, base de toute l'œuvre. Quel fut donc mon désappointement, quand

M. de Lesseps vint me dire que tout le Firman, tout ce qui me concernait allait être changé de sa propre autorité ; parce qu'on avait décidé que la position de l'Ingénieur-commissaire ne pouvait exister qu'en restant au siége de la Compagnie à Paris ; et qu'il valait mieux pour moi être dans une position active, par exemple être à la tête des travaux. M. de Lesseps me dit que le Vice-Roi avait consenti à cette modification ; ce n'était pas exact et je ne connus la chose que plus tard.

Il dit au Vice-Roi que son commissaire devant résider au siége de la Compagnie à Paris, cette place ne me convenait pas et que je serais beaucoup mieux placé à la direction des travaux. Son Altesse répondit que s'il en était ainsi, c'était bien, si j'y consentais.

Je n'ai pas connu au juste les raisons qu'avait M. de Lesseps pour faire ce changement ; mais probablement que la personne qu'il proposait à Saïd-Pacha ne lui convint pas, cependant il fallait rester dans le même principe qui avait été avancé à mon sujet et ce fut M. Conrad, l'ingénieur hollandais, qui fut nommé.

Alors, dans ce second Firman, modifié par l'influence de M. de Lesseps, je ne figurais plus que comme mon collègue et au même titre que lui, c'est-à-dire mis à la disposition de la Compagnie pour la direction des travaux ordonnés par elle ; je devais avoir la surveillance supérieure des ouvriers, et être chargé de l'exécution des règlements qui concernaient la mise en œuvre des travaux.

Tout cela était si embrouillé, si contraint, que ce changement effectivement fut loin de me convenir, et si cela fût arrivé dans un autre moment, c'est-à-dire si la Commission internationale n'eût pas été là, si je n'avais pas dû la conduire à travers l'Isthme, voyant la conduite de M. de Lesseps, si éloignée de ce qu'il m'avait promis, de ce qu'il me devait, certes j'aurais tout abandonné à Suez ; car M. de Lesseps n'avait aucun droit de rien changer à mon égard au premier Firman de concession d'après lequel je m'étais engagé à travailler avec lui, sans que j'y consentisse, et le Vice-Roi le comprenait bien aussi ; ou bien il me fallait nécessairement un dédommagement. Ceci mit en moi un peu de froid, et je commençai à reconnaître que M. de Lesseps,

quoique souvent avec de l'entêtement était pourtant impressionnable à bien des influences, et changeant, selon la dernière opinion
donnée par la dernière personne qui lui parlait.

Nous reviendrons sur cette appréciation du caractère de M. de
Lesseps, pour lequel malgré tout je professe de l'amitié et de
l'attachement.

Nous partons donc de Suez avec grand train, beaucoup d'ap-
parat; car M. de Lesseps a toujours bien aimé faire de l'effet,
de l'éclat; nous avions plutôt l'air d'aller à une grande partie
de plaisir, à la mode orientale des temps anciens, qu'à une étude
sérieuse qu'allaient faire des hommes de science.

Ce fut donc d'après moi seul, d'après mes explications, que
la Commission prit connaissance de l'Isthme; a-t-elle fait par
elle-même la moindre observation? Avait-elle même le moyen
d'en faire? Non. Nous restâmes seulement neuf jours en tout,
depuis Suez jusqu'à Péluse; la grande affaire, pour M. de Lesseps
surtout, et un peu pour les autres, était d'arriver à tout terminer
pour le premier de l'an. Que pouvait-on donc examiner sérieusement, si je n'avais eu ma carte pour faire connaître l'Isthme,
si je n'avais eu mon mémoire déjà fait antérieurement; tout cela
était exécuté avant que M. de Lesseps ne s'occupât de l'Isthme
de Suez, et cela avait déjà servi à l'expédition Bourdaloue, à la
brochure Talabot; nous avions les sondages que j'avais fait
exécuter dans l'Isthme; la Commission suivit, piquet par piquet,
le tracé du canal que la division des ingénieurs arabes placée
sous mes ordres avait exécuté.

Si j'avais été un mauvais plaisant j'aurais pu tout aussi bien
conduire M. de Lesseps, mon collègue, et toute la Commission,
au lac Sirbonien, à El-Arich, qu'au lac Menzalèh et à Péluse; au
surplus, pour toutes les commissions de ce genre, pour des
gens qui n'ont jamais été dans le désert, il pourrait en être
ainsi.

Je m'aperçus, pendant notre séjour dans l'Isthme, que les savants qui composaient la Commission étaient souvent loin d'être
d'accord: mais le temps pressait, il fallait faire quelque chose
pour le public, et l'on fit semblant d'agir. Combien l'on trouve
peu de personnes véritablement distinguées dans un conseil ou

dans une commission! j'ai eu bien des fois l'occasion de le remarquer, c'est toujours une ou deux personnes qui mènent les autres. Celui de la Commission qui me fit l'effet d'être le plus distingué, était M. Negrelli : il voyait les choses de haut, en grand, avec un véritable génie. M. Conrad était homme positif, pratique, toujours à la question. M. Renaud, petit, se perdant dans les détails. M. Mac-Leane, homme consciencieux, voulant tout connaître avant de se former une idée, une opinion. Les autres : hommes spéciaux, mais rapportant tout à eux, et peu aptes à une création.

Je remarquai une chose curieuse chez les personnes qui voyagent pour la première fois dans le désert : lorsque nous étions en marche, ou quand nous partions, mon collègue et les autres de ces messieurs me demandaient la direction à suivre : je la leur indiquais, en leur faisant remarquer soit la route tracée par les pieds des chameaux, soit une grosse broussaille sur une dune, soit une hauteur ; je restais quelquefois en arrière avec la caravane pour un motif ou un autre : ces messieurs partaient en avant ; au bout de moins d'une demi-heure, ils étaient parfaitement égarés, tournant sur eux-mêmes, et souvent ils étaient derrière nous ou bien à une grande distance à droite ou à gauche, mais bien plus souvent de ce côté ; j'envoyais un arabe à dromadaire les chercher, ou j'y allais moimême, et toujours ces messieurs soutenaient qu'ils étaient dans la vraie direction. Mon collègue, lui, était sur un baudet, ayant des rhumatismes qui l'empêchaient de se mettre sur un dromadaire ; il fallait même le placer. Le baudet allant plus vite que la caravane, il se trouvait en avant, et quoique je lui indiquasse très-clairement la direction à suivre, au bout de quelque temps il déviait énormément et s'éloignait beaucoup ; comme il ne pouvait se retourner pour voir la caravane, il continuait toujours et il fallait aller le chercher : il ne pouvait conduire sa monture, les rhumatismes lui donnaient une grande roideur.

À Péluse, comme résultat, il fut bien entendu que la Commission n'avait pas à faire de projet, ni aucun de ses membres en particulier ; que d'ailleurs il n'y avait pas lieu d'agir ainsi, mais que sa mission était de rectifier le projet des ingénieurs du Vice-

Roi et de donner des instructions pour dresser le projet définitif ; c'est du reste ce qui avait été annoncé, tout au commencement de l'affaire, au Vice-Roi par un mémoire de M. de Lesseps daté du camp de Maréa 30 avril 1855.

Il y est dit : « Lorsque le projet définitif sera achevé par vos ingénieurs, et lorsque les observations reçues de chaque pays auront pu former un corps de doctrine, il sera procédé à la nomination d'une commission d'ingénieurs, connus par leurs travaux hydrauliques et choisis en Angleterre, en France, en Allemagne et en Hollande ; cette commission donnera son opinion sur le projet des ingénieurs de votre Altesse, indiquera les modifications ou les changements qu'elle croira devoir adopter ; tous les moyens seront mis à sa disposition pour visiter l'Isthme de Suez, si elle juge nécessaire de voir les localités avant de prononcer. »

M. de Lesseps fit le contraire : la Commission commença par venir visiter la Haute-Égypte comme dans une partie de plaisir, et l'Isthme, comme dans une promenade, aux frais de l'Égypte.

La Commission partie de Péluse, je continuai les travaux préparatoires, et fis faire le tracé depuis le lac Timsah jusqu'au lac Menzaléh, d'après la nouvelle direction adoptée vers Gamiléh où est aujourd'hui Port-Saïd.

J'allai aussi faire le lever du plan de la baie de Suez avec tous les sondages, tel qu'il est reproduit dans l'atlas du travail de la Commission ; et il est à remarquer qu'il est dit dans cet atlas que la Commission a vérifié ce plan, sans dire qu'il est fait par moi. La Commission n'a pas pu le vérifier, puisqu'il a été dressé en mars 1856, et que la Commission est partie de Péluse pour l'Europe le 31 décembre 1855 ; d'ailleurs ces Messieurs ne firent rien dans la baie de Suez, comme je l'ai dit plus haut. Cependant, dans le même atlas, le plan de la baie de Péluse, fait par Larousse, porte son nom. Je reviendrai plus tard sur cette manière d'agir de Messieurs les membres de la Commission et de M. de Lesseps, qui se sont approprié tout ce qui a été fait dans l'Isthme en travaux préparatoires, ne parlant en rien, ne nommant personne, de ceux qui les avaient exécutés ; M. de Lesseps fut le premier à donner l'exemple, et il fut suivi par tous ceux qui ont travaillé même à l'exécution du travail.

Je donnerai ici, puisque nous parlons des travaux qui ont été faits ou par moi, ou par mes ordres et d'après mes instructions, sous ma surveillance, une liste de tout ce que j'ai expédié à M. de Lesseps et à la Compagnie, à différentes époques. C'est :

1° une Carte de l'Isthme de Suez très-détaillée ; elle avait déjà servi aux études de 1847 et au travail de Talabot : je la remis au commencement de l'affaire à M. de Lesseps, qui l'emporta en France en 1855 et la donna à graver sur pierre chez Erhard Schièble, rue Bonaparte n° 42 ; elle fut chromolithographiée par G. Regamey (31. rue de Sèvres) à l'imprimerie Lemercier, rue de Seine, 57 ; et c'est sur cette carte, tirée dans la même année, que la Commission internationale examina et discuta le projet du canal. J'y avais indiqué, d'après l'avant-projet, les travaux d'art et les profils en travers du Canal convenus entre mon collègue et moi ; quoique cette première édition porte mon nom et celui de Mougel, jamais il n'y avait travaillé, elle avait été faite, dressée et dessinée avant notre association, et jamais il n'avait vu l'Isthme avant que ma carte fut dressée.

L'édition de cette carte qui vient après, en 1856, avait pour éditeur Longuet, rue de la Paix, 8 ; quant à la carte, aucun changement topographique n'y a été fait, excepté le tracé du Canal dans la partie de Ferdanne à la Méditerranée ; mais elle ne porte plus mon nom, la Compagnie se l'était appropriée, quoiqu'elle ne dût lui appartenir en rien, ayant été faite avant 1854.

Plus tard on en fit d'autres éditions pour le commerce, qui toutes furent de plus en plus mal exécutées.

En 1861 on en publia une édition dont les exemplaires servirent aux discussions qui eurent lieu à la Commission de l'arbitrage impérial ; mais tout ce qui était topographie de détails avait presque entièrement disparu, et ce n'était plus que le canevas de la première pour indiquer le tracé du Canal ainsi que l'étendue du territoire que la Compagnie prétendait avoir le droit de posséder. Dans toutes les éditions, petites ou grandes, jamais il n'a plus été question de l'auteur de la carte originale.

La dernière carte de l'Isthme est celle de 1866. dressée, est-il dit au titre, sous la direction de M. Voisin-Bey, et d'après les observations de M. Larousse ; c'est encore la même que la mienne, à une autre échelle, celle de $\frac{1}{200000}$ au lieu de $\frac{1}{250000}$; et l'on peut voir que tous les détails sont ceux de ma carte de la Basse-Égypte publiée en 1846 par le Ministère de la Guerre et continuée ensuite en 1848 et 1854. M. Larousse, d'après ce que nous savons, a vérifié les points de notre triangulation faite pour la grande carte de l'Isthme en huit feuilles, mais il n'a fait aucun détail topographique (1).

2° En 1855 je donnai aussi à M. de Lesseps deux Vues panoramiques de l'Isthme de Suez, qui, selon ses lettres de juin 1855, firent un grand effet sur le public pour l'avancement de l'opinion en faveur du Canal, et dont l'Empereur et l'Impératrice furent très-satisfaits ainsi que de la carte.

3° La Carte de l'Isthme en sept feuilles, avec le tracé du Canal maritime, où sont toutes les ordonnées du profil sur l'axe du canal, ainsi que celles des profils en travers de cet axe exécutés de 400 en 400 mètres.

Pour dresser cette carte, on a fait une triangulation de Suez à la Méditerranée, exécutée avec la plus grande exactitude, et elle a été en partie vérifiée par M. Larousse, qui a retrouvé tous les piquets ou signaux de stations formant les sommets d'angles; il n'a trouvé rien de fautif, puisqu'il l'a adoptée dans les travaux qu'il a faits.

La topographie de cette carte en sept feuilles est faite par moi, qui ai dirigé et surveillé les travaux de la division d'ingénieurs arabes exécutant ce travail.

4° Un Profil de l'Isthme sur l'axe du Canal.

5° Un État des courbes du tracé du Canal.

6° Un État des métrés des déblais et remblais de l'excavation du Canal maritime.

---

(1) Dans aucune des éditions de la Carte publiée depuis la première, en 1856, il n'est dit qu'elles proviennent de celle de Linant-Bey. Jamais son nom n'a paru, quoique plusieurs de ces éditions aient été publiées par la Compagnie et à la connaissance de M. de Lesseps. Pourquoi donc s'est-on emparé de ce travail? Ce ne sont pas là de bons procédés ni des faits d'une loyauté entièrement délicate.

16*

7ᵉ Plan de la baie de Suez à l'échelle de $\frac{1}{20000}$.

M. de Lesseps, dans un de ses moments d'oubli du passé et de mauvaise humeur, m'avait écrit que ce travail ne m'avait pas été demandé, et que cela avait été du temps perdu.

Premièrement, dans la liste des travaux demandés par la Commission, la baie de Suez y figure avec la triangulation de quelques points; et voici de plus les raisons pour lesquelles j'ai tenu à faire moi-même ce travail.

Quand, au passage de la Commission internationale à Suez, M. Lieussou fut dans la rade faire des sondages pendant quelques heures, il n'avait pu en fixer la position, puisqu'il n'avait encore aucun point de repère triangulé, et le lendemain j'étais avec lui; c'était parce que la veille toute la Commission étant allée dans la baie, on tourna tout le jour avec M. de Lesseps sans rien faire, sans même savoir où l'on allait. Je savais bien que ce qui avait pu être fait dans ces deux courses ou promenades ne pouvait être suffisant; d'ailleurs les Anglais, qui étaient à Suez, disaient avec raison qu'il était impossible de faire quelque chose de valable, de la manière dont on s'y était pris, en quelques heures. C'était pour faire cesser ces propos que je voulus faire mieux et au complet. Or il faut bien avouer qu'en rattachant tous les points de la baie à une triangulation bien entendue et à une base exactement mesurée, en faisant des sondages dont la position se fixait au moyen des signaux des points triangulés, et rapportés aux basses mers que l'on observait pendant mes opérations, j'ai dû faire en quarante jours un travail plus sérieux que celui de M. Lieussou exécuté en cinq heures.

M. de Lesseps m'écrivit, toujours piqué contre moi, que M. Lieussou lui avait dit que mes sondages ne s'accordaient pas avec les siens; ceci ne pouvait être; c'est moi-même qui dirigeais la marche du petit vapeur qui nous conduisait, et c'est moi qui tenais la sonde; ce qui avait été autrefois une chose familière pour moi quand j'étais pilotin. Ainsi mon premier métier avait été, en partie, le sien même; j'ai levé les côtes de Terre-Neuve, les ports qui s'y trouvent; je me suis longtemps servi des instruments et des formules que les ingénieurs hydrographes emploient. M. Lieussou n'avait pas fait d'autres sondages que ceux que nous fîmes ensemble en courant à la vapeur; il n'a donc pas pu dire que les siens étaient différents des miens. Quand, d'après ces Messieurs de la Commission. M. de Lesseps dit qu'on avait refait mon travail, c'est faux; le plan, qui est dans l'atlas du travail de la Commission internationale, est absolument le même, sans le moindre changement, que la minute de mon plan, seulement les notes ne sont plus sur le plan gravé. Cependant, comme je l'ai écrit plus haut, il est dit que ce plan a été vérifié par la Commission, qui était venue à Suez trois mois avant le lever du plan, et qui n'avait rien fait.

8° Tous les Sondages exécutés dans l'Isthme, sous ma direction. sur l'axe du Canal maritime, avec les coupes géologiques de ces sondages au nombre de 22.

9° Courbes des marées de Suez, exécutées par un ingénieur arabe de mon administration, sous ma direction.

10° Un Travail sur les résultats comparés des différents nivellements exécutés entre la mer Rouge et la Méditerranée.

11° Un Tableau comparatif des différents nivellements.

12° La Triangulation des environs de Suez, exécutée par des ingénieurs arabes de mon administration, et d'après mes instructions.

13° Tableau des hauteurs des eaux trouvées dans chaque forage sur l'axe du Canal.

14° Autres Observations sur les marées et la vitesse des courants dans le port de Suez.

15° Caisse d'échantillons des différentes couches de terrain des différents forages.

16° Caisse d'échantillons des matériaux se trouvant dans l'Isthme et aux environs.

17° Profil en long du Canal d'eau douce, du Caire au lac Timsah.

18° Observations sur les profils des fosses exécutées dans le lac Menzaléh.

19° Projet du Canal d'eau douce fait par moi, et rapport fait par M. Conrad et moi.

20° Tableau des nivellements du Canal d'eau douce.

21° Profils comparatifs des différents nivellements du Canal d'eau douce.

22° Profils en long du Canal d'eau douce, indiquant les différents biefs et la hauteur des eaux dans chacun aux hautes eaux et à l'étiage.

23° Profils ou sections en travers des différents biefs.

24° Observations générales sur les différents nivellements du Canal d'eau douce.

25° Résumé de ces nivellements.

26° Carte du Canal d'eau douce en 7 feuilles, du Caire au lac Timsah, avec tracé et profils en travers de l'axe. Ces cartes sont couvertes de cotes de nivellements, comme celles du Canal maritime.

27° Variante du tracé du Canal d'eau douce dans l'Ouadée-Toumilat.

28° Tracé de la rigole du Canal d'eau douce commençant à Saba Biars et allant à Suez, avec les ordonnées des profils en long et en travers. Ce tracé fut ensuite repris et modifié par M. Cazeaux pendant l'exécution, pour quelques parties.

29° Différentes Notes sur le Canal d'eau douce, et rapports sur les fosses qui ont été faites pour la reconnaissance des terrains à excaver.

30° Un État détaillé des terrains du plan cadastral.

31° Plan de la prise d'eau du Canal d'eau douce, qui fut fait par moi et approuvé, parce que le premier, dressé par M. de Montaut, n'avait pas eu d'approbation.

32° Carte cadastrale contenant :

33 feuilles du Nil à Abou-Zabel à l'échelle de $\frac{1}{5000}$; ceci ne peut faire partie des terrains que la Compagnie pourrait posséder d'après la concession.

1re série : 26 feuilles, d'Abou-Zabel au lac Timsah ;

2me série : 7 feuilles, du lac Timsah à la Chounèh, entrée du bassin de l'Isthme, des Lacs Amers.

3me série : 15 feuilles, du lac Timsah à Cantarrat-el-Khasnè.

4me série : 16 feuilles de la Chounèh à Suez.

5me série : 20 feuilles, entre Cantarrat à l'est, Salhièh à l'ouest, la route de Syrie au Nord, et au sud les collines qui bordent l'Ouadée du côté nord.

En tout 84 feuilles grand aigle.

La première série comprend une superficie de.		31.563 fedd.
La seconde	—	—. 23.592
La troisième	—	—. 41.553
La quatrième	—	—. 22.624
La cinquième	—	—. 44.710
	(1) Total des feddans cultivables.. . .	164.042

Le cadastre des terrains qui devaient appartenir à la Compagnie d'après l'acte de concession, devait avoir pour base les hauteurs des eaux du canal d'eau douce dans ses différentes parties, ainsi que les quantités d'eau qu'il pouvait fournir aux étiages et pendant les inondations. C'était aussi par les différents biefs, disposés selon mon projet vérifié par M. Conrad et qui fut approuvé, que l'on est parvenu par des nivellements très-nombreux à pouvoir tracer des courbes horizontales, déterminant la surface des terrains où les eaux pouvaient atteindre. On conçoit, et l'on peut voir sur ces cartes cadastrales, par l'immense quantité de cotes de nivellements qui s'y trouvent au nombre

---

(1) Les Ingénieurs de la Compagnie n'ont rien ajouté à ces travaux préparatoires, et n'ont fait que surveiller les entrepreneurs chargés de l'exécution.

M. Michel Aivas, qui a aussi énormément travaillé aux travaux préparatoires et pour le Canal de Suez n'a pas eu, pas plus que M. Cazeaux, la moindre marque honorifique de satisfaction, quand cependant il était bien facile à M. de Lesseps de la lui faire obtenir.

M. de Lesseps semble penser que si l'on dit dans le monde qu'il a été aidé, par telle ou telle autre personne, cela est autant d'enlevé à son propre mérite. Cependant il en avait assez par lui-même pour ne pas envier celui des autres et ne pas en prendre ombrage.

Il a mécontenté souvent des personnes qui l'ont pourtant largement aidé dans son entreprise; toutefois son énergie, sa persévérance, doivent lui faire pardonner d'avoir quelquefois négligé ses bons amis; car il ne voyait que son but, il voulait y arriver malgré tout. Si souvent on a réussi près de lui par des adulations et de la flatterie, c'était un faible parmi ses autres qualités.

de plus de 30.000, tout le travail qu'il a fallu faire pour cela. C'est à l'aide de plusieurs divisions d'ingénieurs arabes, dirigées par Salam-Effendi, par Cheata-Issa Effendi, par M. Cazeaux, sous ma direction, ma surveillance et mes instructions, et en partie sous mes yeux, que tout cet important travail a été fait. Mais jamais il n'y a eu, de la part de la Compagnie, ni de celle de **M.** de Lesseps, ni de personne, un remercîment pour tout ce personnel, ni une mention quelconque ni pour lui, ni pour le chef, dans aucun écrit émanant de l'administration, de la Compagnie, pas plus que de son président.

Loin de là, M. de Lesseps assura, à la Commission impériale, n'avoir pas eu connaissance de ces cartes ; M. Voisin-Bey, lui-même, ne les avait jamais connues à l'époque de la Commission de l'arbitrage impérial, et ne les avait pas eues à sa disposition. Je les avais cependant déposées à la Commission impériale, et j'en pris un double pour le Gouvernement égyptien.

Elles avaient été consignées, en juillet 1858, suivant un procès-verbal en règle ; et comme il y avait eu lieu de faire une petite addition, ce que nous dirons plus tard, elles furent reprises, puis consignées de nouveau, le 23 août 1858, en partie; en novembre de la même année, pour l'autre partie.

Dans une pièce du 16 janvier 1859, M. de Lesseps dit que ces cartes devaient être complétées, vérifiées, peut-être refaites : elles avaient donc été déposées.

M. le Directeur général des travaux du Canal de Suez a dit, selon M. de Lesseps, qu'elles avaient été jugées à refaire : il ne les avait ni eues ni vues cependant ; longtemps après même, en 1868, M. Voisin-Bey ne les avait pas entièrement.

Peu de temps avant le 16 janvier on présentait ces cartes au Conseil supérieur des travaux, comme on peut le voir par le procès-verbal d'une séance de ce conseil du 24 novembre 1858; elles furent annexées au procès-verbal de la séance. Elles existaient donc, et M. de Lesseps en avait connaissance; pourquoi donc disait-il qu'elles n'existaient pas ?

Il est à remarquer que, malgré ce qui est dit dans la pièce du 16 janvier 1859, jamais il n'a été question de vérifier ou de refaire ces cartes.

Le Conseil des travaux au siège de la Compagnie, dans le procès-verbal du 24 novembre 1858, disait à propos des terrains en dehors de ceux qui pouvaient être arrosés naturellement, sans machines, qu'il les trouvait peu importants, que jamais ils n'auraient assez d'étendue pour que l'on dût s'en préoccuper. Puis il est dit aussi, toujours au sujet des cartes, que pour l'avant projet des canaux d'eau douce et de dérivation on pourrait à la rigueur en trouver les éléments les plus essentiels sur les plans cadastraux.

Ainsi ces plans, ces cartes n'avaient donc pas été trouvés susceptibles d'être modifiés, ni vérifiés, ni refaits, puisqu'il n'en est pas parlé dans le procès-verbal. Et, quoique M. de Lesseps dise toujours dans ses pièces écrites du 16 juillet 1857, que des fonds avaient été votés pour refaire ces cartes, jamais il n y a eu même rien de commencé ; les fonds votés sont donc restés sans emploi pour ce but.

Mais tout ceci n'a jamais été qu'un prétexte de la part de M. de Lesseps, pour autre chose qu'il faut rapporter comme cela a été écrit à la Commission impériale lors de l'arbitrage de 1864.

A l'époque de la livraison des cartes cadastrales à M. de Lesseps, le 6 juillet 1858, il fut dressé le procès-verbal que voici plus bas.

Saïd-Pacha était dans le désert depuis trois jours ; M. de Lesseps devait partir le lendemain, et il me dit qu'il était parfaitement convenu avec le Vice-Roi de ce que l'on va voir dans ce procès-verbal. Je n'ai jamais douté de la parole de M. de Lesseps, et je suis convaincu qu'il était certain et croyait fermement ce qu'il m'a dit, c'est pourquoi je signai ce procès-verbal :

« *Procès-verbal de réception des Cartes cadastrales comprenant* « *les terrains dont la Compagnie universelle du Canal maritime* « *de Suez est en droit de prendre possession.*

« L'an mil huit cent-cinquante-huit, le six du mois de juillet ;

« En vertu des dispositions de l'acte de concession du 30 no-« vembre 1854 et des articles 10, 11, 12 de l'acte confirmatif « du 5 janvier 1856, qui réfère les charges et les concessions « de la Compagnie universelle du Canal maritime de Suez :

« Messieurs Ferdinand de Lesseps, président fondateur et
« J. W. Ruyssenears, administrateur et agent supérieur en
« Égypte, reconnaissent avoir reçu de M. Linant-Bey, Direc-
« teur-général des ponts-et-chaussées du gouvernement égyp-
« tien, Commissaire spécial à ce désigné dans l'acte de con-
« cession, les Cartes cadastrales ci-jointes sur lesquelles sont
« indiqués :

« 1° En teinte bleue, au lieu de la teinte noire désignée par
« l'article 11 de l'acte de 1856, les terrains n'appartenant pas
« à des particuliers, nécessaires à la construction des canaux,
« ports et dépendances ; comprenant en outre une bande de
« deux kilomètres de largeur sur chaque rive des canaux et au-
« tour de chaque port et bassin :

« 2° En teinte violette au lieu de la teinte bleue indiquée par
« l'article 11 de l'acte de 1856, les terrains non cultivés au-
« jourd'hui, n'appartenant pas à des particuliers, mais propres
« à l'irrigation et à la culture ;

« 3° En teinte rouge, les terrains appartenant à des particu-
« liers et indispensables aux travaux ou à l'exploitation, confor-
« mément à l'article 12 de l'acte de 1856, et dont la totalité ne
« dépasse pas la superficie de trois cents cinquante feddans
« (350) ou cent quarante sept hectares (147).

« Les soussignés, Ferdinand de Lesseps et J. W. Ruysse-
« nears, après avoir vérifié les cotes et descriptions du plan
« cadastral, reconnaissent que les terrains concédés par les ar-
« ticles 10, 11 de l'acte de 1856 forment une superficie au mi-
« nimum de cent cinquante mille feddans ou soixante trois mille
« hectares.

« Ils déclarent en outre que, en considération des avantages
« accordés par Son Altesse le Vice-Roi, la Compagnie fera,
« avant de commencer les grands travaux du Canal maritime,
« le versement au trésor égyptien d'une somme de quinze mil-
« lions de francs, à l'intérêt de cinq pour cent par an, lequel
« capital ne sera jamais directement remboursé par le trésor
« égyptien. La Compagnie pourra seulement rentrer dans ses
« avances par des retenues successives correspondantes audit
« capital, et qui seront successivement opérées par elle sur la

« partie des bénéfices nets que l'acte de concession attribue an-
« nuellement au gouvernement égyptien.

« Le procès-verbal est dressé en triple expédition, dont la
« première est remise aujourd'hui entre les mains de Son Al-
« tesse Mohamed Saïd-Pacha, Vice-Roi d'Égypte, la seconde au
« siége de la Compagnie à Alexandrie, et la troisième est con-
« servée par M. Ferdinand de Lesseps aux fins que de droit ;
« et les parties ont signé. »

M. Ferdinand de Lesseps partit donc. Lorsque je revis le Vice-
Roi, lui ayant raconté ce qui s'était passé, soit qu'il eût réfléchi
sur cette affaire, soit qu'il ne voulût plus qu'elle se fît, soit
qu'elle ne lui eût pas été expliquée assez clairement pour la bien
comprendre ; le fait est qu'il me dit qu'il ne voulait plus du tout
de l'arrangement signé par lui et que je devais tout faire pour
annuler cette pièce.

La chose était difficile ; mais j'écrivis à M. de Lesseps ce qui
venait de se passer d'abord par une lettre particulière, et ensuite officiellement, pour lui faire comprendre que la pièce ou
procès-verbal du 6 juillet 1858 devait être annulé.

La lettre particulière l'engagea à faire ce que je lui deman-
dais, car je lui rapportais ma conversation avec Saïd-Pacha ; et
la lettre officielle lui servit de prétexte. Bref, le procès-verbal
fut annulé par sa lettre du 16 janvier 1859 ; mais de ce moment, nos relations ne furent plus les mêmes.

On doit bien penser qu'entre S. A. le Vice-Roi Saïd-Pacha,
M. de Lesseps et moi, bien des choses ont pu se passer, qui
pour quelques personnes pourraient avoir de l'intérêt, mais il
serait trop long de les rapporter ici ; elles prouveraient seulement
que Saïd-Pacha se rebiffait souvent contre ce qu'on lui faisait
faire, mais qu'il n'avait jamais assez de volonté pour persister
dans ce qu'il voulait. Souvent il désirait se soustraire à l'espèce
de pression qu'exerçait sur lui M. de Lesseps, cependant il cé-
dait toujours.

Ma correspondance pourrait au besoin prouver cet état de
choses, qu'il est tout-à-fait inutile de faire connaître aujourd'hui
que les causes qui le provoquaient ont cessé.

J'ai moi-même été bien des fois au moment de rompre avec

M. de Lesseps, car ma position était tout-à-fait fausse ; j'étais en même temps Directeur-général des Travaux-publics, Commissaire du Vice-Roi dans l'affaire du Canal de Suez et Ingénieur-en-chef du Canal. Il n'est donc pas étonnant que, pour ménager les différents intérêts, ce que ma position exigeait que je prisse à cœur, j'aie du être souvent en contradiction plutôt avec M. de Lesseps représentant de la Compagnie du Canal de Suez, qu'avec le Vice-Roi et le Gouvernement égyptien duquel j'étais fonctionnaire supérieur. Tandis que dans la Compagnie du Canal de Suez, je savais fort bien que d'un moment à l'autre tout pouvait finir ; car avec M. de Lesseps on était certain qu'il sacrifierait tout aux circonstances du moment et à son succès personnel (1).

---

(1) Lorsque l'on traça la ville de Toussoun, on s'empressa de donner des noms aux places, aux rues. C'était la place de Lesseps, la rue Ruyssenears, la rue Mougel, etc.

A Ismaïliéh, il en fut de même; on vit la statue du comte Sala, la place Champolion, etc. A Port-Saïd, de même encore. M. de Lesseps a-t-il jamais mis le nom de Linant-Bey quelque part; voyez pourtant ce qui a été dit tout récemment dans le journal *l'Épargne*, du 31 mars 1872, dans l'article suivant dont j'ignore l'auteur :

CANAL DE SUEZ.

Les Devanciers de M. de Lesseps.

C'est une opinion presque accréditée en France, que l'honorable M. de Lesseps a inventé le percement de l'Isthme de Suez. C'est à peine si l'on se rappelle, au seul point de vue moral, les quelques études faites lors de l'Expédition d'Égypte.

La vérité est cependant que l'honorable concessionnaire n'a d'autre mérite, dans toute cette affaire, que d'avoir sollicité et obtenu une concession conditionnelle. En dehors de cela, c'est en vain que l'on chercherait dans l'histoire du percement de l'Isthme un motif ou même un prétexte qui pût légitimer les adulations dont l'honorable M. de Lesseps a été l'objet.

Ce que l'on a oublié, c'est que le côté pratique de la question était depuis longtemps étudié en Angleterre, et qu'il est fort regrettable que l'on n'ait pas tenu plus compte de travaux aussi sérieux.

Ce que l'on a oublié également, c'est que c'est à Linant-Bey, français établi depuis 1820 en Égypte, que l'on est redevable des travaux au moyen desquels ce qu'on a appelé la Commission internationale des ingénieurs a pu se prononcer.

La publication de M. Anderson, au sujet du percement de l'Isthme

Au sujet de ces Cartes, dans la sentence Impériale du 6 janvier 1864 il est dit, aux questions portées dans le compromis :

---

de Suez, présente un grand intérêt; mais cet intérêt est plus vif encore, si l'on ne perd pas de vue que c'est en 1845 qu'elle eut lieu, c'est-à-dire onze ans avant que l'honorable M. de Lesseps songeât à s'occuper de la question.

M. Anderson rappelait en commençant, que divers documents avaient été publiés dans les journaux et revues, et que même une sorte de prospectus, proposant la formation d'une Compagnie pour exécuter l'entreprise, était en circulation à cette époque.

Il établissait ensuite la possibilité matérielle de l'entreprise. Il affirmait que visitant l'Égypte, en 1841, il y avait constaté que le français Linant-Bey avait voué beaucoup de temps et de travail aux investigations pratiques nécessaires à la solution du problème; que cet ingénieur remarquable avait en outre dressé un plan étudié de l'Isthme, et qu'il posédait les informations les plus amples dues à son examen personnel des localités à travers lesquelles le canal devait être creusé. M. Anderson ajoutait que Linant-Bey lui avait remis un mémoire et une carte sur une grande échelle du plan de l'Isthme, et que sur cette carte le tracé du Canal était dessiné avec les détails les plus minutieux.

Linant-Bey, d'après le témoignage de M. Anderson et même de M. de Lesseps, est donc celui qui a consacré sa vie au grand œuvre du percement de l'Isthme; il semble en conséquence qu'il eut été de toute équité et de tout intérêt de confier l'exécution de l'entreprise à l'homme qui s'y était dévoué d'une manière aussi extrême, et qui ayant fait exécuter pendant trente ans d'immerses travaux en Égypte, était plus apte que qui que ce fût à la mener à bonne fin.

Les seules objections que l'on conçoive sont donc :

1° Que si les choses s'étaient passées de cette manière on eût employé 300 millions et six années de moins, et que l'exécution eût paru si simple et si naturelle au public, qu'elle n'eût permis aucune mise en scène, tandis qu'en éloignant l'homme compétent, en s'adressant à de jeunes ingénieurs sortant des écoles, dénués des moindres connaissances pratiques, et de l'incapacité desquels on ne pouvait par conséquent douter, on a créé d'immenses difficultés et effectué d'immenses dépenses.

2° Que si Linant-Bey eût dirigé l'exécution, il en eût récolté une légitime renommée et diminué d'autant celle de M. de Lesseps, qui jouit de cet avantage précieux de passer pour un ingénieur avec les diplomates, et pour un diplomate avec les ingénieurs.

M. de Lesseps saisit parfaitement ce qu'il entend dire, et avec bonne foi il croit au bout de quelque temps que cela est une création de son esprit. Il possède pour certaines choses une excellente mémoire, il retient les faits, les citations; mais souvent il les dénature et il oublie la source où il les a puisés.

« 4° Les Cartes et Plans qui, aux termes de l'article 8 de l'acte de concession du 30 novembre 1854 et de l'article 11 de celui du 5 janvier 1856, devaient être dressés, ne l'ayant pas été, quelle est l'étendue des terrains nécessaires à la construction et à l'exploitation du Canal maritime et du Canal d'eau douce, s'il est conservé à la Compagnie, dans les conditions propres à assurer le prospérité de l'entreprise. »

Il est dit aussi : « Considérant, sur la cinquième question, que la fixation de 63,000 hectares de terrains, comprenant ce qui doit être accordé à la Compagnie, 60,000 comme culture, 3,000 pour les emplacements affectés aux besoins de l'exploitation du Canal maritime, est en harmonie avec celle qui avait été arrêtée entre les représentants de la Compagnie et ceux du Vice-Roi dans les cartes cadastrales dressées en exécution de l'article 8 du firman du 30 novembre 1854 et de l'article 11 du firman du 5 janvier 1856 ; que, si ces cartes plus tard en 1858 ont été annulées d'un commun accord, la difficulté, qui a déterminé à les annuler, ne portait point sur l'étendue des terrains qui devaient être compris dans la concession comme susceptibles d'être arrosés. »

Ceci prouve bien que les cartes étaient faites ; et on connaît la difficulté qui a porté à les annuler. Enfin l'on sait qu'au moment de la sentence, elles étaient déposées à la Commission.

Du reste, la nouvelle marche des affaires de la Compagnie du Canal de Suez, l'entreprise Hardon et beaucoup d'autres faits que je n'approuvais pas, un règlement de service fait par M. de Lesseps pour moi et mon collègue ne me convenant pas, je ne pus cacher mon mécontentement ; je pensais qu'il ne fallait dans de semblables affaires qu'un seul chef. En dernier lieu, M. de Lesseps, par sa lettre du 10 décembre 1858, me disait que j'allais être proposé au Conseil d'Administration de la Compagnie pour être nommé inspecteur-général des terrains et domaines de la Compagnie.

Comment pouvais-je prendre cela, sinon d'une manière dérisoire ; j'étais Directeur-général des travaux publics du Gouvernement égyptien, ministre de fait, sinon titulaire puisqu'il n'y en avait pas, et j'aurais abandonné cette position pour en pren-

dre une si minime. Je ne pouvais comprendre autrement ce que
M. de Lesseps m'écrivait, que comme un prétexte pour que je
me séparasse entièrement de lui.

Je lui rappelai tout ce qui s'était passé, par une lettre résumant tous nos rapports, en date du 22 décembre 1858 : que
j'avais été premièrement désigné par le premier Firman de concession, comme Ingénieur-Commissaire du Vice-Roi ; dans le
second, comme Ingénieur du Vice-Roi, donné à la Compagnie
pour la conduite des travaux. Ensuite, par un règlement de
service il me nommait Ingénieur-en-Chef, première division, etc.,
et aujourd'hui Inspecteur-général des terrains et domaines.
Était-ce là la réalisation de tant de belles promesses, écrites plusieurs fois dans ses lettres, où il me disait d'avoir confiance en
lui. Ma position ici en Égypte était assez belle pour ne pas la
quitter, à moins que ce ne fût pour une bien supérieure dans
l'affaire de la Compagnie du Canal de Suez.

Mais où étaient les terrains et domaines de la Compagnie ? Ils
étaient encore à chercher ; et la position d'Inspecteur-général
d'une chose qui n'existait pas était une sinécure qui ne pouvait
me convenir ; j'avais assez d'activité pour faire autre chose.
Cette proposition était donc dérisoire, et je la pris en plaisanterie ; je fus loin de donner mon approbation à une telle nomination ; et S. A. le Vice-Roi lui-même fit faire à cette occasion
des représentations assez vives.

De ce moment, je ne fus mêlé dans les affaires du Canal de
Suez qu'en ce qui concernait ma position près du Gouvernement
égyptien.

Nous arrivons ici à une phase de l'histoire du Canal de Suez
très-délicate à traiter ; c'est celle de la Commission Impériale de
Paris, pour l'arbitrage de l'empereur Napoléon III.

Je ne puis certainemennt pas entrer dans tous les détails de
ce qui s'est passé, ce serait assumer sur moi le ressentiment de
beaucoup de monde ; et d'ailleurs je ne connais pas assez bien
toute l'affaire, qui a été conduite et traitée par Nubar-Pacha, pour
en parler savamment. Aussi me bornerai-je à mes appréciations
personnelles et à ce qui est écrit pour entrer dans quelques détails.

Nous commencerons par l'appréciation que j'exprimais dans

une lettre écrite de Paris en décembre 1863, sur la situation
de l'affaire; ce qui fera voir que l'on aurait pu, sans faire autant de bruit, en venir à un arrangement probablement moins
onéreux pour le Gouvernement égyptien; mais alors que serait
devenue la Compagnie? il fallait à toute force la faire exister.

*Appréciation de l'affaire du Canal de Suez au conmencement
de la Commission Arbitrale.*

Paris, novembre 1863.

On est arrivé dans la discussion avec la Compagnie du Canal
de Suez à une période durant laquelle il faudrait frapper un
grand coup.

Lorsque les communications dont Nubar-Pacha était chargé
eurent lieu, sans entrer dans les détails de personnalités, et
lorsqu'il reçut cette fameuse pièce du Conseil d'administration
de la Compagnie, il eut fallu se retirer immédiatement sous sa
tente et attendre les propositions jusqu'à la date fixée pour la
suspension des travaux. Alors, si la Compagnie ne consentait
pas à l'accommodement proposé, il fallait immédiatement suspendre la fourniture des ouvriers. En agissant ainsi, on était
bien décidé, devant le monde, à tenir ce qu'on avait avancé,
et c'était alors à la Compagnie à faire des ouvertures conci-
liantes.

M. de Lesseps eût été tellement embarassé de cette manière
d'agir, qu'il en aurait passé par où ou aurait voulu; quoiqu'il
ait dit alors que, si la suspension des travaux avait lieu, il en
mourrait de désespoir.

Au lieu d'agir de cette manière, on a eu l'air d'attendre que
la Compagnie vint à nous; mais celle-ci se dit, et je le sais de
bonne source, que nous finirions par céder, si elle persistait
dans son refus d'arrangement, et que jamais en Égypte on n'o-
serait avoir assez d'énergie, et qu'on n'aurait non plus jamais
assez de confiance en soi-même, pour prendre une mesure vio-
lente en déclarant la suppression des travaux par celle des ouvriers de corvée, mesure pourtant fort légitime.

La polémique établie dans les journaux n'a servi qu'à faire dépenser l'argent du Gouvernement égyptien, et à en faire gagner aux journalistes, aux faiseurs d'articles et aux donneurs de conseils plus ou moins suivis.

Pour moi, je trouve d'abord qu'après la déclaration de la Porte-Ottomane, on aurait dû ne pas envoyer traiter l'affaire à Paris ; cela a donné encore de l'ombrage, en faisant penser que l'influence impériale agirait sur une décision quelconque.

En demandant à l'Empereur de décider ce que nous devions faire, en lui demandant de tracer la ligne de conduite à suivre, c'était justement le moyen de n'avoir rien de positif de lui, comme on le semblait désirer.

A quoi a-t-on abouti officiellement aujourd'hui ? A faire étudier l'affaire par un nouvel avocat, M. Emile Ollivier ; que va-t-il arriver ? C'est qu'on aura seulement une opinion de plus, qui peut nous être contraire : comme celle de Crémieux et de ses associés, ou bien en notre faveur : comme celle d'Odilon Barrot, de Favre et de Dufaure. Dans le premier cas, nous ne serons pas plus avancés ; il faudra d'autres consultations encore, et cela ne mènera pas à une solution tranchée.

Croit-on que pour une opinion favorable de plus, nous allons voir la Compagnie venir à nous, dire qu'elle reconnaît qu'elle est dans son tort, que ses réclamations, ses prétentions sont sans fondement et qu'elle consent à l'arrangement proposé ? Jamais bien certainement, elle ne fera cela, et elle aimera mieux, comme on l'a dit, se voir assassiner que de se suicider elle-même ; au moins elle aura une réclamation à faire. Elle attendra donc, en faisant de la polémique, le moment de la suspension des travaux ; et cette polémique bien certainement sera au désavantage du Gouvernement égyptien.

Croit-on que l'Empereur dira quelque chose ? Qu'il se prononcera d'une manière quelconque ? Cela n'est pas possible.

Qu'il dise : la Compagnie a tort, elle doit céder ; immédiatement, sans compter les brouilles de ménage, il n'y aura qu'un seul cri se faisant entendre à Paris et en France : l'Empereur sacrifie les intérêts d'une Compagnie française, formée pour la plus grande œuvre de progrès et de civilisation (mots à la mode); œuvre toute politique pour la France, et c'est à cause de ses craintes ou de ses ménagements envers l'Angleterre.

Au contraire, que l'Empereur dise : la Compagnie a droit à ce qu'elle a eu jusqu'à présent, et l'Egypte doit continuer, avec peut-être quelques modifications, à marcher dans l'affaire du Canal de Suez comme elle l'a fait jusqu'à ce jour. Alors on verra en ceci une hostilité contre les intérêts de l'Angleterre ; on crierait alors bien fort d'un autre côté, et cela ne conviendrait pas davantage à l'Empereur dans ce moment-ci. Si le Vice-Roi, d'après la déclaration que ferait l'Empereur, continuait dans la voie où il a été jusqu'à ce jour engagé, fournissant argent et hommes, on pourrait s'attendre encore à de longs embarras suscités par le parti opposé au percement de l'Isthme de Suez, on pourrait encore en arriver à faire prêcher aux populations que, contre la volonté suprême, on prend des ouvriers et beaucoup d'argent, afin de contenter l'Europe dans ses vues et faciliter par le travail des Égyptiens les travaux de l'établissement de la communication des deux mers, qui n'a pour but que de s'emparer des Lieux-Saints et de l'Arabie, ce qui, d'ailleurs, a déjà été dit dans les temps anciens, lorsque Amrou proposa au Khalif Omar d'établir cette communication de Foraniah sur la Méditerranée, à Suez sur la mer Rouge, ce qui fut repoussé par les raisons ci-dessus.

Soyons bien certain que l'Empereur ne se prononcera que dans le cas où la Compagnie, à l'époque fixée, n'ayant pas consenti à un arrangement, nous suspendrions les travaux en supprimant la fourniture des ouvriers ; c'est dans ce cas alors que l'Empereur ou le Gouvernement français interviendra. Car la Compagnie sera peut-être dans son droit de s'adresser à l'un ou à l'autre, qui sera pour ainsi dire forcé d'intervenir pour les intérêts de ses nationaux.

Alors ne pouvant traiter directement avec le Vice-Roi, qui s'est mis à l'abri derrière la volonté de son suzerain, c'est à Constantinople qu'on attaquera le Vice-Roi sur ce qu'il ne tient pas les engagements de son prédécesseur. Les ambassadeurs, les cabinets européens s'occuperont alors activement de cette grosse affaire, qui traînera en longueur. A Constantinople cette affaire donnera de l'embarras, elle fatiguera, on cherchera un moyen terme, on restera longtemps dans l'indécision, ce qui est toujours un mauvais état de choses, et au bout du compte ce sera encore l'Égypte qui devra être victime. On a été tellement habitué dans le monde à voir toujours le Vice-Roi, qui a donné la concession, faire ce que le concessionnaire du percemeut de l'Isthme désirait, que l'on croit qu'il doit encore en être ainsi et que l'Égypte et ses Vice-Rois sont engagés envers le monde entier à faire, à leurs dépens même, prospérer la Compagnie, coûte que coûte.

Je crois donc qu'il eût été beaucoup plus sage de se retirer immédiatement après le refus du Conseil de la Compagnie d'accepter les propositions du Gouvernement égyptien. Cette conduite eut été tout à fait digne. On devrait pourtant savoir que la force d'inertie, qui surtout en Égypte est si souvent employée dans les affaires, est ordinairement une très-bonne manière d'agir.

Nous avons, en Égypte, fait beaucoup de fausses démarches depuis le commencement de cette affaire. Si c'était l'intérêt et la volonté des Vice-Rois de ne plus trop s'engager financièrement dans l'affaire du Canal de Suez, où ils ont jeté de bien fortes sommes, il fallait au moment de la mort de Saïd-Pacha, et au moment où l'on déclarait l'abolition de la corvée, ne plus donner d'ouvriers au Canal de Suez ; et alors déclarer, ce que nous avons dit plus tard, que la Concession n'ayant jamais été régulièrement confirmée par le Sultan, elle était nulle ; et puis ne rien faire.

Au lieu de cela, ce qui était la même chose que ce qui va arriver, nous avons reconnu la Concession et les droits de la Compagnie, en continuant à donner des ouvriers d'après un règlement de 1856, auquel Saïd-Pacha, quoiqu'il l'eût signé, n'avait jamais réfléchi comme il le faisait souvent, et que M. de Lesseps obtenait en conférence intime ; comme il menace de le faire dans sa lettre annulant le procès-verbal des cartes cadastrales.

On a pris des arrangements favorables à la Compagnie pour le payement des actions souscrites par Saïd-Pacha, et l'on a fait avec la Compagnie de nouvelles conventions pour l'exécution du

Canal d'eau douce ; on a donc continué à reconnaître les droits
de la Compagnie établis par Saïd-Pacha.

Je me demande, et d'autres le font comme moi, pourquoi
on a fixé à six mille les ouvriers que l'on fournirait au Canal.
Ceci est une faute ; car rien ne prouve que si l'on fournit six
mille travailleurs, on ne puisse en fournir dix, douze, vingt,
trente mille, puisque déjà on l'a fait, et par corvée facile on
peut en avoir bien plus.

Le Vice-Roi ou le Gouvernemant égyptien, ce qui est la même
chose, ou son représentant, dit bien que les six mille ouvriers
seront des ouvriers libres ; mais on se demande comment
peut-on s'engager à fournir des hommes libres : s'ils le sont,
s'ils peuvent et veulent aller au Canal sur les travaux, si c'est
à leur convenance, à leur avantage, le gouvernement n'a pas à
s'en mêler, ils iront de leur bon gré ; on peut même en avoir
bien plus de six mille.

Si le gouvernement est obligé de les fournir, ils ne sont donc
pas libres, ce seront des ouvriers de réquisition, ce qui en
Égypte est synonyme de corvée ; ils seront peut-être mieux
traités, plus payés, mais ce ne seront jamais des ouvriers
libres.

Cette manière d'agir montre de l'indécision ; on emploie des
demi-mesures. Il faudrait trancher plus positivement la question,
ce qui certainement conduirait à une solution plus favorable.

Pour les terrains, on veut donner une indemnité, comme pour
les travaux exécutés pour la construction du Canal d'eau douce ;
c'est bien juste, si on reprend ce Canal. Mais dans ce cas, c'est
toujours reconnaître en partie les droits donnés par la Concession ; alors pourquoi ne pas les reconnaître tout franchement
sans tergiverser ; pas de demi-terme, tout ou rien, on serait dans
son droit.

La Concession existe-t-elle, oui ou non ? est-elle valable, oui
ou non ? Voilà toute l'affaire.

Si oui, il faut payer des indemnités pour les travaux, pour
les terrains à rétrocéder pour le Canel d'eau douce, si on le
reprend pour les actionnaires, les membres fondateurs.

Si non, reprenez la Concession, qui manque de légalité dès le

principe et que le gouvernement d'aujourd'hui peut par conséquent ne pas accepter ; ce qui serait différent, si l'approbation
du Sultan avait été donnée ; car alors, ayant accepté l'héritage de
son prédécesseur, le Vice-Roi actuel doit en accepter les charges,
mais il n'y a pas eu adhésion du Sultan. On pourrait même à la
rigueur, si la force pouvait seconder l'action, faire suspendre
les travaux, chasser ces gens qui sont venus s'établir sur un
terrain qui ne leur appartient pas, que l'on invoque ou non
l'intervention des puissances européennes intéressées au percement de l'Isthme de Suez. Alors, il y aura peut-être une décision
quelconque, qui certainement serait moins défavorable à
l'Égypte qu'un arrangement à l'amiable ou au moyen d'un
arbitrage. Tout ceci, bien entendu, est pour le cas où l'Égypte
ne verrait pas d'avantages au Canal de Suez.

On ne doit donc pas attendre de l'Empereur une parole pour ou
contre ; son intervention ne viendra que forcément, par un arbitrage bien réglé auquel personne, pas plus la Compagnie que
l'Égypte, ne pourront se soustraire. Peut-être l'Empereur dirait-il
quelque chose à propos de la suppression entière des ouvriers,
peut-être non ; car il lui suffit de savourer l'importance que
lui donne cet appel à sa décision.

En ce moment, je crois que le moyen d'avoir une solution et
d'y arriver à notre avantage, est l'entière suppression de la
fourniture des ouvriers et l'arrêt des travaux.

Telle était mon opinion en 1863, envoyée par un intermédiaire à son Altesse le Vice-Roi.

Il faut, il est vrai, beaucoup de hardiesse pour oser exprimer
son opinion sur une sentence, qui a été donnée par une Commission aussi éminemment compétente et clairvoyante que celle
qui a été chargée de juger en 1864 le différend qui existait entre
la Compagnie du Canal de Suez et le Gouvernement égyptien ;
sentence d'après laquelle a eu lieu le jugement arbitral de
l'Empereur Napoléon III consenti d'avance par les deux parties
adverses. Aussi ce n'est pas, j'en suis bien éloigné, sur le jugement que je veux donner ici mon opinion ; c'est sur l'application
de ce jugement et sur les chiffres qui ont été fixés.

Premièrement, c'est sur l'évaluation de la valeur des terres.

Il a été présenté à la Commission plusieurs mémoires au sujet de la valeur des terrains ; c'est à peine si on en a tenu compte, et il me semble qu'il était bien plus rationnel d'estimer ces terrains d'après la valeur qu'ils avaient alors, que sur celle qu'ils pouvaient acquérir dans un avenir éloigné ; si éloigné même qu'aujourd'hui on ne pourrait trouver à vendre 100 feddans de terre de ceux qui devaient appartenir à la Compagnie sur tout le parcours du canal jusqu'à l'Ouadée, de Ras-el-Ouadée à Suez, ou dans le désert de Nefiché, de El-Gisr, de Ferdanne, etc., à la seule condition d'en payer les contributions ; personne n'en prendrait, à moins d'avoir un procès en perspective.

Mais reportons-nous à l'époque de l'arbitrage. Il faut bien être persuadé, comme toute personne qui connaît l'Égypte, que les terres n'ont aucune valeur, si elles ne peuvent être arrosées que par des eaux provenant de puisards et élevées au moyen de machines quelconques ; ces terrains sont pauvres, salés, ils ne produisent pour ainsi dire rien, il leur faut absolument l'eau de Nil pendant les crues.

Les terres, qui sont à proximité des canaux séfi, où l'on peut puiser de l'eau toute l'année pour les arroser, sont celles qui valent le plus.

Les terres qui ne peuvent recevoir d'eau du fleuve que pendant les crues et par les inondations, valent moins que les précédentes.

Dans les terrains que la Compagnie aurait pu posséder, en supposant que tout ce qui avait été cadastré lui eût appartenu, il y avait, comme il est dit dans la sentence, 63.000 hectares dont 60.000 destinés à la culture.

Mais il y avait aussi une quantité de terrains couverts de dunes évaluée à plus de 15.000 feddans.

Les états du cadastre portaient :

Terrains : sable, argile, cailloux.		14.843 fedd.
—	terre et sable.	14.167
—	pierres, sablonneux et accidenté.	38.935
—	marécageux et salants.	69.324
—	dunes.	15.500
—	bons terrains d'alluvion.	15.840
	Total.	168.609 fedd.

De cette partie on devait retrancher 13.458 qui, par la convention du 18 mars 1863 (1), ne devait plus appartenir à la Compagnie ; il resterait 155.151.

Quant aux terrains de bonne qualité, dont la superficie est de 15.840, je suppose qu'on les considère même comme les meilleurs cultivés dans l'Ouadée.

La Compagnie a fait l'achat des terrains formant la propriété de l'Ouadée, pour la somme de 1.997.537 francs ; comme il y a 9.987 hectares ou environ 23.780 feddans tout compris, le prix de l'hectare est donc de 200 fr., et celui du feddan de 84 fr.

Quant aux autres terrains, ceux de terre et sable, ceux de sable, argile et cailloux pouvant avec beaucoup de peine devenir terrains médiocres, ceux marécageux et salins ne valant rien, il faudrait bien du temps, bien des frais pour les améliorer en les lavant plusieurs fois avec de l'eau du Nil, et il faut encore que les localités s'y prêtent.

Quant à ceux occupés par les dunes, nous allons ici répéter ce qui a été dit à la Commission.

La formation des dunes, se trouvant dans la limite des terrains cadastrés, a toujours pour principe une plante, qui est le plus souvent un tamarisc ; cette formation qui est, pour ainsi dire, invariable dans cette partie, peut s'étudier sans aucune variation, surtout à l'endroit nommé El Ambak aux Lacs Amers.

Cet arbuste, le Tamarisc, grandit ; à son pied, les sables voyageurs s'arrêtent ; les feuilles, les fleurs de l'arbuste, qui contiennent une partie résineuse, en tombant s'agglomèrent avec les sables, et peu à peu, année par année, cette agglomération augmente la butte de sable ; l'arbuste pousse aussi et conserve ses branches au sommet de l'agglomération, qui devient dune ; mais toujours le tamarisc aura ses racines premières dans le sol au-dessous de la dune. Ce sol conserve fort peu d'humidité, produite par quelques rares ondées de pluie qui filtrent promptement à travers les sables ; mais cette humidité se maintient plus longtemps dans le terrain qui est garanti du soleil par toute l'épaisseur de la dune.

----

(1) Article Ier de la convention.

On voit effectivement presque toutes ces dunes surmontées de tamariscs et de quelques broussailles, mais elles n'ont pas poussé sur la dune, elles ont servi à fixer les sables voyageurs, à les accumuler et sont le principe de la formation de la dune.

D'après ceci, on conçoit que peut-être on pourrait arrêter les sables voyageurs au moyen de quelques plantations, qui formeraient des dunes en fixant les sables ; mais il ne faut pas s'attendre à planter, à ensemencer les dunes existantes ; on n'a pu rien faire de semblable jusqu'à ce jour, malgré les essais faits par la Compagnie. Il n'y a jamais assez d'humidité dans la dune, et par conséquent assez de pluie pour fixer et faire germer les graines sur la dune sans employer l'irrigation.

Or, quant à penser élever les eaux sur ces dunes naturellement ou par des machines, ce serait vouloir dépenser des sommes considérables pour arriver à des résultats négatifs.

La mise en culture des dunes en forêts est donc, pour cette partie, tout à fait illusoire comme produit.

Ainsi, dans les cartes cadastrales représentant les terrains pouvant appartenir à la Compagnie et arrivant à 155.151 feddans pour culture, il n'y aurait réellement que 15,840 feddans pouvant être mis en rapport.

En donnant à ces terrains la même valeur qu'à ceux de l'Ouadée, dont la Compagnie a fait l'acquisition, c'est-à-dire 84 francs le feddan ou 200 francs l'hectare, on aurait :

$$15.840 \text{ feddans} \times 84^f = 1.330.000 \text{ fr.}$$

Les autres, au nombre de 137.311, ne pourraient être évalués qu'à au plus 1/4 de la valeur de ceux de l'Ouadée en plein rapport ; on a 21 francs le feddan et pour les 139.311 feddans 2.925.531 francs. Ce chiffre semblerait trop minime quand on pense que ces terres ont été évaluées à 30.000.000 de francs.

Mais prenons un autre système, qui semblera plus juste.

Les terrains de l'Ouadée, qui étaient en plein rapport, pouvant être arrosés par les eaux des crues pendant les inondations, et ensuite en partie par irrigations pendant les étiages, ont été payés par la Compagnie 200 francs l'hectare ou 84 francs le feddan. En appliquant ce prix à tous les terrains que pouvait posséder la Compagnie, même d'après l'arbitrage, c'est-à-dire 60.000 hectares, ce serait 12.000.000 de francs.

Faisons une autre estimation : les terrains dans les plus belles conditions possibles, à proximité des eaux d'étiages et des crues, comme dans le Cherkièh, coûtaient dans l'année de l'arbitrage 250 francs le feddan. Sur le parcours du Canal d'eau douce, depuis Abou Zabel jusqu'à l'Ouadée, on pouvait à la même époque acheter les terrains sur le bord du désert à 200 piastres le feddan, ce qui fait environ 50 francs ; or ces terrains sont encore bien meilleurs que ceux qui existent du Sérapéum à Suez et de Timsah à Ferdanne et Cantarrat, etc., etc.

Ainsi en mettant les 15.840 feddans de bons terrains à 250 francs le feddan, on aurait 3.920.000 francs ; les 139.311 feddans à 50 francs font 6.965.550 francs ; et le total 10.885.550 francs.

Qui a jamais pensé à faire l'achat de terrains dans le désert, le long même du Canal d'eau douce, aujourd'hui? quel est le cultivateur ou l'homme connaissant l'Égypte qui ira employer ses fonds à faire l'acquisition de terrains dans le désert, quand il peut en posséder à des prix très-bas dans les terres cultivées, où ils sont bien meilleurs et où pour ainsi dire il n'y a qu'à en-semencer pour avoir immédiatement un produit. Dans le Fayoum, dans les environs d'Alexandrie ou la province de Béhéré, dans le nord du Delta ou du Daccalièh il y a des 100.000 feddans à cultiver et dont beaucoup rapporteraient, la première année de leur mise en culture, un produit net plus considérable que le prix d'achat. Des feddans de terre sur d'autres parcours pourraient s'acquérir à 200 piastres, et pourraient rapporter en une récolte, en orge, plus de 400 piastres, produit net.

Autre calcul :

Dans une grande propriété, on admet que l'on cultive ordinairement en produits riches ou d'été arrosables pendant l'étiage, un tiers de la propriété. Puis admettons encore que les deux tiers ne soient cultivés que par inondation, comme dans la Haute-Égypte, et comme d'ailleurs M. de Lesseps l'avait admis et annoncé dans ses instructions, 100.000 feddans par inondation et 30.000 séfi. Mettons la première catégorie à 250 francs et les deux autres tiers à 70 ; et en admettant les résultats donnés par la Commission, c'est-à-dire 60.000 hectares pour la culture ou 142.857 feddans, on aura :

$$
\begin{aligned}
\text{Un tiers} &= 47,619 \text{ à } 250 = 11.904.750 \text{ fr.} \\
\text{Deux tiers} &= 95,238 \text{ à } 70 = \underline{6.666.660} \\
&\phantom{= 95,238 \text{ à } 70 = } 17.571.410 \text{ fr.}
\end{aligned}
$$

Par ce dernier calcul, le plus avantageux de tous pour la Compagnie, on aurait payé en plus, d'après le calcul adopté à l'arbitrage et sans raison : 11.428.580 francs.

La seconde question sur laquelle nous allons donner notre avis est celle des ouvriers.

Nous ferons remarquer avant tout que dans le réglement des ouvriers du 20 juillet 1856, il est dit à l'article 2 que la paie allouée aux ouvriers sera fixée suivant les prix payés en moyenne pour les travaux des particuliers.

D'après ceci on doit bien comprendre que le salaire n'était pas fixé pour toujours, et comme les travaux devaient durer plus de quatre années (ils en ont duré dix au moins) on ne peut penser que le salaire de l'ouvrier devait être le même pendant toute la durée du travail, quand celui des ouvriers travaillant pour des particuliers aurait augmenté. Etait-ce le Gouvernement égyptien qui devait donner aux ouvriers travaillant pour la Compagnie la différence occasionnée par l'augmentation de salaire des ouvriers travaillant pour des particuliers ? ou bien les ouvriers du Canal devaient-ils perdre cette augmentation qu'ils pouvaient trouver en travaillant ailleurs ? Certainement ni l'un ni l'autre ; et puisque le salaire avait été fixé selon ce qui se payait par des particuliers à la date du réglement, la Compagnie devait toujours continuer à donner comme salaire à ses ouvriers ce que les particuliers auraient pu donner aux mêmes ouvriers.

Le Gouvernement devait donc fournir les ouvriers, et la corvée étant abolie, il devait seulement être responsable de la différence du prix du salaire que l'on devait donner aux ouvriers qu'il fournirait aux prix que donneraient les particuliers pour leurs travaux, et celui des ouvriers libres qui se présenteraient à la Compagnie ; c'était à elle à s'en pourvoir où elle pourrait.

Toujours selon l'article 2 du règlement, il est dit : que la paie de l'ouvrier sera de la somme de deux piastres et demie à trois piastres par jour, non compris les rations. Ceci devait être satis-faisant à l'époque même de la date du réglement, car s'il n'en devait pas être ainsi, comment aurait-on fait pour les rations? devaient-elles rester toujours à la même valeur? alors, comme elles augmentaient tous les jours de valeur, la Compagnie eût-elle été dans son droit en ne donnant que demi-ration, si celles-ci étaient montées au double de valeur?

Il est donc bien entendu, pour tout homme équitable, que la paie de l'ouvrier devait augmenter, ainsi que la valeur des rations, selon ce que les particuliers payaient, et cela aux frais de la Compagnie.

A la date du règlement, d'après ce qui a été dit, la paie était : pour un enfant au-dessous de 12 ans de 1 piastre, pour les hommes ordinaires 2 piastres et demie; pour les hommes forts 3 piastres.

Ordinairement sur les travaux, on avait :

```
1/2 hommes forts à. . . . . . . . . . . . .   3 piastres.
1/4 hommes ordinaires à. . . . . . . . .   2 1/2 id.
1/4 enfants à. . . . . . . . . . . . . . .   1   id.
```

la moyenne serait donc sur 20.000 ouvriers qui travaillaient à l'Isthme :

```
10.000 à 3 piastres  = 30.000 piastres.
 5.000 à 2 1/2 id.   = 12.500
 5.000 à 1   id.     =  5.000
                       ─────────
                       47.500 piastres.
```

D'après le rapport de M. de Lesseps à l'Assemblée générale de 1863, on avait exécuté dans la tranchée de Gisr avec 18.000 ouvriers un cubage de 4.350.000 mètres qui avait coûté 2.750.000 dont 1.200.000 pour le salaire des ouvriers.

D'après ceci, un ouvrier aurait donc fait par jour $0^m,806$ de mètre cube pour la paie journalière de 51 centimes, environ

1 piastre 38 paras; et pourtant l'ouvrier devait être payé en moyenne à raison de 2 piastre 15 paras.

Mais remarquons seulement une chose, c'est que l'ouvrier faisait par jour 0ᵐ,806 de mètre cube pour la paie de 1 piastre 38 paras; ainsi donc le mètre revenait à 2 piastre 16 paras.

Selon le rapport de la Commission, il y avait encore à faire en 1864 : 23.700.000 mètres cubes à sec; en estimant aux prix ci-dessus, on aurait : 56.324.530 piastres ou 13.980.390 francs, qui seraient à payer, si l'on ne devait plus fournir d'ouvriers et en supposant que le prix de la journée de l'ouvrier fût resté le même.

Nous établirons un autre calcul :

Sur tous les grands travaux et même sur ceux du Canal, on a vu qu'en moyenne un mètre cube par jour était fort raisonnable; ainsi pour excaver à sec les 23.700.000 mètres cubes qui restaient en 1864 pendant que Commission impériale siégeait, il aurait fallu 23.700.000 journées d'ouvriers, ce qui est bien près de ce que M. de Lesseps lui-même a énoncé dans son rapport de 1863.

En 1864 la journée d'ouvrier libre se payait 4 piastres, mais dans le désert nous mettrons 6 piastres; ainsi il fallait pour la paie de ces 23.700.000 journées d'ouvriers la somme de 142.200.000 piastres ou 35.000.000 de francs à peu près.

Mais la Compagnie, même en recevant des ouvriers de corvée, devait payer en moyenne par journée 2 piastres 15 paras, ce qui aurait fait une somme de 56.287.500 piastres; l'augmentation serait donc en prenant des ouvriers libres de 85.912.500 piastres; ce serait donc 22.314.945 francs qui seraient l'augmentation que subirait la Compagnie pour avoir des ouvriers libres au lieu de ceux des corvées.

Mais de plus, comme avantage pour elle, les frais de voyage des ouvriers n'auraient pas été à sa charge, ni les vivres non plus; ainsi une indemnité de 22.314.945 francs était plus que suffisamment équitable.

Quant à l'augmentation de 15 centimes par mètre cube sous l'eau, ceci n'est point basé, ni fondé; jamais ce ne sont les ouvriers de corvée qui ont travaillé aux machines, ou au moins cela a été si exceptionnel que l'on aurait dû ne pas le compter.

Il y a aussi une somme de 5.000.000 de francs qui entre en compte ; parce que, a-t-on dit, des calculs analogues à ceux faits sur la suppression de la corvée prouvaient que la Compagnie serait obligée de supporter un surcroît de dépenses pour les travaux d'art.

Or, dans le règlement du 20 juillet 1856, qui a rapport aux ouvriers, jamais et nulle part il n'a été question de fournir des ouvriers d'art ; mais seulement il est parlé des avantages que pourrait leur donner la Compagnie. Dans les corvées ce ne sont jamais que des terrassiers qui sont fournis, les artisans sont en dehors de cela. Aux travaux d'art comme maçonneries et autres, les hommes de corvée ne travaillent pas. Le Gouvernement, même lorsque la corvée existait entièrement, payait les ouvriers maçons, charpentiers, menuisiers, etc. Ainsi cette somme de 5.000.000 de francs n'est justifiée d'aucune manière, il fallait la retrancher.

Alors on a donc, au lieu de. . . . .   38.000.000 fr.
Somme fixée par l'arbitrage, seulement. 22.324.945
                    En moins. . . . .   15.675.055 fr.

Ainsi on aurait :

Pour la rétrocession des terrains. . . . .   18.571.420 fr.
Pour la suppression de la corvée. 22.324.945
                    Total. . . . .   40.896.365 fr.

au lieu de 84.000.000 de francs ; on a donc payé 43.103.635 fr. en surplus.

Voici, je crois, où l'on en serait arrivée par une discusssion plus prolongée, dans laquelle il n'y aurait pas eu de parti pris ; mais les esprits étaient aigris de part et d'autre, des influences trop haut placées imprimaient pour ainsi dire leur opinion ou même leur volonté ; et c'est à tel point, que M. Thouvenel, président de la Commission, fut plusieurs jours dans l'hésitation avant de signer la décision.

Au commencement de l'affaire, il est certain que l'on aurait pu tout terminer avec 30.000.000 de francs, et la Compagnie eût été très-heureuse de les avoir ; c'était aussi l'opinion de quelques personnes mêlées dans l'affaire. Mais les complications, provenant soit de Constantinople ou d'ailleurs, les indécisions de part et d'autre, firent que les esprits s'exaltèrent réciproquement ; les susceptibilités d'amour-propre, les articles de journaux parus mal à propos, envenimèrent, et l'on fut bien aise de favoriser le plus possible la Compagnie au détriment de l'Égypte, considérée comme une mine inépuisable de millions ; la sentence arbitrale de l'Empereur fut rendue.

On aurait pu certainement, sans attaquer les bases de cette sentence, revenir sur son application et sur les chiffres ; mais Son Altesse le Vice-Roi, toujours grand et généreux dans cette affaire du Canal de Suez, aima mieux payer que de manquer en quelque chose à la parole qu'il avait donnée à l'Empereur de s'en rapporter à son arbitrage, ayant entièrement confiance dans sa justice ; et il ne voulut pas que l'on discutât encore après la sentence rendue.

Quant à tout ce qui s'est passé depuis, cela est connu de tout le monde ; les écrits de M. de Lesseps, le journal de l'Isthme et les autres journaux l'ont appris ; et il serait superflu d'en parler ici.

CANAL D'EAU DOUCE, AUJOURD'HUI ISMAILIÈH.

Nous ne reviendrons pas ici sur l'ancien Canal d'eau douce du Nil à la mer Rouge, dont nous avons déjà donné l'histoire ; il suffit de dire que le tracé de ce que nous avons nommé le canal de Trajan ou d'Adrien était pour ainsi dire le même que celui du Canal que l'on nomme aujourd'hui Ismaïlièh.

Dans la concession faite par le Vice-Roi d'Égypte Saïd-Pacha, il est seulement dit, au sujet du Canal d'eau douce, ce qui suit, à l'article VII du firman du 30 novembre 1854 : *Dans le cas où la Compagnie jugerait convenable de rattacher par une voie navigable le Nil au passage direct de l'Isthme, et dans le cas où le canal maritime suivrait un tracé indirect desservi par l'eau du Nil, etc......*

A ce moment, la direction à donner au Canal d'eau douce, pas plus que son but, n'étaient donc bien déterminés ; et l'on voit que, ni le Vice-Roi, qui donna le Firman de concession, ni M. de Lesseps qui le dicta, ne déterminèrent ce que devait être le Canal d'eau douce, ni même si le Canal de communication direct devait être alimenté ou desservi par l'eau du Nil.

Dans les instructions données par M. de Lesseps, qui furent combinées entre lui, Mougel-Bey et moi la veille du jour de notre rentrée au Caire après notre excursion dans l'Isthme, nous restâmes vingt-quatre heures campés dans les dunes de Kanka, pour rédiger ces instructions ; dans ces instructions, il est plus clairement parlé du Canal d'eau douce, il y est dit : *Ajouter au projet du Canal maritime un projet du Canal de communication, d'alimentation et d'irrigation, dérivé du Nil, ayant son point de départ entre le barrage et Boulak, pour gagner l'Ouadée et arriver jusqu'au lac Timsah. Les dimensions en seront calculées de manière qu'en raison de sa pente et de son tirant d'eau, le Canal puisse arroser au moins 100.000 feddans à l'époque de l'inondation. Ce Canal devra, aux environs du lac Timsah, avec lequel il communiquera, se séparer en deux branches de simple irrigation, pour être dirigées l'une vers Suez, la seconde vers Péluse.*

On voit par là que la dérivation vers Suez ne devait servir qu'à l'irrigation et à la fourniture de l'eau aux habitants de Suez, et non pour la navigation.

On pensait effectivement que le Canal d'eau douce venant du Nil, duquel, au lac Timsah, on pouvait, à l'aide d'écluses descendre dans le Canal maritime, n'était pas utile pour la navigation jusqu'à Suez ; mais le Canal maritime n'étant pas fait, la Compagnie a dû avec raison rendre la dérivation vers Suez navigable pour ses besoins.

Quant à la dérivation vers Péluse, comme on pensait faire l'entrée du Canal maritime à Péluse même, la dérivation du Canal d'eau douce de Timsah à Péluse se faisait facilement sur la berge du Canal ou à côté, puisque le tracé était dans les terrains à sec ; ce qui n'a pu avoir lieu, parce que le tracé définitif du Canal a traversé le lac Menzaléh.

D'après l'avant-projet, jusqu'au lac Timsah, le Canal d'eau

douce devait satisfaire à trois conditions : Il devait être assez large pour permettre la navigation aux barques et aux bateaux à vapeur qui naviguaient alors sur le Nil, et sans avoir besoin de transbordement. Le volume d'eau à fournir par ce Canal devait être assez considérable pour que les dépenses impro-ductives, d'infiltrations, d'évaporation, de passage des écluses, étant faites, il restât encore assez d'eau pour l'irrigation de 100.000 feddans (40.000 hectares) pendant l'hiver, et de 60.000 feddans (24.000 hectares) pendant l'été ou l'étiage. Le niveau de l'eau devait être maintenu à la hauteur la plus favorable pour l'irrigation naturelle des immenses terrains qui se trouvent dans l'Isthme, et qui restent stériles faute d'eau.

On verra ce qui est dit à la suite de la précédente citation, au projet étudié par moi et approuvé par M. Conrad, ce qui n'est du reste que ce que contenait mon projet fait antérieurement.

Dans le second Firman de concession du 5 janvier 1856, au Chapitre 1ᵉʳ, article second, il est dit : *la Compagnie devra exé-cuter à ses frais, risques et périls : 2° un Canal d'irrigation ap-proprié à la navigation fluviale du Nil, joignant le fleuve au Canal maritime ; 3° deux branches d'irrigation et d'alimentation dérivées du précédent canal, et portant leurs eaux dans les deux directions de Suez et de Péluse.*

Dans le rapport de la Commission internationale, on approuve entièrement le projet du Canal d'eau douce comme il est donné dans l'avant-projet, et il est dit *que le Gouvernement Égyptien s'est chargé d'exécuter à forfait le Canal d'eau douce de jonction et d'irrigation, d'après l'évaluation de l'avant-projet,* ce qui était.

Le projet du Canal d'eau douce du Nil au lac Timsah fut com-plètement dressé par moi, en décembre 1856. M. Conrad, l'in-génieur hollandais membre de la Commission internationale, vint alors pour examiner le projet, et suivit pas à pas le tracé sur les lieux mêmes, afin de l'examiner consciencieusement ; après quoi, il y donna son approbation le 1ᵉʳ janvier 1857.

Mais avant d'entrer dans les détails de ce projet, il y a lieu d'en reproduire plusieurs pièces, qui serviront d'éclaircissements pour plusieurs points.

Dans l'avant-projet, il était dit *que le Canal de jonction ne*

*serait pas creusé au-dessous de l'étiage, et qu'il serait alimenté à
2 mètres d'eau à partir du plafond à l'aide de pompes ou autres
machines à vapeur.*

La Commission internationale avait approuvé ce projet, et
laissé aux Ingénieurs de l'avant-projet toute latitude à ce sujet.
Mais, dans une réunion du 8 avril 1856, cette Commission émit
un avis qui me fut communiqué, et qui tout en donnant des
conseils ne concluait à rien, comme il est souvent arrivé ; c'était
seulement pour mettre sa responsabilité à couvert.

Voici cet avis :

*Lorsque la Commission internationale a examiné à Alexandrie
l'avant-projet du Canal du Caire au lac Timsah, elle a reconnu
que l'obligation d'élever au moyen d'une machine à vapeur les
eaux nécessaires à la navigation et aux irrigations constituerait
une assez lourde charge annuelle, et qu'elle laisserait le service
du canal abandonné à toutes les éventualités attachées à l'emploi
des machines à vapeur. Elle a pensé qu'il y aurait peut-être dès
lors avantage à descendre le plafond du canal à 2 mètres au-
dessous de l'étiage, sauf à faire les frais de l'établissement dans
le fond de ce canal d'un revêtement en béton, qui aurait pour but
de prévenir l'envahissement de la cuvette par les sables régnant
au-dessous du plan de l'étiage. Ce revêtement devrait embrasser
toute la partie du périmètre de cette cuvette creusée dans le sable ;
peut-être même pourrait-on se borner à l'appliquer sur les talus
et les parties du plafond contiguës.*

*On aurait aussi à exécuter quelques dispositions, pour empê-
cher la formation de bancs de sables, qui viennent dit-on toujours
se placer dans le Nil en tête des canaux séfi ; l'on y parviendrait
en établissant dans le Nil une digue submersible en enrochement,
qui obligerait l'eau, à l'étiage, à couler contre la rive droite du
fleuve, près du point où se ferait la prise d'eau.*

*L'abaissement du plafond du canal aurait pour conséquence la
suppression d'une écluse.*

D'ailleurs, la Commission internationale s'en rapporte, pour
l'exécution du meilleur mode à choisir, aux études et à l'expérience locale de MM. Linant-Bey et Mougel Bey, ainsi qu'à la
décision que prendra S. A. le Vice-Roi d'Égypte après les avoir

entendus. (Mougel-Bey était en Europe pendant tout le temps des études et des travaux préparatoires).

Je trouvai cet avis bien pâle, et je l'appréciai comme une de ces choses qui se font banalement dans une réunion, pour dire quelque chose.

Voici ce que je répondis :

Le Canal d'eau douce dérivé du Nil au-dessus de Boulak, nommé Khalig Zaffrannè, qui doit être conduit jusqu'au lac Timsah, est en partie creusé. C'est en 1837 que Méhémet-Ali voulut faire de ce canal un cours d'eau pour l'arrosage, pendant l'étiage, des terrains du Calioubiéh et du Cherkièh ; il ne voulait pas que l'on s'en servît pendant les crues et pour les inondations, ce qui d'ailleurs n'était pas nécessaire, puisque pour cet usage il y avait d'autres canaux ; il voulait conserver celui-ci pour l'étiage, en empêchant qu'il ne fût comblé pendant les crues par les troubles et les sables.

Ce canal a été creusé depuis le Nil jusqu'aux environs d'Abou-Zabel, sur une longueur de 30 kilomètres, et dans plusieurs parties plus profondément qu'il était même nécessaire.

Les sables coulants commencent à être considérables à Mesteroud, distance de 12.400 mètres environ de la prise d'eau, et l'on remarque sur le parcours du canal de ce point jusqu'à Bulbeïs que, quoique étant creusé seulement à une profondeur de deux mètres plus ou moins au-dessous du sol, les berges sont formées de terrains sablonneux.

Le nouveau canal, qui doit appartenir à la Compagnie Universelle du Canal de Suez, ne peut emprunter cette dernière partie d'Abou Zabel ou de ses environs jusqu'à Bulbeïs ; car, alors il serait tributaire pour les eaux de tous les terrains riverains qui sont arrosés aujourd'hui, et ainsi la Compagnie ne pourrait plus faire arroser pour son compte la quantité de feddans que les eaux du canal lui appartenant exclusivement peuvent arroser.

Or, le canal Zaffrannè dans la première partie, c'est-à-dire depuis sa prise d'eau jusqu'à Kafr Hamza, emplacement de la première écluse après celle de la prise d'eau, qui doit former le premier bief, n'est tributaire de l'arrosage d'aucun terrain: puisque jusqu'à présent il ne reçoit pas directement d'eau du fleuve par sa prise d'eau, qui n'a jamais été ouverte : le canal étant resté à l'état de fosse creusée sans utilité. Les terrains à l'est de ce canal sont arrosés par le prolongement du Khalig du Caire, qui coule parallèlement à l'autre jusqu'à Abou Zabel ; et ceux de l'ouest, par un autre canal nommé le Boulakièh, qui a sa prise d'eau près de celle du Khalig Zaffrannè à une centaine de mètres au nord. Tous les deux ont été creusés pour donner de l'eau pendant les crues et les inondations, afin de ne pas être obligé de se servir du canal Zaffrannè pendant cette saison, comme nous l'avons dit.

Ce sont là les raisons principales pour lesquelles on a choisi la partie du Khalig Zaffrannè du Nil à Kafr Hamza, pour devenir le canal de dérivation et d'irrigation devant appartenir à la Compagnie.

Au-dessous d'Abou Zabel et de Tel-el-Yeuoud, la partie du Khalig Zaffrannè, qui va plus au nord jusqu'au canal de l'Ouadée, reçoit ses eaux d'un grand canal dont la prise d'eau est plus bas que Choubra vers le nord. Ce canal, nommé le Chercawè, un peu au-dessous de Tel-el-Yeuoud, à Chibin-el-Canater, se divise en deux : une dérivation vient dans le Khalig Zaffrannè pour servir aux arrosages des terrains de la partie orientale du Cherkièh jusqu'à l'Ouadée, l'autre dérivation porte ses eaux dans la partie occidentale. C'est pour cette raison qu'un peu au-dessus de ce point de partage des eaux du Chercawè, le Khalig Zaffrannè, devant devenir le canal de la Compagnie, devra décliner vers le nord-ouest pour aller rejoindre la lisière du désert, en dehors, vers l'est, de tous les terrains aujourd'hui cultivés, et en ayant sur sa rive droite les terres incultes, qui pourront lui appartenir ; de cette manière toutes les eaux fournies par le canal pourront être employées à l'irrigation des terrains qui doivent appartenir à la Compagnie.

Les sondages et les fosses exécutés sur le tracé de ce canal, depuis Tel-el-Yeuoud jusqu'à l'Ouadée, ont fait connaître que partout le terrain était sablonneux. On reconnaît de même que l'ancien canal, fournissant l'eau d'inondation aux cultures dans cette partie, est dans des terrains semblables, et que, seulement le dessus des terres est du limon du Nil. Ainsi, pour avoir un terrain entièrement d'alluvion pour y creuser un canal, il faudrait se porter beaucoup trop dans les terres cultivées vers l'ouest, ce qui serait extrêmement coûteux, pour l'achat des terres et ensuite pour fournir l'eau aux propriétés riveraines du canal actuel.

Dans ce cas, la Compagnie ne pourrait d'ailleurs arroser par ce canal aucun des terrains qui peuvent lui appartenir le long du désert, ces terrains se trouvant alors séparés du canal par d'autres appartenant, partout, à des particuliers.

Voici les raisons qui légitiment le tracé du canal le long de la lisière du désert, dans des terrains au-dessus du niveau des terres aujourd'hui cultivées.

Dans tous les canaux dont on se sert pendant l'inondation et pendant l'étiage, qui, par conséquent, sont creusés au-dessous des étiages, on rencontre, surtout pour ceux qui sont dans le haut du Delta et le long du désert, comme le Khatatbé dans la province de Béhéré, une couche de sable à travers laquelle les eaux filtrent à la hauteur des étiages ; ce qui fait qu'avec les moyens ordinaires de curage on ne peut parvenir, même avec beaucoup d'hommes, à curer plus de $0^m,50$ en moyenne.

Au Khatatbé, par exemple, pour la partie de la prise d'eau qui s'étend jusqu'à Terrièh ; distance d'environ 56 kilomètres, on emploie chaque année de 15 à 20 mille hommes pendant 30 à 40 jours ; et si, au moment où l'on finit le curage, le Nil ne commençait pas à monter, on ne conserverait pas cette hauteur d'eau de $0^m,50$.

Au Bahr Chibin, il y a tous les ans environ 30 à 40 mille hommes employés à curer la prise d'eau, et on a à peine $6^m,50$ de profondeur.

Au Bahr Moëze, il en est de même ; comme il y a des sables à une grande distance de la prise d'eau, on renonce à le curer.

Le Chercawè, près de Choubra, est à peu près dans le même cas ; il faut environ 15 mille hommes chaque année, quoique sa prise d'eau et le canal s'ensablent et se comblent beaucoup moins.

D'après ceci j'ai depuis longtemps été porté à conseiller de ne plus employer ces canaux séfi, à moins qu'ils ne fussent alimentés par des pompes à vapeur ; car, si le grand nombre des hommes occupés à les curer, étaient employés chacun dans son village, sur les bords des canaux ou du Nil à arroser directement son champ avec des nattals, catouas, chadoufs et sakiéhs (1), le produit serait plus considérable que par les eaux des canaux séfi ; et d'ailleurs chacun jouirait de son travail direct, ce qui est loin d'exister par le curage des canaux séfi, comme je l'ai dit à la notice spéciale sur ces canaux.

Ce sont toutes les raisons qui précèdent, qui nous avaient portés, mon collègue et moi à proposer de ne curer le canal d'alimentation seulement qu'à la profondeur de l'étiage, et d'alimenter pendant le temps des basses eaux au moyen de machines élevant les eaux à trois mètres au maximum.

Le canal serait presque partout creusé dans des terrains sablonneux ; ainsi moins il y aura de profondeur, et moins grande sera la quantité de sable dont il se comblera.

Supposons qu'il soit creusé jusqu'à deux mètres au-dessous de l'étiage, afin de donner la profondeur d'eau nécessaire à la navigation et de pouvoir se passer de machines à vapeur pour l'alimenter : il est certain que dans tout le premier bief, qui a environ 34.000 mètres, il y aura chaque année un dépôt provenant des sables et du limon apportés par le Nil pendant l'inondation : et, pour curer cet apport des eaux du fleuve, le canal étant creusé à 2 mètres en contrebas de l'étiage, il faudra de toute nécessité employer des dragues.

Ce n'est pas seulement les sables apportés par les eaux des crues qui combleraient le canal, ce sont encore peut-être comme au Khatatbé ceux qui surgissent du fond, et qui coulent des couches de la partie basse des berges par la pression énorme des cavaliers ; au minimum, et d'après bien des expériences, sur une couche de $0^m,50$ en moyenne ; cela ferait, pour le premier bief seulement, un cubage d'environ 4.488.000 mètres.

Une drague de la force de vingt chevaux, car on ne pourrait en employer de plus grande sans trop encombrer le canal où doit avoir lieu la navigation, enlèverait en moyenne 500 mètres

---

(1) Paniers manœuvrés par deux hommes, bascules, norias.

cubes par vingt-quatre heures, et pour avoir le curage fait au moment de l'étiage, il faut commencer deux mois avant, car plus tôt il y aurait trop d'eau et les dragues fonctionneraient moins ; alors il faudrait quinze dragues, ou l'emploi de trois cents chevaux.

On peut dire, aujourd'hui, qu'il serait avantageux d'employer les grandes dragues qui ont servi au Canal de Suez ; mais ce serait difficile, le canal n'aurait que 25 mètres à la ligne d'eau pendant l'étiage ; il faut élever les déblais sur les chemins de halage à 9 mètres, puis 4 à 5 mètres pour les cavaliers ; les machines pour cela obstrueraient le canal. Et, s'il fallait porter les déblais au moyen de marie-saloppes, l'encombrement serait encore bien plus grand.

Le régime du Nil fait que souvent à l'emplacement de la prise d'eau d'un canal il se forme un atterrissement considérable, qui rejette les eaux loin de la prise d'eau ; tandis que dans d'autres cas, il se fait des affouillements de 13 à 15 mètres et même davantage.

Au moyen de travaux d'épis et d'endiguement en enrochement, on peut quelquefois remédier à ces inconvéniens ; et j'ai exécuté de ces travaux en grand nombre, dont les uns ont parfaitement réussi, tandis que d'autres dans les mêmes circonstances n'ont donné aucun bon résultat. Ici, à l'embouchure du Khalig Zaffrannè un travail pour rejeter les eaux du fleuve sur la rive où est la prise d'eau du canal, serait dangereux ; car s'il venait à se produire des affouillements comme ceux dont nous venons de parler, les palais du Vice Roi, les magasins du Gouvernement et une partie de Boulak, bâti sur le fleuve, seraient menacés et il faudrait des travaux très-coûteux pour les préserver.

Ceci est tellement vrai que, depuis que le Vice-Roi a fait combler un bras du Nil qui passait à l'ouest de l'île qui est devant Boulak et Casr-el-Nil, les eaux se sont précipitées pendant les crues sur la prise d'eau du Khalig Zaffrannè, et que.l'affouillement, qui était en cet endroit de 13 mètres, est arrivé à 19.

Le cas d'atterrissement est absolument le même pour la prise d'eau du canal, soit qu'on le creuse jusqu'à l'étiage seulement, soit de 2 mètres plus bas ; mais il est plus facile, lorsque le canal a ses eaux plus élevées que celle du fleuve, de pouvoir rendre praticables les abords de l'entrée du canal, et de conduire ses eaux jusqu'aux machines qui doivent les puiser. Au surplus, ces deux cas ne sont pas à craindre pour Casr-el-Nil : les localités font que rien ne porte à croire à un atterrissement, et l'on pourrait facilement se prémunir contre un affouillement ; car il est facile de changer le cours du fleuve, si cela devenait nécessaire.

C'est pour la plus petite quantité des canaux séfi, que des bancs de sable se sont formés devant leur prise d'eau.

Le Bahr Chibin, Mit Affifi et Bahr Moèze sont dans le premier cas ; mais le Khatatbé, le Khadrawiè, le Bouhièh, le Mansourièh, le Bagourièh, le Sersawièh, le Chercawiè et le Zaffrannè n'ont aucun atterrissement devant leur prise d'eau, depuis plus de trente-cinq années que je les connais.

Si, pour le canal de la Compagnie ou le Khalig Zaffrannè, les sables qui surgissent du fond des berges et ceux qui sont apportés par les crues devenaient considérables, et que, comme on le conseille, on voulût, pour maintenir le plafond à 2 mètres au-dessous de l'étiage, faire un revêtement en béton sur tout le plafond et aussi sur les parties basses des talus des berges, ou bien seulement cette partie et une du plafond sur la longueur du premier bief, cela occasionnerait une dépense d'environ 28.000.000 de francs, et il y aurait bien d'autres inconvénients ; ce travail n'est pas du tout pratique.

Cet immense travail, n'empêcherait pas un curage annuel du sable et du limon apporté par les eaux du Nil pendant les inondations ; seulement le plafond et les bas des berges seraient maintenues.

Pour faire ce revêtement, il faudrait creuser le canal au moins à 3 mètres plus bas que l'étiage, au lieu de 2 ; ce qui ferait un cubage de 2.958.000 mètres cubes sous l'eau pour le premier bief, et cela avec des machines que l'on est fort éloigné de posséder, et par conséquent il y aurait un énorme retard dans la construction du canal.

Il faudrait, en creusant le canal à cette profondeur, changer entièrement les choses.

Le Gouvernement égyptien ou le Vice-Roi possède des ouvriers pour creuser et curer le canal jusqu'aux eaux d'étiage à peu près ; mais il n'a pas, pour le moment, de machines pour le creuser à 3 mètres sous l'eau. Il faudrait attendre la confection de ces machines, dont le système est même encore à inventer pour un bon nombre ; car nous n'en connaissons pas qui puissent, sans de grands changements, fonctionner dans les circonstances qui se présentent ici. Et certainement le Vice-Roi ne pourrait plus exécuter le creusement du canal aux mêmes conditions que celles auxquelles il s'est engagé de le faire.

Le canal, devant être creusé plus profondément, devrait par conséquent avoir une plus grande largeur au niveau des hautes eaux ou des terrains : cela occasionnerait des terrassements plus considérables et l'occupation, pour le premier bief, de bons terrains appartenant à des particuliers en plus de ceux prévus, augmenterait encore la dépense.

Les écluses devraient avoir leur radier plus bas, ce qui ferait que les portes devraient avoir 10 mètres de hauteur, ou bien il faudrait faire deux écluses au lieu d'une.

Les pont-levis devraient aussi être changés, quant aux maçonneries qui les soutiennent.

Nous avons des ponts construits déjà sur le tracé du canal, avec radiers, et ils doivent servir comme ponts de passage ; il faudrait, en creusant le canal à 2 mètres en contre-bas de l'étiage, élever tous ces radiers.

Ainsi, d'après tout ce que je viens d'exposer, il est évident qu'en creusant le canal à 2 mètres en contre-bas de l'étiage, les dépenses seraient considérablement augmentées sans avantages, et que le Vice-Roi ne pourrait plus exécuter ce travail qu'avec de nouvelles conditions de temps et surtout d'argent.

On a vu d'ailleurs que les curages sous l'eau ne pourraient être que faiblement épargnés, et que la navigation serait considérablement entravée.

Au contraire, en ne creusant le canal que jusqu'à l'étiage et en l'alimentant avec des machines à vapeur pour y maintenir

2 mètres d'eau à l'étiage, ce qui le rendrait propre à la navigation, comme cela se pratique pour le Mahmoudièh, canal de
communication d'Alexandrie au Nil, on peut toujours en très-
peu de temps facilement curer le canal, puisqu'il peut être mis

sec partout et curé à main d'homme, ce qui est un moyen
prompt, facile ici, et moins coûteux que par les machines,
même en payant les ouvriers convenablement.

Quant aux machines à vapeur pour le canal, elles ne doivent
point être considérées au point de vue de l'entretien de la navigation ; elles sont établies pour fournir les eaux à l'arrosage des
terres que la Compagnie fera cultiver, et qui pendant l'été ne
pourraient l'être sans ces machines. Ces eaux, étant déversées
dans le canal pour arroser les terres, sont immédiatement élevées de 2 mètres, et la navigation se fait sur cette eau sans en
faire une dépense appréciable.

Les 6000 feddans qui sont énoncés dans l'avant-projet pour
être arrosés pendant les basses eaux, seront probablement considérablement augmentés ; ce qui peut se faire, si les eaux sont
fournies par des machines dont on peut augmenter le nombre.
Il n'en serait plus de même, en creusant le canal plus bas que
l'étiage et sans machines ; car le canal ne peut fournir d'eau que
d'après ses dimensions, les cultures pendant l'étiage seraient
toujours bornées à la recette naturelle des eaux du canal, dont
la section, la pente sont déterminées, sans qu'il puisse y avoir
d'augmentation.

Il est à remarquer aussi que les établissements de machines à vapeur ne coûteront pas plus que les 15 ou 20 machines à curer, à draguer ou excaver dont on aura besoin pour
l'entretien ; car il faudra pour celles-ci un personnel bien plus
considérable ; de même pour le charbon. Les machines à vapeur
élévatoires pour l'alimentation du canal, qui pendant peut-être
huit mois chômeront, peuvent servir de moteurs pour des établissements industriels.

Quant à placer les machines à vapeur alimentaires du canal
à la prise d'eau du Khalig du Caire, au lieu de les mettre à l'embouchure du Khalig Zaffranè, qui est celui pour la Compagnie,
il y a en cela des inconvénients. Le Khalig du Caire ne peut être

creusé même jusqu'à l'étiage sur la largeur moyenne qu'il a de dix mètres, car il est entièrement bordé de maisons, de mosquées, dont les fondations s'ébouleraient. Pour pouvoir y déverser les eaux puisées au Nil pendant l'étiage, il faudrait les élever à 4 ou 5 mètres environ, ce qui est de beaucoup plus qu'à la prise d'eau du Zaffrannè.

On pourrait seulement, pour entretenir continuellement un cours d'eau dans le Khalig du Caïre, qui servirait aux besoins de toute la ville traversée par ce canal et dont le surplus retomberait ensuite dans le Khalig Zaffrannè, établir une pompe à vapeur dont le produit serait proportionné à la quantité d'eau voulue. Mais alors il faudrait que la Compagnie fournît des eaux pour l'irrigation à toute la partie de terrains qui se trouve entre le désert et le Khalig Zaffrannè, depuis le Caire jusqu'à Abou Zabel, partie arrosée aujourd'hui pendant les inondations par le Khalig du Caire.

Après que ces éclaircissements eussent été envoyés à M. de Lesseps, une note de lui me laissa libre de décider le mode que je jugerais à propos d'employer pour le Canal d'eau douce ; et c'est alors que je dressai le projet définitif, ainsi que le mémoire signé avec moi par M. Conrad et que voici plus bas. Quoiqu'il soit un peu long et qu'il contienne des répétitions de ce qui a déjà été dit, je crois qu'il n'est pas inutile de le reproduire en entier ; cela peut être utile pour l'exécution de ce canal, qui n'est pas encore terminé.

RAPPORT SUR LE TRACÉ DU CANAL D'EAU DOUCE OU DE JONCTION ET DE COMMUNICATION DE L'ISTHME DE SUEZ.

D'après ce qui fut arrêté dans une séance du 26 novembre 1856, nous avions à :

1° fixer sur le terrain le tracé définitif du Canal d'eau douce ou de jonction et d'irrigation, au moyen de fosses ;

2° indiquer l'emplacement des écluses et des côtes ;

3° entreprendre l'exploitation des carrières ;

4° placer les barraques au fur et à mesure de leur arrivée (six maisons et six barraques) ;

5° recevoir le matériel commandé, puis indiquer sa destination ;

6° chercher un emplacement pour les magasins de la Compagnie sur le Canal.

Après avoir donné au grand Conseil un état relatif à quelques-uns de ces différents articles, nous avions à examiner sur le terrain, les plans, profils, biefs, positions des écluses, etc., relatifs au Canal d'eau douce, travaux qui tous étaient déjà faits.

En conséquence nous nous disposâmes à parcourir la ligne du tracé de ce canal sur toute sa longueur, tracé déjà indiqué par des piquets placés de 300 à 400 mètres les uns des autres, avec leurs numéros d'ordre et leurs cotes de nivellement rapportées toujours au même plan de comparaison que ceux du nivellement du Canal maritime.

La première question à examiner était la prise d'eau du canal.

Le projet avait été de se servir de la prise d'eau du Khalig-Zaffrannè, qui se trouve à Casr-el-Nil ; mais cette prise d'eau, qui n'a jamais été ouverte, ayant été enclavée dans l'enceinte du palais du Vice-Roi depuis le premier projet, nous avons été conduits à mettre plus en aval cette prise d'eau de la distance de 110 mètres environ, et celle du canal Boulakièh à 70 mètres environ en aval de l'endroit où elle est aujourd'hui ; ce qui permettra de passer entre deux propriétés, sans que ce petit canal empiète en rien sur elles, mais au contraire leur donne plus de valeur par sa proximité.

Avant d'aller plus loin, nous donnerons les raisons qui nous ont fait choisir cet emplacement de préférence à tout autre, pour y placer la prise d'eau du Canal de la Compagnie.

Le Khalig Zaffrannè a été recreusé il y a environ 50 années pour devenir canal séfi, ou utilisable pendant l'étiage, et servir pour l'arrosage des provinces de Calioubièh et Cherkièh.

Ce canal a sa prise d'eau entre Boulak et le Vieux Caire, va presque directement en longeant la ville du Caire du côté nord jusqu'auprès de la lisière du désert ; là il rencontrait le Khalig du Caire, et ces deux canaux réunis couraient vers le nord au milieu des terres cultivées jusqu'aux environs de Tel-el-Yeuoud, où un autre canal nommé le Chercawè, qui a sa prise d'eau en aval de celle du Khalig Zaffrannè à environ trois lieues, venait se réunir à eux.

Le recreusement séfi de ce canal ne put être terminé dans une campagne avant la crue du fleuve, quoique creusé de moitié, et Méhémet-Ali ne voulut pas absolument qu'on y laissât entrer les eaux, craignant que la partie creusée ne fût comblée par le limon du Nil. Alors, pour l'arrosage des terres sur lesquelles ce canal devait conduire les eaux jusqu'à sa jonction avec le Chercawè, il fallut faire deux canaux, l'un pour la partie des terrains à l'est entre le désert et le Khalig-Zaffrannè, l'autre à l'ouest pour la partie entre le canal et le Nil ; le premier fut le prolongement du Khalig du Caire jusqu'à Kafr Hamza, le second fut le Boulakièh.

Alors, par le moyen de ces deux canaux, dont le premier court latéralement au Khalig Zaffrannè dans toute sa longueur, on n'eût plus besoin du nouveau canal pour inonder les terres ; et comme depuis cette époque on n'a jamais creusé de nouveau le Khalig Zaffrannè, sa prise d'eau n'a jamais été ouverte, et l'arrosage des terres s'est continué jusqu'à aujourd'hui au moyen des eaux du Khalig du Caire et du Boulakièh.

Le canal Khalig Zaffrannè jusqu'à ce jour ne donne donc pas d'eau du Nil, et par conséquent il ne peut devenir tributaire des terrains riverains. C'est ici une des principales raisons qui l'ont fait préférer pour être le canal d'eau douce de Suez pour la Compagnie, puisque cela ne peut causer aucun changement ni pour les propriétaires ni pour le Gouvernement.

Le canal Khalig Zaffrannè, ainsi qu'on le voit, quoique traversant partout jusqu'à Abou-Zabel des terrains cultivés, n'est tributaire d'aucun pour ses eaux.

Un peu au nord de ce point, à Chibin-el-Canater, une partie des eaux du Chercawè vient couler dans le Khalig Zaffrannè, et sert alors à l'arrosage des terrains que ce canal traverse en courant vers le nord. C'est pour ces raisons, et pour faciliter la construction de différents biefs que doit avoir le Canal d'eau douce, que l'on a choisi la première partie de ce canal depuis le Nil jusqu'à Abou Zabel pour être le Canal d'eau douce et de communication.

Il eût été difficile et très-dispendieux de faire autrement.

Dans le cas où l'on eût dû faire la prise d'eau en aval de Boulak par exemple, il aurait fallu traverser des terres cultivées pendant environ cinq lieues, couper les canaux d'arrosage existants, et rendre le canal tributaire de l'arrosage des terrains que tous les autres canaux coupés ne pourraient plus arroser à cause du nouveau canal, sans des travaux d'art considérables.

On ne pourrait non plus prendre la prise d'eau du canal en amont de Casr-el-Nil où se trouve celle du Khalig Zaffrannè, ou en amont du Vieux Caire ; car il aurait fallu traverser le rocher qui se trouve entre Eter-el-Nabé et le Caire, puis les hauteurs de décombres de l'ancienne Fostat, l'aqueduc conduisant les eaux à la Citadelle, et les jardins qui existent depuis l'aqueduc jusqu'auprès de la porte de Bab-el-Bahr où l'on devrait absolument se jeter dans le Khalig Zaffrannè.

La seule prise d'eau à laquelle, à part celle du Khalig Zaffrannè, on aurait pu penser, est celle du Khalig du Caire ; et certainement si le canal avait pu traverser cette ville, c'était peut-être ce qu'il y avait de mieux, quoiqu'il y ait de graves inconvénients.

Le canal traversant le Caire est bordé de maisons, de mosquées, qui sont bâties tout à fait sur ses bords, ne laissant ni chemin, ni quai, et pas plus de dix mètres de largeur, en moyenne, d'un côté à l'autre. Et d'ailleurs aujourd'hui il n'est creusé qu'à environ quatre mètres au-dessus de l'étiage maximum, et les fondations des maisons et des mosquées vont à peine au niveau de l'étiage.

Sur le parcours de ce canal il y a beaucoup de ponts, sur quelques-uns desquels sont des habitations. Il faudrait donc, pour le rendre assez long et navigable, faire de tous ces ponts des ponts mobiles, abattre sur toute la longueur les maisons et les monuments publics, ce qui serait une affaire colossale.

De plus, la prise d'eau de ce canal est dans le petit bras du fleuve formé par l'île de Rhouda et en amont de l'île ; le régime du fleuve fait que dans quelques inondations il se forme des atterrissements qui pendant l'étiage interceptent entièrement le passage des eaux par les bras du Nil où est la prise d'eau du Khalig du Caire, et à tel point, qu'il y a quelques années on a ensemencé totalement le lit de ce bras pendant l'étiage.

En examinant aussi le cours du Nil en amont de la partie de l'île de Rhouda, on voit que pour assurer en tout temps l'écoulement des eaux par le petit bras, il faudrait faire de très-grands travaux, qui encore à cause des localités ne pourraient assurer le but qu'on se proposerait.

La prise d'eau du Khalig Zaffrannè est au contraire, on ne peut mieux située ; le cours du fleuve y vient en plein, la profondeur y est grande ; rien ne fait présumer que le cours du Nil dans ce lieu puisse être changé, et à cause des localités on peut facilement maintenir le cours du fleuve où il se trouve ; d'autant plus que le Gouvernement, qui a son port de commerce à cet endroit jusqu'en aval de Boulak, avec tous ses établissements, et les palais même, aura toujours soin de faire faire les travaux nécessaires pour conserver le thalweg du fleuve dans cette partie.

Ainsi donc, toutes ces circonstances ont décidé à conserver l'ancienne prise d'eau du Khalig Zaffrannè, pour celle du Canal de communication de l'Isthme de Suez.

En conséquence, les instructions, qui déjà depuis plusieurs mois avaient été données à M. Louis de Montaut, ingénieur sous les ordres de Linant-Bey et chargé par lui des projets des travaux d'art du canal d'eau douce, ont été confirmées (1).

---

(1) Il faut dire ici que M. de Montaut n'a jamais rien fait de ce que comportaient ses instructions, si ce n'est un projet non terminé de la prise d'eau, qui a été entièrement désapprouvé, et que j'ai dû refaire. C'est celui approuvé et signé par M. Conrad. Voir pl. V, n° 1.

Instructions pour l'Étude du Projet des travaux d'art, qui doivent être exécutés aux prises d'eau du Khalig Zaffrannè et du Khalig Masri.

La prise d'eau du Canal d'eau douce ne pouvant plus être placée juste à celle du Khalig Zaffrannè, puisque S. A. le Vice-Roi vient de faire enclaver cette partie du canal dans l'enceinte de son palais, on devra la reporter plus en aval du fleuve, entre le mur d'enceinte et le petit canal Boulakièh se trouvant à environ 120 mètres plus en aval que le Zaffrannè.

Si cet espace était suffisant pour la prise d'eau du Canal avec le barrage qui doit être établi, pour l'écluse à sas et pour l'établissement des machines à vapeur devant alimenter le canal de communication du projet du percement de l'Isthme de Suez ; alors, on laisserait le petit canal d'inondation Boulakièh sur l'emplacement où il se trouve ; sinon, il devra être reporté plus au nord en aval, pour avoir l'espace de terrain nécessaire.

On raccordera la prise d'eau nouvelle du Khalig Zaffrannè avec le Canal par une courbe d'un rayon convenable pour la libre circulation de la navigation, sans pourtant donner à ce rayon une trop grande dimension, afin d'empiéter le moins possible sur les propriétés.

Les machines à vapeur, devant alimenter le Canal à la saison des étiages, devront être placées entre la prise d'eau du canal et l'enceinte du palais de Son Altesse à moins que l'espace manque, car alors il faudrait les placer en aval de sa prise d'eau.

On doit penser que quatre machines à vapeur, destinées à alimenter ce Canal, qui doivent premièrement être placées à la prise d'eau, ne suffiront pas plus tard pour les exigences des arrosages des terrains pouvant être cultivés par la Compagnie ; et que dans cette supposition, il faut réserver de la place pour l'établissement de machines additionnelles, pour leurs dépendances et pour ce qui est nécessaire au passage des écluses.

L'écluse à sas de la prise d'eau, ainsi qu'il a été décidé, devra avoir 12 mètres de largeur, et 54 mètres de longueur entre les buscs.

Le radier de cette écluse sera placé à 0ᵐ,80 en contrebas des plus grands étiages indiqués sur le profil du canal, car dans cette saison les bateaux, qui ont ce tirant d'eau, trouvent souvent dans le cours du fleuve des passages où ils ont bien des difficultés pour passer ; il serait donc inutile de descendre ce radier plus bas.

Dans ce Canal, le plafond doit être à $1^m,45$ au-dessus des plus grands étiages connus, ce qui fera que ce plafond sera à peu près à la hauteur moyenne des étiages.

Le couronnement des bajoyers des écluses sera placé à $0^m,40$ au-dessus du niveau des plus hautes eaux indiquées sur le profil ou $11^m,115$.

Ces écluses devront avoir double jeu de portes, les unes retenant les eaux d'étiage dans le Canal lorsque les machines les maintiendront plus élevées que celles du fleuve, et les autres pour retenir les eaux des crues et des inondations. Ces portes se trouveront avoir environ $9^m,990$ de hauteur, plus les $0^m,40$ de hauteur des bajoyers, mais ne soutiendront au maximum qu'une pression due à la retenue de $1^m,80$ provenant de la différence de hauteur des eaux dans le Nil et dans le canal, au moment des inondations maximum, comme cela est indiqué sur le profil de ce canal.

Les premières portes ; celles intérieures n'auront à soutenir que la hauteur des eaux déversées dans le canal par des machines à vapeur, et pour celles extérieures, ce sera cette même hauteur plus la différence du plafond du canal avec celle du radier de l'écluse, ou plutôt avec le niveau des eaux d'étiage dans le fleuve.

Le Canal devra avoir deux mètres d'eau fournie par les machines, sa cote sera $17^m,295$; ces eaux seront donc à $3^m,450$ au-dessus des plus grands étiages connus.

Ainsi, les machines à vapeur devront être disposées de manière à puiser l'eau à la hauteur de la cote des plus grands étiages ou $20^m,745$, et à pouvoir la déverser dans le canal de manière à avoir la hauteur d'eau voulue.

A côté de l'écluse à sas doit être un barrage régulateur pour déterminer les eaux du canal, dont le radier sera placé au niveau du plafond de ce canal : de manière à y retenir les eaux qui y seront déversées par les machines à vapeur pendant l'étiage, et permettre aux eaux des crues d'y entrer, lorsqu'elles seront à un niveau convenable pour remplacer les eaux fournies par les machines et donner celles indispensables pour les arrosages et la navigation.

Ce barrage devra être disposé de manière à ce que pendant les inondations il puisse retenir les eaux du Nil, et ne laisser passer dans le Canal qu'une quantité donnant le maximum de hauteur indiqué dans le profil, à la cote de 13^m,355, ce qui fera une retenue seulement de 1^m,80 pour le barrage régulateur de prise d'eau.

Ce barrage doit avoir entre les deux culées une longueur de 30 mètres, afin qu'en donnant aux piles le moins d'épaisseur possible, on obtienne le plus grand débouché.

Le Canal ayant au plafond 19 mètres et à la ligne des eaux déversées par les machines la largeur de 25 mètres, on demande le plus grand débouché possible ; car, si pendant le maximum des crues il y a une retenue d'eau de 1^m,80 lorsque le Nil aura descendu d'à peu près cette hauteur, le barrage devra être entièrement ouvert pour fournir au canal la plus grande quantité d'eau possible, afin d'arroser et d'inonder le plus grand nombre de feddans de terrains. Il vaut donc mieux donner de suite le plus grand débouché par rapport à la section du canal, que d'être plus tard obligé d'ajouter de nouvelles ouvertures.

On étudiera donc les localités, pour faire le mieux possible, sur les bases que nous venons de poser, le projet de la prise d'eau du Canal d'eau douce, celui de l'écluse avec sas, celui du barrage, et enfin celui de l'établissement des machines.

Comme on veut aussi faire jouir les habitants de la ville du Caire des avantages d'avoir pendant tout le temps des étiages de l'eau courante dans le canal, qui traverse la ville d'une extrémité à l'autre, on placera à la prise d'eau du Khalig Masri ou du Caire, une machine à vapeur de 50 à 60 chevaux qui se trouve en Égypte ; elle devra être établie en aval de la prise d'eau du canal et en amont du pont existant déjà.

Le Canal du Caire ne pouvant être creusé jusqu'à l'étiage, comme le sera le grand canal Zaffranè, parceque ce serait risquer la sécurité des maisons et des établissements publics bâtis sur ses bords, on laissera le plafond du canal à une hauteur déterminée, pour n'avoir rien à craindre quant aux constructions et aussi pour ne pas avoir trop de curages à faire chaque année ; ce qui est un travail difficile, puisque l'on n'a d'issues que par les maisons.

La cote du plafond de la prise d'eau sera donc de $16^m,295$ environ. Les machines à vapeur devront donc alors élever les eaux à cette hauteur au-dessus des plus grands étiages, qui sont à $20^m,745$, plus la hauteur de $1^m.20$ qui sera celle voulue dans le canal, ou à la cote $15^m,095$, ou enfin à une hauteur totale de $5^m,670$ plus encore celle nécessaire pour le déversement.

A la prise d'eau du Canal du Caire il y un pont d'une seule arche ; on y placera un barrage mobile, dont le radier sera au niveau du plafond du canal, qui sera fermé de manière à ce que les eaux ne puissent se déverser dans le Nil, et aussi, que celles d'irrigation puissent y entrer lorsque, dans le fleuve, elles se trouveront assez élevées pour cela.

Ce barrage, comme celui de la prise d'eau du Zaffrannè, sera disposé de manière à pouvoir régler la recette des eaux dans le Canal et leur hauteur dans le canal même, en formant une retenue d'eau d'au moins 2 mètres.

Pour communiquer de ce Canal du Caire (dont la pente sera connue, celle du grand canal de $0^m,03$ par 1000 mètres) avec le canal Zaffrannè, on établira à la jonction de ces deux canaux une petite écluse avec sas, qui ne devra servir que pour les petites barques de la grandeur de celles qui passent dans le Khalig du Caire pendant l'inondation ; elle aura $3^m,50$ de largeur sur 10 mètres de longeur.

A côté de cette écluse on construira un petit barrage mobile ou déversoir, pour permettre au trop plein du canal d'être déversé dans le grand canal.

Par conséquent le radier de l'écluse sera placé à peu près, au niveau du plafond du grand Canal ou à la cote 19,295, et celui du petit barrage déversoir au niveau du plafond du canal du Caire ou à la cote 16,295. La cote des eaux déversées dans le grand canal étant 17,295, la chute à racheter par l'écluse est de 2ᵐ,200 à peu près.

Les bajoyers auront la même hauteur que les eaux d'irrigation dans le grand canal, plus 0ᵐ 40.

Quant aux ponts de passage, qui se trouvent soit à l'écluse de prise d'eau, soit sur la grande route de Boulak, ou sur celle de Choubra, comme ce sont là des grandes voies de communication, nous pensons que deux ponts à coulisses ou bien deux ponts-levis de 6 mètres de largeur posés l'un à côté de l'autre, de manière que l'un serve pour les allant, l'autre pour les venant, serait ce qu'il y aurait de plus facile pour l'exécution, comme aussi le moins coûteux. Cependant, comme ces ponts sont une entrave au halage des barques, on doit étudier si d'autres systèmes ne seraient pas tout aussi faciles d'exécution et pas plus dispendieux.

On doit dans le projet de ces ponts de passage profiter, si cela n'offre pas de trop grands inconvénients, des ponts fixes construits en pierre, et qui se trouvent sur les routes déjà indiquées.

On devra donner à ces ponts une ouverture de 12 mètres, comme à l'écluse à sas de la prise d'eau, plus un débouché en rapport avec le barrage de prise d'eau.

Les ponts sur les barrages seront fixes, ils auront de largeur neuf mètres entre les parapets, et le tablier sera en bois, en pierre, ou en fer suivant ce qui conviendra le mieux, d'après les études qui en seront faites.

Le Caire, 1ᵉʳ décembre 1856.

Vu et approuvé :

Linant-Bey,   Conrad.

La prise d'eau du Canal étant déterminée, nous avons parcouru le tracé de ce canal sur toute sa longueur jusqu'au lac Timsah, en partant du Caire le 6 décembre et revenant le 20 du même mois.

Notre examen s'est d'abord porté sur la partie du canal existant du Nil à Kafr Hamza ; ce qui forme un premier bief, à cause de la conformation des terrains qui se trouvent représentés par le profil du nivellement sur l'axe du canal ; ce bief comprendra la distance depuis la prise d'eau jusqu'à Kafr Hamza.

Nous donnerons plus loin le tableau des longueurs des différents biefs, ainsi que les dimensions des différents profils en travers.

Sur toute cette longueur on redressera les différents coudes du canal existant, comme cela est indiqué dans le plan (1).

En aval du barrage et de l'écluse de la prise d'eau, sur le terrain qui se trouvera entre le grand canal et le Boulakiéh, on conservera l'emplacement où sont aujourd'hui des huttes et des cabanes appartenant à Ahmet-Bey, Cheik Sadat et autres, c'est-à-dire depuis l'embouchure jusqu'au pont d'Abou Lélé, pour y établir les magasins de la Compagnie et y faire les dépôts de charbon, de combustible, etc.

Nous ne parlons pas des ponts de passage, puisqu'ils sont indiqués dans les instructions ci-dessus mentionnées.

En aval du pont Lemoun, vis-à-vis de la gare du chemin de fer, une gare d'évitement sera ménagée pour les bateaux à vapeur et en même temps pour les autres barques, puisque dans ce lieu devront débarquer les chargements de navires, qui devront être à destination du Caire ou à en sortir pour le commerce et transborder en chemin de fer. Cette gare devra avoir au moins cinquante mètres de largeur en plus de celle du canal à étiage, sur une longueur de 400 mètres ; et autour de cette gare devront exister des magasins et docks pour la Compagnie, afin de faciliter la circulation du commerce.

A la jonction du Khalig du Caire et du grand canal, comme là, il y aura à l'écluse de communication d'un canal à l'autre une seconde gare considérable, qui permettra de faire faire au canal une courbe facile ; afin que la navigation soit rendue la moins difficile possible, pour le passage du pont à établir, pour le chemin de fer de Suez, et tel que cela est indiqué sur le plan.

Dans ce premier bief, nous avons dit que les coudes existants seraient redressés : selon la section du canal, avec les chemins

---

1 Nous ne donnons pas ici tous ces plans, ce serait inutile et trop volumineux.

de halage et les chaussées, c'est une largeur moyenne de 120 mètres à donner ; et l'on va empiéter sur les terrains qui sont sur les deux rives.

Il faut remarquer que, quand on a creusé ce Canal, les déblais ont été posés de chaque côté, et que l'on avait ménagé un chemin de halage des deux côtés. Depuis cette époque, les propriétaires riverains ont fait disparaître la chaussée, ils ont planté sur l'emplacement de ces remblais, se sont emparés dans beaucoup d'endroits du chemin même et ont ensemencé le talu et le lit du canal. Ainsi, en empiétant aujourd'hui de chaque côté du canal pour l'élargir et former le chemin de halage, comme pour les cavaliers où doivent être mis les déblais, on ne fait que reprendre ce qui premièrement appartenait au canal.

Au village de Némeriéh, le Canal est resserré entre le village à l'ouest et les tombeaux avec quelques dattiers de l'autre côté ; on l'élargira entièrement du côté opposé au village,

Au village de Kafr Hamza, le tracé du canal dérive vers le nord-est, en se dirigeant en ligne droite vers le nord du village et des jardins d'Abou Zabel, en traversant pendant environ 3.200 mèt. les terres cultivées. Ensuite, en suivant la même direction, il entre dans les terres incultes formant la lisière du désert, et qui sont composées de gravier, d'argile et de sable, ne demandant pour être cultivées et produire qu'à être arrosées et ensemencées.

Cette même direction continue jusqu'aux dattiers de Ménayer, où le Canal fait une courbe pour arriver au village de ce nom ; là est l'écluse avec sas formant le second bief.

Ensuite, le troisième bief est directement vers Bulbeïs, en ne formant que des angles très obtus rachetés par des courbes d'un grand rayon. Dans ce bief, le Canal est tracé dans des terrains incultes à une petite distance des terres cultivées, et qui peuvent par les eaux du canal être cultivées avantageusement, surtout du côté du désert, à une distance du canal de 200 à 2000 mètres.

Le quatrième bief continue de même que le troisième à longer les bords du désert, en traversant des terrains incultes jusqu'au village de Gawarné qui se trouve sur le côté sud de la vallée ou Ouadée Toumilat.

Dans tout ce parcours, depuis Abou Zabel le Canal est tracé de manière à n'entrer aucunement dans les terres cultivées ou cultivables ayant des propriétaires ; il est dans un terrain composé de gravier, d'argile et de sable, le tout compacte, susceptible d'arrosage et de culture par conséquent.

A Gawarnè, deux tracés à suivre se présentaient : l'un sur le côté sud de l'Ouadée, l'autre sur le côté nord.

Le premier aurait pu, à cause de la hauteur des cotes du terrain, passer dans le désert, en laissant au nord les terres cultivées de l'Ouadée, ainsi que les dunes de sable qui les bordent ; mais par ce tracé on devait traverser des dunes assez considérables et un terrain peu convenable à l'agriculture. De plus, comme les dunes qui bordent partout la vallée ou Ouadée du côté du sud, sont formées par les sables apportés par les vents qui soufflent de cette direction, le Canal eût été un obstacle, qui aurait fait accumuler les sables et l'aurait obstrué promptement.

Le tracé au bas des dunes existantes et dans les terres cultivées, en suivant le petit canal qui existe, se trouvait passer par une cote trop basse ; et il aurait fallu faire en remblais une grande partie du canal, ce qui est toujours un inconvénient à éviter. Même en construisant une écluse à Gawarné, pour faire de là au lac Timsah un autre bief plus bas que le précédent, cela présentait l'inconvénient de ne pouvoir plus arroser, sans élever les eaux, toutes les terres qui sont dans le haut de l'Ouadée, depuis Tel Rétabé jusqu'au lac Timsah. En suivant ce tracé avec un bief de Gawarnè au lac Timsah, on arrivait là avec une cote qui ne donnait pour la direction vers Suez qu'une différence de niveau de 6^m,232, et par conséquent une pente trop faible.

L'autre tracé, en traversant l'Ouadée à Gawarné, en passant à Abascè pour aller longer les terres cultivées au nord et se dirigeant aussi vers le lac Timsah, a l'avantage de tenir le Canal dans des terrains plus élevés, formés d'argile, de sable et de gravier, fort convenables pour le creusement du canal, puis de ne traverser que fort peu de sable coulant, pas de terrains cultivés, d'être à l'abri des ensablements, d'être partout en déblais, de pouvoir maintenir partout les eaux assez élevées à la hauteur de celles du bief de Bulbeïs à Gawarné, et par conséquent permet de ne faire qu'un seul bief de Bulbeïs au lac Timsah. Ceci donne entre le dernier point de Suez une plus grande différence de niveau, et par conséquent une plus grande pente pour le canal de dérivation qui doit porter les eaux à cette place. Enfin, ce tracé traverse les terrains qui de Ras-el-Ouadée jusqu'au lac Timsah peuvent être cultivés, les eaux du canal pouvant facilement les arroser, ce qui ne se pouvait par l'autre tracé.

Tous ces avantages nous ont conduits à adopter de préférence le tracé sur la partie nord de l'Ouadée.

Les seuls inconvénients, qui d'ailleurs sont assez légers, sont : 1° que l'on coupe l'Ouadée, mais à l'emplacement d'une digue dite de l'Abascé, faite par Méhémet-Ali, qui sépare aujourd'hui les terrains de ce que l'on nomme l'Ouadée, de ceux qui sont en dehors ; ainsi au lieu d'une digue ce sera un canal qui séparera ces deux parties ; 2° les terrains de l'Ouadée, qui sont d'à peu près 20000 feddans, sont arrosés aujourd'hui par les eaux du canal qui longe la partie sud de l'Ouadée sous les dunes, par les eaux d'écoulement de l'inondation du bassin en amont de la digue d'Abascé pénétrant dans l'Ouadée par de petits déversoirs pratiqués dans cette digue, et par le canal de l'Ouadée venant de Zagazig et passant au nord. Toutes ces eaux n'arrivent que pendant l'inondation, excepté celles du canal de l'Ouadée qui servent à arroser pendant l'étiage. Il faudra donc, pour le passage de ces eaux indispensables aux arrosages des terrains de l'Ouadée, et pour que le canal ne soit point tributaire, que l'on pratique pour ces canaux deux syphons sous le canal, pour laisser passer les eaux par dessous le plafond du canal, ce qui est facile, puisque le canal sera entièrement en remblais.

De cette manière, on aura au lac Timsah trois écluses à sas pour partager la chûte ; et du Nil au lac Timsah, on n'aura que quatre biefs.

Chaque bief sera formé par un sas éclusé pour le passage des bateaux, avec un barrage comprenant toute la section du canal à chaque bief, et laissant le plus de débouché possible pour les hautes eaux.

On établira à chaque écluse et barrage une gare, faite de manière à ce que le barrage se trouve directement dans l'axe du canal, et le sas éclusé se trouvera sur l'un des côtés dans la gare d'évitement.

Comme aujourd'hui il existe sur le Khalig Zaffrannè des ponts de passage indispensables pour les communications, on en fera aussi sur le nouveau Canal. A part ceux de la prise d'eau, de celui de la route d'Abou Lèlé, de celui de Lémoun et de celui du chemin de fer de Suez, on en aura aussi : à Walièh, à Mesteroud, à Kafr Hamza au barrage même, à Ménayer aussi, à Choulièh, à Bulbeïs au barrage et à Gawarnè, à Tel-el-Maskhouta et au lac Timsah.

Les biefs du canal ont les longueurs suivantes :

1er bief du Nil à Kafr Hamza.	. . . .	23.500 mèt.
2e bief de Kafr Hamza à Ménayer.	. . . .	10.100
3e bief de Ménayer à Bulbeïs.	. . . .	25.600
4e bief de Bulbeïs au lac Timsah.	. . . .	69.400
	Total.	128.600 mèt.

La retenue de chaque écluse sera :

	Hautes eaux.	Étiage.
Écluse de prise d'eau.	1,80	0,000
— de Kafr Hamza.	3,076	1,051
— de Ménayer.	1,322	0,795
— de Bulbeïs.	3,350	2,017
Les trois écluses au lac Timsah.	7,086	6,231

Voici les cotes des eaux dans les différents biefs, en donnant une pente de 0,03 pour 100 mètres :

	Hautes eaux.		Basses eaux.	
	Amont.	Aval.	Amont.	Aval.
1er bief.	13,335	14,060	17,297	18,000
2e bief.	17,136	17,439	19,851	20,154
3e bief.	18,761	19,529	20,950	21,718
4e bief.	22,880	23,962	23,735	25,817

Section du canal dans les différents biefs :

	Plafond.	Largeur à l'étiage.	Largeur aux hautes eaux.
1er bief.	19,00	25,00	36,820
2e bief.	19,00	25,00	33,144
3e bief.	19,00	25,00	31,566
4e bief.	19,00	25,00	27,564

Les largeurs à l'étiage restent les mêmes à cause de la navigation.

Le chemin de halage aura dix mètres de large du canal au pied de la chaussée ou des cavaliers, qui dans tous les biefs auront de hauteur 3 mètres au-dessus du chemin de halage, et leur largeur sera déterminée par la quantité des déblais.

Ici se trouve un tableau des longueurs des différents alignements, qui sont au nombre de 17, l'ouverture des angles formés par ces différents alignements, les numéros des piquets mis sur le terrain pour indiquer les sommets d'angles, les rayons des courbes reliant ces différents alignements, et les longueurs des tangentes ; il serait superflu de reproduire ici ce tableau.

Nous nous bornons à donner la longueur développée de l'axe du canal, depuis son embouchure au Nil jusqu'à sa jonction avec le Canal maritime au lac Timsah, longueur qui est de 128.687^m,77.

Après avoir déterminé ainsi le tracé du canal et les travaux qui s'y rapportent, il s'agissait de faire le tracé sur le terrain, de manière à ce que les hommes pour les travaux arrivant de chaque province ou de chaque village fournissant des ouvriers pussent trouver leur tâche indiquée, et que chacun pût se mettre au travail sans encombrement et sans confusion ; ce qui est toujours à prévoir, quand on doit avoir sur des travaux aussi étendus des masses de plus de 65.000 hommes, et où la surveillance est par conséquent difficile.

Dans ce but, avant notre départ pour l'examen dont nous venons de rendre compte, il avait été remis, par ordre de S. A. le Vice-Roi, au Conseil les états du matériel et du personnel nécessaires pour faire ce tracé dans le temps voulu, avant que le grand nombre d'ouvriers n'arrive, et nous avons donné des instructions à l'ingénieur, chef de la division des travaux préparatoires, Salame Effendi, pour qu'il fît ce tracé.

On doit y indiquer le plafond du canal par deux sillons à une distance l'un de l'autre de 19 mètres, ou à 9^m,50 de chaque côté de l'axe. Ces sillons sont d'un mètre de large sur un mètre de profondeur, les terres seront portées à la distance où doit être le sommet intérieur de la chaussée formée des déblais du canal.

Sur cette ligne seront placées de 200 mètres en 200 mètres des jalons, sur lesquels sera indiqué le niveau de la hauteur de la chaussée.

Sur la ligne supérieure de la berge seront placés aussi de 200 en 200 mètres des piquets indiquant cette ligne.

La ligne du bas du talus de la chaussée sera formée par la pente naturelle que prendront les remblais.

Sur l'axe du canal seront aussi de 400 en 400 mètres des témoins ménagés dans l'excavation, avec des piquets indiquant la cote du plafond du canal.

Nous avons remarqué que sur toute la ligne que le canal doit parcourir, les terres cultivées sont très-voisines et que partout il se trouve de l'eau dans des puisards de sakiéhs, et dans des puits qui n'ont pas plus de deux à trois mètres de profondeur environ ; et que dans la partie de l'Ouadée jusqu'à Saba Biars, c'est de même : ce qui fait que les ouvriers, en quelque grand nombre qu'on puisse les fournir, seront toujours facilement fournis d'eau.

En dernier lieu, afin que tout fût en ordre pour les travaux du canal d'eau douce, l'organisation du service du personnel dirigeant, surveillant et travaillant est remise an Conseil le 1er décembre 1856, ainsi que l'organisation des exploitations des carrières, pour les matériaux voulus, pour les travaux d'art du canal d'eau douce, pour la fabrication des briques et celle de la chaux, etc., etc.

Caire, le 1er janvier 1857.

CONRAD, LINANT-BEY.

D'après ce qui précède, le tracé fut déterminé, piqueté comme il est dit dans le projet, lorsque je reçus une pièce curieuse de M. de Lesseps, me prouvant ce que j'ai déjà dit, que près de lui c'était toujours la dernière personne qui le voyait qui avait raison. Cette pièce, en partie faite par M. Conrad, qui craignait de se compromettre, et par Mougel-Bey, qui ne s'était jamais occupé de canaux, qui n'avait rien fait des travaux préparatoires, ayant toujours été absent du lieu du travail, qui même n'en avait pas pris connaissance, qui voulait s'ériger en censeur et membre du Conseil des travaux ; cette pièce, dis-je, me contraria, mais j'y répondis, quoique j'eusse bien des velléités de ne pas le faire, et de laisser là toute l'affaire.

Par les réponses que j'y fis, cette pièce donne des renseignements peut-être utiles, je la reproduis donc ici.

Voici quelles furent les questions posées par M. Conrad et par Mougel-Bey, lorsque le projet du Canal, tel que nous venons de l'exposer, fut vu à Paris.

Mougel-Bey : 1° Le Canal d'eau douce tel qu'il avait été indiqué dans l'avant-projet reposait sur le nivellement Bourdaloue, et les biefs avaient été disposés pour adopter le canal au relief du terrain. Les nouvelles dispositions ne coïncident pas avec ce nivellement ; faut-il penser que les opérations de Salam-Effendi ne sont pas d'accord avec celles de M. Bourdaloue ? C'est ce dont il faut s'assurer en ayant le plan coté et le profil sous les yeux. Si les deux nivellements étaient d'accord, les nouvelles dispositions pècheraient par la base.

M. Conrad : 1° L'approbation des nouvelles dispositions a été fondée sur les cotes des nivellements dont les chiffres se trouvaient sur les cartes présentées par M. Linant-Bey, pendant notre voyage dans l'Ouadée Toumilat. M. Linant était accompagné des ingénieurs Aivas et Salam-Effendi ; il n'a jamais été question d'autres chiffres que de ceux-là, comme les seuls véritables. Je ne sais pas s'il y a des différences entre les nivellements de Bourdaloue et ceux de Salam-Effendi, mais il est bien sûr, d'après mon avis, que je ne devais juger la chose que d'après les chiffres qui étaient soumis à mon examen. Il paraît qu'à présent il y a des doutes sur ce nivellement ; il est donc de toute nécessité, qu'avant tout, cela soit éclairci par les ingénieurs du Vice-Roi. S'il y a des différences, il faut que l'on arrête quel est celui des nivellements qui doit être adopté. Les cartes et les projets se trouvent chez M. Linant-Bey, et il sera facile pour M. Mougel-Bey d'éclaircir avec M. Linant cette observation capitale.

Réponse de M. Linant à ces deux questions :

Quand nous avons fait l'avant-projet du Canal de Suez, celui du Canal d'eau douce a été basé, comme le dit bien Mougel-Bey, sur les nivellements exécutés par M. Bourdaloue, et nous avons pris sur la carte de l'Atlas de M. Talabot, copiée sur la mienne pour le tracé, les cotes qui sont semées çà et là; mais sur cette carte l'axe du canal n'est point indiqué par une ligne et, par conséquent, la disposition des biefs et des écluses n'était qu'un à peu près, comme tout l'avant-projet, y compris même le tracé et le nivellement relatif au Canal maritime.

Ce n'est qu'après l'avant-projet terminé que nous avons fait de nouveaux nivellements sur des lignes choisies, avec un scrupuleux examen des localités, pour déterminer l'axe du Canal d'eau douce et de celui des deux mers.

On peut voir par tous nos nivellements que sur la ligne des deux mers ces nivellements, qui ont été exécutés avec encore plus de soins, si c'est possible, que ceux de M. Bourdaloue, ne diffèrent entre eux que de quantités insignifiantes, et avec celui de Bourdaloue que de 0,18 en 1853, et de 0,41 pour les nivellements de 1855, 56 et 57.

Nous ferons observer que les deux nivellements de M. Bourdaloue, exécutés sur la ligne de Suez à la Méditerranée, diffèrent entre eux de 0,582; quantité plus grande que celles des différences de nos nivellements entre eux et que celles de ces différents nivellements avec celui de Bourdaloue.

Pour le Canal d'eau douce, en partant d'un repère du nivellement de la ligne entre les deux mers et placé près du lac Timsah, nous avons fait faire quatre nivellements complets jusqu'au Mékias, sans compter plusieurs autres nivellements partiels comme vérifications. Et cela, parce que dans le premier, sur la ligne du Canal d'eau douce, je m'étais aperçu d'une différence avec des cotes de repères du nivellement Bourdaloue; je me suis convaincu que ces différences proviennent de ce que les mires dans les deux nivellements n'avaient point été placées sur les mêmes points, qui n'auront pas été bien reconnus parce qu'ils n'étaient pas bien désignés, et que nous n'avons pas vu cette différence dépasser un mètre : approximation dont on se contenterait bien ailleurs pour ces nivellements partiels. Mais pourtant dans nos grands nivellements, dont les résultats ne diffèrent entre eux que de quantités insignifiantes, comme

on peut le voir par les tableaux que je joins ici, nous n'avons
avec le nivellement Bourdaloue de 1847 qu'une différence de
0,50 sur un parcours si considérable.

Étant certain de nos opérations et de nos nivellements plusieurs fois vérifiés, faits d'ailleurs avec soin par plusieurs bri-
gades, ne trouvant que cette différence avec le nivellement
Bourdaloue, j'ai adopté mes résultats pour faire le tracé du
Canal d'eau douce ainsi que son projet plutôt que d'autres,
comme je l'ai fait et comme la Commission l'a fait pour le Canal
maritime; car, je le dis encore, cette différence de 0,53 est insignifiante, nulle même sur une si grande distance, 138 kilomètres, et pour un canal dérivé du Nil, divisé en cinq biefs où,
par conséquent, il n'y aurait pas pour chaque chute aux écluses
une différence de 0,08.

De plus, pour être bien certain de l'exactitude de nos opérations, j'ai fait encore exécuter un nivellement du Mékias au
quai de Suez comme dernière vérification; et ce nivellement, terminant le cercle, s'est fermé au point de départ des autres à une
différence de 0,332. Il me semble que quiconque a exécuté lui-
même des nivellements, ne peut exiger plus de précision.

Il était donc bien juste que, pour établir le projet du Canal
d'eau douce, je laissasse les opérations antérieures de côté, et ne
me servisse que de mes propres opérations pour baser le projet,
qui avait été laissé à l'appréciation du Vice-Roi, et par conséquent à moi-même, en l'absence continuelle de mon collègue.

Tout le travail, présenté à M. Conrad et approuvé par lui, a
donc été fait sur nos nivellements, nos cartes, l'étude et l'examen
réitéré plusieurs fois des localités, et non sur des documents
antérieurs moins complets. J'ai fait pour le Canal d'eau douce ce
qui a été fait pour le Canal maritime, et revenir sur ceci serait
autoriser aussi à revenir sur le projet entier du Canal maritime,
qui est basé sur nos observations et nos nivellements comme
l'est le Canal d'eau douce.

Quand M. Conrad a voulu examiner le projet du Canal d'eau
douce en parcourant les localités, Mougel-Bey devait partir pour
le Soudan, et il nous déclara que tout ce qui serait fait par
M. Conrad et par moi serait entièrement approuvé par lui.

Je ne conçois pas pourquoi, alors, mon collègue fait des observations, peu importantes il est vrai, mais je les trouve au moins
tardives et faites seulement dans le but, je le pense du moins,
de prendre la position de juge à la place de celle de collègue.

Je lui avais plusieurs fois proposé, avant son départ pour le
Soudan et aussi à son retour, de lui faire voir tout le travail ;
ce qu'il n'a voulu accepter, se disant toujours trop pressé. C'est
peut-être parce qu'il ne connaissait point le travail déjà fait qu'il
a été conduit à faire ces observations, quoiqu'il eût tout approuvé
d'avance. Je me rendis encore à Alexandrie pour m'entendre
avec lui, et je lui présentai tous les travaux dont il prit connaissance avec moi ; il a donc vu et possédé toutes nos pièces, nos
documents. cartes, profils, etc., etc., faits certainement avec
plus de soin encore que ce qui a été donné pour le Canal maritime et surtout que ce que j'ai donné pour l'avant-projet ; car
j'ai voulu, ayant plus de temps et de moyens, mettre plus de
soin à cette étude qui m'avait été confiée plus particulièrement.

On peut voir que la Commission internationale eut raison de
s'en remettre entièrement à moi pour le Canal d'eau douce, et
qu'aussi mon collègue avait raison de me dire qu'il approuvait
d'avance ce qui serait fait.

Quand on aura jeté les yeux sur les tableaux ci-joints, on se
demandera où l'on a pu voir ces différences effrayantes entre nos
nivellements et ceux de Bourdaloue ; pour moi, je l'ignore entièrement, et je dois donc me trouver peu satisfait de voir que l'on
puisse seulement présumer que j'ai pu cacher à M. Conrad que
j'avais des doutes sur l'exactitude de nos opérations.

Pourquoi donc ce manque apparent de confiance dans le travail
du Canal d'eau douce seulement, lorsqu'au contraire on m'en a
marqué pour les travaux préparatoires du Canal maritime également faits par moi.

Deuxième question. Mougel-Bey : Le rapport adopte des chemins de halage de 10 mètres de largeur, ce qui n'existe nulle
part et ce qui augmenterait les difficultés et la dépense dans les
terrains à exproprier. Pour le grand Canal maritime, la Commission a adopté des chemins de halage de 4 mètres. Les chemins de halage des canaux de Hollande ont en général 2 ou

3 mètres au plus ; il serait à regretter, si l'on adopte définitivement cette dernière largeur de 3 mètres, que les digues provenant des déblais des fosses du tracé soient placées à 10 mètres, car il y aurait alors un travail à recommencer.

M. Conrad : Il est vrai que l'on n'a nullement besoin de 10 mètres de largeur pour les chemins de halage, mais j'avais cru pouvoir approuver cette largeur dans la supposition du peu de dépense dans l'expropriation. Il est vrai aussi que les chemins de halage en Hollande n'ont pas plus de 2 à 4 mètres de largeur, quelquefois même pas plus de 1 mètre ; mais alors ils sont constamment cotoyés par d'autres chemins destinés aux voitures le long des canaux. Je n'ai pas attaché beaucoup d'importance à la proposition de 10 mètres, et je ne vois aucun inconvénient à donner 4 mètres de largeur au chemin de halage, comme à celui du Canal maritime.

Deuxième réponse. Les chemins de halage ont été fixés à 10 mètres de largeur :

1° Parce que tout le Canal étant creusé dans des terrains non cultivés, on peut s'étendre à droite et à gauche sans aucun inconvénient ;

2° Parce que, en agissant de cette manière, les terrains sablonneux étant portés loin de la berge du Canal ne retombent point dans son lit ; ce qui arriverait bientôt si le chemin de halage n'avait que 3 mètres, car la chaussée, étant au-dessus du niveau des hautes eaux, sera toujours sèche, et les terrains sablonneux, qui composent en grande partie cette digue ou chaussée, seront toujours mobiles ;

3° Parce que, lorsque nous curons nos canaux en Égypte, malgré tout ce que nous pouvons faire, les porteurs laissent tomber les déblais sur le talus de la digue ou chaussée du côté du canal, et qu'alors peu à peu le chemin de halage se réduit à rien ;

4° Parce que dans beaucoup d'endroits, selon les localités, le Canal étant creusé dans un terrain qui, sans être positivement du sable pur, est pourtant sablonneux, il y a des éboulements aux berges ; ce qui diminue journellement la largeur du chemin de halage et finit par le faire entièrement disparaître, quoique souvent il ait la largeur de 10 mètres, comme au Khatatbé et ailleurs; que serait-ce donc avec 3 ou 4 mètres?

5° Parce que n'ayant pas d'autre route en dehors de la levée, il faut un chemin de halage qui puisse permettre aux voitures, charrettes et chameaux de circuler ; or, pour ceux-ci, chargés de paille, de bois de cotonnier, de bersim ou luzerne, il faut pour un seul au moins 3 mètres ;

6° Parce que, si au lieu de faire un chemin de halage entre le talus de la levée et la berge du Canal, on voulait faire ce chemin de halage sur la levée, en ne laissant entre la berge et le cavalier que trois mètres, bientôt la levée et la berge ne feraient plus qu'un même talus, et que les déblais formant la levée s'ébouleraient dans le Canal. Cette levée n'étant pas arrosée et humide, comme le sera le chemin de halage par les eaux de filtration des inondations, sera toujours un chemin où l'on marchera difficilement, soit dans la poussière, soit dans le sable.

En Égypte nous avons toujours fait nos chemins de halage fort larges; et plus ils le sont, mieux nous nous en trouvons. Ailleurs, si on les fait si étroits, c'est à cause de la dépense de l'achat des terres, et parce que le climat humide et pluvieux consolide les berges, et que les levées qui se gazonnent ne s'éboulent plus; mais ici il n'y a que poussière et sable très-sec. Et enfin, parce qu'ailleurs on fait d'une manière, comme le pense mon collègue, est-ce à dire que l'on doive faire de même ici?

Le canal de Khatatbé, par exemple, a ses chemins de halage de dix mètres; ils ont disparu sous les terres provenant des curages et des éboulements; les levées ou chaussées sont élevées aujourd'hui à des hauteurs de huit et dix mètres par les terres et sables provenant des curages annuels, et cela dans le cours de trente années. Cela se voit aussi au canal de Mahmoudiéh, ainsi que sur les autres canaux. Pourquoi ne pas prévoir ces graves inconvéniens, puisque cela ne coûtera pour ainsi dire rien de plus; ou bien pense-t-on que les curages du Canal pourront être portés au Nil, ce qui coûterait beaucoup d'argent et donnerait bien des désagréments.

Les grands canaux dépendants du système des barrages du

Nil, qui ont été combinés par mon collègue Mougel-Bey et moi, étaient de 100 mètres entre les deux bords; il y avait plus de 200 mètres entre les talus extérieurs des chaussées provenant des excavations; celles-ci n'avaient que $3^m,50$ de profondeur. Ces canaux ont été creusés sur une assez grande longueur, et les chemins de halage avaient non pas 10 mètres mais 25 de largeur. Ni mon collègue, ni moi, bien entendu, n'avons trouvé cela trop large; et nous n'avons pas pensé non plus que nous prenions trop de terrains, quoique le canal du Cherkièh passât dans de magnifiques jardins d'orangers et emportât même des parties de villages; nous avions nos raisons pour faire de tels chemins de halage.

Je ne vois donc aucune raison pour diminuer de 20 mètres la largeur occupée par le Canal et ses chaussées, aucun avantage à cela; cette diminution sur une largeur de 120 mètres ne serait pas une réduction marquante, et pourrait amener les inconvé-nients que j'ai signalés.

Troisième question. Mougel-Bey : Les chemins de halage, étant établis sur un terrain naturel, sont exposés à être au-dessous de l'eau à l'époque des inondations. Il serait sans doute à propos de les relever au-dessus des plus hautes eaux, au moyen de l'ap-port des terres provenant du Canal; la dépense se trouverait ainsi diminuée, en mettant une partie des déblais sur le chemin de halage, et en abrégeant ce transport par suite de la réduction de la largeur du chemin.

M. Conrad : cette observation est juste, mais j'ai considéré que c'était un détail qu'on pourrait prescrire dans le devis; il faut absolument que les chemins de halage soient élevés au-des-sus des plus hautes eaux, ce qui sera très-facile par le moyen des terres provenant du Canal. En Hollande, on n'a pas besoin de prescrire ce détail; les entrepreneurs de travaux, par la seule raison qu'ils ont un transport moins grand de déblais, l'obser-vent toujours d'eux-mêmes. Si l'on trouve que cela devrait être indiqué avec plus de clarté dans le rapport, je n'ai aucune ob-jection, parce que j'approuve tout à fait cette observation de Mougel-Bey.

Réponse à la question troisième. Nous savons très-bien que

des terrains destinés à devenir des chemins de halage ne doivent
point se trouver sous l'eau pendant les crues et les inondations,
car à quoi serviraient-ils alors ; ce sont des observations inutiles,
pour ne pas dire autre chose.

Les biefs sont disposés pour que les terrains naturels des
deux côtés du canal soient arrosés, il est vrai, et ceux-ci sont au
niveau de ceux où sont les chemins de halage en partie ; mais,
comme on peut le voir dans le profil en long des terrains où
passe le canal, il y en a beaucoup qui sont au-dessus du niveau
des eaux et où est le chemin de halage ; et dans ceux qui sont plus
bas, les remblais se feront naturellement. Car, ici, nos terrassiers, lorsqu'ils voient un terrain bas, ne manquent jamais, comme
les entrepreneurs de Hollande (ils ont autant l'habitude des terrassements, sans être moins intelligents), d'y jeter les terres pour
avoir moins de transport. Ces observations sont donc futles, il
faudrait ne s'être jamais occupé de canaux pour ne pas penser à cela. Si mon collègue avait regardé un instant le tableau
joint au rapport sur le Canal d'eau douce, où sont données
toutes les différentes sections du Canal dans les divers biefs, il
aurait vu que partout le chemin de halage est indiqué à 1 mètre
au-dessus des eaux du Canal.

Les levées doivent avoir partout la même hauteur sur la longueur d'un même bief, et c'est la largeur du côté extérieur qui
est variable.

Quant à la diminution du travail, en retranchant 6 mètres
sur la distance des transports, qui est en moyenne de 40 mètres,
si l'on diminuait la largeur des levées il faudrait augmenter la
hauteur ; cette diminution n'existerait donc pas.

Quatrième question : Mougel-Bey : la hauteur des digues (levées), fixée à 3 mètres dans le rapport, semble insuffisante, au
moins dans la partie des terres cultivées ; et alors elle exige une
trop grande largeur de levées. En modifiant l'ensemble des dispositions, qui portent la largeur des terrains occupés par le
Canal au chiffre de 80 à 100 mètres, on pourrait probablement
le réduire de 20 mètres au moins.

M. Conrad : Cette observation pourra être éclaircie très-facilement entre M. Mougel et M. Linant. Il ne s'agit que d'examiner

les mètres cubes qu'il faut déplacer, ou bien d'en revoir les calculs si l'on doutait de l'exactitude, et de les partager convenablement de manière à occuper le moins de terrain possible, sans cependant les mettre à une trop grande hauteur. Je ne verrais pas beaucoup d'inconvénients à fixer la hauteur des digues un peu plus haut que 3 mètres, dans les lieux où cela serait absolument nécessaire.

Quatrième réponse : En élevant la digue ou la levée, on aura outre l'inconvénient de devoir monter les terres à une plus grande hauteur, celui de faire du canal une fosse profonde, abritée du vent, où la chaleur sera concentrée et où les bateaux naviguant à la voile ne trouveront pas un souffle d'air. Et, si par la suite le chemin de halage disparaissait et s'éboulait, que l'on dût haler les barques à la cordelle en marchant sur la levée, cela serait fort incommode, surtout aux basses eaux, quand leur niveau serait à environ 5 mètres en contre-bas des terres du chemin de halage et à 9 au-dessous de la levée.

Les digues ou levées ont été laissées à 3 mètres de hauteur à cause de ces inconvénients, et pour ne pas trop les élever plus tard par les terres provenant des curages annuels. On doit songer que sur le Canal, la navigation à voile aura lieu comme sur le Nil, et comme cela se pratique aujourd'hui sur les canaux navigables.

Dans la première partie du Canal depuis la prise d'eau jusqu'au désert, longueur de 25 kilomètres, il est vrai que la section des terrains occupés par le Canal, les chemins de halage et les levées, est d'une largeur de 116 mètres ; mais là on profite d'un ancien canal, qui avec ses berges et ses digues avait, lorsqu'il a été creusé, à peu près cette largeur de 116 mètres. On serait donc en droit, puisque cet ancien canal devient celui de la Compagnie, de reprendre le terrain qui a été occupé par lui, et dont la plus grande partie est encore sans culture. Car, d'ailleurs, en Égypte le fond des terres appartient au Gouvernement, et l'on n'a pas plus d'indemnités à donner quant aux terres à prendre pour le Canal d'eau douce de Suez se faisant par le Gouvernement, que pour les terres prises tous les jours pour le recreusement d'autres canaux, ou pour l'élévation de digues.

Il ne s'agit que de décharger les cultivateurs de ces terrains des contributions qu'ils payent, ou de leur donner ailleurs d'autres terrains incultes, ce qui se fait souvent.

Si l'on donne plus de hauteur aux digues, en leur donnant moins de base, où mettrons-nous plus tard nos produits de curage? ils ne pourront être mis en dehors de la levée, sur les jardins, les champs, les propriétés, qui par la proximité du Canal auront acquis un surcroît de valeur. Qu'en fera-t-on? on ne peut élever indéfiniment les levées; on ne peut non plus penser à transporter par eau les déblais au Nil, comme je l'ai dit; il vaut donc mieux faire ces levées les plus larges possible dès le principe, laisser aussi les chemins de halage très-larges, afin d'avoir pour l'avenir un endroit pour déposer les curages, au lieu d'être plus tard obligé de faire l'acquisition de nouveaux terrains pour la Compagnie, ou de donner des indemnités au compte du Gouvernement.

Il faut à tout ceci une prompte solution, et non des paroles vagues comme les questions qui sont faites, etc., etc.

4 mai 1857,
Linant-Bey.

Depuis cette époque, les travaux préparatoires pour le tracé de ce canal furent abandonnés; on ne travailla qu'à la dérivation vers Suez, qui fut alimentée par le prolongement de l'ancien canal de l'Ouadée venant de Zagazig; lequel ne donnant pas d'eau pendant les étiages, puisque la Branche Tanitique ou le canal de Moeze, dans lequel est sa prise d'eau, était à sec, dut être alimenté par les canaux séfi de Chercawè et de Bessoussièh; ce qui causa un préjudice notable aux cultivateurs des provinces, auxquels on enlevait ainsi l'eau.

Enfin, par une convention signée le 18 mars 1863, sous l'influence de l'état nécessiteux de la Compagnie et sous celle des idées de Constantinople, où l'on ne voulait laisser à la Compagnie que le moins de terrains possible à cultiver, en dépit de la cession de Saïd-Pacha, le Canal d'eau douce fut rétrocédé, depuis sa prise d'eau à Casr-el-Nil jusqu'à l'Ouadée, au Gouvernement, ainsi que les terrains que la Compagnie pouvait posséder sur tout ce parcours ; ce qui, d'après les cartes cadastrales, se montait à 13.099 feddans.

Ce fut alors aux ingénieurs de la Compagnie à concevoir, surveiller et diriger les travaux du Canal d'eau douce.

Il faut remarquer que, dès l'origine, l'intention de ces ingénieurs avait toujours été d'établir, pour le Canal de communication jusqu'à Suez, un canal-rivière à cours libre, et effectivement la dérivation de Néfiché à Suez a d'abord été établie d'après ce système.

Mais il s'est trouvé que la pente de Néfiché à Suez faisait qu'à Suez le canal était trop plein, et que pour empêcher les eaux de passer par dessus l'écluse et les berges du canal, on dut établir un déversoir par lequel une très-grande quantité d'eau s'écoulait dans la mer sans utilité. Cela devait être nuisible, puisque que pour entretenir une hauteur d'eau convenable dans le canal depuis Néfiché, il fallait une très-grande recette au détriment de l'irrigation des terrains cultivés des provinces de Calioubièh et de Cherkièh aux canaux d'irrigation desquelles on prenait l'eau.

On s'aperçut alors que le Canal à cours libre ne pouvait véritablement pas convenir, et l'on en vint à le diviser de Néfiché à Suez en quatre biefs au moyen de trois écluses, en plus de celle de la sortie du Canal à Suez.

Quoique l'inconvénient du Canal à cours libre eût été ainsi reconnu pour la partie de Néfiché à Suez, MM. les ingénieurs du Canal de Suez, par la seule raison qu'ils l'avaient annoncé, tenaient à faire la partie du Nil à l'Ouadée à cours libre aussi.

Que serait-il arrivé, si cela eût été fait ? C'est que pour avoir dans le Canal les deux mètres d'eau nécessaires à la navigation, même en creusant le Canal à cette profondeur en contre-bas de l'étiage, son débit aurait dû être considérable ; alors les eaux dans la partie comprise entre Gawarné et Néfiché, qui ne forme qu'un seul et même bief, auraient continuellement rompu les digues qui se trouvaient parfois en remblais, et causé ainsi continuellement des dégâts.

MM. Voisin et Sciama, chargés du Canal d'eau douce, quoique ce fût le gouvernement qui dût le faire exécuter, tenaient beaucoup à leur projet de canal à cours libre; mais ce projet devant être approuvé par les ingénieurs du Gouvernement, ils durent s'entendre avec moi, comme Directeur-général des Travaux-Publics; tout cela était assez anormal.

Le projet était fait selon le programme donné par la Commission internationale, par des ingénieurs nouveaux de la Compagnie qui ne s'étaient jamais occupés de canaux d'irrigation en Égypte; de plus il devait être approuvé par moi, qui en avait déjà dressé un antérieurement d'après le programme de la Commission internationale; projet qui, au contraire de celui de ces ingénieurs, comportait des écluses et différents biefs; les travaux de ce Canal d'eau douce devaient être faits à l'aide des moyens fournis par le Gouvernement Égyptien, sous la direction et la surveillance du personnel de la Compagnie.

Tout cela était si défectueux de combinaison, que la réussite en était impossible.

Nous eûmes, en mars 1863, une réunion avec MM. Voisin et Sciama; j'étais alors entièrement dégagé de toute responsabilité envers la Compagnie; je n'agissais plus que comme Directeur-général des Travaux-Publics du Gouvernement Égyptien. Le Gouvernement n'avait plus aucun intérêt direct au Canal d'eau douce; c'était la Compagnie seule qui en avait. Le Gouvernement n'avait pas de terrains à arroser par ce canal; sa navigation appartenait à la Compagnie, c'était donc à elle seule à voir ce qui pouvait le mieux convenir à ses intérêts.

Aussi dans la réunion qui eut lieu, voyant qu'une trop grande résistance de ma part, inutile d'ailleurs aux intérêts du Gouvernement, n'aboutirait à rien, je signai la pièce suivante, bien convaincu et persuadé d'avance que les ingénieurs de la Compagnie eux-mêmes reviendraient plus tard à faire, pour la partie du Canal du Nil à l'Ouadée et Néfiché, ce qu'ils avaient fait pour celle de Néfiché à Suez; c'est-à-dire un canal partagé en différents biefs. Mais pour le moment ils s'étaient trop avancés, voulant toujours faire autrement que leurs prédécesseurs, ne voulant approuver complétement que ce qui venait d'eux-mêmes, pour revenir immédiatement sur leur projet du canal à cours libre ou rivière.

Voici cette pièce :

Points arrêtés dans la conférence entre Son Excellence Linant-Bey et Voisin-Bey :

Le profil en travers du Canal sera tel, qu'à la ligne des plus bas étiages la largeur y soit de 17 mètres. Il en résulte qu'au plafond en contre-bas de ce plus bas étiage, la largeur sera de 13 mètres ; et dans le cas du canal non séfi, la dimension en largeur sera celle prévue au premier projet.

Il demeure entendu avec S. E. Linant-Bey que le Canal sera à cours libre (1).

Les terrassements seront tout d'abord exécutés dans l'hypo-thèse du canal non séfi, sauf à se compléter ultérieurement lorsque l'étude comparative des deux systèmes de canaux, au double point de vue de la construction et de l'entretien, aura permis de trancher cette question, qui demeure quant à présent réservée. Les ouvrages d'art seront exécutés dans l'hypothèse du canal séfi ; quant à la prise d'eau, elle demeure réservée (2).

Alexandrie, 29 mai 1863,
Sciama, Linant-Bey, Voisin.

Lorsqu'en décembre 1864, je me retirai du service, M. Sciama quitta la Compagnie pour entrer au service du Gouverment égyptien en qualité de Directeur des canaux, sous les ordres du Ministre des Travaux-Publics, création faite depuis ma sortie.

Alors on voulut commencer les travaux du Canal d'eau douce par le barrage de prise d'eau, mais il n'y eut qu'un commencement d'exécution sous la direction de Sciama-Bey. Ce projet de canal consistait à le creuser à un mètre en contre-bas des plus forts étiages connus, et à deux mètres au dessous des étiages moyens selon le projet, pendant les inondations ou hautes eaux, qui étaient retenues par des portes au barrage de

---

(1) Provisoirement.

(2) Ce qui découle naturellement de la prévoyance d'un canal creusé en contre-bas de l'autre ; car les travaux d'art pour le canal non séfi ne pourraient servir pour celui creusé plus bas que l'étiage ; ce qui serait le contraire dans l'autre cas.

prise d'eau, et n'étaient augmentées que d'une hauteur de
0^m,50 au-dessus des étiages moyens ; ce qui ne donnait dans le
Canal, sur son plafond et sur la base des écluses, qu'une couche
d'eau de 2^m,50. La retenue sur le barrage et sur les portes pendant l'inondation était de 7^m,75.

La disposition des ouvrages de la prise d'eau était fort
bizarre, comme on peut le voir sur le plan, et l'on ne peut la
concevoir (1).

L'entrée du Canal par la grande écluse en venant du Nil se
trouvait avoir en aval la prise d'eau d'un autre canal, ce qui
aurait offert une grande difficulté aux barques venant vers l'écluse
du côté de l'aval ; celles, au contraire, qui seraient venues de
l'amont pour accoster l'entrée de l'écluse, auraient dû nécessairement descendre en aval, et pour y entrer elles auraient été
prises par le courant qui entrait dans le Canal et par le remou
du courant du Nil, très-fort à cause de la partie avancée du quai
d'amont du barrrage, et très-dangereux pendant les hautes
eaux ; les barques n'auraient pu entrer dans l'écluse qu'avec
beaucoup de difficultés.

L'entrée ou la sortie des écluses, même à l'intérieur du Canal,
devenaient également difficiles pendant les basses et hautes
eaux ; car celles-ci entrant par le barrage venaient battre sur
le quai d'aval de la sortie de l'écluse, y clouaient les barques et
y occasionnaient aussi un remou dangereux.

Enfin la porte busquée et simple, posée au pertuis à côté du
barrage de huit ouvertures, qui ne pouvait s'ouvrir que lorsque
les eaux du Canal et celles du Nil eussent été de niveau,
offrait peu de sécurité pendant les inondations, ayant à supporter une retenue d'eau de 7^m,75, et ayant une largeur totale
de 8 mètres.

Quel avantage aurait-on trouvé à exécuter un pareil canal,
en admettant que la quantité d'eau entrant pendant l'étiage fût
suffisante pour l'arrosage des terres, ce que nous examinerons
plus loin ; mais pour la navigation, avec un cours libre comment
aurait-on pu maintenir les eaux à une égale profondeur sur un

---

1 Voir pl. V, n° 2.

parcours de 138 kilomètres. Et pourquoi pendant les inondations n'augmenter la hauteur des eaux dans le Canal que de 0^m,50 ? Avec cela comment aurait-on arrosé les terres pendant les crues, même celles que la Compagnie pouvait posséder ? sans compter qu'il fallait en donner à bien des terrains, depuis la prise d'eau jusqu'à la jonction avec le canal du Caire, et encore plus loin, puisque le Canal fait par le Gouvernement doit servir à arroser les propriétés de ses sujets pendant les inondations, et aussi, pendant l'étiage, les 13.099 feddans situés le long du Canal et du côté du désert, que le Gouvernement a acquis par la convention du 18 mars 1863.

Ce projet de Canal ne pouvait donc exister ainsi, et effectivement Sciama-Bey ayant été remercié du service deux ans après sa nomination, on recommença les travaux d'après un projet modifié, mais qui, malheureusement pour le travail de la prise d'eau, se ressent encore de la mauvaise disposition du premier.

Ce fut Salam-Bey, un des meilleurs ingénieurs égyptiens, connaissant parfaitement l'Égypte, le Nil et son terrain, qui fut premièrement chargé de mettre à exécution le projet Sciama. Heureusement que ce qui avait été déjà commencé ne pouvait plus servir ; il fut forcé de modifier pour le moment seulement la disposition de la prise d'eau, mais plus tard ce fut tout le système (1).

Effectivement, il était impossible qu'il en fût autrement : le Canal appartenant au Gouvernement et non plus à la Compagnie, il était tout naturel que l'on se servît de ce canal pour arroser les terres, comme de tout autre, en conservant à la Compagnie ce qui lui était dû par la convention du 18 mars 1863.

Pour faire comprendre les raisons qui firent changer le projet du Canal d'eau douce présenté par la Compagnie au Gouvernement, projet qui avait eu un commencement d'exécution en ce qui concerne le travail de la prise d'eau, nous donnerons quelques détails, tirés des pièces qui ont figuré à la Commission de l'arbitrage impérial de 1864.

____

(1) Voir pl. V, n° 3.

Mais auparavant il nous faut indiquer ici les recettes des eaux du Canal d'eau douce, d'après le projet du Canal approuvé par M. Conrad, avec les quantités de feddans qu'il devait arroser.

Selon l'avant-projet :

	Recettes en 24 heures.	Feddans cultivés.
Étiage.	708.480^{mc}	29.520
Inondation..	2.937.900	44.347
		73.867

Ce chiffre était plus grand encore que ce qui avait été prévu par M. de Lesseps, qui disait, dans son exposé du mois d'août 1855 : que l'on suppose que l'on ne mettra en culture que la moindre partie des terrains qu'elle pourra arroser ou 60.000 feddans ou 24.000 hectares.

Selon le projet arrêté avec M. Conrad, on avait :

Par machines : étiage.	1.296.000^{mc}	54.000^{fed}
Inondation sans machines.	8.467.200	120.960
		174.960

Dans une pièce présentée à la Commission à Paris, par S. E. Nubar Pacha, et intitulée : « Note sur la question des terrains que la Compagnie du Canal de Suez pourrait posséder et aussi sur le Canal d'eau douce », il est dit :

D'après ce projet (celui de la Compagnie), les quantités d'eau sont déterminées ; elles sont de 373.200 mètres cubes par 24 heures à l'étiage, et de 1.891.000 pendant les inondations.

Pour l'arrosage pendant l'étiage, époque des cultures les plus riches, il faut par 24 heures, selon des expériences connues de tout le monde, une moyenne de 24 mètres cubes d'eau par feddan dans les terrains d'alluvion de l'Égypte, et non dans le désert, où l'on devrait en compter davantage, à cause de la perméabilité du sol.

Ainsi, pendant l'étiage, avec les eaux du Canal, on ne peut arroser en produits riches que 15.500 feddans ou 6.531 hectares, à condition toutefois que la nature du terrain le permette.

Le temps de la crue, pendant lequel on inonde les terres, dure environ 60 jours ; et les eaux ne peuvent même séjourner aussi longtemps sur les terrains, parce que l'époque des semailles serait passée. Pendant ce temps, on compte qu'il faut fournir, pour laver les terres afin d'enlever les sels qui s'y produisent à la surface, et pour que le limon si indispensable surtout pour les terrains pauvres, salés et sablonneux, comme le sont ceux de l'Isthme, s'y dépose, un minimum de hauteur d'eau de 1 mètre sur la surface des terrains; ce serait donc 4.200 mètres cubes par feddan.

Le Canal fournit 1.891.000 mètres cubes en 24 heures, soit 113.460.000 en 60 jours, ce qui donne à l'arrosage par inondation la quantité d'eau voulue pour 27.015 feddans. Avec le canal ainsi conçu et ses eaux, on ne peut donc cultiver que, en totalité et au maximum :

1° par étiage.	15.550 feddans.
2" par inondation.	27.015
Total. . . .	42.565 feddans ou 17.877 hect.

A ceci, le Directeur des travaux du Canal de Suez fit les objections suivantes, tirées de son Rapport présenté à la Commission de l'arbitrage et intitulé : « Réfutation de la partie de la note de S. E. Linant-Bey concernant l'évaluation des superficies de terrains arrosables, calculées d'après la portée du canal séfi dont le projet a été remis au Gouvernement égyptien. »

Nous prenons seulement ce qui a rapport à la question. M. Linant-Bey établit que d'après le projet remis au Gouvernement égyptien le 23 février 1864, le débit du Canal par 24 heures est, savoir :

A l'étiage.	373.200 mèt. cub.
Pendant l'inondation.	1.891.000 —

et c'est en partant de ces données qu'il calcule les superficies arrosables; les résultats auxquels il est arrivé sont entachés de plusieurs causes d'inexactitude que nous allons énumérer.

Nous ferons remarquer d'abord que le débit de 373.200 mètres cubes correspond au plus bas étiage connu (1837), lequel a été tout à fait exceptionnel. Or, il n'est ni juste ni rationnel de prendre un cas exceptionnel pour faire des évaluations: les calculs doivent être évidemment basés sur le débit correspondant à l'étiage moyen, lequel débit, d'après les calculs donnés dans le rapport à l'appui du projet, est 1.248.000.

Les ingénieurs de la Compagnie ont obéi aux nécessités de la situation actuelle, qui ne leur permet pas de recevoir à l'extrémité de la partie du Canal à construire par le Gouvernement égyptien un volume d'eau plus considérable que celui qu'ils peuvent débiter par la portion du canal à la suite, qui n'a été ouverte provisoirement que sur des dimensions réduites. Mais cette seconde portion du canal devait être élargie au fur et à mesure du développement des cultures ; aussi les ingénieurs ont-ils eu soin d'arrêter le profil transversal du canal à construire par le Gouvernement égyptien, de manière à ce qu'il pût débiter, quand besoin serait, pendant la période des inondations, un volume d'eau plus considérable que celui primitivement fixé. C'est dans ce but que les banquettes ont été établies à 1 mètre au-dessus du niveau correspondant à la hauteur de $2^m,50$ d'eau dans le canal, et que l'on a donné à ces banquettes une largeur de 4 mètres : disposition devant permettre d'introduire sans inconvénients ni danger dans le canal une tranche d'eau supplémentaire de $0^m,50$. Dans ces considérations le débit du canal se calcule ainsi :

$$\Omega = 66^m \qquad \frac{\Omega}{x}\, i = 0,000089$$
$$x = 31,12 \qquad u = 0,47$$
$$i = 0,000042$$

C'est le débit ainsi calculé que l'on doit prendre pour base des calculs, dans l'évaluation de la superficie des terrains susceptibles d'être arrosés par voie d'inondation.

Nous présenterons enfin quelques considérations sur les quantités d'eau qu'exigent respectivement les deux modes d'arrosages par voie d'inondation et par voie d'irrigation.

En ce qui concerne l'inondation, nous adopterons, sans vouloir les contester, n'ayant aucun document authentique à leur opposer, les données de M. Linant-Bey, à savoir : que la durée de l'inondation des terres doit être d'environ 60 jours, et qu'il faut aussi un mètre d'eau sur les terrains.

Mais en ce qui concerne l'irrigation, il nous est impossible d'admettre le chiffre de 24 mètres cubes par feddan ou de 60 mètres cubes par hectare par 24 heures, indiqué par M. Linant-Bey. Nous voyons, en effet, dans la deuxième série des documents publiés par M. de Lesseps (page 155), que la Commission internationale consultée par S. A. le Vice-Roi, sur le système d'irrigation à établir en Égypte, qui avait dû recueillir, à cet effet, des renseignements sûrs et positifs, a adopté le chiffre de 20 mètres cubes par feddan ou 50 mètres cubes par hectare ; c'est donc ce chiffre qu'il convient de prendre pour base des superficies arrosables. Nous ferons remarquer, en outre, que pour faire cette évaluation, il est inexact de s'en tenir purement et simplement au débit du Canal à l'étiage ; attendu que sur les dix mois pendant lesquels se pratiquera l'irrigation à l'aide du canal séfi, il n'y en aura que deux ou trois au plus pendant lesquels on ne jouira que du volume d'eau correspondant au débit en question ; tandis que pendant la plus grande partie de l'année, on aura à sa disposition tout le volume d'eau correspondant à la hauteur de 2,50 dans le canal.

D'après les considérations qui précèdent, le calcul des superficies arrosables doit s'établir de la manière suivante :

1° Terres arrosables par voie d'inondation :
Débit du canal en 24 heures : 2.680.000, soit pendant 60 jours : 160.800.000 ; ce qui, à raison de un mètre cube d'eau par mètre superficiel, permet l'inondation de 16.050 hectares.

2° Terres arrosables par voie d'irrigation :
Débit ordinaire du canal : 1.891.000 ; à raison de 50 mètres cubes par hectare, la superficie arrosable est 37.820 hectares ; débit pendant la période des étiages : 1.246.000 ; superficie arrosable : 24.920.

La moyenne pour la période de dix mois des irrigations sera donc :

$$\frac{37.820 \times 7 \times 24.920 \times 3}{10} = 33.950 \text{ hectares, soit en}$$

nombre rond : 34.000 hectares.

En adoptant ce chiffre moyen pour la superficie des terrains arrosables par voie d'irrigation, on voit que pendant 7 mois de l'année, des terres recevront plus de 55 mètres cubes d'eau par hectare, et que pendant 3 autres mois elles recevront un volume d'eau diminuant depuis 55 jusqu'à 36 ; elles seront ainsi plus largement dotées qu'aucune autre terre d'Égypte.

En résumé donc, la superficie totale des terres arrosables avec le canal séfi, dont le projet a été remis au Gouvernement égyptien, est de :

1° par irrigation	34.000 hectares
2° par inondation.	16.000 —
Total.	50.000 hectares

A cette note il fut répondu par une autre note intitulée : « Note en réponse à M. Voisin, sur la réfutation à la note de M. Linant-Bey concernant l'évaluation des superficies de terrains arrosables, calculées d'après le canal dont le projet a été remis au Gouvernement égyptien. »

Monsieur le Directeur général des travaux du Canal de Suez prétend que pour déterminer la quantité de terrains arrosables pendant l'étiage, il ne faut pas calculer sur les plus bas étiages, mais bien sur l'étiage moyen déduit d'une longue série d'étiages.

Nous prétendons le contraire.

D'abord, s'il en était ainsi que le dit Monsieur le Directeur-général des travaux, dans quel but aurait-il indiqué le produit des eaux du canal au plus bas étiage ? C'était superflu, puisque cette donnée ne devait servir à aucun calcul d'arrosage.

Et pour prouver que c'est sur l'étiage complet que l'on doit compter pour les arrosages, nous allons donner quelques éclaircissements ; préalablement, nous déclarons que c'est ainsi que cela se pratique en Égypte, et que si quelques propriétaires s'écartent de cette règle, c'est le plus souvent à leur désavantage. Pour les cultures les plus riches, telles que celles des cotons, on commence à les semer à la fin d'avril, on continue en mai et on finit en juin; c'est l'époque du plus fort de l'étiage. On sème le coton dans quelques terrains déjà préparés, là où il n'y a pas eu d'autres semailles pour l'inondation qui a précédé l'étiage. Les cotons se sèment de deux manières : Balelé et Meskawé.

Les premiers, balelé (1), sont en très-petite quantité, et seulement dans quelques localités où le terrain est compacte et conserve la fraîcheur, étant peu élevées au dessus de la ligne des eaux d'infiltration, et parce qu'elles sont plus près de la mer où l'atmosphère est humide, comme, par exemple, dans la province de Béhéré. Ces cotons sont d'une qualité inférieure ; on ne les arrose qu'en les semant à cause de la nature des terrains où on les sème ; puis le coton ainsi semé attend la crue du Nil pour être arrosé largement en juillet. Ce sont là de pauvres cultures que souvent on sacrifie pour semer du maïs à leur place, quand la saison de cette culture est arrivée, culture dont nous parlerons plus tard.

Les autres cotons, meskawé (2), bien supérieurs aux balelé, sont arrosés, en attendant la crue, par des moyens artificiels depuis le moment où on les sème.

Les autres produits riches, comme les riz, sont semés dans la même saison, pour être piqués en juin et juillet même. Il en est ainsi pour d'autres produits de même nature.

Les eaux pour toutes ces cultures sont fournies par des canaux séfi, qui sont ceux ayant de l'eau pendant l'été, creusés plus bas que l'étiage.

Il faut donc que des terrains soient réservés pour ces cultures, et si pendant l'étiage l'eau ne suffisait pas, on perdrait d'abord les produits que l'on aurait pu obtenir par la récolte d'inondation dans les terres réservées, et de plus les graines et le travail de la préparation des terrains pour planter les cotons, que le manque d'eau ne permettrait pas d'arroser. Pour les riz, il en serait absolument de même. Si les eaux ne sont pas en assez grande quantité après les semailles, les riz transplantés dans les terrains conservés et préparés sont perdus.

---

(1) On les nomme ainsi parce qu'ils attendent l'arrosage de la crue : *balelé, patience.*

(2) On les nomme ainsi parce qu'ils sont arrosés au moyen de rigoles qui portent ce nom.

Voici donc la raison pour laquelle on ne calcule jamais les plantations, semailles ou cultures de cette saison, que sur e plus bas étiage. Si, par hasard, d'imprudents cultivateurs veulent agir autrement, ils éprouvent des pertes considérables, ayant compté sur une eau qui ne leur arrive pas.

C'est donc sur les eaux de l'extrême étiage, et non sur celles d'un moyen étiage, qui est une éventualité, qu'il faut calculer les terrains à ensemencer en produits riches ou dans la saison d'étiage.

Si la saison de ces semailles est passée, quand bien même on aurait plus d'eau, l'étiage étant moins bas que celui prévu, on ne peut plus augmenter les cultures qui ont dû être semées en avril et en mai ; ce serait à contre-temps, et il faut attendre jusqu'à la fin de juillet ou au commencement d'août, saison où l'on fait une culture intermédiaire entre celles d'étiage et celles d'inondation ; c'est celle des dourah, maïs ou blé de Turquie.

Avec le commencement de la crue, qui est bien sensible à la fin de juillet et aux premiers jours d'août, on arrose les terres facilement par les eaux, qui du Nil entrent dans les canaux ; alors on sème le maïs, et on l'arrose sans machines élévatoires, comme aussi les cultures faites en mai pendant l'étiage. La récolte de ces maïs se fait en 45 jours au moins, et 50 et 60 au plus ; cela a lieu dans la dernière quinzaine de septembre, avec peu de variation seulement, selon les localités.

Vient alors la culture par inondation : on inonde toutes les terres où étaient les maïs, on commence la récolte des cotons qui se prolonge en octobre, époque où commence à peu près celle des riz. Les eaux d'inondation s'écoulent, le terrain est labouré selon les localités, on sème les blés, l'orge, le bersim, les fèves, que dans la Basse-Égypte on arrose seulement une ou deux fois ; et les terrains restent ainsi jusqu'au temps de la récolte, en mai et juin, époque à laquelle on recommence à ensemencer les cultures par irrigation ou en temps d'étiage.

Si donc on se trouvait n'avoir plus d'eau à la fin du mois de juin ou au commencement de juillet, après que les semailles sont faites, on ne pourrait plus ensemencer, puisque la saison en serait passée.

Les cultures de maïs, blés, fèves, se faisant dans les mêmes terrains par l'inondation et la crue, on ne peut compter que ceux qui peuvent être arrosés par la quantité d'eau fournie par le canal pendant l'inondation, ce qui est le maximum de ces deux arrosages.

M. Voisin commet donc une légère erreur en calculant sur la quantité d'eau pouvant être fournie avec une hauteur de $2^m,50$, et pendant la plus grande partie de l'année, pour fixer la quantité des terres pouvant être arrosées; car il s'agit d'avoir pour ensemencer ces terres, non-seulement une quantité d'eau suffisante, mais encore il faut que l'arrivée de ces eaux coïncide avec la saison des semailles, saison qui est limitée.

Quant aux quantités d'eau voulues pour les arrosages, nous affirmons, malgré les citations de M. Voisin, que le chiffre de 24 mètres cubes par feddan est une moyenne bien faible. Pour les cotons, c'est à peine si 30 mètres cubes suffisent; et, pour les sucres et les riz, cela va à plus de 36.

Ce n'est pas seulement la moyenne des eaux indispensables pour les différentes cultures qu'il faut prendre, c'est aussi celle voulue dans les différentes localités qu'il faut faire entrer en ligne de compte. Par exemple, dans le bas du Delta, où l'eau n'est qu'à $1^m,50$ ou 2 mètres au dessous du sol, et où il y a de l'humidité dans l'atmosphère, il faut moins d'eau que dans les terrains plus au midi, comme aux environs du Caire, où ils sont à 7 mètres au-dessus des eaux, et où, pendant l'étiage, il n'y a pas une goutte de rosée. A plus forte raison, comme on l'a dit, il faudrait plus d'eau pour les terrains de l'Isthme; et c'est pour ne pas être taxé d'exagération, que l'on a mis 24 mètres cubes par feddan et par jour pour l'Isthme.

Ce sont là d'ailleurs des chiffres que nous employons toujours, chiffres basés sur l'expérience; c'est à peu près aussi celui adopté dans l'avant-projet, si l'on veut tenir compte des évaporations et infiltrations énoncées à cet avant-projet, et ce que nous n'avons pas fait entrer en ligne de compte pour les produits du canal dont le projet a été remis au Gouvernement égyptien.

M. Voisin dit que n'ayant aucun document authentique à

opposer au chiffre désigné pour l'arrosage par inondation. il adopte ceux que nous avons donnés. Cependant il a vu ou devait avoir vu dans l'avant-projet du Canal de Suez, qui est un document authentique cité bien souvent, que l'on a calculé qu'il fallait pendant 100 jours, au maximum de temps que dure l'inondation et pour chaque feddan de terres, un cube d'eau de 8.400 mètres, ce qui fait 2 mètres d'eau sur les terres, et nous n'en avons compté que un mètre dans notre note.

Nous le répétons encore, ce n'est pas seulement la quantité d'eau que l'on peut avoir en dehors des saisons des semailles qui peut servir à cultiver des terrains, il faut aussi que l'époque de l'arrivée de ces eaux coïncide avec celle des saisons des semailles ; c'est-à-dire avec l'étiage, en mai, pour les cultures d'été ; puis avec les crues et l'inondation, en août, septembre et octobre, pour les cultures des céréales. C'est seulement sur les quantités d'eau que l'on peut avoir à ces deux époques que l'on doit déterminer les superficies de terrains à cultiver, comme il est dit dans la note à ce sujet.

L'avant projet, puis la Commission internationale et même le dernier projet présenté au Gouvernement égyptien, ne parlent jamais que de deux quantités d'eau, l'une pour l'étiage, l'autre pour l'inondation, jamais d'une intermédiaire pour les étiages moyens.

M. Voisin fait comprendre aussi que la partie du Canal qui a été ouverte par la Compagnie, ne l'est que provisoirement sur les dimensions réduites qu'on lui a données. Ne connaissant pas les profils en travers de ces parties du Canal ouvertes dernièrement et dont parle M. Voisin, on s'en rapporte entièrement à lui, qui dit encore que, dans la prévision d'avoir plus d'eau, on a donné certaines dispositions au profil du canal.

Tout cela est fort bien ; mais dans le projet présenté au Gouvernement égyptien ceci n'est nullement expliqué ; et pour arrêter quelque chose de définitif sur les quantités d'eau à fournir pour les besoins de la Compagnie, d'après la convention du 18 mars 1863, il faut autre chose que des éventualités et des intentions qu'on n'a pas fait connaître. Il ne peut être admis qu'à tout moment on change les dispositions déjà prises, dans le but de satisfaire à de nouveaux besoins imprévus que le Gouvernement, propriétaire de la prise d'eau et de la plus grande partie du canal, devrait être le premier à connaître.

C'est sur des chiffres présentés dans le projet que tout cela doit être fixé.

Il est bien dit dans l'exposé général, présenté au Gouvernement égyptien le 23 février 1864, en fixant les dimensions du Canal, son régime, etc., etc., que la hauteur d'eau maximum que peut recevoir le Canal dans ces circonstances, de manière à ce que les berges inférieures ne courent aucun danger, est de $2^m,50$, etc. Comment aujourd'hui peut-on changer cette disposition, arrêtée avec autant de précision?

D'après ceci, on doit bien conclure que quand le travail du canal fut entièrement entre les mains du Gouvernement, ses ingénieurs voulurent faire quelque chose de plus convenable pour les provinces et même pour le Canal de Suez. Immédiatement on prit des dispositions pour changer le système, et au lieu d'un canal à cours libre, on pensa à en faire un partagé en plusieurs biefs, ce à quoi les ingénieurs de la Compagnie ne firent aucune opposition, car déjà depuis longtemps ils pensaient qu'il n'en pouvait être autrement.

En attendant que la prise d'eau à Casr-el-Nil fût terminée, et que le Canal fût creusé sur toute sa longueur, afin de donner plus d'eau pour le Canal de Suez et la province de Cherkièh, S. A. le Vice-Roi voulut établir une prise d'eau provisoire pour conduire les eaux dans la partie du Canal déjà creusée à point, c'est-à-dire du village de Nemerièh jusqu'à la rencontre de la dérivation du Chercawè, dans l'ancien Zaffrannè.

Cette prise d'eau, faite un peu en amont du village de Choubra, allant à celui de Nemérièh au Khalig Zaffrannè, augmenta effectivement, pendant l'étiage, d'une manière notoire les eaux dans la province de Cherkièh, et dans le canal de l'Ouadèe allant à Ismaïlièh et à Suez.

Cette prise d'eau provisoire a nécessité un cubage de déblais d'environ 1.500.000 mètres cubes, et peut-être aurait-il mieux valu immédiatement faire ce travail à la partie du canal entre Casr-el-Nil et Némérièh; mais Son Altesse le Vice-Roi avait pour cela des raisons, et le fait est toujours que cette prise d'eau a été utile jusqu'à présent.

On fit aussi creuser en partie le canal Zaffraunè, allant des environs de Sériakos à Ménayer, et de là jusqu'aux environs de Gawarnè; ce qui occasionna un grand travail, car à Ménayer on rencontra un banc de pierre, qui dut être enlevé à la mine.

En 1869, on prit des dispositions pour excaver le Canal dans la partie longeant l'Ouadée du côté nord, et aussi pour faire le Canal depuis les environs de Gawarnè jusqu'au nord d'Abascè, partie presque toute en remblais dans la traversée de l'Ouadée.

Un entrepreneur, connu par ses grands travaux dans l'Isthme de Suez, au seuil de el-Gisr, M. Couvreu, proposa de faire cet ouvrage. Il avait un grand matériel dont il pouvait disposer, et cela eût été parfaitement fait; mais des circonstances survinrent, elles coïncidèrent avec le départ de Son Altesse pour l'Europe, ce qui empêcha cette combinaison d'avoir lieu.

Enfin on a fini par donner à forfait l'achèvement de tout le Canal, avec la prise d'eau de Casr-el-Nil et un barrage régulateur avec écluse à la prise d'eau provisoire de Choubra, pour la somme d'environ 12.500.000 francs, à laquelle il y aura probablement encore à ajouter pour les éventualités : telles que différences dans les cubages des terrassements et autres.

Le nouveau projet, autant qu'on le peut connaître, participe du projet primitif et de celui des ingénieurs de la Compagnie du Canal de Suez.

Le Canal doit toujours être creusé à $1^m,50$ en contre-bas de plus forts étiages, ce qui est encore davantage que dans le projet des ingénieurs de la Compagnie.

En même temps, on doit y établir différents barrages avec écluses pour diviser le Canal en divers biefs, tout en laissant une pente régulière au plafond du canal. Cette pente régulière de la prise d'eau au canal de l'Ouadée, où le Canal n'a pour ainsi dire plus de pente jusqu'à Néfiché, où est la dérivation vers Suez, est de $0^m.045$ par kilomètre, tandis que celle du canal primitif n'était que de $0^m,03$.

De ce nouveau système mixte et confus, il doit résulter quelques inconvénients.

Le premier est l'obligation d'enlever annuellement, d'une manière ou d'une autre, une quantité de sable ou de limon qui serait apportée dans le premier bief du canal depuis le Nil jusqu'à Sériakos; sans compter le creusement à 1^m,50 au-dessous de l'étiage, ce qui était épargné par le premier système du canal.

Le second d'avoir à faire un barrage avec des fondations très-profondes, ce qui occasionne toujours une plus grande dépense.

Le troisième, c'est qu'en donnant une pente uniforme au plafond du canal, il se trouve que, à l'étiage dans le premier bief, il y aura sur le plafond, en amont du barrage, 2^m,90 d'eau, tandis qu'à la prise d'eau il y aura seulement 2 mètres, ce qui fera qu'il y aura une partie de ce bief creusée tout à fait inutilement.

Dans le second bief de Sériakos à Bulbeïs, il y aura en amont du barrage de Bulbeïs une différence avec l'aval de celui de Sériakos d'environ 1^m,75, ce qui fait qu'il y aura ici encore une plus grande partie que dans le premier bief creusée sans aucune utilité.

Dans le bief de Bulbeïs à l'Ouadée, si l'on ne fait pas une écluse et un barrage à Gawarnè, il y aura du barrage de Bulbeïs au bief de l'Ouadée une différence de niveau d'environ 2^m,65. Et alors, comme de toute nécessité il faudrait un autre barrage et une autre écluse pour partager le bief de Bulbeïs à l'Ouadée, soit qu'on la place à Abascè, à Cassassine, à Mahsama, à Tel-el-Maskhouta ou à Saba-Biars, il faudra toujours élever de beaucoup les berges du Canal dans la partie en remblais traversant l'Ouadée, afin qu'elles ne soient pas débordées ; ce qui sera un travail très-coûteux, étant tout en remblais, et de plus très-dangereux par la possibilité de la rupture des berges faites entièrement en remblais.

Il est donc rationnel et de toute nécessité, qu'avec le projet actuel du Canal non à cours libre mais creusé plus bas que l'étiage et à pente uniforme, que ce soit à Gawarnè, et non ailleurs, qu'une écluse et un barrage soient construits.

Pendant les hautes eaux, elles doivent être maintenues dans

les différents biefs à la hauteur des terrains qui peuvent être arrosés et dont la surface est déterminée par le cadastre qui en a été dressé.

Pour cela, les barrages doivent être élevés aux différentes hauteurs des cotes de niveau déterminées pour ces terrains.

On a fait un canal provisoire pour donner de l'eau dans le canal de l'Ouadée, à l'aide de l'ancien canal de Zaffrannè, afin d'en fournir à Ismaïlièh et à Suez, en attendant que le vrai canal, celui qui aura sa prise d'eau à Casr-el-Nil, soit terminé ; mais ce canal, qui a pu être nécessaire lorsque l'on ne pouvait, pour une raison ou une autre, immédiatement travailler au véritable, ne sera plus utile, si celui qui doit avoir sa prise d'eau à Casr-el-Nil se termine ; au contraire il peut devenir un inconvénient, une charge.

Le canal de Choubra, ayant sa prise d'eau dans le Nil, cette prise d'eau se trouve à environ $0^m,60$ en contre-bas de celle du Zaffrannè. Ainsi, lorsque les eaux des deux canaux se rencontreront à leur jonction, celles du canal venant de Choubra, qui arrivent presque perpendiculairement au cours du Zaffrannè, perdront leur vitesse; il y aura dans cet endroit un remou arrêtant peut-être les eaux venant par le canal provisoire de Choubra, et certainement il s'y formera un fort atterrissement, qui nécessitera des curages continuels.

Le canal de Choubra deviendra pour ainsi dire inutile pour la fourniture des eaux pendant les crues; car celui d'Ismaïlièh peut en donner plus qu'il n'en est nécessaire, et pendant les basses eaux, il n'augmenterait pour ainsi dire pas celles du canal principal.

On devra construire un barrage régulateur avec écluses à la prise d'eau du canal de Choubra, travail considérable et fort coûteux; de plus, il faudra exécuter d'autres travaux dispendieux, pour maintenir dans le fleuve la prise d'eau dans de bonnes conditions, qui n'existent pas aujourd'hui.

L'embranchement de Choubra, à première vue, peut être utile pour la navigation, afin d'éviter aux barques, venant d'Ismaïlièh et devant se rendre vers le nord de l'Égypte, le détour jusqu'au Caire afin d'entrer dans le fleuve par la prise d'eau de

Casr-el-Nil pour le descendre ensuite; ainsi que pour celles devant faire le même trajet en sens inverse; mais cet avantage semble bien minime comparativement aux dépenses d'établissement et d'entretien qu'il faut faire pour l'embranchement de Choubra.

Avant tout on devrait décider la question de la nécessité de ce barrage, puisque l'on doit probablement le commencer bientôt, et que l'on construit le pont du chemin de fer, qui traverse cet embranchement de Choubra.

Il faudrait mettre de l'ensemble dans tout le système, soit que l'on conserve ou que l'on annule la prise d'eau de Choubra.

Par exemple, d'après tout ce qui se fait, l'écluse de prise d'eau de Choubra doit avoir 8^m,50 d'un bajoyer à l'autre; la largeur du pont entre les deux culées 12 mètres; si de celui-ci on veut faire un pont mobile, il faudrait dès aujourd'hui en déterminer le système.

L'écluse de prise d'eau à Casr-el-Nil n'a que 6 mètres de largeur; le pont Lemoun a de chaque côté de la pile-support environ 8 mètres; pourquoi cet ensemble anormal de dimensions différentes ?

Tout cela provient de ce que tous les différents projets qui ont été faits séparément, en ne prenant qu'une connaissance imparfaite, superficielle de tous ceux qui ont précédé, ont jeté du trouble dans les idées de ceux qui ont fait les derniers, et qu'aujourd'hui le système du Canal d'Ismaïlièh actuel est composé de pièces et de morceaux sans un ensemble général bien combiné, sans que personne prenne la responsabilité d'un projet ou d'un métré en l'étudiant sérieusement; ce qui peut occasionner beaucoup d'autres travaux pour mettre le tout en ordre et en harmonie.

Nous sommes arrivés à ce qui se fait; peut-être plus tard aurons-nous à revenir sur ce Canal d'eau douce dont le projet a été tant de fois modifié, sans jamais être amélioré.

NOTE A CONSULTER POUR L'ACHÈVEMENT
DU CANAL ISMAILIÈH.

Le projet du Canal d'eau douce, dit Ismaïlièh, fut d'abord dressé par Linant-Bey et approuvé par M. Conrad, l'ingénieur délégué par la Commission internationale, puis arrêté et décidé par cette Commission.

Ce projet consistait à prendre les eaux à Casr-el-Nil, où un barrage devait être construit avec écluses pour régler la recette des eaux, et un sas avec portes pour le passage des barques, comme il a été construit avec modifications.

Le Canal était tracé dans l'ancien Khalig Zaffranè jusqu'à Kafr Hamza plus au nord de Sériakos, de là allait à Menayer, puis le long du désert jusqu'à Gawarnè, d'où il traversait l'Ouadée Toumilat, et ensuite longeait cette vallée dans la partie nord jusqu'à Néfiché, près Abou Balah.

Afin d'éviter les curages annuels à une profondeur au-dessous de l'étiage et de pouvoir curer le Canal plus facilement, il ne devait être creusé que jusqu'à l'étiage ; et au moyen de machines hydrauliques, les eaux étaient élevées à 2 mètres, ce qui devait être la hauteur des eaux pour le Canal pendant les basses eaux.

Ce Canal devait être divisé en plusieurs biefs, pour racheter la pente et ne pas être forcé, pour qu'il fût navigable, de donner une grande quantité d'eau.

Pendant les crues, c'est-à-dire depuis le mois de juillet jusqu'en février, environ sept mois, les machines ne devaient pas fonctionner pour alimenter le Canal, et pouvaient être employées à tout autre chose ; le Canal alors était rempli dans chaque bief à la hauteur de tous les terrains qu'il pouvait arroser.

On avait un barrage régulateur des eaux, avec un sas pour le passage des barques à la prise d'eau de Casr-el-Nil, comme nous l'avons dit ;

Un second à Kafr Hamza, près Sériakos ;

Un troisième à Bulbeïs ;

Et un quatrième à Gawarnè.

Puis on avait un seul bief jusqu'à Abou Balah ou Néfiché, où se trouvait la dérivation du canal vers Suez, comme elle l'est aujourd'hui.

De ce dernier bief, comprenant de Gawarnè à Néfiché, il fallait pour descendre au lac Timsah à Ismaïlièh trois écluses, et pour la partie allant à Suez le même nombre.

De cette manière on diminuait les remblais dans la traversée de l'Ouadée ou de Gawarnè au nord d'Abascè, et dans la partie jusqu'à Néfichè.

Les avantages de ce projet et de ce tracé étaient :

1° Que, malgré les différences des étiages du fleuve, au moyen des machines on obtenait, pour le temps des basses eaux, toujours les mêmes quantités d'eau ;

2° Que, pendant les hautes eaux, on pouvait par de simples saignées aux berges arroser, et par conséquent cultiver tous les terrains cadastrés sur les deux rives du Canal dans les différents biefs, et qui forment un total de 31.000 feddans en plus de ce qui est cultivé aujourd'hui ;

3° Que les dépenses des machines et leur entretien coûtaient bien moins que le creusement du Canal à 2 mètres au-dessous de l'étiage, et que les curages à faire chaque année indispensablement, puisque pour les canaux séfi il faut tous les ans en faire un considérable ;

4° Qu'au moyen des différents biefs, on pouvait curer à sec en fermant les écluses pendant fort peu de jours ;

5° Que, par un canal avec différents biefs, les eaux pendant l'étiage pouvaient être réglées, et la navigation et les arrosages séfi ne pouvaient en manquer ;

6° Que les terrassements étaient beaucoup moindres, en faisant différents biefs ;

7° Que le Canal était indépendant de tous les terrains aujourd'hui cultivés, qui recevaient déjà des eaux par d'autres canaux ;

8° Que la pente était diminuée à volonté ;

9° Et qu'enfin toutes les constructions de barrages et d'écluses, etc., etc., devaient être pour les fondations à des profondeurs moindres que si l'on creusait le canal en contre-bas de l'étiage ; il en résultait donc une grande économie et beaucoup moins de difficultés.

Ce projet, qui avait été approuvé par le Conseil des travaux de la Compagnie, fut tracé sur le terrain ; mais quand la Compagnie reprit ce travail que le Gouvernement égyptien devait d'abord exécuter, alors les ingénieurs voulurent faire quelque chose de nouveau, comme tout le monde fait. Ils ne changèrent pas le tracé du canal, ce qui ne se pouvait, puisqu'il n'y en avait pas d'autre possible, mais ils voulurent établir le canal sur un autre régime, c'est-à-dire à cours libre, en le creusant à 2 mètres en contre-bas de l'étiage.

La partie de la prise d'eau jusqu'à l'Ouadée ne fut jamais exécutée ; mais comme on pouvait avoir de l'eau par le canal de Zagazig à l'Ouadée, qui était alimenté par le Chercawé, on creusa la dérivation vers Suez, et on y laissa couler les eaux librement selon le régime du projet de MM. les Ingénieurs de la Compagnie.

Il arriva que bientôt on fut persuadé que le régime de ce canal à cours libre n'était pas rationnel, et on le divisa en quatre biefs avec écluses, comme cela avait été indiqué dans le premier projet.

Cela prouve évidemment que la partie du Canal depuis le Caire jusqu'à l'Ouadée ne pouvait, pas plus que la partie allant à Suez, être faite avec le régime d'un canal à cours libre, mais bien avec différents biefs.

Plus tard, la Compagnie abandonna le creusement du Canal au Gouvernement égyptien, devenu propriétaire de ce canal.

Alors, on fit un autre projet participant du primitif et de celui des ingénieurs de la Compagnie. Mais on devait toujours creuser le canal à 1^m,50 en contre-bas de l'étiage, et en même temps y établir différents biefs, puisque avec ces écluses et ces biefs on laissait une pente régulière au fond du canal.

De ce système mixte et confus. il devait résulter plusieurs inconvénients.

Le premier était l'obligation d'enlever annuellement, d'une manière ou d'une autre, une quantité de sable et de limon, qui serait apportée dans le premier bief du canal, depuis le Nil jusqu'à Sériakos.

Le second, d'avoir à faire un barrage avec des fondations très-profondes, ce qui occasionne toujours une grande dépense.

Le troisième, c'est qu'en donnant une pente uniforme au plafond du canal, il se trouve qu'à l'étiage dans le premier bief, il y aura sur le plafond en amont du barrage de Sériakos environ 2^m,90 d'eau, tandis qu'à la prise d'eau il y aura seulement 2 mètres, ce qui fera qu'il **y** aura une partie de ce bief creusée tout à fait inutilement. Dans le second bief de Sériakos à Bulbeïs, il y aura en amont du barrage de Bulbeïs une différence de profondeur d'eau avec l'aval de celui de Sériakos d'environ 1^m,75, ce qui fait qu'il y aura encore ici une plus grande partie que dans le premier bief de creusée inutilement. Dans le bief de Bulbeïs à l'Ouadée, si l'on ne fait pas une écluse et un barrage à Gawarnè, il y aura de l'aval du barrage de Bulbeïs au bief de l'Ouadée une différence de niveau d'environ 2^m,65 ; et alors, comme de toute nécessité il faudrait un autre barrage et une autre écluse pour partager ce bief de Bulbeïs à l'Ouadée, soit qu'on le place à Abascè, à Cassassine, à Mahsama, à Tel-el-Maskhouta ou à Saba Biars, il faudra toujours élever de beaucoup les berges du canal dans la partie en remblais traversant l'Ouadée, afin qu'elles ne soient pas débordées, ce qui sera un travail très-coûteux, étant tout en remblais, et de plus très-dangereux par la possibilité de la rupture des berges faites aussi entièrement en remblais.

Il est donc rationnel et de toute nécessité que ce soit à Gawarné et non ailleurs, que l'on place une écluse.

Pendant les hautes eaux, il faut les maintenir dans les différents biefs à la hauteur des terrains qui peuvent être arrosés, et dont la surface est déterminée par le cadastre qui a été dressé ; pour cela les barrages doivent être élevés aux différentes hauteurs des cotes de niveau déterminées pour ces terrains.

On a fait un canal provisoire pour donner de l'eau dans le canal de l'Ouadée par l'ancien Zalfrannè, afin d'en fournir à Ismaïlièh et à Suez, en attendant que le vrai Canal, celui ayant sa prise d'eau à Casr-el-Nil, soit terminé : mais ce canal, qui pouvait être nécessaire lorsqu'on ne voulait pas immédiatement travailler au véritable, ne sera plus utile, si celui qui a sa prise d'eau à Casr-el-Nil se termine, et il peut même devenir un inconvénient.

Le canal de Choubra a sa prise d'eau dans le Nil en contrebas de celle du canal ayant sa prise d'eau à Casr-el-Nil d'environ 60 centimètres; lorsque les eaux des deux canaux se rencontreront à leur jonction, celles du canal venant de Choubra perdront leur vitesse et il y aura dans cet endroit un remou qui formera un fort atterrissement nécessitant des curages continuels.

Le canal de Choubra deviendra pour ainsi dire inutile pour la fourniture des eaux, car celui d'Ismaïlièh peut en donner plus qu'il n'en est nécessaire; et à l'époque des basses eaux, ce canal n'augmenterait que bien faiblement celles du principal canal.

On devra construire un barrage régulateur avec écluses à la prise d'eau du canal de Choubra, travail considérable et coûteux; de plus, il faudra exécuter d'autres travaux coûteux encore pour maintenir dans le fleuve la prise d'eau dans de bonnes conditions, qui n'existent pas aujourd'hui.

L'embranchement de Choubra, à première vue, peut être utile pour la navigation, afin d'éviter aux barques, venant d'Ismaïlièh et se rendant vers le nord de l'Égypte, le détour jusqu'au Caire pour entrer dans le Nil et descendre le fleuve, ainsi que pour celles devant faire le trajet en sens inverse; mais cet avantage semble bien minime comparativement aux dépenses d'établissement et d'entretien qu'il faut faire pour l'embranchement de Choubra.

Avant tout, il faudrait décider la question de la nécessité de ce barrage, puisque l'on doit le commencer bientôt, et que l'on construit le pont du chemin de fer qui traverse cet embranchement de Choubra comme un pont fixe, ce qui fait que les barques ne pourraient entrer et sortir par là pour naviguer sur le canal Ismaïlièh.

De tout ce qui vient d'être dit ici, on arrive à cette conclusion : c'est que les différents projets, qui ont été faits séparément, en ne prenant qu'une connaissance superficielle de ceux qui ont précédé, ont mis du trouble dans les idées de ceux qui ont fait les derniers; et que le système actuel du Canal Ismaïlièh est aujourd'hui composé de pièces et de morceaux sans un ensemble général, sans que personne prenne la responsabilité d'un projet ou d'un autre en l'étudiant sérieusement : ce qui peut occasionner beaucoup d'autres travaux pour remettre le tout en ordre et en harmonie.

Cela peut encore être évité, si dès aujourd'hui (puisqu'il en est temps encore) on reprend tout le travail, tout ce qui a été fait à propos de ce projet de canal, afin que de toutes les parties on fasse un ensemble complet et entièrement satisfaisant.

CHAPITRE IV.

PRINCIPAUX TRAVAUX.

ÉPOQUE DE MÉHÉMET-ALI, DE 1816 A 1850.

FERMETURE DE LA DIGUE D'ABOUKIR.

Je n'ai voulu parler, jusqu'à présent, que des principaux travaux qui avaient un rapport soit avec les irrigations, soit avec les communications et l'utilité publique ; cependant en dehors de ces travaux, il en existe encore qui, quoique n'étant pas d'une utilité directe pour la population, en ont pourtant une pour le pays en général ; je parlerai donc aussi des principaux travaux de ce genre, comme par exemple : des Fortifications, des Arsenaux, des Palais, des Écoles, mais toujours d'une manière générale et seulement au point de vue de leur construction.

Le premier des travaux d'une grande utilité que fit exécuter Méhémet-Ali et qui eut une grande influence surtout pour les environs d'Alexandrie, fut la fermeture de la Digue d'Aboukir.

Tout le monde sait que pendant l'Expédition française en Égypte, commandée par le général Bonaparte, un des fléaux de la guerre fut la submersion de toute la partie de la province de Béhéré environnant le lac Mariout, l'ancien Maréotis ; pour isoler Alexandrie, l'armée anglaise détruisit la digue qui est au fond de la baie d'Aboukir, et les eaux de la mer se précipitèrent dans la plaine jusqu'au canal du Nil à Alexandrie, le Mahmoudiéh d'aujourd'hui ; elles vinrent recouvrir terrains et villages dans le sud du lac jusqu'à Hoché Issé, comme on le voit encore aujourd'hui par les villages ruinés, abandonnés, et les terrains incultes de cette contrée, tous recouverts d'efflorescences salines.

Pour fermer cette digue et la remettre en état, il fallait exécuter un grand travail, d'autant plus difficile et plus coûteux que dans les environs il ne se trouve aucun des matériaux nécessaires ; ils durent être apportés d'Alexandrie, soit par mer, soit à dos de chameaux.

On travailla pendant bien des années pour compléter cet ouvrage ; car il y a au fond de la baie, où est la digue, une profondeur d'eau de plus de 5 mètres, et toute la digue a une longueur de 1.243 mètres.

On est continuellement obligé de faire d'assez grands travaux d'entretien à cette digue, travaux toujours mal exécutés et incomplets ; d'où il résulte qu'il vaudrait beaucoup mieux, une fois pour toutes, faire une nouvelle digue en bons matériaux et bonne maçonnerie intérieurement à celle qui existe, de manière à ce que l'ancienne servît comme d'enrochement préservatif ; alors on n'aurait plus à craindre que dans une forte tempête de vent du nord la digue actuelle fût emportée par les coups de mer, ce qui occasionnerait naturellement la rupture de la berge du canal Mahmoudiéh, qui se remplirait d'eau de mer, et la submersion de tous les terrains cultivés aux environs d'Alexandrie, plus encore le remplissage du lac Mariout, la destruction de la chaussée du chemin de fer, et enfin la privation d'eau du Nil pour les besoins d'Alexandrie. La distribution d'eau ne pourrait plus suffire aux besoins, et les citernes n'étant plus entretenues comme par le passé avec leurs conduits souterrains pour les remplir, ces citernes étant vides et non curées. la ville d'Alexandrie finirait par se trouver dans un état désastreux.

Il serait donc d'une sage prévoyance de faire les travaux nécessaires pour prévenir tout accident de rupture de la digue d'Alexandrie.

DIGUE DE PHARAONIÉH.

Une autre Digue aussi très-importante est celle du canal Pharaoniéh.

Anciennement, il existait une communication de la Branche de Damiette à celle de Rosette à travers le Delta par un cours d'eau naturel, qui avait sa prise d'eau près du village de Bir-Shams dans la Branche de Damiette et qui en passant à Mènouf allait couler dans la Branche de Rosette à Nadir.

Ce canal ou cours d'eau est nommé Pharaoniéh, soit à cause d'un petit village de ce nom situé près de sa prise d'eau, soit qu'on l'ait appelé ainsi au figuré parce qu'il était la cause de dégats dans la Branche de Damiette, détournant beaucoup d'eau de cette Branche au détriment des cultures riveraines et au profit de celles de la Branche de Rosette : car les Égyptiens modernes attribuent à Pharaon tout le mauvais côté des choses ; dans ce cas, le village aurait pris le nom du cours d'eau.

Quoiqu'il en soit, la grande quantité d'eau que, pendant l'étiage surtout, cette dérivation enlevait à la Branche de Damiette était une cause d'importants préjudices pour la culture du riz dans la partie nord du Delta et dans celle du Daccaliéh, depuis Mansoura, à peu près, jusqu'à Damiette, parce que les eaux de la Branche de ce nom n'étaient plus en assez grande quantité pour refouler celles de la mer qui entraient dans l'intérieur ; alors les eaux devenaient saumâtres, ce qui était fort nuisible aux cultures de riz qui demandent une eau extrêmement douce.

Il est toujours à remarquer que la Branche de Damiette ayant, depuis la pointe du Delta, où le Nil se bifurque, un développement plus grand que celui de la Branche de Rosette, à cause de ses nombreuses sinuosités, elle se trouve par conséquent avoir moins de pente, et qu'alors les eaux de la Branche de Damiette se trouvant plus élevées que celles de l'autre, ont une tendance à couler vers le nord-ouest dans la Branche de Rosette (1). Effectivement, comme on l'a vu dans la note des canaux séfi, tous les canaux principaux d'irrigation, tous les anciens cours d'eau naturels coulent de la Branche de Damiette vers celle de Rosette en inclinant vers la mer.

Cette disposition des localités faisait donc que le Pharaoniéh nuisait beaucoup aux cultures des terrains traversés par la Branche de Damiette.

---

(1) D'après le régime du Nil, cela donnerait à penser que la Branche de Damiette est plus ancienne que celle de Rosette.

Pendant l'expédition du général Bonaparte, il existait des querelles violentes entre les cultivateurs des environs de Farescor, ceux d'une partie du Delta et ceux de la Branche de Rosette, querelles qui duraient depuis longtemps. Les habitants des parties situées au nord de la Branche de Rosette, ceux même de la province de Béhéré jusqu'aux environs d'Alexandrie portèrent plainte parce que le canal de Ménouf ou le Pharaoniéh restait fermé ; et ceux de la Branche de Damiette en portèrent aussi, faisant opposition à l'ouverture de ce même cours d'eau, qui était fermé à la Branche de Damiette.

Une des dernières ordonnances du général Bonaparte est même relative à cette affaire ; en 1799, il ordonna qu'une enquête serait faite, et elle eut lieu par les ingénieurs des ponts-et-chaussées.

Plus tard, la digue de fermeture fut emportée par les eaux, soit naturellement, soit que les cultivateurs y aient aidé ; mais enfin, en 1818, Méhémet-Ali fit refermer complétement le Pharaoniéh par une forte chaussée en pierres en enrochements avec deux musoirs dans le fleuve pour la préserver, et depuis elle n'a jamais été ouverte.

Méhémet-Ali, pour donner quelque compensation à la province de Béhéré et à la partie du Delta qui réclamaient l'ouverture de la digue du Pharaoniéh pour avoir plus d'eau dans la Branche de Rosette, fit creuser beaucoup de canaux qui furent plus avantageux que le canal de Ménouf.

Ce canal fut aussi fermé à Nadir et forma un grand bief dans lequel les eaux des canaux supérieurs conduisaient des eaux, qui servaient aux irrigations des parties au nord.

Malgré la fermeture du Pharaoniéh, quoique les barrages soient pour ainsi dire terminés depuis 1840, les cultivateurs de riz et de coton dans les environs de Mansoura et de Damiette se plaignent encore d'avoir trop peu d'eau dans le fleuve pour empêcher celle de la mer de s'introduire, et que, par ce seul fait, leurs rizières sont souvent perdues. On a construit alors un canal nommé le Chercawé, qui a sa prise d'eau près de Mansoura, plus haut de beaucoup que le point auquel peut arriver le mélange des eaux salées et de celles du fleuve, et par ce moyen les rizières de ce côté ont toujours de la bonne eau ; les rizières qui sont dans le Delta ont aussi des canaux qui apportent des eaux.

La digue qui ferme le Pharaoniéh est donc aujourd'hui encore telle que Méhémet-Ali la fit exécuter.

FERMETURE DE LA BOUCHE DE DIBÉ AU LAC MENZALÉH.

Un travail encore fort utile et du même genre que fit faire Méhémet-Ali fut la fermeture d'une des ouvertures du lac Menzaléh.

Pendant les inondations, les différents canaux qui se déchargeaient dans le lac Menzaléh, comme le Bahr Mocze, allant jusqu'à Sâné et au lac; l'Abou-l'Ardar, ancienne Branche Pélusiaque, qui est canalisée depuis quelques années et qui ne l'était pas alors; le Bahr Serayer, fermé aujourd'hui au Nil à Mansoura, et d'autres canaux de moindre importance, apportaient tous leurs eaux jusque dans le lac Menzaléh, et leur écoulement à la mer se faisait trop promptement. D'autres fois, au temps des basses eaux d'étiage, celles de la mer repoussées par les vents du large entraient en trop grande quantité dans le lac, ce qui occasionnait des hausses de 60 à 80 centimètres, et les cultures riveraines étaient perdues. Méhémet-Ali fit fermer l'embouchure de Dibé avec des enrochements; une autre plus près de Damiette, nommée Achetoun-el-Kéra-Oûé, celle de Tinéh, plus à l'est, se comblèrent naturellement et il n'y passa plus que très-peu d'eau, comme aussi celle d'Oum Fareg; il ne resta donc plus que celle de Gémiléh, qui est la meilleure.

Il faut dire aussi que par le système d'irrigation en usage aujourd'hui, les canaux apportent beaucoup moins d'eau dans le lac Menzaléh qu'autrefois.

DIGUES DE COCHEICHÉ, DE BAHR-BELA-MA, DE TAMIÉH

La grande Digue de Cocheïché est fort importante, c'est une des plus anciennes de l'Égypte; j'en ai parlé dans la note intitulée : *Commencement des travaux réguliers;* elle préserve la province de Giséh des inondations qu'occasionnerait l'écoulement de toutes les eaux qui viennent s'accumuler sur cette digue, et que par son moyen, en les retenant, l'on peut faire déverser au fleuve.

Au moyen de cette digue, les eaux qu'elle retient peuvent aussi monter jusqu'au Fayoum à la digue de Gedalla, près Illaoun, et servir à l'irrigation d'une partie de cette province.

Cette importante digue fut renforcée et revêtue de maçonnerie pour l'empêcher d'être détruite par les flots des eaux du bassin situé en aval, qui, pendant les crues et avec un grand vent, sont assez fortes pour la saper. Plus tard, elle fut presque entièrement mise à couvert par des revêtements en pierre, en enrochements; cependant, à cause de la grande hauteur de la masse d'eau qu'elle soutient, et aussi de la quantité élevée des eaux du bassin de Recca, qui est en aval, cette digue demande une surveillance continuelle; et malgré tout il arrive encore des accidents. Il serait fort prudent de diviser en deux chacun des bassins, l'un supérieur, l'autre en aval de cette digue, au moyen d'une autre digue transversale; ce qui faciliterait les irrigations pendant les crues, en diminuant de moitié la hauteur des eaux aujourd'hui accumulées sur cette digue et sur celle de Recca, en aval de celle de Cocheïché.

La partie du Bahr Joussef, ou plutôt la dérivation de ce cours d'eau, qui du village d'Illaoun va jusqu'à Médinet, se trouve être beaucoup plus élevée que tous les terrains cultivables de la province du Fayoum; les terrains de cette province sont loin d'avoir la ténacité de ceux de l'Égypte; ils sont légers, moins argileux, très-friables; on doit comprendre alors qu'un petit cours d'eau avec une forte pente puisse raviner tous ces terrains. C'est effectivement ce qui est arrivé dans le Fayoum, qui loin d'être uni et plat comme l'Égypte est, au contraire, accidenté et raviné partout.

Les ruptures dans les berges de la dérivation du Bahr Joussef dans le Fayoum pendant les crues ont donc dû causer des accidents très-importants; effectivement, en 1819 ou 1820, il y eut une rupture à l'ouest du village de Awarat-el-Macta, et en même temps le pont d'Illaoun ne pouvant être fermé à volonté, les eaux se précipitèrent en torrent par ce que l'on nomme le Bahr-béla-mâ, ravageant les terrains, bouleversant les couches calcaires qui forment le sous-sol et renversant à Tamiéh la grande digue en pierre servant à retenir les eaux pour en faire un réservoir destiné à arroser les terres.

Ce Bahr-bela-mâ, ce lit de torrent à l'est, existait avant cette rupture, et avait sa prise d'eau près d'Awarat-el-Macta ; là, aussi, bien anciennement, on avait établi une fermeture avec un empierrement considérable et un beau déversoir très-bien construit, qui servait certainement à l'écoulement d'une partie des eaux du Bahr Joussef vers Tamiéh et au trop plein du canal ; on ne voit pas pour quelle raison ce déversoir n'est plus utilisé aujourd'hui.

Le village d'Awarat a pris le surnom de *el-Macta* de ces ruptures dans la berge du Bahr Joussef, car *macta* veut dire rupture.

La rupture dont nous parlons, à l'ouest du village, causa beaucoup de dégâts ; on chercha pendant la crue à la fermer, mais malgré tout ce que l'on put faire, malgré l'énergie des personnes qu'employait Méhémet-Ali, ce ne fut que six mois après qu'on put y parvenir, lorsque l'étiage arriva. Alors on construisit une digue en pierre avec des murs de soutènement et des contreforts, comme on le voit encore aujourd'hui ; tout ce travail dura deux ans. On refit aussi le barrage de Tamiéh, qui fut encore emporté, n'étant pas assez solide pour la retenue d'eau qu'il avait à soutenir, et il fut encore reconstruit dans les conditions voulues par la science, en 1834, tel qu'il est aujourd'hui.

PONT D'ILLAOUN.

Le Pont d'Illaoun, construction fort ancienne, très-souvent réparée, est attribué primitivement, par la tradition des habitants des lieux mêmes, à Joussef, fils de Jacob ; mais les constructions qui se voient aujourd'hui hors de l'eau peuvent être du temps de Joussef Salah-el-Din ; elles ont été réparées plu-

sieurs fois, et il y a même trente-cinq années on fit en amont
de l'ancien pont, après la rupture de Bahr-béla-mâ, un placage
d'une forte épaisseur, afin que si le vieux pont, dont le radier
était en partie tombé dans un affouillement, venait à s'ébouler,
ce placage servît de pont barrage.

En aval du pont d'Illaoun est un affouillement de 16 mètres à
l'étiage ; le radier est suspendu comme une voûte, ce qui a été
reconnu au moyen de plongeurs.

Le pont d'Illaoun assure la sécurité du Fayoum contre les trop
grandes crues : car si pendant le temps des inondations il
venait à être emporté par les eaux du Bahr Joussef, qui ne
peuvent être maîtrisées puisqu'il n'y a aucun barrage régulateur sur son parcours, les eaux entreraient sans aucun
obstacle dans le Fayoum et causeraient de grands désastres ;
c'est pour prévenir cela que depuis trente années on a construit
en amont de ce pont, à une distance de 100 mètres, un autre
barrage en très-bonne maçonnerie, avec un radier assez
étendu pour ne craindre aucun affouillement, l'ancien barrage
d'Illaoun servant d'ailleurs à empêcher les affouillements, s'il
venait à tomber ; aussi la province du Fayoum est aujourd'hui
en parfaite sécurité de ce côté.

CANAL MAHMOUDIÉH.

En 1810, la ville d'Alexandrie était encore pour ainsi dire tout
à fait arabe ; quelques rares européens faisant le commerce et
les consuls étaient les seuls étrangers qui s'y trouvaient, et l'on
ne pensait pas encore aux établissements, à l'industrie et
à l'extension du commerce qui prit tout à coup un si large développement sous le règne de Méhémet-Ali.

Les communications commerciales de l'intérieur avec Alexandrie avaient lieu par mer, par Damiette ou par Rosette ; les voyageurs, qui ordinairement allaient au Caire, prenaient ou cette
voie, ou bien allaient par terre le long de la mer prendre des
barques à Rosette pour remonter le Nil. En 1816, et même
en 1819, on prenait encore cette voie ; mais déjà depuis

quelques années on sentait l'extrême besoin de meilleures communications.

La population d'Alexandrie augmentant, le besoin d'eau douce se faisait aussi sentir : en effet, il n'y en avait que dans quelques citernes alimentées l'hiver par les eaux de pluie, ou bien par celles que le Nil apportait pendant les crues de chaque année à l'aide de l'ancien canal d'Alexandrie, et par des canaux souterrains.

Ce canal d'Alexandrie avait sa prise d'eau à Rahmaniéh, et venait à Alexandrie depuis Zawet-el-Gazal, en suivant à peu près la même direction que le Canal Mahmoudiéh d'aujourd'hui.

On voit encore dans beaucoup d'endroits les berges de cet ancien canal : il était de petite dimension, fort mal entretenu et nullement navigable.

Méhémet-Ali voulut non-seulement avoir de l'eau à Alexandrie pour les besoins des habitants, mais encore avoir des jardins, des campagnes aux environs d'Alexandrie et sur les bords du canal ; il voulait aussi établir la navigation depuis le Nil jusqu'à Alexandrie pour des barques d'un assez grand tirant d'eau.

Pour remplir ce but, il ordonna d'établir le Canal Mahmoudiéh tel qu'il existe aujourd'hui ; il le nomma ainsi par déférence pour son suzerain le sultan Mahmoud.

En examinant le tracé de ce Canal, on est étonné de voir qu'au lieu de prendre la prise d'eau à l'ancienne prise d'eau même de Rahmaniéh ou plus haut, on soit allé le faire plus bas même que Fouah, et qu'il y ait une partie de ce Canal qui remonte pour ainsi dire le cours du fleuve jusqu'à Zawet-el-Gazal, près de Damanhour ; on est également surpris de toutes les sinuosités du tracé du canal.

L'ancien canal, qui avait sa prise d'eau à Rahmaniéh, suivait aussi un tracé analogue, il remontait jusqu'auprès de Damanhour ; c'était pour éviter les terrains très-bas, presque toujours marécageux du Malagat Diésci, qui probablement faisaient autrefois partie des marais du lac d'Etko, terrains dans lequel ce canal aurait dû être en partie en remblais, ce qui est toujours désavantageux.

La raison pour laquelle la prise d'eau des deux canaux, l'ancien et le nouveau, ne fut pas établie plus au sud était qu'en remontant la prise d'eau le Canal avait plus de pente et que l'on n'aurait pu le laisser à cours libre ; on eût été obligé pour la facilité des arrosages et de la navigation d'établir deux biefs avec écluses, pour le passage des barques et la retenue des eaux.

La raison qui a probablement fait changer la prise d'eau du Mahmoudiéh et l'a fait porter à l'Atféh plus bas que Fouah. c'est que celle de Rahmaniéh était obstruée par une île et que la rive dans cette localité, sur une longue distance, était en ligne droite ; tandis qu'à l'Atféh se trouvait un fort coude avec un grand remou, qui avait approfondi le lit du fleuve et occasionnait à cet endroit une petite hausse propice à la prise d'eau du canal.

La même raison qui avait fait remonter la première partie de l'ancien canal vers le sud-ouest au lieu d'aller directement à l'ouest, c'est que dans le tracé du Mahmoudiéh, au lieu de vouloir éviter la partie basse de Malagat Diêsci, c'étaient les terrains bas avoisinant le lac d'Etko qui ne pouvaient être traversés.

Quant aux sinuosités du tracé du Canal, quelques-unes ont été nécessitées par les localités, mais d'autres proviennent parfaitement de fautes commises.

A l'époque à laquelle on exécuta les travaux préparatoires du Mahmoudiéh, il y avait encore bien moins de régularité dans les affaires qu'il n'y en a eu par la suite. Les ingénieurs étaient très-peu instruits ; je les ai connus plus tard et j'ai pu voir toutes les difficultés que l'architecte Coste, qui alors était l'ingénieur en chef, a dû éprouver pour ce travail. On ne prévint d'ailleurs les ingénieurs de la décision de Méhémet-Ali que lorsque déjà les ouvriers étaient commandés et qu'ils arrivaient sur les lieux des travaux. On n'avait eu le temps de rien préparer ; le tracé n'était pas même décidé, loin d'être piqueté sur le terrain ; les nivellements nuls et on y travaillait lorsque tous les ouvriers étaient déjà à l'œuvre. On n'avait donc pas eu le temps de désigner à chacun la place qu'il devait occuper, et chaque chef de district, de village, arrivait avec son

contingent d'ouvriers, qui d'avance n'était pas connu ; les ingénieurs ne le connaissant pas durent laisser chacun se mettre
où il le croyait à propos ; on piocha à l'aventure, à peu près
dans la direction ; et ensuite pour rejoindre tous ces tronçons
creusés au hasard, il fallut faire des angles, des courbes, le
mieux possible : telle est la cause de ces sinuosités que l'on ne
peut comprendre.

La facilité de faire venir des corvées d'ouvriers était alors si
grande, qu'il y eut, à ce que disent les contemporains, jusqu'à
360,000 hommes travaillant à ce canal.

Beaucoup de chefs de districts, de grands cheïks, subvinrent
eux-mêmes aux frais des ouvriers qu'ils amenèrent.

Dans plusieurs endroits il fallut creuser dans de la boue ; dans
d'autres, près d'Alexandrie, on rencontra la pierre ; et le passage dans la partie des bas-fonds du lac d'Aboukir coûta beaucoup de temps et d'argent, car il fallut faire le Canal en remblais et encaissé entre deux berges en maçonnerie sur une
longueur de 10 à 12 kilomètres au moins.

Longtemps après le creusement du Canal, on était obligé de
transborder à sa prise d'eau le chargement des barques, parce
qu'il n'y avait pas d'écluses, ce qui donna au village de l'Atféh
une grande importance ; plusieurs fortunes s'y firent.

La partie du Canal depuis l'Atféh jusqu'à Zawet-el-Gazal se
combla d'abord, et l'on pratiqua une nouvelle prise d'eau
plus en amont, qui déversa ses eaux dans le Mahmoudiéh ; mais
bientôt celle-ci subit le même inconvénient que l'autre.

Le grand terrain bas nommé Malagat Dièsci servit aussi à
l'alimentation du Mahmoudiéh ; pendant l'étiage ce terrain servait de réservoir, on le recouvrait d'eau pendant les crues, elles
déposaient leurs troubles, et ensuite on les faisait écouler peu
à peu dans le Canal Mahmoudiéh ; ce Malagat Dièsci jouait donc
ici le même rôle qu'autrefois le grand lac Mœris.

En 1842 on construisit une écluse à la prise d'eau du Mahmoudiéh à l'Atféh, par laquelle les barques circulèrent alors
librement, et aussi une autre à son débouché à la mer dans le
vieux port d'Alexandrie.

Pour alimenter le Canal pendant l'étiage, on se servit du canal de Khatatbé, dont la prise d'eau, en cette saison, se trouve de 7ᵐ,80 plus élevée que le Mahmoudiéh, et qui est directement alimenté par le Nil ;, il pouvait par conséquent tenir le canal à la hauteur voulue pour la navigation.

A ceci il y eut un grave inconvénient : c'est que ce canal de Khatatbé sert à l'irrigation de la province, et que pour l'effectuer facilement on établit de distance en distance des barrages en mottes de terre et de paille de riz ou de fascinages ; ces barrages doivent être ouverts de temps en temps pour laisser couler les eaux dans les parties plus basses, afin qu'elles soient aussi arrosées ; alors, comme on ne se donne pas la peine d'enlever les mottes de terre qui forment les barrages, elles sont emportées par les eaux dans le Mahmoudiéh, ce qui, avec les alluvions du fleuve accumulées tous les ans, comble énormément le canal.

On a souvent proposé de remédier à cet inconvénient et d'améliorer surtout le canal Khatatbé, mais on ne l'a jamais fait. Le canal Khatatbé est fort bien tracé, presque en ligne droite parallèlement au fleuve ; mais il se comble, parce que sur son parcours se trouvent des barrages que pendant les crues on est obligé de laisser fermés, par la crainte de l'apport d'une trop grande quantité d'eau dans la province et surtout dans le Mahmoudiéh où il se décharge. Il faudrait donc d'abord, après avoir bien consolidé les berges et les cavaliers du Khatatbé pendant les inondations, établir à l'endroit où arrivent les eaux de ce canal dans le Mahmoudiéh un siphon qui permît aux eaux du Khatatbé de passer sous celles du Mahmoudiéh, pour aller se répandre dans le lac d'Etko ; alors, au commencement de la crue, après les semailles de dourah, en ouvrant tous les barrages, on établirait un fort courant, assez puissant pour enlever le limon et les sables déposés dans le lit du canal, qui, par ce moyen, serait curé pour ainsi dire sur toute sa longueur. On ne donnerait au Mahmoudiéh, par ce canal, en prenant les couches supérieures de ses eaux qui sont les moins chargées de limon, ou bien par sa prise d'eau à l'Atféh, que la quantité d'eau nécessaire. Cet écoulement des eaux du Khatatbé dans le lac d'Etko à l'aide d'un siphon serait encore très-utile : tout

d'abord pour la pêche du lac qui donne un bon revenu, et qui
devient toujours plus abondante lorsque de plus grandes quantités d'eau douce s'y répandent, parce qu'alors le poisson, qui
y vient de la mer par l'embouchure d'Etko, arrive en plus
grande quantité — les pêcheurs du lac et les habitants de ses
environs demandent même continuellement que l'on conduise
plus d'eau du Nil dans le lac ; — puis aussi parce qu'à la longue
les terrains du bord du lac s'élèveront à cause du limon qui y
sera apporté, et deviendront cultivables en quelques années.

Les eaux étant beaucoup moins chargées de troubles pendant
l'étiage que pendant les crues et la pente des eaux du canal
étant aussi bien moindre, il n'y a aucun inconvénient à alimenter le Mahmoudiéh à l'aide du Khatatbé ; seulement il y a une
précaution à prendre, ce que, depuis bien des années, malgré
tout ce que l'on a pu dire, on n'est pas encore parvenu à faire :
c'est d'empêcher l'établissement des barrages nombreux et particuliers en mottes de terre, en les remplaçant par de petits barrages en maçonnerie et en bois, si peu coûteux lorsqu'ils sont de
petites dimensions.

Quand on eut creusé le Canal Mahmoudiéh, c'est à peine si
dans les premières années il y eut d'abord 4.000 feddans de
cultures séfi ; mais elles augmentèrent bientôt considérablement
et à tel point, que les eaux ne suffisaient plus pendant l'étiage ;
en 1849, il y en avait sur ses bords 11.545 feddans.

Le Khatatbé devait arroser à l'étiage ces 11.545 feddans, et
sur ses bords une quantité plus grande : les eaux ne suffisaient
plus pour tous les besoins ; le Khatatbé à l'étiage ne fournissait
d'eau que suffisamment pour 20.000 feddans ; le Mahmoudiéh se
comblait tous les ans, on y mit des dragues dont l'effet fut pour
ainsi dire nul ; il y avait beaucoup d'employés et de dépenses
sans résultats.

En 1849, le Vice-Roi demanda un projet d'alimentation pour
le Mahmoudiéh, et M. Linant-Bey, alors Directeur-général des
Travaux Publics le lui donna ; il fut mis à exécution (1).

____

(1) MM. Mougel-Bey et d'Arnaud-Bey s'occupèrent aussi de ce projet,
et ce fut ce dernier qui fit construire l'établissement de l'Atféh.

Les machines furent placées à l'Atféh : c'est un établissement parfaitement conçu, très-bien installé et fonctionnant admirablement sous la direction de l'ingénieur qui le fait marcher; mais depuis l'établissement de ces machines le Canal s'est comblé, et afin d'y avoir suffisamment d'eau pour laisser passer les barques sur les parties comblées, les machines sont obligées de travailler pour élever les eaux au maximum de leur puissance, ce qui est un inconvénient dangereux. Puis les cultures sur les bords du Canal ayant toujours été en augmentant, aujourd'hui ce n'est plus 11.545 feddans qu'il faut arroser, mais bien vingt et quelques milles. En outre, la ville d'Alexandrie a une distribution d'eau à laquelle il faut subvenir; les citernes, qui autrefois étaient en bon état, sont aujourd'hui abandonnées; et si malheureusement au plus fort de l'étiage une des machines venait à être détraquée sans pouvoir fonctionner, Alexandrie et le Canal resteraient sans eaux suffisantes.

En 1869, et aussi en 1870, lorsque déjà même le Nil commença à monter, ne manquait-on pas d'eau? les machines fonctionnaient pourtant parfaitement.

Il y a un grand vice dans tout cela : c'est que l'administration des eaux des canaux n'est pas centralisée.

Le Canal du Mahmoudiéh a un chef spécial; la province, en partie, a le Moudir (1), et le canal de Khatatbé pour son curage est sous sa dépendance; mais la distribution de ses eaux relève d'une autre personne, intendant des domaines du Khédive; et enfin les machines dépendent, comme administration, du ministère des Finances; que l'on juge alors de ce qui doit se passer.

Le Canal comblé, on y avait mis des machines; mais elles rendaient, avec beaucoup plus de monde qu'il n'en était nécessaire, le dixième de ce qu'elles peuvent donner.

Les barques ne circulaient plus, et l'on exigeait que les machines à vapeur de l'Atféh élevassent l'eau au maximum; mais chose incroyable, le chef de l'administration de laquelle dépendaient les machines exigeait que le chef de l'établissement des

---

(1) Gouverneur.

machines se servît comme combustible de paille hachée au lieu
de charbon ; c'est à peine, alors, si ces machines donnaient le
sixième de ce qu'elles pouvaient donner.

De plus, aujourd'hui, les terrains cultivés sont encore bien
augmentés.

Le Khatatbé avait été creusé et avait beaucoup d'eau, le
Moudir n'avait rien à se reprocher ; mais l'eau n'arrivait pas
dans le Mahmoudiéh, le Khatatbé était barré dans plusieurs
endroits pour arroser les cotons, quoique le surveillant de cette
culture le niât formellement : c'était pourtant certain. Eh bien !
en juillet 1869, on n'avait pas suffisamment d'eau à Alexandrie,
aussi bien que l'année suivante.

Malgré ces épreuves on augmente encore la dépense des
eaux, sans probablement rien changer aux recettes. Si l'on cure
le canal Mahmoudiéh, cela ne donnera pas une plus grande
quantité d'eau, mais seulement une plus grande facilité pour la
navigation, et pourtant l'on va encore établir sur le Mahmoudiéh une machine à vapeur pour alimenter une distribution
d'eau pour Ramlé, pour laquelle aucune précaution n'a été prise
afin de fournir au Mahmoudiéh le surplus des eaux dont il aurait tant besoin.

Ici la prévoyance est pourtant indispensable ; car Alexandrie
pourrait être privée d'une partie de l'eau qui lui est nécessaire ;
la navigation peut même être entravée, la distribution d'eau
de Ramlé chômer, et les terrains riverains du Mahmoudiéh
peuvent enfin venir à manquer d'eau. Il faudrait donc en venir
à une augmentation de machines alimentaires et à la construction du siphon sous le Mahmoudiéh.

ARSENAL ET BASSIN DE RADOUB A ALEXANDRIE.

Au nombre des grands travaux exécutés sous Méhémet Ali,
l'Arsenal d'Alexandrie est certainement un des plus considérables ; il est en vue de tout le monde et trop connu pour en
donner ici le détail ; M. de Cerisy-Bey l'a construit et Mougel-
Bey a fait le Bassin de radoub.

La plupart des difficultés que devaient éprouver ceux qui ont commencé à faire de grands travaux au commencement de la régénération de l'Égypte par Méhémet-Ali, étaient presque aplanies lorsqu'ils travaillaient sous les yeux de ce chef énergique ou à proximité de se faire écouter; tandis que ceux qui étaient dans les provinces éloignées éprouvaient toutes sortes de contrariétés de la part des autorités, des ingénieurs mêmes, qui ne voulaient pas d'innovations.

Les commencements des travaux de l'Arsenal et du Bassin sont curieux et méritent d'être connus, quoique cela semble être une plaisanterie; mais c'est pour donner une idée de la manière dont se faisaient les choses, et il faut bien, tout en parlant des grandes œuvres de ce temps, comme de celles plus modernes, en faire aussi la critique.

Méhémet-Ali voulut, vers 1835, avoir des docks, une darse, un bassin de radoub. Les ingénieurs, qui étaient alors auprès de lui, étaient peu nombreux; il y avait un nommé Chaker-Effendi qui, je crois, avait été batelier à Constantinople, et que l'on mettait, on peut le dire, à toutes les sauces. Par son moyen, Méhémet-Ali voulait faire un bassin. Était-ce un bassin de carénage ou autre, cela n'était pas bien défini; le fait est que l'on travailla à faire en charpente d'énormes caissons flottants, que l'on conduisait sur la place où ils devaient être coulés, puis on les remplissait de maçonnerie et ils coulaient à leur place désignée.

Comme ce travail n'allait pas très-bien, le Vice-Roi fit venir à Alexandrie MM. Linant, Mazhar et Bahgad, qui depuis peu étaient arrivés de France, où ils avaient été à l'École polytechnique, puis à celle des Ponts et Chaussées, et Hékékyan, venant des écoles d'Angleterre.

Le Vice-Roi réunit ces ingénieurs en Commission et leur dit qu'il voulait un bassin afin de radouber ses vaisseaux qui en avaient immédiatement besoin; et il leur dit d'aller examiner ce que Chaker-Effendi avait déjà fait.

On trouva qu'il y avait plusieurs grands caissons de coulés, ce sont ceux qui forment le côté ouest de l'enceinte de la darse; mais ils n'étaient pas joints ensemble : les uns penchaient à droite, les autres à gauche, les uns en dedans, les autres en dehors.

Chaker-Effendi, homme intelligent mais parfaitement ignorant, avait fait construire les caissons de chaque côté où ils devaient se joindre les uns aux autres, à queue d'aronde, comme on aurait pu faire pour joindre à coulisse deux pièces de bois, sans penser aux moyens de faire joindre entre eux les deux caissons une fois construits lorsque l'un serait en place et que l'on coulerait l'autre ; il aurait fallu soulever ce dernier en l'air pour faire entrer la queue d'aronde dans l'autre ; aussi c'est pour cela que ces caissons étaient séparés entre eux, et comme le terrain de vase n'avait été ni curé ni égalisé, ces caissons n'avaient pu être posés ni horizontalement ni verticalement.

Un de ces caissons, qui depuis la veille avait été coulé et appuyé sur le sol, était tout penché (c'est celui qui est à l'entrée de la darse actuelle), pourtant l'on continuait à le remplir de maçonnerie.

La Commission des ingénieurs, ayant vu ces travaux, fit son rapport et dit que rien de ce travail ne pouvait servir pour la construction d'un bassin de radoub, et que le dernier caisson que l'on chargeait dans ce moment pouvait d'un moment à l'autre chavirer soit de lui-même en glissant sur le fond, ou bien par le premier vent un peu fort venant de l'ouest : on se moqua de cet avis. Les ingénieurs expliquèrent au Vice-Roi ce qu'il fallait faire pour construire un bassin ; ils allèrent aussi sur la côte de Om-Coubébé pour voir une excavation creusée dans le rocher, toujours sous la direction de Chaker-Effendi. afin d'y établir un bassin de carénage.

Ce lieu comme position était on ne peut plus mal choisi, sur une côte de rochers sans abri, où la mer vient se briser avec fureur par les vents de l'Ouest jusqu'au Nord ; les travaux pour pratiquer vers la mer une entrée assez profonde pour les navires eussent été difficiles et très-coûteux : puis le rocher où l'on creusa la fosse est d'une pierre sans consistance, spongieuse, formée de lits séparés les uns des autres par des couches sablonneuses : aussi lorsque l'on arriva au niveau de la mer, les infiltrations furent si considérables que, malgré tout ce que l'on put faire pour les épuiser, les eaux restaient au niveau de celles de la mer.

L'avis de la Commission fut que l'on devait abandonner l'idée de faire un bassin dans cette localité.

Méhémet-Ali demanda combien il faudrait de temps pour faire un bassin en maçonnerie ; il voulait que cela se fît immédiatement : on lui répondit que l'on demandait trois ou quatre jours pour faire une étude provisoire, adaptée aux ports et aux ressources d'Alexandrie.

Méhémet-Ali était un homme qui, comme beaucoup d'autres qui ont le génie de la création mais non celui du calcul, faisait ce raisonnement : M. de Cerisy avait mis un vaisseau sur les chantiers ; Méhémet-Ali lui demandant dans combien de temps il serait fini, il lui répondit que dans une année il serait à l'eau. Combien as-tu d'ouvriers lui demanda le Pacha ? 3.000, répondit l'ingénieur ; alors, dit le Vice-Roi, si tu avais 6.000 ouvriers tu pourrais faire le vaisseau en six mois. M. de Cerisy, qui ne pensait pas à ce que le Vice-Roi lui préparait, lui répondit qu'en travaillant bien ce serait possible ; alors, répondit le Vice-Roi, si je te donnais 12.000 ouvriers, tu pourrais faire le vaisseau en trois mois.

Revenons à la Commission des ingénieurs pour le bassin. Ils avaient donc demandé deux ou trois jours et en même temps ils dirent que si, ce qui était à craindre, il arrivait un petit coup de vent, le caisson déjà penché chavirerait certainement ; effectivement, comme si la providence fut venue les seconder, dans la nuit il y eut une forte brise de l'Ouest et un peu de mer dans le port, ce qui fit chavirer le caisson qui s'enfonça sous l'eau.

Le matin, avant de se présenter chez le Vice-Roi, l'un des ingénieurs passa dans le port et vit le caisson sous l'eau ; il se rendit chez Méhémet-Ali, qui lui demanda ce qu'il y avait de nouveau ; il lui répondit : Altesse, cette nuit il a fait un peu de vent et le caisson a chaviré. Aussitôt, Méhémet-Ali fort en colère demanda son canot, il y descendit ; l'ingénieur prit le sien et l'accompagna. Arrivé à l'endroit où la veille le caisson était visible hors de l'eau, le Vice-Roi demanda : où est donc le caisson ? l'ingénieur lui indiqua du doigt la mer sous le canot. Méhémet-Ali regarda et, au travers de l'eau transparente, il aperçut le caisson avec sa maçonnerie ; il fit ramer immédiatement sans rien dire vers le palais, et pour la journée ne reçut personne.

Le lendemain, Méhémet-Ali fit appeler la Commission des ingénieurs, et leur demanda encore ce qu'ils avaient à proposer ; ils répondirent qu'il fallait abandonner entièrement l'idée de creuser le bassin à Om-Coubébé ; prendre des mesures pour construire le bassin en pierres, ce qui pouvait se faire en trois années ; et en attendant, si le Vice-Roi était pressé, faire immédiatement et provisoirement une forme flottante en bois, dans laquelle, comme dans un bassin au moyen d'écluses, on pourrait faire entrer les vaisseaux pour les réparer ; c'était un projet nouveau.

Méhémet-Ali était ardent, il voulait vite ce qu'il désirait. Il pensa que si l'on faisait la forme flottante dont on venait de l'entretenir, peut-être si elle réussissait, s'en contenterait-il, et alors ne ferait-il plus aussi vite son bassin en maçonnerie ; il avait l'air de craindre de ne pas le voir. Nous étions tous dans son grand salon à *Ras-el-Tine* où il se promenait fort lestement, tenant à deux mains son sabre passé sur ses reins. Il s'arrêta devant un guéridon sur lequel il nous fit quelques figures indiquant la place du bassin dans le port, puis se tournant vers les ingénieurs d'un air un peu fâché, il leur dit : puisqu'il en est ainsi, moi avec Chakir-Effendi, je ferai mon bassin, allez vous-en chacun à vos affaires différentes. Sur ce il nous tourna le dos, et le respect que tous portaient à ce grand homme fit seul que l'on ne se mit à rire de cette manière de congédier ses ingénieurs.

Ce fut alors que l'on proposa à S. A. le Vice-Roi de faire venir de France un ingénieur pour exécuter la construction d'un bassin de radoub. Je crois que ce fut M. de Lesseps qui fut chargé de le chercher. Ce fut M. Mongel qui vint ; mais plus tard, et ce ne fut que quatre années après que l'on commença les travaux, on revint à l'idée de la forme flottante, mais en fer.

———

FORTIFICATIONS D'ALEXANDRIE ET CALAT SAIDIÉH.

Depuis longtemps, comme tout le monde le sait, les fortifications d'Alexandrie sont plutôt une œuvre française qu'une création de l'esprit de Méhémet-Ali ; ce sont certainement de très-beaux, très-grands travaux ; mais de quelle utilité pouvaient-ils être pour l'Égypte, faits sur une si grande échelle ? A cette époque, comme encore aujourd'hui, il fallait être en mesure de repousser un coup de main, et alors il ne fallait pas des travaux aussi considérables. Avec des fortifications aussi grandioses, comment les défendre contre une expédition étrangère ? Nous avons vu en 1840, au temps de Méhémet-Ali, que beaucoup de pièces furent enclouées par les canonniers eux-mêmes, et que les guinées répandues à terre étaient plus à craindre pour l'Égypte que les boulets des côtes pour les ennemis. D'ailleurs, Alexandrie sera toujours la proie du premier arrivant, et les défenseurs de l'Égypte auront beaucoup plus de peine à déloger un ennemi ayant pris possession des fortifications, que s'il se trouvait en rase campagne ou médiocrement fortifié.

Galice Bey, l'ingénieur des fortifications par excellence, était un jour interrogé par une personne sur le nombre de soldats qu'il était nécessaire d'avoir pour défendre Alexandrie ; il répondit : que pour avoir toutes les fortifications bien armées, il faudrait au moins trente mille hommes. Alors avec cela, lui demanda-t-on, il faudrait bien encore au moins une dizaine de mille hommes pour garder les côtes à Aboukir, à Rosette, à Bourlos, à Damiette et enfin pour le côté de la Syrie. Si une armée arrivait par terre en même temps qu'une flotte viendrait exécuter un débarquement à Aboukir, à la Tour des Arabes, à Péluse, etc., il faudrait bien aussi une armée mobile, bien équipée, bien disciplinée, en rapport avec ces garnisons ; car il ne faudrait pas que l'ennemi arrivât au Caire et s'emparât du pays, quand on garderait seulement les côtes. Dans ce cas, l'armée mobile ne pourrait être moindre de 100,000 hommes, ce qui ferait monter au moins à 140,000 soldats toute l'armée, sans compter les garnisons de Suez, de la Haute-Égypte et du Sou-

dan. Alors, comment un état possédant au plus cinq millions
d'habitants (1) pourrait-il entretenir une armée aussi considérable ? Galice Bey répondait que cela ne le regardait pas, qu'il
était seulement chargé de faire des fortifications imprenables ;
aussi ces travaux ont-ils été bientôt en partie abandonnés, quelques-uns même détruits.

Il ne nous appartient pas d'entrer dans une dissertation sur
la nécessité ou la non-opportunité d'avoir en Égypte des fortifications considérables, et d'être par cela même sur un pied de
guerre formidable, ou bien de n'être seulement que toujours prête
à réprimer un coup de main qui pourrait être ensuite considéré
comme un fait accompli ; nous pensons que par sa position géographique elle se trouve toujours sous la sauve-garde des grandes
puissances et que sa sécurité dépend de sa bonne intelligence
avec elles, plutôt que dans des fortifications qui souvent deviennent une arme contre vous quand elles ne peuvent être bien
défendues. Il est bien certain que l'Égypte ne peut jamais être
conquise que par une des grandes puissances, et pour cela il faut
qu'il y ait une entente cordiale entre elles, ce qui ne peut arriver sur ce point ; elle n'a donc qu'à se prémunir contre un
coup de main.

Quoique la construction de la citadelle faite au barrage par
Saïd-Pacha ne soit pas de l'époque de Méhémet-Ali, elle a tant
d'analogie avec celle d'Alexandrie que j'en parlerai ici.

Saïd-Pacha, pensant qu'en outre des attaques qu'une puissance européenne pourrait exercer contre l'Égypte, par des
débarquements sur la côte de la Méditerranée, on pourrait
attaquer le pays par l'intérieur, avait eu une idée de défense
assez grandiose.

Comme au moyen des barrages il pouvait, croyait-il, élever
les eaux assez haut pour inonder les terres à la pointe du Delta
même, et ensuite par leur moyen et celui des canaux faire une
inondation artificielle complète du Delta et des deux parties de
l'Égypte, à l'est et à l'ouest, il pensait, par ce moyen, détruire
toutes les routes intérieures de l'Égypte et même mettre en

____

(1) Et encore en comptant les Bédouins.

danger une armée qui, débarquée sur la côte, s'internerait dans le pays.

Il pensait que si une flottille remontait le Nil, il pourrait en avoir bon marché au moyen des barrages et de la citadelle construite en ce lieu.

Il pensait encore qu'avec les têtes de ponts des deux barrages, à l'est et à l'ouest, bien garnies de forts, aucune armée ne pourrait le forcer dans sa citadelle.

Il la fit donc construire, et effectivement c'est une place qui peut être très-forte ; mais voilà qu'il lui fallut augmenter de beaucoup encore l'armée pour fournir à la garnison de cette place, puisque l'on ne pouvait dégarnir les autres points : aussi Saïd-Pacha joua-t-il beaucoup aux petits soldats, en faisant des manœuvres et des marches continuelles.

Lorsque les travaux de la forteresse furent terminés, il pensait qu'il n'avait plus rien à appréhender de l'étranger et que les européens qui voudraient s'emparer de l'Égypte trouveraient dans sa citadelle un obstacle invincible, d'où on ne pourrait l'expulser. Peut-être, lui dit-on, on ne chercherait même pas à le faire ; on vous y laisserait avec vos soldats, on s'emparerait du Caire si l'on arrivait par la Syrie et l'Isthme de Suez, on occuperait le pays que l'on arrive par un côté ou un autre, et bientôt vous seriez forcé de sortir vous-même de votre citadelle, car il n'y en a pas qui puisse être imprenable sans une forte armée pour faire lever le siége, et puis la famine.

Je ne répéterai pas ici que l'Égypte est essentiellement un pays de paix, dont la sécurité est dans sa position géographique, dans ses produits agricoles, son commerce, ses progrès et sa bonne amitié avec toutes les puissances.

La construction de la citadelle de Câlat-Saïdiéh commença en 1856 ; la première pierre fut posée le 12 mars 1856, et une cérémonie solennelle eut lieu ce jour-là ; toutes les autorités y assistèrent : le corps diplomatique, la duchesse et le duc de Brabant, qui revenaient de la Haute-Égypte ; il faisait malheureusement un fort mauvais temps, ce qui contraria un peu tous ceux qui voulaient briller par leurs uniformes.

FABRIQUES.

Quoique les fabriques établies en Égypte par Méhémet-Ali soient plutôt du domaine de l'industrie que de celui des travaux d'utilité publique, nous en dirons cependant ici quelques mots.

Dans les premiers temps où Méhémet-Ali planta le coton en grande quantité, il voulut également avoir des manufactures pour le filage et le tissage de ses produits.

En 1819, la culture du coton avait déjà pris de l'extension, et sous la direction de M. Jumel, on construisit de belles fabriques, des filatures; on fit des tissus de laine et de soie à l'instar des plus belles étoffes de Lyon; on fit aussi des toiles peintes. Ce ne furent absolument que des essais, car bientôt tout tomba, excepté une fabrique de tarbouches à Fouàh, qui dura longtemps à cause des fournitures pour l'armée.

Les filatures de coton furent montées sur un très-grand pied, c'étaient de magnifiques établissements. Dans les premiers temps, et sous les yeux du directeur, elles donnaient de forts beaux résultats comme travail, jamais pécuniairement; les cotons étaient filés au plus fin numéro et même on en vendait sur les marchés des Indes; l'outillage, les machines s'usaient, les réparations devenaient difficiles et les dépenses augmentaient; et, comme cela se fit toujours en Égypte, au lieu d'attendre les résultats d'une entreprise pour en faire d'autres semblables, on construisit dans tous les chefs lieux de provinces d'immenses établissements de filature et de tissage, même dans la Haute-Égypte où il n'y avait pas encore de coton suffisamment; il y avait fabriques au Caire, à Calioub; c'était là certainement le plus bel établissement de ce genre : lieu très-mal choisi d'ailleurs quant à la position, éloigné du fleuve, loin des carrières, au milieu des terres, sans communications établies par canaux. D'autres étaient à Mit-Gamar et à Zifté, deux villes vis-à-vis l'une de l'autre; à Mahallet, située comme Calioub, près d'un canal qui pourtant pouvait servir de voie de communication pendant l'inondation; d'autres à Mansoura, à Sammanoud, à Damiette, à Fouàh, Chébreket, etc.

Dans la Haute-Égypte : à Benessouef, Miniet, Monfalout, Siout, Tartha, Guirgé, Sohag, Akmin, Esnè.

Plus de vingt mille ouvriers étaient occupés dans ces fabriques.

Bientôt tout cela tomba, fut fermé, les métiers dispersés, et l'on ne fabriqua plus qu'une toile de coton grossière, qui est à peine connue aujourd'hui. Il en fut de même pour les autres établissements industriels; et toutes ces immenses dépenses furent faites en pure perte.

On fit aussi beaucoup de nitrières, où l'on traitait le nitre par l'évaporation au soleil seulement; c'étaient de grands établissements. L'un d'eux, le premier créé en Égypte, fut établi à Bedrechem; comme il donnait d'assez bons résultats, on en construisit dans tous les lieux propices où il y avait des monticules provenant des ruines d'anciennes villes; on commença par exporter les salpêtres provenant de ces établissements. et les premiers produits furent vendus avec avantage; mais bientôt les frais occasionnés par ces salpêtrières et ces nitrières, les frais de réparations, la mauvaise administration firent que les salpêtres revinrent plus cher que l'on ne pouvait les vendre; les nitrières furent en partie abandonnées et l'on ne conserva que celles qui étaient indispensables pour les besoins du Gouvernement. .

L'Égypte n'est pas un pays à établissements industriels de ce genre : il aurait fallu alors des manéges à bœufs, à chevaux ; car il n'y avait pas de chutes d'eau, et pas encore de machines à vapeur. D'ailleurs, comment conserver des machines aussi délicates que celles des filatures, l'été, pendant les fortes chaleurs de mai et de juin, où l'atmosphère est comme une fournaise, où la poussière est partout en suspension dans l'air; poussière qui pénètre partout et détériore tout ; on abandonna celles-ci, mais on commit les mêmes fautes dans d'autres voies.

Un homme de peu de connaissances voulut introduire la grande culture de l'indigo : on fit venir des Indiens ; il fut ordonné de planter dans chaque district et par village un certain nombre de feddans en indigo, et l'on ordonna la construction d'indigoteries d'après le système employé aux Indes dans les grands établissements.

Cela fut bientôt fait: quand Méhémet-Ali voulait quelque chose, on obéissait vite et sans tergiverser.

Quand vint le temps de la récolte de la plante, on l'amassait sans chercher celle qui était à l'état voulu, ne laissant pas sur pied celle qui n'était pas encore à l'état de maturité nécessaire, et prenant aussi celle qui était déjà passée; cela est d'ailleurs assez difficile à suivre en Égypte, où d'un jour à l'autre une plante en bon état est séchée et grillée. Toutes ces plantes coupées en masse sans aucun soin étaient mises en tas sur des chameaux et portées ainsi pendant plusieurs heures pour arriver aux fabriques, où elles étaient jetées en plein soleil ; beaucoup étaient perdues. L'indigo était bien inférieur à celui que les fellahs fabriquaient eux-mêmes en petite quantité à l'aide de leurs moyens primitifs ; il était même inférieur à celui des Indes, quand cependant celui produit par les fellahs était meilleur.

Ces indigoteries coûtant si cher, ces belles constructions furent entièrement abandonnées et cela en très-peu de temps.

EXPLOITATION DES ALBATRES ET DES MARBRES.

Lorsque l'idée vint à Méhémet-Ali de commencer la construction d'une mosquée à la Citadelle pour y avoir son tombeau, il chercha des marbres ; il en voyait dans les différentes mosquées du Caire de toutes couleurs et d'assez beaux ; il demanda alors à M. Linant s'il avait vu dans ses voyages au désert des gisements de beaux marbres ; il lui fut répondu qu'effectivement dans la chaîne de montagnes qui borde la vallée de l'Araba où est le couvent de Saint-Antoine du côté de l'est, comme dans tout le groupe qui se trouve entre cette vallée et la mer Rouge, surtout dans le haut de l'Ouadée Herkès qui vient aboutir à celle de l'Araba, on trouvait différents marbres, les mêmes que ceux qui formaient les mosaïques des mosquées et des anciennes maisons. Alors le Vice-Roi voulut envoyer quelqu'un, sur les indications de M. Linant, pour recueillir des échantillons.

Il fut indiqué à cette personne, à deux ou trois lieues plus près de la mer que le couvent de Saint-Antoine et sur le côté droit de la vallée de l'Araba, une carrière de marbre orangé d'une couleur très-belle dont on voit plusieurs pièces dans la mosquée du Sultan-el-Gouri.

Une autre, de marbre noir, à peu de distance du couvent de Saint-Antoine, en remontant la vallée de l'Araba, dans la vallée nommée Ouadée-Morakham.

Plus au sud, toujours dans la chaîne élevée qui borde l'Ouadée Araba à l'est, est une vallée nommée Oum Damaran, qui vient déboucher dans l'Araba. De chaque côté de l'embouchure de cette vallée sont de grands gisements de marbre blanc couleur de chair et rempli régulièrement de petites veines bleuâtres, ce qui forme un marbre charmant, d'une pâte à grain très-fin et très-beau pour la sculpture monumentale.

A l'entrée de la vallée de Oum Damaran, sur la droite, est une partie détachée de la montagne, qui a été renversée par un bouleversement. Dans ce morceau, qui forme une montagne, les couches ou stratifications qui sont horizontales ailleurs se trouvent inclinées et très-faciles à exploiter. M. Linant en a fait, lui, très-facilement extraire des pièces de trois mètres et seulement comme échantillons.

Enfin dans l'Ouadée Herkès, qui est à l'origine de celle de l'Araba, on trouve des marbres rouges, des jaunes et rouges à veines noires très-fines ; et tout à fait sur le plateau, où prend naissance cette vallée, sont les marbres verts.

A l'Ouadée Sennour, à huit lieues de chameau du Nil, en remontant le lit de la vallée, il y a une carrière d'albâtre oriental ; et un peu plus haut dans la même vallée se trouvent dans son lit des marbres jaunes comme celui de Sienne.

Puis enfin dans un ravin nommé El-Rélellé, route directe du Nil au couvent de Saint-Antoine, on voit encore une carrière d'albâtre.

Avec ces instructions on donna à la personne que Méhémet-Ali désigna un Bédouin de ceux qui avaient accompagné M. Linant dans ses précédents voyages.

La personne qui fut chargée d'aller chercher ces échantillons
était tout bonnement un cawas, un soldat qui ne savait ni où il
allait, ni ce que c'était que du marbre ; en route, il trouva dans
l'Ouadée Sennour un morceau d'albâtre, et quoique son guide
pût lui dire pour lui faire continuer sa route jusqu'aux lieux
indiqués, il ne le voulut pas, disant que ce qu'il avait trouvé
était du marbre superbe, et il revint l'apporter à Méhémet-Ali,
qui le trouva magnifique.

Tout le monde se garda bien de dire la vérité, seulement
M. Linant assura au Vice-Roi que, quoique cette pierre fût belle
et pût servir à certains usages, cependant ce n'était pas du
marbre et qu'elle ne pouvait être employée dans des constructions, surtout exposées à l'air. Malgré cela l'exploitation fut ordonnée, et l'on construisit une partie de la mosquée de la Citadelle avec cet albâtre.

Plusieurs morceaux étaient de toute beauté, mais pour un
mètre cube de bon, il en fallait exploiter 500 et ce n'était pas là
du marbre.

Plus tard Abbas-Pacha voulut encore exploiter les vrais marbres, et M. Linant, alors Bey, fut avec des ouvriers pour bien
reconnaître les carrières, avoir de grands échantillons et organiser le service de l'exploitation. Il voulut changer le mode de
travail et surtout celui des transports.

A la carrière d'albâtre de l'Ouadée Sennour que l'on exploi-
tait, c'étaient des bœufs qui traînaient les chariots chargés des
marbres.

Sur la route il y avait deux stations, ce qui faisait trois postes,
et les bœufs pour faire ces dix heures de marche mettaient trois
jours, ou un jour environ par poste.

Pour nourrir et surtout donner à boire à ces bœufs, qui étaient
en grand nombre, il fallait avoir beaucoup de chameaux ; et le
directeur de cette exploitation se faisait un trop bon revenu
sur les quantités de chameaux portant de l'eau et sur les vivres
pour laisser facilement cette affaire.

Pour l'exploitation des marbres il fallait n'employer que des
chameaux, qui sur la route de quatre journées n'avaient pas
besoin d'eau, n'avaient pas besoin de stations de magasins pour

les rations ; mais cela ne faisait pas l'affaire des nazers et probablement d'autres personnes encore ; aussi l'exploitation des
marbres en resta-t-elle là.

ROUTE DE COROSCO A ABOU-AHMED.

Méhémet-Ali eut l'intention d'améliorer la route qui conduit
de Corosco à Abou-Ahmed, au travers d'un désert de neuf journées de marche, pour faciliter les communications avec le
Soudan. On voulait même y établir un service de poste à cheval
et avec voitures, comme cela avait été fait pour le transit de la
route du Caire à Suez.

Pour commencer, on fit d'abord faire une reconnaissance des
eaux, soit des puits alimentés par des sources, soit des réservoirs naturels et des citernes anciennes.

Ensuite on envoya des travaillenrs sous la conduite d'un
ingénieur pour déblayer ces puits, ces anciennes citernes, et en
faire d'autres, là où il y aurait chance de réussite.

En partant de Corosco on traverse, à une distance d'environ
34 kilomètres, un lieu nommé Négoud où l'on devait faire établir
une citerne ; mais malheureusement les pluies sont si rares
dans cette contrée, qu'on n'y trouverait presque jamais d'eau.

Non loin de cet endroit, il en est un nommé Agab Gawab ou
Ogab-el-Mara ; c'est une ancienne citerne creusée dans la roche
de grès, elle a été réparée ; on y trouve de l'eau quand il pleut,
ce qui, nous venons de le dire, est fort rare.

Plus loin, à 50 kilomètres, est la vallée de Bahr-béla-mâ, qui
est à 104 kilomètres de Corosco ; on y a creusé un puits très-
beau, ainsi que dans l'Ouadée Bahr-el-Atab-el-Arean ou
l'Atchan, mais malheureusement le sol de ces deux vallées étant
recouvert entièrement de sables mobiles très-fins, ces puits
sont continuellement comblés et par conséquent nuls.

A 42 kilomètres plus loin est le Hor ou ravin de Souffour :
c'est le lit d'un fort torrent descendant du groupe de montagnes qui est tout près à l'ouest et nommé Gebel Raft, dans

les gorges desquelles on trouve beaucoup de réservoirs naturels, qui contiennent toujours de l'eau de pluie.

Dans le ravin de Souffour il y a un beau puits nouvellement
creusé à une profondeur de 42 mètres, et dans lequel on trouve
toujours de l'eau, à moins qu'il ne soit comblé par les apports du
torrent dans lequel il est creusé : quand les eaux du torrent l'ont
rempli, il est comme une citerne.

Dans la montagne il y a aussi le puits de Raft, qui a été
déblayé ; il y a de plus le grand réservoir de Oum Riche, qui
peut avoir une capacité de 100.000 mètres cubes ; aujourd'hui
on a pratiqué un sentier pour y arriver.

A 30 kilomètres de Hor Souffour, dans la vallée ou Ouadée
Mourrat, est un ancien puits creusé et maçonné dans le lit du
torrent même : il a été dernièrement réparé ; malheureusement
l'eau, qui y est cependant toujours abondante, est saumâtre et
seulement potable pour les chameaux.

A 85 kilomètres de Mourrat est le puits d'Absca, dans le
groupe de montagnes du même nom : il se trouve dans un ravin
profond et fournit abondamment une eau excellente ; seulement il est souvent d'un difficile accès, à cause des roches que
le torrent charrie.

Les Arabes, qui habitent aux environs d'Absca, prétendent
que lorsque le puits était déblayé et qu'il donnait beaucoup
d'eau, on s'apercevait qu'à l'époque des crues du Nil, lorsqu'elles
étaient fort élevées, les eaux, dans le puits, devenaient troubles ;
et que souvent on y trouvait des morceaux de bois et des
plantes qui ne se trouvaient que sur les bords du Nil. D'où ils
concluaient que souterrainement ce puits communiquait avec le
fleuve, ce qui d'ailleurs n'aurait rien d'extraordinaire ; d'autant
plus que ce puits se trouve dans une espèce de fissure de
la montagne formée de gros blocs granitiques, et que les eaux
arrivent entre deux de ces blocs.

Comme dans toutes les traditions arabes il se mêle toujours
quelque chose de fabuleux, ils prétendent que ce lieu était
habité par un très-gros serpent, qui fut tué par des soldats turcs
lorsqu'ils passèrent par cette route à l'époque où Méhémet-Ali fit

faire la conquête du Soudan par son fils Ismaïl-Pacha, et qu'alors le puits ne donna plus que fort peu d'eau et fut encombré par les roches qui y tombèrent.

Ce puits ou plutôt cette source a été déblayée, restaurée, les abords en ont été rendus faciles, et maintenant on y trouve toujours de l'eau.

En allant toujours vers le sud pour se rendre à Abou Ahmed, à 25 kilomètres de Absca, est un lieu nommé Oum Dereïra où se trouve une ancienne citerne, qui a été réparée et où l'on voit quelquefois de l'eau : c'est la dernière avant d'arriver au Nil à Abou Ahmed.

Tout cela ne pourrait suffire pour les besoins d'une route très-fréquentée, d'autant plus que tous ces puits, toutes ces citernes, tous ces réservoirs n'ont d'eau, plus ou moins longtemps, que quand il arrive des pluies, et quelquefois on est resté des dizaines d'années sans en avoir assez pour humecter le désert. C'est bien une amélioration pour les caravanes de chameaux qui voyagent sur cette route et qui peuvent marcher plusieurs jours sans boire pour arriver au puits de Mourrat ou au Nil ; mais ce n'est pas encore suffisant pour une route bien fréquentée.

Pour faire une route carrossable comme Méhémet-Ali la voulait, et pour organiser des postes, il aurait fallu établir un service d'eau pour les chevaux et le personnel des différentes stations de relais ; cela eût énormément coûté, en dehors de la dépense d'environ six millions de francs pour les empierrements, les stations, les réservoirs pour l'eau. Puis l'entretien du personnel, des voitures, harnais, etc., cela aurait monté encore à environ un million cinq cent mille francs.

En employant des chameaux, le quintal de marchandise sur le parcours de Corosco à Abou Ahmed coûtait pour son transport 40 piastres et vice-versa ; en supposant que l'on fît payer le double de ce prix, parce que le temps employé pour le trajet était bien moindre et que le trajet devenait plus commode, enfin qu'il y avait certainement grand avantage, cela eût alors coûté environ 20 francs le quintal.

L'entretien des postes était calculé :

Par année à.	1.500.000 fr.
L'intérêt du capital déboursé, 7.000.000 à 10 0/0.	700.000
Amortissement du capital et du matériel.	40.000
Entretien des empierrements.	30.000
Total par année.	2.270.000

Il aurait donc fallu pour couvrir ces frais qu'il passât par cette route 113.500 quintaux de marchandises par année, ou la charge de 37.833 chameaux, et c'est à peine s'il en passait 6.000.

Une route carrossable n'était donc pas ce qu'il fallait; aussi n'en parla-t-on plus et les choses restèrent dans le même état où on les voit encore aujourd'hui.

Nota. Voir les articles *Cataractes* et *Communications avec le Soudan.*

TRANSPORT DES OBÉLISQUES D'ALEXANDRIE ET DE LOUQSOR.

Dès l'année 1823, Méhémet-Ali avait dit à M. Henri Salt, alors consul général d'Angleterre en Égypte, qu'il lui donnait un des obélisques pour être transporté en Angleterre; il avait même proposé de faire tous les frais de premier transport jusqu'à l'embarquement à Alexandrie.

M. Salt, qui était l'ami de M. Linant, le pria de lui rédiger un projet pour le transport d'un des obélisques d'Alexandrie.

Ce projet consistait à faire à peu près comme les Romains firent pour transporter d'Égypte à leur capitale ces énormes masses de granit sous la forme d'obélisques, c'est-à-dire un radeau, ou comme le dit Pline *un navire extraordinaire pouvant passer pour une merveille.*

D'après le projet, ce radeau était construit de manière à ce que l'obélisque fût entièrement enveloppé d'un massif de bois et assez volumineux pour que la différence de sa pesanteur spécifique avec celle du volume de granit formant l'obélisque pût facilement faire flotter le tout.

Ce radeau devait être construit près de l'obélisque même,

dans un canal creusé exprès au niveau voulu, afin qu'étant terminé et l'obélisque abattu, on pût faire entrer dans le canal l'eau de mer qui le soulèverait et mettrait le tout à flot.

L'obélisque était abattu au moyen d'appareils, comme il a été fait à Louqsor, sur une pente en terre aboutissant au radeau échoué ; puis ce radeau se terminait et l'obélisque était ainsi enveloppé dans une masse de bois.

C'était, comme nous l'avons dit, à peu près ce que firent les Romains : Pline, Liv. XXXVI, rapporte que quelques-uns prétendent qu'il fut (l'obélisque) transporté sur un radeau par l'architecte Salyrus. Mais Callisthène écrit que l'architecte entrepreneur de cette opération se nommait Phœnix, qu'il en vint à bout au moyen d'un canal qu'il fit creuser du Nil jusqu'au lieu où l'obélisque gisait étendu à terre ; ce canal fut conduit jusque sous l'obélisque, qui par ce moyen ne porta plus à terre que sur les deux extrémités. Alors on fit passer sous l'obélisque deux vaisseaux plats de transport, l'un et l'autre fort larges, et dont les bords étaient à fleur d'eau au moyen des briques dont on les avait chargés et qui formaient le double du poids de l'obélisque. Aussitôt que celui-ci porta sur les vaisseaux, on les allégea de toutes les briques, et par ce moyen les deux vaisseaux se trouvèrent chargés de l'obélisque, etc., etc.

Le radeau contenant l'obélisque était remorqué par des navires de guerre, car les remorqueurs à vapeur n'existaient pas alors.

Ces moyens étaient primitifs, mais ils étaient certains, puisque l'histoire nous prouve que ceux employés pour transporter de semblables monuments jusqu'à Rome avaient parfaitement réussi ; et d'ailleurs il fallait opérer avec les moyens que l'on possédait, et c'est surtout en Égypte qu'à cette époque on devait agir ainsi.

Ce projet resta à l'état d'embryon, et l'obélisque fut conservé à la ville d'Alexandrie.

Plus tard, en 1828, M. Linant se trouvant faire un voyage à dromadaire du Caire en Nubie, M. le baron Taylor, qui désirait aussi faire ce voyage, voulut l'accompagner et ils partirent ensemble.

Pendant le voyage, il fut encore question de l'enlèvement d'un obélisque, non pas de celui d'Alexandrie, mais bien de l'un de ceux de Louqsor, pour le transporter en France ; M. Linant et le baron Taylor s'entendirent à ce sujet.

On pensait bien que le Vice-Roi accorderait tous les moyens en son pouvoir pour transporter l'obélisque jusqu'à Alexandrie et effectuer son embarquement sur un navire quelconque ; ce fut dans ces prévisions que le second projet d'enlèvement d'un obélisque fut conçu.

On prenait quatre des grandes barques, nommées *acaba*, servant ordinairement au transport des pierres, et qui étaient construites très-solidement et bien radoubées ; on les consolidait par des traverses et des bancs ; chacune d'elles portait ordinairement 120 tonneaux, les quatre en portaient donc au moins 480, et l'obélisque n'en pesait que 336.

A Louqsor on faisait entrer ces barques dans un canal allant du Nil jusqu'au pied de l'obélisque ; elles entraient dans ce canal aux basses eaux du fleuve, on les échouait sur le fond bien égalisé de ce canal ; on les reliait ensemble par de solides pièces de bois bien ajustées, bien boulonnées de manière à former un plancher, et ces barques devenaient ainsi un radeau solide. Pour plus de stabilité, le tout était entouré de chameaux ou de futailles bien conditionnées, bien amarrées, afin de soulager encore ce radeau et de lui faire occuper plus de surface, quoique les quatre barques à elles seules fussent plus que suffisantes pour porter l'obélisque avec stabilité.

Les quatre barques étant ainsi bien posées, bien assujetties, et les eaux du Nil s'étant retirées, on les entourait de sable et même on les en recouvrait entièrement.

Quant à l'abattage de l'obélisque, après l'avoir parfaitement garni d'une espèce de caisse avec de longues bigues de bois bien conditionnées et avoir préalablement recouvert l'obélisque de feutre et de toile pour empêcher les plus petites écornures, l'opération se faisait comme il a été dit plus haut et comme elle fut exécutée plus tard pour le faire entrer dans le navire le *Louqsor*.

Ce radeau ainsi construit était conduit et remorqué jusqu'à

Alexandrie, où l'embarquement se faisait à bord d'un navire qui n'était pas encore désigné ; mais l'obélisque étant ainsi à Alexandrie, on aurait bien pu l'embarquer d'une manière ou d'une autre, ce qui n'eût pas été d'une immense difficulté, soit en le faisant entrer, comme on a fait pour le *Louqsor*, par une ouverture à l'avant ou à l'arrière, soit par dessus bord. Tout officier de marine instruit et déterminé se serait chargé de cette opération, aussi bien que M. Linant, car le poids de l'obélisque n'était pas si effrayant.

Ces barques étaient mises à flot naturellement lors de la crue, et pour faciliter la descente du fleuve comme pour les gouverner, on laissait à la traîne derrière cette espèce de radeau un fort poids au bout d'une amarre qui râclait le fond, tandis que le remorqueur le traînait par devant ; de cette manière le radeau restait toujours dans la même direction ne pouvant tourner avec le courant. Les chameaux qui, après l'opération de la sortie du canal et lorsque le radeau eût été à flot, eussent été en partie remplis d'eau, auraient servi en cas d'échouage en descendant le fleuve à alléger le radeau, en pompant l'eau qui y était et en les rendant à leur état de flotteur.

Le passage aux bogas paraissait peut-être offrir une difficulté, mais les bogas à certains moments sont faciles : dans l'été la mer est parfaitement calme, les bogas ont plus de profondeur qu'il n'en fallait, puisque ce grand radeau ne tirait pas autant d'eau que le *Louqsor*, qui les a franchis chargé de l'obélisque ; d'ailleurs on aurait attendu pour le faire passer un moment convenable, comme on l'a fait pour le *Louqsor*.

Je répéterai encore que si l'on employait ce système, c'est que l'on était forcé de faire l'opération avec les moyens que l'on possédait dans le pays et que l'on pouvait employer ; car il était impossible alors de penser à construire en Égypte un navire exprès, comme on l'a fait en France plus tard en construisant le *Louqsor* ; et même on n'y pensait pas en France, puisque l'on envoya d'abord à M. Linant la gabare le *Dromadaire* pour exécuter le transport de l'obélisque.

Effectivement, M. le baron Taylor, qui était retourné en France, obtint de Charles X de faire transporter à Paris un des obélisques de Louqsor, et il vint en Égypte avec cette mission dans le mois d'avril 1830.

M. le baron Taylor apportait à M. Linant des instructions pour plusieurs affaires en Égypte, dont il le chargea, au nom du roi ; et dans le mois d'août M. Linant partit, d'après des lettres de M. Mimaut, alors consul général de France en Égypte, pour l'affaire du transport de l'obélisque de Louqsor ; en voici la raison :

Méhémet-Ali, qui avait à cœur de faire une grande gracieuseté à la France, voyant le *Dromadaire* déjà arrivé à Alexandrie pour prendre l'obélisque, fit partir immédiatement quelqu'un avec des cordes, des petites pièces de bois, et quelques hommes, le tout sur une barque légère, afin de prendre l'obélisque et de le transporter à Alexandrie. Comme aucun personnel ni aucun matériel nécessaire n'était encore réuni, M. Mimaut craignit que l'on ne commît quelque grosse bévue ; il fit immédiatement partir M. Linant, non pour mettre de suite la main à l'œuvre, mais pour surveiller ce qui allait être fait et empêcher un malheur.

M. Linant trouva l'effendi envoyé par Méhémet-Ali qui demandait partout où était la pierre qu'il fallait emporter pour le roi de France ; il était bien loin de se douter que c'était cette immense pièce de granit, de la hauteur d'un minaret, qui était devant lui à Louqsor ; il pensait qu'il ne s'agissait que d'une statue comme il en avait déjà vu. Quant il sut ce qu'il devait abattre, embarquer et conduire à Alexandrie, n'ayant d'ailleurs aucun matériel et ne sachant que faire, il repartit immédiatement pour Alexandrie, et M. Linant en fit autant pour aller s'entendre avec M. Mimaut et le commandant du *Dromadaire*, qui devait être à sa disposion.

Chose singulière, le commandant Briet avait été le commandant de M. Linant, lorsque ce dernier dut faire ses six mois de navigation pour passer les examens d'aspirant de marine, en 1814.

En arrivant à Alexandrie, la première chose que M. Mimaut et M. le baron Taylor apprirent à M. Linant, ce fut la révolution de juillet ; ceci remettait l'affaire du transport de l'obélisque indéfiniment, et M. le baron Taylor partit pour la France sur le *Dromadaire.*

En 1831, vint le *Louqsor* ; et alors employé du Gouvernement égyptien, M. Linant fut chargé, comme Ingénieur en chef de la Haute-Égypte, d'aider en toute chose les opérations du *Louqsor.* et il fut bien aise de voir que pour abattre l'obélisque et le charger sur le *Louqsor* on employa le même système que celui qu'il avait projeté.

Méhémet-Ali secondé par ses fonctionnaires donna toutes sortes de facilités pour cette opération, et c'est donc en grande partie à lui que l'on doit de la reconnaissance, d'abord pour avoir fait don du monument et ensuite pour tout ce qu'il fit pour la réussite de son embarquement.

PONT-BARRAGE AVEC ÉCLUSE ET FERMETURE CARINÉIN (BAHR CHIBINE).

Un des travaux en maçonnerie des plus importants de la Basse-Égypte, exécuté en 1840, est le barrage de la prise d'eau du Bahr Chibine, dont nous avons déjà parlé, avec l'épi qui renvoie les eaux sur ce barrage devant lequel une île de sable s'était autrefois formée empêchant ainsi les eaux d'entrer au moment de l'étiage.

Cela provenait de ce que l'on avait fait à la prise d'eau du Bahr Chibine un énorme musoir en pierres en enrochement, afin de diminuer la recette des eaux ; parce que pendant les crues il en entrait beaucoup trop dans ce canal. On avait aussi, dans un cas où l'on manqua d'eau, creusé un nouveau canal en amont, se déversant dans le Bahr Chibine ; on y fit encore un barrage pour régler la recette des eaux ; mais bientôt un atterrissement se forma devant cette nouvelle prise et elle devint inutile.

Il s'était formé devant la prise d'eau de cette ancienne Branche du Nil nommée le Bahr Chibine un long atterrissement, une longue île sur laquelle déjà on plantait du maïs ; elle ne laissait sur le côté du fleuve où était la prise d'eau qu'un étroit passage long de 600 mètres, qui à l'étiage avait à peine 30 centimètres d'eau ; il fallait porter remède à cet état de choses.

Alors M. Linant qui, au ministère, était Chef de division des Travaux-Publics, proposa et fit exécuter un épi en pierres en enrochement, placé sur la rive droite du fleuve ; il avait de longueur oblique sur le courant 110 mètres et était élevé au niveau des inondations, ce qui lui donnait une hauteur totale d'environ 15 mètres ; il fut terminé avant la crue, et lorsqu'elle arriva le bon effet de cet épi commença à se produire et continua pendant tout le temps des hautes eaux ; aussi, à l'étiage, l'île se trouva-t-elle coupée par le milieu, et les eaux entrèrent-elles librement dans le Bahr Chibine.

Il fallut alors faire à la prise d'eau un barrage-régulateur qui permît de régler à l'aide d'une fermeture la recette des eaux.

Ce barrage, dont M. Linant fit le projet et qu'il exécuta en 1839 et 1840, fut posé non sur le cours du Bahr Chibine même, mais à côté, dans une fosse qui devait devenir le nouveau cours du Bahr Chibine ; car comme il connaissait bien le pays où il opérait, M. Linant craignit qu'en construisant dans le cours d'eau même, par suite des retards, des entraves indépendantes des travaux, on ne pût terminer avant la crue et qu'alors il n'y eût des dégâts considérables.

Le barrage est bâti sur un radier en maçonnerie de moellons de 2^m,50 d'épaisseur et une couche de briques de 50 centimètres, avec des chaînettes en pierres de taille le long du radier et des piles à cette première chaînette ; il a 100 mètres de longueur avec les culées, et 37 d'amont en aval ; un faux radier en aval fait en pierres en enrochement a 10 mètres de l'amont à l'aval ; il a 10 arches éclusées de la largeur de 5 mètres ; les piles ont 3 mètres ; la hauteur d'eau à l'étiage sur le radier est en moyenne de 2 mètres ; la hauteur des piles depuis le radier jusqu'au couronnement est de 9 mètres ; les voûtes sont en anse de panier ; le tout est en pierres de taille. En outre, sur la rive droite ou du nord, il y a un sas éclusé pour le passage des barques, ayant 7 mètres de largeur et de longueur, entre les deux buses, 21 mètres. La pile culée a 5 mètres d'épaisseur et une longueur, du bec de pile d'amont à celui d'aval, de 32 mètres.

Sur le sas est un pont mobile en bois et à coulisse.

Les fondations ont été faites à sec et par épuisements.

Le mortier, qui été employé partout jusqu'à la hauteur des piles, est celui dont on se sert avec succès dans l'eau pour toutes les constructions de ce genre en Égypte, c'est-à-dire de la terre argileuse d'alluvion et de la chaux vive bien triturées ensemble; au-dessus de l'eau le mortier en chaux et sable avec pouzzolane artificielle; nous parlerons plus loin de ces mortiers.

Quand le barrage et le nouveau lit furent entièrement construits, on y fit passer les eaux et l'on ferma l'ancien lit à l'aide d'une digue en terre revêtue d'un perré en moellons se reliant à la culée du pont.

Quant à la fermeture, les portes du sas furent construites en bois comme toutes celles de ce genre, mais celles des arches ne furent jamais terminées; et l'on ferma toujours avec des poutrelles verticales ou aiguilles, parce que l'on ne voulut jamais faire la dépense qu'occasionnerait le système des portes projetées.

Pour construire les fondations on n'a employé aucun moyen étranger au pays, pas plus que pour les épuisements; car à cette époque on n'admettait pas encore qu'on dût se servir de moyens mécaniques étrangers, et l'on fut forcé de faire comme on pouvait, avec des moyens primitifs, tapoutte (la roue à timpan), chadoufe (la bascule), catouas (panier mu par deux hommes).

Aucun bois, aucun pilotis, aucune palplanche n'ont été employés.

Lorsque l'on creusait les fondations, M. Linant fut forcé de remplir une mission en Syrie; il donna ses instructions pour que l'on creusât à 4 mètres au-dessous de l'étiage; mais l'ingénieur qu'il laissa sur les travaux, trouvant le terrain formé d'une couche de terre argileuse imperméable et pouvant travailler à sec, alla jusqu'à $5^m,50$ au-dessous de l'étiage; il serait allé encore plus profondément, si l'excavation étant nivelée, on ne s'était aperçu que le sol était mouvant, et peu après il jaillit un jet d'eau considérable qui remplit fort heureusement toute l'excavation. Le Nil commençait à monter, et ce ne fut qu'à l'étiage suivant que l'on commença la maçonnerie; cette source qui avait jailli fut encaissée dans un puits et se trouva dans une pile, ce qui occasionna quelques difficultés.

Ce Pont-Barrage fut fait par M. Linant (qui avait déjà depuis longtemps fait les travaux du projet du Grand-Barrage), comme un simple essai de ce qui devait être fait; ce travail pouvait compter pour un quart d'un des grands Barrages; et M. Linant voulait ainsi prouver qu'en suivant le même système, en améliorant l'exécution par des moyens mécaniques, les grands Barrages ne présenteraient aucune difficulté d'exécution.

A ce travail, d'ailleurs, M. Linant forma des ouvriers de toutes espèces, et c'est de ces chantiers que l'on en tira d'abord de bons qui ont servi pour les autres travaux et pour le Grand-Barrage lui-même.

Aujourd'hui encore, ce barrage de Carineïn est en parfait état; il permet par sa fermeture de régler les recettes d'eau dans le Bahr Chibine, et les provinces de Ménoufiéh et de Garbiéh sont désormais à l'abri des inondations.

Les excavations ont été de 431.422 mètres cubes, dont une partie servit à combler l'ancien lit du Bahr Chibine ;

L'épi forme un cube en moellons de.	26.395 m. cub.
La jetée fermant l'ancien lit.	2.500 —
Le faux radier.	1.967 —
Perré en aval et en amont des culées.	479 —
Constructions du pont en moellons.	11.153 —
Id. en briques.	5.215 —
Id. en pierres de taille.	2.844 —
Total de la maçonnerie du pont.	50.553 m. cub.

La somme dépensée est d'environ 1.000.000 de francs.

Les devis étaient bien inférieurs à cette somme, mais l'imprévu, les retards dans les fournitures, qui laissèrent chômer les ouvriers, ont fait arriver à plus du double la dépense prévue.

Il serait superflu de détailler ici tous les autres travaux; il suffit de savoir, comme nous l'avons dit déjà, que d'après les états des travaux, on faisait sous Méhémet-Ali 40.000.000 mètres cubes de terrassements par année : et quant aux travaux d'art, comme ponts, déversoirs, barrages, digues et quais, la quantité moyenne par année peut être évaluée à 2.799.140 fr., ce qui était beaucoup pour cette époque où les revenus de l'Égypte étaient bien moins considérables qu'ils ne le sont aujourd'hui.

———

PALAIS SOUS MÉHÉMET-ALI.

Méhémet-Ali avait conservé les goûts et les habitudes des Turcs nomades, partout campés plutôt que logés à demeure fixe. En 1819, il avait seulement une maison de campagne fort modeste à Choubra ; le luxe ne brillait ni dans l'habitation, ni dans l'ameublement, ni dans le service. Ses appartements de réception consistaient dans un salon séparé de la salle d'attente par une terrasse découverte ; des divans assez peu luxueux ornaient seuls ce salon, et aux fenêtres il n'existait que des rideaux en indienne à peine de la grandeur de la fenêtre, sans garniture, sans galeries et posés tout simplement avec des clous. Le soir, l'éclairage consistait chez lui en deux gros cierges en cire placés dans des chandeliers en argent, posés à terre ; et dans la salle d'attente, où se tenaient ses premiers secrétaires et les principaux fonctionnaires quand ils y venaient, une mauvaise lampe à huile suspendue dans une grossière cage en branches de dattier recouverte de papier était le seul éclairage, comme dans le plus simple ménage de fellah. Mais il y avait un fanal en verre, contenant deux chandelles en suif, que l'on allumait quand il fallait lire quelque chose, et que l'on avait bien soin d'éteindre aussitôt la lecture terminée ; c'était là où la Cour, les poëtes, les interprètes, etc., etc., se tenaient.

Quand Méhémet-Ali quittait son harem, soit de la place de l'Esbékiéh, soit de la Citadelle quand il y eut fait bâtir, il emportait avec lui tout son train de maison, son lit, ses tapis, sa cuisine, etc.

Il fit d'abord bâtir les harems de la Citadelle, qui furent grands, mais dont les ameublements ne coûtèrent rien en com-

paraison de ce que l'on a dépensé plus tard pour les ameublements du moindre palais ou de ce que l'on nomme ainsi.

Ses résidences dans les provinces ne furent que de pauvres
maisons, et ce ne fut qu'avec beaucoup de peine qu'on le fit
consentir à laisser bâtir pour lui le premier palais véritable
qu'il eut à Alexandrie : Ras-el-Tine ; c'est la seule construction
qui de son temps ressemblât à un palais.

Plus tard, on voulut faire celui de la Citadelle ; tout cela n'é-
tait encore que de modestes habitations et non des palais, comparativement à ce qui s'est fait depuis.

Mais ce que ce premier Vice-Roi, régénérateur de l'Égypte,
a fait construire d'établissements qu'il pensait utiles et dont les
constructions mieux dirigées encore eussent donné d'immenses
résultats, est vraiment fabuleux, et m'entraînerait trop loin de
mon sujet.

***

OBSERVATOIRE.

Quoique un Observatoire ne soit pas directement un travail
d'utilité publique comme le sont bien d'autres, cependant pour
l'Égypte, pays où l'astronomie a été en honneur dans l'antiquité,
et pour les Arabes qui l'ont pratiquée avec succès, c'est une
science indispensable ; je crois donc devoir dire quelques mots
des observatoires du Caire.

Lorsqu'en 1834 on commençait les travaux du barrage du
Nil, plus au nord que ceux qui existent aujourd'hui, on avait
pensé que pour établir, d'après le système de ces barrages, un
ensemble complet d'irrigation, ainsi que pour la bonne administration des eaux, il fallait, avant tout, avoir une carte exacte
du pays, surtout de la canalisation alors existante, et ensuite
une carte parcellaire ou cadastrale. En conséquence, on demanda en Europe plusieurs instruments et objets nécessaires
pour faire géodésiquement ce travail.

Ces instruments arrivèrent ; mais déjà les travaux du barrage
étaient suspendus et ceux de la carte aussi.

Méhémet-Ali ne comprenait pas, malgré sa haute intelligence en bien des choses, l'utilité d'une carte, et il n'était pas le seul en Égypte. Voici une des idées de cet homme, à juste titre si renommé, au sujet de la carte.

On faisait la guerre en Syrie et le major-général Soliman Pacha fit demander en Égypte, au ministère des Travaux-Publics, une division d'ingénieurs pour lever la carte de la Syrie, et surtout de quelques parties dont il avait besoin de posséder la topographie exacte pour les opérations de la guerre : c'était avant les grandes batailles contre l'armée turque. Comme on approuvait cette mesure, le personnel fut formé et le matériel fourni, et alors on demanda l'autorisation au Vice-Roi de faire partir la division. Méhémet-Ali ayant su que c'était pour lever la carte dit : mais à quoi cela servira-t-il, puisque nous avons le pays ?

Les instruments furent envoyés à l'École polytechnique pour l'instruction des élèves.

Plus tard, lorsque l'Europe fit faire dans les quatre parties du monde des observations magnétiques, plusieurs sociétés savantes, entre autres celles d'Angleterre, demandèrent à ce que l'on fît aussi en Égypte des observations du même genre que celles que l'on allait exécuter ailleurs, et même elles envoyèrent les instruments dont on devait se servir.

Alors on transforma une ancienne redoute, construite du temps de l'Expédition française en Égypte, en un petit Observatoire. On profita de la construction du fort, qui était sur un monticule de décombres, et l'on y installa les instruments astronomiques, géodésiques et magnétiques que l'on possédait.

On fit peu d'observations, soit magnétiques ou autres. Lambert-Bey, le directeur de l'École polytechnique, n'avait pas le personnel voulu pour faire à l'Observatoire ce qu'il aurait voulu produire comme directeur.

On fit venir un ingénieur très-capable pour construire et diriger un observatoire : c'était M. Achille Boudsot.

Le local à Boulak ne convenait pas pour un observatoire astronomique monté sur un pied convenable ; on en chercha un autre et l'on décida qu'il serait construit aux environs de

Assouan ; mais comme plus tard cet endroit devint un champ de manœuvres, d'exercices, on pensa que l'observatoire ne serait plus bien placé en cet endroit ; d'ailleurs, le caprice d'avoir un observatoire était passé, on n'en parlait que pour avoir l'air de ne pas l'avoir entièrement abandonné. M. Boudsot fut employé à tout autre chose ; il s'en fut du pays, à la fin de son engagement, et l'observatoire de Boulak fut entièrement fermé, oublié pour ainsi dire, car il ne resta plus que sous la garde d'un gardien barbarin.

Le cuivre des instruments fut un objet de convoitise, à ce qu'il paraît, pour quelques personnes qui savaient qu'il en existait dans l'observatoire, et l'on fit si bien que, pendant que l'unique gardien nubien, qui devait surveiller jour et nuit cet établissement isolé, dormait ou allait au marché pour avoir ce dont il avait besoin, ou bien encore tandis qu'il s'absentait forcément pour aller toucher sa paye, sans laquelle il ne pouvait vivre ; on fit si bien, dis-je, sans que la porte fût ouverte, qu'on brisa les instruments et l'on emporta tout ce qui était cuivre, de manière que, lorsque un beau jour le Nazer chargé de cet établissement vint pour le visiter, il n'y trouva que le portier qui, n'étant pas précisément dans l'intérieur, gardait soigneusement sa porte sans se douter de ce qui s'était passé. Le portier et le Nazer furent rendus responsables, quoique bien des fois ils eussent déclaré que cela ne se pouvait, puisque l'un était éloigné de l'Observatoire, que l'autre était seul, qu'il avait besoin de dormir ou la nuit ou le jour et que, par conséquent, l'observatoire ne pouvait être gardé sans d'autres moyens.

L'Observatoire fut donc pour ainsi dire oublié, et ce qui restait fut mis dans des magasins.

Plus tard, le petit fort même qui avait été bâti lorsque Bonaparte était en Égypte et avait servi de local à l'observatoire, fut démoli pour y établir l'usine à gaz.

Lorsqu'en 1858 on voulut encore faire régulièrement dresser la carte de l'Égypte, il fut commandé à Paris une règle géodésique pour mesurer les bases, avec tout ce qui en dépendait ; après bien des retards, elle fut enfin terminée, et pour la comparer on chargea Ismaïl-Bey Moustapha, égyptien et astronome distingué, qui avait été astronome-adjoint à l'Observatoire de Paris, d'aller en Espagne où cette comparaison eut lieu.

Alors Ismaïl-Bey revint en Égypte pour faire usage de cette règle magnifique; mais elle ne fut pas même déballée; on ne pensait plus à s'en servir pour faire la carte, il n'y eut plus d'observations géodésiques et l'on se contenta, peut-être avec raison, des cartes que l'on dressait plus simplement et qui remplissaient, d'ailleurs, le but que l'on se proposait d'atteindre.

Ismaïl-Bey Moustapha fut employé à différents services, et pourtant il y eut encore quelques velléités d'établir un Observatoire astronomique; car on possédait assez d'instruments pour le monter sinon complétement, au moins d'une manière satisfaisante.

Il s'agissait de trouver un lieu convenable.

Lorsque M. Boudsot vint en Égypte pour construire et monter un Observatoire, l'on chercha avec attention et discernement un lieu propice pour y construire cet établissement.

La position sur une hauteur semblait tout d'abord convenable, mais seulement cela se trouvait assez éloigné de la ville.

On aurait pu placer cet Observatoire vers Boulak, dans la plaine; mais là les terrains sont toujours mobiles, peu de constructions y existent sans être bientôt lézardées. Il y a toujours un petit mouvement dans le terrain, occasionné par les infiltrations des eaux du Nil au travers des couches sablonneuses qui composent le sous-sol et sur lesquelles sont posées les constructions.

Le lieu qui semblait le plus propice était l'Abascièh, lieu dans le désert, entièrement découvert et où le terrain est plus solide; mais une chose était à éviter, c'était la proximité des exercices à feu du canon, ce qui se répète souvent, puisque c'était et c'est encore là que se trouvent les Écoles d'artillerie, celle de tir et le champ militaire.

Cependant ce fut cet endroit que l'on choisit, pour profiter d'une construction très-médiocre qui, du temps d'Abas-Pacha, avait été faite pour un télégraphe et un pigeonnier.

C'est là qu'Ismaïl-Bey dut chercher à établir son Observatoire; des instruments y furent transportés et y sont encore sans qu'on les utilise, car Ismaïl-Bey a dû s'occuper de choses plus immédiatement utiles pour le pays qu'un Observatoire astronomique.

CHAPITRE V.

CATARACTES.

Méhémet-Ali était allé plusieurs fois aux Cataractes, il y fut témoin des difficultés qu'éprouvaient les barques pour les franchir; plusieurs se brisaient, celles qui descendaient du Soudan faisaient toujours des voyages fort dangereux et très-coûteux, à chaque crue du fleuve, obligées qu'elles étaient, surtout pour passer les cataractes de Ouadée Alfa et celles d'Assouan, de transporter leurs marchandises à dos de chameaux d'une extrémité de la cataracte à l'autre.

En 1838, ce prince demanda au chef de la division des Travaux-Publics au Ministère de l'Instruction publique et des Travaux, M. Linant, un projet pour rendre navigables toutes les Cataractes depuis Assouan jusqu'à Khartoum.

Déjà M. Linant avait les plans de toutes ces Cataractes qu'i. avait dressés dans ses différents voyages au Soudan, en barque, par le cours du fleuve, en montant et descendant plusieurs fois, et par terre aussi en suivant ses bords. Il avait aussi un nivellement général de Corosco à Abou Ahmed, c'est-à-dire depuis le commencement des grandes Cataractes que le Nil rencontre dans son cours après avoir passé Khartoum jusqu'au dessus de celle d'Assouan; cela avec plusieurs nivellements partiels de l'aval à l'amont des principales Cataractes. Tous ces documents lui servirent à faire un avant-projet approximatif.

Ainsi, à la Cataracte d'Assouan, il y a, de l'île d'Éléphantine, où est l'ancien Mékias, à la pointe nord de l'île de Philé, 5^m,85 de pente sur une longueur d'environ 10 kilomètres.

La différence de niveau des eaux du fleuve depuis Corosco jusqu'à l'île de Philé est de 22 mètres.

Celle de Corosco à Abou Ahmed, en allant directement par le

désert, a été trouvée de 125, qu'il faut répartir sur une distance considérable, il est vrai, à cause du grand détour que fait le fleuve dans cette partie qui est de 1.100 kilomètres, tandis que en traversant le désert en ligne droite, elle n'est que de 430 kilomètres de longueur.

De Corosco à Ouadée Alfa la différence de niveau est de 24^{m},90.

Ainsi de Ouadée Alfa à Abou Ahmed, on a une différence de 100,1.

C'est dans cette partie que se trouvent les difficultés. Mais nous parlerons d'abord des premières Cataractes en remontant le fleuve.

1° — La Cataracte d'Assouan, comme toutes les autres, présente plutôt des rapides que des chutes, et l'on voit par cette petite différence de niveau, qui diminue encore pendant les hautes eaux, que la difficulté de remonter ces rapides ne serait pas très-grande, si le cours du fleuve était droit et libre ; mais il est rempli de gros rochers et d'îles granitiques qui, selon les différentes phases des crues et des étiages, se trouvent recouverts ou hors de l'eau. Les eaux se précipitent de tous les côtés sur ces rochers, en bouillonnant ; quand les passages sont en ligne droite sur une certaine longueur, 100 à 200 mètres, les eaux retenues se précipitent par ce chenal et ont alors une grande vitesse. Cependant la Cataracte d'Assouan pendant les hautes eaux se franchit à l'aide de barques, et seulement à la voile, lorsque le vent est bon ; pendant l'étiage, c'est en les tirant à la cordelle ; ces barques portent environ 200 ardeps et même plus.

La descente est plus périlleuse, car si on laisse la barque suivre le courant sans être retenue ou guidée par des amarres que tiennent à terre beaucoup d'hommes, la barque ne peut gouverner et souvent le courant la prend en travers, alors elle est jetée sur les rochers où elle se brise ; ou bien il faut au moyen des rames lui donner une vitesse plus considérable que celle du courant qui l'entraîne, et alors elle peut gouverner et éviter les écueils, quand le timonnier est intrépide, expérimenté et habile.

La Cataracte d'Assouan ne serait pas difficile à rendre navigable dans toutes les saisons, soit pour les vapeurs remontant ou descendant le fleuve, soit pour les autres barques à la voile, à la cordelle ou à la rame en descendant, ou soit encore au moyen de remorqueurs ; mais pour les autres Cataractes cela est beaucoup plus difficile.

2° — Les Cataractes de Ouadée Alfa commencent une longue suite de passages difficiles, remplis de rochers tantôt très-élevés au dessus des eaux, et aussi en grande partie à une petite hauteur, mais toujours dangereux même pendant les hautes eaux et impraticables pendant les étiages.

Les grandes Cataractes, qui toutes ont un nom, sont au nombre de treize de Ouadée Alfa à Abou Ahmed, et cinq plus haut jusqu'à Khartoum ; elles sont plus ou moins fortes.

Entre chacune le fleuve est quelquefois libre de dangers, quoique toujours rempli de rochers ; et chacune de ces parties peut être considérée comme un bief différent.

Entre Ouadée Alfa et Abou Ahmed la différence de niveau est à peu près de 100 mètres pendant les eaux moyennes, c'est donc cette pente qu'il faut racheter sur cette distance qui est de 1.100 kilomètres ; d'ailleurs nous avons observé que chaque Cataracte produit une chute, qui varie entre 3, 5 et 8 mètres, selon la longueur des passages obstrués par les rochers.

Je donnerai ici une description succincte des Cataractes en remontant le fleuve.

La Cataracte de Ouadée Alfa n'est point reserrée entre de hauts rochers comme celle d'Assouan ; le Nil d'un bord à l'autre est large. Cette Cataracte se prolonge, de la hauteur d'Abou Sir jusqu'à Amké qui est au sud des passages dangereux ; elle a de longueur environ 14 kilomètres ; aux basses eaux, on aperçoit une multitude de rochers noirs formés de différents granits, porphyre, etc., qui sont tous très-polis et rendus plus noirs encore par l'action de l'eau et du soleil : à peine si l'on aperçoit les eaux coulant et bouillonnant parmi ces rochers, il faut être sur la Cataracte pour les voir.

Pendant les hautes eaux l'aspect change, on aperçoit une grande quantité d'îles formées de roches noircies, mêlées à du sable blanc, et surmontées de quelques arbres rabougris, de mimosas, dont la verdure contraste agréablement avec ce pays désolé.

Les passages, où peuvent circuler les barques, sont tortueux, étroits, ce qui les rend très-dangereux ; aussi c'est la seule Cataracte où les pilotes ne veulent pas faire passer les barques avec leur chargement.

3° — La Cataracte de Semnè, en remontant le fleuve, suit celle de Ouadée Alfa ; mais avant d'y arriver, pendant les basses eaux, il y a plusieurs mauvais passages que l'on peut considérer à cette époque comme des Cataractes.

A Semnè le Nil est resserré entre deux hauts rochers sur chacun desquels s'élève un ancien temple égyptien, chacun d'eux est bien connu ; la vraie cataracte est là, le Nil est barré d'une rive à l'autre par de hauts rochers granitiques, qui ne laissent que trois passages pour les eaux, pendant les crues, et qui sont très-courts de l'aval à l'amont. Quoique la vitesse des eaux soit grande dans ces rapides, ils ne sont pas extrêmement difficiles à franchir en tirant sur des amarres, soit en montant en tirant les barques avec des cordes, soit en descendant en les retenant par le même moyen ; on peut descendre aussi à la rame.

4° — De Semnè il y a un espace presque libre pendant les basses eaux jusqu'à Amboucot ; mais il y a là une forte Cataracte sur une longueur d'environ 7 kilomètres, qui pendant les hautes eaux offre un passage difficile et qui est infranchissable pendant l'étiage.

5° — Pendant les hautes eaux, on peut monter et descendre de cette Cataracte à celle de Tangouri ; à l'époque de l'étiage il y a beaucoup de rochers ; mais cette Cataracte, même pendant les hautes eaux, est dangereuse ; elle présente deux passages où se trouvent de très-forts remous en tourbillons ; il faut pour les franchir user toujours du halage en montant, et des rames en descendant ; si l'on entre dans le remou, on peut y valser pendant une heure sans pouvoir accoster, il faut qu'un homme soit assez adroit nageur pour porter une amarre à terre.

6° — Vient ensuite la Cataracte de Chek Ocaché ; pendant les hautes eaux elle est facile à franchir. mais il n'en est pas ainsi pendant les étiages ; cependant elle n'est pas très-dangereuse.

7° — La septième Cataracte est celle de Dal, qui est une des plus belles ; pendant les crues on peut pour ainsi dire la franchir à la voile, lorsque les vents sont favorables. Elle est formée par une quantité de rochers arrondis, quelques-uns élevés ; ils sont en granit, comme dans celle d'Assouan.

Après avoir remonté cette cataracte, le fleuve est libre pour ainsi dire jusqu'à celle de Caybar.

8° — La Cataracte de Caybar est une des belles comme aspect ; le Nil y est resserré entre des rochers qui forment un barrage naturel comme à Semnè à peu près ; mais elle est beaucoup moins forte ; dans les hautes eaux on peut la franchir à la voile et la descendre à la rame ; cette Cataracte, avec peu de travaux comparativement aux autres, peut être rendue navigable en tout temps.

9° — Il en est de même pour deux passages au-dessus de Caybar, ce sont ceux de Farrèg et de Ali-Bersi. Tous les passages réunis de la Cataracte de Caybar occupent une distance d'environ 12 kilomètres qui peuvent être améliorés ; dans les basses eaux, la quantité de rochers rend ces passages impraticables.

10° — Vient ensuite la Cataracte de Hannek, qui n'est pas très-forte, mais qui pourtant ne peut être franchie que dans les hautes eaux.

De cette dernière Cataracte jusqu'à Dongola, le Nil est navigable entre de belles îles, et cela continue jusqu'à celles des Chakiéh sur une longueur de 360 kilomètres.

11° — Les cataractes du pays des Chakiéh sont formées d'îles en grand nombre et de rochers granitiques grands et petits de toute forme, c'est un dédale de passages où l'eau court, tourbillonne, c'est un désordre inconcevable et cela dure environ sur une longueur de 220 kilomètres, de Birkel à Abou Ahmed, où est l'île de Mogratte. Cependant il y a dans cette distance des parties où le cours du fleuve n'est pas entièrement obstrué de rochers et où l'on peut naviguer ; les principaux passages, ou les Cataractes, sont ceux qui sont au dessus de Birkel-el-Nourri, les ruines de l'ancienne Napata.

12° — La Cataracte de Melek Dafasir est la première de celles des Chakiéh et du pays des Menassir.

13° — Vient ensuite celle de Bòni, dont le passage rappelle à peu près celui de la Cataracte de Caybar.

Pendant toute cette distance de Birkel jusqu'à Mogratte, les principales Cataractes sont celles que je viens de citer. On pourrait dire qu'elles sont partout plus ou moins fortes ; elles sont dangereuses par la multitude d'îles, de rochers et de remous tourbillonnants ; l'aspect de tout cela est ravissant : les îles, les rochers sont couverts de mimosas et de doums (palmiers en éventail) d'une verdure on ne peut plus fraîche.

Ces Cataractes, qui se franchissent assez facilement pendant les hautes eaux, sont impraticables même pour les plus petites barques pendant l'étiage.

14° — La Cataracte de Mogratte près d'Abou Ahmed est longue et forte, elle a environ 7 kilomètres de mauvais passages ; mais au-dessus, le Nil est libre, et l'on peut naviguer à la voile jusqu'à la Cataracte d'Abrachim, distante d'environ 50 kilomètres.

15° — En ce point commence une quantité d'îles et de rochers comme sur le parcours précédent.

16° — Vient ensuite la Cataracte de Baguerre, qui n'est pas longue, mais qui dans les basses eaux et même les moyennes est assez forte.

17 et 18° — A peu de distance de Baguerre est l'île de Driki, où sont deux Cataractes ; une au nord, qui a deux passages assez dangereux et difficiles, parce que les rives sont couvertes de broussailles, de rochers et de mimosas empêchant le halage ; l'autre, au sud, est nommée Cataracte El Homar (ou de l'âne), parce que dans le désert de l'est près du fleuve on trouve des onagres ou ânes sauvages ; ces cataractes, comme les précédentes, sont dangereuses, impraticables aux basses eaux.

19° — Enfin de Berber à Khartoum, il n'y a plus qu'une Cataracte, qui pendant les hautes eaux se franchit facilement, mais qui devient mauvaise à mesure que les eaux baissent.

Il y a un mauvais passage au bas du Gebel Reyan et un autre en amont.

Comme je l'ai déjà dit, ces dix-neuf Cataractes sont les passages les plus difficiles, les plus dangereux ; mais pendant les basses eaux le fleuve n'offre partout qu'une suite de passages qui sont le plus souvent dangereux lorsqu'ils ne sont pas impraticables.

Tous les rochers sont de formation primitive : granit, porphyre, basalte.

Ayant donc à dresser un projet pour rendre navigable toute cette longue suite de Cataractes, M. Linant, qui les avait examinées toutes à plusieurs reprises, songea d'abord à établir un canal latéral à chacune d'elles.

Cette idée eût été praticable si chacune de ces Cataractes eût offert un passage comme celui de Semnè ou celui de Caybar ; mais elle n'était plus praticable pour les autres, où l'étendue des passages dangereux est de 15 à 20 kilomètres, étendue qui augmente encore au moment des basses eaux ; ce canal latéral devait être creusé dans des rochers de granit, à une profondeur de 10 à 12 mètres, pour avoir 2 mètres à l'étiage, et cela en supposant le terrain au niveau des eaux ; mais presque partout, si les rives du fleuve ne présentent pas de rochers élevés de plus de 150 mètres, ils ont toujours au moins 20 mètres ; et en établissant ce canal à quelque distance du fleuve, comme à Assouan, à Ouadée Alfa, il faudrait toujours le creuser dans le rocher à une profondeur de 25 à 30 mètres.

On pourrait, il est vrai, à chaque Cataracte, intercepter beaucoup de ces passages avec des enrochements, pour élever les eaux du fleuve afin de les faire couler toutes dans un seul lit ; mais alors dans ce nouveau lit la vitesse deviendrait trop grande, et il faudrait seulement faire un enrochement, un bâtardeau-déversoir servant à laisser passer les eaux tout en les élevant, puis écluser le passage laissé libre.

Une autre difficulté se présentait : c'est que les écluses, qui pouvaient servir à l'étiage pour une Cataracte, eussent été au nombre de deux pour racheter la différence de niveau de 5 mètres environ par Cataracte, et pendant les hautes eaux ces écluses auraient été sous leur niveau à 9 ou 10 mètres, ce qui présentait une grande difficulté. Mais, je le répète encore, ceci pouvait peut-être s'exécuter pour une Cataracte à un seul passage de peu de longueur ; mais, par exemple, pour celles des Chakiéh qui, pendant l'étiage, forment pour ainsi dire une seule Cataracte d'une longueur de 220 kilomètres, établir en ce point un canal latéral, c'eût été entreprendre un travail de géant.

On examina si au lieu de suivre le cours du fleuve, qui d'Abou Ahmed fait un si grand détour que la distance parcourue par le fleuve est à peu près deux fois plus grande que celle directe d'Abou Ahmed à Corosco, on examina, dis-je, sur la route du désert (longueur de 430 kilomètres), s'il était pratique d'y établir un canal ayant sa prise d'eau à Abou Ahmed et venant à Corosco ou même à Assouan.

On trouva, effectivement, dans le désert une ouadée ou vallée, lit d'un torrent, où les eaux de pluie, quand il y en a, coulent au nord, et vont se déverser dans l'Ouadée Hallag et dans le Nil vis-à-vis du temple de Daké; l'origine de ce ravin n'est qu'à 80 kilomètres d'Abou Ahmed, mais il y a un point culminant de 250 mètres à franchir dans cette distance sur une pente régulière en partant d'Abou Ahmed; le sol est de formation primitive; et ainsi ceci sembla un travail tellement gigantesque qu'on n'y pensa plus.

Un ingénieur a depuis proposé de faire passer les vapeurs et les autres bateaux au moyen d'un chemin de fer; les bateaux arriveraient au bas de la Cataracte dans un sas éclusé où ils seraient élevés par les écluses à la hauteur des eaux en amont de la Cataracte, puis en ce point ils entreraient sur une voie ferrée et seraient conduits aux eaux supérieures. Cet ingénieur ne connaissait que la Cataracte d'Assouan; peut-être ce système lui serait applicable, mais pour les autres, qui sont bordées de montagnes, il faudrait des voies ferrées bien difficiles à établir, et il vaudrait mieux établir un seul chemin de fer par la route de Corosco; ce système aurait un avantage, c'est de ne rien changer au régime du Nil.

On s'arrêta enfin à ceci : c'était de fermer dans toutes les Cataractes d'une grande longueur le plus possible de petits passages, afin de réunir les eaux dans un seul, de dégager ce seul passage des rochers dangereux, et dans les Cataractes comme celles de Semmè, de Caybar, d'élargir un des passages en enlevant aussi les roches dangereuses.

Ce travail, quoique incomplet, se montait pourtant, par des devis et sur les plans dressés, à une dépense de plus de 155.000.000 de francs ; il devait durer au moins dix années, et encore ne pouvait-on en assurer la réussite.

On citait pour cela un fait d'expérience : c'est que Méhémet-Ali, de même qu'il avait voulu, avec son Chakir Effendi et son Cawagi, faire le bassin d'Alexandrie, se proposait aussi d'approfondir le principal passage de la Cataracte d'Assouan ; il en fit sauter des rochers : le passage s'approfondit, en effet, mais aussi pendant les hautes eaux celles-ci se précipitèrent en masse par cette voie, et le passage est devenu plus difficile à franchir pendant les crues qu'auparavant.

Les travaux à faire dans les Cataractes, à part leur importance, soit qu'on emploie un système ou bien un autre, demandent une profonde étude et une grande attention.

Aujourd'hui le Nil a ses crues périodiques et régulières, qui portent en Égypte la fertilité et font de ce pays un de ceux dont le sol est le plus productif.

La nature a combiné l'arrivée des eaux, qui causent l'inondation, avec l'époque des ensemencements, et elles se retirent ou diminuent juste à la saison où la température permet aux semailles de prospérer. Plus tôt, les cultures seraient grillées, plus tard, elles n'auraient pas le temps de venir à point avant les grandes chaleurs.

En rendant les passages des Cataractes plus libres pour les eaux, moins entravés par les rochers, par les rapides, les vitesses augmenteront, les eaux se précipiteront avec plus de force vers l'Égypte, arriveront dans un temps donné en plus grande quantité, et causeront alors naturellement dans le pays de plus hautes crues, qui dureront moins de temps, et par conséquent s'écouleront aussi plus vite ; alors les époques des arrosages, des semailles changeront.

Si au contraire on entrave encore davantage le cours des eaux dans les Cataractes, en fermant des passages avec des batardeaux-déversoirs, l'inverse arrivera : les eaux seront retardées dans leur arrivée en Égypte, et par conséquent les inondations ; elles deviendront moindres et dureront plus longtemps, alors le temps des écoulements sera retardé, l'époque des semailles aussi. C'est donc donner beaucoup à l'imprévu que de toucher inconsidérément à toutes les cataractes et au régime d'un fleuve aussi régulier et ayant autant de nécessité de l'être pour la prospérité du pays qu'il arrose.

Mais quels seraient les grands avantages de la navigation libre de toutes les Cataractes ?

Toutes les différentes provinces que traverse le fleuve sont extrêmement pauvres, on y cultive à peine juste ce qu'il faut pour la nourriture des habitants ; ce n'est pas parce qu'il manque de bras que le pays ne produit pas, tous les coins de terre déposée par le fleuve entre les rochers sont bien cultivés, mais leur totalité est si peu de chose ; seule la province de Dongola a des terres plus étendues ; et partout il n'y a que du sorgho ou maïs à touffe, un peu de millet et des dattes, seul produit que l'on exporte en Égypte.

Le commerce du Soudan, qui descend le Nil, est fort peu de chose, et les caravanes de chameaux des arabes suffisent largement aux besoins des transports.

Je sais fort bien que les voies de communication facilitent les progrès de toutes sortes dans un pays où il n'y en a pas, mais toutes les rives du Nil depuis Assouan ne sont pas un pays qui peut progresser ni par l'agriculture, puisqu'il n'y a pas de terres (partout roches et désert), ni par l'industrie, puisqu'il n'y a aucun produit tel qu'une mine exploitable ; c'est donc dans la partie au dessus des Cataractes, c'est-à-dire à commencer de Berber, dans tout le Soudan, sur l'île de Sennar, entre le fleuve Bleu et la mer Rouge, entre le fleuve Bleu, le fleuve Blanc et le Kordofan qu'il faudrait plutôt établir des communications avec l'Égypte.

Alors pourquoi s'occuper, soit d'un projet pour rendre navigables les Cataractes en toutes les saisons, soit d'un chemin de fer venant par le désert de Corosco ou les bords du Nil jusqu'en Égypte ; projets qui coûteraient des sommes fabuleuses sans résultats, puisque dans tout le pays que ces deux voies différentes de communication traverseraient, il n'y aurait aucun lieu à desservir lucrativement sous aucun rapport.

Mais effectivement, comme le Soudan a urgence d'une communication quelconque avec l'Égypte, que cette communication doit en même temps faciliter les rapports avec l'Arabie et l'Inde, c'est l'ancienne grande route commerciale qu'il faut suivre, celle qui avait fait de Chendy sur le Nil, de Sennâr plus au sud et de Sawakin sur la Mer Rouge, des villes fort riches, qui l'étaient encore en 1825, comme on les a vues avant la conquête du Soudan par Ismaïl Pacha, fils de Méhémet-Ali.

C'est donc la route du Nil à la mer Rouge, de la ville de Berber ou de Chendy à Sawakin, qu'il faut rendre facile et praticable, soit en établissant un chemin de fer d'un système quelconque, ou bien une route pour un roulage plus prompt et moins coûteux que l'ancien moyen des caravanes par chameaux.

L'étude première de ces différentes voies a été faite, il faut espérer qu'on y donnera suite, et que l'on se décidera pour la moins onéreuse et la plus facile, celle de Chendy ou de Berber à Sawakin, et de là par bateaux à vapeur jusqu'à Suez.

CANAL DE GEBEL CILCILLY (1)

Après avoir organisé tout le service des ingénieurs de la Haute-Égypte, après avoir fait un projet d'ensemble de tous les travaux : canaux, digues, déversoirs, ponts, syphons, aqueducs, etc., nécessaires pour compléter le système d'irrigation de la Haute-Égypte, M. Linant avait plusieurs fois entretenu le Vice-Roi Méhémet-Ali du projet d'un grand canal, qui aurait eu sa prise d'eau au Gebel Cilcilly et qui aurait servi pendant l'étiage à l'arrosage d'une partie des terres qui s'étendent depuis le Gebel Cilcilly jusqu'au Fayoum, et à compléter l'inondation de tous les terrains de la Haute-Égypte pendant les années d'une crue insuffisante.

Ce projet avait été goûté par Méhémet-Ali; en 1833, il s'en souvint et donna l'ordre à M. Linant, qui était dans la Haute-Égypte, d'étudier de nouveau ce projet et de faire le tracé du canal.

____

(1) Voir la planche I.

M. Linant se rendit effectivement au Gebel Cilcilly et de là descendit vers le nord en faisant le tracé du canal, qui d'ailleurs se trouve avec quelques détails sur ses cartes de l'Égypte publiées en France en 1846, par ordre du roi Louis-Philippe ; publication qui fut continuée plus tard, toujours au Ministère de la Guerre, par ordre de l'empereur Napoléon III.

Le but de ce canal était donc de compléter les inondations des différents bassins d'irrigation de la Haute-Égypte, puis pendant l'étiage de donner de l'eau sans employer des machines élévatoires.

Voici les principales dispositions du projet-mémoire qui fut dressé par M. Linant.

Au Gebel Cilcilly, les crues effectives maximum sont de 9 mètres.

A cette hauteur d'eau, la vitesse observée au moyen de flotteurs, et calculée aussi sur des vitesses prises dans d'autres circonstances et déterminées d'après l'augmentation de hauteur de l'eau, a donné $143^m,73$ en une minute ; vitesse due au retrécissement du Nil par les roches de ses deux rives, qui ne laissent entre elles qu'un passage de $394^m,50$.

En amont du Gebel Cilcilly le Nil est plus large, et de chaque côté il n'y a pas de terres cultivées, jusqu'à l'île de Mansouriéh, vis-à-vis de Com Ombou, et à l'ouest de cette île on ne voit que les terrains des villages de Mansouriéh et de Bimban, ainsi que quelques îles, ce qui est fort peu de chose.

On choisit ce point du Gebel Cilcilly pour y établir la prise d'eau du canal, parce que :

1° Le lit du fleuve est formé par des rochers :

2° Qu'il est encaissé entre des berges formées par la roche et que sa largeur est très-étroite comparée à d'autres lieux ;

3° Que dans ce lieu on est certain de n'avoir jamais aucun changement dans le cours et le régime du fleuve ;

4° Parce que les matériaux sont à pied d'œuvre ;

5° Enfin parce que le remou occasionné par le barrage ou batardeau ne nuira qu'à fort peu de terrains, puisqu'il n'y en a pour ainsi dire pas en amont.

C'est donc au Gebel Cilcilly qu'il faudrait établir un travail ayant pour but d'élever les eaux, surtout pendant l'étiage, de manière à les faire entrer dans un canal latéral sur la rive gauche du fleuve.

Le travail à faire consiste dans un batardeau submergé en pierres en enrochement; les deux rives se composant de roches de grès où l'on voit d'immenses carrières qui ont servi anciennement aux constructions de tous les monuments de Thèbes et autres, elles offrent d'inépuisables ressources en matériaux très-faciles à exploiter, et à pied d'œuvre pour les travaux nécessaires au batardeau.

D'après des calculs et des expériences, faites en petit, il est vrai, mais pourtant donnant des documents précieux, on a pu calculer le cube de pierres nécessaire à ce batardeau.

Les faits de l'expérience en petit n'ont pas manqué, par exemple:

La fermeture des canaux de la largeur de 48 mètres à la surface avec 9 mètres d'eau au moment de l'opération, nécessitée par la rupture d'une berge ou l'écroulement d'un barrage.

La fermeture de plusieurs arches d'un barrage de prise d'eau de grands canaux dont les fermetures avaient été brisées.

Ces fermetures se firent simplement en jetant des pierres d'une petite dimension; le passage une fois intercepté, il y eut une différence de niveau entre l'amont et l'aval de ces batardeaux de 6 à 7 mètres.

La prise d'eau d'un canal à Gebel Gilcilly doit être faite dans la pierre, qui est d'un grès facile à tailler; et cet ouvrage n'est pas énorme, puisque d'ailleurs les pierres enlevées serviraient à la confection du batardeau.

A la prise d'eau de ce canal sera établi un barrage avec fermeture, pour régulariser, pendant les hautes eaux surtout, les recettes d'eau dans le canal.

Ce barrage, qui aura naturellement pour radier le rocher même, aura ses culées formées du rocher, et elles seront ménagées en creusant le canal.

Sur la rive droite du fleuve sera un petit canal latéral avec écluses pour le passage des barques; il sera aussi ménagé dans la roche de grès facile à tailler, comme on le voit aux carrières mêmes et dans tous les monuments faits de cette pierre.

Le batardeau sera construit à la hauteur calculée, pour occasionner un exhaussement des eaux au dessus de l'étiage de 6^m,50 ; et la prise d'eau du canal sera creusée à 3 mètres en contre-bas de cette hauteur d'eau obtenue par le remou du batardeau.

Pendant les hautes eaux, l'exhaussement occasionné par le batardeau sera moins sensible que celui des basses eaux, mais pourtant recouvrira les terres cultivées aujourd'hui des îles Mansouriéh, Beloul et Darrawé ; mais aussi on en aura de nouvelles et le Nil sera encore bien loin d'être à la hauteur à laquelle il atteignait autrefois à cet endroit, ce dont on peut voir la preuve au Gebel Amangar et au Gebel Fetir, comme je le dis en parlant des anciens épis et des barrages naturels au commencement de ce travail.

Ce peu de terrain, disparaissant en partie sous les eaux, s'exhaussera d'ailleurs naturellement ; il pourra toujours être cultivé après les inondations, il n'y aura que les dattiers et quelques habitations bien chétives qui seront perdues, comme à Faresse.

Le canal en partant de Gebel Cilcilly sera creusé en partie dans le rocher, et, du côté du fleuve, la berge du canal sera faite en partie par des pierres des déblais du canal pour la partie qui ne sera pas plus basse que le sol, ou en remblais.

La partie où l'on trouvera pierres et terres est d'environ 10 kilomètres ; en traçant ensuite le canal toujours sur la lisière du désert et près des terres cultivées, on rencontrera peu de points où il y aura de la pierre et où l'on sera obligé de faire des travaux d'art, comme murs de soutenement, quand le canal sera fait en remblais, ce que je vais indiquer bientôt.

Lorsque l'on atteindra le point où, par la pente obtenue à cause de l'élévation des eaux au moyen du batardeau, toutes les eaux du canal pourront être maintenues au-dessus du niveau des terres cultivées et inondées pendant les crues, il sera facile, sur la pente des terrains du désert, qui va toujours en montant lorsqu'il s'éloigne des limites des terres cultivées, d'établir le canal avec son plafond à la hauteur nécessaire.

Sur une longueur de 50 kilomètres après avoir passé les parties rocheuses, en aval du Gebel Cilcilly jusqu'à El-Kel, le terrain est bon.

A El-Kel on rencontre une partie de rochers friables sur une petite longueur de 3 kilomètres. Puis ensuite jusqu'à Gebeleïn, longueur de 52 kilomètres, le terrain est convenable avec fort peu de parties dures.

A Gebeleïn, quoique l'on rencontre en partie la pierre, le passage est facile, puisque d'ailleurs déjà nous avons creusé un canal sur la même ligne ; ce passage est de 4 kilomètres.

De Gebeleïn à Gornah, distance de 36 kilomètres, rien ne vient entraver la facilité du creusement ; à Gornah même, sur une distance de 7 kilomètres, on rencontre la pierre, mais elle est peu compacte ; et d'ailleurs nous avons déjà creusé un petit canal dans cette partie, ce qui prouve qu'il n'y a aucune difficulté à l'élargir.

Ensuite, jusqu'à 46 kilomètres, ce qui porte au nord du temple de Dendera, le terrain est convenable ; puis commence le sol du désert formé de cailloux, d'argile, de sable et de quelques roches très-friables ; cette partie a de longueur 12 kilomètres jusqu'à la hauteur de la prise d'eau du canal de Rennané où l'on revient près des terres cultivées.

Cette partie, quoique plus difficile à travailler que celles qui se trouvent dans les terres d'alluvions ou sur les bords du désert, n'est pourtant pas beaucoup plus fatigante pour l'ouvrier.

De ce point, pendant une longueur de 192 kilomètres, et sur la lisière du désert près des terres cultivées, le terrain est fort propice ; seulement dans quelques endroits, comme à la montagne de Sohag, il faut des travaux pour retenir le peu d'eau que les torrents amènent quelquefois des montagnes du désert, ce qui d'ailleurs est rare et peu de chose. Une berge en maçonnerie est indispensable à la montagne de Sohag du côté des terres, pour maintenir les eaux du canal entre le pied de la montagne, qui est à pic sur le terrain, et les terres basses cultivées.

Cette dernière distance de 192 kilomètres conduit le tracé du canal à la montagne de Siout, où il faut aussi, du côté des terres cultivées, un mur de soutenement, pour retenir les eaux qui tomberaient dans les terres basses; la montagne est à pic et la longueur de ce travail est d'environ 3 kilomètres.

De Siout sur une longueur de 218 kilomètres qui conduit à Illaoun, il n'y a aucune entrave que quelques dunes de sable; mais on peut faire déverser ce canal dans le Bahr Joussef à Geldè; et maintenir les eaux d'étiage, qui y seront apportées au-dessus des terres, par des barrages servant à exhausser les eaux pour l'arrosage des terres; dans ce cas alors on n'aurait plus à confectionner le canal que sur une longueur de 75 kilomètres de Siout à Geldè, au lieu de 218 kilomètres jusqu'à Illaoun.

Le tracé du canal a été ainsi conçu par les raisons suivantes:

1° Il se trouve entièrement indépendant de tous les autres canaux d'inondation, qui viennent du Nil arroser et remplir directement les différents bassins en y apportant le limon bienfaisant du fleuve.

2° Parce que si l'on traçait le canal dans les terres cultivées, ce ne pourrait être que dans la partie la plus élevée et par conséquent la plus rapprochée du fleuve, puisque les eaux de ce canal doivent être plus hautes que les terrains bas des bassins dont il doit compléter les inondations. Alors ce nouveau canal couperait tous les autres canaux existants, ce qui occasionnerait un changement nuisible dans le système des inondations; car alors le nouveau canal devrait remplacer tous les autres, non seulement pour les quantités d'eau à fournir, mais encore sous le rapport du limon si nécessaire à la fertilité; et si l'on voulait laisser les anciens canaux fonctionner, les travaux d'art à chaque canal coupant le nouveau seraient très-considérables.

3° Parce que dans beaucoup d'endroits le fleuve change son lit en détruisant ses propres berges jusqu'à 60 et 100 mètres à l'intérieur, comme cela se voit dans beaucoup d'endroits, et alors ce canal pourrait être coupé, ce qui forcerait à changer son cours et à l'éloigner davantage du fleuve, ce qui peut arriver souvent, car quand le Nil se porte sur un point en y formant un remou, il y fait des affouillements qui ont jusqu'à 28 mètres à l'étiage, comme à Girgé, à Manfalout, à Bénéssouef. Quels immenses travaux faudrait-il faire alors pour empêcher ces dégats?

4° En faisant le canal dans les terres cultivées au lieu de l'établir le long du désert, on perdrait une surface de 50.000 fed dans environ de bonnes terres, ce qui est à considérer.

Ce tracé du canal avait été examiné par la Commission internationale venue en Égypte en 1856 pour le canal de Suez, ainsi que l'emplacement pour la prise d'eau au Gebel Cilcilly, et elle y donna son approbation autant qu'il lui était possible, en ces termes :

« La construction de ce canal ne présentera pas de difficultés
« graves ; le Gebel Cilcilly offre pour la prise d'eau toutes les
« conditions désirables : niveau suffisant, fond de roc, resserre-
« ment du lit du fleuve, matériaux à pied d'œuvre. Le développe-
« ment du tracé sur les flancs de la montagne permet de main-
« tenir partout le plafond du canal au niveau des terrains les
« plus élevés de la plaine ; les dispositions générales du projet
« sont en quelque sorte commandées par la configuration du
« sol, etc. »

La Commission évalue les dépenses à 40 millions.

Le canal par ce tracé, pendant les crues, peut au moyen de déversoirs dans sa berge du côté des terres donner une assez grande quantité d'eau pour répandre sur tous les terrains une couche de 1 mètre, et il y en a beaucoup où cette hauteur en plus de celle apportée directement du fleuve même dans les mauvaises inondations est tout à fait inutile.

Les terrains, à l'époque où fut dressé ce projet, étaient de 1.430.000 feddans pour toute la Haute-Égypte, jusqu'à et y compris la province de Bénéssouef, dont il faut déduire les terrains qui se trouvent à l'est du fleuve, qui ne peuvent profiter des eaux de ce canal et qui sont pour les provinces d'Esnè, Kenè, Girgè, Siout et Miniet de 250.000 feddans ; il restait donc 1.175.093 à inonder, et en donnant une couche d'eau de 1 mètre, cela faisait un cubage de 4.935.390.600 mètres cubes.

Le canal pendant les hautes eaux avec l'exhaussement donné encore par l'établissement du batardeau aurait une section de 570 avec une profondeur de $9^m,50$, à parois verticales à la prise d'eau pour environ 10 kilomètres, avec une vitesse de 143,76 à la minute ; ce qui donnerait par vingt-quatre heures, en déluisant l'évaporation à 87 par année sur la surface des eaux du canal dans toute sa longueur, la dixième partie environ des eaux du fleuve en ce même moment au Gebel Cilcilly.

Or, comme on peut compter sur au moins cinquante jours de maximum de crue, surtout de la crue artificielle occasionnée au Gebel Cilcilly par le barrage, en ne comptant seulement que quarante jours, on aurait par le canal une recette assez grande pour donner 1 mètre d'eau sur tous les terrains déjà en grande partie inondés par les autres canaux venant directement du fleuve, puisque l'on aurait : $117.901.492 \times 40$, c'est-à-dire 4.716.059.680 mètres cubes d'eau.

Pendant les basses eaux, celles du canal n'ont plus toujours au moyen du batardeau qu'une profondeur de 3 mètres, une section de 180 et une vitesse moyenne de 70 par minute ; ce qui donne une recette en vingt-quatre heures de 18.144.000 ; en déduisant la perte par évaporation calculée comme précédemment, il y aura donc pour l'arrosage des terrains cultivables en produits d'été, comme cannes à sucre, cotons, riz et autres : 18.047.205 mètres cubes.

Dans la Basse-Égypte, il suffirait de donner 16 à 20 mètres cubes d'eau par feddan pour les cultures qui demandent le plus d'eau ; mais dans la Haute-Égypte, à cause de la chaleur et de la sécheresse du sol, qui sont plus considérables parce qu'il se trouve plus élevé au-dessus des infiltrations du fleuve que celui de la Basse-Égypte, nous en donnerons 30, et l'on pourra cultiver séfi 601.573 feddans ; ce qui est un avantage-énorme puisque l'on obtiendra cette eau en faisant simplement des saignées aux berges, tandis qu'aujourd'hui il faut l'élever à 8 et 9 mètres pour arroser pendant l'étiage les terrains à l'abri des inondations.

Ce canal, qui aura des déversoirs établis sur tout son parcours pour distribuer l'eau pendant les crues, et ces déversoirs étant placés à côté des barrages établis sur le canal où il y en aura besoin, à cause de cette disposition et de la vitesse des eaux, ce canal ne sera pas susceptible d'être obstrué ni par les sables ni par les dépôts de limon. Ce qui serait tout à fait le contraire, si l'on voulait, dans la Haute-Égypte, creuser des canaux séfi dans les terrains d'alluvion.

Ces canaux devraient être creusés à leur prise d'eau d'au moins 9^m,50 ; ils doivent être barrés de distance en distance pour élever les eaux en amont de ces barrages et pouvoir arroser les terres, ou empêcher une trop grande quantité d'eau d'y couler, ce qui pourrait compromettre les berges et surinonder les terres s'il se produisait des ruptures. Par conséquent la pente des eaux dans ces canaux, qui pendant l'étiage surtout est minime, permet aux sables et au limon de s'y déposer, et tous les ans il faut toujours les curer en partie à leur prise d'eau, au moins sur une longueur de 20 à 30 kilomètres et sur une épaisseur de 1 à 3 mètres ; ce qui est un travail difficile et coûteux.

Voici un aperçu des dépenses à l'époque où fut fait le projet, à peu près tel qu'il se trouve dans le procès-verbal de la Commission internationale.

Le batardeau 308.054^{me} à 8 fr. le mètre cube.	2.464.432 fr.
Écluses et sas pour le passage. . (Les pierres sont prises	500.000
Écluses de prise d'eau. . . . .(pour le batardeau. .	500.000
Excavation rocher, terre et mur de soutenement, 600.000 à 6 fr. le mètre cube.	3.600.000
Excavation terre, travail obligatoire 61.138.895^{me} à 0,20 le mètre cube.	12.784.719
Excavation pierre friable, graviers.	12.840.000
24 ponts barrages sur le canal, à 150.000 fr. l'un. . .	3.600.000
24 déversoirs du canal sur les terres.	2.400.000
Murs de soutenement à Siout.	200 000
Autres murs de soutenement à différents torrents. .	300.000
Total.	39.189.151 fr.
Somme à valoir 10 p. 100. . . .	3.918.915
Total général.	43.108.066 fr.

Quant à l'excavation du canal, elle se fera par la population agricole, car chacun profite des avantages d'une œuvre semblable ; c'est donc un travail obligatoire rémunéré par les bénéfices que chacun en retirera pour son terrain ; d'ailleurs chacun travaille pour ainsi dire non dans sa province, mais près de son village même.

Le cubage du travail étant de 61.138.895 mètres cubes, c'est un travail facile pour 100.000 hommes en six campagnes de cent jours.

Or, dans la **Haute-Égypte** la population, pendant le temps où commence l'inondation jusqu'à l'époque des semailles, c'est-à-dire de juillet à octobre ou cent vingt jours, n'a pour ainsi dire rien à faire ; car on n'ensemence pas le doura et les cultures d'été comme dans la Basse-Égypte. Puis après les semailles jusqu'à la saison des récoltes qui commencent en avril, la population est encore libre pendant quatre mois et peut fort bien travailler au creusement du canal, puisqu'il est tracé en dehors des terres inondées et cultivées. Le travail, donc, opéré par 100.000 ouvriers est fort léger pour la population de la Haute-Égypte.

Si les bras ne manquaient pas, on pourrait encore acquérir, par les eaux de ce canal, de nouveaux terrains sur les bords du désert, comme en amont de El-Kel, à Esnè, à l'ouest d'Asfoun, à Réségate, Arminte, dans les environs de Farchiout, à Benè-Ali près Monfalout, à Miniet, Behnessè ; mais surtout dans le Fayoum, où l'on peut trouver quelques centaines de mille feddans à cultiver à nouveau : dans les plaines de El-Garac, l'Oua-dée-Reïan, etc.

PROJET POUR RENDRE A LA CULTURE LE LAC MAREOTIS.

Parmi les projets qui furent étudiés pendant le règne de Méhémet-Ali, se trouve aussi celui de rendre à la culture tout le bassin du lac Maréotis, avec un canal de communication de la branche de Damiette à celle de Rosette dans la partie nord du Delta. En voici les détails, quant aux tracés ils se trouvent sur la carte de la Basse-Égypte faite par M. Linant. (Voir la Pl. I).

Le lac Maréotis s'est desséché peu à peu chaque année, et plus promptement encore dans ces derniers temps que précédemment depuis la construction de la voie ferrée, parce que l'on ne laisse plus arriver sur les terres de la province de Béhéré autant d'eau que par le passé pour le lavage des terrains et leur amélioration ; car l'écoulement de ces eaux après l'inondation ne pourrait aujourd'hui se faire dans le lac Maréotis, seul lieu propre à cet écoulement, sans compromettre la sécurité de la voie ferrée. Mais alors, du temps de Méhémet-Ali, le chemin de fer n'existait pas ; nous dirons ici ce qui fut projeté, et nous indiquerons pour l'amélioration des irrigations les additions qu'il faudrait faire, afin d'atteindre le but proposé : celui de rendre à la culture le lac Maréotis.

On sait qu'il n'y a aujourd'hui que quelque peu d'eau provenant des écoulements après l'inondation de la province et les eaux de pluies avec quelques écoulements des rizières des environs du Mahmoudiéh dans la partie qui avoisine Alexandrie, qui viennent alimenter les restes de la cuvette du lac Maréotis, avec un peu d'eau de mer qui y pénètre par la tranchée du Mex.

L'étendue totale des terres incultes que l'on peut considérer comme appartenant au bassin du Mariout et d'une autre partie le long du désert, aux environs de Hoche-Issé, peut être évaluée à 220.000 feddans, et il est déplorable de voir près d'une grande ville comme Alexandrie autant de terrains abandonnés, dont une partie consiste en marais salants. Les eaux qui remplissent le lac proprement dit proviennent des écoulements des eaux qui ont servi à l'inondation des terres de la province et de celles des rizières qui toutes ne peuvent être que nuisibles à la salubrité d'Alexandrie.

Ce n'est pas le dessèchement des terrains du lac qu'il faut opérer, il y en a d'ailleurs fort peu, cela ne servirait à rien, le sous-sol étant formé par une couche saline, on ne pourrait cultiver ; il faut simplement laver ce bas-fonds et le combler avec les eaux et le limon du Nil sans avoir recours au dessèchement.

La superficie occupée par les terrains autrefois cultivés, qui ont été submergés il y a soixante-dix années par les eaux de la mer, est avec la partie qui forme la cuvette du lac de 143.000 feddans faisant partie des 220.000 ; les 76.753 restant ne font point partie de ces deux catégories.

Ces 143.000 feddans se divisent en deux parties distinctes : l'une, la plus élevée au-dessus du niveau de la cuvette, est de 95.628 feddans ou 401.637.600 mètres carrés.

La partie basse, d'une superficie de 47.619 feddans, ou 199.999.800 mètres carrés, est celle où les eaux d'écoulement, les pluies et les infiltrations de la mer par la tranchée de Mex viennent chaque année former les grandes salines du lac Maréotis ou de Mariout.

La première partie, la plus élevée, est facile à rendre à la culture. C'est ce que l'on a déjà tenté plusieurs fois.

Beaucoup de terrains du même genre qui ne produisaient plus rien, et surtout ceux de Simbillaoueïn dans le Cherkiéh ont été rendus à la culture et sont devenus d'excellentes terres en deux années, ou deux crues, par de grands lavages d'eau du Nil exécutés au moyen de canaux qui en apportaient sur les terres, au moment des crues, une grande quantité.

On laisse peu séjourner cette eau sur les terres, puis on la fait écouler pour la remplacer par d'autre; ces eaux chargées de limon servent non-seulement à laver les terres et à dissoudre les sels qui seraient nuisibles à la végétation, mais encore y déposent les troubles si productifs que le Nil charrie.

Pour obtenir ce résultat dans les terrains du lac Maréotis, il faut séparer la superficie du lac et des terrains incultes environnants en deux parties, par une digue qui entourera la plus haute, où les eaux ne forment plus, après les pluies et les inondations, cette couche de sel qui se renouvelle chaque année dans la partie basse.

Il faut d'abord une digue pour empêcher les terrains aujourd'hui cultivés d'être submergés, il faut ensuite surélever la voie ferrée.

Le canal, qui avait son embouchure à Thériéh et qui, en longeant le désert, passait à Chek Issè, arrosait les terres de Hoche-Issè, allait à Rachad, et même jusqu'au Mariout, serait remis en état, et d'ailleurs il servirait encore à la province pour les arrosages.

Ce canal recevrait les eaux des inondations et ne servirait pas pour l'étiage; et pour ne rien changer au régime du canal de Khatatbé, il traverserait ce dernier au moyen d'un syphon, comme cela se pratique dans toute l'Egypte dans de semblables circonstances et comme il en existe déjà un sous le Khatatbé; à l'aide

de ce canal de Thérièh, les eaux arriveront sur la partie la plus
élevée des terrains qu'il s'agit de rendre à la culture, elles les
couvriront d'une couche d'eau suffisante.

Ces terrains étant plus élevés que ceux de l'autre partie du
lac, celle où sont les plaines de sel et la cuvette, les eaux qui
pourront le couvrir en arrivant par le canal de Thérièh, après
être restées quelques jours sur ces terrains, seront déversées
dans l'autre partie plus basse ; et quand, dans cette partie, elles
seront assez élevées pour s'écouler dans la mer, on leur ouvrira
un passage non à Mex où il y en a déjà un, car les troubles apportés de ce côté pourraient nuire au port, mais à Abou Sir,
tout à fait à l'ouest et en dehors de la rade d'Alexandrie.

La partie haute, comme nous l'avons dit, est évaluée à
401.637.600 mètres carrés.

Comme il faut la recouvrir d'une couche d'eau de 0,50 centimètres en moyenne, il faut donc pour cela 200.818.800 mètres
cubes d'eau.

On doit à chaque saison des crues renouveler six fois ces
eaux; il faut donc que le canal puisse apporter ces eaux et qu'il
ait des dimensions convenables pour fournir cette énorme quantité d'eau en six mois, temps pendant lequel les eaux peuvent
couler dans cette partie. Ce serait donc par quinzaine 200.818.800
mètres cubes et en six mois 1.204.912.800 mètres cubes.

La pente du Nil à Thériéh, pendant les hautes eaux, est jusqu'aux terrains hauts du lac de 8 mètres (1) ; la vitesse déduite
de celle que l'on a observée dans le canal actuel est de $0^m,50$
par minute.

Ce canal a une hauteur moyenne d'eau, pendant six mois, de
4 mètres ; un canal, qui aurait une section de 96 mètres, fournirait en six mois une quantité de 1.244.160.000 mètres cubes ;
ce qui est plus que suffisant pour recouvrir six fois ces terrains
d'une couche d'eau de $0^m,50$, et produire, par conséquent, six
lavages dans une saison : ce qui est plus qu'il n'en faut pour les
rendre à la culture dans deux années.

---

(1) Elle est de $11^m,60$ jusqu'à la mer ; le fonds du lac est à $0^m,80$
plus bas que la mer.

Dans la digue qui séparerait la partie haute de la basse, on établirait des déversoirs, permettant aux eaux de couler de l'une dans l'autre, après s'être saturées des sels de la partie supérieure.

L'écoulement des eaux qui auraient inondé le bassin supérieur apporterait déjà dans l'autre une partie des troubles provenant du Nil et du lavage des terrains de ce bassin.

Après les deux années nécessaires pour rendre à la culture ce bassin supérieur, le canal serait entièrement employé pour le bassin inférieur et la cuvette du lac.

La superficie de celle-ci est estimée à 47.619 feddans ou 199 999.800 mètres carrés, dont une partie au niveau de la mer et l'autre à 0^m,80 en contre-bas; ce qui fait une moyenne de 0^m,40 qu'il faudrait remplir. Puis encore autant pour avoir des terrains à 0^m,40 au-dessus de la mer, ce qui est plus que suffisant; car il n'y a pas d'infiltration de la mer à l'intérieur.

Ce serait donc un cubage de 1.599.998.400 mètres cubes de limon qu'il s'agirait de faire apporter par les eaux du Nil.

Il est prouvé, par un grand nombre d'observations, que dans certains lieux bas, pris dans une digue, dans les bassins d'inondation de la Haute-Égypte surtout, il se déposait pendant une crue ordinaire de 0^m,10 à 0^m,50 de limon et même davantage, mais ce sont des cas exceptionnels.

Par d'autres études et expériences nous avons trouvé que par mètre cube d'eau, on n'obtenait qu'un dépôt de 0^m,015 d'épaisseur dans des circonstances favorables; nous prendrons seulement 0^m,01 ou la centième partie du mètre cube.

Le canal apportera, comme nous avons dit, 1.244.160.000 mètres cubes d'eau dans les six mois où il coulera; ce sera donc, selon l'expérience, un apport de 12.441.600 mètres cubes par saison de crue.

Le cubage en limon que nous avons calculé nécessaire pour combler la partie basse, ou le bassin inférieur du lac, étant de 1.599.998.400 mètres cubes, elle serait donc exhaussée au-dessus de la mer de 0^m,40 et parfaitement cultivable en douze ou treize années; mais beaucoup de ses parties seraient rendues à la culture avant ce temps; plus tard, l'écoulement des eaux servant à l'inondation de ces terrains pourra s'écouler facilement à la mer.

On voit donc que par ce moyen les terrains composant ce que l'on nomme le lac de Mariout et ses dépendances peuvent être entièrement rendus à la culture en treize années, et deux années seulement suffiraient pour la partie haute.

Les travaux à exécuter pour cela sont :

	m. cub.
Une digue préservatrice pour les terrains et les jardins le long du Mahmoudiéh, cubage.	62.955
La digue de séparation de la partie haute (bassin supérieur) et de la basse (bassin inférieur).	100.755
La digue formant le bassin supérieur et le séparant des terrains déjà cultivés.	50.320
Le canal de Thériéh à creuser et à élargir.	1.884.045
Total en mètres cubes..	2.098.075

Ce qui représente l'ouvrage de 21.000 hommes à peu près pendant cent jours, et un travail bien minime comparé à ceux que l'on exécute d'ordinaire en Égypte.

Quant aux travaux d'art, tel que :

	francs.
Le déversoir à la mer à Abousir avec vannes; on peut l'estimer à.	25.000
Déversoirs à la digue de séparation des deux bassins supérieur et inférieur.	400.000
Syphon avec vannes sous le canal de Khatatbé	200.000
Total.	625.000

La valeur des terrains serait de cent fois supérieure à celle de la dépense, et les revenus que l'on en obtiendrait par année seraient de plus du quadruple; tout en transformant un terrain aride, un lac malsain, infect, en magnifiques campagnes comme le reste de l'Égypte. C'est ainsi que les désastres occasionnés par la guerre en 1800 seraient entièrement réparés.

Quant aux 76.753 feddans de terrains cultivables situés aux environs de Mariout, de Hoche Issé et dans la province de Béhéré en remontant le long du désert jusqu'au Nil, ils n'attendent que le curage d'anciens canaux existant déjà et des bras pour devenir aussi productifs que toutes les autres terres du Béhéré.

CANAL DE COMMUNICATION
DE LA BRANCHE DE ROSETTE A CELLE DE DAMIETTE.

En 1835, M. Linant présenta au Conseil général des Ponts-et-Chaussées, dont il avait l'honneur d'être président, un projet pour améliorer les transports à Alexandrie des denrées provenant des provinces de Daccaliéh, Bas-Cherkiéh et de la partie nord du Delta.

Il est vrai qu'à cette époque les voies ferrées que possède l'Égypte aujourd'hui n'existaient pas encore ; mais quoiqu'il y ait aujourd'hui une voie de Talkha à Mahallet et à Dessouk, cela n'empêche pas qu'une voie de communication à l'aide de canaux et au nord des voies ferrées serait encore fort utile, surtout si les dépenses pour l'établir devaient être minimes ; la circulation par ces canaux, des produits de bas prix, coûterait moins que par le chemin de fer.

Par exemple, à l'époque dont nous parlons, les barques chargées de riz et de coton qui, des environs de Damiette, de Mansourah, et du côté du Delta où sont Diast, Chirbine et Nabaro devaient se rendre à Alexandrie, étaient obligées de remonter jusqu'à la pointe du Delta et ensuite de descendre la Branche de Rosette pour prendre le canal du Mahmoudiéh. Ce voyage devenait extrêmement long, quelquefois même il durait quarante jonrs ; aussi les transports revenaient-ils fort chers.

Si nous revenons sur ce projet, c'est que nous pensons qu'aujourd'hui encore il y aurait avantage à le mettre à exécution : un pays où les communications sont si faciles à établir par la nature du sol, n'en a jamais trop,

Le canal projeté allait à peu près directement de Diast et Cafr-Batra à la prise d'eau du Bahr Saïdi, au nord de Dessouk, presque à Fouah. On avait pensé que l'établissement d'un tel canal serait beaucoup moins dispendieux qu'une voie ferrée ; l'établissement de la chaussée, pour ce dernier moyen de

---

1) Voir la planche 1.

communication, et les travaux d'art à exécuter pour franchir les canaux devaient entraîner des frais plus considérables, car pour le canal on devait profiter de plusieurs parties de canaux qui se trouvaient déjà creusées.

Le tracé qui va être indiqué était le plus économique, il ne coupait aucun des canaux servant à l'arrosage de la province ; afin d'éviter les travaux d'art, il était établi à la limite extrême des terrains cultivés et les séparait des parties incultes, marécageuses du lac Bourlos ; il formait ainsi une entrave à l'eau des lacs qui quelquefois, lorsqu'ils sont trop pleins et que les vents du nord soufflent avec violence, arrivent jusqu'aux terres ensemencées.

L'entrée de ce canal dans la Branche de Damiette étant à Diast, serait creusée à nouveau au village de Cottamieh, puis par le canal de ce nom qu'il faudrait approprier à ce projet jusqu'au grand canal de Nabaro, conduisant à Cafr Géraîdé, par le pont de Demiré, déversoir du canal de Nabaro.

Plus loin il faudrait approprier le canal à la navigation jusqu'à Cafr Geraïdé.

De Cafr Geraïdé, il se rendrait à Bialé et au déversoir de Tiréh. De Bialé à Ebichan on profiterait d'un ancien canal, et à ce point on voit un pont servant de déversoir vers les terres incultes du Berriéh.

Ensuite on gagnait le pont El-Homar, qui est le déversoir du canal de Cafr Chek.

Dans ce parcours on profitait de plusieurs parties de digues et de canaux, qui indiquent la ligne de démarcation des terres cultivées et de celles qui ne le sont pas.

Du pont de El-Homar à celui de Necherté, le canal devra être creusé à nouveau, quoique l'on profite aussi des mêmes circonstances que dans la distance précédente.

De Necherté au pont de Sanhour autre déversoir, ce sera un nouveau canal à faire.

Enfin il en est de même du déversoir de Sanhour au Bahr El Saïdi.

Ce canal serait d'une longueur totale de 77 kilomètres, et les travaux de terrassements seraient de 3.500.000 mètres cubes.

A l'entrée au Bahr **Saïdi** et à Diast, il faudrait établir deux sas éclusés pour le passage des barques dans toutes les saisons, plus deux déversoirs et des modifications aux anciens; ce qui ne peut coûter moins de 2.000.000 fr. en total.

Le tracé de ce canal ainsi conçu, le place en amont, mais il rencontre tous les déversoirs des canaux vers les terres incultes qui environnent le lac Bourlos, et les eaux de ces canaux, au lieu de se déverser inutilement dans le Berriéh, seront celles qui alimenteront le canal sur tout son parcours, sans nuire en rien aux irrigations.

Dans cette partie du Delta les eaux ont une petite profondeur, et on les aura avec l'écoulement des canaux d'arrosages toujours au moins au niveau des terrains ; les déversoirs serviront pour en laisser écouler le trop plein.

Les deux extrémités de ce canal sont presque de niveau, à deux décimètres près; il présentera donc un long bief pour ainsi dire sans autre courant que celui qui ira momentanément tantôt d'un côté, tantôt de l'autre avec bien peu de vitesse, soit qu'il reçoive l'eau d'un autre canal, soit qu'il laisse échapper par un de ses déversoirs le trop plein de ses eaux.

Ce canal qui serait alimenté par les eaux des canaux d'écoulement des provinces, qui ne sont plus chargées de limon, puisqu'elles l'ont déjà déposé sur les terrains de leur parcours, ne recevrait que de l'eau claire, et par conséquent ne se comblerait pas facilement.

De plus, se trouvant éloigné des prises d'eau des canaux alimentaires qui arrivent jusqu'à lui à cause de la différence de niveau qui existe du canal projeté à la prise d'eau des autres, il pourrait être alimenté à 3 mètres même au dessus du sol où on le creuserait, et par conséquent être fait en remblais ; ce qui n'aurait d'ailleurs aucun avantage.

La berge de ce canal servira de défense contre les eaux des marais de la partie sud du lac Bourlos, et en même temps sa berge et ses cavaliers présenteront une ligne de défense et une route stratégique très-fortes ; ce sera donc une ligne de fortifications qui ira de la Branche de Damiette à celle de Rosette, comme l'est le Mahmoudiéh d'Alexandrie pour la Branche de

Rosette, pouvant annuler facilement une expédition débarquant sur les côtes, et empêcher qu'elle puisse s'interner en laissant à droite et à gauche les forts de la Bouche de Rosette, ceux de Diamette et de Bourlos. Sur une ligne de défense semblable il est facile, avec peu de troupes mobiles, d'empêcher une invasion de ce côté.

PROJETS POUR RENDRE LE KHALIG DU CAIRE CANAL SÉFI, ET POUR EFFECTUER UNE DISTRIBUTION D'EAU.

Une des plus grandes préoccupations de Méhémet-Ali fut de fournir de l'eau à la ville du Caire, et bien des projets avaient été conçus et étudiés dans ce but, avant d'en venir à celui d'une distribution d'eau bien entendue sur une grande échelle; parce que l'on ne permettait pas alors les grandes dépenses en machines et en matériel, comme cela fut accordé plus tard.

Nous parlerons ici de plusieurs projets, et de celui de la grande distribution d'eau qui fut fait en 1849.

Du moment où l'on eut déjà fait des canaux séfi, c'est-à-dire donnant de l'eau pendant l'étiage, on pensa d'abord à creuser le Khalig du Caire assez profondément pour y avoir de l'eau courante toute l'année, ce qui aurait servi encore à arroser les terrains au nord du Caire; mais il se présenta plusieurs obstacles à ce projet.

Le bras du fleuve, où le Canal du Caire a sa prise d'eau et qui forme l'île de Rhoda, se trouvait souvent entièrement à sec pendant l'étiage; il aurait donc fallu d'abord creuser ce bras très-souvent ensablé sur une assez grande longueur.

Les fondations des édifices qui sont sur les deux côtés du Khalig, les ponts, maisons, mosquées, etc., n'ont pas leurs fondations assez profondément établies pour la profondeur où devrait être creusé le canal, et tout s'écroulerait si l'on excavait plus bas.

On pensa aussi à établir des machines élévatoires à la prise d'eau du canal; mais tous les égouts des mosquées, des maisons, qui viennent aboutir dans le Khalig, en auraient fait un égout infect toute l'année.

On pensa alors à faire un égout collecteur au milieu du Khalig, où les eaux pendant les crues auraient passé et entraîné toutes les immondices, puis, sur cet égout, un canal en maçonnerie où les eaux élevées par des machines auraient coulé, et où la population serait venue puiser l'eau pour sa consommation soit à des bassins, soit à des fontaines.

C'eût été sans doute une amélioration, mais ce n'était pas encore ce qu'il fallait, d'autant plus que le Khalig n'a que douze à quinze mètres de largeur environ, et qu'avec ces dimensions on ne pouvait en faire une grande voie de circulation.

Alors on pensa à une autre combinaison, toujours parce que l'on reculait devant les dépenses d'une grande et vraie distribution d'eau pour la ville.

On pensa à creuser un canal qui aurait sa prise d'eau assez loin au-dessus du Caire pour que, à l'étiage, avec la pente qui existe, en venant tomber dans le Khalig, il pût être alimenté sans être creusé plus bas que ne le permettaient les fondations qui se trouvaient sur ses rives.

Comme la pente du Nil au-dessus du Caire est d'environ $0^m,059$ par kilomètre, en prenant la prise d'eau du canal un peu au-dessus du village de Kérématte, là où l'on voit un rocher sur la berge, on aurait eu une pente assez grande pour que les eaux conduites par ce canal pussent arriver à la prise d'eau du Khalig, en lui donnant une nappe d'eau de deux mètres au-dessus de l'étiage.

Dans ce but, on creusa à Kérématte une nouvelle prise d'eau pour le canal de Cherg Atféh; celui-ci fut aussi creusé plus profondément et élargi. Plusieurs canaux devant servir pour celui que l'on projetait furent également creusés jusqu'à Eter-el-Nabè.

On avait projeté de faire passer ce canal dans les décombres de l'ancienne ville de Fostat ou Vieux-Caire; et aussi on avait pensé de le conduire par derrière la Citadelle, pour qu'un de ses embranchements vînt déverser dans le Khalig, au nord du Caire; mais le rocher étant à la cote de $54^m,78$ plus haut que l'étiage du Nil au Mékias, on ne pouvait penser à ouvrir sur ce point une tranchée pour y faire passer un canal.

Le travail du creusement du canal alimentaire pour le Khalig fut alors abandonné.

En 1849, S. A. Abas-Pacha voulut que l'on travaillât enfin à la distribution d'eau pour la ville du Caire; il voulait un grand embranchement allant à son palais de l'Abasciéh. M. Linant-Bey fut chargé de ce projet.

On commença les nivellements et les plans des rues où les conduites principales devaient passer; les repères furent placés partout.

Le projet était de placer à l'aqueduc, au Vieux-Caire, des machines à vapeur élevant les eaux à la hauteur de l'aqueduc qui, étant réparé, pouvait parfaitement alors servir de conduite jusqu'à la place de Caramédan où auraient été placés les filtres et le grand bassin de distributiou, ayant pour fondation le rocher même.

Pour monter l'eau de cet endroit à la Citadelle, la hauteur étant de 64^m jusqu'à la place du jardin du palais de Méhémet-Ali, on employait une petite machine proportionnée à la quantité d'eau à fournir à la Citadelle.

Du bassin de distribution placé à Caramédan dérivaient toutes les autres conduites des différents quartiers du Caire.

Le plan général était fait lorsque MM. Lambert-Bey et Boudsot, ingénieurs civils, furent adjoints à M. Linant-Bey, et l'on s'occupa alors des détails. Déjà S. A. Abas-Pacha avait voulu faire venir un tiers de la fourniture des tuyaux dont M. Linant-Bey lui donna l'état, 1er septembre 1850; le projet entier se montait à 3.669.334 francs.

Plus tard, M. Lambert-Bey étant retourné en France, et M. Linant-Bey étant en inspection dans les provinces, ce fut M. Boudsot qui seul fut chargé de continuer les études des détails de la distribution des eaux dans la ville du Caire; mais bientôt cette grande affaire fut abandonnée sans avoir eu d'autre résultat que l'étude d'un projet, des relevés de rues où l'on plaça un grand nombre de repères de nivellements, et des détails de constructions avec études de machines.

Lorsque Saïd-Pacha parvint au pouvoir, on lui parla encore de la distribution d'eau dans la ville du Caire; il autorisa, par l'entremise de M. Sabatier, M. Cordier à lui faire un nouveau projet. Naturellement Saïd-Pacha permit à M. Linant-Bey de communiquer tout ce qui avait été fait par lui ou sous sa direction à M. Cordier, afin de lui faciliter ses travaux ; et d'ailleurs M. Sabatier, en envoyant M. Cordier près de M. Linant-Bey pour cette affaire, lui demandait, par sa lettre du 14 juin 1856, qu'il voulût bien consentir à communiquer à M. Cordier tous ses travaux et ses projets et à lui en faciliter l'exécution, choses que M. Linant-Bey ne manqua pas de faire avec le désintéressement qu'il a toujours mis en ces sortes d'affaires.

M. Cordier établit donc son projet et noua cette affaire avec Saïd-Pacha. On commença plus tard les travaux préparatoires : il se forma une Compagnie, qui vient d'être refondue, mais il faut espérer que bientôt enfin nous verrons la réalisation de ce grand projet, qui a peu varié depuis celui qui fut pour la première fois commencé par M. Linant. (Voir *Distribution d'eau pour le Caire*, chapitre V.)

BASSINS, RÉSERVOIRS DANS LA HAUTE-ÉGYPTE.

Comme ses prédécesseurs, Méhémet-Ali chercha des moyens d'irrigation nouveaux pour l'Égypte ; lui qui, pour ainsi dire, fut le créateur des canaux séfi, et par conséquent des cultures faites à l'aide d'irrigation, comme celles des cotons, du riz, etc. dont nous avons parlé, fut impressionné de ce qu'on lui raconta de l'ancien lac Mœris : il demanda à ses ingénieurs de lui faire des bassins dans la Haute-Égypte qui pussent être remplis pendant les crues, et contenir une assez grande quantité d'eau pour qu'ensuite pendant les basses eaux elle pût servir à arroser les terrains en la laissant simplement écouler.

On répondit à Méhémet-Ali que pour établir des réservoirs de ce genre, il fallait d'abord trouver un lieu et un terrain pro-

pice,comme on avait anciennement choisi avec tant de discernement celui du lac Mœris, ce qui était difficile.

Creuser un réservoir de manière à ce que les eaux pussent
s'écouler par un canal dans des terrains inférieurs plus éloignés, c'était chose praticable, avec la pente que les terrains
ont du sud au nord : mais on devait craindre que les eaux de
ce réservoir ne vinssent à filtrer dans les terres perméables du sol
au fur et à mesure que le Nil baisserait, et alors, malgré l'étendue du bassin, on n'aurait pu obtenir que peu d'eau,à moins de
rendre imperméable l'extérieur de ce réservoir.

Si au contraire le réservoir était formé par des digues au-dessus du sol, on pouvait arroser immédiatement les terrains environnants ; mais alors les infiltrations seraient plus grandes, et
il faudrait pour les empêcher exécuter de grands travaux qui
deviendraient considérables si on les faisait sur une échelle
convenable.

Un feddan ensemencé pendant l'été en cultures riches a besoin, en vingt-quatre heures, pour son arrosage, de 16 à 24 mètres cubes d'eau (1), ce qui est prouvé par bien des expériences ; ainsi, pour cet arrosage, durant quatre mois de mai à fin
juillet, ou cent vingt jours, il faudrait par feddan 120×20 terme
moyen, ou 2.400 mètres cubes ; en donnant au réservoir une
couche d'eau de 3 mètres, ce serait pour l'eau nécessaire à un
feddan 800 mètres de surface.

Il faut ajouter à cela les quantités d'eau pour l'évaporation,
ce qui pour le temps où le réservoir ne recevrait pas d'eau
d'alimentation, au moins six mois, ferait une hauteur d'eau de
$1^m,080$ pour une eau stagnante, ou $0^m,009$ par jour selon les
expériences suivies de trois années.

Pour les infiltrations qui auron toujours lieu, puisqu'on ne
peut penser à faire un réservoir semblable en maçonnerie, nous
compterons encore la moitié ou $0^m,504$.

Il faudra donc par feddan à arroser une surface de 800 mètres, à une hauteur de $4^m,62$.

---

(1) Pour les sucres, dans la Haute-Égypte, il faut compter jusqu'à
30 mètres cubes au moins.

Ainsi en voulant arroser séfi seulement 10.000 feddans, il faudrait un réservoir de 8.000.000 de mètres de surface ou de 1905 feddans, ou un réservoir de 2828^m,50 de côté.

Ces résultats firent que l'idée de construction des réservoirs fut abandonnée.

Pourtant il y a en Égypte plusieurs exemples encore existants de semblables réservoirs ; traditions vivantes et anciennes du lac Mœris.

Dans le Fayoum, par exemple, ce que l'on nomme Tacsim-el-Mia à Médinet est un bassin de distribution d'eau apportée par le Bahr Joussef pour tous les canaux qui arrosent la province : les Khasnés ou réservoirs de Tamiéh, Mahsara, Metartarès, Garac et tant d'autres ne sont que des petits lacs Mœris ou réservoirs comme en aurait désiré en grand le Vice-Roi Méhémet-Ali ; et dans la Basse-Égypte le Malagat Diesci, qui fournissait pendant l'étiage de l'eau au Mahmoudiéh, est bien un réservoir de ce genre, mais la localité y prêtait, comme aussi pour les Khasnés du Fayoum.

DÉMOLITION DES PYRAMIDES POUR FOURNIR DES PIERRES A LA CONSTRUCTION DES BARRAGES.

En Égypte on veut que les choses une fois décidées se fassent comme par enchantement ; quand on désire, il faut que cela soit exécuté coûte que coûte ; tous les moyens sont bons pourvu que l'on fasse vite ; que le travail désiré soit bien confectionné et durable, ce n'est pas là le but, il faut avant tout que l'on puisse jouir vite, et tout doit être sacrifié à cela.

Quand Méhémet-Ali eut une fois décidé la construction des barrages à la pointe du Delta, il s'agissait, même avant que le projet fût bien étudié, l'emplacement de ces barrages bien décidé, de préparer les matériaux et surtout les pierres de taille, quoique l'on eût encore beaucoup à faire avant d'arriver au moment de se servir de ces pierres.

Méhémet-Ali, préoccupé de ces barrages, et les désirant avec ardeur comme tout ce qu'il désirait, soit de son propre mouvement, soit à l'instigation de quelqu'un, dit à M. Linant qu'il fallait démolir les Pyramides de Gizèh pour en prendre les pierres, qui serviraient à la construction des barrages.

M. Linant réfléchit à cette déplorable proposition; connaissant le pays et les hommes qui étaient aux affaires, il pensa que s'il faisait une seule observation ou s'il se refusait à un acte de vandalisme semblable, il y aurait immédiatement quelqu'un qui se présenterait pour mettre à exécution l'idée malheureuse de Méhémet-Ali, et qu'il était possible même que l'on fît remplir de poudre une Pyramide et que pour aller plus vite en besogne on cherchât à la faire sauter. Au lieu donc de faire la moindre objection, M. Linant demanda qu'on lui permît d'aller sur les lieux pour faire son projet de démolition.

Une commission composée des ministres des Affaires étrangères, des Travaux publics et de l'Instruction publique alla avec lui aux Pyramides.

M. Linant dressa consciencieusement le projet de démolition des Pyramides, bien persuadé qu'il était que lorsque l'on en viendrait à la comparaison des dépenses que cette exploitation occasionnerait, avec celle des carrières, ce serait tout à l'avantage de ces dernières.

Dans le rapport qui fut fait, il fit remarquer que dans les trois Pyramides il y avait plusieurs qualités de pierres, selon les carrières de Torah où elles avaient été exploitées, que dans la plus grande étaient les meilleures, tandis que dans les deux autres les pierres étaient mélangées, surtout dans la petite; celle-ci, dans le cas même où toutes les pierres eussent été de bonne qualité, n'aurait pas suffi à la construction du barrage, puisque cette Pyramide ne cubait que 195.000 mètres cubes et que pour les barrages il en fallait 450.899.

Si l'on empruntait seulement à cette Pyramide les pierres de grandes dimensions, en demandant les autres aux carrières, les travaux qu'il fallait exécuter pour l'exploitation de ces pierres de grandes dimensions nécessitaient des dépenses trop grandes, et le prix de revient du mètre cube de pierre devenait beaucoup trop élevé.

Ce fut donc à la grande Pyramide que l'on appliqua le projet d'extraction de matériaux; les pierres, il est vrai, étaient de plus grandes dimensions que celles qui étaient nécessaires pour le projet des barrages, mais cela pouvait être facilement changé; d'ailleurs toutes les pierres en général devaient être retouchées.

La grande Pyramide ayant un cube de 2.620.000 mètres, en supposant un tiers des pierres de mauvaise qualité, on en avait encore quatre fois plus qu'il n'en fallait.

Il fallait faire une rampe en sable avec murs de soutènement en pierres sèches, depuis le pied de la pyramide jusqu'à la plaine, sur une longueur de 1.000 mètres au moins.

De ce point un canal de navigation était creusé jusqu'au Nil vis-à-vis des barrages à Rahawé; ce canal avait une longueur de 30 kilomètres. L'alimentation de ce canal était faite par un canal de moindres dimensions ayant sa prise d'eau à Gerzè, afin qu'étant creusé plus bas que l'étiage, il pût alimenter toute l'année celui qui conduisait des pyramides aux barrages; ce dernier canal avait 60 kilomètres de longueur, mais en outre qu'il devait servir pour l'exploitation des pierres des pyramides, il devait aussi, avec le précédent, servir à l'irrigation des terres de la province de Gizèh, puisque l'on aurait de l'eau toute l'année, et depuis les Pyramides jusqu'aux barrages on pouvait arroser, sans être obligé d'élever les eaux, seulement par de simples saignées aux berges.

A Rahawé devait être un barrage avec une écluse pour retenir les eaux dans le canal, et permettre aux barques chargées de pierres de passer du bief du canal dans le Nil.

Les travaux préparatoires de terrassements étaient :

Pour le canal de navigation. . . . . 6.240.000 mèt. cub.
Pour celui d'alimentation. 2.912.000
Pour la rampe. 2.916.666

Dépenses de ces travaux :

		Piastres égyptiennes.
Canal de navigation.	3.432.000	
Canal alimentaire.	1.601.600	6.637.767
Rampe.	1.604.167	
Le sas éclusé.	1.200.000	
Pont barrage à la prise d'eau.	450.000	1.650.000

Pour la démolition de la Pyramide, on étageait des grues de distance en distance, descendant chacune les pierres d'une hauteur égale.

On divisait le travail en trois époques, c'est-à-dire que l'on enlevait d'abord le sommet dans une campagne, jusqu'à concurrence de 32 mètres de hauteur à partir de ce sommet; on enlevait dans cette première période, par jour, 480 pierres.

Ces pierres, ainsi descendues d'un étage à l'autre, arrivaient à la rampe et, mises sur des bigues de bois glissant sur d'autres, arrivaient au lieu de l'embarquement.

A mesure que l'on descendait, la quantité de pierres exploitées augmentait, et le prix de revient de chacune diminuait.

Enfin, sans entrer dans plus de détails sur ce projet, qui fut étudié minutieusement pourtant, il suffira de dire que pour les frais des travaux préparatoires et ceux des instruments il fallait dépenser à cette époque :

	Piastres égyptiennes.
Terrassements.	6.637.767
Travaux d'art.	1.650.000
Travaux, première époque..	579.797
— seconde —	2.293.838
— troisième —	1.613.420
— quatrième —	2.626.386
Total.	15.401.208

Si l'on ne travaillait que pendant la première période, ce qui aurait donné un nombre de 28.800 pierres de taille, elles auraient coûté environ six fois plus que celles prises aux carrières.

Une fois l'installation de la démolition faite, il aurait mieux valu prendre toutes les espèces de pierres de la Pyramide, et alors la valeur moyenne de toutes les quatre époques différentes de la démolition, pour le mètre cube de pierre rendu aux barrages, revenait encore à 10 piastres 20 paras le mètre cube, en prenant 1.288.551 mètres cubes.

En exploitant les carrières, avec une bonne organisation, aux prix où des entrepreneurs donnaient la pierre, on pouvait avoir à cette époque la pierre à 8 piastres 35 paras le mètre cube.

Aussi, quand on présenta à Méhémet-Ali le résumé du projet

de démolition de la Pyramide, on ne lui parla pas de l'exploitation des carrières ; mais naturellement il demanda ce que la pierre coûtait aux environs, et quand on le lui fit savoir, il dit lui-même : mais alors il vaut donc mieux la prendre aux carrières qu'aux Pyramides, d'autant plus que je ne serai pas obligé de faire venir là une quantité d'hommes qui peuvent être occupés ailleurs ; et cette malheureuse affaire se termina fort heureusement ainsi.

M. Mimaut à cette époque était consul-général de France en Égypte, et se trouvait à Alexandrie ; la poste était fort mal servie ; chacun, pour son propre compte, envoyait des courriers exprès à pied ; on mettait huit, dix et douze jours pour avoir une réponse d'Alexandrie à une lettre écrite du Caire, et encore davantage pendant les crues. M. Mimaut entendit donc dire que le vice-roi avait décidé la démolition de la grande Pyramide, dans le but d'avoir des pierres pour faire les barrages, et que M. Linant était chargé de ce travail : M. Mimaut était écrivain, un peu poète, il écrivit à ce sujet une fort jolie lettre dans les journaux contre le vandalisme de celui qui ordonnait et de celui qui exécutait de telles démolitions ; heureusement que les faits vinrent détruire l'opinion que la lettre avait pu faire naître.

FABRIQUES
DE FILATURE DE COTON A ÉTABLIR DANS LES CATARACTES.

Lorsque les filatures de coton commençaient à être en décadence et que l'on se fut aperçu que ces filatures n'avaient pour force motrice que des manéges à chevaux et à bœufs ; quand on vit que les métiers se détérioraient par le climat, la poussière, le manque de surveillance surtout ; que toutes les fabriques n'occasionnaient que des dépenses et que l'égyptien, fort peu industriel, ne prenait pas goût à ces innovations, faites peut être un peu trop arbitrairement, Méhémet-Ali pensa, je crois, ou peut-être bien cela lui fut-il insinué, à faire établir des fabriques de filature de coton aux cataractes d'Assouan même, où elles auraient pour moteur la chute des eaux et se trouveraient en présence d'une atmosphère moins chargée de poussière.

C'est en 1843 qu'il manifesta cette intention, et ce qui se passa alors est trop curieux pour ne pas être consigné ici, puisque cela a rapport aux Travaux publics faits ou seulement projetés sous Méhémet-Ali.

Cette même année, vers le mois de septembre, le gouverneur du Soudan (il faut bien le dire ici, quoique cela ait l'air de n'avoir aucun rapport avec l'affaire dont nous voulons parler), était en très-mauvais termes avec Méhémet-Ali, et il se conduisait de manière à faire craindre de sa part une révolte ouverte.

Un soir le Consul général de France, qui était alors M. le marquis de La Valette, se trouvait chez le Vice-Roi ; celui-ci dit au consul : « Savez-vous ce que je vais faire, je suis très-content des bons et loyaux services de M. Linant, et pour le « récompenser je veux le rendre le plus riche des fonctionnaires, « il va venir avec moi dans la Haute-Égypte, à Assouan, il « choisira l'endroit convenable dans les cataractes pour y établir une filature de coton, je la lui ferai construire et je la lui « donnerai en toute propriété pour lui et sa famille, avec tous « les terrains d'Assouan pour y planter du coton. » Ceci est officiel, avec preuves à l'appui.

M. Linant fut donc avec Méhémet-Ali dans la Haute-Égypte, jusqu'à Esné et de là à Assouan, pour étudier l'établissement des fabrique de filature de coton dans les cataractes. Sur toute la route Méhémet-Ali donna des ordres aux gouverneurs des provinces pour que l'on préparât les matériaux : briques, chaux, etc., nécessaires à la construction de ces fabriques et pour prendre des mesures afin de les transporter sur les lieux.

Le rapport que M. Linant fit à Méhémet-Ali, au bout de quelques jours, fut en résumé ceci :

Il est certainement possible d'établir des usines dans les cataractes, mais il faut beaucoup de travaux, de temps et d'argent.

En établissant un coursier de l'amont à l'aval des cataractes. on peut avoir une chute d'eau de 5^m,85 pendant l'étiage, qui diminuera proportionnellement à l'élévation des eaux du fleuve pendant les crues, jusqu'au moment de l'inondation où elle sera énormément diminuée.

En supposant que les eaux fussent retenues par un barrage, en bas des cataractes, on pourrait alors à ce barrage, avec la recette des eaux et au moyen de la chute obtenue, disposer d'une force de 135.408 chevaux. Avec cette même chute on aurait pendant les hautes eaux une force motrice de 9.879.402 chevaux, ce qui n'est pas pratique.

Aujourd'hui cette grande chute, qui existe à la condition d'être centralisée, est divisée en tant de petites chutes secondaires ou plutôt de rapides que cette force, quoique existant en théorie, n'est pas disposée de manière à pouvoir être employée.

Sans faire de grands travaux pendant l'étiage, la chute, que l'on peut obtenir au passage que le Vice-Roi a fait creuser, n'est que d'environ un mètre ; c'est dans une île bien peu propice pour l'établissement d'une manufacture, et d'ailleurs dans l'état actuel au moment des crues la chute diminue et finit par devenir seulement un fort courant. Cette irrégularité des hauteurs d'eau, qui varie de 10 à 11 mètres, de l'étiage au maximum des crues, est une grande difficulté pour établir des roues hydrauliques comme moteurs, les turbines seules pourraient peut-être être employées.

Toutes les espèces de roues pouvant être employées sont connues, et pour toutes les différentes hauteurs d'eau dont nous venons de parler, elles sont un sujet d'appréhension de bonne réussite.

Le seul moyen régulier et certain est celui d'établir de l'amont à l'aval de la cataracte ou d'une des chutes un petit canal latéral, à la prise d'eau duquel on établirait un barrage quelconque pour élever les eaux et les faire entrer dans le canal latéral ou coursier pendant les basses eaux ; et au moyen de vannes on n'y laisserait passer que la quantité d'eau nécessaire pendant les crues ; la grande masse de cette eau passerait par dessus le barrage sans inconvénient, et ce serait là le moyen de faire marcher régulièrement des moteurs hydrauliques pour des usines quelconque.

Sans former de barrage et faisant seulement un canal latéral

pour avoir à son extrémité d'aval une chute de 3 mètres avec
une pente indispensable dans ce canal creusé à sa prise d'eau
en contre-bas des étiages, il faudrait lui donner une longueur
de 50 kilomètres, ce qui est un travail considérable ; de plus, ce
canal devrait être creusé dans la roche, qui est en partie du
granit, et ensuite il faudrait le maintenir dans des parois en
maçonneries aux berges, cela occasionnerait un déblai de plus
de 12 mètres de profondeur à la prise d'eau et en total plusieurs
centaines de mille mètres cubes dans le rocher et les terres ;
puis enfin ce canal ou coursier serait tous les ans en partie comblé à sa prise d'eau par les sables et les graviers apportés par
les crues.

Les cataractes, quoique propices à première vue pour l'éta -
blissement d'usines hydrauliques, seraient certainement, à part
les chutes d'eau, des lieux très-mal choisis, car elles se trouvent
à l'extrémité de l'Égypte, loin des centres de population et des
terrains productifs ; la matière première, tous les matériaux
devraient être apportés de la Basse-Égypte et rapportés ensuite,
après avoir été confectionnés, dans la contrée d'où ils seraient
venus.

Le lieu ne serait donc pas bien choisi, et des usines seraient
beaucoup mieux placées aux barrages qui existent déjà sur les
grands canaux de la Basse-Égypte, comme à Zagazig, Mahallet,
Rahbeïn, etc., etc., ou bien au Gebel Gilcilly, si le Vice-Roi
donnait suite au projet du canal du Gebel Gilcilly.

Cette affaire n'alla pas plus loin ; les fabriques ne se firent
pas et la fortune de M. Linant en resta là ; car ceci n'était qu'un
prétexte pour faire un voyage à Assouan, à cause de la conduite
du gouverneur du Soudan, qui, du reste, mourut des fièvres
avant le retour au Caire de Méhémet-Ali.

KHALIG ZAFFRANNE.

Quand Méhémet-Ali fit creuser tant de canaux, il voulut en
faire un destiné à remplacer, en grande partie, celui nommé le

Khalig du Caire qui a sa prise d'eau au Vieux-Caire, près de l'aqueduc, et qui traverse la ville ; on devait l'élargir et établir une prise d'eau à Boulak, près Casr-el-Nil. Les eaux de ce canal devaient, en suivant à peu près l'ancien canal de Trajan et le cours des eaux de celui du Caire, alimenter les irrigations jusqu'à l'Ouadée Toumilat et même aller plus loin jusqu'à Salhiéh et au lac Menzaléh ; c'eût été un très-beau canal. Dans plusieurs parties il fut creusé presque assez profondément ; les ponts-barrages sur son parcours et à la prise d'eau furent aussi établis ; mais le canal ne fonctionnait pas, parce qu'il n'avait pas été terminé, et beaucoup de parties même étaient comblées.

En 1838, Méhémet-Ali voulut que l'on reprît ce travail du creusement du canal Zaffranne ; il confia ce travail à M. Linant, qui était alors Chef de la division des Ponts-et-Chaussées au Ministère des Travaux publics ; et pour l'exécution du travail matériel on accorda toutes les troupes disponibles, ce qui se montait à plus de 20.000 hommes sous la surveillance du ministre de la guerre, Méhémet-Pacha Monasterli.

Avant l'arrivée de la crue ce canal ne put être entièrement creusé aux profondeurs voulues pour avoir de l'eau pendant l'étiage, et alors Méhémet-Ali défendit d'y laisser entrer les eaux du Nil pendant la crue ; il craignait qu'il ne fût en partie comblé et il avait l'intention de ne faire servir ce canal que pendant les étiages et de le fermer pendant les hautes eaux du fleuve. Ceci pouvait se faire sans inconvénient : les provinces de Calioubiéh et de Cherkiéh n'ayant nullement besoin alors, pas plus qu'aujourd'hui, de ce canal pour leur irrigation pendant l'inondation, et d'ailleurs, on fit creuser deux petits canaux latéraux bien moins profondément que le Khalig Zaffranne, pour servir pendant les crues ; c'est encore, à peu de chose près, l'état dans lequel se trouvent aujourd'hui ces canaux.

Le canal Khalig Zaffranne, depuis sa prise d'eau à Casr-el-Nil jusqu'à une distance de 20 kilomètres, n'était pas creusé suffisamment et même il avait été en partie comblé par l'écoulement des eaux d'autres canaux qui se déversaient dans son lit ; il n'était pas utile pour l'irrigation des provinces et n'était tributaire d'aucun des terrains qu'il traversait dans sa longueur ;

c'est pour toutes ces raisons que dans l'avant-projet du Canal de Suez il était désigné pour devenir le canal d'eau douce, dit aujourd'hui Ismaïliéh, portant les eaux du Nil à Suez; il se trouvait tracé sur la carte faite par M. Linant et reproduite dans l'avant-projet, qui a servi aux discussions et décisions de la Commission internationale·

L'étude de ce Canal d'eau douce ainsi que le tracé furent faits par M. Linant et approuvés par M. Conrad, membre de la Commission internationale et délégué pour inspecter ce travail.

Le Canal d'eau douce dans le projet primitif se confondait toujours avec le Khalig Zaffranne jusqu'à Kafr Hamza, et de là il allait joindre la lisière du désert pour être entièrement en dehors des terres cultivées ; il allait traverser l'ouadée à Abascé pour continuer vers Ismaïliéh, qui n'existait pas ; mais vers l'est.près du lac Timsah à Abou Balah, il se bifurquait avant d'y arriver, pour avoir une dérivation vers Suez.

Le projet du canal d'après ce tracé était divisé en différents biefs.

Pendant les hautes eaux, il était rempli pour pouvoir arroser non-seulement les terres de la Compagnie, mais encore d'autres terrains aussi, placés sur son parcours, si la Compagnie y consentait, et ainsi divisé il offrait une parfaite sécurité.

Dans les basses eaux, comme d'après l'avant-projet et les décisions de la Commission internationale il devait être creusé seulement jusqu'à l'étiage, il était alimenté à la profondeur de 2 mètres d'eau sur son plafond au moyen de machines à vapeur.

Plus tard les ingénieurs de la Compagnie décidèrent que le Canal d'eau douce serait entièrement à cours libre sur toute sa longueur, sans biefs, et seulement avec des écluses à Ismaïliéh pour la communication avec le Canal maritime, et une seconde écluse à Suez pour la communication avec la mer Rouge. Ils décidèrent aussi que le canal serait creusé de manière à avoir sa prise d'eau à 2 mètres en contre-bas des plus grands étiages, et à maintenir cette profondeur sur tout le parcours du canal à cours libre ; puis. pendant les crues, à n'avoir que 1m,50 d'eau en plus que les eaux d'étiage. en bâtissant un barrage régulateur où il y aurait une retenue d'eau de 7 mètres environ avec écluse pour le passage des barques.

Avant que l'on eût reçu les eaux dans le canal de l'Ouadée, qui venait de Zagazig et les portait à Ismaïliéh et à Suez, autrement que par les canaux qui servaient à l'arrosage de la province pendant l'étiage, déjà même les ingénieurs du canal de Suez avaient reconnu que la **partie** du Canal d'eau douce qui allait d'Ismaïliéh à Suez ne pouvait être d'un régime convenable sans le partage en biefs comme dans le premier projet, et ils le divisèrent par des écluses. Il faut encore dire ici que les eaux alors n'avaient que la moitié de la pente qu'elles auraient en faisant la prise d'eau à Casr-el-Nil.

On commença la prise d'eau à Casr-el-Nil d'après les modifications apportées au projet primitif.

Si l'on avait persisté à faire le canal sur le projet modifié, tous les terrains que la Compagnie devait posséder en principe avant l'arbitrage de l'Empereur n'auraient pu être arrosés pendant les inondations avec assez d'eau, et le Gouvernement égyptien reprenant le Canal d'eau douce ne pouvait plus faire jouir tous les terrains riverains du canal, depuis la porte du Caire jusqu'à l'Ouadée, de tous les avantages de pouvoir être arrosés par inondation pendant les crues.

Enfin, aujourd'hui on a abandonné l'idée malheureuse d'un canal à cours libre, pour revenir entièrement au tracé primitif de M. Linant, au projet des différents biefs qu'il a indiqué ; mais seulement avec la modification de creuser le canal à 2 mètres plus bas que l'étiage au lieu de l'alimenter comme le Mahmoudiéh au moyen de machines, en ne le creusant que jusqu'à l'étiage, et pour faciliter son curage. Nous souhaitons que ce ne soit pas seulement une étude, et que l'on ne décide pas plus tard de revenir complétement au premier projet approuvé par la Commission internationale.

HISTOIRE DES BARRAGES DU NIL, A LA TÊTE DU DELTA.

D'après la conformation du sol de la Basse-Égypte, on a toujours dû penser pour faciliter les irrigations à construire des canaux ayant leur prise d'eau dans la Branche de Damiette pour arroser le Delta, par la raison, que j'ai déjà fait connaître, de la tendance des eaux à couler de cette Branche vers celle de Rosette. On a dû également songer à établir sur ces canaux servant à l'irrigation des terres, des barrages en maçonnerie, ce qui a été exécuté en partie ; et dans les lieux où il ne s'en trouve pas encore aujourd'hui on fait ces barrages en terre et fascinages sur le cours de ces canaux, afin de retenir les eaux et de les élever au niveau des terres qu'il s'agit d'irriguer soit à droite, soit à gauche de ces murs-barrages.

Méhémet-Ali avait remarqué que, bien que le Pharaoniéh fût fermé depuis un bon nombre d'années, les eaux diminuaient encore dans la Branche de Damiette et que celles de la Branche de Rosette au contraire augmentaient ; la communication par le Pharaoniéh, il est vrai, ne détournait plus d'eau, mais il y en avait une autre qui l'avait remplacée plus haut : c'était le passage commençant au-dessous de Chalagan, passant devant Derawé et se dirigeant vers la Branche de Rosette. La tête du Delta était alors à la pointe sud de l'île de Chalagan, où sont aujourd'hui la forteresse Calaat-Saïdiéh et les Barrages.

Méhémet-Ali eut donc l'idée de faire dans le Nil un grand batardeau, épi ou chaussée en pierres en enrochement pour rejeter les eaux dans la Branche de Damiette au détriment de celle de Rosette.

Avant lui un autre grand homme avait indiqué la nécessité d'un semblable travail, qui d'ailleurs devait venir à l'idée de tout ingénieur connaissant la Basse-Égypte, le régime du fleuve, le terrain et les besoins des arrosages.

Napoléon Ier étant en Égypte aurait dit : *Un jour viendra où l'on entreprendra un travail d'établissement de digues barrant les Branches de Damiette et de Rosette au Ventre de la Vache, ce qui, moyennant des batardeaux, permettra de laisser passer suc-*

cessivement toutes les eaux du Nil dans une branche ou dans l'autre et de doubler ainsi l'inondation.

Je suis loin, en citant ces paroles, de vouloir enlever à Méhémet-Ali la grande idée, confuse il est vrai chez lui, de la conception des Barrages ; car certainement Méhémet-Ali ne savait pas ce que Napoléon Ier avait dit de ce travail, et c'est seulement pour faire voir que souvent cette idée a dû venir à l'esprit des personnes qui en sentaient l'avantage sans la comprendre clairement.

Quoi qu'il en soit, à la fin de 1833, Méhémet-Ali, ayant été conseillé ou bien l'idée lui étant venue spontanément, ordonna de fermer la Branche de Rosette à Corateïn, et déjà l'on avait commencé à porter les pierres, lorsque M. Linant, qui était alors Ingénieur en chef de la Haute-Égypte, fut appelé au Caire ; il était occupé aux études d'un canal qui, ayant sa prise d'eau au Gebel Gilcilly, devait, en coulant le long du désert libyque et au moyen d'un batardeau sur le Nil au Gébel-Gilcilly, fournir des eaux pour compléter les inondations pendant les crues dans toutes les provinces jusqu'au Fayoum et même plus au nord, et qui, de plus, devait fournir dans toute cette étendue l'eau nécessaire aux irrigations des riches cultures d'été pendant l'étiage.

Méhémet-Ali, en voyant M. Linant, lui dit ces paroles : « Linant, savez-vous ce que je vais faire ? je veux barrer le Nil à « la Branche de Rosette pour rejeter les eaux dans celle de Da-« miette, afin de pouvoir en donner davantage cet été dans les « canaux Séfi qui, comme vous le savez, ont tous leur prise « d'eau dans cette branche, qu'en pensez-vous ?

M. Linant dit à Son Altesse : En barrant complétement la Branche de Rosette, on peut faire une chose dangereuse à cause des perturbations que cela pourrait occasionner dans le régime du fleuve, et quand cela serait fait on aurait certainement davantage d'eau dans la Branche de Damiette pour alimenter les canaux Séfi ; d'ailleurs que ce n'était pas le manque d'eau dans le fleuve qui empêchait les canaux Séfi d'en avoir, c'est qu'elles n'étaient pas assez élevées dans le lit du fleuve pour entrer largement dans des canaux, ou bien que ceux-ci n'étaient pas assez profondément creusés : que si l'on rejetait toutes les eaux dans la Branche de Damiette au détriment de l'autre, on aurait certainement au premier moment une surélévation des eaux, mais que bientôt les eaux approfondiraient leur lit, les terrains étant très meubles, le lit du fleuve s'élargirait et les eaux reprendraient leur pente première. Puis en faisant cela, le canal de Khatatbé n'aurait plus d'eau pour arroser la province de Béhéré, la navigation pour la Branche de Rosette n'aurait plus lieu, pas plus que celle du canal Mahmoudiéh, et Alexandrie n'aurait plus assez d'eau pendant l'étiage.

Méhémet-Ali écouta attentivement, puis dit : Mais alors comment faut-il le faire ?

Il faut, reprit M. Linant, faire sur les deux branches du fleuve deux barrages qui pourraient s'ouvrir et se fermer à volonté, pour laisser passer selon les besoins une plus grande quantité d'eau dans une branche ou dans l'autre, et laisser un libre cours aux eaux pendant les inondations.

Très-bien, dit Méhémet-Ali, je comprends; allez alors immédiatement au Grand-Conseil que préside Ibrahim-Pacha, et donnez la note des matériaux afin qu'on les réunisse de suite.

Tout ceci a vraiment l'air d'une plaisanterie; et si bien des personnes qui ont vécu en Égypte et qui y ont eu des affaires, ne pouvaient chacune citer des faits de ce genre, on pourrait craindre de ne pas être cru; mais c'est la vérité vraie, et en écrivant l'histoire des Barrages, il faut dire tout ce qui s'est passé à leur sujet, l'on aura ainsi une idée des hommes et des faits du pays.

D'ailleurs, il faut bien faire savoir à ceux qui plus tard sont venus travailler en Égypte et qui ont trouvé tout préparé, combien il a d'abord été difficile et laborieux de créer quelque chose dans ces premiers temps d'aspiration de l'ignorance vers la civilisation.

Fort surpris et embarrassé d'un ordre tel que celui qu'il venait de recevoir, M. Linant se rendit pourtant près de S. A. Ibrahim-Pacha; là était réuni tout le nouveau Conseil d'État, composé des grands cheiks des provinces que l'on faisait gouverner à la place des Turcs, ce qui ne dura pas longtemps. Ils étaient à peu près ce que sont les nawabs ou députés d'aujourd'hui.

M. Linant se présenta donc à ce conseil, où il fut tellement pressé par tout le monde de faire connaître le matériel dont il avait besoin, que pour s'en débarrasser séance tenante il donna un chiffre quelconque, et basé sur bien peu de chose, pour les pierres de taille, le moellon et la chaux; c'était tout ce que l'on pensait nécessaire, et il dit que plus tard il compléterait sa demande.

Sur sa réquisition, on nomma une Commission pour examiner la grande question des Barrages et poser les bases d'un projet; M. Linant ne voulait pas prendre à la légère une aussi grande responsabilité, dans si peu de temps et sans études préalables.

On embarqua toute la Commission sur des barques avec force provisions, et pendant un mois on resta sur le Nil. Il est vraiment trop curieux de connaître en partie ce qui se passa pendant cette promenade d'une Commission scientifique en Égypte, pour ne pas la rapporter.

La Commission était composée de :

ATHEM-BEY, général d'artillerie ;

EMIN-EFFENDI, architecte en chef ;

CHAKIR-EFFENDI, homme de confiance du Vice-Roi, ayant été batelier, n'ayant pas de spécialité, intrigant, se mêlant de tout ;

SOLIMAN-EFFENDI, ingénieur en chef du Delta ;

AHMED-BAROUDI, ingénieur en chef de Cherkiéh ;

ABDEL-WAHAB, ingénieur en chef de Calioubiéh et Gizéh ;

MOUSTAFA-RASÈM, directeur de l'École des ingénieurs ;

M. GALLOWAY, ingénieur mécanicien anglais ;

M. WALLES fils, ingénieur anglais ;

M. HÉKÉKYAN, ayant fait ses études en Angleterre ;

M. LAMBERT, ingénieur des mines en France ;

M. HOART,
M. BRUNEAU, \} commandants d'artillerie en France ;

M. LAMBERT, ingénieur des mines.

On se rendit d'abord à Ménaché, où l'on transportait des pierres depuis longtemps selon le projet de Son Altesse ; on fut à Dégoué dans la Branche de Damiette ; on fit quelques opérations insignifiantes ; on revint à la pointe du Delta et à Chalagan, où eurent lieu les premières discussions. Tous les soirs, pendant que Chakir-Effendi et Emin-Effendi s'occupaient de bien traiter les membres de la Commission, car ils étaient chargés de la table, on discutait le grand projet qui était le but de la Commission, et souvent on passait ainsi une grande partie de la nuit.

Pendant cette tournée, il se forma deux camps, ayant chacun une opinion différente.

L'un était composé de MM. Galloway, Walles, Hékékyan, qui, s'étant fixés sur la base de leur projet, se rendirent au Caire pour l'élaborer.

Le reste de la Commission était de l'avis de M. Linant, et resta encore quelques jours pour étudier un peu les localités.

Alors on revint au Caire pour dresser un aperçu d'un avant-projet, qui ne formula réellement que des idées plus ou moins vagues.

Le projet de ces messieurs était de faire, à Dégoué sur la Branche de Damiette, et à Béné Salame sur celle de Rosette, un barrage permanent ou plutôt un batardeau en travers du lit du fleuve et le construisant à une hauteur que l'on calculerait, afin par conséquent d'élever en même temps les eaux du fleuve qui couleraient par-dessus ce batardeau ; et alors en amont de ce batardeau seraient les prises des canaux d'irrigation, qui n'auraient besoin d'être creusées que jusqu'à la couche d'eau passant sur le batardeau à la hauteur calculée. Pendant les crues toutes les eaux devaient passer par-dessus le batardeau, seulement il y aurait eu de chaque côté de ce batardeau une grande arche fermée pendant les basses eaux et ouverte dans le temps des crues ; puis enfin un pont de passage d'une construction quelconque sur le batardeau.

L'étude de ce projet n'avait pas encore été faite sérieusement ; mais à première vue on pensa qu'il serait difficile d'élever, au moyen de ces batardeaux, les eaux à la hauteur nécessaire pour les irrigations qui se faisaient par les canaux pendant l'étiage, sans que ces batardeaux n'élevassent trop les eaux des crues, et par conséquent sans faire courir de grands dangers ou sans qu'on fût dans l'obligation d'exécuter de grands travaux d'encaissement au-dessus du niveau des berges du fleuve. On pensa aussi que ces simples batardeaux ne présentaient ni assez de sécurité, ni assez de facilité pour diriger sûrement les eaux ; car étant placés sur les deux branches si éloignées de la tête du Delta, il était difficile de rejeter à volonté plus d'eau dans une branche que dans l'autre. Tous les terrains qui se trouvaient depuis la pointe du Delta jusqu'à l'emplacement des batardeaux ne jouiraient pas, d'ailleurs, des avantages de ces travaux comme s'ils étaient en aval.

Le projet contraire à celui-ci était de faire le plus près possible de la tête du Delta, qui était alors à Derrawé, où se trouvait le passage d'une branche à l'autre, un barrage sur chacune des branches ; l'un sur celle de Rosette à Kafr-Mansour, l'autre aux environs de Derrawé en aval, parce que là le Nil faisait des coudes propres au projet.

Les barrages devaient être construits de manière à ce qu'en les fermant on pût faire monter les eaux à un niveau voulu, pour les faire entrer pendant l'étiage dans trois canaux ayant leur prise d'eau en amont des barrages, un à l'est de la Branche de Damiette pour les provinces de Calioubiéh, Charkiéh et Daccaliéh, l'autre à l'ouest de la Branche de Rosette pour la province de Béhéré, et le troisième entre les deux barrages pour les provinces de Menoufiéh et Garbiéh. On faisait des sas éclusés pour le passage des barques, et des barrages à la prise d'eau de chacun des trois canaux pour y régler les recettes d'eau et le passage des barques.

Il était encore impossible d'établir rien de positif sur le débouché à donner à chacun des barrages sur la hauteur du radier, sur celle des piles, sur rien absolument ; puisque l'on n'avait encore aucune donnée, aucun document, aucune observation sur les eaux ni sur le terrain, pas plus pour établir un projet que pour en étudier un autre.

Les idées de M. Linant et celles du projet contraire furent examinées en Grand-Conseil, où il y eut des scènes vraiment fort curieuses, extrêmement agitées, entre les trois membres soutenant leur plan de batardeau et ceux soutenant celui des barrages éclusés.

Comme on était au Ramadan, mois de jeûne où l'on veille la nuit qui est remplacée par le jour, on passa au Grand-Conseil bien des nuits en discussions, je dirai même en disputes; le Conseil soutenait le projet de M. Linant qui, ennuyé de tout cela, ne cherchait même pas à lutter, car, nouvellement au service, il ne pensait pas être assez fort et comptait retourner à son poste d'ingénieur de la Haute-Égypte, lorsque, malgré bien des intrigues, mais soutenu par le Conseil, le Vice-Roi le nomma, sur la demande de tous les ingénieurs de la Basse-Égypte, leur chef comme il l'était pour ceux de la Haute, et lui donna en même temps la direction supérieure des travaux des barrages, parce qu'il lui convenait mieux qu'un autre, disait-il.

Alors, M. Linant se mit sérieusement à étudier ce grand projet, et il déclara au Vice-Roi que, tout en travaillant matériellement aux premiers travaux d'installation, ce ne serait que dans une année qu'il pourrait lui remettre le projet complet avec les plans.

M. Linant fut s'installer à l'endroit choisi pour la construction des Barrages, et il commença ses opérations sur le fleuve et sur la levée des plans du terrain. A peine y était-il, que, immédiatement, il lui arriva 1.200 ouvriers sans outils et sans pain : il n'avait encore pour ainsi dire rien arrêté, cependant il fallait bien faire faire quelque chose à ces hommes. Il détermina le lieu des fondations, et il eut le bonheur de bien choisir au premier coup d'œil, ce qui plus tard fut vérifié et n'exigea aucun changement; seulement quant aux dimensions on ne pouvait encore les connaître d'une manière certaine. On mit les manœuvres à l'ouvrage et, *c'est à la lettre*, ils travaillèrent d'abord en partie *avec leurs mains* sans instruments; on doit penser que le travail produit par de tels moyens était peu de chose.

Comme les ouvriers n'avaient pas de pain, M. Linant fit arrêter les barques qui passaient sur le Nil chargées de blé; il mit à réquisition les moulins des villages environnants ainsi que les fours, et bientôt les ouvriers eurent à manger.

Les ouvriers n'avaient rien pour se loger : on commença à faire des briques crues et l'on construisit de grands hangars en forme de casernes; on établit un hôpital, un service médical;

enfin on construisit peu à peu des magasins, des ateliers, des forges; des instruments arrivèrent du Caire, des petits tombereaux, des brouettes, etc. Les ateliers reçurent pour les charpentiers, menuisiers, forgerons, serruriers, tailleurs de pierres, etc., des chefs et quelques ouvriers européens. On acheta des bœufs, des ânes pour les tombereaux. M. Linant commença à faire exploiter régulièrement les carrières de Torah; un chemin de fer fut établi dans ce but depuis la montagne jusqu'au Nil.

Les ouvriers furent organisés par bataillons et compagnies et, au bout de six mois, les travaux commencèrent à marcher régulièrement; les ateliers fonctionnaient, les magasins se remplissaient de matériaux et les pierres arrivaient en quantité. On apportait des briques de tous les côtés, on en fabriquait à une briqueterie établie au village de Goreis; elle était assez importante parce que dans ce lieu on en fabriquait déjà, ainsi que de la poterie, et que la terre y était meilleure qu'aux barrages mêmes; l'endroit était d'autant plus propice que, près de Goreis, il existe un monticule de décombres qui fournit les terres nitreuses nécessaires pour faire les briques. Elles étaient destinées non seulement pour bâtir, mais encore pour faire la pouzzolane artificielle dont on se sert en Égypte depuis toute antiquité pour confectionner d'excellent ciment, et que M. Linant voulait aussi employer (1).

Quelques jours après avoir reçu les 1.200 ouvriers, on avait également envoyé à M. Linant l'École entière des ingénieurs, afin qu'il la dirigeât sur les lieux des travaux mêmes; il dut pourvoir encore à la nourriture de tout ce personnel pendant plusieurs jours, puisque l'École arrivait sans vivres, sans tentes pour se loger, et qu'il n'y avait pas encore une seule petite construction au barrage.

----

(1) Quand plus tard Mougel-Bey prit la direction des travaux des Barrages, il retrouva ces briques et même de la brique pilée pour faire du ciment; ensuite, dans ses réclamations envers le gouvernement, il demanda une somme pour avoir découvert une mine de pouzzolane artificielle qui, disait-il, était devenue une source de richesse pour l'Égypte.

On commença, et l'on construisit promptement une école et quelques maisons; enfin, vers le commencement de l'année, en février, tout commençait à marcher activement; mais les entraves et les intrigues ne manquèrent pas.

Le Vice-Roi avait placé comme *nazers* (administrateurs) sur les travaux du Barrage de la Branche de Rosette, l'ancien ministre de la guerre, Mahmoud-Bey, et sur la Branche de Damiette, Soliman-Aga, l'ancien domestique de Méhémet-Ali, et plus tard son capitaine d'armes, Sélahdar. Le premier était un homme comme il faut, grand seigneur et sérieux; l'autre était un soldat indiscipliné, un pillard, une tête à l'envers; et voici, pour le faire connaître, deux petites anecdotes qui montreront son caractère et la manière dont on vivait à cette époque, en 1834 et 1835, en Égypte.

M. Linant, visitant les travaux qui consistaient à creuser une grande fosse où devait être construit le Barrage de la Branche de Damiette, et où était le nazer Soliman-Aga, allait à cheval en compagnie de cet homme, lorsqu'il se précipita avec son cheval sur une pauvre femme qui portait sur sa tête le dîner et des provisions pour son mari; la femme fut culbutée et le cheval allait lui passer sur le corps, la malheureuse était enceinte. M. Linant saisit le cheval de Soliman par la bride, l'entraîna malgré les cris et les menaces de ce furieux qui vociférait, disant avoir affaire à une voleuse, accusation absolument fausse, et ce fut lorsqu'il l'eut mené violemment au loin qu'il lui déclara que jamais, en sa présence, il ne permettrait à qui que ce soit de commettre des actes de barbarie semblables.

Un autre jour, M. Linant et Soliman-Aga étaient dans la même tente à l'heure de midi, où tous les ouvriers mangeaient et se reposaient en plein soleil au milieu de l'excavation: le nazer, sans aucun motif que la rage qu'il avait au cœur de se trouver remplir, lui si riche, si puissant, une fonction inférieure, loin de sa belle maison du Caire, prit son fusil et tira au milieu de tous les ouvriers dont un fut tué et d'autres blessés. M. Linant, indigné d'une sauvagerie aussi féroce, se précipita sur Soliman-Aga qui allait recharger son arme, la lui arracha et la jeta dehors où elle se cassa. Soliman-Aga, exaspéré, sauta sur son sabre, M. Linant en fit autant; et on ne sait ce qui se serait passé, si Mahmoud-Bey ne fut intervenu au moment où les deux adversaires se tenaient déjà par la barbe.

Le lendemain, M. Linant revint sur les travaux, mais il s'était rasé; Mahmoud-Bey lui demanda pourquoi; il répondit que c'était parce que les mains impures de Soliman-Aga, ici présent, avaient touché sa barbe; Soliman-Aga enrageait de ne pouvoir en faire autant, quoique ce fût une main chrétienne qui eût tiré la sienne. Enfin, ce dernier dit : Vous ne me connaissez donc pas, Linant-Effendi, que vous me traitez ainsi ? Au contraire, c'est parce que je vous connais que je l'ai fait, et je sais aussi que vous êtes un des principaux et des plus anciens serviteurs de Méhémet-Ali. Quoi, ajouta-t-il, vous savez cela? et il sauta au cou de Linant en l'embrassant et en disant que la paix était faite.

Tels étaient les fous avec lesquels il fallait travailler.

Peu de temps après Soliman-Aga reçut l'ordre de retourner chez lui; mais en partant il emmena plusieurs barques chargées de bois, des outres, des soufflets de forges, du fer, etc., provenant des magasins, sachant bien que Méhémet-Ali se tairait.

Il y eut aussi une grosse affaire au sujet de dragues.

Méhémet-Ali étant allé à Candie, y vit des dragues du plus ancien système qui fonctionnaient pour curer l'entrée du port; c'était des dragueuses consistant en une grande roue dans laquelle des galériens marchaient pour mettre l'axe en mouvement; cette roue servait de treuil sur lequel s'enroulait un câble au bout duquel était amarré un peigne en fer de grande dimension, et derrière un large filet faisant poche que l'on allait jeter en mer avec un bateau et que l'on ramenait plein de vase à terre au moyen de la roue.

Méhémet-Ali fit construire deux de ces dragues et les envoya au canal de Moëze pour en curer la prise d'eau; il envoya M. Linant pour voir comment elles fonctionnaient : quoique ces machines ne fussent pas bonnes, elles rendaient pourtant dans cette localité de petits services, telle fut la réponse de M. Linant.

Cela fut-il exactement rapporté ou d'une autre façon ? le fait est que le vice-roi se mit dans la tête de faire cadeau de cent de ces machines à M. Linant pour excaver ses fondations. Effectivement, M. de Cérisy les fit construire à l'arsenal d'Alexandrie, et elles arrivèrent au Barrage sans qu'on en prévînt M. Linant d'aucune manière.

On ne pouvait se servir de ces énormes appareils dans une excavation ayant 100 mètres de large, 400 et 600 de longueur, et une profondeur de 7 mètres avant d'arriver à l'eau ; d'autant plus qu'il n'y avait pas encore d'eau et que quand il y en aurait le temps de battre les palplanches serait arrivé, et alors les dragues n'auraient plus la place nécessaire pour fonctionner.

Mais Chakir-Effendi et un capitaine de marine, qui étaient venus pour faire manœuvrer les dragues, ne trouvant pas leur compte à les laisser chômer, eurent la bonne idée de remplir les fondations du Barrage de Damiette avec des sakiéhs, afin de faire travailler les dragues. M. Linant eut beau protester contre une semblable absurdité, le Vice-Roi le voulait ; il se fâcha, chassa le capitaine à coups de bâton, et l'on fut bien forcé de suspendre le travail de ces dragues inutiles, absurdes, dont on n'aurait jamais dû consentir à diriger la construction.

Peu après, comme on avait besoin de curer quelques canaux, on prit toutes ces dragues, M. Linant ayant dit qu'elles étaient bonnes pour ce travail ; et c'est à grand'peine qu'il put obtenir d'en conserver quatre pour s'en servir en guise de grues à débarquer des pierres.

Dans la fourniture des matériaux, on avait demandé un grand nombre de pièces de bois, pour faire des palplanches, ce qui était un peu embarrassant. Un renégat, copte d'origine, dit à Son Altesse que l'on n'avait pas besoin de bois tout à fait droits comme des tuyaux de pipe pour ces travaux, et qu'en Égypte même on trouverait ce qu'il fallait ; que d'ailleurs on pouvait faire des palplanches en quatre ou cinq morceaux.

Un soir, on envoya chercher M. Linant, qui arriva à onze heures chez le Vice-Roi ; on alluma alors des torches et, le Vice-Roi en tête, on alla parcourir les forêts du palais de Choubra, plantées depuis dix ans d'arbres épineux : mimosas, acacias, mûriers, sycomores, etc., regardant chaque arbre, mais ne trouvant des pièces droites que d'un mètre, au plus, et de 20 centimètres de diamètre. Le Vice-Roi ordonna alors de faire un pieu de plusieurs pièces, ce que M. Linant fit exécuter pour faire voir l'absurdité d'une semblable chose.

Le pilot fut fait rond de 20 centimètres de diamètre, ajusté en quatre morceaux, on ne peut mieux, et cerclé en fer; il avait 6 mètres de longueur et coûtait de main-d'œuvre 250 francs. Lorsqu'il fut terminé, sans rien dire le Vice-Roi le fit prendre, fit apporter une sonnette à tiraudet fort légère et on alla commencer l'opération, dont par le plus grand des hasards M. Linant put devenir le témoin. On avait à peine enfoncé le pieu d'un pied dans la terre molle du bord du Nil, qu'alors le Vice-Roi et toute la cour regardèrent M. Linant d'un air triomphant et moqueur, lui qui voulait avoir des bois tout droits et d'une seule pièce. M. Linant dit avec beaucoup de sang-froid que cela allait fort bien, mais qu'il priait Son Altesse de vouloir bien faire enfoncer le pilot au moins de 2 mètres; car sans cela il ne pouvait servir et qu'ainsi ce serait une expérience concluante; mais qu'il craignait que le pilot n'éclatât bientôt avant d'être beaucoup plus enfoncé. Ceci piqua le Vice-Roi, qui ordonna lui-même de frapper fort; hélas! après quatre coups de mouton, le pilot, à peine enfoncé de deux pieds, fut rompu et sauta en éclats. Son Altesse sourit et se retira; toute la cour avec le copte renégat s'en alla en disant : nous, d'abord, nous ne sommes pas ingénieurs, nous ne connaissons rien à cela; et ils se consolèrent ainsi de leur échec.

M. Linant voulait établir une bonne chose : c'était de créer deux régiments d'ouvriers avec des ingénieurs, des conducteurs, des piqueurs, pour former le corps des officiers. Ces deux régiments eussent servi, pour conduire non-seulement les grandes quantités d'ouvriers qui venaient des provinces au Barrage, mais encore les travailleurs sur tous les travaux du pays. Ce projet, soumis au Grand-Conseil, fut approuvé après avoir été examiné consciencieusement; des ordres furent même donnés; mais un intrigant, un des plus mauvais sujets de l'Égypte, un autre copte renégat, Abdelrahman-Bey, dit au Vice-Roi que par cette organisation tout ce que l'on cherchait, puisque les

ingénieurs allaient être officiers dans ces deux régiments et
même colonels, c'était de faire nommer général M. Linant. Il
n'en fallut pas davantage pour annuler cette bonne affaire; on
voit que Méhémet-Ali était aussi fort impressionnable à l'endroit
des propos de ceux qui l'entouraient.

Enfin, en février 1835, les travaux, qui allaient fort bien,
furent énormément ralentis par force majeure : ce fut la peste,
qui sévit avec intensité et décima tous les ouvriers du Barrage, comme la population dans toute l'Égypte. Les ouvriers
manœuvres des villages furent renvoyés chez eux, et il ne resta
bientôt plus que ceux des ateliers et ceux qui étaient absolument indispensables; beaucoup d'ingénieurs et de contre-maîtres
européens succombèrent à ce fléau, et pendant quatre longs
mois ce ne fut que cris de mourants et enterrements.

Cependant ces quatre mois ne furent point tout à fait perdus, ils servirent à compléter et terminer les projets des Barrages.

Lorsque Méhémet-Ali chargea M. Linant de la direction de
ces travaux, il y avait au Caire des Saint-Simoniens et leur
père Enfantin. Méhémet-Ali, qui, comme tout le monde, connaissait le mérite de plusieurs d'entre eux, après avoir fait
l'honneur à M. Linant de le consulter, engagea plusieurs de ces
messieurs à se rendre au Barrage pour le seconder; le père Enfantin avec M. Lambert furent des premiers; mais les circon
stances firent qu'ils ne restèrent pas longtemps avec M. Linant:
le premier partit pour un voyage à Thèbes, le second, ayant été
employé par le Vice-Roi comme ingénieur des mines, partit pour
aller dans le désert de la Haute-Égypte reconnaître les mines du
pays. Ceux qui restèrent furent les capitaines d'artillerie Bruneau et Hoart. D'autres furent employés comme médecins, etc.

Ce fut grâce à ces deux messieurs, qui secondèrent de leur
mieux M. Linant, qu'il put présenter plus tôt, dans le mois de
juillet 1835, à Son Altesse Méhémet-Ali les plans, calculs, projets,
devis, etc. des Barrages, qui consistaient en :

Une carte hydrographique de la Basse-Égypte déjà dressée
par M. Linant pendant les années 1824 à 1835;

Un plan topographique de la tête du Delta;

Un plan général de l'ensemble des travaux ;

Un plan d'un barrage, Branche de Rosette ;

Une élévation ;

Une coupe ;

Un plan du déversoir ;

Une élévation ;

Une coupe ;

Un plan du canal de navigation éclusée ;

Deux coupes ;

Les mêmes pour la Branche de Damiette ;

Dix feuilles de plans de détails ;

Vingt plans de machines nécessaires ;

Un plan de pont de passage en fer ;

Un plan de pont de passage en pierre ;

Un plan de pont de passage en bois ;

Les métrés ; les devis de chaque partie ;

Un mémoire sur l'organisation et la marche des travaux ;

Un mémoire sur les recettes des eaux et leur distribution dans les provinces par le système des Barrages ;

Un mémoire sur les différents calculs relatifs aux Barrages.

Le Vice-Roi examina le tout sans y comprendre beaucoup, et dans son entourage plusieurs personnes, qui n'avaient, comme il y en a partout, pour se soutenir d'autre mérite que celui de faire la critique des autres ne pouvant rien faire par elles-mêmes, critiquèrent le projet sans aucune raison et sans pouvoir rien formuler de sérieux.

M. Linant leur ferma la bouche en disant au Vice-Roi qu'il lui demandait comme faveur d'envoyer son projet en France au Conseil des Ponts-et-Chaussés pour y être examiné, ou bien à une Commission compétente ; que de cette manière il aurait plus de pouvoir, étant approuvé, et Son Altesse plus de sécurité. Méhémet-Ali refusa en disant que cela n'était point nécessaire, qu'il avait choisi pour diriger ce grand travail M. Linant parce qu'il lui convenait, qu'il s'en rapportait à lui, que si la chose réussissait ce serait tant mieux, que dans le cas contraire ce serait tant pis pour lui, qui aurait jeté quelques milliers de bourses dans le Nil ; plusieurs fois M. Linant étant revenu sur cela. Son

Altesse lui disait toujours non, ou bien que, quand le travail serait terminé, on enverrait les plans.

Après cette présentation des projets, quoique la peste fût pour ainsi dire disparue, les travaux allèrent toujours en diminuant ; les ateliers seuls travaillaient.

On ne pouvait deviner pourquoi Son Altesse, qui dans l'origine avait entrepris avec tant d'activité ce grand travail, le laissait pour ainsi dire chômer. On avait, il est vrai, des guerres, des affaires en Syrie, peut-être d'autres raisons encore : des embarras politiques. On ne porta plus de matériaux et même M. Linant, qui n'avait pour ainsi dire plus rien à faire aux Barrages, fut appelé en 1837 au Ministère des Travaux publics et de l'Instruction publique pour y diriger la division des travaux publics.

A cette époque Méhémet-Ali voulut que l'on examinât la question des Barrages, sur des observations d'un certain Joussef-Aga, ingénieur du génie et polonais de naissance, qu'Ibrahim-Pacha avait connu en Syrie.

On nomma, sur la demande M. Linant, une Commission composée de seize membres, ingénieurs et membres du Ministère des Travaux publics.

L'ordre du Vice-Roi est assez significatif et assez curieux pour être rapporté ici, puisqu'il semble dire que les Barrages sont inutiles.

Nous rapporterons également ici le rapport de la Commission quoiqu'il soit un peu long, mais il donnera d'ailleurs une idée du projet du Barrage et de son utilité.

« La Commission nommée par Son Exc. le ministre des « Travaux publics conformément à l'ordre de Son Altesse le Vice-« Roi en date du 11 Rabiakher 1254, composée de (viennent les « noms qui se trouvent à la fin), s'est réunie le 19 du même « mois sous la présidence du Ministre.

« L'ordre de Son Altesse porte : Ayant creusé cette année le « canal du Khatatbé (séli, 1), il y aura cette année beaucoup

---

1) Les canaux séli sont ceux que l'on creuse plus bas que l'étiage, afin de donner des cultures d'été ; *séli*, en arabe, veut dire *d'été*.

« d'eau dans la province. L'année prochaine on creusera aussi
« dans la même province de Béhéré le canal d'Abou-Diab, et
« par conséquent on aura par ces deux canaux suffisamment
« d'eau pour les arrosages .

« Dans le Charkiéh et le Daccaliéh, Abdelrahman-Bey (1) a
« fait curer presque tous les canaux séfi nécessaires à cette pro-
« vince.

« Pour le Garbiéh, avec les canaux qui existent et les canaux
« que l'on y fera, on aura aussi assez d'eau dans cette pro-
« vince.

« On voit donc par là qu'il n'y avait que la province de Ca-
« lioubiéh pour laquelle les travaux du barrage du Nil pour-
« raient être nécessaires ; mais avec les canaux que l'on va
« faire aussi dans le Calioubiéh, à quoi alors les barrages
« serviraient-ils ? et dans le cas où l'on viendrait à les exécuter,
« quels seraient les avantages comparés aux dépenses de leur
« construction (2).

« La Commission, après avoir examiné ces différentes ques-
« tions, a reconnu :

« Pour les canaux déjà creusés ou qui doivent l'être séfi dans
« les provinces de Béhéré, Garbiéh, Charkiéh et Daccaliéh, le
« creusement séfi est à recommencer tous les ans, parce que ces
« canaux servant à la fois pour l'irrigation et l'inondation (3)
« se comblent très-vite à cause des barrages établis sur ces dif-
« férents canaux, afin de retenir les eaux, de les faire s'élever
« et d'arroser facilement les terres dans toutes les saisons ;
« d'ailleurs ce creusement séfi et les barrages n'éviteraient pas
« l'emploi des sakiéhs et des chadoufs pendant les basses eaux
« jusqu'à 18 ou 20 lieues de leur prise d'eau dans le Nil, et il
« n'y aurait donc à cette distance qu'une très-petite partie des

---

(1) C'est le nom d'un copte renégat gouverneur de cette province.

(2) Comment concevoir une lettre semblable de Méhémet-Ali, après
l'empressement fougueux qu'il avait mis à commencer les travaux et
ce qu'il dit quand on lui présenta les plans.

(3) Irrigation, arrosage pendant l'étiage ; inondation pendant les
crues.

« terrains qui pourrait être arrosée par de simples saignées aux
« berges pendant les basses eaux.

« D'ailleurs dans les cas, qui malheureusement peuvent être
« fréquents, comme cette année et les précédentes, les canaux
« séfi se comblant et ne pouvant être curés dans l'année même
« et tous à la fois, restent à sec et ne donnent plus d'eau du Nil.

« On peut citer comme exemple : le Nanakiéh, le Sersawé, le
« Bagouriéh, Bahr Chibine, qui cette année sont tout à fait à
« sec ; et par conséquent le système de ces canaux séfi étant
« même complété, ne peut être considéré comme suffisamment
« bon pour les provinces sus-nommées.

« Que relativement à la province de Calioubiéh les canaux
« séfi, lors mêmes qu'ils seraient achevés, seraient également
« insuffisants pour les raisons exposées plus haut ; et que de
« plus dans le Calioubiéh ces canaux ne pourraient servir à
« l'arrosage qu'en élevant les eaux à une grande hauteur, au
« moyen de sakiéhs ou autres machines, parce que toutes les
« terres de cette province traversées par ces canaux se trou-
« vent à une distance trop rapprochée des prises d'eau.

« Il est bon d'observer aussi que la plus grande partie du
« Menoufiéh est dans une position plus désavantageuse que le
« Calioubiéh pour l'emploi des canaux séfi ; car, dans cette
« partie, l'arrosage ne peut se faire que par le moyen des
« machines élévatoires : sakiéhs, chadoufs ou autres.

« Par conséquent, l'emploi seul des canaux séfi, pour ces di-
« verses provinces et principalement pour celles de Calioubiéh
« et Menoufiéh, ne peut suffire à tous les besoins d'irrigation,
« quelque multiplié que soit le nombre de ces canaux ; ce qui
« s'explique d'ailleurs, parce que ces canaux ne peuvent que
« prendre l'eau à la hauteur où elle se trouve dans le fleuve.

« Le système des canaux ne peut donc être amélioré que par
« un autre système, pouvant élever les eaux à la prise d'eau de
« ces canaux mêmes.

« C'est là le but des barrages sur le Nil, qui dans son lit
« même et à la prise d'eau des canaux ont pour effet d'élever
« d'une manière permanente les eaux pour ainsi dire à la su-
« perficie des terrains.

« La Commission, arrivée à ce point de son examen, a dû
« apprécier les avantages généraux du Barrage du Nil comparés
« aux effets produits, non-seulement dans la province du Ca-
« lioubiéh, mais aussi dans les autres provinces, par le système
« des canaux séfi et l'emploi de sakiéhs ; et en second lieu,
« comparer les dépenses de la construction des barrages avec
« les bénéfices qu'ils produisent, et les dépenses nécessaires ac-
« tuellement par le système des canaux séfi.

« Les avantages généraux de barrages énoncés par M. Linant,
« discutés d'après les documents et renseignements fournis à la
« Commission, sont les suivants :

« 1° L'arrosage possible de 3.800.000 feddans en aval des
« barrages dans les plus basses eaux sans employer aucune
« machine, mais seulement par de simples saignées dans les
» berges des canaux. La moitié de ces terrains pourrait être
« cultivée en produits d'été ou par irrigation ; et il est à remar-
« quer que dans la culture par inondation pendant les crues, on
« pourrait, par l'abondance des eaux, faire jusqu'à trois récoltes.

« 2° L'arrosage de la même manière des terrains en amont
« des Barrages jusqu'au Caire, et de ceux jusqu'à une distance
« de huit lieues au-dessus du barrage par des tapoutes, comme
« maintenant dans la Basse-Égypte seulement.

« 3° L'énorme avantage de pouvoir tous les ans, malgré les
« mauvaises inondations, les compléter entièrement dans toute
« l'étendue des provinces de la Basse-Égypte.

« 4° Pouvoir améliorer sensiblement la navigation par les canaux
« et faciliter les transports, si longs et si coûteux aujourd'hui.

« 5° Donner au Mahmoudiéh assez d'eau dans toutes les sai-
« sons par le canal Khatatbé, pour permettre d'y faire naviguer
« les plus grandes barques, et leur faciliter l'entrée et la sortie
« du Nil à l'Atfé au moyen de la construction d'un sas éclusé,
« ce qui ne peut se faire maintenant n'ayant pas d'eau à four-
« nir pour la dépense du sas.

« 6° L'avantage de n'avoir plus à creuser que des canaux de
« 3 ou 4 mètres de profondeur ou nili (1), au lieu d'en creuser

____

(1) Canaux pour l'inondation pendant les crues.

« de séfi, opération si dispendieuse, occupant tant d'hommes
« qui doivent creuser souvent à 8 mètres de profondeur dont
« deux dans l'eau et la boue, opération qu'il faut recommencer
« tous les ans pour beaucoup de canaux.

« 7° L'avantage de pouvoir, dans le Khalig du Caire, avoir
« une eau courante toute l'année à la hauteur de celle des inon-
« dations, sans avoir besoin de creuser ce canal plus qu'il ne
« l'est ; et il est à remarquer que l'on ne peut atteindre ce but
« d'avoir de l'eau au Caire, intention spéciale de Son Altesse,
« sans d'énormes frais seulement pour ce canal.

« 8° Entretenir sans aucun frais l'eau dans l'ancien canal de
« Suez, qui conduisait autrefois par Ras-el-Ouadée à Birket-
« Timsah, sur la route de Syrie, et dans les Lacs Amers ; ce qu
« alors donnerait dans ces lieux beaucoup de terrains cultiva-
« bles à ensemencer ou en pâturages, pour y nourrir des trou-
« peaux, qui n'auraient pas à souffrir comme en Égypte, soit
« de l'humidité, soit de pâturages peu convenables. De plus, par
« ce facile écoulement d'eau, on pourrait former vers la Syrie,
« de Suez à la Méditerranée, par des inondations, une frontière
« naturellement fortifiée alors par des lacs et des marais que
« l'on formerait facilement.

« 9° La suppression des sakiéhs et des chadoufs.

« La comparaison des bénéfices dus aux barrages avec les
« dépenses de leur construction présente les résultats suivants :
I. — Bénéfices dus à l'augmentation des cultures : les bar-
« rages étant construits, les terrains anciennement cultivés par
« irrigation au moyen de sakiéhs, tapoutes et chadoufs, de-
« viennent plus facilement cultivables, de sorte qu'un même
« nombre d'hommes peut en cultiver une plus grande quantité.

« La Commission admet qu'il faut un homme par feddan pour
« la culture par irrigation, indépendamment des hommes
« employés aux sakiéhs, tapoutes et chadoufs. Cela posé, il y a
« environ 100.000 hommes employés à ces sakiéhs, tapoutes, etc.
« dans la Basse-Égypte, et environ 600.000 occupés à culti-
« ver 600.000 feddans asnaf (1), à raison d'un homme par
« feddan ; ce qui fait ensemble 700.000 hommes.

______

(1) Produits d'été : cotons, riz, etc.

« Le barrage fini, les sakiéhs, tapoutes, etc., sont suppri-
« mées et la culture étant devenue plus facile, la Commission
« admet qu'un homme employé auparavant à la culture d'un fed-
« dan pourra suffire à celle de trois feddans, et ce chiffre est
« pris au plus bas possible.

« D'après cette base, les 700.000 hommes disponibles pour
« la culture pourront cultiver 2.100.000 feddans ; ce qui fait
« 1.500.000 feddans en plus de ce qui existe aujourd'hui, par
« le moyen des canaux séfi.

« Sur cet objet déjà le bénéfice du cultivateur sera triplé.

« Comme culture générale, au lieu du nombre de
« 2.149.000 feddans actuellement cultivés par inondation et
« irrigation, il y en aurait 3.649.000 ; ce qui est près de la
« surface totale cultivable de la Basse-Égypte, évaluée
« à 3.800.000 feddans.

« Pour le Gouvernement, on peut évaluer le bénéfice dû à
« cette augmentation de culture de la manière suivante :

« Ou bien les 1.500.000 feddans en plus seront cultivés en
« denrées non achetées par le Gouvernement (1), et alors le
« bénéfice aura lieu par l'impôt seulement, qui, à raison de
« 45 piastres par feddan, terme moyen, donne pour les
« 1.500.000 feddans rendus à la culture une somme de
« 67.500.000 piastres. Ou bien la moitié de ces 1.500.000 fed-
« dans ou 750.000 seront cultivés en denrées achetées par le
« Gouvernement, et alors, indépendamment de la recette pour
« les impôts de 67.500.000 piastres, le Gouvernement faisant
« par la vente de ces denrées un bénéfice qu'on ne peut évaluer
« au dessous de 100 piastres par feddan, soit pour les
« 750.000, 75.000.000 piastres, le bénéfice total serait de
« 142.500.000 piastres. Ou bien enfin la totalité des feddans,
« 1.500.000, sera cultivée en denrées achetées par le Gouver-
« nement, et alors le bénéfice à joindre à l'impôt, qui est de
« 67.500.000 piastres, serait de 150.000.000 piastres, ce qui

____

(1) A cette époque une partie du monopole exercé par Méhémet-
Ali existait.

« porterait le bénéfice du Gouvernement au total de
« 217.500.000 piastres.

« Or, d'après les devis, la dépense totale des barrages, y com-
« pris les écluses, les quais, etc., s'élève à 155.163.280 piastres,
« d'où il résulte qu'en adoptant une des hypothèses ci-dessus,
« les dépenses du barrage pourraient être couvertes par cette
« seule classe de bénéfices dus au barrage en une année et au
« plus tard en trois années de produit.

« Mais les bénéfices dus aux barrages ne sont pas bornés à
« un seul résultat, il en est d'autres dont voici l'énumération.

« II. — Bénéfices réalisés par la suppression du travail
« annuel, auquel donnent lieu les travaux des canaux séfi.

« La mise en exécution des barrages amène aujourd'hui la
« suppression des travaux·indiqués dans le tableau suivant :

Ce Tableau ne porte que la moitié environ des hommes employés à la totalité des travaux annuels :		Ce Tableau indique les nombres totaux des hommes existants dans les provinces :
Charkiéh	48.020	96.041
Daccaliéh	68.277	68.277
Garbiéh	83.677	167.354
Menoufiéh	8.673	26.021
Béhéré.	18.517	55.552
Calioubiéh	43.608	130.825
	270.772	544.070

« Ces 270.772 hommes sont employés au moins pendant
« 40 jours, ce qui, à raison de 1 piastre 1/2 par jour au tra-
« vail, devenu inutile, du creusement des canaux séfi, donne la
« somme de 16.243.320

« Au canal de Khatatbé, il y a 34.000 hommes pendant
« 100 jours, à 1 piastre 1/2 par jour ; et 30.000 au Chercawé,
« pendant 50 jours, à 1 piastre par jour, qui sont employés
« aux mêmes travaux, ce qui fait 6.600.000 piastres ; en tout,
« dépenses annuelles devenues inutiles par la construction des
« barrages, 22.843.320 piastres.

« Il faut ajouter à ce résultat que les hommes consacrés
« jusqu'ici à ce travail pourront être employés à d'autres tra-
« vaux profitables.

« III. — Économie produite par la suppression des sakiéhs et
« des tapoutes :

« Il y a dans la Basse-Égypte, en ce moment, environ
« 50.000 sakiéhs et tapoutes, sans compter les chadoufs, dont
« l'entretien est plus coûteux pourtant, car ce sont des hommes
« qui y travaillent en plus grand nombre au lieu de bœufs ;
« 50.000 sakiéhs à trois bœufs par machine, cela fait
« 150.000 bœufs ; à chaque machine il faut un homme, au
« moins, ce qui fait 50.000 hommes.

« La durée de l'ouvrage pour l'arrosage est de six mois
« ou 180 jours, ce qui fait pour 150.000 bœufs, à raison
« de 2 piastres de nourriture par jour pour chaque bœuf, une
« somme de 54.000.000 piastres.

« Les journées d'hommes, à 1 piastre 1/2, donnent pour
« 50.000 hommes, 13.500.000 piastres.

« L'entretien annuel des sakiéhs étant, terme moyen, de
« 120 piastres, l'entretien total des 50.000 sakiéhs sera de
« 6.000.000 piastres ;

« Total de la dépense annuelle pour les 50.000 sakiéhs :
« 73.500.000 piastres.

« La suppression de cette dépense par la construction des
« barrages n'est évaluée ici que comme bénéfice des cultiva-
« teurs, qui auront encore l'avantage d'appliquer leurs bœufs à
« d'autres travaux.

« IV. — Création d'une force motrice considérable par la
« chute d'eau due aux barrages :

« La chute d'eau, due à la construction des barrages, peut-être
« utilisée pour fonder des ateliers, des usines nouvelles, ou
« pour remplacer les moteurs qui existent aujourd'hui. En
« l'évaluant au plus bas, cette chute équivaudrait à 12.000 che-
« vaux vapeur travaillant 213 jours par année ; ce qui, en
« comptant 20 piastres pour la valeur journalière de chaque
« cheval vapeur, donne pour la valeur annuelle de cette nouvelle
« force due aux barrages, 51.120.000 piastres.

« Ces quatre classes de bénéfices dus aux barrages, quoique
« de natures très-différentes, doivent être envisagées ensemble,
« pour établir les immenses avantages financiers des barrages

« du Nil ; mais la première classe, à savoir : l'augmentation de
« culture, applicable directement au trésor du Gouvernement,
« ne donne son produit annuel de 67.500.000 ou de 142.500.000
« ou enfin de 217.500.000 piastres, selon l'hypothèse adoptée
« sur les 1.500.000 feddans excédants, qu'après la construc-
« tion des barrages.

« Il en est de même de la quatrième classe à savoir : la force
« motrice annuelle évaluée à 54.120.000 piastres, dont le produit
« peut avoir une réalisation plus ou moins éloignée.

« Pour la troisième classe, à savoir : la suppression des sa-
« kiéhs et tapoutes, son bénéfice annuel de 73.500.000 pias-
« tres n'est applicable qu'indirectement au trésor, et il exige
« aussi l'achèvement des barrages.

« Pour la deuxième classe, à savoir : la suppression et le non
« achèvement des canaux séfi, qui donne un bénéfice annuel
« de 22.843.320 piastres, elle est réalisable immédiatement
« avant la construction des barrages, et est par conséquent dès
« aujourd'hui en disponibilité pour le trésor.

« Si donc il s'agit de se rendre compte de la possibilité et de
« la facilité des moyens d'exécution des barrages, il suffit de re-
« marquer que :

« Les travaux de barrages doivent durer cinq ans, et la dé-
« pense totale de 155.463.280 piastres partagée en cinquièmes
« est par année de 31.724.093 piastres ;

« La dépense annuelle des canaux séfi à supprimer dans le
« cas de l'exécution des barrages, et applicable, comme on l'a
« vu, à cette exécution même, est de 22.843.320 piastres.

« Il n'y aurait donc au surcroît actuel de dépense pour le trésor
« que la différence de ces deux sommes, ou 8.877.773 piastres.

« Une pareille avance annuelle pendant cinq années est certes
« assez faible, surtout relativement aux immenses bénéfices des
« barrages.

« D'ailleurs au bout de trois ans les piles et les portes des
« barrages peuvent être achevées et l'effet des barrages aurait
« lieu ; puis après la quatrième année, les produits effectifs
« étant réalisés en partie, le trésor se trouverait à couvert et
« bien au delà de cette avance.

« D'après toutes ces considérations, la Commission est d'avis :

« 1° Que le système des canaux est insuffisant pour l'irriga-
« tion actuelle, et qu'à lui seul, et sans le secours des barrages du
« Nil, il ne peut réaliser aucun des avantages énoncés plus haut.

« 2° Que, quelque élevées que paraissent les dépenses de la
« construction des barrages, elles sont plus profitables aux in-
« térêts de Son Altesse et du pays que celles également consi-
« dérables auxquelles donne lieu le système actuel ; puisque,
« outre beaucoup d'autres avantages, elles produisent pour
« le trésor des bénéfices susceptibles, en les évaluant au taux
« le plus modéré, de couvrir en un an de produits les avances
« faites pour l'exécution desdits travaux.

« 3° Qu'en prolongeant le système actuel, on accroît chaque
« année les dépenses, sans constituer un système permanent
« d'inondation et d'irrigation, et par conséquent sans détruire
« les dangers des mauvais Nils et des eaux trop basses, ce qui
« est évidemment contraire au but et aux espérances de Son
« Altesse.

« 4° Que d'ailleurs les dépenses déjà faites aux barrages res-
« teraient sans objet et en pure perte, s'il n'était pas donné
« suite aux travaux commencés.

« 5° Que pour toutes ces raisons, il est plus avantageux de
« continuer avec activité les travaux des barrages, qui devien-
« draient beaucoup plus coûteux si l'on en prolongeait l'entreprise.

« 6° Qu'enfin, comme moyens d'exécution, il résulte des docu-
« ments fournis à la Commission que les travaux destinés à
« compléter le système actuel des canaux ne devant pas être
« continués et les hommes et les capitaux affectés à ces tra-
« vaux devenant libres, d'une part, la somme à ajouter annuel-
« lement comme surcroît de dépense pour le trésor serait assez
« faible et rapidement couverte, et d'autre part le nombre
« d'hommes devenus libres serait suffisant pour l'exécution des
« barrages sans l'emploi effectif d'un plus grand nombre
« d'hommes dans le pays.

« Ont signé :

« Charles Lambert, Ingénieur des mines ;
« Lubert, secrétaire au ministère ;

« STEPHAN RESM, chef du matériel ;

« THIBAUDIER, ingénieur militaire ;

« BAYOUMI, ingénieur arabe sorti de l'École
« polytechnique de France ;

« MUSTAPHA BAHGAD, ingénieur arabe sorti de
« l'École polytechnique de France ;

« MAZHAR, ingénieur arabe sorti de l'École po-
« lytechnique de France ;

« BRUNEAU, capitaine d'artillerie sorti de l'École
« polytechnique de France ;

« JOSEPH HÉKÉKYAN, ingénieur ayant fait ses
« études en Angleterre ;

« EPERING, ingénieur anglais ;

« SÉLIM-BEY, officier d'état-major, ayant été
« élevé en France, chef du per-
« sonnel au ministère ;

« AHMED-BEY, officier d'état-major, ayant été
« élevé en France, chef du per-
« sonnel au ministère ;

« MOUKHTAR-BEY, ministre et président.

Le Vice-Roi, après avoir lu ce rapport, répondit officiellement
au ministre : que la Commission avait parfaitement raison, que
tout ce qu'elle avait dit était évident et justement exposé ; mais
qu'il ne voulait plus de Barrages.

Comment expliquer ce revirement total dans les idées de
Méhémet-Ali, lui qui avait voulu avec tant d'ardeur ce grand et
utile travail, dont il croyait la conception entièrement de lui,
avait-il été influencé par des envieux de la position de M. Linant
dans ce grand travail, ou bien était-ce le caprice du moment ; à
cette époque les plus grandes choses pouvaient se faire à condition qu'elles pussent être terminées immédiatement, on aurait
dit que l'on craignait de ne pas vivre assez pour voir la fin de
ses œuvres et que tout était pour le moment seulement, l'avenir
ne comptant pour rien.

Depuis ce moment on transporta ailleurs les matériaux pour
d'autres travaux ; les constructions des magasins, ateliers, furent
détruites pour en utiliser les bois.

Bientôt M. Mougel arriva en Égypte pour construire le Bassin de radoub à Alexandrie; il eut nécessairement connaissance du projet des Barrages du Nil, et comme il se trouvait à Alexandrie, où Méhémet-Ali résidait plus souvent qu'ailleurs, il eut l'occasion de lui en parler. Méhémet-Ali revint alors à l'idée de la construction des Barrages, pour lesquels M. Mougel proposa un autre système d'exécution, sans cela pourquoi n'aurait-on pas dit à M. Linant de reprendre les travaux par lui commencés ?

M. Mougel avait connaissance du projet des Barrages de M. Linant et ne pouvant faire, ou faire faire, immédiatement toutes les observations et opérations indispensables pour dresser son projet, il fit donner l'ordre par le Vice-Roi à M. Linant de lui remettre toutes les études de ce projet, documents, observations, etc., etc.; ce qui fut fait immédiatement et selon l'ordre du Vice-Roi du 12 juin 1842, conçu en ces termes :

« M. Mougel, directeur des travaux du Bassin à Alexandrie,
« a été chargé par le Vice-Roi de préparer un projet de Barrages
« du Nil sur des bases nouvelles et d'après les principes qui
« ont mérité l'approbation de Son Altesse.

« Au moment de se rendre sur les lieux où il doit en étudier
« l'application, M. Mougel a réclamé le concours de votre expé-
« rience, fondant sa demande sur ce que, par ordre du Vice-
« Roi, vous vous êtes livré à de longues et sérieuses études sur
« le régime du Nil et la canalisation de la Basse-Égypte. Son
« Altesse a pris en considération les observations de M. Mou-
« gel, et m'a donné l'ordre de vous inviter à entrer en commu-
« nication avec cet ingénieur, pour lui donner connaissance des
« documents que vous avez dû recueillir à l'occasion des tra-
« vaux que vous avez déjà exécutés sur le sujet qui l'occupe
« maintenant.

« Son Altesse attache le plus grand prix à ce que M. Mougel
« s'entoure de toutes les lumières que peut lui fournir l'Ad-
« ministration, et elle attend de vous, Monsieur, que vous l'éclai-
« riez de votre expérience, de vos utiles renseignements, et que
« vous coopériez ainsi pour votre part à la réalisation d'une
« œuvre qui intéressant la prospérité du pays, doit trouver le

« concours de tous les fonctionnaires sur le dévouement des-
« quels le Vice-Roi se plaît à compter.

  « Le premier secrétaire-interprète du Vice-Roi,

     « *Signé* : Artin-Bey. »

M. Mougel adressait en même temps à M. Linant la lettre
suivante :

A Monsieur Linant.

 « Je compte sur votre obligeance et sur votre *désintéressement*
« pour me donner tous les renseignements hydrographiques
« qui sont entre vos mains; j'ai écrit dans ce sens à Son Altesse,
« en lui disant qu'il était *juste*, autant que *convenable*, de vous
« faire une part dans l'œuvre du Barrage, puisque vous étiez
« l'auteur d'un projet qui avait été jugé digne de l'exécution.

 « J'ai demandé à Son Altesse d'être mis en communication
« avec vous, pour obtenir les documents dont j'aurai besoin et
« qui sont à votre connaissance, etc. »

M. Linant remit tout son projet complet entre les mains de
M. Mougel.

Il était donc après cela très-facile de faire un projet; aussi
M. Mougel le présenta-t-il au Conseil des Ponts-et-Chaussées en
janvier 1843;

Le rapport de la Commission donne pour conclusion, en
abrégé :

 « Que le projet du Barrage n'a pas été précédé d'études
« suffisantes;

 « Que ce projet n'atteindra pas le but qu'on s'est proposé;

 « Qu'il n'est pas nécessaire, pour produire un grand bien
« dans les cultures, d'élever les eaux de 5 à 6 mètres; et enfin
« que la question doit être étudiée à nouveau.

 « Mais à part cela, que le travail de M. Mougel mérite de
« grands éloges, et que les membres de la Commission lui
« expriment toute leur satisfaction. »

Le Conseil des Ponts-et-Chaussées dit aussi, en résumé :
« que pour apprécier avec connaissance de cause les consé-
« quences d'une telle opération, il serait nécessaire d'avoir sous

« les yeux nombre de renseignements qui manquent au dossier;
« il indique les documents nécessaires.

« Le Conseil pense qu'on ne peut détourner, au profit de l'ir-
« rigation du Delta, toute la totalité des eaux du Nil à l'étiage,
« sans compromettre gravement la salubrité du pays et la navi-
« gation du fleuve.

« Deux membres se sont abstenus de prendre part au vote de
« ce dernier paragraphe. »

Malgré le manque d'approbation, Méhémet-Ali fit de nouveau
commencer la construction des barrages, et M. Mougel dirigea
les travaux.

C'est ici le lieu de donner une idée des Barrages et de comparer le projet de M. Mougel à celui de M. Linant (1).

Le Barrage Mougel est placé, comme tout le monde le sait,
à l'île de Chalagan, un peu en amont de celui Linant. Cette
île formait, à l'époque à laquelle M. Mougel commença son
barrage, la pointe du Delta; mais c'est une création nouvelle
formée de sable et terre légère, ce qui faisait qu'elle était à
peine cultivée et très-facile à affouiller par les eaux du Nil.
D'ailleurs, ce point n'était pas plus la tête du Delta que ne
l'était la position choisie précédemment par M. Linant (2).

Le passage d'une Branche à l'autre, en 1835, était à Derrawé,
et l'île de Chalagan se formait; comme, depuis 1843, il s'est
formé une grande île devant celle de Chalagan, choisie par
M. Mougel pour y établir ses barrages, cette nouvelle île, très-
agrandie vers le sud, recouvre aujourd'hui entièrement l'éperon où est la prise d'eau du canal du Centre. D'ailleurs c'est la
marche régulière des atterrissements du Nil; la pointe du Delta,
qui, probablement, se trouvait très-anciennement au Pharaoniéh, est remontée toujours au sud et aujourd'hui elle est à
Corateïn, huit lieues environ plus au sud. M. Mougel a choisi
cette position afin que ses deux barrages fussent réunis l'un
près de l'autre, pour ne pas avoir de difficultés à relier les travaux; mais ceci n'a pas été une compensation au désavantage

<hr>

(1) Planche VI, n° 1.
(2) *Idem.*

d'avoir un terrain moins solide que celui où étaient placés les travaux de M. Linant.

La position choisie par M. Linant est à huit kilomètres plus au nord ; le terrain, dans cette position, est ancien et tassé. Les deux Barrages qui, chez M. Mougel, sont éloignés de 1.200 mètres, le sont, il est vrai, de 8.000 mètres dans la position choisie par M. Linant ; mais cependant, comme M. Linant construisait ses barrages en dehors du cours du fleuve, il a dû choisir un coude pour avoir moins de terrassements en creusant le nouveau lit ; tandis que M. Mougel, voulant bâtir dans le fleuve même, a dû choisir nécessairement une autre localité.

Dans la position des barrages de M. Linant, il était tout aussi facile de rejeter des eaux à volonté dans une branche ou dans l'autre, le remou se faisant sentir de même en fermant une partie des portes.

La différence de distance qui existe entre les deux localités est si petite, que cela ne changeait pour ainsi dire rien aux quantités des terrains pouvant profiter des avantages des barrages.

Les dimensions et les débouchés des Barrages des projets Linant et Mougel sont les mêmes, seulement dans celui de M. Linant, les piles ont plus d'épaisseur, ce qui permettait d'y adapter toute sorte de fermeture.

La cote de la surface du radier par rapport à l'étiage et à la hauteur des terrains est absolument la même, ce qui ne pouvait être autrement : quand on sait que les bases du projet Linant, ses observations, ses renseignements, etc., ont servi à M. Mougel pour établir le sien.

M. Linant, avant de dresser le projet, avait fait un long séjour en Égypte, et exécuté déjà beaucoup de travaux dans les provinces ; il connaissait parfaitement le terrain et les effets du fleuve, il avait étudié par tous les faits d'expériences la meilleure manière d'établir ses Barrages ; il pensa bien à construire les barrages dans le fleuve lui-même, mais il vit qu'il était bien préférable de les exécuter en dehors du cours du Nil.

M. Mougel, qui ne voulait pas faire comme M. Linant et désirait éviter les grands travaux de déblais du nouveau lit, crut plus économique de construire dans le fleuve.

Pour le premier projet, celui de M. Linant, on excavait dans le lieu choisi au coude désigné plus haut une grande fosse de la dimension voulue pour tout le radier du barrage.

Arrivé au niveau de l'eau à l'étiage, on battait tout autour de l'enceinte deux rangées de palplanches à la profondeur de 7 mètres. Dans cette enceinte, on pouvait encore, comme l'expérience le prouve dans beaucoup de localités, excaver sans machines et pour ainsi dire à sec à 3 mètres plus bas que l'étiage.

Quelquefois même, comme au barrage de Carineïn, d'après ce qui est dit sur ce travail, on peut aller jusqu'à 5 mètres en contre-bas de l'étiage toujours à sec, et souvent sans avoir de palplanches, comme on en a un exemple au barrage cité, bâti en 1840, il y a trente années passées ; cependant il est en parfait état, n'ayant eu besoin d'aucune réparation jusqu'à ce jour, ce qui n'est pas pour les barrages du Nil.

Arrivé à cette profondeur, on creusait avec machines si les eaux étaient trop abondantes, et dans cette excavation on ne craignait pas tous les accidents pouvant être occasionnés par les crues du Nil.

Lorsqu'on était arrivé à la profondeur voulue, et que le terrain était bien aplani, on coulait sur toute la surface du radier une couche de béton, ou on y faisait de la maçonnerie si l'on était à sec, comme à Carineïn : c'était le système des fondations.

Les travaux de terrassements, 3.010.000 mètres cubes, qui sont indiqués dans le projet Linant, sont peu de chose comparés à ce qui se fait en Égypte chaque année en terrassements ; et d'ailleurs M. Mougel a été trois fois obligé d'enlever les atterrissements qui se formaient à nouveau, quand la crue avait passé sur ses travaux.

Le grand inconvénient en bâtissant dans le fleuve était que, n'arrivant pas à avoir terminé au moment voulu les travaux projetés pour la campagne avant la crue, celle-ci causait beaucoup de dégâts dans les travaux et forçait à refaire bien des choses à nouveau.

Pour faire un travail de cette nature dans l'eau, on a dû employer des machines et un matériel conduit par des Européens,

le tout venant d'Europe à grands frais; M. Linant se servait
des éléments du pays seulement.

M. Linant posait les fondations de son radier sur un terrain
de niveau, ce qui lui permettait l'excavation faite hors du cours
du fleuve; avantage très-grand. Au contraire, dans la position
des barrages de M. Mougel, le sol sur lequel on bâtissait offrait
des différences de niveau considérables; par exemple, dans la
Branche de Rosette du côté de l'ouest, les sables de l'étiage
étaient élevés à 4 mètres au-dessus des eaux, tandis que sur la
rive de l'île de Chalagan, il y avait à l'étiage 16 mèt. d'eau (1).

Il était difficile alors de poser le radier à la même profondeur,
avec le même mode de construction; il aurait fallu sur la cote
ouest une excavation d'au moins 18 mètres, et dans l'autre partie 2 mètres; alors comment parvenir à maintenir les sables
par des palplanches à cette profondeur? aussi ne l'a-t-on pas
fait, ni même essayé.

Dans la partie sablonneuse, le béton a été coulé pour les
fondations à 5^m,80 et posé sur le sable; dans la partie de l'affouillement où il y avait 16 mètres d'eau, on a fait un enrochement de 12 mètres de hauteur, et sur cet enrochement a été
coulé le béton.

Qu'est-il arrivé? C'est que les eaux n'étant pas tranquilles sur
cet enrochement, le béton coulé n'a pas pris, et quand plus
tard on a voulu faire des batardeaux pour construire les piles,
on a été obligé de refaire par partie ce béton; ce qui empêche
que le tout soit lié en une seule masse.

Tout ceci eût été évité, si M. Mougel au lieu de bâtir dans le
fleuve eût suivi le travail commencé par M. Linant; c'est-à-dire
dans une fosse en dehors du cours du fleuve et surtout sans
être obligé de faire pour fondation un massif en enrochement de
12 mètres de haut, au travers duquel passe l'eau comme par un
crible.

Le radier du projet de M. Linant avait d'amont en aval 100 mètres, afin de ne pas craindre les affouillements occasionnés par

---

(1) Planche **VI**, fig. 2.

l'écoulement et par la chute des eaux, lorsque le barrage eût été établi.

Puis en amont du radier était encore le faux radier formé de gros blocs en enrochements.

Le radier de M. Mougel a seulement de l'amont à l'aval 34 mètres, l'arrière radier 8 et une espèce de crèche 4, en tout 46 mètres. Ainsi les eaux retenues à 6 mètres de hauteur, comme dans le projet Linant, auraient bientôt endommagé l'aval du radier.

Dans le projet de M. Mougel présenté au Conseil des Ponts-et-Chaussées, où il fait la critique du projet de M. Linant, il est parlé d'une arche marinière de 34 mètres de longueur.

Il est vrai que, dans le principe, M. Linant avait eu l'intention de faire cette arche comme déversoir ; mais plus tard les calculs prouvèrent qu'en laissant une ouverture aussi grande au passage des eaux, il était impossible pendant l'étiage, en fermant même toutes les portes, d'obtenir l'exhaussement voulu ; et qu'une seule ouverture de 8 mètres avec une seule retenue de 6 mètres au-dessus de l'étiage suffisait pour l'écoulement des eaux ; alors l'ouverture de 34 mètres fut supprimée.

Mais M. Mougel, qui avait critiqué avec raison cette disposition du barrage et qui avait eu le temps de faire ses calculs lorsqu'il en vint à la construction, fit lui-même cette arche marinière ; mais il devait la fermer à volonté avec un bateau-porte lorsque les besoins l'exigeraient ; les barques devaient passer par cette arche, ce qui eût été fort dangereux et inutile, puisqu'il y avait des écluses. Plus tard, lorsqu'en janvier 1853 son successeur eut pris la direction des travaux du Barrage, cette arche fut divisée en deux par une pile, et cela se voit par des arches plus larges et des piles plus épaisses.

Dans le projet Linant, la fermeture des arches avait lieu par des portes d'amont et d'aval, liées entre elles par un système et avec des ventelles dans chaque porte. Les portes d'amont s'ouvraient en amont, celles d'aval en aval ; de sorte que les deux étant fermées, la pression s'exerçait sur celle d'amont. L'entre-deux de ces portes devenait une espèce de sas, dans lequel les eaux étaient par conséquent au niveau des eaux d'aval du Barrage. Alors lorsqu'on voulait ouvrir, les guichets de la porte d'aval se fermaient et ceux d'amont s'ouvraient; quand les eaux entrées dans l'entre-deux des portes étaient assez élevées pour que leur pression sur la porte d'aval fût plus grande que celle sur la porte d'amont, nécessairement, ces portes étant liées ensemble, celles d'aval faisaient ouvrir les autres.

Un modèle de ces portes fut fait et fonctionna très-facilement.

M. Mougel, pour la fermeture de ses portes de barrage, avait, dans le projet envoyé au Conseil des ponts et chaussées, un système compliqué de vannes, de poutrelles horizontales et séparant l'arche par un poteau; lui-même avait eu l'intention de substituer à ce double système compliqué, celui de poutrelles horizontales et creusées en fonte et en tôle de la longueur de toute la largeur des arches. C'était certainement le meilleur et le plus facile des systèmes, mais celui-ci fut encore abandonné pour un autre bien plus compliqué; c'est celui des portes, qui est aujourd'hui monté au Barrage de Rosette et qui ne manœuvre qu'avec une extrême difficulté, d'une mauvaise construction, et si peu exacte que, même avec toutes les portes fermées, les eaux ne s'élèvent qu'à $1^m,40$. M. Mougel, pour éviter que les sables ne s'accumulassent sur la porte en amont lorsqu'elle était fermée, a fait le seuil de chaque arche d'une pièce en fonte à jour, où les eaux passent librement; et plus la hausse occasionnée par le barrage augmente, plus la vitesse dans les ouvertures de ce seuil devient grande. Il est donc impossible avec ce système incomplet de pouvoir obtenir la retenue désirée de 6 mètres.

Au surplus, ce système n'a jamais été approuvé; et voici, avant de citer l'opinion que plus tard plusieurs commissions ont donnée, celle de la Commission internationale venue en Égypte en 1856 pour le projet du Canal de Suez :

« Le système des portes mues par l'air comprimé est trop
« compliqué pour que l'on puisse en garantir le succès; la Com-
« mission préférerait un système plus simple, ayant déjà reçu
« la sanction de l'expérience; par exemple : les portes avec
« vannes persiennes ou avec des ventelles superposées. »

Quant aux prix des constructions selon les devis : M. Mougel ne pouvait prévoir et mettre en ligne de compte toutes les dépenses qui ont été occasionnées par les accidents provenant des crues, lorsqu'on n'y était pas préparé, ayant mis beaucoup plus de temps à faire ce qui devait être terminé avant leur arrivée. M. Mougel certainement n'a pas prévu les énormes dépenses occasionnées par ces enrochements de 16 mètres de haut, sans compter ce qui s'est enfoncé dans le sol; son devis porte les dépenses à 6 millions.

Le projet de M. Linant portait les dépenses totales à 21.000.000 de francs, tout y était compris; et l'habitude des travaux en Égypte et son expérience étaient des garanties pour penser qu'il ne s'éloignerait pas trop de la réalité.

Pour les barrages de M. Mougel, en avril 1853, lorsqu'il quitta le Barrage, la dépense était arrivée à 47.000.000; les ouvriers de corvée n'étaient pas compris dans cette somme, et les travaux étaient loin d'être terminés, puisqu'à peine quelques piles étaient hors de l'eau.

A cette époque, une commission fit un procès-verbal de l'état des Barrages, afin de recevoir le travail de M. Mougel et de le consigner à Mazhar-Bey, remplaçant Mougel-Bey.

Il serait trop long de donner en entier connaissance de ce procès-verbal, seulement :

On reconnut que sur le grand empierrement une partie du béton était en mauvais état, ce qui n'avait pu encore être réparé ; les piles avaient cinq ou six assises, et avaient à peine été commencées.

On constata que le radier était loin d'être en parfait état et que cela provenait de sources surgissantes, dans les endroits non terminés, au moment où les crues ont empêché de continuer les travaux.

Enfin on reconnut, par des sondages, qu'en amont comme en aval du grand empierrement de 12 mètres de haut, il n'y avait pas eu d'atterrissement notable.

Une grande faute qui fut commise, faute d'où proviennent tous ces graves inconvénients des sources dans le radier des parties non terminées ou mal confectionnées, mais qui est bien certainement indépendante de Mougel-Bey, c'est que l'on a commencé à éle-

ver les piles avant que le radier ne fût bien terminé et consolidé ; dans certaines parties c'étaient les sources, dans d'autres
l'épaisseur manquait, dans d'autres enfin, comme sur l'enrochement, le béton était à refaire.

On força M. Mougel à élever les piles, Méhémet-Ali le voulait;
et ensuite on continua à les terminer, on finit même le corps du
Barrage, trottoirs, parapets, tourelles, etc., comme si le travail
sous l'eau eût été complété. On plaça même plus tard les portes,
on les fit fonctionner ; mais on laissa toujours le radier tel qu'il
était en 1847, ou à peu près. M. Mougel eut donc le seul tort
de consentir à faire ce qu'il croyait ne pas devoir être fait sans
compromettre la sécurité de son travail ; je sais que s'il avait
refusé, il aurait dû quitter le service : mais alors il n'aurait eu
aucune responsabilité ; d'ailleurs il y a été forcé peu après, et
nous croyons que tout ce qui arrive aujourd'hui au Barrage provient de cette faute, du caprice du chef et d'y avoir consenti.

M. Mougel, qui fut démissionnaire en 1853, revint en Égypte
la même année, lorsque Saïd-Pacha arriva au pouvoir; il fut
réemployé, mais il ne reprit pas les travaux du Barrage; on les
continua sans lui et ils furent mis dans l'état où ils se trouvent
aujourd'hui, toujours sans que l'on touchât au radier dans les
parties défectueuses.

Pour en finir avec cette histoire des Barrages du Nil, nous
allons donner des extraits des rapports de deux Commissions
qui furent instituées, la première, le 13 novembre 1861, ordonnée par Saïd-Pacha, la seconde, le 4 juillet 1863, ordonnée
par le Vice-Roi actuel.

A cette époque on ne remarquait pas d'autres lézardes dans
cet immense ouvrage que celles qui existaient depuis l'origine
de la construction dans la première, la deuxième, la troisième
arche de la rive gauche, Branche de Rosette ; pour le moment
cela n'offrait pas de danger.

On proposait, avant de faire la moindre retenue, de terminer
les portions de radier qui restaient à exécuter et d'aveugler les
sources existant encore.

On proposait pour ces travaux un bateau-plongeur pouvant
entrer dans les arches et approcher partout des piles, ce qui

faciliterait les opérations et offrirait un moyen bien meilleur que celui des batardeaux, surtout en ce qui concerne les sources.

Le faux ou arrière-radier n'était pas fini.

On demandait à s'assurer si les eaux ne passaient pas au travers de l'enrochement qui avait été fait dans une profondeur d'eau de 16 mètres, car on ne remarquait aucun atterrissement, et dans le cas affirmatif, de prendre les mesures nécessaires pour remédier à cet inconvénient : puisqu'une partie des membres est convaincue que les eaux passent librement au travers de l'enrochement, quoique cet état de choses ne présentât aucun inconvénient tant que le Barrage n'aurait d'utilité que comme pont de passage. Si l'on arrivait à faire des retenues pouvant atteindre 4 mètres, alors il y aurait de très-graves dangers à craindre ; la Commission s'ajournait jusqu'à plus amples renseignements pour formuler les moyens à employer afin de terminer promptement ce beau travail.

Dans le rapport de la Commission du mois de juillet de 1863, il est dit que les travaux décidés par la première Commission n'avaient pas été exécutés, que les expériences demandées n'avaient pas été faites, et que les sources n'étaient pas aveuglées.

Quant aux portes et à leur système, les épreuves faites jusqu'au jour où la Commission se réunit, concluaient bien plutôt, indépendamment de toute autre considération, à la condamnation radicale du système des portes actuelles, qu'à leur application au Barrage de la Branche de Damiette, attendu leur mauvaise construction, qui ne pourrait certainement pas résister à la pression due aux retenues projetées. La Commission condamne donc à l'unanimité et le système et la construction de ces portes, d'autant plus qu'il est à craindre qu'avec elles on ne puisse obtenir la retenue voulue.

La Commission penchait à faire la fermeture du Barrage de la Branche de Damiette avec des poutrelles horizontales en tôle ; mais avant de faire les commandes pour ladite fermeture, elle demandait à ce que des essais fussent exécutés dans un pertuis offrant des conditions analogues.

Les expériences demandées à l'époque de la précédente réunion de la Commission n'ayant pas été exécutées comme on l'attendait, la question du passage des eaux au travers de l'enrochement de 16 mètres de hauteur n'a pas été mieux traitée que dans la première réunion, et les choses sont dans le même état.

Enfin la Commission, malgré la confiance qu'elle peut avoir dans le succès définitif du Barrage, pense qu'il est sage de ne creuser les canaux alimentaires *que quand le Barrage* aura subi ses épreuves.

Voici donc l'avis résumé de la Commission réunie en 1863, et depuis ce temps on a laissé aller les choses. Pourtant, à l'étiage, le besoin d'une augmentation d'eau s'est toujours fait sentir dans la Branche de Damiette ; afin d'alimenter les canaux séfi, on a fermé alors les portes du Barrage de Rosette, qui depuis avaient été toutes montées, et l'on a obtenu une hausse de 1 mètre à 1^m,40.

Tant que l'on n'avait pas fermé les Barrages pour avoir cette retenue d'eau, celle-ci coulait librement et il n'y avait pas de dégâts dans les constructions, excepté tout à fait à l'aval du radier ou à l'arrière-radier et à l'endroit du grand empierrement. Mais du moment où depuis quelques années on a fermé à l'étiage les portes du Barrage de la Branche de Rosette pour déverser des eaux dans la Branche de Damiette, cette hausse d'eau qui a été seulement de 1 mètre à 1^m,40 a exercé une pression en amont du radier, et les sources, qui n'avaient point été bouchées, aveuglées, ont jailli faisant siphon, et elles ont emporté les sables de dessous les fondations du radier. Alors une partie du Barrage s'est lézardée et a cédé : ce sont neuf arches du côté de l'ouest et d'autres placées sur le grand empierrement. Il est donc de la plus grande imprudence, dans l'état actuel des constructions, de penser à fermer le Barrage, ce qui peut compromettre encore beaucoup plus sa solidité qu'elle ne l'est aujourd'hui.

Malgré ce qui a été dit par les Commissions de 1853, de 1861 et de 1863, sur les travaux à exécuter pour terminer le Barrage et le mettre dans un état complet de solidité et de sécurité, rien n'a été fait et aujourd'hui l'état des choses est bien changé.

A la partie des neuf arches où sont les lézardes, celles-ci existent certainement dans le radier ; il est pour ainsi dire certain aussi que le grand enrochement est un crible au travers duquel passent les eaux.

Or pour remédier à tout cela, refaire une partie du radier, plusieurs piles, plusieurs arches, rendre l'empierrement de 16 mètres de hauteur étanche, de manière à ce que la pression due à $4^m,50$ minimum de retenue n'occasionne plus de siphons dans le radier, il faut bien des travaux dont la réussite n'est certaine qu'avec de très-fortes dépenses ; il faut pour les deux barrages un système de fermeture ; il faut enfin, pour jouir, si cela est possible, du résultat des Barrages, établir le système des grands canaux alimentaires, et certes, d'après ce qui s'est fait et la connaissance que nous avons de la manière dont on travaille en Égypte, on devra certainement dépenser de 20 à 30 millions.

Pour compléter ce mémoire, nous allons donner ici une note faite pour le Khédive en 1871, et nous ferons observer qu'aujourd'hui le Barrage de la Branche de Rosette est encore en plus mauvais état ; les réparations, en supposant qu'elles réussissent à souhait, coûteront beaucoup, les autres travaux aussi : car il n'y a que le canal du centre qui soit creusé, et l'on connaît bien aujourd'hui, par tous les travaux donnés à l'entreprise, ce que vaut la journée d'un terrassier.

<hr>

RÉSUMÉ DE L'HISTOIRE DES BARRAGES DU NIL.

En juin 1847, on allait commencer à couler le béton formant le radier du Barrage de la Branche de Rosette ; Mougel-Bey avait d'abord dit et promis qu'il finirait les fondations pendant l'étiage de cette année ; puis ensuite qu'il ne pourrait faire que la partie du radier de la Branche de Rosette qui était dans le banc de sable, en dehors du chenal du fleuve ou thalweg. Il devait couler à chaque barrage 1.000 mètres cubes de béton en 24 heures : cela se pouvait à Chalagan, tout y étant plus propice et mieux organisé ; mais à la Branche de Rosette, le terrain surtout était moins bon, et les chantiers, les ouvriers n'étaient pas aussi bien disposés.

Le Vice-Roi voulait donc que l'on coulât 1.000 mètres cubes de béton par jour du côté de Menaché, et il avait chargé son fils Ibrahim-Pacha de venir signifier à Mougel-Bey qu'il fallait que cela se fît (possible ou non). Pour se justifier, Mougel n'avait qu'à dire ce qui en était : c'est-à-dire que le terrain, étant tout de sable, ne permettait pas de travailler aussi vite et aussi facilement qu'on pouvait le faire dans un autre terrain ; au lieu de cela, il prétendit que ses subordonnés ne le secondaient pas.

Mais la faute commise était que l'on avait compté sur un étiage comme celui de l'année précédente, et qu'il était au mois d'avril 1847 plus haut d'un mètre qu'en 1846 ; les dragues que l'on employait arrivaient alors à peine à la profondeur voulue ; et ce qui causait encore un grand inconvénient, c'est que les déblais avaient été jetés trop près, des deux côtés, des lignes des palplanches et de l'excavation du radier : il résultait de cela que la grande pression de ces déblais, qui s'élevaient jusqu'à huit mètres, occasionnait à tout moment des glissements, des éboulements et des soulèvements dans l'excavation ; dans bien des endroits même les palplanches ne tenaient pas. Mougel-Bey prétendait que s'il en était ainsi, c'est qu'on ne lui avait pas donné assez d'ouvriers manœuvres pour porter au fur et à mesure les déblais plus loin. Pour subvenir à ce grave inconvénient, Mougel-Bey dit que si on lui donnait suffisamment de monde pour enlever ces déblais des curages, les éboulements n'auraient plus lieu, et qu'alors il coulerait les 1.000 mètres de béton voulu.

S. A. Ibrahim-Pacha proposa de donner 15.000 hommes pour ce travail ; Mougel répondit que dans ce cas cinq jours suffiraient. Son Altesse m'ordonna de voir, d'après le cubage de ces remblais que Mougel-Bey me donnerait, combien il faudrait d'ouvriers pour faire le travail en cinq jours. Il y avait 38.000 mètres cubes, et par la distance des transports, avec 15.000 hommes cela pouvait certainement se faire en cinq jours ; mais il n'y avait pas de place pour faire travailler ce nombre

d'ouvriers, même en les occupant jour et nuit par relais. Je demandai donc à Mougel s'il était persuadé que ce grand nombre
d'ouvriers pouvait trouver place sur le chantier, en lui faisant
observer que s'il en était autrement Ibrahim-Pacha se fâcherait
fort ; que pour moi je pensais bien que les 15.000 hommes ne
pourraient travailler dans un si petit espace. Mougel s'obstina à
vouloir les avoir, et Ibrahim-Pacha, malgré mes représentations,
me donna l'ordre de les lui fournir pour le lendemain, puisqu'il
les demandait, en les prenant sur les 80.000 mille hommes que
je faisais travailler au creusement des trois grands canaux du
système barrage. Le lendemain, ayant tout fait disposer dans la
nuit, 8.000 hommes du travail du canal de Behéré arrivèrent
sur les chantiers; ils se trouvèrent tellement serrés, qu'ils ne
pouvaient travailler. Les 7.000 hommes qui devaient venir
n'auraient pu trouver place; on les laissa. Il y eut des pour-
parlers, et ce ne fut qu'après trois jours que je pus obtenir de
S. A. Ibrahim-Pacha de renvoyer 6.000 hommes et de n'en
laisser que 2.000; il était furieux contre Mougel. Les
2.000 hommes restèrent et travaillèrent, sous la direction de
Mougel, à tout autre chose qu'à enlever les déblais.

Je citerai ici les propres paroles de S. A. Ibrahim-Pacha,
Mougel étant présent, paroles qui ont pu souvent trouver leur
application : « Linant, vous vouliez faire le Barrage à terre, à
sec, dans une fosse, et ensuite y faire passer le Nil; on a changé
votre projet, en disant qu'on le ferait dans le lit même du fleuve
pour éviter les grands mouvements de terrassements; pourtant,
je vois que plus des trois quarts de ce Barrage sont dans le sable,
hors de l'eau, et que les terrassements sont plus grands, car
il faut les refaire chaque année après les crues, et ils sont plus
difficiles. Ici, chez nous, c'est comme cela, tout ce qui est nouveau est ce qu'il y a de mieux; nous avons tort : si les nouveaux
venus peuvent avoir plus de science, les autres, qui en possèdent aussi, ont pour eux une grande pratique des localités,
beaucoup d'expérience et ne font pas d'écoles à notre détriment
comme les nouveaux venus. »

La première cause de la mauvaise construction du radier sous
les neuf arches, qui aujourd'hui menacent ruine, est donc que

le béton dans cette partie, à mesure qu'il était coulé, était soulevé insensiblement par la grande pression des déblais accumulés trop près de la ligne de palplanches d'aval du radier.

On sait que, depuis à peu près la vingt-sixième arche en partant de l'écluse de Menaché, et en allant vers l'est, on a fait un
enrochement en pierres jetées qui, vers la dixième arche en partant de l'île de Chalagan, arrivait à avoir sur le fond du fleuve,
jusqu'à la hauteur à laquelle on avait coulé le béton du radier, $11^m,70$; car le radier avait $3^m,50$ d'épaisseur, l'eau sur le
radier $1^m,80$ et le fond était à 17 au-dessous des eaux de l'étiage.
(Voir planche n° VI.)

C'est sur cette immense móntagne d'empierrement que l'on
posa le béton pour continuer le radier, dont la première partie
était sur le sable, et il était difficile qu'il y eût liaison entre les
deux parties ; le mouvement des eaux empêchait que le béton ne
prît bien partout.

Effectivement, en 1853 et 1854, lorsque l'on arriva à faire des
batardeaux pour élever les piles, on vit, comme il est indiqué
sur le plan, qu'une partie du béton coulé sur l'empierrement
était tout lézardé et détérioré.

Si le radier du barrage de la Branche de Rosette est en si
mauvais état, c'est que jamais il n'a été terminé; on a forcé
Mougel-Bey à élever les piles quand le radier était encore loin
d'être achevé, et il a eu le tort d'y consentir; il aurait dû, à ce
moment, ou quitter la direction des travaux, ou bien exiger que
l'on ne fît que ce qui devait être fait.

En mars 1852 , S. A. Abbas-Pacha aurait bien voulu abandonner les travaux des Barrages ; cela était encore facile à cette
époque, sans inconvénients : il n'y avait que quelques piles
élevées d'une ou deux assises; mais il redoutait l'opinion publique. S. A. me fit l'honneur de me consulter sur cette affaire,
et je lui répondis que l'on pouvait aisément prouver, par des
chiffres, qu'il serait plus avantageux, dans l'état des choses,
d'arrêter les énormes dépenses qu'occasionnaient journellement
les travaux des Barrages, pour adopter un autre système d'arrosage, puisqu'il faudrait attendre encore bien des années pour
obtenir un bénéfice, tandis que, par un autre système on ob-

tiendrait un résultat immédiat au fur et à mesure que l'on dépenserait pour l'établir. Je dis aussi à Son Altesse que, quoiqu'ayant été le créateur du projet des Barrages, si j'avais dû le faire en 1853, au lieu de 1833, j'aurais proposé autre chose, car depuis ce temps les machines avaient fait d'immenses progrès.

Les travaux toutefois continuèrent, mais lentement. En 1853, au mois d'avril, Mougel-Bey étant démissionnaire, S. A. le Vice-Roi nomma une Commission pour constater l'état des Barrages, afin que je prisse les travaux de Mougel-Bey pour les remettre à Mazhar-Bey. Dans le procès-verbal de cette Commission, sont indiquées toutes les parties du radier qui n'avaient point été terminées, ainsi que les sources, dont quelques-unes étaient fortes, puis la grande partie du radier bâtie sur l'empierrement où le béton n'avait pas pris et qui était lézardée. Il existe aussi avec ce procès-verbal un plan du radier, signé de tous les membres de la Commission et de Mougel-Bey lui-même, où sont indiqués tous les détails intéressants à connaître dans les fondations, et dont le petit plan ci-joint est un diminutif. (Voir les planches VI et VII.)

D'après ceci, on peut voir que la partie où, depuis, neuf arches ont été lézardées, est justement celle où les éboulements ont eu lieu pendant l'excavation des fondations, le battage des palplanches et le coulage du béton ; que d'autres sources se trouvent aussi à la jonction de l'empierrement et du radier bâti sur le sable, et qu'enfin l'endroit où il y a aussi des accidents est juste à cette même partie où le béton n'avait pas pris sur le grand empierrement et où on le refit ; lorsque Mougel-Bey eut quitté la direction des travaux, on fut forcé, dans cette partie, d'élever le radier de 0^m,60 en plus qu'ailleurs, ce qui présente un inconvénient.

Malgré tout cela, on continua à élever les piles, à terminer les barrages et à mettre les portes.

Cependant les parties lézardées s'ouvraient insensiblement de plus en plus.

En novembre 1861, une nouvelle Commission fut nommée pour examiner les Barrages : les points principaux du procès-verbal de cette Commission sont :

Qu'il fallait, avant de faire la moindre retenue d'eau au moyen de la fermeture des portes, terminer entièrement le radier, aveugler toutes les sources, et cela sans bâtardeaux, surtout sans épuisements, mais avec un bateau-plongeur;

Qu'il fallait, pour les portes, en monter une sur un canal quelconque, afin de faire les expériences nécessaires avant de décider le mode de fermeture de la Branche de Damiette;

Et qu'il fallait s'assurer avant tout que l'enrochement, sur lequel repose une partie du radier général, ne laissait point passer les eaux comme au travers d'un crible.

Une autre Commission, en 1863, regrette que les expériences n'aient pas été faites comme on l'avait désigné dans le procès-verbal de celle de 1861, et regrette aussi que l'on n'ait rien fait pour étouffer les sources. L'avis de cette Commission, sur le système des portes du Barrage de Rosette, était qu'il fallait entièrement le rejeter pour bien des raisons.

La Commission demandait à l'unanimité le bateau-plongeur pour pouvoir visiter le radier, étouffer les sources, et décider toutes les questions pendantes sur les fondations.

La Commission était si peu persuadée de la solidité des fondations du barrage, si peu décidée sur tout le système, qu'elle pensait, à l'unanimité, qu'il était sage de ne commencer à creuser les canaux dépendants du système des Barrages que lorsque le Barrage lui-même en fonctionnant aurait satisfait à ces épreuves.

La Commission demandait donc l'étude des portes et de l'état du radier.

Son Altesse ordonna l'achat du bateau-plongeur demandé, qui arriva en 1865; il resta longtemps sans être monté; il le fut ensuite, mais quand plus tard on voulut s'en servir, il était en si mauvais état, surtout les cuirs, qu'il fut inutile; et pour s'en servir aujourd'hui, il faudrait le refaire.

Les différentes Commissions avaient toujours recommandé de ne pas essayer la fermeture des portes des Barrages pour faire une retenue, avant que le radier ne fût fini, réparé, mis en bon état; mais cela n'empêcha pas de faire cette fermeture tant bien que mal avec toutes les portes existantes, ce qui occasionna une hausse d'environ 1^m,40, servant à rejeter les eaux en plus grande quantité dans la Branche de Damiette.

Pendant les hautes eaux de 1867, on s'aperçut que neuf piles et neuf arches du côté de l'écluse de Menaché étaient lézardées, et qu'un mouvement d'affaissement et de marche de l'amont à l'aval s'opérait dans cette partie, qui se détachait du reste du corps du pont. Près de la grande écluse, toujours là où le béton avait de nouveau été coulé sur l'enrochement et où le radier avait été élevé de 0^m,60, on remarqua aussi un mouvement.

Tout cela provenait de ce que l'on avait fermé à l'étiage toutes les portes, et que la retenue avait produit des pressions qui avaient fait faire siphon aux sources, et alors les sables sous le radier avaient été emportés, ce qui occasionnait les affaissements et les dégâts.

En 1869, on devait aussi examiner à l'étiage l'état des barrages ; cela ne faisait qu'augmenter.

Voici donc les causes du mauvais état dans lequel se trouve le Barrage de la Branche de Rosette.

Aujourd'hui encore des Commissions se réunissent, des études se font. Ces Commissions seront-elles plus compétentes que les premières? les personnes qui les composeront seront-elles plus aptes par leur savoir à donner un avis? Non certainement, et elles auront toujours en moins l'expérience des travaux du genre de ceux des Barrages et des Barrages eux-mêmes.

Ce n'est pas une petite affaire que de mettre ces grands Barrages en état de fonctionner ; toute demi-mesure n'aboutira à rien, ce sera de l'argent dépensé et du temps perdu ; mais que surtout on se garde bien de faire tout travail qui demanderait un épuisement, ce serait faire travailler davantage les sources, qui alors feraient siphon et enlèveraient encore des quantités de sable de dessous le radier.

Le Barrage est comme un corps gangrené ; il est recouvert d'un beau surtout, mais la maladie le travaille intérieurement: toutes ces sources sont autant de fistules qui, quand on veut les fermer, circulent intérieurement et se reproduisent plus loin. Il faut de grandes opérations, de grands remèdes et non des palliatifs, qui ne feraient qu'empirer le mal.

Avant tout il y a, il me semble, une grande question à poser :
Si à l'époque où l'on a commencé les Barrages c'était le meilleur moyen d'irrigation pour l'Égypte, dans l'état où se trouvent aujourd'hui les Barrages, vaudrait-il mieux : ou les terminer, ou les laisser comme pont de passage, pour recourir à un autre système d'irrigation ? C'est ici la grande question ; il me semble que l'opinion publique ne pourrait s'obstiner à blâmer ceux qui conseilleraient de ne pas continuer les travaux du Barrage, quand on prouverait qu'on peut avantageusement leur substituer autre chose.

L'état des Barrages n'est certainement pas désespéré ; quoique bien avariés, on peut encore les mettre en état, soit que l'on doive être forcé de refaire des parties de radier, des piles, des arches, ou que l'on soit forcé d'étancher l'empierrement en enrochement ; mais cela demandera beaucoup de temps, de grandes dépenses, il y aura de nombreuses difficultés à vaincre et encore de l'incertitude dans le parfait résultat ; puis il faudra étudier un système de fermeture et ensuite le construire ; et enfin, viendront encore toute la canalisation et les travaux nécessaires sur ces canaux pour le règlement des eaux ; et si l'on s'arrête en chemin, ce sera un nouveau nombre de millions improductifs à ajouter aux premiers.

En 1861, les Barrages avaient coûté 47 millions de francs, sans compter le travail des ouvriers de corvées ; cette somme morte depuis dix ans devrait être aujourd'hui, avec les intérêts compris à 10/100 et composés, de 121.905.875 fr. ; en ne comptant que le simple intérêt de 10/100, elle devrait être de 94 millions de francs.

Admettons que l'on dépense encore pour mettre les barrages en état, et pour tout le système, la somme de 25 millions de francs, ce qui est loin d'être exagéré, on aura, au terme des travaux dont on peut évaluer la durée à cinq années :

Un capital déboursé primitivement de.	47.000.000 fr.
Intérêts pour dix ans à 10 p. 100.	47.000.000
Les travaux se terminant dans cinq ans, ce sera encore l'intérêt de cette même somme pendant cinq années à 10 p. 100.	23.500.000
Les 25 000.000 à dépenser.	25.000.000
Total.	142.500.000 fr.

Pour avoir l'intérêt de ces fonds, sans parler de l'amortissement du capital, il faudrait un revenu de 14.250.000 fr.

En supposant, pour l'entretien des Barrages, des travaux qui en dépendraient et pour l'administration une somme annuelle de 1.450.000 fr., il faudrait donc trouver une rentrée annuelle de 15.700.000 fr.

Tout naturellement, ce serait aux cultivateurs profitant des effets des barrages à payer cette somme, d'après les surfaces qu'ils arroseraient.

Admettons que pour la Basse-Égypte on puisse cultiver annuellement, par irrigation, un million de feddans; il faudrait donc faire payer par feddan 15 fr. 70; certes ce ne serait pas énorme, mais il faudrait une administration des eaux, sage, indépendante de toutes les influences des gros propriétaires; sans cela il y aurait ruine pour les cultivateurs. D'ailleurs, avant tout, il faut être persuadé que les Barrages, dans leur état actuel, peuvent être terminés sans de trop grands travaux, peut-être aussi coûteux que de refaire les Barrages à nouveau.

Si à l'époque à laquelle on a commencé les Barrages, comme on l'a déjà dit, le produit des machines à vapeur et leur entretien eussent été ce qu'ils sont aujourd'hui, certainement on aurait conseillé à Méhémet-Ali d'abandonner son projet des Barrages, pour établir des machines qui auraient donné un bénéfice immédiat à chaque dépense faite pour monter une machine ; et aujourd'hui encore c'est une affaire à examiner et à discuter. Il ne s'agit pas, parce qu'un travail est beau comme massif de maçonnerie, parce qu'il a une renommée dans le monde, de dépenser encore de fortes sommes sans être certain du résultat. On doit discuter s'il n'est pas préférable d'abandonner un système dispendieux, pour un autre plus certain et d'un revenu plus immédiat.

Admettons toujours pour base que l'on veuille et que l'on puisse cultiver un million de feddans par irrigation dans la Basse-Égypte, ce qui est en rapport avec les cultures générales sans rien exagérer et en rapport avec la population. D'après les expériences répétées, en tenant compte de tous les éléments de calcul dont on ne peut dans cet exposé rapide donner les détails, il faudrait la force de 7.729 chevaux-vapeur, qui, pour prix d'achat et d'installation, coûteraient 15.458.000 fr.; ce qui donnerait une économie de 10 millions sur les travaux à faire pour terminer les Barrages avec tout le système ; et chaque machine montée à la prise d'eau d'un canal donnerait un produit immédiat.

L'entretien annuel des machines, tout compris :

Combustible, réparations, administration, etc., coûterait,
  pour cent cinquante jours, temps des arrosages séfi. . .   8.400.000
Réparations, entretien, personnel administratif. 1.680.000
Intérêt du capital et amortissement. 1.559.081
                Total des dépenses annuelles. 11.639.081

ce qui ferait pour les cultivateurs une somme de 11 fr. 63 par feddan.

Certainement tous les cultivateurs seraient fort heureux d'avoir de l'eau à ce prix, surtout lorsqu'ils seraient certains d'en avoir par les soins d'une administration équitable dans la distribution des eaux, et de ne plus être obligés de faire les curages des canaux séfi, toujours écrasants pour la population agricole.

Ce sont donc ces graves questions qui devraient être étudiées et bien examinées à fond, sans parti pris, sans coterie, et seulement en vue du bien du pays, des intérêts du Gouvernement et de ceux du chef de l'État. Il ne faudrait donc pas préalablement prendre de décisions partielles sur ce qu'il y a pour le moment à faire aux Barrages, mais entrer de suite et franchement au vif de la question.

EXPLOITATION DE CARRIÈRES. — CHEMIN DE FER DE SUEZ.
— EMPIERREMENT DE LA ROUTE DE SUEZ.

Quand les travaux des Barrages du Nil furent décidés et qu'on en donna l'exécution à M. Linant, malgré l'opposition que faisait le parti de M. Galloway et ce qui était anglais, car à cette époque la rivalité de prépondérance en Égypte était dans toute sa vigueur, pour ne pas mécontenter ou plutôt pour plaire au parti anglais, on donna à M. Galloway la fourniture du matériel pour établir un chemin de fer entre le Caire et Suez. Il devait faire venir un tiers des rails immédiatement et faire provisoirement les études et projets préparatoires.

De cette manière on compensait, au moyen d'un gain pécuniaire, la satisfaction d'amour-propre d'exécuter un grand travail très-important par ses résultats pour l'Égypte.

Il arriva, premièrement et avant tout, un considérable et superbe matériel de bureaux et d'instruments de géodésie, de nivellements, etc.; les rails vinrent aussi, mais les travaux du chemin de fer ne commencèrent pas plus que ses études préparatoires. Ce manquement d'exécution fut compensé par d'autres Commissions; les travaux du Barrage nécessitaient une exploitation de carrières régulière et sur une grande échelle : alors on établit à Torah, depuis le Nil jusqu'à la montagne, une voie ferrée avec pentes et paliers, de manière à ce que, par un système de poulies, les wagons chargés pussent remonter les vides. Le projet de ce chemin de fer fut dressé par M. Linant, et deux ingénieurs engagés par M. Galloway pour le chemin de Suez exécutèrent celui des carrières de Torah.

Les carrières étaient exploitées dans une gorge de la montagne où se trouvaient d'immenses excavations, dans lesquelles les anciens Égyptiens avaient autrefois exploité les pierres qui ont servi à l'élévation des Pyramides de Gizeh.

La distance des carrières au Nil était de 2.295 mètres au total. Premièrement au haut du chemin de fer à la montagne il y avait plusieurs embranchements arrivant tous à la voie principale pour apporter les pierres extraites dans différents ateliers.

Au commencement de la voie, en haut, était une partie horizontale où aboutissaient tous les embranchements, puis une pente de 8 millimètres par mètre sur une longueur de 820 mètres.

Avant d'arriver à la grande pente, il y avait un palier de 40 mètres, puis venait la grande pente ayant 4 centimètres par mètre sur une longueur de 660 mètres. C'était là où était un système de poulies où, au moyen d'une chaîne, les wagons pleins descendant sur une voie remontaient les wagons vides sur l'autre.

Ensuite venait encore un autre palier de 40 mètres, puis une seconde pente de 8 millimètres par mètre sur une longueur de 685 mètres et un palier de 50 mètres aboutissant au quai bâti comme embarcadère sur le fleuve, où étaient placées des grues pour l'embarquement.

Ce chemin de fer, très-bien exécuté d'après le système de vis en pierres, fonctionna fort bien et rendit des services importants; mais bientôt, au lieu de n'exploiter que des pierres de taille comme cela avait été projeté, ce pourquoi ces carrières avaient été choisies, on voulut exploiter du moëllon; la mine ruina la carrière, elle fut encombrée de déblais, et bientôt elle devint une carrière semblable à toutes celles qui sont exploitées par les Arabes; puis enfin, comme le Gouvernement voyait que la pierre, par ce moyen, revenait à meilleur marché, afin d'en diminuer encore le prix, il donna l'exploitation par les chemins de fer à des entrepreneurs; les conditions furent faites sans études, sans connaissance de la chose, par des personnes qui n'avaient jamais vu de carrières et encore moins de chemins de fer; alors tout fut perdu.

Les ingénieurs anglais n'étant plus là, personne n'avait de surveillance à exercer. Les entrepreneurs cherchaient alors dans leur intérêt à porter au Nil le plus de matériaux possible; ils n'étaient responsables en rien du matériel du chemin de fer. On conduisait les wagons chargés jusqu'au commencement de la pente; là, au lieu de se servir du système de poulies, qu'on avait abandonné, on lançait les wagons chargés sur la pente où ils étaient précipités. Quand ils ne déraillaient pas, ils arrivaient en bas avec une vitesse de plus de 42 milles à l'heure; souvent ils arrivaient sur le dernier palier sans pouvoir être arrêtés, et il y en eut bien des fois de précipités dans le Nil ou dans les barques qui étaient à quai. Les rails furent tordus, les dés bougèrent, puis vint un torrent par une pluie d'orage qui abîma le tout : alors on abandonna les chemins de fer sans plus s'en servir.

D'autres carrières furent exploitées ailleurs, et l'on recommença les transports des pierres à dos de chameaux et avec des trique-balles traînés par des bœufs.

Les communications entre le Caire et Suez que l'on avait dû
établir par chemin de fer se continuèrent par chameaux, comme
par le passé. Mais bientôt le transit par l'Égypte entre l'Angleterre et les Indes, prouvé plus facile par l'intrépide lieutenant
Wagorn, fit que l'on chercha un moyen de transport plus
prompt, moins coûteux et surtout plus commode pour les dé-
pêches, la poste et les voyageurs.

En 1845, les chameaux ne servirent plus que pour le transport des charbons nécessaires aux vapeurs de la Compagnie péninsulaire et orientale, ainsi que pour les bagages des voyageurs
ou pour quelques marchandises précieuses et la poste. Mais les
voyageurs, au lieu de faire la route du Caire à Suez, dans le désert, dans des portentines, à dos de baudets et de chameaux ou
sur des dromadaires, la firent dans des voitures à deux roues
traînées par quatre animaux, mules et chevaux. On mit premièrement huit relais pour faire 90 milles; plus tard on en établit
quinze, on fit trois stations-auberges, et cela marcha fort bien;
seulement la route fut simplement tracée à travers le désert. On
allait par où le cocher pensait que le terrain était le meilleur
avec moins de sable, et bien souvent, quand on voyageait la
nuit, on perdait la route que l'on ne pouvait reconnaître et l'on
déviait à droite ou à gauche dans le désert. Le matin, au jour,
on retrouvait les égarés, puis on reprenait le tracé indiqué par
les roues des voitures qui avaient laissé leur empreinte sur le
sable.

Les premières stations-écuries faites par l'administration du
transit étaient primitivement en bois; le Gouvernement, ayant
pris entre les mains tout le travail, fit faire des stations-écuries
en pierres et les doubla; alors, au lieu de sept relais, il y en eut
quinze. On creusa des citernes dans quelques stations, mais elles
furent inutiles, car il n'y avait jamais d'eau pour les remplir.

Une seule, au n° 10, qui était une belle citerne ancienne que
nous trouvâmes et excavâmes, fut remplie une fois par le torrent
venant du Gebel Attaka.

Quoique l'empierrement de la route de Suez ait été exécuté
sous Abbas Pacha, cependant, comme ce travail vient directement après l'histoire du projet avorté du chemin de fer de Suez

qui fut repris plus tard, nous parlerons ici de cet empierrement.

En 1849, des ordres d'Abbas Pacha furent transmis à Linant
Bey pour faire de la route de Suez au Caire suivie par les voitures
du transit une route carrossable empierrée, afin de pouvoir aller
plus vite et plus facilement, sans ruiner autant les chevaux
qui mouraient, en grand nombre, de fatigue.

On commença par faire la partie de la route la plus rapprochée du Caire avec des entrepreneurs. On partit du faubourg
de Husseïnièh. L'empierrement avait de largeur 30 mètres, et
40 centimètres d'épaisseur ; les pierres, d'un certain calcaire
blanc assez compacte, mais très-uni de grain, étaient cassées
en petits morceaux de 50 à 60 centimètres cubes, avec le moins
de différence possible dans la grosseur. Le sable du sol fut premièrement égalisé, on posa ensuite une couche de ces petits
moellons de l'épaisseur de 15 centimètres, on y passa un très-
gros rouleau de granit traîné par quatre bœufs. Après on mit
une seconde couche de 15 centimètres aussi et l'on tassa encore
avec le rouleau, puis enfin la dernière couche sur laquelle on
mit une épaisseur de 15 centimètres de sable du désert mêlé
d'une argile rougeâtre contenant de petites cristallisations gypseuses ou argile plastique ; sur le tout on promena longtemps le
rouleau.

Le peu d'humidité qui existe la nuit dans le désert, quelques
gouttes de pluie tombant pendant l'hiver, firent de cette agglomération un massif qui devint comme une dalle très-unie et on
ne peut plus compacte. Aujourd'hui encore, dans la partie où
roulent des voitures et de l'artillerie allant à Assouan, la route
est en parfait état et n'a reçu que fort peu de réparations. Cette
route se fit donc d'après ce système ; mais ayant reconnu que
50 ou 60 centimètres d'épaisseur de macadamisage étaient
trop sur un fond de sable, on n'en mit plus que 18 à 20 en ren-
forçant un peu le milieu ; il en fut ainsi pour toute la route empierrée.

De chaque côté de l'empierrement on laissa une largeur de
2 mètres, et puis on fit une petite chaussée avec les déblais d'un
fossé pour l'écoulement des eaux s'il venait à pleuvoir.

Ce fossé et la petite chaussée servaient aussi pendant la nuit aux cochers pour se guider; cependant malgré cela beaucoup, dans les nuits obscures, passaient par-dessus la chaussée et le fossé.

Toute la route n'était pas empierrée; dans beaucoup de parties on laissa le terrain naturel, qui était meilleur que les empierrements : c'était une agglomération naturelle de graviers d'argile, de sable où l'on trouve de l'ocre rouge et de petits fragments gypseux; ces parties étaient unies et les voitures y roulaient comme sur un tapis.

On fit aussi travailler un bataillon de soldats d'artillerie à la route, et dans une autre partie ce furent les fellahs.

La grande difficulté pour les uns comme pour les autres était le transport de l'eau, pour laquelle il fallait beaucoup de chameaux et de barils.

On fit plusieurs expériences pour juger des différents matériaux à employer pour les macadamisages des routes aux environs du Caire, et dans la prévision que plus tard on empierrerait les rues de la ville.

On fit faire 100 mètres de la route en grès rouge de la montagne près de Assouan, le même que l'on porta à Alexandrie sous Méhémet-Ali pour macadamiser la route depuis Raz-el-Tine jusqu'à la porte de Rosette.

Une autre longueur de 100 mètres fut faite avec des cailloux du désert cassés en morceaux.

D'autres parties encore avec différents calcaires.

Le grès rouge n'a jamais fait corps malgré tout ce que l'on tenta.

Les cailloux brisés pas davantage, tandis que tous les calcaires au bout d'un mois formaient une surface unie et faisaient avec le sable argileux et ocreux du désert une espèce de conglomérat qui aujourd'hui encore, dans les environs du Caire au palais de Son Altesse, est en parfait état.

De ceci il ne faudrait pas conclure que ce macadamisage fût bon partout; probablement que s'il était fait dans un pays pluvieux il serait vite détérioré, tandis qu'avec un peu d'humidité et même une ondée de pluie de temps en temps on ne peut avoir rien de mieux. Ce sont surtout les calcaires compactes grisâtres et ceux qui se trouvent par petites couches sur les collines du désert qui sont les meilleurs.

Quant au grès rouge de la montagne près le Caire ou autres semblables que l'on trouve dans le désert, jamais il ne fait corps ; les morceaux se retrouvent, après des années, aussi détachés que le premier jour, et ne se liant à rien ils remontent toujours à la surface, le sable coulant au fond. Aujourd'hui à Alexandrie comme au Caire les nouvelles rues macadamisées avec cette pierre ne sont supportables que quand l'empierrement est recouvert d'une couche de boue formée par la poussière et l'arrosage.

Cette pierre cependant peut être bonne quand le macadamisage est fait avec du mortier comme celui qui fut exécuté sous Méhémet-Ali à Alexandrie, de Raz-el-Tine à la porte de Rosette : là il devint solide avec fort peu de réparations ; mais pour le Caire, l'empierrement calcaire avec des débris de carrière très-menus en guise de sable est ce qu'il y a de mieux et de moins cher comme établissement et comme entretien ; pour l'usage des personnes qui circulent en voitures ou à pied, il est aussi préférable.

Voici un aperçu de ce que les empierrements ont coûté sur la route, de 1849 à 1853.

Par des soldats d'artillerie, compris les frais pour le transport de l'eau, les frais d'administration, ceux des officiers commandant, nourriture, l'usure du matériel, la valeur des bêtes de somme, etc. :

En cailloux cassés, le mètre cube. . . . . 10,34 fr.
En moëllons   id.   25,30

Pour les fellahs, tout compris, sans habillement ni tentes :

En cailloux.. 12,15
En moëllons. 27,38
Différence en cailloux. 1,81
En moëllons. 2,08

Plus tard, on donna ces travaux à des entrepreneurs à un prix moindre, et les travaux n'en marchèrent que mieux, sans donner d'embarras.

La route ne fut construite que jusqu'au n° 8, c'est-à-dire jusqu'à la huitième station ou moitié de la route où se trouvait le palais qu'Abbas Pacha s'était fait construire, et lorsqu'il mourut les travaux de macadamisage furent abandonnés pour commencer ceux du chemin de fer qui devait remplacer si avantageusement cette route empierrée, dont la direction ou plutôt les pentes ne purent pas même être utilisées.

La route empierrée existe encore telle qu'elle a été construite, à part quelques endroits emportés par des torrents.

--- --- ---

PUITS ARTÉSIENS.

En Égypte on a toujours eu de très-bonnes intentions pour faire ce qui pouvait constituer des innovations utiles au pays, et il suffisait, surtout à l'époque de Méhémet-Ali, de parler d'une chose nouvelle pouvant donner de bons résultats, pour qu'immédiatement l'ordre fût donné de faire venir cette chose, ou d'appeler des hommes pour l'exécuter.

Depuis Méhémet-Ali, ses successeurs ont tous eu des connaissances de plus en plus sérieuses ; aussi cette manière de faire a-t-elle beaucoup change, et aujourd'hui le Vice-Roi est en état, non-seulement de comprendre, mais encore de discuter sciemment tout ce qui lui est proposé; aussi il n'arrive plus ce qui arrivait, ou bien si cela se fait encore, on peut dire que c'est pour des choses sur lesquelles le khédive n'a pu porter son attention et qu'il n'a pas eu le loisir d'étudier.

Une des innovations qui depuis Méhémet-Ali a occasionné des dépenses inutiles sans aucun résultat, ce sont les forages des puits artésiens pour avoir de l'eau jaillissante.

On en est encore à savoir si en Égypte proprement dite, c'est-à-dire dans la vallée du Nil, dans les terres cultivées, entre la chaîne arabique et le désert libyque, on peut trouver des couches d'eau inférieure qui puissent jaillir au-dessus du sol.

On en est encore à savoir, par conséquent, si les eaux que

l'on obtiendrait par le moyen de forages artésiens seraient aussi avantageuses que celles du fleuve, qui en a tant à la disposition des cultivateurs, et auxquelles il ne manque que des moyens élévatoires.

Ce qui a toujours manqué pour s'assurer des résultats, c'est une étude sérieuse des localités ; mais surtout c'est la prévoyance et la persévérance. Un travail de longue haleine a toujours été une grande difficulté ; il fallait des résultats immédiats, car on voulait travailler tout d'abord pour soi ; aujourd'hui que la famille est devenue précieuse, que l'attachement à ses enfants existe et que l'on sait que le bien que l'on fait profitera à ses héritiers directs, il en est autrement.

Le premier essai de forage d'un puits artésien se fit au temps du Vice-Roi Méhémet-Ali ; ce fut M. Briggs qui le fit exécuter dans le désert, près de l'Abbasciéh ou de l'Adliéh, mais cela se réduisit à peu de chose, et je ne sais même pas si l'on arriva aux eaux d'infiltration du fleuve.

S. A. Ibrahim-Pacha fit faire aussi un forage en face de son palais de Cars-el-Hali, au bord de la route. mais il en fut comme du précédent, il fut bientôt abandonné.

Abbas-Pacha en fit aussi commencer un sur la route de Suez, près de la forteresse d'Agerout ; on choisit probablement ce lieu parce qu'on avait vu que, lorsque quelques orages éclataient sur l'Attaka, les eaux en descendaient torrentueusement par un ravin nommé l'Ouadée-Amatta, et qu'elles allaient en grande quantité jusqu'au réservoir de Suez nommé El-Gisr ; ces eaux ne sont que superficielles et ne devaient point faire croire à l'existance d'aucune couche d'eau courante ou stationnant intérieurement ; aussi ce forage eut-il le sort des précédents.

Saïd-Pacha fut mieux informé, et voici comment : Em-Bey avait obtenu sous Méhémet Ali des concessions dans la grande Oasis et il y avait cultivé de l'indigo et du riz. Or, toutes les oasis, la Grande, la Petite, celle de Siwah, sont cultivées à l'aide des eaux qui surgissent du sol même, et qui en s'écoulant servent à l'arrosage ; dans celle de Siwah surtout, elles forment des espèces de lacs et des marais.

Dans la Grande-Oasis où était Em-Bey, il trouva que beaucoup de ses eaux provenaient de puits forés, comme les puits dits, aujourd'hui, artésiens.

Voici comment se font ces puits : le sol sablonneux est creusé, puis celui d'apport consistant en sable, gravier, cailloux mélangés d'argile, est aussi creusé en forme de puits carré d'environ 4 mètres de côté, plus ou moins, à une profondeur de 6 à 8 mètres, quelquefois moins, selon les localités ; ce puits est cloisonné en bois de dattier et très-bien fasciné ; ce creusement s'arrête sur un banc de grès, dans lequel commence le forage exécuté absolument comme on le ferait aujourd'hui. La profondeur du forage dans la pierre ne m'est pas connue, mais Em-Bey nous a dit qu'il était d'environ 30 mètres et qu'à cette profondeur les eaux jaillissaient toujours à la surface du sol ; elles remplissaient la partie boisée et coulaient où l'on voulait qu'elles allassent.

Beaucoup de ces puits sont comblés, mais on en reconnaît toujours la position à de petits tertres couverts de végétation, et à l'humidité du sol. Em-Bey en a déblayé plusieurs.

Une particularité de ces forages, c'est qu'ils ne sont pas toujours creusés verticalement et que dans plusieurs on n'est pas parvenu à introduire une tige de sonde ; c'est seulement avec une petite chaîne ou une ligne de sonde que l'on a pu mesurer la profondeur, parce qu'alors le poids de la sonde pouvait suivre les détours du puits foré.

Les habitants des Oasis, et Em-Bey lui-même, ont prétendu que souvent les eaux jaillissant de ces puits forés vomissaient de petits poissons noirs ayant les yeux fermés.

A l'oasis de Siwah les eaux d'irrigation sont toutes jaillissantes ; la fameuse source du Soleil qui, selon Hérodote (1), était tiède le matin, plus fraîche ensuite, tout à fait froide à midi, et dont la température s'élevait ensuite jusqu'à minuit, heure à laquelle, dit-il, elle était bouillante, n'est elle-même qu'un puits foré dont les anciens Ammoniens d'Hérodote se servaient pour arroser leurs terres comme le font aujourd'hui les habitants de l'Oasis de Siwah.

____

(1) Hérodote, livre IV ; Melpomène, chap. CLXXXI.

J'ai vu cette source : elle est extrêmement abondante et sort en bouillonnant du sol ; c'est la principale de celles qui servent à l'irrigation de l'Oasis de Siwah.

Si elle semble plus chaude avant le lever du soleil et plus fraîche à midi, c'est seulement une sensation qu'on éprouve en y mettant les mains à différentes heures qui peut faire croire à ce phénomène : le matin l'air est vif et frais, alors on trouve l'eau tiède ; à midi, au contraire, l'air est très-chaud, et la source conservant sa même température, semble plus fraîche en y plongeant la main. Il en est de même pour toutes les eaux de source ou de puits, mais la température positive est toujours la même ou à très-peu près.

Les eaux de cette source et celles des autres coulent dans des lacs peu profonds qui sont dans le Nord-Ouest de l'Oasis. Il s'y trouve quelques petits poissons noirâtres, mais dont les yeux sont ouverts ; je ne sais s'ils proviennent des sources jaillissantes ou puits forés.

Il semble donc que dans toute la ligne des Oasis, depuis la plus méridionale jusqu'à celle de Siwah, il y a dans l'espèce de vallée qui les forme une nappe d'eau comprimée sous des couches imperméables et qui jaillit à la surface lorsqu'on peut lui donner une issue ascensionnelle à l'aide d'un forage.

C'est la connaissance de ces faits, et la présence à Alexandrie d'un élève de M. Degousée, qui engagea Saïd-Pacha à tenter un forage d'essai.

Cet élève de M. Degousée était M. Nottinger ; il pensait que cette nappe d'eau souterraine pouvait même se trouver aux environs d'Alexandrie. Il établit alors son appareil de forage à Gabari, campagne et palais de Saïd-Pacha. On trouva à une profondeur moindre que celle où, d'après ses prévisions, on devait rencontrer la nappe d'eau des Oasis, une couche d'eau qui n'arriva pas jusqu'à jaillir sur le sol, et l'on continua le travail. M. Nottinger était certain d'arriver au résultat qu'il avait annoncé ; cependant Saïd-Pacha, fatigué d'attendre la solution d'un travail rendu d'autant plus long qu'il n'était pas suivi de succès ; et les dépenses que ce travail occasionnait, quoique minimes, lui semblant énormes, car alors il n'était pas encore Vice-Roi ;

tout cela fit que le forage fut abandonné, et l'on resta comme avant dans le doute sur la possibilité d'avoir de l'eau jaillissante dans quelques parties du pays.

Ainsi donc voici encore une chose très-utile qui n'a pas été poussée jusqu'au bout, faute seulement de persévérance.

CARTES DE L'ÉGYPTE COMMENCÉES SOUS MÉHÉMET-ALI.

Le temps a énormément changé les choses depuis le commencement du règne de Méhémet-Ali. Ce grand homme, qui a commencé avec tant de succès la régénération de l'Égypte, avait certainement une intelligence d'élite, un génie qui eût été bien autrement productif en innovations utiles au pays qu'il avait conquis par son esprit, s'il n'eût manqué complétement d'instruction première. Il dut beaucoup, il dut tout à son esprit naturellement supérieur, mais il ne pouvait comprendre ce qu'après lui ceux qui sont arrivés au pouvoir ont connu et étudié dans le but d'être utiles au pays que la Providence leur a donné à gouverner.

Sous Méhémet-Ali les personnes qui l'entouraient étaient à peu près élevées comme lui. C'étaient des hommes énergiques, dévoués, braves; mais, à part quelques rares Européens, tous étaient de la plus grande ignorance; ce n'est que depuis que Méhémet-Ali eut envoyé des élèves aux Écoles d'Europe, et qu'il y a eu des Missions pour instruire des Égyptiens et des Turcs, que ceux-ci revenant en Égypte ont éveillé un certain entraînement vers l'instruction qui, aujourd'hui, se trouve, depuis le Chef de l'État, chez les hauts fonctionnaires comme chez les fonctionnaires inférieurs, à un degré qui fait que l'Égypte peut rivaliser avec les autres pays; et aussi connaît-on maintenant l'importance des cartes pour le pays.

Un des hommes les plus distingués de l'époque de Méhémet-Ali, un homme d'une intelligence supérieure, mais que ses actes de justice exagérée ont fait plutôt connaître par ses cruautés sauvages, le seul haut fonctionnaire de cette époque qui comprit la nécessité d'une carte, fut Méhémet-Bey Defterdar, gendre du Vice-Roi. Ayant été au Soudan, en qualité de gouverneur général, il eut l'idée de faire une espèce de carte comme il l'entendait. C'était une longue pièce de toile roulée sur laquelle, à une certaine échelle, il avait indiqué les différentes routes qu'il avait suivies : celle du Nil, celle de Dongola jusqu'au Cordofan, celle de ce lieu à Sennar, puis au Fazoglo, à Guedaref, au Taka, à Goos-Regeb et à Chendy. Les villages, les puits, les montagnes, les eaux y étaient indiqués par leurs noms, mais toujours en ligne droite ; cela rappelait les anciens Itinéraires romains. Comme carte, ce n'était rien, mais c'était pourtant déjà beaucoup comme renseignement, et il eût été à désirer que tous les autres chefs du Soudan en eussent fait autant.

Pour donner une idée de ce que quelques personnes, parmi les fonctionnaires de cette époque, pensaient du travail d'une carte, voici une anecdote véridique qui le fera connaître.

L'Ingénieur en chef de la Haute-Égypte venait de prendre son service, et pour connaître son personnel dispersé dans les provinces, il fit subir à chacun un examen sur ce qu'il devait savoir : puis il voulut que chaque ingénieur dressât une carte du district qui était sous sa direction, pour les irrigations et les travaux qui en dépendaient ; il pensait qu'ils pourraient toujours faire tous, tant bien que mal, un relevé à la planchette ; mais, hélas ! ces ingénieurs n'avaient pas d'instruments, pas même de papier ni de crayons. Ils étaient très-peu payés, sans directeur, abandonnés à eux-mêmes, sans un chef immédiat jouissant de quelque considération.

L'Ingénieur en chef demanda, pour faire le travail dont il démontrait l'utilité, les instruments nécessaires pour chaque province, comme chaînes, planchettes, boussoles, etc., etc.

On examina cette demande en Conseil et ce fut un nommé Méhémet-Effindi Monasterli qui fut chargé de la réponse. C'était un vieillard qui n'avait aucune connaissance en ce genre d'affaire, et, d'ailleurs, aucun cas de ce genre ne s'était encore présenté. La réponse fut : La demande que vous faites, est juste et nous reconnaissons que ce que vous voulez faire est utile, mais comme nous ne connaissons pas ce que sont ces cartes, et si aussi les ingénieurs sont bien capables de les exécuter, nous voudrions en voir quelques-unes faites par les ingénieurs, et alors nous nous empresserons de fournir les instruments, papiers, etc., que vous demandez.

Lorsqu'on fit l'arpentage des terres de l'Égypte en 1822, je crois, sous la surveillance d'un Cophte nommé Malem-Gali, un Italien nommé Mazi fit, avec des jeunes Arabes élevés à une école de Casr-l'eïn, des cartes cadastrales de plusieurs parties de la Basse-Égypte.

Comme jamais il n'y eut d'archives pour conserver ces sortes de travaux, toutes ces cartes furent dispersées et perdues.

Dans mes premiers voyages, tant sur le Nil que par terre, dans les provinces le long du désert, au levant et au couchant, dans le Soudan, depuis 1820 jusqu'à 1830, et plus tard lorsque j'eus pris du service en Égypte, je travaillais toujours à réunir des matériaux pour dresser des cartes.

Mes principaux points de repère, en Égypte, furent ceux déterminés par les Ingénieurs et les astronomes de l'Expédition française de 1800 ; puis, ayant mesuré plusieurs bases aussi exactement que je le pouvais faire avec les moyens que j'avais à ma disposition, je reliai plusieurs points entre eux par une triangulation ; ces signaux étaient, à part les points cités plus haut, et dans la Basse-Égypte, des minarets, des mosquées, des santons, des hauteurs de décombres, des monticules presque toujours avec une construction. Le long du désert, surtout dans la Haute-Égypte, on trouve des tours, des tumulus sur les montagnes, des arbres sur le sable, et cela me servait de signaux comme sommets d'angles.

Pendant mes voyages sur le Nil, je relevai le cours du fleuve au moyen d'un compas à alidade ou compas azimuthal ou de variation. En marchant je dessinais le contour des rives et autant que possible la topographie. J'estimais à la vue les distances parcourues, et tous les jours ou bien la nuit je faisais une observation pour obtenir la latitude, ce qui rectifiait les distances estimées. Le cours du fleuve étant, à part les sinuosités, presque directement du Nord au Sud, les longitudes variant peu. J'avais bien deux chronomètres dans ma barque, j'avais aussi une excellent télescope astronomique avec lequel je pouvais observer des occultations et les éclipses des satellites de Jupiter ; mais ces observations, difficiles en voyage par terre, même quand on est secondé, deviennent tellement difficiles et incertaines quand on est seul, que, à part quelques-unes, j'en ai fort peu fait, excepté dans mes voyages depuis les Cataractes d'Assouan jusqu'au Fazoglo, en montant et descendant, toujours dans ma barque, où j'étais parfaitement installé.

Quand on a une grande habitude des relèvements au compas et l'œil exercé aux distances, on parvient à faire des cartes de voyage suffisamment exactes, surtout quand on fait en même temps de la topographie à la simple vue ; mais il faut pour cela beaucoup d'habitude.

Dans le désert, c'était plus facile, les heures de marche des chameaux indiquaient les distances ; on traçait les différentes directions à la boussole, en dessinant le contour des vallées où, presque toujours, sont les routes à suivre, puis en montant sur chaque montagne élevée on relevait d'autres points ; le tout se reliait et formait ainsi une triangulation que l'on vérifiait par des observations de latitude, ce qui coordonnait tout le travail. Mes cartes dressées de cette manière, comme, par exemple, celle de l'Etbaye, donnent une grande approximation, voisine de l'exactitude et certainement suffisante pour des cartes semblables.

Quant au remplissage de chaque province de l'Égypte, au moyen des voyages multiples que nécessitait mon service lorsque j'étais Ingénieur en Chef et Inspecteur, j'ai pu relever les canaux, les digues et les limites des terres cultivées et du désert ; d'ailleurs les cartes de l'Expedition française étaient toujours sous mes yeux, et alors il m'était facile de faire bien des vérifications et des corrections.

En 1840 ma carte de la Basse-Égypte était dessinée et finie. Je proposai à Méhémet Ali de la faire publier, ce qui eût certainement été une chose utile pour tout le monde, surtout en Égypte, où il était si important de connaître les canaux et les digues ainsi que les travaux servant aux irrigations ; mais on n'en reconnaissait pas alors l'importance, et je n'eus jamais de réponse ni positive ni négative à ma demande.

En 1845, S. A. R. le duc de Montpensier voulut bien prendre ma carte, qui fut alors, par ordre du Roi Louis-Philippe, gravée au Dépôt du Ministère de la Guerre ; quelques exemplaires, seulement, furent tirés avant 1848 ; mais au commencement de l'Empire on la rendit publique dans le commerce, et Napoléon III ordonna que la publication de toutes mes autres cartes de l'Égypte serait faite au Dépôt du Ministère de la Guerre, ce qui eut lieu.

Ces cartes ont existé dans tous les ministères et dans toutes les administrations égyptiennes. Elles comprennent : la Basse-Égypte, en deux feuilles ; la Moyenne, une feuille ; la première partie de la Haute-Égypte, une feuille ; la seconde partie, une feuille ; l'Etbaye, pays des Arabes Bichariéh et des mines d'or, une feuille. J'ai reçu, pour ces cartes, de presque tous les souverains des preuves de leur satisfaction ; de l'Égypte, où pourtant elles devaient être plus utiles et plus appréciées qu'ailleurs, je n'ai pas eu la moindre marque d'approbation.

En 1840, Méhémet-Ali ayant voulu avoir une carte du Fayoum, je fus chargé de ce travail ; je l'organisai entièrement, étant alors Directeur-général de la division des Ponts-et-Chaussées au Ministère des Travaux-Publics ; je ne pus rester sur les lieux des opérations tout le temps du travail, ayant au ministère beaucoup d'autres occupations. Je fus souvent en inspection, mais le ministre Edhem-Pacha, qui se trouvait au Fayoum pour activer les travaux de canalisation, surveillait aussi ceux de la carte, qui fut parfaitement exécutée et très-bien dessinée par un Ingénieur européen que j'avais près de moi et que j'avais formé au dessin topographique.

Cette carte étant à l'échelle d'un dix-millième, on pouvait y introduire beaucoup de détails.

On en fit une réduction au $\frac{1}{20000}$ pour la donner au Vice-Roi ; elle lui fut remise, et jamais on n'en entendit plus parler.

Je faisais faire, au ministère, une copie de cette carte, lorsque le dessinateur qui était chargé de ce travail tomba malade, et ne pouvant sortir de chez lui pour venir au ministère, il lui fut accordé de travailler chez lui, où on transporta la carte et le commencement de la copie.

L'Ingénieur mourut, sa femme partit immédiatement, et la carte originale ainsi que la copie disparurent.

Plus tard, en 1854, lorsque je repris la Direction générale des Travaux Publics, sous Saïd-Pacha, ce qui était devenu un vrai ministère, quoiqu'il n'y eût pas de ministre titulaire, je fis rechercher la minute de la carte du Fayoum pour la faire refaire ; malheureusement je ne trouvai plus que des pièces et des morceaux. Toutes les archives du ministère, plans, cartes, dessins, dossiers, etc., depuis que j'avais été Inspecteur-Général, avaient été mises dans de grands sacs à balles de coton et jetées ainsi, foulées, dans des magasins humides, où personne ne pénétrait. Les rats et d'autres espèces d'animaux avaient rongé en grande partie tous ces documents utiles et précieux, qui avaient coûté au gouvernement tant de temps et d'argent.

Longtemps après, en 1866, lorsque je me fus retiré du service, il se présenta chez moi une personne disant venir de la part de S. A. le prince Halim pour me faire examiner une carte manuscrite qui lui avait été présentée par cette personne et qui était une carte du Fayoum avec toutes les écritures en arabe. Je fus fort surpris en reconnaissant la carte appartenant au Ministère des Travaux Publics, celle qui avait disparu lors de la mort du dessinateur qui en faisait une copie.

Ma première pensée fut de faire arrêter l'individu ; mais à ce qu'il me dit je vis bien qu'il ne connaissait rien de toute l'histoire de la carte et qu'il n'était pas le coupable. Je lui donnai quelques napoléons et pris la carte.

A cette époque le Vice-Roi actuel voulait faire faire une carte du Fayoum, et pour épargner ce travail, qui n'aurait été ni mieux fait ni plus complet que celui qui avait été déjà exécuté, je remis à S. A. le Vice-Roi la carte du Fayoum, qui d'ailleurs devait appartenir au gouvernement. Cette carte, où est-elle? qu'est-elle devenue? Je ne le sais ; jamais je n'en ai entendu parler, quoique plusieurs fois depuis j'ai su que Son Altesse voulait une carte du Fayoum.

En 1834, étant Directeur-Général des Ponts-et-Chaussées, Directeur-Général des Travaux des Barrages, Président du Conseil des Travaux-Publics, sentant toujours, de plus en plus, la

nécessité d'avoir une bonne carte hydrographique de l'Égypte,
bien complète, je commençai par commander en France tous les
instruments qui pouvaient servir à faire ce grand travail.

En attendant, comme j'avais au Barrage, sous ma surveillance, l'École des Ingénieurs d'alors, dite de Casr-l'ein, et pensant que la première chose pour tous les ingénieurs que j'avais
sous la main était de bien connaître le système d'arrosage de
toute l'Égypte, je pris une grande étendue de terrain : je commençai par lui donner la pente voulue, je fis tracer l'Égypte
Haute, Moyenne et Basse sur ce terrain, avec les canaux, les
digues, ponts, déversoirs, etc., et avec des sakiéhs élevant les
eaux dans un réservoir, j'aurais pu figurer les crues, les inondations et les irrigations : cette étendue de terrain représentait
l'Égypte à l'échelle de $\frac{1}{1000}$. Malheureusement, avant que cela
fût terminé, que les instruments fussent tous arrivés, il survint
beaucoup de changements, les Barrages furent, pour le moment,
abandonnés et les instruments furent mis en magasin.

En 1858, Saïd-Pacha étant au pouvoir, je voulus encore faire
recommencer les travaux géodésiques d'une carte de l'Égypte.
Je formai une division d'Ingénieurs pour les travaux de la carte
et dont Ali-Bey-Ibrahim fut le chef. Je formai un conseil spécial pour ce travail, composé d'Ali-Bey-Mebarak, aujourd'hui
Ali-Pacha, d'Ahmed-Bey et de Salem-Bey.

Pour commencer les travaux de cette carte nous attendions une
règle géodésique que j'avais déjà commandée chez M. Brunner,
à Paris, afin de mesurer une base ; cependant, en attendant, tous
les préparatifs pour cette base se faisaient sur le terrain, entre
l'Abbasciéh et les dunes de sable de Kanka.

Cette règle, commandée en mars 1858, par des négligences
et par des questions d'amour-propre entre M. Jomard et d'autres
savants de l'Observatoire, ne fut terminée que bien longtemps après ; il fallut ensuite faire les expériences nécessaires pour déterminer les coefficients de dilatation ; puis faire
la comparaison de cette règle avec un étalon connu. Pour cela
on choisit, pour les opérations, un étalon déjà connu et expérimenté, ce fut la règle espagnole, et Ismaïl-Bey-Mustafa,
astronome qui était resté longtemps à l'Observatoire de Paris,

fut chargé de cette opération et alla à cet effet en Espagne.

La règle géodésique et tout l'appareil arrivèrent en Égypte lorsque, depuis longtemps, tout avait été changé, la division chargée de l'exécution de la carte dispersée ; on ne pensa plus à ce travail et la règle resta sans aucune utilité, peut-être même sans être déballée.

Pendant que l'on se préparait à travailler à la carte et que l'on attendait la règle géodésique, Mahamoud-Effendi, depuis Mahamoud-Bey, ayant été longtemps, en France, attaché à l'Observatoire, arriva en Égypte. Saïd-Pacha, avec son caractère qui était un peu celui d'un enfant capricieux, ayant été marin et amiral, connaissant les opérations astronomiques appliquées à l'art nautique, voulut faire faire à Mahamoud-Bey la carte de l'Égypte en déterminant les points d'une triangulation par des observations de longitude et de latitude, et l'on commença ce travail. En homme très-intelligent, il profita avec discernement de tous les travaux déjà exécutés : de la carte de l'Expédition française, de la mienne et de celle que je fis pour le tracé du Canal d'eau douce de Suez ; puis il eut aussi à sa disposition les plans cadastraux des provinces de Bénésouéf, du Ménoufiéh et du Garbiéh, dressés par Bayhad-Pacha.

Quand cette carte sera entièrement terminée, dessinée avec soin et talent et ensuite chromolithographiée, ce sera certainement la plus complète de celles qui auront été faites ; mais, jusqu'à ce jour, c'est encore la mienne que l'on connaît, celle sur laquelle toutes les autres, depuis 1848, ont été copiées. Et même en ce moment, au Ministère de la Guerre en Égypte, on n'en possède pas d'autre ; on en fait même dessiner des copies, avec les écritures en arabe, pour servir à l'État-Major.

Voici donc, depuis 1835, tout ce qui a été entrepris, à différentes époques, pour faire une bonne carte de l'Égypte. On a dépensé beaucoup d'argent en instruments, la règle géodésique seule contient pour plus de 15.000 francs de platine ; il y a eu de superbes instruments, tous dispersés ou détériorés aujourd'hui. Les cartes cadastrales qui ont été commencées sont dispersées de côté et d'autre entre les mains d'individus plus ou moins incompétents ; elles ne sont pas réunies en archives ; ce sera encore autant de perdu pour le gouvernement, et l'on a toujours recours à mes cartes parce qu'elles ont été gravées avant que le gouvernement ait fait tant de frais, mais sans suite ni persévérance, pour arriver à un résultat encore inconnu.

———

CHAPITRE VI.

CHEMIN DE FER D'ALEXANDRIE AU CAIRE.

Après la mort de Méhémet-Ali, peu de travaux d'utilité publique furent exécutés dans les provinces égyptiennes.

Pourtant pendant le court espace de temps qu'Ibrahim-Pacha passa au pouvoir, on continua les Barrages qui avaient été commencés sous Méhémet-Ali et dont on a vu plus haut l'histoire. Sous Abbas-Pacha, on s'occupa très-peu des travaux d'irrigation, on se borna à entretenir ceux qui avaient déjà été faits et l'on exécuta très-peu de canaux, de digues ou de ponts.

C'est cependant sous son administration que l'on fit la belle route en pierre qui servit à la circulation des voitures qui allaient journellement du Caire à Suez pour le transit des voyageurs des Indes, route qui existe encore aujourd'hui, mais qui est entièrement abandonnée depuis que le chemin de fer l'a remplacée si avantageusement.

C'est aussi Abbas-Pacha qui fit faire en partie le chemin de fer qui devait aller du Caire à Suez et du Caire à Alexandrie, ou du moins qui donna la concession du travail ou du matériel à l'ingénieur, justement renommé, M. Stephenson ; ce fut même une affaire assez importante.

L'Angleterre, pour la commodité de son transit, de ses communications avec les Indes, devait nécessairement désirer un chemin de fer reliant Suez à Alexandrie, et déjà sous Méhémet-Ali une partie des rails avait été fournie pour la section du Caire à Suez ; elle ne fut pas construite, et les rails servirent à un petit chemin d'exploitation des carrières de Torah.

En 1850, Abbas-Pacha fut instamment sollicité par l'Angleterre pour accorder la concession de la construction de ce chemin de fer ; il savait que la France s'opposait à cette voie de communication, pour quelle raison ? aujourd'hui même on ne peut se l'expliquer. La France dans ce moment était dans un état de transition et avait tant à faire chez elle et en Europe que l'on ne s'occupait pas beaucoup de ce qui se passait en Égypte. Abbas-Pacha, qui comptait toujours sur elle, n'osait ni refuser ni accorder le chemin de fer que le consul d'Angleterre demandait avec tant d'instances ; il était dans un état d'anxiété fâcheux et pendant plusieurs jours à Cafr Majiar, où il s'était retiré pour être un peu plus tranquille, il attendit que le consul de France s'expliquât catégoriquement ; celui-ci ne recevant pas d'instructions positives, ne voulait rien prendre sur lui dans un moment aussi critique, et Abbas-Pacha, de guerre lasse, accorda la concession du chemin de fer.

Ce fut un grand événement dans sa vie, qui l'a beaucoup aigri et qui a énormément changé son caractère et sa ligne de conduite.

Le tracé du chemin de fer d'Alexandrie au Caire fut donc entièrement dressé par les ingénieurs anglais, et sans qu'Abbas-Pacha donnât aucun ordre pour s'entendre avec les ingénieurs des ponts-et-chaussées dans les provinces, ni avec la Direction générale des Travaux Publics.

Quand la chaussée fut établie, quand on arriva à Cafr-Zaïad, quand on continua vers le Caire, on s'aperçut alors des défauts du tracé ; mais il n'était plus temps, et l'on reprocha au directeur général des travaux publics d'avoir laissé faire ce tracé, à quoi il répondit que jamais aucun ordre ne lui avait été donné pour intervenir dans ces opérations et qu'au contraire on avait donné pour ainsi dire carte blanche et plein pouvoir aux ingénieurs anglais.

Que s'il avait eu la haute main sur ces travaux :

Premièrement, il n'aurait pas fait passer la voie ferrée dans le lac Maréotis, ce qui a été un grand inconvénient parce qu'il a fallu pour établir la chaussée énormément de matériaux, la chaussée s'affaissant toujours ; elle a été chargée bien des fois.

Secondement, qu'établissant la chaussée dans le lac et à la hauteur seulement où elle a été élevée, on n'a plus eu le moyen, sans risquer de la voir submergée, de faire écouler dans le lac toutes les eaux d'inondation de la province comme précédemment, ce qui a fait que les terres n'étant plus recouvertes d'assez d'eau pour les laver et pour y apporter une aussi grande quantité de limon que par le passé, elles sont tellement appauvries que les récoltes sont aujourd'hui bien moindres et les cultures par inondation bien rabougries.

Troisièmement, qu'il n'aurait pas fait traverser les hauteurs de la ville de Damanhour sans aucune nécessité. On a dit que cela était une malice d'Abbas-Pacha contre son oncle ; est-il possible que des ingénieurs respectables aient pu consentir à un fait semblable? Cela ne peut-être, et il faut un autre motif, car en ce point certainement le tracé est fautif.

Je conçois fort bien que, quoique l'on ait été obligé de faire construire un pont coûteux sur le Nil à Caf Zaïad et un autre à Benha, ce tracé ait pourtant été préféré à celui qui de Damanhour eût été dirigé sur les Barrages à la pointe du Delta, ce qui aurait épargné trois ponts en comptant celui de Birket-Sab ; mais cet avantage en eût annulé bien d'autres, comme par exemple : le passage par les villes Tantha, Birket-Sab, Benha, Calioub. Tout le pays parcouru par le tracé de la ligne actuelle n'aurait pas joui de l'immense avantage de cette communication ; sur la ligne de Damanhour aux Barrages, qui est sur la lisière du désert, il n'y a pour ainsi dire au contraire rien à desservir. Maintenant pourquoi, lorsque l'on était arrivé à Tantha et que l'on voulait aller à Suez, n'a-t-on pas été directement vers l'Ouadée pour prendre la direction actuelle, au lieu de prendre la direction du Caire à Suez directement par le désert? C'est encore là une énigme.

La question de l'eau était à l'avantage de la route par l'Ouadée.

Sur toute la ligne directe du Caire à Suez, il fallait apporter de l'eau par des traîns spéciaux. Et sur la ligne par l'Ouadée en partant par Benha, on en avait facilement jusqu'au Sérapéum, même avant que le Canal d'eau douce fût creusé, car le canal de l'Ouadée en fournissait abondamment jusqu'à Mahsama ; et plus loin on avait partout des puits. Il n'y avait donc que la distance entre ce point et Suez, et encore on aurait fort bien pu avoir de l'eau assez douce en creusant un puits.

En adoptant cette ligne on eût épargné les pentes si fortes de la route directe, les terrassements et les tranchées, sans allonger de beaucoup le trajet. Il est vrai que par la route qui suit le Canal d'eau douce et traverse l'Ouadée, les sables sont plus considérables ; mais sur l'autre il y a plus de lits de torrents à traverser, ce qui fait que quelquefois la route ferrée a été emportée. On a donc certainement choisi la route la moins favorable, et cela seulement par la volonté du maître.

Quant à l'embranchement sur le Caire, au lieu de partir de Benha on l'eût détaché à Zagazig.

On a donc commis là encore une erreur dans le tracé, et cela parce que l'on n'a pas discuté en commission compétente cette voie ferrée et que l'on s'en est rapporté à l'opinion d'un seul intéressé.

PORT DE SUEZ. — CALE DE HALAGE. — FORME FLOTTANTE. — BASSIN DE RADOUB.

Ces travaux du port de Suez furent commencés par Saïd Pacha et continués, avec beaucoup de travaux complémentaires et supplémentaires, par le Khédive Ismaïl Pacha.

D'après l'extension que les communications avec les Indes avaient prise par le transit d'Alexandrie à Suez, et d'après ce que l'on pouvait prévoir pour l'avenir, déjà en 1856 on pensait à avoir sur la mer Rouge un port convenable où l'on pût construire les établissements indispensables à la marine.

Ainsi le Vice-Roi Saïd Pacha voulut avoir des informations sur ce qu'il y aurait de mieux à faire dans ce but, et Linant Bey, alors Directeur-général des Travaux Publics et Ingénieur en Chef du Canal de Suez, reçut du Vice-Roi la dépêche suivante, écrite par le Ministre des Affaires étrangères :

« Une Compagnie s'étant formée sous le patronage du Vice-
« Roi, pour entreprendre un service régulier de bateaux à va-
« peur sur la mer Rouge, Son Altesse a pensé qu'il était urgent
« de s'assurer dans cette mer d'un port qui réunît autant que
« possible, toutes les conditions propres à satisfaire aux divers

« besoins d'un service aussi important. J'ai en conséquence reçu
« l'ordre de vous inviter, Monsieur le Bey, à examiner et à re-
« connaître par vous-même qu'elle est, de Suez ou de Coseïr, la
« localité qui offrirait à la fois le plus d'avantages et de facilités
« pour l'établissement d'un port avec bassin de carénage. — Le
« Vice-Roi désire que vous teniez compte dans votre étude, non-
« seulement des circonstances locales par rapport aux intérêts
« de la navigation, mais encore des considératious qui milite-
« raient en faveur de l'un ou de l'autre des points indiqués, en
« raison de la proximité des matériaux et du plus ou moins de
« ressources qu'on y trouverait pour l'exécution des tra-
« vaux, etc., etc..... »

Voici le rapport de Linant Bey :

« Me conformant à l'ordre que Son Altesse le Vice-Roi m'a fait
« transmettre par l'entremise de Votre Excellence, le 21 du mois
« dernier, je vais considérer les ports de Coseïr et de Suez sous
« les points de vue que vous m'avez indiqués, ce qui m'est fa-
« cile, connaissant parfaitement le port de Suez, pour en avoir
« fait exactement le plan, avec celui du fond du golfe, et ayant
« visité celui de Coseïr.

« Dans le choix de l'un de ces deux ports pour y faire les
« établissements nécessaires à la Compagnie que S. A. le Vic -
« Roi veut bien prendre sous son patronage, ce n'est point
« seulement, je crois, la seule cause qu'un port est bon qui
« doit déterminer à choisir ce port plutôt qu'un autre, car le
« meilleur sera celui qui réunira le plus grand nombre de con-
« ditions exigibles.

« Il me semble que ces conditions, au moins les principales,
« sont :

« 1° Que le port soit grand, à l'abri des plus forts vents
« régnant dans l'endroit, qu'il ait un bon fond pour l'ancrage,
« avec la profondeur d'eau voulue pour les bâtiments du plus
« grand tirant d'eau.

« 2° Que ce port soit disposé convenablement pour y établir
« un bassin de carénage et où l'on puisse, sans s'éloigner trop
« de la rive, trouver la profondeur d'eau nécessaire pour établir

« le radier du bassin, afin de ne pas être obligé de relier le bas-
« sin à la côte par des travaux coûteux, et plus les marées se-
« ront fortes, plus les travaux seront faciles ; je ne parle pas de
« la considération des ensablements, ni de celle des passes,
« car ni Coseïr ni Suez n'ont à craindre les premiers, qui agis-
« sent extrêmement lentement, et quant aux passes, il n'y en
« a pour ainsi dire pas.

« 3° Que l'on puisse trouver les matériaux de construction à
« proximité.

« 4° Que le port soit le plus possible rapproché des eaux po-
« tables, pour alimenter les habitants et pour servir d'aiguade
« aux navires.

« 5° Que le port soit à proximité des voies de communica-
« tion les plus faciles avec l'intérieur du pays, près du centre
« du commerce et de la population.

« 6° Que le port soit autant que possible en dehors des in-
« convénients d'une navigation difficile, pour se rendre aux
« échelles dans les mois où l'on doit naviguer.

« 7° Que le port se trouve sur la ligne la plus fréquentée par
« de grandes communications commerciales et dont on peut
« prévoir l'augmentation journalière.

« Le port de Coseïr n'est point fermé, c'est plutôt une petite
« baie avec mouillage, une rade foraine.

« Les vents, depuis le N.-E. jusqu'au S.-S.-E., battent en
« plein ; des autres côtés il est abrité par la terre et par des bancs
« de madrépores qui sont à découvert pendant les basses ma-
« rées. A Coseïr, aujourd'hui, il n'y a ni quais ni débarcadères,
« et lorsqu'on débarque les marchandises, des hommes vont les
« prendre dans les canots des navires, à 10 et 15 mètres du bord
« en se mettant à l'eau. La ville de Coseïr a à peu près 250 mètres
« de longueur sur la mer et 150 de largeur dans l'intérieur.

« Quelquefois, des bâtiments du pays qui viennent ancrer
« dans cette rade foraine sont jetés à la côte, peut être par la
« mauvaise qualité de leurs câbles, car le fond est assez bon ;
« mais ce mouillage, plutôt que ce port, n'est qu'une anse que
« la tranquillité seule de la mer Rouge peut faire considérer
« comme un port.

« Les marées en moyenne sont, à Coseïr, de 0^m,40 à 0^m,50 ;
« le maximum est de 0^m,80.

« La baie de Suez, qui a environ 28 kilomètres de tour (1),
« par sa conformation et avec son petit port actuel, où les bar-
« ques seulement peuvent entrer, est un des plus beaux empla-
« cements de ports connus : c'est une baie fermée à tous les
« vents. Si celui du sud bat en plein dans la partie où ancrent
« aujourd'hui les grands bâtiments, ceux-ci n'en souffrent pour-
« tant jamais, puisqu'il y a là une corvette anglaise qui y est
« mouillée depuis six années, pour servir de magasin à charbon,
« et dont jamais les communications avec la terre n'ont été in-
« terrompues un seul jour, au dire du commandant.

« En mouillant plus à l'ouest, derrière la pointe de l'Adab-
« bièh, où il se trouve jusqu'à 20 mètres d'eau, sur une super-
« ficie capable de contenir les plus grandes flottes, avec un fond
« uni de la meilleure qualité (sable et vase solide), on a là un
« endroit magnifique pour tous les établissements qu'exige un
« grand port de mer. On peut approcher à 25 ou 30 mètres
« de terre, avec une profondeur d'eau de 3 à 4 mètres.

« Les quatre écueils qui se trouvent à l'Adabbieh sont à fleur
« d'eau à marée basse, très-peu étendus, et à 10, à 20 mètres
« au plus de leur bord, il y a 8 et 10 mètres de fond.

« Ce port, qui a une surface exprimée par un carré de 4.000
« mètres de côté, est toujours tranquille et jamais les tempêtes,
« si rares d'ailleurs et si faibles, provenant du sud et sud-ouest,
« n'ont agité la mer dans ce lieu. — Lorsque par des coups de
« vent du sud, les bâtiments du pays arrivent à Suez, ils vont
« mouiller à l'Adabbieh pour être à l'abri jusqu'à ce qu'ils
« puissent entrer à Suez.

« A Suez, les marées sont en moyenne de 1^m,60.

« Les petites barques entrent, aujourd'hui, jusque sous la
« ville, et débarquent les marchandises assez difficilement sur
« les parties de quais de la place.

« La ville de Suez a sur la mer une étendue de 700 mètres et
« 300 à 350 au plus de largeur jusqu'à la muraille.

---

(1) Planche VII, n° 1.

« On voit donc que pour le premier point, le port de Suez est
« préférable à celui de Coseïr.

« Dans le port de Coseïr, on peut construire des quais et des
« bassins de carénage ; mais ces travaux ne seront jamais dans
« un port abrité, comme s'ils étaient exécutés dans la baie de
« Suez à l'Adabbieh, où l'on peut choisir la profondeur d'eau
« désirable d'un bassin de radoub, qui peut être à peu de dis-
« tance du bord et dans un endroit où jamais la mer n'est grosse.

« Sur ce point encore Suez est préférable à Coseïr.

« Aux environs de Coseïr, les matériaux pour constructions, à
« part l'argile pour faire des briques, le gypse pour le plâtre,
« sont à une assez grande distance ; aussi toutes les maisons à
« peu près sont en briques crues, le château seul est en calcaire.
« A une grande distance on ne trouve pas de combustible, si ce
« n'est dans les ravins ou Ouadées des montagnes qui son; assez
« éloignés.

« A Suez, on trouve de la pierre pour bâtir, de la pierre à
« chaux, de l'argile, du plâtre ; on calcine la chaux et l'on cuit
« le plâtre avec des broussailles et des plantes du désert, ce qui
« plus tard, il est vrai, ne pourrait être suffisant. C'est aux
« carrières mêmes que l'on calcine la chaux et le plâtre, qui
« ensuite sont transportés par barque à pied d'œuvre à Suez.

« Des lieux où sont ces carrières jusqu'à Suez, il y a environ
« 20 kilomètres par mer, 24 kilomètres par terre ; mais pour le
« point de l'Adabbieh cela est bien moindre.

« Dans le port de l'Adabbieh, qui est dans la baie de Suez,
« on a la montagne calcaire à 2 kilomètres, et l'endroit où l'on
« prend la chaux est aujourd'hui à 6 kilomètres ; enfin, dans
« la montagne d'Abou Daragué, à 8 kilomètres de la mer, il y a
« dans l'Ouadée Caffour de la pierre donnant une excellente
« chaux hydraulique.

« Ainsi, sous le rapport des matériaux, Suez est tout à fait
« préférable à Coseïr.

« A Coseïr on a, dans le château, un puits d'une eau si sau-
« mâtre, si lourde, que c'est à peine si les animaux peuvent
« en boire.

« A quelque distance de la ville on peut avoir des puits en

« creusant à 2 mètres, mais l'eau qu'on en retire, sans être
« salée, n'est pourtant pas potable, à cause de la grande quan-
« tité de sulfate de chaux qu'elle tient en dissolution.

« A 20 et 25 kilomètres de la ville se trouve de l'eau un
« peu meilleure.

« Enfin, à 36 kilomètres environ, se trouve une autre eau,
« dans le lit d'un torrent nommé Terfaoué, qui est passable-
« ment bonne et que les habitants de Coseïr qui possèdent de
« l'aisance envoient chercher par des chameaux. On pourrait
« probablement avoir des citernes qui seraient remplies par
« l'écoulement des torrents venant des montagnes, quand il
« pleut, ce qui n'arrive pas tous les ans.

« A 6 kilomètres de Suez on a le puits de Suez, qui fournit
« abondamment de l'eau pour les animaux ; elle est trop sau-
« mâtre pour être bue. Cette eau peut être conduite facilement
« à Suez.

« A 19 kilomètres dans le nord est le puits d'Agerout, dont
« les eaux sont les mêmes que celles du puits de Suez : mais
« au lieu d'être à 21 mètres de profondeur, elles sont ici à
« 70 mètres.

« A 7 kilomètres de l'autre côté de la mer, sur la rive orien-
« tale, est la source de Gargadé, qui fournit aujourd'hui toute
« l'eau nécessaire aux habitants de Suez : elle est potable et,
« avec du soin, cette eau peut devenir fort bonne et plus abon-
« dante.

« Il y a encore les sources de Moïse qui fournissent beaucoup
« d'eau, seulement elles sont à 16 kilomètres de distance en-
« viron et l'eau en est saumâtre, lourde, désagréable à boire ;
« elle n'est bonne que pour l'arrosage des jardins.

« Dans l'Est de Suez sont les eaux de Mahbehouk, à environ
« 16 kilomètres ; elles sont excellentes, peuvent être fort abon-
« dantes à l'aide de quelques travaux et peuvent être conduites
« jusque vis-à-vis Suez, au bord de la mer, par une conduite
« qui a jadis existé, et par le même moyen on peut réunir à la
« source de Mahbehouk une autre source dont l'eau est encore
« meilleure, nommée Nabé, qui est aujourd'hui ensablée.

« Enfin à El Hédeb, qui est à 10 kilomètres de l'Adabbieh,

« entre l'Attaka et Abou Daragué, à 1 kilomètre de la mer, on
« peut avoir beaucoup d'eau. Il y a eu là des terrains cultivés et
« arrosés par des sakiéhs dont on voit les restes. L'eau en est
« bonne.

« La forte source de Gouëbé, qui est au pied de Gébel Abou
« Daragué, est très-adondante ; malheureusement elle n'est pas
« potable et est fort éloignée de Suez, à plus de 36 kilomètres.

« Il y a bien aussi dans le fond de la baie de Suez, à 6 ou
« 7 kilomètres, d'anciens réservoirs creusés dans le sol, avec
« des parois en pierres sèches, et des travaux anciens barrant
« les ravins pour faire entrer les eaux dans ces réservoirs quand
« il pleut ; ils pourraient être remis en état pour conserver les
« eaux de pluie ; mais cela est fort précaire, car aujourd'hui il
« est loin de pleuvoir tous les ans.

« On voit donc que dans l'état actuel des choses, sous le rap-
« port des eaux, Suez est préférable à Coseïr.

« Le port de Coseïr est éloigné du Nil de 40 lieues au moins.
« Il n'y a aucune route établie, et dans quelques endroits elle
« est fort mauvaise ; de plus, pour la navigation sur le Nil, de-
« puis Kennéh jusqu'au Caire, ou bien depuis Akhmim, lieu où
« peut aboutir la route de Coseïr, on a une distance de plus
« de 110 lieues à parcourir, en remontant contre le courant ou
« en le descendant. Pendant la bonne saison, pour remonter
« quand le Nil est haut et le vent bien établi du Nord, il faut,
« pour les barques, en moyenne, douze jours ; pour les grands
« vapeurs, ce n'est que pendant environ cinq à six mois qu'ils
« peuvent naviguer ; et pour descendre pendant les basses eaux,
« le courant étant faible, les barques mettent beaucoup de
« temps et échouent souvent.

« Pour aller du Nil à Suez, il n'y a que 32 lieues,
« avec une très-belle route, que tout le commerce suit aujour-
« d'hui ; les transports alors ne se font plus sur le Nil, puisque
« le chemin de fer d'Alexandrie au Caire existe et que celui du
« Caire à Suez sera bientôt fini ; alors on évitera et la naviga-
« tion du Nil sur une longueur de 110 lieues, et la traversée du
« désert à dos de chameaux.

« Suez, tout naturellement, se trouve donc à proximité des

« grands centres de population, comme Alexandrie et le Caire.
« Les communications sont faciles, et pour y faire un port avec
« des bassins de radoub, on est à portée des arsenaux d'Alexan-
« drie et du Caire.

« Suez, sous ce point de vue encore, est bien préférable à
« Coseïr, qui n'a aujourd'hui que le commerce des comestibles
« de la Haute-Égypte pour le Hégias, commerce qui peut tou-
« jours lui rester, à moins que par les remorquages on ne trouve
« plus avantageux de faire descendre les comestibles par le Nil,
« pendant les inondations, jusqu'au Caire, et de là à Suez par la
« voie ferrée.

« Si quelques pèlerins allant à la Mecque passent encore par
« là, ce n'est point qu'ils y trouvent leur avantage, c'est qu'ils y
« sont forcés ; et quand sur la mer Rouge ils pourront avoir de
« bons bâtiments, qui offriront plus de sécurité que les carcasses
« sur lesquelles on les entasse aujourd'hui, pas un ne voudra
« passer par Coseïr, même pendant la saison où l'on risque d'a-
« voir des vents contraires sur la mer Rouge, vents qui durent
« sur cette mer beaucoup moins que sur le Nil.

« On pourrait peut-être penser que Coseïr étant plus avancé
« vers le Sud dans le bassin de la mer Rouge et placé dans la
« partie la plus large de cette mer, la navigation pour les bâti-
« ments qui iraient à Djeddah et dans les ports qui se trouvent
« au Sud serait plus facile. Il est vrai que de Coseïr à Suez il n'y
« a que Moëlah, petit endroit très-peu important ; mais, comme
« nous l'avons dit, la navigation de Suez à Coseïr est plus facile
« avec de bons bâtiments et surtout des vapeurs que celle du
« Caire à Kennéh sur le Nil, et les communications du Nil à la
« mer Rouge sont toutes à l'avantage de Suez ; ainsi, sous tous
« les rapports et sous les points de vue d'aujourd'hui, Suez est
« bien préférable à Coseïr.

« Seulement la position de la ville actuelle de Suez n'est
« point propice pour y établir dans le port, ni un chantier, ni
« un établissement, ni un bassin de radoub, comme il le faut
« pour la compagnie dont S. A. est le protecteur, puisqu'il n'y
« a que 2 à 4 mètres d'eau pour y arriver ; mais l'emplacement
« de l'Adabbieh dans la baie de Suez est le plus convenable,

« et il ne s'agit, pour que ce lieu soit absolument préférable
« à Suez comme ville, que de prolonger le chemin de fer d'en-
« viron 16 kilomètres le long de la mer, et immédiatement on
« verra s'établir à l'Adabbieh tous les magasins, chantiers et
« habitations.

« Si Suez est aujourd'hui préférable à Coseïr sous tous les
« rapports, au point de vue dont il est question, que sera-ce donc
« bientôt, lorsque le chemin de fer sera terminé et que le canal
« dérivé du Nil pour l'Isthme de Suez pourra porter les eaux
« douces et de petits navires ou barques du Nil jusqu'à cette
« ville ; sans parler encore de ce qui arrivera, quand le Canal
« maritime de Suez à Peluse sera terminé ?

« Si l'on avait la persuasion que ce grand travail se terminât
« comme il est projeté, il serait inutile de construire dans la
« baie de Suez des chantiers, docks et bassins, etc., puisque
« le lac Timsah est désigné comme le port intérieur, où tous
« ces établissements doivent se trouver.

« Je conclus, Excellence, en donnant mon opinion qui est :
« que les choses restant ce qu'elles sont aujourd'hui, c'est
« dans la baie de Suez à l'Adabbieh que la Compagnie doit avoir
« des établissements, qui ne peuvent qu'acquérir tous les jours
« de plus en plus d'importance ; mais que si l'on croit au per-
« cement de l'Isthme et au projet du port à Timsah, on ne doit
« faire à Suez que des établissements provisoires.

« Le Caire, le 4 septembre 1856. »

On ne parla plus de cette affaire ni du port d'Alexandrie que
neuf mois après.

Linant-Bey reçut alors une dépêche du secrétaire des commandements de Saïd Pacha, ainsi conçue :

« J'ai l'honneur de vous informer que S. A. le Vice-Roi ayant
reconnu la nécessité d'établir sur le rivage de la Mer Rouge
une cale de halage qui puisse recevoir, outre ses propres bateaux, ceux de la Compagnie Maritime de la Mer Rouge, ceux
de la Compagnie Péninsulaire-Orientale et de la Compagnie
Australienne, a résolu de nommer une Commission, dont il espère que vous voudrez bien faire partie, et qui serait chargée

d'explorer la portion de côte comprise entre Suez et l'Attaka, et d'indiquer quel serait le point le plus favorable pour établir la susdite cale, ainsi que les ateliers qui devront être construits dans son voisinage.

« Cette Commission serait composée ainsi qu'il suit :

« Son Excellence LINANT-BEY,
« M. GREEN-BEY,
« M. le capitaine MANSEL,
« M. le capitaine HOMMEY,
« M. le capitaine FRÉDRIGO,
« M. HOLTON,
« M. DERVIEU,
« M. ROOSE.

« Ne doutant pas, Excellence, que vous ne soyez disposé à accepter la mission que S. A. me charge de vous confier, je vous prie de vouloir bien fixer, d'accord avec les autres membres de la Commission, l'époque à laquelle devra avoir lieu l'exploration ci-dessus mentionnée, et de me faire part en temps opportun de la décision qui aura été prise à cet égard.

« Agréez, etc., etc. »

D'après cet ordre, la Commission fut réunie à Suez, le 13 août 1857, et voici son rapport :

Rapport de la Commission nommée par ordre de S. A. le Vice-Roi, sur l'emplacement à choisir entre Suez et l'Attaka pour la construction d'une cale de halage et d'ateliers de réparations.

La Commission nommée par ordre de S. A. le Vice-Roi, d'après la lettre de S. E. Kœnig-Bey, secrétaire des commandements, en date du 6 juin dernier et composée de... (noms des membres comme ci-dessus, excepté M. Green-Bey, remplacé par S. E. Afour Pacha), s'est réunie au Caire le 12 août 1857, et a décidé de se rendre immédiatement à Suez, pour y procéder à l'examen des localités.

Réunie de nouveau à Suez le 13 août, après examen de la carte de la baie de Suez, dressée par le capitaine Mansel, après avoir étudié les cotes entre Suez et Jattaka (1), reconnu le peu de profondeur de l'eau dans les environs de Suez, après s'être rendue à Jattaka dans la baie de l'Adabbieh et avoir reconnu l'exactitude du plan et des sondages du capitaine Mansel, la Commission a décidé à l'unanimité :

1° Que le point le plus favorable à l'établissement d'ateliers de réparations et d'une cale de halage qui puisse recevoir, outre les bâtiments de S. A., ceux de la Compagnie Maritime de la Mer Rouge, de la Compagnie Péninsulaire Orientale et de la Compagnie Australienne, était Jattaka, dans la baie de l'Adabbieh ;

2° Que l'établissement d'une cale de halage sur ce point nécessite la construction d'une jetée pour préserver et abriter la cale des vents du Nord, qui pourraient fréquemment retarder la réparation des navires.

Pour obtenir tous les avantages possibles de cette jetée, il serait à désirer que le chemin de fer du Caire à Suez pût y aboutir ; elle pourrait alors servir à l'amarrage des navires en chargement et en déchargement, ce qui économiserait tous les frais et toutes les longueurs de temps du transbordement qui a lieu aujourd'hui.

Fait et rédigé séance tenante à Suez, le 13 août 1857, à dix heures du soir.

Signé par tous les membres de la Commission.

Voici la lettre d'envoi de Linant-Bey au secrétaire des commandements de S. A. le Vice-Roi.

« J'ai l'honneur, Excellence, de vous envoyer ci-joint le rap-
« port de la Commission de Jattaka.

« Vous verrez, Excellence, que nous nous sommes bornés,
« pour ainsi dire, à répondre aux instructions que nous avons
« reçues, qui sont : de décider quelle est, dans la baie de Suez,
« depuis cette ville jusqu'à Jattaka, la localité la plus convenable
« pour y établir une cale de halage et des ateliers.

« Les marins faisant partie de la Commission ont pensé, avec

---

(1) Jattaka est un écueil dans la baie de l'Adabbieh, sous la montagne de l'Attaka.

« d'autres membres, que le port de l'Adabbieh, que j'avais dési-
« gné déjà à S. A. le Vice-Roi, dans mon rapport sur Suez et
« Coseïr, était naturellement assez fermé et abrité contre tous
« les forts vents, pour ne pas avoir besoin de faire un port ar-
« tificiel ou un bassin.

« Maintenant, il faudrait qu'il fût fait un programme des tra-
« vaux à exécuter, selon les exigences des différents services de
« la Compagnie de remorquage de la Mer Rouge, de ceux de la
« Compagnie Péninsulaire, etc., etc., programme où l'on indi-
« querait quels sont les ateliers qui devront dépendre du ser-
« vice de la cale de halage, les magasins, logements des em-
« ployés, etc., etc.; quelle sera la quantité de bâtiments d'une
« grandeur déterminée qui devront décharger ou charger dans
« un temps donné, sur la jetée et au débarcadère; enfin quelles
« sont les eaux que l'on devra conduire au nouvel établissement.

« Ce programme, une fois fait, les ingénieurs désignés étu-
« dieront l'ensemble du projet et en feront l'estimation; le tout
« sera ensuite soumis une autre fois à l'approbation de la
« Commission.

« M. Mouchelet, ingénieur-en-chef du chemin de fer de Suez,
« qui devra être conduit plus tard, par conséquent, jusqu'aux
« nouveaux établissements à l'Adabbieh, connaît déjà une partie
« des localités nécessaires à connaître pour faire le projet désiré;
« ce serait une raison de plus pour qu'il fût chargé avec moi de
« faire les études de détail et le projet, afin qu'il y eût le moins
« de temps perdu possible.

« Il serait à désirer que l'on employât, le plus possible, les
« ressources du pays et que nous donnent les matériaux que
« nous possédons, afin que les dépenses ne soient point trop
« augmentées en commissionnant à l'étranger ce qui pourrait
« être remplacé par ce que nous avons ici.

« Le Directeur général des Travaux Publics
« et des Ponts et Chaussées,

« L.-B. »

A ceci, le Vice-Roi fit répondre, par son secrétaire des commandements, à Linant-Bey :

« **EXCELLENCE.**

« Je me suis empressé de communiquer au Vice-Roi le rap-
« port de la Commission chargée par lui de choisir l'emplace-
« ment le plus convenable pour la construction d'une cale, et
« j'ai également porté à sa connaissance le contenu de la lettre
« que vous m'avez fait l'honneur de m'écrire le 15 de ce mois.
« Son Altesse me charge de vous ordonner de réunir de nou-
« veau la Commission, pour lui demander une note aussi dé-
« taillée que possible des travaux qu'il serait jugé nécessaire
« d'exécuter dans les environs de la cale projetée, pour les
« besoins du service de la Compagnie de la Mer Rouge, de la
« Compagnie Péninsulaire Orientale, de la Compagnie Austra-
« lienne, etc., etc., et de rédiger ensuite, avec l'aide de
« M. Mouchelet, auquel vous donneriez vos instructions, et
« d'après études préalables, le projet et le devis des divers tra-
« vaux, dont l'exécution devra être subordonnée à l'approba-
« tion de S. A. le Vice-Roi, etc.

« *Signé* Koenig Bey,
« Secrétaire des commandements. »

D'après ce nouvel ordre, la Commission fut réunie le 18 août
1857, et voici les questions qui furent posées par Linant-Bey,
ainsi que les réponses des membres de la Commission.

« A MM. les membres de la Commission du port de l'Attaka :
« J'ai eu l'honneur de communiquer à S. A. le Vice-Roi, par
« l'entremise de S. E. Kœnig-Bey, secrétaire des Commande-
« ments, le rapport de la Commission.

« Son Altesse m'a chargé de faire faire sous ma direction, en
« y destinant plus spécialement M. Mouchelet, ingénieur du
« chemin de fer du Caire à Suez, l'étude du projet des travaux
« nécessaires dans le port de l'Adabbieh, sous la montagne de
« l'Attaka, pour y établir une cale de halage et une jetée servant
« de débarcadère en même temps que d'abri à cette cale.

« Pour déterminer l'étendue des établissements à fonder à
« l'Attaka, et d'après les intentions de S. A. le Vice-Roi, je viens,
« Messieurs, vous prier de vouloir bien fixer vos idées sur plu-

« sieurs points, qui ont un rapport direct avec l'étude du projet
« que nous devons dresser, ce qui en même temps servira de
« programme à nos travaux.

« Ces différents points sont ceux-ci :

« Le port de l'Adabbieh est-il suffisamment abrité naturelle-
« ment pour que les bâtiments qui y viendraient ancrer soient
« assez en sûreté, sans qu'il soit nécessaire de faire des travaux
« afin d'obtenir un port mieux fermé ou un bassin ?

« La jetée qui devra être faite pour servir d'abri à la cale de
« halage et de débarcadère pour les navires, doit aussi avoir des
« dimensions déterminées et basées sur le nombre des navires
« qui doivent être amarrés au débarcadère et à la jetée ; ainsi,
« sur combien de bâtiments peut-on compter, par mois ou par
« semaine, qui viendront charger ou décharger à ce débarca-
« dère ? quel sera le tirant d'eau de ces navires et leurs di-
« mensions ? quels seront aussi les établissements, comme ma-
« gasins ou autres, qui seront nécessaires pour les différentes
« compagnies dont les navires devront profiter de ce nouvel
« établissement ?

« Le Chemin de fer en construction du Caire à Suez doit-il
« être construit immédiatement jusqu'au port de l'Adabbieh à
« l'Attaka, pour faire en ce lieu la gare principale, en ne lais-
« sant qu'un embranchement vers Suez, où serait une gare
« provisoire ?

« Les eaux manquant à Suez, comme aussi près de l'Adab-
« bieh, et les difficultés pour en conduire sur l'un ou l'autre
« point se trouvant les mêmes, quelles sont celles qui devront
« être conduites le plus avantageusement à l'Adabbieh pour ali-
« menter les nouveaux établissements, ou bien quel est le meil-
« leur moyen de s'en procurer ?

« Voici, Messieurs, les points sur lesquels la Commission est
« invitée à donner son opinion afin que nous puissions nous oc-
« cuper immédiatement du projet et de l'évaluation des dé-
« penses, ce qui une fois terminé sera soumis pour l'exécution
« à un nouvel examen de la Commission.

« Alexandrie, le 18 août 1857. »

33

*Rapport de la Commission du port de l'Attaka sur la solution à donner aux questions faites par **S. A.** le Vice-Roi d'Égypte, par l'intermédiaire de **S. E.** Linant-Bey, président de la Commission.*

La Commission s'est assemblée le 18 août, à deux heures de l'après-midi, chez M. Holton, un de ses membres. Lecture a été donnée de la lettre de S. E. Linant-Bey, contenant diverses questions soumises à la Commission par S. A. le Vice-Roi. La Commission a décidé à l'unanimité :

1° Que le port de l'Attaka dans la baie de l'Adabbieh, tel qu'il est naturellement, n'offre aucun danger aux bâtiments qui viendront y mouiller ;

2° La Commission évaluant que la Compagnie Péninsulaire orientale pourra avoir dans la suite, chaque mois :

En chargement et déchargement.	8 navires.
La Compagnie Australienne.	2 —
La Compagnie Medjidiéh.	4 —
Le service du Gouvernement.	2 —
Le Commerce, navires à voiles	4 —

et que le temps nécessaire au chargement et au déchargement peut être évalué à trois jours, estime qu'il faut que la jetée, destinée à protéger la cale de halage et à servir au chargement et déchargement dans le port de l'Attaka, offre place pour quatre grands bâtiments d'une longueur d'environ 100 mètres en moyenne, et d'un tirant d'eau d'environ 7 mètres (20 pieds).

En conséquence, la jetée doit avoir une longueur telle, que sur sa longueur totale une partie soit de 400 mètres, avec une profondeur d'eau de $7^m,80$, et permette à quatre grands navires d'accoster la jetée dans le sens de leur longueur.

Il serait à désirer que la jetée fût construite dans des conditions telles qu'elle pût être prolongée plus tard, si le besoin s'en faisait sentir, et qu'elle eût une largeur suffisante pour y établir au moins trois voies ferrées ;

3° Que les Compagnies Péninsulaire, Orientale, Australienne

et Medjidiéh ont besoin chacune d'un magasin à charbon d'une superficie de 1.000 mètres carrés ;

Qu'elles ont également besoin chacune, pour leurs magasins d'armement et d'approvisionnement, d'une étendue de terrain de 500 mètres carrés ; enfin que l'entrepôt de douane pour tout le commerce de la Mer Rouge doit occuper une étendue de 1.000 mètres carrés de surface ;

4° Que la ligne principale du Chemin de fer du Caire à la Mer Rouge devra être dirigée directement vers l'Attaka, où sera la gare principale et permanente, mais qu'on doit d'abord faire un embranchement vers Suez, où sera la gare provisoire ;

5° Que l'établissement à l'Attaka d'une cale de halage, d'ateliers et de magasins, le séjour pour chargement et déchargement des navires de toutes les Compagnies qui desservent la Mer Rouge, l'aboutissement du Chemin de fer sur ce point, entraînant naturellement au bout d'un certain temps l'accumulation d'un grand nombre d'habitants, il faut nécessairement faire arriver à l'Attaka les eaux du Nil ; mais que provisoirement et en attendant que les travaux nécessaires soient terminés, il serait bon d'établir à l'Attaka une machine distillatoire pouvant procurer 50 tonneaux d'eau douce par jour.

Fait et réigé séance tenante à Alexandrie, 18 août 1857.

Signatures des membres de la Commission.

D'après ce qui fut décidé, on fit les plans et métrés, devis, etc., pour la cale de halage et les ateliers, tels qu'ils sont désignés par la Commission.

La valeur des travaux était, tout compris : 18.850.554 P. T., en livres sterlings, 198.467 L.

L'affaire en resta là, sans décision ; mais en février 1860, le Vice-Roi Saïd-Pacha la reprit. Linant-Bey lui avait souvent parlé d'établir à Suez une forme flottante en fer, pour bassin de radoub (comme du temps de Méhémet-Ali il avait parlé d'une forme flottante en bois), et cela lui ayant été proposé par une maison anglaise, Linant-Bey reçut du secrétaire des commandements une lettre dont voici l'abrégé :

M. Bower, représentant de la maison Forester et Compagnie, de Liverpool (qui devait fournir l'appareil de la cale de halage), ayant été consulté sur la construction d'une forme flottante en fer, apportera à Votre Excellence les plans d'une forme flottante et d'ateliers de réparations, ainsi que d'appareils distillatoires, afin qu'après les avoir examinés soigneusement, elle dresse un devis exact des sommes qu'exigerait la construction des ateliers et établissements, selon ce que demandaient les différentes compagnies, et qu'elle présente ce devis au Vice-Roi.

Les résultats des calculs furent ceux-ci :

La forme flottante toute montée à Suez coûterait, y compris les transports sur le chemin de fer d'Alexandrie à Suez, avec l'outillage de réparation, l'appareil distillatoire installé :

Pour la forme flottante, appareil distillatoire et outillage, soit.	131.700 £
Pompes à vapeur.	9.300
Total.	141.000 £
En piastres égyptiennes.	13.747.500
Transports.	1.500.000
Total.	15.247.500

C'était donc, avec la cale de halage et les établissements, une différence de 3.603.054 P. E., soit 34.648 L. S.

D'après ceci, il fut ordonné à Linant-Bey de faire et conclure un marché avec M. Bower, pour la forme flottante. Les plans furent vérifiés, modifiés, etc., et le contrat terminé, avec ordre de le signer. Il conviendrait de donner ici une copie de cet engagement, par lequel on verrait combien sont onéreux les arrangements que le gouvernement égyptien prend avec les entrepreneurs, parce qu'il n'a jamais d'argent comptant ; mais ce serait un détail un peu long, et nous nous contenterons d'en donner seulement le résultat.

Saïd-Pacha aurait préféré donner une traite sur lui de 100.000 francs à l'échéance d'une année, que de tirer de sa poche 25.000 écus. Le papier ne coûte rien à signer, l'avenir est toujours éloigné et incertain, on ne pense qu'au moment.

M. Linant-Bey représenta que si l'on n'avait pas la possibilité d'avoir de l'argent comptant à l'époque désignée pour chaque payement, il valait mieux ne pas faire les travaux que de les payer, par le système des bons à une longue échéance avec un fort escompte, le double de leur valeur ; ses représentations n'aboutirent à rien et l'on résolut de payer :

Au lieu du total de la valeur.	15.247.500
La somme de.	18.330.000
Différence en plus.	3.082.500

d'après le mode de payement que le ministère des finances imposa.

Le contrat allait être signé lorsque, heureusement, Nubar-Bey partant pour l'Europe, Saïd-Pacha lui dit que comme M. Bower partait aussi, ils eussent à discuter ensemble avec la maison Forester, de Liverpool, le règlement des prix de la forme flottante.

Cette affaire en resta là, Saïd-Pacha ayant changé d'avis aussi vite qu'il avait eu l'idée de cette forme flottante et sans plus de réflexion.

Il appartenait à S. A. le Khédive Ismaïl-Pacha de réaliser cette conception de forme flottante, qui au lieu d'être faite pour Suez, où il y avait un bassin de radoub en pierres, fut placée à Alexandrie.

C'est en 1861, au mois de juin, que reprirent les affaires, non plus concernant une cale de halage ou une forme flottante pour Suez, mais bien d'un bassin de radoub en maçonnerie.

M. Girette, un des inspecteurs de la Compagnie des Messageries Impériales, vint en Égypte avec mission d'engager le Vice-Roi à faire construire un bassin de radoub à Suez. L'extension que le service de cette Compagnie allait prendre aux Indes, en Chine, et son siége principal devant être à Saïgon, il lui fallait à Suez un bassin pour ses bateaux ; et déjà il était entendu avec le Vice-Roi que les Messageries feraient le bassin à leurs propres frais, pour le compte du gouvernement égyptien, qui rembourserait le coût de la construction et l'intérêt du capital déboursé.

Son Altesse chargea Linant-Bey d'aller sur les lieux, avec M. Girette et le commandant Fisquet.

On trouva bien que la baie d'Adabbieh était un point magnifique pour un port de grande navigation, et tout le monde était d'avis que si Suez n'existait pas, ce serait certainement là qu'il faudrait fonder une ville et des établissements maritimes ; mais que la ville existant, quoique peu importante, et aussi d'autres établissements, il n'y avait pas lieu à penser à l'Adabbieh. Ceci n'était pas l'opinion de Linant-Bey, qui voyait au contraire un grand avenir à une ville et un port situés dans ladite baie, mais il y avait des intérêts individuels et des influences que l'on croyait devoir ménager.

Un contrat fut donc passé entre le gouvernement et MM. Dussaud frères ; voici comment :

Le projet fut, ainsi que le cahier des charges, dressé à Colmar par l'ingénieur des ponts-et-chaussées, M. Stœcklin, le 18 octobre 1861.

En dessous est la signature de Mohamed-Saïd-Pacha, le Vice-Roi.

Puis l'acceptation par les entreprenenrs, le 11 avril 1862,

Dussaud frères.

Puis l'acceptation au nom de la Compagnie des Messageries, par M. G. Brenier (11 avril 1862).

Vient ensuite une déclaration disant : que le cahier des charges a été signé en sa présence par le Vice-Roi, et cette dédéclaration est signée du consul de France, M. de Beauval.

Puis, pour copie conforme à l'original, signé par le ministre des affaires étrangères,

Lulfikar-Pacha.

Et enfin l'approbation de toute l'affaire par les administrateurs :

Armand Béhic.
Édouard Delessert,
Musnier,
Charles West,

Les articles du Cahier des charges, qui désignent les travaux, sont semblables à tous ceux de ce genre ; ceux qu'il faut remarquer sont :

Que la direction des travaux est confiée à la Compagnie des services maritimes des Messageries, et elle a un ingénieur à elle.

D'après l'article 15, on devra payer une somme de 5.400.000 francs, si le bassin est fait à sec, et de 6 millions dans le cas contraire.

Art. 18. — Son Altesse procurera à l'entrepreneur un nombre suffisant d'ouvriers de corvée, s'il y a insuffisance dûment reconnue dans le nombre d'ouvriers libres, et il devra les payer au taux auquel ils le sont pour les travaux du gouvernement.

Il est une autre pièce, ayant pour en-tête : Note respectueusement soumise à l'approbation de S. A. le Vice-Roi. Dans cette note, où il est répété ce qui est cité plus haut, article 15, on dit, à la fin de l'article 1 :

S. E. Linant-Bey, Directeur-général des Travaux-Publics, est chargé de vérifier, au point de vue technique, les calculs du projet et les plans et pièces ci-jointes.

Cette note fut approuvée par S. A. Saïd-Pacha, par M. Brenier, pour la Compagnie des Messageries, et par M. le consul de France de Beauval, disant toujours que le Vice-Roi a signé en sa présence.

Enfin, ces articles se terminent par un paragraphe de M. de Beauval qui dit : qu'il a été expressément convenu, entre Son Altesse et lui, qu'afin de ne pas retarder plus longtemps des travaux étudiés et préparés avec tout le soin désirable, la note et le cahier des charges seraient immédiatement exécutoires, sous la responsabilité des Messageries, responsabilité qui sera couverte après la vérification matérielle que S. E. Linant-Bey est chargé de faire des chiffres et des calculs du projet.

Signé : DE BEAUVAL, le 11 avril 1862.

Après avoir posé l'affaire du contrat de Bassin de radoub de Suez, nous laisserons désormais parler S. E. Linant-Bey.

L'affaire du Bassin de radoub de Suez, après mon retour de la visite avec M. Girette et le commandant Fisquet, était une affaire arrangée entre S. A. le Vice-Roi et M. Girette. Nous étions à Mariout, chez Son Altesse, lorsque M. de Beauval arriva; il venait pour cette grande affaire du Bassin, ne voulant pas que l'on fît rien sans lui, et séance tenante il fallut que l'on écrivît un commencement d'engagement, qui plus tard fut transformé en contrat, comme on vient de le dire.

Ce contrat, ces arrangements ne me furent communiqués officiellement, malgré ce qui est dit dans le cahier des charges du 11 avril 1862, que le 19 août (quatre mois après), par le Ministère des Affaires-Étrangères.

C'était un entrepreneur qui avait été choisi par les Messageries, l'homme, il est vrai, le plus capable et le plus loyal que l'on pût présenter.

L'ingénieur était aussi choisi par les Messageries; il avait la haute main sur tout le travail, la direction de tout, et le Gouvernement n'avait aucun contrôle : les arrangements étaient donc vicieux; aussi y avait-il toujours une tendance de la part de l'ingénieur, quoique placé par les Messageries, à se poser comme ingénieur du Gouvernement Égyptien, ce qui établissait de fausses positions. — Lorsque je pris plus activement la surveillance de cette affaire, je fus forcé de demander des explications aux Messageries : il me fut dit que l'ingénieur était purement et simplement l'employé des Messageries pour la construction du bassin, n'ayant, comme service, rien à faire avec le Gouvernement.

Lorsque je reçus la copie du cahier des charges tout était depuis longtemps fini, par conséquent qu'avais-je à examiner, à vérifier? il aurait fallu revenir sur toute l'affaire. Je prévins Saïd-Pacha de la situation, et dans ces sortes d'affaires jamais il ne donnait un ordre par écrit. Je laissai donc aller les choses, craignant d'entamer une discussion qui pourrait aller trop loin si je la provoquais officiellement : seulement, souvent je m'entretins avec l'entrepreneur et l'ingénieur au sujet de ce que je pensais être défectueux dans le projet du Bassin et des abords; nous verrons plus loin ce qu'il en advint.

En attendant, nous parlerons ici d'une affaire qui ne concerne le Bassin de Suez que par contre-coup, mais qui a rapport aux travaux du port, affaire que nous citons pour donner une idée de la manière dont se sont faites plusieurs choses importantes.

Au commencement du mois d'octobre 1862, je reçus une lettre du secrétaire des commandements du Vice-Roi Saïd-Pacha, me transmettant une pièce officielle qui lui avait été adressée par le président de la Compagnie du Canal de Suez. Il y était dit : « conformément aux instructions de Son Altesse (1), et suivant le compte rendu que je lui ai fait verbalement (toujours), j'ai l'honneur de vous transmettre, pour en faire le dépôt dans les archives du cabinet de Son Altesse, la copie certifiée du procès-verbal délimitant la superficie à occuper, par le Bassin de radoub de Suez et ses dépendances, sur les terrains faisant partie de la concession du canal maritime. Ledit procès-verbal a été signé, d'une part, par M. Voisin, directeur général des travaux du Canal, agissant au nom de la Compagnie, et d'autre part, par M. Stœklin, ingénieur des Messageries Impériales, d'ordre de S. A. le Vice-Roi.

« Le Conseil d'administration des Messageries Impériales a informé la Commission du Canal de Suez qu'il avait ratifié cette convention, et le Conseil d'administration, dont je suis le Président, m'a donné tout pouvoir pour la ratifier en son nom, ce que je fais par la présente.

« Veuillez, etc., etc. . . . . . »

Le plan et le procès-verbal étaient joints à cette dépêche.

Le procès-verbal ne fait aucunement mention de pièces officielles autorisant, soit les Messageries, soit leur ingénieur, à cette

---

(1) Ces instructions, pour des affaires aussi importantes, auraient toujours dû être écrites ; car souvent, ou le Vice-Roi changeait de volonté, ou bien il oubliait ses paroles, et la parole seule du président de la Compagnie du Canal de Suez ne pouvait légalement valoir une pièce à lui officiellement écrite. Nous savons par expérience, comme on a pu le voir pour le procès-verbal de la livraison des cartes cadastrales, dans l'affaire de l'arbitrage de Napoléon III, qu'il y avait quelquefois au moins malentendu dans ce que M. le président disait être la volonté de Saïd-Pacha.

délimitation. — Ici les Messageries n'avaient rien à faire, elles faisaient construire le Bassin de radoub par un entrepreneur à elles et par un ingénieur sous leur haute direction. Les terrains devaient, comme le bassin, appartenir au Gouvernement.

La Compagnie, qui devait avoir pour son exploitation du Canal des terrains, selon son firman de concession, ne pouvait elle-même désigner sa part des terrains appartenant au Gouvernement : c'était à des agents, à des fonctionnaires égyptiens, à présider cette Commission de délimitation, et non à des étrangers, et surtout non pas au personnel de M. de Lesseps, si intéressé dans cette délimitation pour les intérêts de la Compagnie. Le Ministère de l'Intérieur devait être représenté dans cette délimitation, celui des Affaires-Étrangères et celui des Travaux-publics aussi ; mais non, cela se passa en famille, et l'on disposa de la propriété du Gouvernement sur l'avis de deux ingénieurs : celui de la Direction-générale des travaux du Canal de Suez, représentant cette Compagnie, partie très-intéressée, et l'ingénieur du Bassin, qui dépendait des Messageries et n'avait aucune position officielle dans le Gouvernement Égyptien.

Voici comment se faisaient beaucoup d'affaires importantes, et si l'on recherchait le fond légal de toutes celles de ce genre, ce serait seulement sur la parole d'une personne qu'on verrait qu'elles ont été exécutées.

Lorsque je fus plus directement et officiellement chargé de voir les affaires du Bassin, par une lettre officielle du Ministre des Affaires-Étrangères et du Caymacam de l'État, en l'absence du Vice-Roi, alors je fis mes observations à l'ingénieur et au constructeur.

Premièrement le Bassin, qui dans le principe ne devait avoir que 120 mètres, fut mis à 130, ce qui motiva une nouvelle condition au contrat, qui fut : que si le bassin se faisait à sec, le Gouvernement payerait 300.000 francs de plus, et 400.000 s'il devait se construire dans l'eau.

Cette modification fut conclue en vertu d'un ordre qui me fut donné en novembre 1862.

Il y avait encore à modifier plusieurs choses.

Par exemple : les terre-pleins, les enrochements défendant ces terre-pleins, les couronnements du bassin devaient être élevés, car ils n'étaient qu'à 0ᵐ,40 au-dessus des plus hautes marées connues, et par les coups de vent du sud ils pouvaient être submergés par les vagues; cela provenait de ce que l'ingénieur avait dressé son projet sur des cotes de nivellement qui lui avaient été données par des personnes qui n'avaient pu faire une assez longue série d'observations sur les marées; il fallait donc exhausser tout cela.

La chaussée d'accès qui conduisait de la ville, par le banc de sable, jusqu'au terre-plein du bassin était beaucoup trop faible, trop basse, et devait être renforcée, élargie et avoir un mur d'abri, ce qui fut bien prouvé, car la mer enleva plusieurs fois cette jetée et passa souvent par-dessus.

Aux observations que je fis plusieurs fois à l'ingénieur du bassin (du moment où je pouvais agir officiellement), je reçus de cet ingénieur une explication dont voici un extrait :

Le projet du bassin de radoub de Suez, sur l'invitation de Saïd-Pacha, avait été entrepris par les Messageries Impériales et dressé avec tous les soins les plus minutieux, approuvés par l'ingénieur en chef Pascal.

Si l'on a dû, pour rester dans les limites données du chiffre de 6 millions, fixé par S. A. Saïd-Pacha, restreindre et affaiblir quelques parties comprises dans le projet primitif, réduire par exemple en largeur les jetées, la chaussée, le terre-plein, etc., ces changements n'ont été faits qu'à regret, et de manière à ne compromettre en rien l'avenir.

D'après ceci, il y avait donc des améliorations à apporter au projet.

L'ingénieur, par la même pièce, me faisait connaître tous les griefs que lui et l'entrepreneur avaient à formuler contre les actes des employés du Gouvernement. — Ce rapport, dans lequel l'ingénieur se posait comme le soutien et le défenseur des droits de l'entrepreneur, qui jouait là le rôle que seul les Messageries pouvaient prendre, lui qui avait toujours eu la prétention d'être l'ingénieur des travaux publics du Gouvernement égyptien, tout cela indisposa beaucoup le Vice-Roi, et effectivement, ce rapport ou mémoire était assez véhément pour cela, et fut défavorable à l'opinion que le Vice-Roi conçut de l'ingénieur.

Dans les plaintes portées sur ce que les différentes administrations mettaient des lenteurs aux fournitures auxquelles l'entrepreneur avait droit, et sur les entraves qu'il rencontrait chaque jour, c'était l'ingénieur qui parlait pour l'entrepreneur.

On se plaignait aussi de ce que la fourniture des ouvriers ne se faisait pas, que l'on empêchait les recruteurs d'ouvriers de les conduire à Suez, pour les employer ailleurs, que l'on avait mis en prison les gens de M. l'entrepreneur lorsqu'ils conduisaient des ouvriers engagés pour lui et payés d'avance ; l'ingénieur allait même jusqu'à dire que les agents du Gouvernement forçaient les ouvriers à quitter Suez, et fit un rapport dans le même sens au Consul-général. — Cela alla si loin, qu'au mois de juin il ne resta plus à Suez que cent vingt ouvriers seulement, ce qui ne permettait pas de continuer la fouille du Bassin ; enfin il y eut des plaintes pour tout le monde.

Il y a eu dans toute cette affaire un malentendu, des quiproquos et beaucoup d'ignorance des choses ; personne n'était spécialement chargé de l'affaire de la part du Gouvernement et tout le monde voulait y prendre part, chacun interprétant les choses à son point de vue.....

D'après les plaintes de l'ingénieur, le Consul de France et l'agent des Messageries intervinrent, et alors l'aigreur se mit de la partie ; on menaça de faire venir tous les ouvriers nécessaires de France.

Quoi qu'il en soit, on envoya dans le mois d'août 1863 neuf cents hommes, d'anciens soldats, parce que l'on pensait qu'ils se conduiraient mieux que d'autres ouvriers ; mais d'après le rapport de l'ingénieur, du 26 de ce même mois, c'étaient des prisonniers qui n'avaient aucune discipline, quoiqu'on les fit passer pour des soldats enrégimentés, et de plus qui ne voulaient rien faire sur les travaux, prétendant que comme soldats ou prisonniers ils avaient droit au pain et à l'eau, et qu'ils étaient libres de dormir tout le jour. — Enfin ces hommes, par leur travail, ne gagnaient même pas la valeur du pain et de l'eau que l'entrepreneur leur donnait ; ils commettaient toutes sortes de dégâts sur le chantier, au dire de l'ingénieur, qui réclamait donc mon intervention en tout cela, puisque je venais d'être chargé spécialement de l'affaire du Bassin.

Effectivement, S. A. le Vice-Roi me donna ses instructions et je me rendis à Suez; le général en chef vint aussi pour organiser militairement ces neuf cents hommes, avec un colonel et des officiers; moi, de mon côté, sur la demande des ouvriers, qui se plaignaient que la distribution d'eau n'était pas suffisante, je leur en fis distribuer davantage. Le soir, le colonel, nommé pour commander ces neuf cents hommes, vint prendre mes instructions pour le travail.

Je reçus encore un rapport, copie de celui que l'ingénieur envoyait au Consul-général : il y était dit que les ouvriers étaient en révolte et ne faisaient rien, que c'étaient des galériens, que les Européens étaient très-inquiets, craignant que ces hommes ne se portassent contre eux à des voies de fait, et que lui et l'entrepreneur allaient faire venir des ouvriers de France; qu'alors, puisque nous ne pouvions leur donner des ouvriers de corvée, nous payerions la différence du prix des journées et les dommages-intérêts.

Les affaires avaient été si mal commencées, le contrat tellement fait, que nous, Gouvernement, nous les chefs qui payions, nous avions l'air d'être pour ainsi dire aux ordres de l'ingénieur de la Compagnie des Messageries ; il nous menaçait même.

Je me rendis spontanément une autre fois à Suez, et je fus voir les travaux; jamais, il est vrai, je ne vis chose semblable : les soldats restaient debout sans rien faire, appuyés sur leurs pioches ou leurs pelles, les officiers regardant cela tranquillement; je leur parlai, je les interrogeai : c'était un parti pris; ils me dirent que, devant rester attachés à ce travail c'était pour eux les galères, et qu'ils aimaient mieux être traités en galériens ailleurs; car partout il faudrait leur donner la ration, et qu'ils n'avaient pas besoin de travailler pour cela. J'eus beau les sermonner, il existait une force d'inertie chez ces gens-là tout à fait inexplicable. — Dans la nuit, il y avait eu désertion, et le colonel était allé dans le désert chercher les déserteurs; personne ne faisait son devoir. — J'avais une grande envie de sévir, surtout contre les officiers; mais je ne trouvai partout que mollesse et nonchalance; je trouvai tout cela incompréhensible; même jusqu'à ce jour, je n'ai pu m'en rendre compte.

S. A. le Vice-Roi était fort mécontent, comme de raison, de la protestation de l'ingénieur et de l'entrepreneur, communiquée par le Consul, qui disait des choses très-fortes.

Je reçus de nouvelles instructions. Il fallait donc faire un nouvel arrangement avec l'entrepreneur, qui consistait à supprimer toute fourniture d'ouvriers de la part du Gouvernement et à fixer la somme qu'il y avait à donner en compensation de cette suppression, qui était occasionnée par celle des corvées, comme S. A. en arrivant au pouvoir l'avait déclaré; alors l'entrepreneur pourrait avoir des ouvriers libres, européens, arabes, chinois, comme il l'entendrait. J'avais carte blanche et pleins pouvoirs.

L'arrangement était à peu près celui-ci (car il serait trop long de le donner en entier) :

« S. A. le Vice-Roi, voulant assurer l'exécution des travaux
« du Bassin de radoub à Suez, œuvre si utile à toutes les Com-
« pagnies maritimes et au pays, désire faire au premier contrat
« les modifications suivantes :

« L'entrepreneur mettra la main à l'œuvre immédiatement
« après la signature de ce présent contrat additionnel, afin que
« le bassin soit en état d'exploitation, au 1ᵉʳ mars 1867, si le
« béton devait être coulé dans l'eau, et au 1ᵉʳ mars 1866, si
« toutes les maçonneries pouvaient être faites à sec.

« Il sera payé à l'entrepreneur, à forfait, une somme de
« 5.400.000 francs, le bassin étant construit à sec, et dans le
« cas contraire celle de 6 millions.

« En outre, il sera aussi payé à l'entrepreneur, pour compen-
« sation de l'intervention du Gouvernement égyptien dans le re-
« crutement des ouvriers, une somme fixe de 3.300.000 francs,
« le bassin étant fait à sec, et de 3.500.000 fr. dans l'autre cas.

« Alors l'entrepreneur fournira à ses risques et périls tous
« les ouvriers, manœuvres et autres, européens et indigènes
« dont il aura besoin pour ses travaux, en leur assurant les lo-
« gements nécessaires. »

Ce contrat additionnel fut signé sans l'intervention du Consul et sans celle des Messageries Impériales, par moi et l'entrepreneur, M. Dussaud, le 7 septembre 1863.

Voici sur quelles bases furent faites les modifications au premier contrat :

L'ensemble des travaux restant à faire exige l'emploi pour un délai de trente mois d'une moyenne de mille ouvriers arabes. — A raison de 1 fr. 50 cent. par jour et de vingt-cinq jours de travail par mois, ces mille ouvriers donneraient une dépense mensuelle de :

$$1.000 \times 1,50 \times 25 \quad \text{ou} \quad 37.500 \text{ fr.}$$
$$\text{et pour 30 mois} \quad 1.125.000 \text{ fr.}$$

En prenant des ouvriers européens, le nombre pourrait en être réduit à six cents qui, pour trente mois, à raison d'un salaire de 8 francs par jour et de vingt-cinq jours de travail par mois, donneraient une dépense de :

$$600 \times 8 \times 25 \times 30 \quad \text{ou} \quad 3.600.000 \text{ fr.}$$

Si l'on prenait partie ouvriers européens et partie ouvriers arabes, ceux-ci étant mis à la tâche pourraient gagner un salaire plus fort ; il s'établirait une compensation sur les mêmes bases que ci-dessus :

1° Ce qui donne une différence pour l'entrepreneur de   2.475.000 fr.
    A quoi il faut ajouter :
2° Pour 2.000 voyages sur chemin de fer, à raison de
    200 fr. chacun 400.000
3° Frais d'installation de logements, restant au gouvernement 130.000
4° Frais d'outillage et d'hôpital 70.000
5° Pour charges personnelles et dépenses imprévues . .   225.000

              Total . . . .   3.300.000 fr.

D'après ce nouvel arrangement, les neuf cents ouvriers furent renvoyés, l'entrepreneur se procura ses ouvriers, et enfin les travaux marchèrent fort bien, sous la main habile de M. Dussaud, déjà si exercé dans les travaux hydrauliques.

Cet arrangement fit du bruit. Le Consul-général de France en

fut ému et froissé ; l'Administration des Messageries trouva
étonnant que les modifications se fissent sans son intermédiaire ;
on pensait partout que la somme accordée pour la suppression
des ouvriers de corvée était énorme, et l'Administration des
Messageries renvoya pour cette affaire, en Égypte, M. Girette,
administrateur-adjoint et inspecteur-général. Le 3 octobre 1863,
après s'être rendu à Suez, et avoir vu les travaux et l'entrepreneur, il présenta à S. A. le Vice-Roi la note suivante :

« La Compagnie des services maritimes des Messageries Im-
« périales a reçu de M. l'agent et Consul-général de France en
« Égypte communication officielle du traité passé, le 7 septembre
« 1863, entre S. E. Linant-Bey, Directeur-général des Travaux-
« publics, agissant par ordre et pour le compte de S. A. le
« Vice-Roi, d'une part, et MM. Dussaud frères, entrepreneurs
« du bassin de Suez, d'autre part.

« Le soussigné, agissant en vertu du pouvoir des conseils
« d'administration de la Compagnie, exprime respectueusement
« à Son Altesse la reconnaissance dont la Compagnie est péné-
« trée pour la pensée toute bienveillante qui a dicté cet arran-
« gement, dont le but manifeste est d'écarter les difficultés qui
« ont depuis dix mois entravé l'exécution des travaux.

« Gardant le caractère d'intermédiaire nécessaire entre le
« Gouvernement du Vice-Roi et les entrepreneurs, qui lui a été
« attribué par la convention et le cahier des charges du 11 avril
« 1862, la Compagnie a dû examiner d'abord si l'arrangement
« du 7 septembre 1863 n'imposait pas au trésor du Vice-Roi un
« sacrifice excessif, et si, d'un autre côté, en couvrant suffi-
« samment les intérêts des entrepreneurs, il permettait de réa-
« liser, dans les meilleures conditions actuellement possibles,
« l'achèvement du Bassin.

« La Compagnie a reconnu :
» 1° Que la décision prise à un point de vue général par S. A.
« le Vice-Roi, de supprimer les ouvriers de corvée en Égypte,
« avait rendu impossible l'achèvement des travaux du Bassin
« dans les conditions prévues par le contrat du 11 avril 1862;

« 2° Que les travaux, par le fait seul de cette décision, avaient
« été retardés d'au moins six mois ;

« 3° Qu'en présence des pertes considérables déjà subies par
« l'entreprise sous l'influence de l'état de choses antérieur à
« l'arrangement du 7 septembre, des chances aléatoires que
« comporte l'achèvement des travaux par ouvriers étrangers à
« l'Égypte, et de l'emploi plus étendu qu'il faudra faire des
« machines pour suppléer à l'insuffisance de la main-d'œuvre,
« la somme additionnelle de 3.300.000 fr. ou de 3.500.000 fr.,
« suivant les alternations prévues par l'arrangement du 7 sep-
« tembre, ne sort pas des limites d'une compensation équi-
« table;

« 4° Enfin que les entrepreneurs offrent toutes les garanties
« désirables pour que ce supplément de dépenses soit appli-
« qué de manière à atteindre le but que le Vice-Roi s'est pro-
« posé en concertant avec la Compagnie le contrat du 11 avril
« 1862.

« Nonobstant la confiance sans réserve que méritent le sa-
« voir, l'expérience et le caractère de M. l'Ingénieur des ponts-
« et-chaussées, le soussigné, en vue de remplir en toute conscience
« le mandat attribué à la Compagnie par le contrat du 11 avril
« 1862, a mis à profit la présence à Suez de M. l'Inspecteur
« général des ponts-et-chaussées et de M. l'ingénieur-en-chef
« Pascal, directeur des travaux du port de Marseille, pour con-
« trôler les données ci-dessus exposées. Ces éminents ingénieurs
« ont été d'accord pour reconnaître l'exactitude des appréciations
« de M. Stœklin et considérer l'arrangement du 7 septembre
« comme reposant, de la part des entrepreneurs, sur des calculs
« très-modérés.

« Dans cette situation, le soussigné se référant, en ce qui con-
« cerne les intérêts de la Compagnie, aux garanties imprescrip-
« tibles stipulées par la convention et le cahier des charges du
« 11 avril 1862, ne peut qu'acquiescer, au nom du Conseil
« d'administration, à l'arrangement du 7 septembre 1862, vu
« que le Gouvernement et les entrepreneurs considèrent les
« nouveaux moyens d'exécution, déterminés par cet acte,
« comme devant conduire le plus promptement possible au but
« des stipulations du 11 avril 1862, qui est l'achèvement du
« Bassin. En priant respectueusement S. A. le Vice-Roi de lui

« faire donner acte, par l'intermédiaire officiel du Consulat-gé-
« néral de France, de l'acquiescement de la Compagnie, selon
« la teneur de la présente note, le soussigné prend la liberté
« de solliciter de Son Altesse les ordres les plus exprès pour
« que, dans la nouvelle période qui va s'ouvrir, l'œuvre du
« Bassin reçoive des autorités égytiennes, à tous les degrés de
« la hiérarchie, la constante protection et l'assistance mani-
« feste sans lesquelles, même au prix des plus grandes dé-
« penses, on ne peut rien faire en Égypte.

« 3 octobre 1862. *Signé :* GIRETTE. »

Je me suis souvent demandé pourquoi ces interventions, par lesquelles on se donne toujours un air de censurer les actes du Gouvernement égyptien ; pourquoi mêler dans des affaires du Gouvernement et d'un entrepreneur le Consulat ? Aucun des deux partis intéresssés ne le demande : c'est presque une inconvenance ici de le demander. L'approbation, l'intervention de la Compagnie était inutile, puisque ce devait être un banquier d'Alexandrie, et non pas elle, qui donnerait les fonds, et quant au Consulat, c'était le Ministre des Affaires-Étrangères qui communiquait les pièces au Consul, s'il y avait lieu.

Le nouveau contrat avait été signé par l'entrepreneur avant que le Consul eût connaissance de la chose, ce qui fit que celui-ci lui fit une longue mercuriale.

Ceci amena une bouderie du Consul, et ce ne fut que quand les pièces furent communiquées par le ministère, que le Vice-Roi voulut bien recevoir M. le Consul-général et M. Girette, ce qui leur fut annoncé par télégramme ; Son Altesse se trouvait sur le Nil à Cafr-Zaïat, pour assurer la fermeture de digues qui avaient été rompues.

Après ce nouvel arrangement bien terminé, les travaux du Bassin marchèrent ; mais ce n'était pas tout, il fallait encore les travaux complémentaires et supplémentaires.

L'ingénieur, par les lettres qu'il m'adressait, me disait toujours, qu'ayant dû se restreindre dans les limites étroites de 6 millions, il avait dû chercher sur le premier projet une économie de 2 millions, et que c'était la cause pour laquelle il me paraissait que le projet n'était pas complet.

Son Altesse connaissait parfaitement ce qui manquait, et elle me donna l'ordre d'examiner encore cette affaire.

Devant partir pour une mission en France, où l'ingénieur du Bassin se trouvait, je pensais traiter directement avec la Compagnie des Messageries à Paris ; en effet, je m'y rencontrai avec M. Pascal et M. Béhic.

Après avoir eu plusieurs conférences au sujet des travaux complémentaires à exécuter au Bassin de Suez, on décida de soumettre à l'approbation de S. A. le Vice-Roi, comme un avantage pour le Gouvernement, propriétaire du Bassin, les travaux suivants :

Chaussées d'accès à renforcer, élever et élargir, avec deux voies ferrées, parapets, etc.. . . . . 600.000 fr
Approfondissement et allongement du chenal. 25.000
Avant-port, souille, draguages et empierrement des talus, petit port de même, agrandissement des parcs à charbon, agrandissement du terre-plein et enrochements. 1.875.000

Travaux divers :

Conduites d'eau, voies de garage, plaques tournantes, grues, machine à mâter, appontements, bornes d'amarrage, feux, bouées. 500.000
Frais imprévus d'administration et de personnel. . . . 300.000
           Total. . . . . 3.300.000 fr.

Son Altesse voulut bien écouter tout au long mon rapport sur ce qui avait été convenu sur les travaux complémentaires du Bassin, ce qu'elle approuva en ayant reconnu tous les avantages, et je fus autorisé par elle à écrire à la Compagnie des Messageries qu'elle donnait son approbation à ce qui avait été exposé.

Quelques jours après, Son Altesse me dit qu'elle ne concevait vraiment pas pourquoi nous allions dépenser tant d'argent au port de Suez pour des travaux qu'elle n'avait pas besoin d'exécuter elle-même, puisqu'ils seraient faits sans qu'elle en fît la dépense.

Je fus extrêmement surpris de ce que Son Altesse me disait

et ne pouvais comprendre d'où provenait ce changement d'idées
car j'étais bien persuadé que le Vice-Roi reconnaîtrait les avantages de toutes sortes qui seraient obtenus par ces travaux complémentaires. Je fus forcé de dire que cela me semblait une
énigme que je ne pouvais deviner. C'est pourtant bien simple,
me dit Son Altesse. D'après ce que vous m'avez dit, je devrais dépenser 3.300.000 francs pour ces travaux qui seront terminés en
deux années; mais je puis bien attendre trois ou quatre ans si cela
ne me coûte rien. Je ne pouvais comprendre. Écoutez, me fit
l'honneur de me dire le Vice-Roi, M. de Lesseps m'a dit ces
jours-ci que dans trois ans, lui-même ou sa Compagnie aurait établi à Suez, bassin, port, avant-port, quais, jetées, docks, etc., etc.
et que par conséquent ce serait faire un double emploi, que je
n'avais pas à m'occuper de tout cela. Je conviens que je fus aba-
sourdi d'entendre ces paroles et de voir M. de Lesseps sacrifier
tout sans réflexion, amis, intérêts du Vice-Roi même, par sa
légèreté et son aveuglement. Je dis à Son Altesse : Comment Monseigneur, vous qui connaissez par expérience M. de Lesseps, qui
savez que pour ce qui touche le Canal il devient aveuglément fa-
natique, lui qui par sa concession n'a aucun droit pour faire de
semblables travaux, lui qui ne peut par sa Compagnie avoir des
fonds suffisants pour finir les travaux du Canal, d'après les dimensions données au programme, et auquel il travaille depuis
dix ans quand il le promettait en trois, comment pouvez-vous
croire qu'il fera ce qu'il promet pour Suez? Il demandera probablement encore des fonds à l'Égypte. Ceci est un écart de son ima-
gination et n'a rien de sérieux. Son Altesse me dit alors, cependant M. de Lesseps m'a donné sa parole, ne dois-je donc pas le
croire? Je répondis que je ne me permettrais pas de me prononcer sur cette question, mais que pour moi en cette affaire je ne
pouvais me persuader que M. de Lesseps eût parlé sérieusement
et avec calme. Alors, demandai-je à Son Altesse, que vais-je
dire à la Compagnie des Messageries sur ce changement? Vous
pouvez, me dit-elle, rapporter ce que nous venons de dire, et que
M. de Lesseps, me promettant de si grands avantages, je crois
devoir les accepter.

Voici bien une circonstance qui prouve le caractère trop souvent passionné de M. de Lesseps. Quoi qu'il en soit l'affaire fut suspendue pour le moment. J'écrivis à M. Girette d'après l'autorisation que j'en avais. Je craignais que l'on me soupçonnât d'un peu de..... je ne sais quel mot employer, heureusement quelque temps après M. Girette vint au Caire, et S. A. le Vice-Roi lui dit de sa propre bouche toute la chose que je viens de raconter, ce qui fut pour moi une grande satisfaction personnelle.

M. de Lesseps ne parla jamais plus des travaux annoncés.

DISTRIBUTION DES EAUX DANS LA VILLE D'ALEXANDRIE.

Un des travaux de la plus grande utilité publique exécutés en Égypte dans ces derniers temps a été, sans contredit, la distribution de l'eau dans la ville d'Alexandrie.

Cette ville, malgré le grand nombre de magnifiques citernes laissées par les Ptolémées, par les Romains et aussi par les Arabes, était loin d'avoir à sa disposition la quantité d'eau nécessaire aux besoins de ses habitants, dont le nombre, depuis l'arrivée de Méhémet-Ali au pouvoir, était plus que quadruplé. Les citernes par elles-mêmes, par leur grand nombre, leur capacité, auraient suffi et au delà à tous les besoins, si toutes avaient été en bon état, si elles eussent été déblayées, vidées, nettoyées et que les canaux alimentaires de ces citernes eussent été praticables au passage des eaux; mais un très-petit nombre seulement de ces citernes était en état de subvenir aux besoins de la population.

Quelques puisards, ou l'on trouvait des infiltrations du canal et du Nil, donnaient aussi des eaux; et pendant les crues, lorsque les eaux du Nil arrivaient par le canal Mahmoudièh, on remplissait les citernes, qui quelquefois aussi l'étaient par les pluies.

Un plan de ces citernes et des conduits souterrains de la ville d'Alexandrie est entre nos mains, mais il serait trop dispendieux de le faire graver, et, d'ailleurs, il serait peut-être de peu d'utilité aujourd'hui; comme il a été dressé par l'ingénieur des fortifications Galice-Bey, il doit se trouver aux Archives de la voirie ou des fortifications d'Alexandrie.

En 1857, au mois de juillet, S. A. Saïd-Pacha parla pour la première fois de la distribution des eaux dans Alexandrie, importante question dont M. Sabatier, Agent et Consul de France en Égypte, l'avait souvent entretenu comme d'un travail des plus éminemment utiles pour la ville d'Alexandrie, dont l'agrandissement rapide exigeait une distribution d'eau régulière et assurée. Il me dit qu'il avait presque pris l'engagement de donner la concession de la distribution des eaux à M. Cordier, ami de M. Sabatier, et qu'il était fort embarrassé de cela ; il disait qu'il ne pouvait pas donner de privilége, parce qu'alors les autres consuls en exigeraient aussi pour leurs administrés. Je lui répondis que si ces priviléges procuraient autant d'avantages au public que pouvait le faire la distribution d'eau, je ne voyais pas pourquoi on ne donnerait pas de semblables priviléges qui étaient des concessions comme on en faisait partout.

Saïd-Pacha, je ne sais pour quelle raison, aurait voulu retirer sa promesse, et il proposait d'accorder à M. Cordier, au lieu de la distribution d'eau, la concession du lac Maréotis, qu'il s'agissait de rendre à la culture, et qu'alors il abandonnerait au concessionnaire une bonne partie des terrains ; que son intention était que le gouvernement montât au Mahmoudièh une machine de trois cents chevaux pour donner de l'eau à la ville ; que du Mahmoudièh on conduirait les eaux douces sur les terres jusqu'à Mariout pour les cultiver, et qu'au canal de communication au Meks, on établirait une autre machine à vapeur pour prendre les eaux du lac et les déverser dans la mer, afin que les terrains restassent toujours à sec.

Je crois que ce changement, qui n'était point acceptable, ne fut pas du goût de M. Cordier, et enfin le 26 octobre 1857 fut accordée, par ordre du Vice-Roi, et signée par le gouverneur d'Alexandrie, l'autorisation d'établir la distribution des eaux.

Cette autorisation était pour une distribution d'eau par conduites, machines et réservoirs, laissant à d'autres personnes la liberté d'employer tous les autres moyens.

Le prix de l'eau était déterminé et ne devait pas dépasser le prix actuel de plus de la moitié, en prenant pour base le prix moyen de l'outre portée par chameaux à 20 paras et celle par âne à 10, à peu près 97 cent. le mètre cube.

On devait, d'après l'autorisation, établir :

1° Une prise d'eau dans le Canal Mahmoudièh;

2° Des bassins d'épuration et de filtration des eaux;

3° Des pompes à feu d'une force suffisante pour fournir en vingt-quatre heures 10.000 mètres cubes d'eau;

4° Une conduite principale qui devait unir les pompes et le réservoir principal d'une contenance de 5.000 mètres;

5° Un système de conduites avec des embranchements distribuant l'eau dans les principaux quartiers de la ville et capable de s'étendre selon les besoins;

6° Dans chaque rue une bouche disponible en cas d'incendie;

7° La conduite, selon la demande du Gouvernement, devait fournir des eaux à Gabari et même au Meks ainsi qu'à tous les établissements publics. Dans les quartiers pauvres on devait établir des bornes-fontaines pour le public qui prendrait gratuitement l'eau;

8° Enfin le Gouvernement s'engageait à prendre pendant dix ans un minimum de 2.000 mètres cubes par jour ou trente mille guerbés (1) qu'il payerait l'une dans l'autre à raison de 5 paras.

L'autorisation donnée à M. Cordier ne constituant pas un privilége, toute autre compagnie pourrait concourir au même but.

On travailla, d'après ce programme, à la distribution des eaux, et bientôt la ville d'Alexandrie fut dotée d'un des établissements les mieux entendus dans ce genre et dont l'effet a contribué à donner aux habitants un bien-être qu'ils n'avaient jamais connu, même dans les temps les plus prospères de l'ancienne Alexandrie.

La distribution des eaux dans Alexandrie est donc le premier établissement d'une grande utilité publique qui ait été fait dans cette ville, et si des sommes considérables ont été dépen-

---

(1) Outres.

sées ce ne sont pas celles-là qui doivent être regrettées et qui d'ailleurs ne sont rien comparativement à toutes celles que de simples caprices ont détournées d'un but aussi honorable.

Néanmoins il existe un vice dans cette distribution, c'est que la fourniture des eaux est assujettie à celle du canal Mahmoudièh. Pendant l'été, ce canal est alimenté par des machines à vapeur montées à sa prise d'eau dans le Nil, lesquelles machines deviennent souvent insuffisantes, comme je l'ai dit en parlant du canal Mahmoudièh, et si l'on ne remédie à cette insuffisance, il arrivera que la ville d'Alexandrie, Ramlé, ou les terrains ensemencés manqueront d'eau.

DISTRIBUTION DES EAUX DANS LA VILLE DU CAIRE.

Lorsqu'Abbas-Pacha parvint au pouvoir et qu'il habita son palais de Hassoua, nommé depuis l'Abbascièh, il ordonna. autant pour lui que pour le bien-être des habitants du Caire, d'étudier un projet de distribution d'eau pour la ville en l'étendant ensuite jusqu'à l'Abbascièh.

Linant-Bey, alors Directeur-général des Travaux-Publics, fut chargé de ce travail.

A première vue, le Vice-Roi demanda ce que pourrait coûter le projet complet ou d'ensemble, et ayant appris que la somme à débourser était plus forte qu'il ne l'avait d'abord pensé, il ordonna de faire deux autres projets réduits.

On commença donc les relevés des principales rues et des nivellements plusieurs fois répétés, dont les repères furent mis sur tous les points principaux des monuments ou endroits remarquables des rues relevées. Plusieurs divisions d'ingénieurs de la Direction des Travaux-Publics furent employées à cela.

Le projet d'ensemble, dont nous parlerons plus loin, ainsi que des deux autres, portait la dépense à :

14.677.432 piastres, ou en francs 3.659.334;

le projet réduit ou second, à :

7.167.229 piastres, ou en francs 1.861.610 ;

le troisième projet aurait coûté :

5.172.200 piastres, ou en francs 1.343.430.

Le premier projet ou d'ensemble consistait :

1° A établir au vieux Caire des bassins d'épuration près du fleuve ;

2° A établir deux machines à vapeur, près de l'aqueduc du vieux Caire, pouvant fournir la quantité d'eau voulue ;

3° A réparer l'aqueduc pour y établir la principale conduite alimentaire jusqu'à la place Carameïdan ;

4° Établir sur cette place un réservoir, bassin de distribution, pouvant contenir le volume d'eau nécessaire à la consommation pendant quarante-huit heures des habitants de la partie haute de la ville ;

5° De ce bassin des tuyaux de conduite suivraient les grandes rues du Caire, d'où d'autres desserviraient les rues moins importantes ;

6° Du réservoir de Carameïdan une machine élèverait à la Citadelle l'eau nécessaire aux besoins journaliers de cette place ;

7° Dans les carrefours principaux, on établirait des fontaines et des abreuvoirs ;

8° Une conduite partant du réservoir de Carameïdan devait porter les eaux directement à l'Abbascièh.

Le second projet, bien moins complet que celui-ci, consistait à prendre pour principale et unique conduite le Khalig du Caire ; dans son lit serait bâti un canal en maçonnerie pour servir d'égout.

Sur ce canal serait posée la conduite en tuyaux de fonte ; elle pourrait fournir l'eau aux parties basses de la ville. Le canal serait alors une rue dans laquelle, de distance en distance, aux endroits les plus larges, on établirait des fontaines et des bassins-abreuvoirs.

Le canal souterrain en maçonnerie pendant les crues serait rempli naturellement des eaux du fleuve, pour aller arroser les terres qui les reçoivent aujourd'hui par le Khalig, et au moyen de regards les habitants pourraient encore prendre les eaux de ce conduit souterrain.

Deux machines à vapeur, placées à la prise d'eau du Khalig, fourniraient les eaux nécessaires à la conduite, où elles seraient comprimées et pourraient être répandues à droite et à gauche de la conduite.

Le troisième projet consistait à avoir un seul bassin-réservoir et de distribution sur la hauteur de Teïloûn, et de là des conduites approvisionneraient les quartiers bas de la ville.

Dans tous les cas, avant d'introduire l'eau dans les tuyaux de conduite, elle devait être, sinon filtrée, au moins épurée, en la laissant reposer, afin qu'une grande partie des matières qu'elle tient en suspension pût être précipitée par un séjour d'au moins vingt-quatre heures dans les bassins d'épuration.

Ces deux derniers projets étaient loin de remplir le but d'utilité générale que réclamait la ville du Caire ; aussi nous ne parlerons ici que des détails qui ont rapport au premier projet d'ensemble général.

Pour base de ce projet il fut admis que l'on devait prendre en considération, non-seulement ce qui se pratique ailleurs, sous d'autres climats, mais aussi les besoins impérieux nécessités par le pays et ses usages, comme, par exemple :

Le lavage fréquent des vêtements et des maisons,

Les ablutions à différentes heures,

L'arrosage des rues,

L'abreuvage des bêtes de somme, si nombreuses, employées au transport des hommes, des matériaux, des marchandises. Toutes ces raisons font que la consommation devait être considérablement augmentée, sous un climat aussi chaud. D'ailleurs il fallait aussi prendre en considération qu'au Caire, en outre de la population sédentaire, il y a un grand nombre d'individus qui ne sont que de passage, avec leurs chameaux, ânes et chevaux, et cette population flottante, qui se renouvelle chaque jour, est considérable.

Il devenait donc difficile de déterminer d'une manière exacte, d'après ce qui se fait ailleurs, ce qui devait être fait au Caire, à moins d'expériences très-longues et minutieuses ; nous avons préféré prendre une moyenne de tout ce qui s'est fait jusqu'à ce jour. Malheureusement aucune ville d'Orient n'a de distribution d'eau régulière ; il a donc fallu chercher, tout en imitant l'Europe, à fournir au Caire assez d'eau pour tous ses besoins, et nous avons consulté pour cela les fournitures d'eau des villes les mieux approvisionnées :

A Paris on ne compte par individu que........ 20 litres.
Pour un cheval.................... 75 —
Pour l'entretien d'une voiture............ 40 —
Pour l'arrosage d'un jardin par mètre carré. ... 1,50

Nous ne pourrions nous baser sur une donnée semblable, et pour déterminer sur des bases de ce genre ce qu'il faudrait donner d'eau au Caire, on aurait besoin d'une étude trop longue.

A Londres on donne par individu et par 24 heures. 80 litres.
A Manchester   ——   —— 44 —
A Liverpool   ——   —— 48 —
A Glasgow   ——   —— 100 —
A Édimbourg   ——   —— 62 —
A Toulouse   ——   —— 80 —
A Besançon   ——   —— 100 —
A Grey   ——   —— 100 —

ce qui donnerait une moyenne de 75 litres 1/4 par individu et par vingt-quatre heures.

D'après différentes considérations de climat, d'habitude, etc., nous donnerons pour le Caire, comme pour les villes les plus abondamment fournies de l'Europe, 100 litres par individu et par vingt-quatre heures ; d'autant mieux que beaucoup de maisons ont des puits et d'autres, plus grandes, des norias ou sakiéhs pour leurs jardins et les besoins domestiques.

La ville du Caire, d'après les derniers recensements, avait 260.000 habitants fixes, mais il y avait aussi une population flottante considérable, et nous compterons 300.000 habitants.

Le volume d'eau à fournir était donc de 30 millions de litres ou 30.000 mètres cubes en vingt-quatre heures.

Comme la partie la plus élevée de la ville est celle qui entoure la place de Carameïdan, c'est sur ce point que les eaux devaient être conduites pour être ensuite distribuées. Il est à 29 mètres au-dessus des étiages; ainsi de ce point les eaux pouvaient être facilement conduites dans les quartiers les plus éloignés, et jusqu'à l'Abbascièh, dont l'emplacement du Palais est à la cote 16^m,33.

On choisissait, pour conduire les eaux du Nil à la place de Carameïdan, l'aqueduc existant au vieux Caire, qui aujourd'hui conduit les eaux à cette place, au pied de la Citadelle, par un conduit souterrain qui commence à l'entrée de l'aqueduc dans la ville (1). De la place de Carameïdan les eaux sont élevées aujourd'hui au moyen d'une sakiéh puisant dans le souterrain de l'aqueduc, à 9 mètres, pour entrer dans un autre souterrain les conduisant au pied des murs de la Citadelle, où se trouve une autre sakiéh dans un lieu nommé Arab-Issa. Celle-ci élève encore les eaux à une hauteur de 18 mètres pour les faire entrer dans un troisième souterrain, creusé dans le rocher, ayant 300 mètres de long et conduisant les eaux sous le puisard qui est à la Citadelle, à gauche de la grande rue qui conduit à la place. Là les eaux sont encore élevées à la hauteur de 39^m,50 par d'autres sakiéhs.

Quant aux eaux nécessaires à la Citadelle, une machine devait être établie au bassin de Carameïdan pour les refouler jusqu'au point culminant, à la mosquée de Méhémet-Ali, élevée de 83 mètres au-dessus des eaux d'étiage à l'aqueduc et de 87^m,06 aux sakiéhs (2).

La différence de 83^m,06 à 94^m,50 provient de ce que l'on n'a pas tenu compte de la pente de l'aqueduc et des souterrains et que l'on a additionné toutes les hauteurs, qui ont donné 94^m,50.

Il avait donc été décidé que les eaux élevées dans la cuvette de déversement de l'aqueduc, à 28 mètres au-dessus de l'étiage, seraient conduites, sur l'aqueduc, à la place de Carameïdan, où se trouvait le principal bassin de distribution pour la ville, et de cette place de Carameïdan à la Citadelle, à une hauteur de 68 mètres, par une machine spéciale.

____

(1) Voir planche IV, n° 6.
(2) Id.

Une difficulté qui se présentait était celle de savoir si les eaux devaient être filtrées et épurées avant de les élever à l'aqueduc pour aller au bassin de Carameïdan, ou bien laissées avec leur limon.

Pendant l'époque des basses eaux, celles-ci sont assez claires ; mais pendant les crues, elles sont beaucoup trop chargées de limon pour être envoyées ainsi : d'abord à cause des conduites qui se combleraient, malgré la pression que l'on pourrait y exercer et qui ne pourrait établir continuellement une vitesse assez grande sans beaucoup de perte d'eau et de travail, ensuite parce que le bassin de distribution se trouverait bien vite comblé ; effectivement, d'après de nombreuses expériences, on a reconnu que, pendant les crues, le limon qui était en suspension dans l'eau était de 0,008, ce qui aurait fait pour la quantité d'eau à fournir par vingt-quatre heures un cubage de 240 mètres cubes de vase, dont il faudrait se défaire pendant les crues.

On a été porté à conclure tout naturellement, d'après ceci, qu'avant d'être introduites et élevées dans les conduites et réservoirs, les eaux du Nil devaient au moins être épurées, et pour plus de facilité pour ce travail, cette opération devait être faite près du Nil lui-même, afin de pouvoir rejeter dans le fleuve le limon déposé et pouvoir faire passer les eaux destinées à l'usage des habitants dans des filtres ou dans des galeries d'épuration. On étudia tous les systèmes de filtrage, d'épuration, de déposage, etc.

Les filtres artificiels formés de couches alternées de sable et de charbon, qui produisent environ en vingt-quatre heures 3^{mc},2 par mètre carré, ne pouvaient convenir ; il aurait fallu une trop grande surface filtrante, et c'eût été trop coûteux comme entretien.

L'eau du Nil, même au commencement de la crue, quand elle apporte des plantes en décomposition, ce qui la rend verdâtre à la vue, n'occasionne aucun inconvénient aux personnes qui en boivent, et cela parce que l'eau, depuis le Soudan, où se trouvent ces plantes en décomposition, parcourt un long trajet pendant lequel elle est fouettée, battue, éventée à son passage à travers les nombreuses cataractes ; ainsi le charbon employé comme désinfectant est inutile. Les autres filtres par lits de cailloux nous ont paru peu applicables dans ce cas.

Les filtres au moyen de feutre et de laine tontisse, dont on a fait peu d'usage jusqu'à ce jour, semblent être les meilleurs, car on prétend qu'ils donnent par mètre carré à peu près 60 à 80 mètres cubes d'eau filtrée; mais, outre que jusqu'à ce jour on n'a pas fait de grandes expériences sur l'usage de ces filtres, ils semblent demander encore beaucoup trop de soins, d'entretien, pour être employés ici.

Après toutes espèces de considérations, nous nous sommes arrêtés à des bassins d'épuration près de l'aqueduc, et qui seront divisés par galeries où l'eau élevée du fleuve parcourra un long trajet avec une très-petite vitesse, pour arriver au lieu d'où on l'élèvera dans la cuvette de l'aqueduc. Les eaux déposeront leur limon dans ces réservoirs-galeries, et pour leur donner le temps voulu pour ce dépôt, on fera trois réservoirs séparés; ainsi ces eaux pourront rester au moins quarante-huit heures à se dépouiller de leur limon. Afin que ces eaux ne soient pas altérées par l'action ardente du soleil, ces galeries devront être couvertes ainsi que le réservoir de distribution.

Il serait inutile de donner les calculs pour les machines, pour les constructions des réservoirs, des galeries d'épuration et des tuyaux de conduite; ce sont ceux de tous les travaux de ce genre; d'ailleurs je ne fais ici que l'historique de ce travail d'utilité publique.

Lorsque le projet touchait à sa fin et que déjà des marchés s'établissaient pour la fourniture des machines et du matériel, je reçus un ordre du Vice-Roi qui me prescrivait de ne faire les commandes que pour un tiers de la fourniture totale de la conduite. Il était assez difficile de partager machines, conduites et constructions en tiers, mais pendant que cela se faisait, je dus m'absenter pour des inspections dans les provinces; je laissai tout le travail à un ingénieur, M. Boudsot, afin qu'il continuât et le projet et son exécution, si cela se pouvait; mais on ne fit que des études de nivellement, des plans de rues et des calculs techniques. Le Vice-Roi avait abandonné cette affaire, et les habitants du Caire continuèrent et continuent encore jusqu'à ce jour à se pourvoir d'eau comme par le passé.

Ce projet en était resté là, M. Boudsot était parti pour l'Europe et le travail demeurait en portefeuille, lorsqu'en 1856, le 14 janvier, je reçus de M. Sabatier une lettre par laquelle il me recommandait fortement son ami M. Cordier, et me demandait mes bons offices et mon *concours* pour une affaire dont le Vice-Roi Saïd-Pacha, sur sa demande, voulait bien le charger : il s'agissait de la distribution des eaux pour la ville du Caire, et pour ce projet, M. Cordier avait besoin de mes conseils, des plans et nivellements que je possédais, etc., etc.

Ne demandant pas mieux que ce projet de distribution des eaux dans la ville du Caire arrivât à un résultat positif, car l'utilité d'un pareil travail était éminemment démontrée et le Vice-Roi y paraissait porter intérêt, je remis à M. Cordier tout le travail qui m'appartenait et lui fis aussi confier ce qui était au ministère.

M. Cordier dressa un projet ; mais ce fut longtemps après qu'il eut un commencement d'exécution, et lorsque la distribution d'eau pour la ville d'Alexandrie fut elle-même terminée.

La distribution des eaux pour le Caire, je crois, devait se faire par une Compagnie dont le Gouvernement avait le plus grand nombre d'actions. On commença par établir une machine à vapeur au nord de l'aqueduc et du canal du Caire, dans un emplacement parfaitement choisi. Une conduite provisoire fut établie sur une petite dimension jusqu'au sud de la Citadelle, où l'on fit un bassin-réservoir, puis une conduite allant de là à un autre bassin construit au nord-est de la ville, près de la mosquée du Sultan Barkoûk. Ces travaux étaient provisoires afin de faciliter, sous le rapport des eaux, la construction des deux grands réservoirs projetés pour les bassins de distribution, dont l'un au nord de la mosquée du Sultan Barkouk est en construction.

Cette conduite provisoire par laquelle on distribue aujourd'hui de l'eau dans quelques quartiers de la ville se trouvant sur son parcours, ne manque pas d'apporter de grands soulagements aux habitants, et prouve combien il est utile de faire la grande distribution pour le bien-être de toute la population de la ville ; mais les travaux, commencés depuis si longtemps, sont loin d'avancer aussi vîte que tout le monde le désirerait.

Une autre partie de distribution des eaux s'établit aussi par la même Compagnie, pour en fournir à la partie basse de la ville et surtout aux jardins. Les machines sont établies sur la route de Boulak, près du Canal d'eau douce d'Ismaëlièh ou de Suez, point de la prise. On ne fournira pas d'eau filtrée ni même épurée, mais on pense que, malgré cela, les dépenses occasionnées pour les établissements, celles d'entretien, feront que, pour que la Compagnie chargée de la distribution puisse couvrir ses frais, elle devra tellement élever le prix de ses eaux que peu de personnes pourront y avoir recours pour l'arrosage.

L'histoire de cette nouvelle affaire de distribution des eaux pour la ville du Caire ne m'est pas assez bien connue, depuis qu'elle est passée entre les mains d'une Compagnie, pour que je puisse en parler plus en détail; mais, d'après l'activité que l'on déploie sur les travaux et d'après le désir persévérant que le Khédive manifeste de faire jouir promptement les habitants du Caire du bienfait d'avoir une abondante distribution d'eau, on peut être certain qu'avant peu ces travaux d'une si grande utilité publique seront terminés et fourniront un grand sujet de plus à la reconnaissance des masses envers le Vice-Roi.

CHAPITRE VII.

CHEMINS DE FER.

Les chemins de fer furent introduits en Égypte du temps de Méhémet-Ali; mais ce ne fut que pour établir le projet de la ligne de Suez au Caire, qui ne fut point exécutée et se réduisit seulement à un petit chemin d'exploitation des carrières de Torah.

Sous Abbas-Pacha on commença la ligne d'Alexandrie au Caire; mais à peine arriva-t-on à Cafr-Zaïat, à peu près à 70 milles anglais; Saïd-Pacha continua cette ligne jusqu'au Caire avec les différents points qui se trouvent sur son tracé.

	milles.
Il fit faire la ligne directe du Caire à Suez, la première de 70 milles, entre le Caire et Alexandrie.	70
La seconde de.	90
Il fit aussi l'embranchement de Benha au village de Mit-Béré, absolument pour la propriété qu'il possédait dans ce village.	8
L'embranchement, ou plutôt la ligne également toute personnelle pour lui d'Alexandrie à Mariout.	12
L'embranchement de Calioub au Barrage, indispensable mais spécial à la forteresse de Calat-Saïdiéh.	7 1/2
La ligne de Tantha à Samanoud fut faite sous Saïd-Pacha; c'est une direction importante passant par de riches villages et par la ville de Mahallet, la plus grande du Delta, et arrivant au Nil à Samanoud, ville importante; cette ligne a de longueur.	33
Total.	220 1/2

Sous Saïd-Pacha il fut donc établi environ 220 milles, dont 90 de la route de Suez ont été enlevés pour faire la nouvelle ligne.

La voie de Tantha jusqu'à Samanoud n'était pas complète, et le Khédive actuel la fit continuer jusqu'à Talrha, vis-à-vis Mansoura, ce qui donne, aujourd'hui, à cette ligne toute son impor tance; cette continuation est de 10 milles, aujourd'hui elle va jusqu'à Damiette, ce qui fait environ 36 milles de plus.

La ligne du Caire à Suez, quoique la plus courte, étant presque directe, avait de graves inconvénients, par exemple, elle n'avait pas d'eau, et par conséquent on était obligé, pour toutes les stations et pour le service des locomotives, d'établir des trains spéciaux pour en apporter, ce qui était fort coûteux. On était obligé de gravir des pentes qui nécessitaient des locomotives plus fortes, et puis cette ligne ne pouvait desservir aucune localité sur son parcours.

Certes, si quand on a établi le chemin de fer sur cette ligne, le Canal d'eau douce avait existé jusqu'à Suez, jamais on n'aurait dû songer à l'établir autrement que sur ses bords ; aussi S. A. le Khédive, aussitôt que cela se put, reconnaissant parfaitement les avantages de cette direction sur l'ancienne, la fit immédiatement changer. La ville d'Ismaïliéh étant un point que l'on devait relier au Caire avec l'intérieur de l'Égypte, quoique le développement de la ligne du Caire à Suez fût bien plus grand que l'Ouadée, S. A. n'hésita point à la prendre, puisqu'elle offre beaucoup d'avantages sur l'autre en longeant partout le Canal d'eau douce. C'est donc au Khédive que l'on doit la voie ferrée partant de Zagazig, parcourant toute l'Ouadée Toumilat, ayant à Néfiché un embranchement sur Ismaïliéh et tournant directement au Sud pour se continuer près du Canal d'eau douce jusqu'à Suez.

Cette ligne est certainement, surtout pour les voyageurs allant directement de Suez à Alexandrie, bien préférable à l'ancienne ; elle a de Zagazig à Suez un développement de 103 milles.

Les provinces de la Basse-Égypte avaient des transports difficiles et coûteux pour leurs produits : le Khédive a établi plusieurs lignes très-productives pour les habitants qui auparavant ne sortaient pour ainsi dire pas de chez eux et qui aujourd'hui remplissent tous les trains.

Les lignes et embranchements faits par le Khédive sont :

La ligne de Calioub à Zagazig, en passant à Bulbeïs, parties de la province de Calioubiéh et de celle de Cherkiéh éloignées des canaux et dont le transport des denrées se faisait à dos de chameau et sur des ânes ; cette ligne à un développement d'environ 30 milles.

On pourrait peut-être désirer que de Bulbeïs, cette ligne eût un embranchement direct vers l'Ouadée en aboutissant à Abou-Hamad, ce qui épargnerait la distance de Bulbeïs à Zagazig et de Zagazig à Abou-Hamad, et alors tous les villages populeux de Bulbeïs à l'Ouadée profiteraient de cette voie.

	milles.
La ligne de Zagazig à Mansourah, en passant à Hiehé, Abou-Kebir, Abou-Chequoug, etc., est une de celles qui ont donné la vie à ces grands villages qui étaient tout à fait éloignés de toute communication ; elle a de développement environ...	55 1/2
La ligne embranchement de Benha à Zagazig, qui est une partie de la ligne directe d'Alexandrie à Suez, a..........	24
L'embranchement de Tantha à Chibin-el-Com a............	19
La ligne de Zifté à Ibrahïm-Dessouki, qui traverse le Delta dans sa partie la plus riche en culture, a.....................	60
Dans la Haute-Égypte, la ligne de Gizéh à Miniet..........	151
De Miniet à Rhoda.....................................	25
L'embranchement du Nil au Fayoum, à Médinet, est aussi d'une grande utilité ; cette province manquait entièrement de moyens de communication, les transports se faisaient continuellement à l'aide de bêtes de somme, et pendant les inondations, à l'aide de barques qui transbordaient au pont d'Illaoum et par d'autres qui remontaient le Bahr-Joussef jusqu'a sa prise d'eau pour descendre ensuite ce fleuve. Cet embranchement est d'une grande utilité publique, sa longueur est de.....................................	25
De Médinet, une continuation va jusqu'au village de Bogça, où Son Altesse a une grande propriété pour laquelle ce petit embranchement est utile ; mais il l'est en même temps pour les villages qui sont sur son parcours ; sa longueur est de.	16
Un petit embranchement va à Ab-el-Ouakf, où est le tombeau d'un saint homme renommé, en l'honneur de la mémoire duquel on célèbre une fête annuelle, puis un autre à Béné-Nezar sur une longueur de.....................	17

Enfin, plusieurs petits embranchements aujourd'hui vont de la gare au nouveau quartier Ismaïliéh et de Casr-el-Nil à Coubbeh, Abbasciéh, et aux carrières. Ces différents embranchements ne sont que des lignes provisoires ou temporaires pour des constructions ou des exploitations de carrières.

Ainsi, depuis que le Khédive est au pouvoir, il a été fait pour l'utilité publique au moins 561 milles de chemins de fer. C'est un grand bien pour le pays, puisqu'il augmente et sa prospérité et la richesse de sa population.

Beaucoup d'autres embranchements sont projetés, et l'on parle souvent encore de la continuation de la ligne de la Haute-Égypte jusqu'au Soudan ; nous avons dit plus haut, à l'article *Cataractes et Communications*, ce que nous pensions relativement à ce dernier projet.

GRAND CANAL IBRAIMIÉH.

Dans la Haute-Égypte, les terrains où l'on peut faire les cultures d'été, telles que cotons et sucres surtout, sont ceux qui longent le fleuve et qui en sont le plus rapprochés, parce que étant plus élevés que ceux qui s'en éloignent, ils ne sont pas inondés pendant les crues comme ceux de la plaine, puis aussi parce que pendant l'étiage on peut puiser au fleuve, pour l'arrosage de ces cultures, l'eau nécessaire, que l'on ne trouve dans aucun des canaux *nili* qui n'en apportent que pendant les crues. Dans cet état de choses, il faut élever les eaux à une grande hauteur, de 9 mètres environ, et cela devient fort coûteux. Les particuliers qui cultivent la canne à sucre élèvent pour la plupart les eaux soit avec plusieurs chadoufs ou bascules superposées, soit avec des nattals ou catouas (1) à plusieurs étages ; moyens qui demandent beaucoup de bras.

Depuis une vingtaine d'années, les grands cultivateurs, qui possèdent beaucoup de terrains dans la Haute-Égypte, ont remplacé tous ces petits moyens d'irrigation par des machines à vapeur. Aujourd'hui le Khédive qui, pour ainsi dire, est le seul possesseur des grandes plantations de cannes à sucre, a très-bien compris, connaissant parfaitement les ressources de l'Égypte, qu'il pouvait de beaucoup diminuer les dépenses des

---

(1) Paniers suspendus avec quatre cordes et que deux hommes placés vis-à-vis l'un de l'autre font mouvoir.

irrigations à l'aide de machines, en employant, comme dans la Basse-Égypte, des canaux *séfi*, c'est-à-dire en creusant un canal à 1^m,50 environ au-dessous de l'étiage, et en diminuant la pente naturelle des eaux du fleuve et des terrains, de manière à ce que les eaux, à une certaine distance de la prise d'eau, se trouvassent pour ainsi dire à la hauteur des terrains ensemencés, et que l'on pût ainsi les arroser en ouvrant des saignées dans les berges du canal.

Tous les terrains plantés de cannes sont ceux les plus élevés près du fleuve, et c'est surtout depuis Mellawé qu'ils sont en plus grande quantité; il fallait donc que ce Canal fût creusé dans la partie des terrains les plus élevés et les plus rapprochés possible du fleuve, au lieu de couler dans les terrains bas ou le long du désert, comme cela devait être pour le canal projeté de Gébel Cilcilly. Effectivement, la prise d'eau actuelle de ce canal est à Siout même (1); il coule le long du fleuve à Mancabat, en passant par la partie resserrée entre le Nil et le désert; il passe ensuite à Manfalout, et coupe le Bahr Joussef près Deirout-el-Chérif, en donnant à ce cours d'eau une partie de ses eaux pour arroser le Fayoum; il vient aboutir ajourd'hui dans le canal anciennement excavé du temps de Méhémet-Ali et nommé canal de Fechn, qui a sa prise d'eau vis-à-vis de la ville ancienne nommée Médinet-el-Giahel, canal qui peut lui-même conduire les eaux au canal dit de Benesouef, qui a sa prise d'eau près de Balanca et de Mataye.

Ce grand canal Ibraïmiéh, à sa prise d'eau, a les dimensions suivantes :

A la surface des terrains................................ 71^m,60
Les inondations sont de 30 à 50 centimètres en contre-bas.
Le plafond a de largeur.................................. 35^m,00

On compte que le Canal a de profondeur, à l'étiage, 1^m,50; ce qui ne peut être vrai au moment du plus bas étiage, car avec les pauvres moyens que l'on a de curer les canaux, c'est tout au plus si l'on peut arriver à 1 mètre. La pente du plafond a été

---

(1) Voir planche I.

donnée à 0^m,65 pour 10.000 mètres ; mais comme ce canal, à une certaine distance de sa prise d'eau, déverse ses eaux dans le Bahr Joussef, qui n'a pas la même pente, car elle est plus forte, et que la largeur du Canal diminue à Mellawé pour diminuer encore plus au nord, il ne peut être considéré comme un canal à section régulière, ni à pente uniforme, pour en déduire la vitesse des eaux, de sa pente et de ses dimensions. Cependant comme il y a une longueur régulière de sa prise d'eau vers Deirout-el-Chérif d'environ 60.000 mètres, nous basons nos calculs sur cela et nous obtenons une vitesse par minute de 10,32, ce qui donne une recette par vingt-quatre heures de 847.065 m. c. ; de laquelle, en déduisant la quantité pour l'évaporation, d'après les expériences de trois années et la surface du canal qui est de 180.225, il reste net 666.840 ; ce qui, à 30 mètres par feddan, peut suffire à 22.228 feddans cultivés en cannes à sucre.

Mais il faut aussi faire un autre calcul : nous pensons que l'on ne peut, avec les moyens actuels, creuser à plus de 1 mètre au-dessous de l'étiage ; alors on a une section de seulement 37, la vitesse restant la même 10,32, on n'a plus qu'une recette nette de 369.624 m. c. ; et l'on ne peut arroser en cannes à sucre, toujours à 30 mètres par feddan, que 12.320 feddans.

Il y a une considération à faire valoir : c'est que ce dernier calcul s'applique tout à fait aux circonstances les plus défavorables, au moment du plus fort étiage, ce qui dure peu, quand cela arrive ; et avant ce moment, la hauteur de l'eau est plus grande à la prise d'eau, ainsi les recettes sont plus fortes. Pour être dans le vrai autant que possible, il faut prendre pour recette au fort de l'étiage la moyenne de ces deux recettes calculées ainsi :

Pour la première...................... 666.840 m. c.
Pour la seconde...................... 369.624
La moyenne donne...................... 518.232

ce qui, à 30 mètres par feddan, suffit à 17.270 feddans, plantés en cannes à sucre.

Il faut dire que ce calcul est fait dans les circonstances les moins bonnes, mais qu'il faut cependant prévoir. Quelques jours avant le maximum d'étiage, le Nil étant un peu plus élevé, et immédiatement après le plus fort étiage le fleuve remontant, on peut compter sur une recette un peu plus forte; d'ailleurs tous les ans l'étiage n'atteint pas le maximum.

Pendant les hautes eaux, la vitesse du Canal est encore plus irrégulière que pendant les étiages.

Le Nil augmentant journellement son niveau, les eaux, en se déversant dans les terrains bas des bassins d'inondation, causent nécessairement des variations dans la vitesse du canal. On ne peut avoir ni une vitesse exactement calculée, ni une observation pouvant déterminer cette vitesse autrement que pour le moment de l'opération. Alors plusieurs observations ayant donné en moyenne pour la vitesse aux plus hautes eaux 79 mètres par minute, on a eu les résultats suivants, sans tenir compte de l'évaporation, qu'il faudrait calculer non-seulement sur le parcours du Canal, mais encore sur les surfaces ou les eaux se répandent, et où elles sont mêlées encore à des eaux apportées par d'autres cours d'eau pendant les crues.

La recette aux hautes eaux se déduit de la section 458,43 et de la vitesse 79, ce qui donne en vingt-quatre heures 53.061.095. Le temps de l'inondation est d'environ cent jours pour couvrir les terres, et en prenant la moyenne entre les basses eaux et les hautes eaux, car ce Canal étant creusé *séfi* aura des eaux tout au commencement de la crue, on aura pour les cent jours une recette de 268.539.700 m. c. ; et comme il faut compter en moyenne, pour la Moyenne-Égypte, une couche de 3 mètres d'eau sur les terrains pour les pénétrer et les bien humecter, il faudra donc par feddan un cubage de 12.206 mètres, ce qui fera que le canal suffira seul à l'inondation de 213.206 feddans.

Voici donc quels sont les avantages que présente ce beau Canal Ibraïmich : c'est de pouvoir arroser au plus fort de l'étiage 17.270 feddans de la culture d'été qui exige le plus d'eau, et de pouvoir pendant les crues inonder 213.206 feddans dans les parties basses des terrains, comme tous ceux qui se trouvent incultes, au Fayoum, par exemple.

Maintenant que les avantages de ce beau Canal sont démontrés, il est juste aussi que nous en fassions voir les inconvénicnts, et que nous les comparions à ceux du Canal projeté de Gebel Cilcilly.

Mais avant tout, nous devons dire qu'il a tous les inconvénients des canaux *séfi* dont nous avons parlé, et que pour la Haute-Égypte, ces inconvénients sont plus grands, puisqu'ils doivent être curés plus profondément, et qu'ils se comblent aussi davantage, car leur vitesse pendant les hautes eaux est plus grande que celle des canaux de la Basse-Égypte, ce qui fait par conséquent que les gros sables y entrent avec une plus grande quantité de troubles.

Le curage de chaque année, exécuté par des hommes jusqu'à ce que cela puisse se faire à l'aide de machines, est un travail, comme nous l'avons fait voir à l'article des *Canaux séfi* (1), dont les cultivateurs qui les creusent ne profitent qu'en très-petite partie, et qui les détourne de travaux d'un intérêt plus direct à eux. Les grands propriétaires, qui seuls, pour ainsi dire, profitent des eaux de ces canaux, devraient les faire curer à leurs frais, ou bien que chacun participât au curage selon les avantages qu'il en retirerait.

On sait que toute la Haute-Égypte est divisée en bassins plus ou moins étendus, séparés les uns des autres par des digues. Tous ces bassins recevaient les eaux du Nil par des canaux venant directement du fleuve, il y avait même quelquefois un ou deux canaux par bassin; ces eaux apportaient une grande quantité de limon, ce qui est avec le lavage le plus bel engrais possible; et l'inondation se complétait par l'écoulement d'un bassin dans l'autre.

Aujourd'hui pour l'inondation, ce sont les eaux du Canal qui arrosent les bassins, depuis la digue de Mancabat et celle de Benè-Hussein jusqu'à Fechn; mais elle ne suffisent pas pour tous les terrains; on se sert aussi des eaux venant par le Canal de Sohag ou le Sohagiéh, passant à la digue de Siout par ses différents déversoirs ainsi qu'à celle de Mancabat, puis de bassin en bassin jusqu'à Bénésouef et même encore plus bas.

---

(1) Voir page 19

Au moment où l'on doit faire écouler les eaux des grands bassins d'inondation, le grand canal peut être une entrave ; car pour beaucoup de ces bassins, les eaux qui y sont retenues par des digues se trouvent à leur partie nord, en amont de la digue qui les retient, plus élevées que le fleuve qui a sa pente naturelle ; et alors on les écoulait en partie au Nil. Aujourd'hui le canal peut empêcher ces écoulements, et les eaux qui doivent pour s'écouler passer de bassin en bassin mettent trop de temps ; ce qui peut occasionner des retards pour les semailles.

Tout cela peut parfaitement s'arranger au moyen de travaux, mais ils nécessiteraient de très-fortes dépenses.

Quoique ce Canal passe dans les terrains les plus élevés, près des bords du fleuve, terrains dont quelques-uns sont souvent incultes, ce n'en est pas moins une grande partie de terrains prise pour le canal. Il est vrai que pour tous les canaux séfi, excepté pour une partie du Khatatbé qui longe le désert, il en est ainsi, et l'inconvénient est même encore plus grand.

En prenant une prise d'eau plus au sud encore que celle d'aujourd'hui à Siout, en laissant les inconvénients de côté, on n'aura pour résultat que de pouvoir sans machines arroser les terrains plus au sud que ceux qui s'arrosent aujourd'hui ; mais les quantités d'eau seront à peu près les mêmes.

En établissant de nouvelles prises d'eau qui viennent réunir leurs eaux à celles qui existent déjà, on perd une partie des produits de celles-ci, à moins que l'on ne fasse la jonction des deux canaux bien en aval de celle qui existe déjà ; ce qui revient pour ainsi dire à creuser un autre canal.

Tant que par un moyen quelconque on n'élèvera pas les eaux à la prise d'eau des canaux séfi, surtout dans la Haute-Égypte, comme par exemple le Barrage devait le faire pour ceux du Delta, ce sera toujours de grands et onéreux travaux de terrassements, pesant trop sur le cultivateur pour obtenir trop peu de résultat comparé aux travaux des canaux séfi.

Voici quel est le grand avantage du Canal projeté de Gebel-Cilcilly : sa prise d'eau, comme on l'a vu, était toujours élevée au-dessus des étiages ; les vitesses étaient à peu près celles des inondations ; les recettes pendant l'étiage fort grandes ; le plafond du Canal, toujours au-dessus du terrain à cultiver, en coulant le long du désert, ne changeait en rien le système établi des arrosages par inondation, et ne prenait aucun des terrains cultivés.

Son Altesse le Khédive a elle-même pensé à ce projet ; elle connaît si bien l'Égypte, les travaux utiles que l'on peut y faire, qu'ayant le génie de l'ingénieur elle ne peut manquer un jour, pour compléter son beau Canal Ibraïmièh, de lui relier un Canal partant de Gebel-Gilcilly, et d'y faire faire les travaux d'art nécessaires pour y maintenir une hausse des eaux du fleuve à sa prise d'eau.

PORT IBRAHIM, A SUEZ.

Les promesses faites par M. de Lesseps, dont nous avons parlé dans l'article *Port de Suez, Cale de halage, Forme flottante, Bassin de radoub* (1), n'ayant rien produit, et Son Altesse le Vice-Roi reconnaissant tous les jours davantage l'intérêt qu'il y avait à faire à Suez, non-seulement les travaux complémentaires dont nous avons parlé pour le Bassin de radoub, mais désirant que toutes les marines du monde trouvassent à Suez un port avec toutes les commodités indispensables et bien entendues pour la facilité des embarquements et des débarquements, ne recula pas devant les grandes dépenses des travaux d'un Port, aussi décida-t-il la construction de celui qui est en voie d'exécution aujourd'hui, et que le Vice-Roi a voulu nommer, du nom de son père, le *Port Ibrahim* (2).

Les travaux en furent confiés à Dussaud-Bey, qui avait construit avec tant de savoir et de pratique, comme entrepreneur, le Bassin de radoub ; on ne pouvait, certes, faire un meilleur choix, ni donner avec clervoyance à cet important travail plus de chances de réussite.

---

(1) Voir les pages 300 et suivantes.
(2) Voir planches VII et VII *bis.*

Un contrat fut passé, le 1er janvier 1867, de gré à gré, sous la forme de forfait, par Son Altesse le Vice-Roi et Dussaud frères pour la création des ports égyptiens à Suez.

Ce contrat fut signé par S. E. Chérif-Pacha, pour le compte du Vice-Roi.

Il faut remarquer une chose : c'est que c'est dans un ministère étranger aux Travaux-Publics, et dans lequel il n'y a aucune spécialité propre à dresser ou à juger un cahier de charges comme celui qui est nécessaire pour de grands travaux, que se font de semblables contrats : la surveillance que l'on donne ensuite au personnel du ministère des Travaux-Publics n'est jamais exercée avec confiance, puisque ce personnel dépend toujours de l'autre ministère qui décide de tout.

Ce n'est point à dire qu'il y ait eu rien de fait qui ne dût l'être ; avec la loyauté que nous reconnaissons au Directeur-Entrepreneur de ces grands travaux, aucune surveillance n'est nécessaire ; mais ce système est vicieux, et chaque ministère doit certainement avoir ses attributions distinctes.

Le nouveau marché était donc fait pour deux Ports, l'un spécialement pour le service de l'État, ayant une superficie d'eau de 16 hectares abrités, et l'autre pour les besoins du commerce, d'une superficie de 23 hectares. Voici les principales clauses du contrat :

Les deux Ports seront entourés entièrement par une jetée en enrochements naturels.

L'entrée de ces deux Ports sera commune et aura 100 mètres de largeur.

Toutes les jetées entourant les deux Ports auront une largeur de 3 mètres en couronne.

L'intérieur des deux Ports sera muni de murs de quais construits au moyen de blocs artificiels de maçonnerie et de pierres de taille, avec mortier de chaux hydraulique du Theil.

Les murs de quais seront fondés de manière à en permettre l'accostage à tous les navires qui fréquentent la rade de Suez.

Les quais du Port de l'État auront une longueur totale de 558 mètres. Ceux du Port du Commerce auront une longueur totale de 1.528 mètres.

Tous ces quais seront établis de façon à permettre, dans l'axe du chenal d'accès des deux Ports, la construction d'un môle central d'embarquement et de débarquement, ayant une argeur de 100 mètres, mesurés entre les deux quais, et une longueur de 550 mètres.

L'entrée commune des deux Ports se trouvera parfaitement dans la direction de l'axe du môle, et aura de largeur, de la tête de ce môle aux musoirs, une distance de 120 mètres environ.

L'entrée commune des deux Ports sera donc ouverte à l'Ouest, et entre deux musoirs qui auront chacun un feu de Port.

Les quais pourront être fondés à 5^m,50 au-dessous du zéro ; (le zéro est à 3 mètres au-dessous du couronnement des quais, et il y a 10 mètres du couronnement au fond curé), mais à condition qu'ils reposeront sur le terrain solide, soit de roche, soit d'argile compacte.

Dans le cas contraire, il serait dragué, pour établir une fouille à la profondeur de 7 mètres au-dessous du zéro, afin d'y établir une couche d'enrochements servant de base aux murs de quais, ou bien on poserait immédiatement les blocs artificiels sur le terrain naturel, si ce terrain était solide.

Les quais, dans toute leur longueur, auront une couverture en pierres de Cassis ou d'Attaka.

Les draguages serviront aux remblais des terre-pleins, comme cela est indiqué sur les plans.

La chaussée qui relie actuellement le Bassin de radoub à la voie ferrée du Caire, sera élargie de manière que sa largeur en couronne soit de 10 mètres. Les enrochements auront une épaisseur de 1^m,50 du côté de l'Ouest et 1 mètre de l'autre, mesurée horizontalement. Les talus 2 de base sur 1 de hauteur.

Les travaux devront être entièrement terminés le 1er janvier 1873.

Tous les travaux devaient être exécutés pour la somme de 23.395.500 francs, prévue au détail estimatif. Il sera payé à forfait à l'entrepreneur une somme de 15.500.000 francs, pour toutes quantités d'ouvrages prévus au détail estimatif.

On commençait à n'exécuter d'abord que pour 15.500.000 fr. de travaux, et le Gouvernement était libre de faire exécuter le reste, estimé à 15.895.500 francs, soit par lui-même directement ou autrement.

Ainsi, on ne donna pas tout le travail immédiatement; mais plus tard cela fut fait, ce qui devait être de toute nécessité.

On travailla donc à ce nouveau Port Ibrahim, création magnifique, entièrement due à S. A. le Khédive, qui a su apprécier les avantages de toutes sortes liés à l'accomplissement de ces beaux travaux, qui déjà portent leur fruit, car les navires des compagnies de navigation y trouvent un immense avantage dont elles ont immédiatement profité. Les navires anglais étaient déjà à quai depuis longtemps, faisant leur déchargement sur les wagons de la voie, quand ceux des Messageries, de cette Compagnie qui avait été pourtant la créatrice du Bassin et des établissements, exécutaient encore leur débarquement, et *vice versa*, toujours au moyen de mahones et de bateaux à vapeur, en attendant que l'on se décidât à prendre une décision relative à l'installation nouvelle à Port-Saïd ou à l'ancienne Suez.

Les travaux avancent donc, avec cette régularité, cette prévoyance qu'a toujours mise Dussaud-Bey dans ce qu'il a entrepris, et bientôt nous verrons terminer ce travail qui, avec bien d'autres d'une utilité publique reconnue, porteront à la postérité la plus éloignée le nom de leur créateur — le Khédive Ismaïl-Pacha.

PORT D'ALEXANDRIE.

Le Port d'Alexandrie ou plutôt les Ports sont certainement très-beaux (1), leurs abords sont faciles, comparativement à ceux de l'Océan, où il existe presque toujours des dangers en dehors des passes, souvent fort périlleuses elles-mêmes; mais les

(1) Voir planche VIII.

Ports d'Alexandrie, et surtout le Vieux-Port, pourraient encore être cités parmi les meilleurs du monde. Il s'agirait d'y faire quelques travaux satisfaisants pour le commerce, et dont profiteraient également le pays et le Gouvernement.

Le premier inconvénient qui existe pour le Port d'Alexandrie, c'est que les navires ne peuvent pas y entrer la nuit; les passes ne sont pas assez sûres, et il n'existe pas de feux pour les indiquer, et quand même, avec un gros temps, un grand navire ne pourrait s'y risquer, car il talonnerait sur la passe avec la lame. Il faudrait donc que ces passes fussent améliorées, d'abord pour y entrer facilement de jour, par de gros temps, puis éclairées pour l'entrée de nuit.

Ceci est en dehors des projets spéciaux pour le port; et comme il a été souvent question de travaux pour les passes, et que rien jusqu'à ce jour n'a abouti, je n'en parlerai pas.

Quant au Port-Neuf, peu de navires y vont aujourd'hui; et d'ailleurs il peut, dans l'état où il se trouve, en contenir si peu et de si petites dimensions, que ce n'est que forcément, comme refuge, par un fort coup de vent d'ouest, quand ils ne peuvent entrer au Port-Vieux, que quelques petits navires y viennent mouiller, ou bien lorsque, par mesure sanitaire, ils y sont forcés pour la quarantaine.

Cependant il serait susceptible d'être plus largement utilisé; bien moins grand que l'autre, il pourrait être parfaitement à l'abri des vents d'ouest et nord-ouest qui sont ceux qui offrent le plus de dangers; mais pour cela il faudrait opérer un curage considérable et quelques travaux, qui ne sont pas d'une nécessité immédiate; c'est du Port-Vieux seulement que nous nous occuperons.

En outre de l'inconvénient des passes, un autre qui pour la facilité du commerce est immense, c'est que l'on ne peut débarquer à quai; il n'en existe pas, et chaque navire est forcé de transborder sa cargaison de son bord à terre, où les débarcadères et les appontements ne sont pas tout à fait à l'abri pour des allèges, des mahones et même des barques ordinaires qui exécutent ces déchargements. Quand il fait un fort vent d'ouest, les chargements et déchargements, dans beaucoup de parties du port, sont interrompus ; puis il faut encore, du lieu de débarquement, toujours assez encombré, mettre les marchandises, sans grues, sans autres moyens que des bras d'hommes, sur les charrettes, chars, etc., etc., pour les transporter ailleurs.

Le commerce reconnaît donc depuis longtemps la nécessité absolue d'un Port intérieur, où les navires puissent être amarrés à quai, pour opérer leur déchargement directement de leur cale sur des voies ferrées établies pour cela ; et certes, toutes les dépenses que l'on ferait pour créer un magnifique Port des plus commodes, à Alexandrie, seraient bien vite remboursées par les droits, que personne ne pourrait se refuser de payer en compensation des avantages que chacun obtiendrait pour son commerce.

Déjà, en 1862, on avait souvent entretenu S. A. Saïd-Pacha des travaux nécessaires dans le Port, sans parler de ceux des passes qui, même du temps de Méhémet-Ali, avaient été étudiés, et auxquels il n'avait jamais voulu donner suite, imbu de l'idée que la sûreté d'un port dépend de la difficulté d'y pénétrer. Saïd Pacha avait pour ainsi dire consenti à un projet, qui était plutôt celui d'une douane que d'un port ; il avait été présenté, je crois, par M. Lucowich en 1862.

Ce projet consistait principalement en un très-grand bâtiment pour la douane, avec de petits appontements pour le débarquement des marchandises. L'emplacement était à 350 mètres des écluses du canal Mahmoudièh, et par conséquent dans un lieu où il y a fort peu d'eau ; puis le môle des écluses était prolongé, en faisant un coude, sur une longueur de 300 mètres.

Comme douane, ce projet était à prendre en considération, mais non comme port ; ce n'était qu'une très-petite darse pour de petits navires ou pour des mahones servant aux débarquements des marchandises, et encore l'espace manquait-il.

Il fut donné à Linant-Bey, alors Directeur-Général des Travaux-Publics, pour être examiné, modifié, augmenté ou changé. Mais il semblait que déjà une espèce d'engagement avait eu lieu ; car, dans l'ordre que reçut Linant-Bey, il devait conserver la construction de la douane pour M. Lucowich. Je n'ai pas ici à faire l'historique des faits de spéculation par lesquels MM. Lucowich et

Dervieu se trouvaient mêlés dans cette affaire, je n'ai à parler que des projets.

M. Linant-Bey fit donc un nouveau projet, en laissant celui de la douane comme une affaire en dehors de celle du port.

Ce projet consistait à faire un quai depuis les écluses du canal Mahmoudiéh jusqu'à la darse de l'Arsenal près du Bassin de radoub, en contournant la côte à une assez grande distance pour avoir une profondeur d'eau devant les quais de 8^m,50 pour la partie nord, et de 4^m,50 pour celle qui se rapprochait des écluses du canal Mahmoudiéh ; la partie restant entre le quai et la rive actuelle eût été remblayée par les curages nécessaires pour approfondir le port devant les quais, ce qui, par la vente des terrains, aurait compensé une grande partie des dépenses.

Puis on faisait un môle d'abri indispensable ; car, sans ce môle, il était impossible que par un vent frais, de l'ouest ou même du nord-ouest, les bâtiments amarrés aux quais pussent y rester sans être brisés. En effet, les vents d'ouest battent en plein dans le fond du port, et ceux du nord-ouest, qui prennent par la pointe de Ras-el-Tine ou d'Enostos, quoique en passant sur les bancs, donnent dans le port une mer et une houle trop grandes pour que des navires puissent rester à quai sans un môle d'abri.

Ce môle d'abri prenait du Chemin de fer et se dirigeait vers l'angle le plus ouest de la darse de l'Arsenal, en laissant un passage au nord pour les navires qui entraient dans le port.

Le projet montait à 14.275.309 francs, mais les quais n'étaient qu'à une profondeur ordinaire, et le môle n'était pas ce qu'il devait être plus tard.

Il survint des entraves à ce projet, des changements ; M. Linant partit pour une mission en France.

Alors Son Altesse reçut un autre projet de travaux pour le Port d'Alexandrie, dressé par un ingénieur des ponts-et-chaussées, homme très-capable et ayant fait ses preuves, M. Stœcklin, qui a construit le beau Bassin de radoub à Suez. Malheureusement, comme il le dit lui-même avec beaucoup de franchise, cet ingénieur n'avait pas eu le temps de faire les travaux et les recherches nécessaires pour dresser son projet, ni celui de consulter les marins.

Il consistait à établir également des Quais, depuis les écluses du canal Mahmoudiéh jusqu'auprès du Bassin de radoub dans l'Arsenal, avec un môle d'abri. Ce môle, au lieu de partir du môle du Chemin de fer pour se diriger vers la darse de l'Arsenal au nord, en laissant l'entrée entre lui et l'enceinte de l'Arsenal, afin que cette entrée fût tout à fait abritée par la pointe de Ras-el-Tine et la terre ferme, au lieu, dis-je, de cette disposition, ce môle faisait le contraire : il partait de l'angle sud-ouest de la darse de l'Arsenal sans laisser d'ouverture, et se dirigeait de là sur le môle du Chemin de fer, ne laissant entre la côte et son extrémité sud qu'une largeur de 250 mètres pour le passage des navires.

Une semblable disposition était fort vicieuse, et certainement l'ingénieur qui l'admettait n'avait pas été marin et n'avait pas consulté ceux-ci.

Les vents d'ouest, qui sont ceux qui soufflent dans les tempêtes, les gros temps, viennent accumuler les vagues juste sur la côte; et l'entrée du port se trouvait placée parfaitement à l'ouest. Les vagues, en arrivant sur l'extrémité du môle d'abri, et d'autres en longeant la côte, devaient se rencontrer à l'entrée de 250 mètres et y occasionner un clapotement, des remous très-dangereux pour l'entrée des navires.

La lame, en entrant par cette ouverture dans le Port, et causant un ressac tout le long des quais, ne laisserait aucune tranquillité aux navires. De plus, elle ferait le tour du port sans trouver d'issue, ce qui eût été évité si l'on avait laissé une ouverture entre l'enceinte de la darse et le commencement du môle.

Quant à l'entrée de ce port sur le côté sud, les navires à vapeur sans doute pouvaient la franchir sans grande difficulté; mais un navire à voile, arrivant par un vent de nord-ouest, qui l'affalait sur la côte, et qui, aussitôt dans l'entrée du port, le forçait à lofer pour venir au plus près afin de ne pas être jeté à la côte, eût été forcé d'opérer une manœuvre difficile; et au lieu de s'y risquer, il serait toujours allé au mouillage en dehors du môle, le plus au vent possible et à l'abri tant bien que mal des grands bancs, comme aujourd'hui.

Dans le projet, à l'ouest de l'entrée du port, sur la côte, on a fait un petit môle pour abriter l'entrée ; ce qui la rend encore moins facile.

Ce projet devait coûter :

Pour les quais........................ 9.000.000 fr.
Pour le môle d'abri.................. 13.000.000
                        Total............ 22.000.000 fr.

Si le fond était très-vaseux, cela pouvait arriver à 26 millions. On gagnait pour 12 millions de francs de terrains sur la mer, à 50 francs le mètre.

Dans ce même projet il est parlé d'un complément pour un projet plus vaste :

D'abord le petit môle pour abriter l'entrée du Port.... 4.500.000 fr.
Un brise-lames sur le banc vers les passes de la pointe
   de Ras-el-Tine allant au sud-ouest à la limite du
   banc.. 5.800.000
Pour le grand projet cela donnait donc.............. 32.300.000
Enfin pour rendre les passes meilleures et praticables
   la nuit.. 450.000
                        Donc total général......... 32.750.000 fr.

Ce projet n'eut aucune suite, qu'une gratification donnée à l'ingénieur.

Vint ensuite un projet présenté par M. Cordier, le concessionnaire des Eaux d'Alexandrie. Celui-ci ne nous est connu que par une brochure sur les améliorations à faire au Port en question, écrite et publiée par M. Sciama-Bey, à son court passage à la Direction-générale des Ponts-et-Canaux au Ministère des Travaux-Publics.

Le projet de M. Cordier est certainement une belle idée : des bassins, des docks, comme on le voit par le plan, creusés dans les terrains du lac Maréotis, eussent été de très-beaux établissements comparables à ceux des plus beaux ports connus. Mais cela était-il bien nécessaire avec un port comme celui que l'on possède ? La position de ce port, de ces bassins, docks, etc., se trouvait bien éloignée du centre de la ville ; il eût fallu créer des quartiers nouveaux bien loin de ce centre.

Le travail, d'après le plan, était immense; il eût coûté beaucoup plus que la somme, d'abord désignée, de 25 millions, tout en supposant que le projet fût trouvé convenable.

Premièrement, il fallait curer ou creuser tout ce port dans les vases du lac Maréotis, et il est presque certain qu'avant d'arriver à la profondeur voulue de 8^m,50 pour les navires, on aurait trouvé la roche. Mais quelle énorme difficulté de construire dans cette vase, tout en curant pour donner la profondeur voulue, ces quantités de quais, de docks, magasins, etc., etc.? Le curage à lui seul équivalait à la dépense de 25 millions de francs.

Et tout cela ne constituait encore que des bassins et des magasins.

L'entrée se trouvait sur la rive toujours battue par la mer, nullement abritée, si ce n'est par un petit môle se dirigeant au nord-ouest, ce qui était entièrement inutile.

Cette entrée était taillée dans le littoral de la côte, qui est une pierre calcaire poreuse; et le creusement au-dessous du niveau de la mer eût été très-difficile et très-dispendieux; sa largeur est de plus de 600 mètres apparents, élevés de 20 mètres au-dessus de la mer, et nous savons qu'arrivés au niveau de l'eau la mer filtre comme si c'était au travers d'un crible; c'est ce que nous avons vu quand Méhémet-Ali eut l'idée de creuser un bassin de radoub dans ces roches. Il aurait donc fallu approximativement enlever sous l'eau un cubage de cette roche friable de 2.000.000 de mètres cubes environ; puis, pour pratiquer l'entrée du côté de la mer, c'eût été encore sous l'eau qu'il eût fallu travailler sur une distance d'au moins 100 mètres et creuser assez pour obtenir la profondeur nécessaire aux navires.

L'entrée d'un port exposée aux vents forts de l'ouest et du nord-ouest sans aucun abri, ne pouvait être accessible que par un temps calme, même pour les vapeurs qui, par un gros temps, ne se seraient jamais risqués à entrer par cette ouverture de 100 mètres, à plus forte raison pour les navires à voile; alors tous ceux qui seraient arrivés pendant un temps d'une fraîche brise auraient dû aller mouiller où cela se fait aujourd'hui.

L'idée de tous ces quais et de ces magasins s'alignant sur le bord du canal était vraiment belle; malheureusement ce projet n'était point praticable et surtout n'était pas assez étudié sous le point de vue de la navigation ; peut-être fut-il, comme celui de M. Stœcklin, mis aux archives.

En décembre 1864, on reprit le projet de Linant-Bey, projet qu'il avait étudié en France, où il venait de passer six mois en mission ; il l'avait complété, et comme dans une année les prix des matériaux avaient considérablement augmenté, ainsi que ceux de la main-d'œuvre, cela fit monter son devis à la somme de 18.314.473 fr. ; mais le changement de Ministre des Travaux Publics fit aussi changer les intentions relatives aux travaux du Port d'Alexandrie.

On se décida à faire seulement les Quais selon le projet de Linant-Bey, et l'on donna ce travail à M. Dervieu ; les quais devaient être exécutés pour la somme de 7.620.700 francs. Nubar-Pacha, devenu Ministre des Travaux-Publics, donna 13 millions, ce qui, d'ailleurs, avait été calculé par M. Sciama, devenu, sous le ministère de Nubar-Pacha, Directeur-général des Ponts et Canaux.

M. Sciama avait alors aussi son projet, et il fit imprimer une brochure où il parle superficiellement, en les indiquant sur une carte, des projets proposés. Il aurait bien pu parler surtout de celui de M. Linant-Bey, puisqu'il était aux Archives du Ministère, d'autant plus que les devis et les plans fournis à M. Dervieu pour l'exécution des quais sont ceux signés Linant-Bey et contre-signés Sciama.

Le projet de M. Sciama ne différait en rien pour les Quais de ceux du projet de Linant-Bey, dont la construction avait été concédée à M. Dervieu ; mais M. Sciama ne faisait pas de môle d'abri, et seulement un brise-lames sur les bancs à partir de la pointe de Ras-el-Tine, se dirigeant au sud-ouest comme à peu près tous ceux des projets précédents.

Les Quais sans môle d'abri étaient inabordables pendant les gros vents, tous les navires qui s'y trouvaient eussent été brisés ; car malgré le brise-lames, les vagues dans le Port eussent toujours été à peu près les mêmes, puisque la distance du brise-lames aux quais étant de 3.000 mètres, la lame par un fort vent a bien tout l'espace voulu pour se reformer fort grosse, et elle peut, malgré le brise-lames, venir battre en plein la partie des quais qui n'eût été abritée par rien.

Ce projet de M. Sciama n'est pas pratique non plus ; aucun marin n'aurait approuvé sérieusement ces travaux de brise-lames et de quais sans autres travaux (1). Il aurait pourtant coûté :

Pour la Digue d'abri.................	13.500.000 fr.
Pour les Quais.....................	7.620.700
Total..............	21.120.700 fr.

desquels, il est vrai, on aurait dû déduire la valeur des terrains acquis sur la mer.

En outre de ceci, le projet de M. Sciama comprend aussi les travaux nécessaires pour rendre les passes praticables dans tous les temps, le jour comme la nuit, avec des feux, des bouées, des balises, etc.

Les détails de ces travaux sont donnés dans la brochure de M. Sciama-Bey, ainsi qu'il suit :

Déblais dans les passes............................	3.180.000 fr.
Pour trois différents phares, feux, échafaudages, tours, etc..................................	88.000
Bouées, balises et dépenses imprévues..............	232.000
Total pour le travail des passes.....................	3.500.000 fr.
Total pour tout le projet de Sciama-Bey.............	24.620.700 fr.

moins la valeur des terrains acquis sur la mer qu'il ne donne pas.

---

(1) La Digue d'abri, qui du côté intérieur n'avait à son pied que 5 mètres d'eau comme sur tout le banc sur lequel on l'établissait et dont elle abritait une partie, n'aurait pu servir, même en établissant des quais pour y amarrer de gros navires, sans de grands curages de tout le banc : et pour ceux qui ne pouvaient être à quai, ils se trouvaient trop loin du bord.

En reliant cette digue du large ou d'abri à la ville et aux quais du port, en passant devant le palais de Ras-el-Tine jusqu'à la darse, puis sur cette ligne construisant des quais et curant tout le banc de cette partie à une profondeur suffisante de 8 à 9 mètres, on aurait eu un projet magnifique, mais pour le moment il n'est pas indispensable ni nécessaire, et il coûterait un grand nombre de millions.

Ce projet n'eut aucune suite, non plus que l'affaire des Quais concédés à M. Dervieu ; elle fut terminée moyennant un arrangement.

Alors, en 1867, un projet pour le Port d'Alexandrie fut présenté au Vice-Roi par des ingénieurs distingués et par des banquiers ou bailleurs de fonds ; mais ce ne fut qu'en 1868, le 16 juin, qu'un contrat fut passé entre S. E. Chérif-Pacha, Ministre de l'Intérieur, au lieu du Ministre des Travaux-Publics, ce qui eût été plus rationnel, et MM. Robert Williams-Kennard. Georges Elliot, John Robertson, M. Clean, James Abernéthy et William Bruce Greenfield.

Les travaux qui devaient être exécutés d'après ce contrat étaient disposés à peu près de même que ceux des autres projets présentés précédemment ; mais les conditions étaient susceptibles de beaucoup de discussions.

Cette affaire resta en suspens, nous ne savons pour quelle raison, jusqu'au mois de février 1869.

Linant-Bey était alors Ministre des Travaux-Publics, et une des premières affaires qu'il eut à traiter fut celle de la concession des travaux du Port d'Alexandrie ; il ne connaissait rien de ce qui s'était passé, et l'on ne trouvait absolument dans le ministère aucun papier qui eût trait à cette affaire. C'est avec cette ignorance des faits passés qu'il commença avec MM. Greenfield et consorts, dans des séances tenues chez le colonel Stanton, Consul-général d'Angleterre, les premières négociations de cette grande affaire.

Linant-Bey apprit qu'il y avait une convention sous forme de contrat signée par le Ministre de l'Intérieur et MM. les concessionnaires ; il lui fut remis directement une pièce signée, mais seulement de M. Greenfield pour lui et ses mandants.

Les points les plus frappants de cette convention étaient la concession de terrains désignés comme teintés en rouge, et que l'on ne pouvait connaître, puisqu'il n'y avait pas de plan, mais qui, par le contenu de la convention, semblaient être ceux occupés par les travaux mêmes.

Il n'y avait aucun cahier des charges, aucun plan, seulement une indication des travaux à exécuter, et il était dit que dans l'espace de six mois on remettrait tous les plans, métrés, devis, cahier des charges, etc. ; la convention était du 16 juin 1868, et nous étions à la fin de février 1869.

La concession devait être de cinquante années, au bout desquelles le tout devenait la propriété du Gouvernement en ne payant aucune indemnité.

Pendant le temps de la concession, les terrains concédés ne payaient aucun impôt : c'était pour les quais, les hangars, bassins, etc.

Pour rentrer dans ses frais et débours, au fur et à mesure que les travaux auraient été terminés, la Compagnie percevait les droits de chargement et de déchargement sur ces parties, comme à Liverpool, ou d'après un arrangement, et les percepteurs devaient être des employés de la Compagnie.

Le Gouvernement égyptien conservait le droit de reprendre tous les travaux avant la fin des cinquante années de concession, en prévenant une année d'avance et en payant la somme de 1.500.000 livres sterling, soit en espèces, soit en bons, portant la dénomination de Bons pour les travaux du Port d'Alexandrie, donnant 12 p. 100 d'intérêt et amortissement en dix années ; puis la perception des droits restait entre les mains des entrepreneurs comme garantie des intérêts et du remboursement du capital, enfin pour compensation des intérêts de leurs débours jusqu'au jour de la réception définitive des ouvrages.

Lorsque M. Linant-Bey eut pris connaissance de cette convention, il désira la modifier et même la refaire ; mais le contrat existait ; il était signé de S. E. Chérif-Pacha le 16 juin 1868. Il était difficile de revenir entièrement sur cette affaire, quoique ces messieurs fussent toujours très-faciles, pourvu que l'affaire leur fût conservée avec leurs avantages, chose très-juste d'ailleurs.

Dans le préliminaire de la convention sous forme de contrat, il est dit avant toute chose que M. William Bruce Greenfield se porte fort pour ses mandants, et s'engage à faire parvenir au Gouvernement égyptien un exemplaire de la présente convention revêtue de la signature des susnommés dans un délai de quarante jours à dater du 16 juin présent mois.

M. Linant-Bey ne connaissait pas cette clause, qui ne se trouvait pas dans la copie du contrat qu'il possédait.

Le contrat était à modifier : par exemple, à l'article n° 11, il était dit qu'après l'examen des plans détaillés on ne pourrait faire aucun changement, en cas de contestation entre les parties, sans en référer à l'ingénieur en chef de l'Amirauté à Londres, et l'on prenait l'engagement de respecter sa décision.

Article VII. Le Gouvernement devait prendre à sa charge les indemnités à donner pour les terrains s'étendant jusqu'à la mer.

Article XV. Le prix des travaux était toujours le même, fixé à 1.500.000 livres sterling à forfait, pour toute éventualité, comme dans l'autre projet de contrat.

Article XVI. Enfin, pour compensation des intérêts des débours que feront les entrepreneurs, on leur abandonnera les droits à percevoir comme précédemment, et ces droits seront perçus par les agents de la Compagnie jusqu'au jour de la réception définitive des travaux.

Telles étaient donc les bases de l'engagement contracté.

Il était évident que tous ces arrangements avaient été faits à la hâte, ils étaient trop remplis d'éventualités ; et cela se conçoit, il n'y avait qu'un avant-projet, sans aucun détail sur les travaux, qui même n'étaient que désignés.

Il y avait trop de facilités pour les modifications à faire, qui d'ailleurs devaient toujours atteindre la somme de 1.500.000 livres sterling : cette dernière pouvait augmenter, mais non pas diminuer.

Cette sujétion aussi d'être obligé, pour ainsi dire à tout propos, pour un changement dans les plans en payant même, d'en référer à l'Amirauté, ne pouvait convenir ; c'était trop amoindrir les connaissances des ingénieurs d'Égypte, et puis aussi les conditions de la garantie du payement des intérêts et des débours par la perception des droits d'amarrage, de déchargement, cût été d'une exécution qui aurait froissé les susceptibilités internationales.

Une des principales causes qui devaient ne pas faire accepter ces conditions, c'était d'abord celle de ces droits à établir ; il aurait fallu avant tout sur ce point un accord international, surtout quand c'était les agents de la Compagnie, non universelle mais purement anglaise, qui étaient chargés de la perception de ces droits.

D'ailleurs, avant tout, le projet, tel qu'il était indiqué par la convention et le plan annexé, ne pouvait remplir les conditions désirées.

1° Les Quais avançaient un peu trop sur la mer, ce qui probablement était fait pour épargner les curages du port, mais ce qui augmentait de beaucoup les remblais, fort coûteux d'ailleurs, puisqu'il fallait les apporter de loin ; cela diminuait surtout la superficie du port, qu'il était au contraire important d'augmenter le plus possible, tout en lui conservant ses qualités de sécurité.

2° Le Môle, qui suivait à peu près parallèlement la ligne des quais, resserrait trop le port, qu'il fallait au contraire tenir le plus grand possible. La direction du môle inclinait trop vers le nord-est, et aurait dû être dirigée directement sur l'angle sud-ouest de la darse de l'Arsenal. Ce môle était trop court, il avait 1.650 pieds ou 503 mètres, et pouvait être prolongé avec avantage pour l'agrandissement du port, pour sa sécurité, au moins du double, sans le moindre inconvénient pour l'entrée du Port, qui aurait eu encore plus de 500 mètres.

Ce môle ne mettait à l'abri de la mer qu'une très-petite partie des quais vers le sud, celle qui se trouvait aux abords des écluses du Mahmoudièh ; l'autre partie était exposée, malgré le brise-lames comme il est sur le plan, non-seulement aux vents d'ouest-sud-ouest et de l'ouest, qui battaient en plein sur le quai, mais même à ceux du nord-ouest ; car la lame en dedans du brise-lames avait une assez grande longueur pour pouvoir se reformer avant d'arriver aux quais et pour faire choquer assez violemment les navires amarrés pour les briser sur ces mêmes quais, puisque le môle ne les abriterait pas.

Par la disposition adoptée sur le plan des quais et du môle, le plan des écluses était supprimé, l'entrée du canal aussi, et le fond du port, du côté du sud, eût été encombré par les barques du Canal ; cela résulte probablement d'une erreur sur ce plan, qui semble avoir été fait à la hâte.

3° Enfin le brise-lames, pour abriter le port, aurait dû être porté davantage vers le sud-ouest ; mais on lui avait donné cette direction avec l'intention de faire dans l'avenir un quai inté-rieur, s'il devenait nécessaire.

Il y aurait eu des inconvénients pour ce quai, qui devait avoir 3.250 pieds de longueur : le brise-lames est fait par des profondeurs de 2 brasses ou 4 mètres en moyenne, ce ne pou-vait donc être que pour de petits navires. Puis ce quai aboutis-sait à Ras-el-Tine, port éloigné de la ville, de l'Arsenal et des autres quais du port ; il aurait fallu établir des chemins de fer au travers du Palais, de l'Arsenal, etc.

Si un quai semblable devait exister, il aurait fallu le faire en-core sur le banc devant le Palais jusqu'à l'angle sud-ouest de la darse de l'Arsenal, par des profondeurs de $5^m,50$, et faire des remblais sur le banc entre le Palais et les quais. Alors on aurait eu un développement de quais de ce côté d'à peu près 2.500 mètres, ce qui serait fort beau. Mais ces quais n'ont pas, pour le moment, une nécessité absolue ; ceux qui existent à l'in-térieur du môle et ceux des quais de rive du port sont bien suf-fisants. Ainsi, ces quais le long du brise-lames, qui pouvaient exiger que le brise-lames fût dans cette direction, ne pouvant exister, le brise-lames devait avoir une autre direction.

Voyant que par le contenu de la convention il surgirait bien des inconvénients, il parut indispensable à M. Linant-Bey d'y apporter des modifications ainsi qu'au projet, ce qui était diffi-cile à première vue. Le contrat était signé : il fallait une raison pour l'annuler. Il faut le dire, MM. les intéressés furent toujours extrêmement convenables et discrets pendant toutes les discus-sions, puisqu'il était bien entendu que, de toutes manières, leur droit acquis leur était conservé à la condition d'accepter les nouveaux projets, ce qui était parfaitement équitable, puisque déjà ils avaient un contrat signé.

Une des difficultés était que, dans toutes les réunions à ce sujet, on émettait toujours la prétention que les projets, les plans ayant été faits et approuvés par les ingénieurs de l'Ami-rauté à Londres, il n'y avait pas lieu de les discuter et encore moins d'y faire des changements. Cependant, quoique indubi-tablement les ingénieurs de l'Amirauté fussent d'un grand mé-

rite, hommes de science, pourtant ils n'étaient pas infaillibles.
et ceux qui étaient en Égypte, tant indigènes qu'étrangers, qui
sortaient des meilleures écoles d'Europe, qui avaient fait de
nombreux travaux, qui avaient étudié le port d'Alexandrie, devaient être compétents pour savoir ce qui convenait ici, ainsi
que pour établir le projet de ce port; en douter ne serait pas
admissible. M. Linant-Bey tenait surtout à annuler cette convention. Il rechercha dans les différents ministères tout ce qui
avait été écrit relativement à cette grosse affaire, ce qui fut difficile, car plusieurs administrations s'en étaient mêlées. Cependant il finit par trouver le brouillon d'une lettre heureusement
datée, adressée au consul général d'Angleterre, relative au contrat signé par Chérif-Pacha.

Dans ce contrat il était dit comme préliminaire : M. William
Bruce Greenfield se porte fort pour ses mandants, et *s'engage à
faire parvenir au Gouvernement égyptien* un exemplaire de la
présente convention revêtu de la signature des susnommés,
dans un délai de quarante jours à dater du 16 juin présent mois.
Et le brouillon de la lettre disait en résumé que puisque
M. Greenfield, dans le délai de quarante jours qui avait été fixé
pour remettre la convention signée par lui et ses mandants,
n'avait pas remis cette pièce, le Gouvernement était entièrement
dégagé de tout engagement envers MM. Greenfield et mandants.

D'après ceci, M. Linant-Bey demanda si cette convention
approuvée par les mandants de M. Greenfield et signée par tous
avait été remise au temps fixé. Il fut répondu que le trente-
neuvième jour elle avait été remise à Paris entre les mains de
S. E. Nubar-Pacha, qui s'était chargé d'en prévenir par une
dépêche télégraphique. Ces messieurs ne purent retrouver les
traces de cette dépêche. Alors ils ne firent aucune difficulté pour
recommencer toute l'affaire, persuadés qu'elle leur serait toujours confiée et qu'on agirait loyalement.

Alors l'affaire fut annulée, pour être recommencée à nouveau.

M. Linant-Bey, Ministre des Travaux-Publics, prévint
M. Greenfield et ses mandants, ainsi que M. le colonel Stanton,
Agent et Consul-général d'Angleterre, qu'il formerait une Com-
mission d'ingénieurs, de marins et agents des compagnies ma

ritimes pour décider les bases du projet des travaux du Port d'Alexandrie ; qu'ensuite, sur ces bases, les plans seraient étudiés, dressés, les métrés aussi, les séries de prix, le cahier des charges et les devis, par le Ministère des Travaux-Publics. Puis le tout serait remis à M. Greenfield pour procéder à l'exécution, si cela lui convenait.

Linant-Bey s'entendit avec le colonel Stanton pour fixer le jour de la réunion de la Commission, qui fut décidé pour le 26 avril 1869.

La Commission, sur les invitations envoyées par S. E. le Ministre des Travaux-Publics, se composait de :

MESSIEURS :

S. E. Linant-Bey, président, Ministre des Travaux-Publics ;

S. E. Aly-Pacha Moubarek, ancien ingénieur de l'École polytechnique et de Metz, Ministre de l'Instruction-Publique et Directeur-général des chemins de fer égyptiens ;

Mazhar-Pacha, ancien élève de l'École polytechnique de France, ingénieur des Ponts et-Chaussées, inspecteur-divisionnaire ;

Bahget - Pacha, ancien élève de l'École polytechnique de France, ingénieur des Ponts-et-Chaussées, inspecteur-divisionnaire ;

Moustafa-Pacha, amiral, représentant le Ministre de la Marine ;

Voisin-Bey, ingénieur des Ponts-et-Chaussées, agent supérieur de la Compagnie du Canal de Suez et Directeur - général des travaux ;

Larousse, ingénieur hydrographe de la marine française, ingénieur divisionnaire au Canal de Suez ;

La Roche, ingénieur des Ponts-et-Chaussées, ingénieur-divisionnaire au Canal de Suez ;

Dangeville, capitaine de vaisseau, commandant les forces navales françaises en Égypte ;

Paqué, capitaine de frégate, commandant la frégate en station à Alexandrie ;

Levavasseur, capitaine de frégate, contrôleur des armements de la Compagnie des Messageries Impériales ;

Roberts, agent de la Compagnie Péninsulaire orientale ;

Paskchow, agent de la Compagnie Russe ;

W. M'. Killop, capitaine de la marine royale anglaise, directeur des écoles de marine, contrôleur du port d'Alexandrie ;

W. B. Greenfield, représentant de MM. Elliot, M' Clean, Abernéthy et Kennard, agissant aussi pour son compte.

Voici le procès-verbal de la Commission :

S. E. le Ministre des Travaux-publics ouvre la séance :

MESSIEURS,

J'ai à vous remercier tous, au nom du Khédive, de l'empressement que vous avez mis à vous rendre à l'invitation que j'ai eu l'honneur de vous adresser, et je vous remercie encore personnellement d'avoir bien voulu venir m'aider de vos conseils dans la question importante qui doit être traitée aujourd'hui.

S. A. le Khédive, à laquelle depuis plusieurs années on a présenté bien des projets différents pour l'amélioration du Port d'Alexandrie, désire être fixée une fois pour toutes sur les travaux qui devraient être exécutés pour rendre ce port aussi sûr, aussi commode pour le commerce et les navires de guerre que sa conformation naturelle peut le permettre, afin d'en faire ce que sont les meilleurs ports de la Méditerranée.

Les points sur lesquels je désire, Messieurs, appeler votre attention, sont déjà désignés dans plusieurs projets que je vous soumets ici.

Pourtant, en dehors des questions qui sont posées plus bas, toutes les nouvelles idées peuvent être émises et discutées.

Questions posées à la Commission et réponses.

PREMIÈRE QUESTION. — Dans le cas où des Quais seraient reconnus nécessaires pour que les navires en s'y amarrant puissen exécuter leur chargement et leur déchargement ;

Quelles seraient la direction et la disposition à donner à ces quais, tout en prenant en considération que si l'on doit faire des terre-pleins, il faudrait autant que possible qu'ils fussent exécutés par le produit des curages nécessaires pour approfondir les parties du port qui devraient l'être ?

RÉPONSE A LA PREMIÈRE QUESTION. — *Première partie.* — Un membre fait des objections sur la construction des quais. La question est mise aux voix, et à l'unanimité, la construction des quais est reconnue nécessaire.

Deuxième partie. — Il est décidé aussi à l'unanimité que l'emplacement des quais doit être depuis la jetée du Chemin de fer jusqu'au bassin de l'Arsenal.

Troisième partie. — Les études devront être dirigées sur ce point de manière à ce que, tout en satisfaisant aux conditions d'exécution économique, on conserve la plus grande surface d'eau possible.

La majorité a adopté cette réponse; trois voix sont contraires : ce sont MM. Roberts, Greenfield et Paskchow.

DEUXIÈME QUESTION. — Si la construction des quais est décidée, serait-il nécessaire de faire un môle-d'abri pour donner entière tranquillité aux navires qui seraient à quai, et ne pourrait-on pas profiter de ce môle d'abri pour établir aussi des quais sur la longueur intérieure, afin d'avoir plus d'espace pour l'amarrage à quai des navires et former ainsi un large bassin ou port intérieur?

RÉPONSE A LA DEUXIÈME QUESTION. — *Première partie.* — La question des quais décidée, la Commission à l'unanimité décide qu'un môle d'abri est indispensable, et que l'on doit profiter de la partie intérieure de ce môle d'abri comme quai d'embarquement et de déchargement.

Deuxième partie. — Toute la Commission, moins un membre, reçonnaît que la direction à donner à ce môle d'abri doit être une ligne partant de l'extrémité du quai actuel du chemin de fer et aboutissant à l'angle sud-ouest du quai d'enceinte de l'Arsenal.

L'extrémité de ce môle d'abri devra être à 600 mètres de l'entrée de cette enceinte de l'Arsenal.

Le membre opposant est M. Greenfield.

TROISIÈME QUESTION. — Avec les travaux qui précèdent, un brise-lames serait-il indispensable pour donner entière sécurité aux navires ancrés sur rade, et encore pour détruire le mouvement des eaux et des vagues dans la rade et dans l'intérieur du port?

Quelle direction et quelle disposition faudra-t-il donner à ce brise-lames ?

Réponse a la troisième question. — *Première partie.* — A l'unanimité la construction d'un brise-lames est indispensable.

Deuxième partie. — A l'unanimité sauf quatre voix, la Commission décide que le brise-lames devra être composé de deux portions en ligne droite raccordées par une courbe, l'une tracée dans la direction partant de la pointe de Ras-el-Tine en suivant la ligne des rochers jusqu'au droit point du rocher Abou-Hagar, le brise-lames ne devant régner que sur la seconde partie de cette distance ; l'autre portion partant de l'extrémité de la première se dirigera vers le kiosque de Bab-el-Arab, ayant de longueur 1 mille marin ou 1.851 mètres.

Les membres opposants sont : Moustafa-Pacha, Greenfield, M'Killop et Roberts, qui désignent une autre direction.

Quatrième question. — Quels seraient, parmi les ouvrages d'art que vous avez décidés, ceux qui devraient être faits en premier lieu, réservant les moins importants pour être exécutés après les autres? ou bien devraient-ils être tous exécutés simultanément?

Réponse a la quatrième question. — A la majorité des voix, la Commission est d'avis de construire d'abord le brise-lames, en second lieu le môle d'abri, puis les quais.

La minorité demande la construction du môle d'abri en premier lieu.

Les personnes formant la minorité sont : Aly-Pacha, Mazhar, Bahget, Levavasseur, La Roche.

Cinquième question. — Quel serait, à première vue, le mode de construction de ces divers travaux d'art, afin que, d'après vos avis, il fût possible d'en faire une étude sérieuse ?

Réponse a la cinquième question. — La Commission croit devoir laisser aux ingénieurs du Gouvernement égyptien l'initiative de l'étude du mode de construction.

Un plan où seront indiquées ces différentes décisions sera annexé à ce procès-verbal, et signé par les membres de la Commission.

Il est bon ici de rapporter ce qui se passa jusqu'à ce que les plans de détails, devis, cahier des charges, etc., fussent terminés et remis à M. Greenfield pour l'exécution.

Quelques intéressés dans cette affaire crurent voir dans la manière régulière dont procédait M. Linant-Bey, une propension à faire en sorte d'enlever à ces messieurs anglais les travaux du port d'Alexandrie pour les faire avoir à d'autres, mais il faut le dire, un soupçon aussi peu mérité n'entra pas dans l'esprit de M. Greenfield qui était bien convaincu du contraire, puisque le Khédive avait exprimé sa volonté, que M. Greenfield connaissait aussi bien que les autres intéressés.

De faux rapports malveillants furent faits ; on disait que la Commission n'était pas légale, puisqu'elle n'avait été composée que de Français. A cela on répondait que, si effectivement cela avait eu lieu, c'est que M. le colonel Stanton n'avait pas fait venir plus de ses nationaux puisqu'il avait été invité à faire assister à la Commission tous ceux qu'il aurait jugé à propos d'y envoyer, et même dans ce but le jour de la réunion avait été beaucoup retardé, sur sa demande, afin que les ingénieurs pussent arriver à temps.

A la réunion des membres de la Commission, il y avait, malgré tout, trois Anglais, quatre Égyptiens, six Français et un Russe. D'ailleurs cela importait peu, puisqu'on n'avait pas à se prononcer sur un projet ou sur un autre ; c'était seulement pour poser les bases d'un projet qui, d'après les décisions de la Commission, devait être étudié et dressé au ministère des Travaux Publics.

On prétendait aussi que la séance s'était passée d'une manière pas tout à fait convenable, que les ingénieurs égyptiens votaient sans prendre connaissance de l'affaire, et que d'ailleurs ils n'avaient pas les capacités requises pour discuter un semblable projet. A ces injonctions qui furent connues de M. Linant-Bey, il répondit que l'inconvenance était d'avoir une telle opinion de ses collègues qui, comme lui, avaient été ministres des Travaux Publics, et qu'il affirmait à celui qui avait parlé ainsi, que c'était d'une manière mensongère, et qu'il le priait de ne jamais oublier que quand lui, Linant-Bey avait l'honneur de présider une réunion de personnes aussi distinguées et aussi honorables que celles qui composaient la Commission, connues dans le monde par leurs antécédents et leur position, on devait être bien certain que tout se passait convenablement et qu'on l'obligerait beaucoup de ne pas l'oublier.

M. Linant-Bey dit aussi que quant aux ingénieurs égyptiens, ils étaient déjà si parfaitement au courant de la question du projet du port d'Alexandrie, qu'ils n'avaient plus à le discuter, et qu'ils étaient aussi compétents que tout autre à l'exécuter; qu'ils avaient été élèves des meilleures écoles d'Europe: à l'École polytechnique, d'où ils étaient sortis avec des premiers numéros, pour aller à celles d'applications; qu'on ne pouvait donc avoir le moindre doute sur leurs capacités; car en France il y avait d'aussi bons moyens d'instruction que partout ailleurs. Que quant aux ingénieurs français, il espérait bien qu'on ne doutait pas de leurs connaissances.

On disait bien aussi, c'est-à-dire quelqu'un du parti faisant opposition, que MM. les ingénieurs du canal de Suez devaient être en vue de l'avenir de leur port Saïd, entièrement opposés à l'agrandissement de celui d'Alexandrie, qu'ils voulaient sacrifier. Mais ceci ne pouvait exister que dans l'esprit d'hommes arriérés; d'ailleurs ce qu'il y avait à répondre, c'était que ces ingénieurs avaient eux-mêmes indiqué à la Commission ce qu'il y aurait à faire encore pour rendre le port d'Alexandrie un des plus magnifiques connus.

On revint souvent sur ce que les ingénieurs de l'Amirauté ayant fait le projet, on ne devait pas le discuter; mais l'approuver aveuglément sans examen. Ceci devait être probablement l'opinion de ceux qui pensent que rien n'est bien, rien n'est bon, que ce qui est produit par son pays, toute partialité à part. M. Linant-Bey répondait à cela que l'on voulait être maître chez soi de faire d'une manière ou d'une autre des travaux que le Gouvernement payait, et qu'aucun nom, aucune position ne pourraient l'influencer dans une décision qu'il aurait à prendre basée sur celles données par une Commission aussi compétente que celle qui avait été réunie. Il était d'ailleurs bien convaincu que le projet des ingénieurs anglais présenté premièrement avait été fait à la hâte, sans études préliminaires sérieuses, sans connaissance des localités, ce qui d'ailleurs était prouvé par la condition qui portait qu'il fallait six mois pour être à même de faire les plans et le cahier des charges. Ce qu'il y avait de curieux, c'est que ce n'étaient pas

les personnes les plus directement intéressées qui parlaient, c'é-
taient celles se posant en protecteurs.

On s'imagine ici qu'il y a toujours deux partis en présence
l'un de l'autre, l'anglais et le français, et que l'on ne peut faire
autrement que d'être hostile à celui qui n'est pas le sien ; on ne
peut croire à une loyauté impartiale, ni au désintéressement.
M. Linant-Bey, Ministre du Gouvernement égyptien, voulait
seulement en sauvegarder les intérêts et faire faire une œuvre
qui pût être utile à tous, et lui donner l'honneur de l'avoir conduite à bonne fin.

On attendait toujours d'Angleterre les ingénieurs avec les
projets terminés, avec détails, cahier des charges, contrat, etc.
Effectivement ils arrivèrent dans les premiers jours de mai.
M. Linant-Bey eut la confirmation des volontés du Khédive. Son
Altesse voulait donner à ces messieurs, comme elle l'avait promis,
les travaux du port ; mais, en même temps aussi elle voulait que
tout fût fait sur de nouvelles bases par le Ministère des Travaux-Publics et selon les décisions de la Commission ; ce fut
d'après ceci que M. Linant-Bey régla sa conduite dans cette
affaire importante.

S. A. le Khédive, qui aime à se rendre compte de tout et à
plus forte raison d'un travail aussi grandiose et en même temps
si coûteux, voulut qu'il y eût chez elle une réunion, afin qu'en
sa présence on expliquât le projet qu'apportaient MM. les ingénieurs venant de Londres, et que les objections qu'on avait à
faire le fussent devant elle. On devait aussi expliquer le nouveau projet d'après les décisions données par la Commission.

On présenta d'abord le plan d'ensemble apporté par l'ingénieur de Londres, sur lequel il fut remarqué une erreur ou un
oubli : c'était que l'entrée du canal Mahamoudiéh était fermée
par de nouveaux quais, puis que le môle d'abri avait trop peu
de longueur et ne pouvait alors mettre à couvert que peu de navires amarrés aux nouveaux quais. On remarqua encore que le
brise-lames n'était pas dans la meilleure direction à lui donner.
Le reste n'était que des détails de construction. Les bases du projet posées par la Commission furent aussi exposées au Khédive.

Dans cette réunion on entendit encore quelques paroles qui
probablement ne seraient pas sorties de la bouche de la personne

qui les prononça, si elle avait été moins dominée par l'esprit de parti et qu'elle eût conservé tout son calme ; elle disait que la Commission, toute française, ne pouvait qu'être opposée à un projet anglais.

Il eût été certainement répondu vertement à cela, si Son Altesse elle-même, avec la présence d'esprit qui la distingue toujours, n'eût dit de la manière la plus courtoise que dans cette affaire il n'y avait et ne devait y avoir aucun parti, que c'était purement une œuvre égyptienne, que tout le monde devait s'intéresser au bien général, et qu'elle désirait que l'on n'eût rien autre en vue.

Enfin, M. Linant-Bey assura qu'il terminerait toute cette grosse affaire à la satisfaction générale et que les plans et autres pièces terminées, il était certain que les ingénieurs anglais et les entrepreneurs seraient satisfaits puisqu'il n'y aurait que des modifications et des améliorations pour leur projet.

Son Altesse était donc bien décidée à maintenir l'affaire comme elle était commencée, conséquence des explications qu'on venait de lui donner. Alors M. Linant-Bey continua d'après les ordres et les instructions qu'il reçut, et il fut bien entendu que MM. Greenfield et mandants continueraient à jouir de leurs droits acquis.

En conséquence, il fut adressé immédiatement, par le Ministre de l'Intérieur, une dépêche à M. Greenfield, en sa qualité de partie intéressée, coupant court à toutes les suppositions, et dont la copie fut remise à M. Linant-Bey, Ministre des Travaux-Publics.

Voici l'abrégé de cette dépêche :

« Monsieur Greenfield,

« J'ai l'honneur de vous confirmer l'engagement pris par le Khédive de vous confier l'exécution du port d'Alexandrie, sous la condition que vous vous conformerez en tous points aux plans, devis, cahier des charges, dressés par les soins du Ministère des Travaux-Publics ; il est entendu que, dans ce cas, les travaux seront pris à forfait par MM. Mac Clean et Abernethy. »

D'autres conditions existent dans la dépêche, qu'il serait tout à fait superflu de citer ici.

Ce fut donc d'après les ordres et les instructions donnés par le Khédive, et les conditions de la dépêche, comme d'après les décisions de la Commission, puis en consultant le contrat de M. Greenfield, que M. Linant-Bey commença le projet du port d'Alexandrie. Le temps pressait et S. A. le Kédive était partie pour l'Europe.

Le Ministère des Travaux-Publics n'était pas encore organisé, il n'y avait pas même encore un local pour s'y installer, pas de personnel convenable, pas de dessinateurs, pas de copistes même. Ce fut M. Linant-Bey qui fit les études du projet, les plans de détails, le cahier des charges, métrés, devis et le contrat. Il se servit, pour les sondages, de ceux de la carte du capitaine Menselle, de ceux de la carte de M. Homey et de quelques-uns exécutés par lui. Il entra dans tous les détails. Ce ne fut que dans les premiers jours du mois de juillet qu'il put avoir des copistes, et ce fut en travaillant jours et nuits avec ardeur que le 19 juillet il expédia tout le projet complet à Son Altesse le Khédive.

Pendant le cours des travaux relatifs au projet, M. Linant-Bey reçut de Londres une dépêche signée de Nubar-Pacha, ainsi conçue:

« On dit ici (à Londres) que les travaux du Port d'Alexandrie,
« tels qu'ils sont fixés par la Commission, doivent monter à une
« dépense de plus de 3 millions de livres sterling (76 millions
« de francs environ) ; or, d'après ce que vous avez dit à Son
« Altesse, les dépenses ne devaient pas dépasser 25 millions de
« francs : dites-moi votre opinion approximative par télé-
« graphe. »

A cette dépêche M. Linant-Bey répondit :

« On connaît ici mieux qu'ailleurs les prix des travaux à exé-
« cuter dans le pays. Le projet des travaux à exécuter, selon
« les décisions de la Commission égyptienne, quoique plus con-
« sidérables que les premiers proposés, coûteront moins, et
« nous trouverions des entrepreneurs sérieux si besoin était.
« Que le Khédive ait la patience d'attendre que le travail soit
« complet. »

Comme nous l'avons dit, le projet fini fut expédié le 19 juillet, mais il ne put parvenir assez tôt à Son Altesse à Londres, puisqu'Elle arriva le 28 à Alexandrie.

C'est ici le lieu de faire connaître en quoi consistait tout ce grand travail, qui fut exécuté en si peu de temps, parce que Linant-Bey y avait mis son amour-propre et qu'il y travailla sans relâche (1).

Voici en quoi consistait tout le travail :

1° La lettre d'envoi adressée au Khédive, conçue en ces termes :

« Monseigneur, j'ai l'honneur d'expédier, par ce courrier, à

« Votre Altesse le projet des travaux du Port d'Alexandrie, ter-
« miné avec beancoup d'efforts en si peu de temps.

« Je me suis conformé aux décisions de la Commission du
« 27 avril, au contenu de la dépêche écrite le 14 mai à
« M. Greenfield par le Ministre de l'Intérieur ; et en même
« temps j'ai pris aussi le sens de quelques articles du contrat,
« qui avait été signé avec M. Greenfield le 16 juin 1868.

« Votre Altesse me permettra d'avoir l'honneur de lui faire
« remarquer que dans ce contrat il est demandé six mois pour
« faire ces plans et devis que par votre volonté, Monseigneur,
« nous venons de finir dans la sixième partie de ce temps ; ce
« qui néanmoins ne sera pas une raison pour qu'ils soient
« moins complets.

« J'avais eu l'honneur de dire à Votre Altesse que je pen-
« sais que l'ensemble de ces travaux ne coûterait pas plus de
« 25 millions ; et effectivement, Votre Altesse peut en dépenser
« encore moins, comme elle le peut voir en examinant le ré-
« sultat des devis, dont voici le résumé :

« Le Brise-lames du large..............	11.463.100 fr.
« Le Môle d'abri.....................	14.601.118
« Les Quais..........................	7.196.519
« Le Bassin de radoub................	7.200.000
« Curage et remblais.................	2.368.947
« Phare..............................	50.000
« Total.............	42.879.684 fr.

« La somme de la valeur réelle n'est que de 25.741.404 fr. ;
« mais en ajoutant, d'après la lettre du 14 mai, une somme à
« faire valoir comme dans le cahier des charges de Dussaud-Bey
« pour les travaux de Suez, somme que je n'évalue, à cause des
« modifications nécessitées par les localités, qu'à 7.138.280 fr.
« seulement, il y a donc à débourser 42.879.684 francs.

« Mais ceci n'est qu'une avance, puisque par la vente des
« terrains qui seront acquis sur la mer, en supposant leur prix
« seulement à 100 francs le mètre carré, quoique aujourd'hui
« dans Alexandrie il y en ait qui montent jusqu'à 150 et même
« 200, on aurait à retrancher pour le prix des terrains acquis

« sur la mer 20.820.000 francs, il resterait donc pour les tra-
« vaux 22.059.684 francs. »

2° Une carte du capitaine Mansel, sur laquelle les décisions de la Commission étaient indiquées par des lignes rouges, et sur cette carte les signatures de tous les membres de la Commission ;

3° Un plan du port d'Alexandrie, sur lequel sont indiqués les quais, le môle d'abri, les parties à curer avec leur cubage de déblais, et les parties à remblayer avec aussi pour chacune le cubage du remblais, ainsi que les courbes horizontales du fond obtenues par tous les sondages ;

4° Une section du brise-lames indiquant son mode de construction ;

5° Une section du môle d'abri ;

6° Une section des quais à grande profondeur ;

7° Une section des quais à petite profondeur ;

8° Cinq cahiers de métrés spécialement pour chaque travail ;

9° Une série de prix ;

10° Une récapitulation ;

11° Le prix établi du mètre courant de chaque espèce de travail ;

12° Les prix bruts de chaque travail, et les prix définitifs avec les 20 p. 100 en plus ;

13° Le cahier des charges et des engagements.

Le Brise-lames a une longueur totale 2.340 mètres, divisée en deux parties.

La première, dans la direction de Ras-el-Tine au droit du rocher d'Abou-Hagar, en laissant entre la terre et la pointe Énostos un passage libre pour les eaux, sera de 550 mètres en partant du droit du rocher d'Abou-Hagar se dirigeant vers Ras-el-Tine ou la pointe Énostos. Cette partie du brise-lames suit une ligne d'écueils, qui seront un préservatif contre la mer pour le brise-lames.

L'ouverture entre le commencement du brise-lames et la pointe Énostos est laissée pour le mouvement des eaux, afin que par là elles puissent s'établir une sortie, et un va-et-vient est toujours utile pour la pureté des eaux. Ce passage sert aussi dans les beaux temps pour l'entrée et la sortie des barques.

La seconde partie du brise-lames se dirige du droit d'Abou-Hagar sur l'ancien palais de Bab-el-Arab et a une longueur de 1.800 mètres par des fonds sur le banc de 1 mètre à 7 mètres, dont la moyenne est de 4^m,904.

Le brise-lames a été décidé sur cette ligne, parce qu'il met une bien plus grande surface de l'avant-port ou de la rade à l'abri de la grosse mer venant de l'ouest, sud-ouest et nord-ouest, que s'il était conçu dans toute autre direction, et parce que de plus il met les navires une fois en dedans des passes immédiatement à l'abri de la mer, longtemps avant d'être au lieu du mouillage.

Le brise-lames est formé en grande partie de blocs agglomérés de 10 mètres cubes de capacité en enrochement; sur la paroi intérieure, il y aura une zone de petits moëllons, et encore intérieurement un revêtement de gros blocs naturels.

La hauteur du brise-lames au-dessus des basses mers est de 3 mètres, et la lame en s'y brisant peut passer par-dessus.

A la pointe sud du brise-lames, on n'a pas mis de phare, parce que l'Administration des fortifications se réserve de faire les travaux qu'elle jugera devoir exécuter sur le brise-lames.

Le Môle d'abri a depuis le môle du Chemin de fer existant jusqu'à son extrémité nord une longueur de 1.020 mètres, et laisse une ouverture d'entrée libre de plus de 400 mètres.

La direction du môle a été prise ainsi pour laisser une plus grande surface libre au port intérieur, et ensuite pour qu'il fût complétement abrité : l'entrée en étant hors d'atteinte de toute mer et pouvant permettre aux navires, même à voile, d'y entrer directement, si cela est nécessaire, en entrant dans la rade même avec un fort vent d'ouest ou d'ouest-nord-ouest; depuis la pointe du banc, le navire remonte à la pointe du môle avec les amures à bâbord et sans serrer trop le vent, ensuite il laisse arriver pour ancrer dans le port.

Le môle, placé différemment et donnant une entrée différente plus vers le sud, ne peut offrir les mêmes avantages que ceux que procure cette disposition.

La construction de ce môle d'abri est composée d'un noyau en gros moëllons ou blocs naturels, puis un massif de moëllons, comme cela se voit dans la section sur la feuille des plans; enfin à l'extérieur un massif, en bas, de gros moëllons ou blocs naturels, pour y faire poser le revêtement ou partie extérieure en gros blocs agglomérés. Du côté intérieur du grand massif de moëllons de troisième catégorie, il y a une zone de petits moëllons de première catégorie, qui est mise afin d'empêcher que, par le mouvement des vagues, il y ait passage des eaux au travers du môle, et que ce mouvement ne soulève le pavé comme cela s'est vu à Marseille, où, il est vrai, les vagues venant du large et ne rencontrant aucun abri avant de déferler sur le môle, pouvaient causer cet inconvénient, qui, ici, serait bien moins à craindre, puisque déjà le môle d'abri est défendu par le brise-lames.

Le môle d'abri, étant à la hauteur de $2^m,50$ au-dessus des basses mers, aura un parapet d'abri encore de 3 mètres en blocs agglomérés bâtis.

Du côté de l'intérieur est un quai bâti aussi en blocs agglomérés, et dont le couronnement sera en pierre froide, comme celles de Cassis ou de Trieste.

Quant à la construction, on peut voir par la description qu'on en trouve dans le cahier des charges que l'on a cherché à se rapprocher autant que possible, en introduisant pourtant quelques petites améliorations, de ce qui s'est pratiqué dans les constructions du port de Marseille, qui offre beaucoup d'analogie avec celui d'Alexandrie sous ce rapport.

Ce quai du môle d'abri devra avoir des grues mobiles pour chargements et déchargements, des bornes d'amarrage, des organaux, deux lignes de chemin de fer, conduite d'eau avec bornes-fontaines et gaz.

Les Quais seront de deux parties différentes : la première, à petite profondeur, prendra depuis les écluses du Mahmoudièh sur une longueur de 250 mètres; ce qui, avec le mode d'abri qui existe aujourd'hui, fera une petite darse à une profondeur seulement de 4 mètres à $4^m,50$, servant pour les barques circulant par les écluses du canal Mahmoudièh, ou celles qui viennent décharger à ce point pour un transbordement dans le canal.

On a mieux aimé laisser cette partie ainsi, plutôt que de l'approfondir pour les grands navires, puisqu'il aurait fallu enlever le môle d'abri des écluses, et risquer de voir les écluses mêmes glisser dans la partie curée ; d'ailleurs cette partie aurait toujours dû être réservée pour les barques du canal Mahmoudièh, qui ne peuvent avoir un plus grand tirant d'eau.

La seconde partie des quais se dirige vers le nord sur le premier angle de la darse de l'Arsenal par des profondeurs de 5, 6, 7 mètres d'eau ; ainsi devant ces quais se feront ces curages.

Ces quais seront construits en creusant une souille d'environ 3 mètres en moyenne de profondeur, dans laquelle seront coulés de gros moellons, à $4^m,50$ au-dessous du niveau de la mer pour les quais à petite profondeur et à 7 mètres pour les autres ; cette souille, pour les quais à grande profondeur, aura une largeur de 22 mètres en moyenne. Sur ces moellons coulés dans la souille serait posée une couche de petits moellons et de débris de carrières pour y asseoir la première assise de pierre des quais.

Ces quais en pierres seront faits en gros blocs agglomérés, ayant pour dernière assise au couronnement des pierres froides comme celles de Cassis ou de Trieste.

Derrière cette construction serait un massif de première catégorie de moellons, et encore intérieurement à ceci un massif de moellons de seconde et de troisième catégorie avec son talus naturel vers l'intérieur.

Ces quais seraient munis d'organaux, de bornes d'amarrage, de grues mobiles, de deux voies ferrées avec plaques tournantes, gares d'évitement, conduite d'eau et de gaz, comme pour le môle d'abri.

Une autre partie de quais commencerait au môle des écluses et irait rejoindre ceux du môle d'abri au môle ou débarcadère du chemin de fer.

Tous ces quais donnent un développement de 2.700 mètres, où les plus grands navires peuvent venir à quai.

Le Bassin de radoub est placé le plus près possible de

l'Arsenal et de celui déjà existant ; s'il n'a pas été placé dans la darse même comme l'autre, c'est pour ne pas encombrer cette darse, dans laquelle d'ailleurs l'entrée d'un grand navire dans le bassin eût été difficile.

La construction de ce bassin n'offre rien de particulier ; il aura seulement une longueur de 140 mètres, pouvant être divisée en déplaçant les portes pour ménager les épuisements, quand on y fera entrer un petit navire.

Étant placé où il est indiqué sur le plan, il peut être vidé par la pompe servant à l'ancien bassin.

Nous avons abrégé ici tous les détails de constructions donnés et exigés dans le cahier des charges, ce qui eût été trop long.

Quant aux terrains à gagner sur la mer, ils représentent, comme cela est indiqué sur le plan, une surface de 254.200 mètres carrés ou 60 feddans,

Ce qui fait un cube de.	680.070
Le curage étant.	540.010
Il y a pour remblais en plus.	140.060

qui seront apportés des hauteurs de décombres qui remplissent l'enceinte et les environs d'Alexandrie.

M. Linant-Bey avait souvent fait observer que par le mode de payement adopté pour beaucoup de travaux ainsi que pour ceux du Port d'Alexandrie, suivant les ordres qui lui avaient été donnés, cela devenait fort onéreux, puisque l'on devait payer au moyen de bons du trésor donnant 10 p. 100 d'intérêt, et l'amortissement par tirage au sort chaque année, ce qui faisait monter la dépense presque au double de l'estimation des travaux.

Il aurait beaucoup mieux valu fixer une somme par trimestre qui serait payée sur des états de situation des travaux, comme cela se pratique ordinairement et comme, d'ailleurs, cela était établi pour les travaux du port de Suez.

Il aurait mieux valu ne pas exécuter de travaux, si les fonds n'étaient pas disponibles que d'être obligé de payer, par le système des intérêts, une somme du double environ de celle de 42 millions, dépense provisoire pour les travaux du port d'Alexandrie.

On aurait donc eu une grande économie ; et la charge mensuelle ou trimestrielle n'eût pas été lourde pour le trésor. Probablement que des combinaisons financières ne le permirent pas.

Le projet fut envoyé à MM. les ingénieurs et entrepreneurs à Londres ; il fut approuvé et accepté par tous, ce qui fut une grande satisfaction pour M. Linant-Bey.

MM. les ingénieurs revinrent en Égypte avec le nouveau cahier des charges signé, tel qu'il avait été dressé. Seulement, pour le mode des payements, il y eut quelques changements dans le sens indiqué par M. Linant-Bey : ainsi le gouvernement s'engagea à payer mensuellement la somme de 525.000 fr. environ, ce qui faisait que les travaux finissant au temps fixé de six années, il restait une somme comme caution de 4 millions de francs.

M. Linant-Bey, par des circonstances se rapportant à l'organisation demandée pour son ministère, ne resta plus à cette fonction, et les travaux commencés, il n'eut plus aucune surveillance à exercer. Car d'ailleurs, à ce moment, chose assez singulière, ce fut le Ministère de l'Intérieur qui s'empara de toute l'affaire.

La surveillance et le contrôle de l'exécution furent donnés à un ingénieur anglais que l'on fit venir *ad hoc*, au lieu d'en charger un ingénieur ou fonctionnaire égyptien, dépendant des travaux publics.

PONTS.

Les communications entre les deux rives du Nil ont toujours été entravées, et depuis bien longtemps on a reconnu leur insuffisance qui porte un grand préjudice aux intérêts des cultivateurs venant de la rive gauche pour alimenter de leurs denrées la consommation de la capitale. En effet, ils les transportent seulement à l'aide de barques de passage, sur lesquelles ils entassent encore des chameaux, plus ou moins dociles, des hommes, des femmes, des enfants, des baudets, et des quantités de bersime ou fourrage. Souvent il arrive des accidents dans lesquels périssent des individus.

Pendant l'occupation du Caire par l'armée française en 1800, on établit un pont flottant entre Gizéh et le Vieux-Caire : mais il ne fut pas entretenu ; il devint impraticable, et depuis cette époque, on n'a toujours employé que de petites barques à voiles (pas même de chalands) pour servir de communication entre les deux rives du fleuve ; pendant les crues surtout c'est très-dangereux.

Depuis deux années Son Altesse le Khédive a fait établir un pont de bateaux, de Boulak à l'île qui est vis-à-vis, et où est son palais. La route de Gizéh, où est un autre de ses palais, est on ne peut plus belle, c'est une voie de communication magnifique ; malgré cela, les habitants de la province en profitent peu et conservent leur ancienne habitude de passer le Nil dans des barques.

Aujourd'hui un magnifique pont métallique se termine, et ce sera le premier construit en dehors de ceux des voies ferrées.

Le pont consiste en un tablier en fer de 398 mètres de longueur.

Les poutres longitudinales de la superstructure sont composées chacune d'un double réseau de barres en treillis de fer, dont les mailles mesurent 2 mètres en diagonale.

Les poutres reposent : du côté de Casr-el-Nil, sur une culée en maçonnerie, fondée à la manière ordinaire des ponts, du côté de Gézireh, sur une pile-culée, fondée sur caisson, jusqu'au-dessous des terrains affouillables et à la profondeur arrêtée par les ingénieurs du Gouvernement ; en rivière, sur huit piles en maçonnerie, fondées par caissons en fer, au moyen de l'air comprimé.

Il y a deux travées de. . . . . 32 m., soit 64 m.
　　　deux travées de. . . . . 42　　　　84
Les cinq intermédiaires ont. . 50　　　250
　　　　　　Total. . . . . 398 m.

Les deux premières s'ouvrent au moyen d'un pont tournant pour laisser le passage libre à la navigation par vapeurs et bateaux à voiles.

La pile-tour du pont tournant, qui est placée sur la rive

droite, où est le thalweg du fleuve, a 14ᵐ,80 de diamètre, les autres 3,50.

Le tablier est placé à 2 mètres au-dessus des plus hautes
inondations connues.

La profondeur de la fondation de la pile-tour et des autres,
en rivière, est fixée à 18ᵐ,80 au-dessous des basses eaux : ce qui
fait que les piles doivent avoir en hauteur totale 29ᵐ,10 jusqu'à
leur couronnement, au-dessous de la bride inférieure des poutres longitudinales du tablier. Elles devaient être enclavées de
10 mètres dans le terrain du lit du fleuve.

Le niveau de la chaussée d'accès est à 1 m. 50 au-dessus de la
bride inférieure des poutres.

Ces poutres sont écartées de 11 m. 30 d'axe en axe, de manière
à laisser entre elles l'espace libre nécessaire pour une voie char-
retière de 8 mètres entre les bordures des trottoirs, qui ont
chacun 1ᵐ,25, avec un garde-corps de 0,90 de hauteur.

La chaussée et les trottoirs sont supportés par des poutrelles
transversales en fer, espacées de 2 mètres.

L'empierrement de la chaussée repose sur un plafond en
fer.

Les dallages des trottoirs sont soutenus par des châssis en
fer et séparés de la chaussée par un caniveau en pierre de taille
et par une bordure en fer.

Aux extrémités du pont sont quatre pavillons carrés pour les
bureaux de péage et la police.

Le contrat passé pour ce pont fut signé au mois d'avril 1869,
après examen des projets, des plans et du cahier des charges,
par Linant-Bey, alors Ministre des Travaux-Publics.

Les travaux commencèrent à l'époque désignée, et pendant
le cours de l'exécution de ces travaux aucun accident important
ne survint, excepté qu'une des piles, arrivée à la profondeur de
14 mètres au-dessus de l'étiage, posa, dit-on, sur une barque
chargée de pierres, coulée depuis fort longtemps, ce qui fit
pencher la pile ; mais elle fut redressée, et il n'y parut plus.

Cette pile, qui devait être descendue à 18 mètres au moins,
comme il est spécifié dans le cahier des charges, ne le fut pas,
et une Commission nommée à l'effet d'examiner ce fait décida

que pour la consolider ainsi que les autres, on jetterait autour des pierres perdues en enrochements.

Il faut remarquer que, quand le projet fut fait, il y avait en aval de l'emplacement désigné, pour établir le pont, une profondeur d'eau de 13 mètres ; mais on remarquait qu'elle augmentait depuis que le passage des eaux du Nil, entre l'île de Géziréh où est le palais du Vice-Roi et la rive de Gizéh, avait été fermé, les eaux d'inondation se portant toutes dans le passage de Boulak, où déjà plusieurs maisons avaient été démolies par les affouillements du fleuve.

C'est à cause de ceci que, dans le cahier des charges, on avait spécifié que les piles seraient descendues à 18 mètres au-dessous de l'étiage (article 5, Description de l'ouvrage) ; et à l'article 2, il est dit que si la profondeur des fondations d'une ou de plusieurs piles devait être augmentée, il serait payé aux constructeurs un supplément de 4.200 francs par mètre en plus de profondeur, pour chaque pile intermédiaire, et pour la pile du pont tournant 9.400 francs.

A la fin de 1869 et en 1870 on fit faire des sondages, depuis le palais de Kasr-el-Nil, en passant à l'espèce d'éperon qui est au Musée, jusqu'au palais de Géziréh ; on trouva au palais 15, et sur la ligne 18 et 19 mètres, ce qui fut l'objet d'une note, que M. Linant-Bey, qui avait signé le contrat après avoir examiné le projet, crut devoir faire présenter au Khédive.

Voici cette note :

Lorsque, dans le cours de l'année 1869, le contrat pour le Pont de Géziréh a été dressé d'après le projet de ce pont, il y avait déjà en aval du point où il devait être placé un affouillement qui prenait depuis l'amont du Musée jusque presque vis-à-vis le palais de Géziréh, et qui avait une profondeur de plus de 18 mètres à l'étiage du fleuve.

A l'époque du projet et à la date du contrat, au point où devait être construit le pont, la profondeur des eaux de l'étiage était loin d'être aussi considérable que dans l'affouillement arrivant à plus de 18 mètres ; mais ce fut dans la prévision que des affouillements semblables pouvaient aussi avoir lieu en amont de celui dont on vient de parler que, comme précaution dans

l'article 2 du contrat, il est dit que si la profondeur des fondations devait être augmentée, il serait payé aux constructeurs
une somme de tant par mètre de profondeur en plus et pour
chaque pile. La profondeur était donc indéterminée.

Ce qui justifie cette réserve, c'est que depuis l'étiage de 1869,
il y a eu dans l'emplacement du pont, à la pile n° 2, un affouillement de 8 mètres.

Les affouillements sont presque toujours occasionnés par un
rétrécissement du cours du fleuve, provenant d'une cause ou
d'une autre; par exemple, celui qui existe dans la distance depuis l'aval de Casr-el-Nil jusque près du palais de Géziréh a été
primitivement produit par les constructions d'anciens quais et
éperons en aval du Musée, et l'ancienne Sakiéh qui existait où
a été construit le quai du palais de Géziréh. Dans cet endroit l'affouillement était parvenu à 13 mètres comme devant le palais
de Casr-el-Nil.

Plus tard, lorsque le passage des eaux du Nil, coulant à l'ouest
de l'île où est le palais, fut comblé, les eaux se portèrent dans
le bras de Casr-el-Nil, l'affouillement augmenta, et en 1869 à
l'étiage, il arriva à environ à 19 mètres de profondeur, ce qui a
été la conséquence du passage d'une plus grande quantité
d'eau, avec, par conséquent, une plus grande vitesse dans le Nil,
puisqu'elles devaient passer par la même section entre le Musée
et Géziréh.

D'après ces faits d'expérience, il doit être évident que plus
on diminuera la section du fleuve en cet endroit, plus l'affouillement dans les terrains meubles du fond du Nil s'approfondira.

Les affouillements du Nil, comme pour tous les fleuves du même
régime, tendent toujours à augmenter de l'aval vers l'amont,
ce qui se conçoit, puisque les eaux qui arrivent d'un fond plus
élevé et tombent dans l'affouillement forment au fond comme
un déversoir, une chute qui corroie les terres et les sables pour
les entraîner plus loin.

C'est donc à cause de ces faits connus par expérience que,
dans le contrat, il a été prévu que l'on aurait la faculté de
faire descendre les piles plus bas que 18 m. 80 au-dessous des
étiages, si cela semblait être nécessaire; et c'est aux inspec-

teurs, aux commissaires du Gouvernement, qui ne doivent en rien être intéressés dans l'affaire de la construction, à décider où l'on doit arrêter l'enfoncement des piles, et non à d'autres.

Dans le cours du fleuve, on ne peut s'attendre à rencontrer un terrain que l'on puisse appeler solide, il ne l'est que relativement.

Les couches d'un sable pur, si ce sable était encaissé, que les filtrations ne pussent le remuer, et que des affouillements pénétrant plus bas que la couche ne pussent l'emporter, seraient, il est vrai, un terrain propice pour poser des fondations; mais il n'en est pas ainsi.

Il est permis de penser qu'avec un système de pierres en enrochements, on puisse parvenir à empêcher l'effet progressif des affouillements; ceci est vrai en partie, à la condition pourtant que l'on charge continuellement ces enrochements au fur et à mesure que les affouillements feraient descendre les pierres; mais si ceci est praticable pour un quai, ainsi que cela a été fait à Casr-el-Nil, ce n'est plus le même cas pour les piles du pont en construction à Casr-el-Nil.

Ici, en faisant des enrochements autour des piles, il arrivera que l'on rétrécira davantage le passage des eaux, que, par conséquent, la vitesse augmentera, et que bientôt l'affouillement deviendra aussi profond que celui de 19 mètres qui est en aval.

Plus on jettera de pierres, plus la section de l'écoulement de l'eau diminuera, et plus il y aura d'affouillement; les eaux pourront passer au travers des enrochements, comme au Barrage de la Branche de Rosette, et la solidité du pont de Casr-el-Nil à Gésireh sera sérieusement compromise.

Les enrochements ne rempliront donc pas entièrement le but désiré, et ce n'est que par l'enfoncement des piles à des profondeurs plus grandes que celle des affouillements, afin de leur donner un encaissement suffisant dans le sol, que ces piles pourront donner la sécurité désirée.

La profondeur de l'enfoncement n'est d'ailleurs pas déterminée, elle est facultative d'après le contrat, et ne doit être fixée que par les ingénieurs expérimentés que le Gouvernement a la faculté de désigner comme inspecteurs, et qui doivent assumer toute la responsabilité de leur décision.

On ne peut prendre pour prétexte de ne pas enfoncer les piles aux profondeurs voulues, qu'au moyen de l'air comprimé on ne saurait, pour les travailleurs, arriver qu'à une profondeur déterminée; car, par le contrat, on s'est engagé à faire descendre les piles à 18,80 et à augmenter cette profondeur en payant en plus par mètre supplémentaire d'augmentation de profondeur et par pile la somme de 4.200 fr., et pour la pile centrale du pont tournant, 6.400 fr.

Alors, si les moyens que les entrepreneurs ont à leur disposition ne suffisent pas, c'est au génie des constructeurs à en trouver un qui leur permette de remplir les conditions de leur contrat au sujet de la profondeur de l'enfoncement des piles ; car la science, dans le cas dont il s'agit, peut pour ainsi dire tout surmonter.

Il est encore à remarquer que, par le contrat, toujours à l'article 2, il est dit que si la hauteur projetée du tablier au-dessus du zéro du Nilomètre était jugée insuffisante, elle serait portée à un niveau plus élevé, qui serait arrêté par les ingénieurs de Son Altesse dans la première année des travaux, en tenant compte aux constructeurs du supplément de dépenses qui en résulterait pour eux, à raison de 5.500 fr. par décimètre d'exhaussement : or c'est là une question sur laquelle il faut réfléchir.

Par des circonstances qu'il serait trop long de relater ici, il est constaté que depuis une trentaine d'années, le lit du fleuve s'exhausse beaucoup, et par conséquent les eaux du fleuve, pendant les crues, étant retenues dans leur lit, atteignent des hauteurs plus considérables tous les jours.

En 1840, fut construit le Pont-Barrage de Carineïn, qui est dans la Branche de Damiette, bien en aval, par conséquent de Casr-el-Nil. On donna au couronnement des piles une hauteur de 0,80 centimètres au-dessus des plus hautes eaux connues alors.

Aujourd'hui, dans les mêmes circonstances, ces piles sont à au moins 60 centimètres en contre-bas des plus hautes eaux connues.

Il en a été de même pour les piles des Barrages du Nil qui aujourd'hui, dans les plus hautes eaux, sont recouvertes de plusieurs décimètres.

Il est donc d'une sage prévoyance de se mettre à l'abri de ces inconvénients pour le tablier du Pont de Casr-el-Nil à Géziréh afin qu'il ne soit pas submergé, puisque d'ailleurs, d'après leur contrat, les constructeurs doivent l'élever autant qu'il sera jugé convenable, en les indemnisant comme on vient de le dire.

Cet exhaussement rapide des eaux du Nil provient de ce que, aujourd'hui, pour les arrosages, on maintient les eaux dans leur lit sans les laisser, comme autrefois, se répandre, par les canaux, en grande quantité sur les terres.

Aujourd'hui le Pont est établi, le tablier posé, et l'on peut le onsidérer comme entièrement terminé; mais il n'a jamais été constaté officiellement et d'une manière certaine par un contrôle du Gouvernement, que les piles sont descendues à telle ou telle profondeur, et, sur ce point, il faut compter sur la bonne foi des entrepreneurs.

Le 15 septembre 1871, le tablier du Pont atteignit la culée de l'île, et laissa le passage de la travée de 32 mètres libre pour la navigation.

Aussitôt une belle barque Dahabiéh, qui était en aval, mit à la voile et passa dans le pertuis avec autant de facilité que s'il n'y avait pas eu de pont; un bateau à vapeur descendit de même, et ensuite beaucoup de barques. Certainement ce passage est beaucoup plus facile que celui des passages du Barrage et est comme à Casr-Zaïat et à Benha.

Seulement, au pont de Casr-el-Nil, on n'a aucun chemin de halage, aucun quai pour s'amarrer; en aval c'est le palais de Casr-el-Nil, avec les casernes, où se trouvent des bateaux à vapeur, et en amont les murs d'enceinte de propriétés et de palais sont sur le quai même; les barques ne peuvent s'y arrêter. Voici la cause qui fera que ce passage sera une entrave à une navigation libre et facile.

Quelques mois avant le lancement complet du tablier du pont, des observations furent faites au sujet du pont tournant, qui devait laisser le passage libre où il se trouve. On disait qu'il eût

fallu le laisser du côté de l'île, parce que les barques ne pourraient point passer à Casr-el-Nil ; on voulait même faire un
autre pont tournant du côté de l'île ; mais de ce côté, pendant
les basses eaux d'étiage, à peine s'il y a de l'eau, et ordinairement c'est dans la partie profonde d'un fleuve, et où le courant
est régulier, bien établi, que l'on ménage le passage pour une
navigation, qui, comme celle du Nil, se fait avec de grandes
barques, mâtées, voilées, et de grands bateaux à vapeur. D'ailleurs les faits prouvent ici que l'on a eu raison de placer le pont
tournant à Casr-el-Nil, où les barques passent on ne peut plus
facilement, et il ne faut enfin pour rendre cette disposition du
pont complète, que laisser un chemin de halage libre le long
du fleuve, comme cela se pratique partout.

Voici donc un très-beau pont fait par le Khédive et qui est
d'une utilité publique reconnue, et pour compléter l'œuvre et se
mettre à l'abri des affouillements qui pourraient nuire à la solidité de cet important travail, pour ne plus craindre ces affouillements pour le Musée, la ville de Boulak et même le Palais de
Géziréh, on a décidé d'ouvrir le passage qui a été fermé à l'ouest
de l'île débouchant à Embabeh et d'y faire un second pont dans
le genre de celui qui vient d'être terminé. Nous espérons qu'on
y mettra toute l'activité que mérite ce travail indispensable,
d'autant plus que pour rendre aux eaux leur libre cours, il n'y a
qu'à couper une digue.

<hr>

PLACE ESBÉKIÉH. — NOUVEAUX QUARTIERS.

A l'arrivée de l'Expédition française conduite par le général
Bonaparte, la place Esbékiéh, au Caire, était simplement un
terrain arrosé par l'eau des crues et ensemencé comme tous les
champs de l'Égypte. Il se trouvait au Caire bien d'autres lieux
semblables, comme Birket-el-Fil, Birket-Abdin ou el-Farrayn,
Birket-Babel-Louk, Birket-Nasseriéh, Birket-el-Rottli, Birket-el-
Bichenine. Tous ces lieux étaient, pendant les inondations, de
véritables lacs, ainsi que le nom de *Birket* l'indique, d'où, après

les crues terminées, les eaux se retiraient laissant les terrains
à la culture. Puis, les récoltes étant faites, ces lacs ou terrains
cultivés devenaient de grandes places sèches attendant les nouvelles crues.

La place Esbékiéh était la plus grande, elle avait de superficie environ 40 feddans ou 168.000 mètres carrés.

Cette place avait pris son nom des casernes ou habitations
des soldats tartares *Eusbèque* (Ousbeks) qui résidaient aux environs, comme beaucoup de quartiers et d'emplacements portent
encore le nom de ceux qui les habitaient ou les habitent encore,
par exemple : Hart-el-Barabra, quartier des Nubiens ; Hart-el-
Boum, quartier des Grecs ; Hart-el-Saccahine, quartier des porteurs d'eau, etc., etc.

Pendant les hautes eaux du fleuve, elles arrivaient jusque
dans la place au moyen d'un canal sur lequel pouvaient naviguer de petites barques, dans lesquelles on se promenait la nuit
sur les eaux éclairées par les illuminations du rivage ; sur ces
barques il y avait de la musique et des chanteurs, tandis que
sur la rive de ce lac accidentel abondaient les cafés chantants
et les danseuses. Pendant tout le temps de l'inondation, c'était
un lieu de réunion et de plaisir, comme aussi dans toutes les
autres places qui se trouvaient dans les mêmes conditions. Les
nuits passées ainsi offraient un attrait pour toute la population
et surtout pour les étrangers, qui y retrouvaient l'Orient et sa
poésie.

Déjà en 1830 ces plaisirs avaient presque disparu ; on s'em-
parait de Birket-el-Fil, et les fêtes sur l'Esbékiéh étaient extrêmement réduites, les barques n'y circulaient plus.

En 1837, Méhémet-Ali, voulant donner au public du Caire et
surtout aux Européens un lieu de promenade autre que l'avenue
de Choubra, pensa que la place de l'Esbékiéh transformée en
un vaste jardin serait bien préférable à ce qu'elle était et ordonna au Ministère des Travaux Publics, de nouvelle création,
dont Murthan-Bey, élève de la mission égyptienne en France et
l'un des plus distingués, était le chef, de faire un projet pour
la transformation de cette place. On ne cherchait point à faire ce
qui existe en Europe ; le seul but que l'on se proposait était

d'avoir de la verdure, si agréable ici, de l'eau toujours si désirable et qui égaye tout, puis de l'ombrage, indispensable sous un soleil aussi brûlant que celui du Caire.

Le plan de la place fut présenté à Méhémet-Ali et approuvé généralement (1).

Les terrains de la place Esbékiéh étaient un wakf à Shek-el-Backri ; ils contenaient environ 40 feddans. Méhémet-Ali les prit pour en faire don au public et en donna dix fois autant en échange de bons terrains ensemencés dans les environs du village de Bèhtine.

On traça dans la place trois grandes artères pour les principales voies de communications existantes et pour celles projetées pour l'avenir. Ces trois artères étaient bordées d'arbres ; le périmètre de la place était entouré par un canal ayant 10 mètres de largeur à la surface des eaux. Du côté extérieur au canal se trouvaient les terrains naturels qui étaient plus élevés que celui de l'intérieur de la place, et le long de ce canal, toujours du côté extérieur, était une rangée d'arbres.

A l'intérieur, on avait fait une chaussée en remblais de 15 mètres à la surface qui maintenait les eaux du canal, et cette chaussée était aussi plantée de deux rangées d'arbres, ce qui formait une très-belle avenue.

Les eaux du canal, se trouvant à 60 centimètres au-dessus du terrain intérieur, servaient à l'arrosage de toutes les plantations de la place, et l'on avait cette rivière artificielle tout autour de la promenade qui entretenait une douce fraîcheur. Pendant les crues du fleuve, ces eaux étaient naturellement amenées par un autre canal ; c'était celui qui servait anciennement. Pendant les basses eaux, elles devaient être élevées à l'aide d'une machine placée à Boulak et tenir le canal toujours rempli ; on devait aussi faire au rond-point un grand bassin avec un jet d'eau qui eût été alimenté par la machine.

On fit deux très-jolis ponts sur la principale route venant de Boulak et plusieurs passerelles dans les autres directions.

---

(1) Planche IX, n° 1.

Au bout de quatre années, la place, toute plantée, offrait déjà une promenade agréable, et les plantes d'agrément qui s'y trouvaient remplissaient le soir l'air de douces senteurs : c'était là le principal lieu de réunion des habitants de tous les quartiers voisins, et plusieurs cafés s'établirent dans cette place ; le Gouvernement faisait quelques dépenses pour l'entretien des bœufs pour tourner les sakiéhs, qui donnaient de l'eau pendant l'étiage ; car la machine à vapeur de Boulak n'était pas encore montée : on payait les jardiniers, les nazères, etc. Voyant que l'on pouvait tirer de ce lieu de plaisir un revenu à la place d'une dépense, on loua des emplacements pour des cafés, des restaurants ambulants, et l'on ne dépensa plus pour ainsi dire rien pour son entretien.

Le canal étant à sec pendant les basses eaux, les principaux habitants de la place, et surtout quelques Consuls, s'en servirent pour y mettre leurs basse-cours et leurs chevaux, et comme pendant les crues il leur fallait céder la place aux eaux, ces messieurs, au nombre de trois ou quatre, prétendirent que ce canal donnait les fièvres ; l'un d'eux avait cru en avoir quelques accès et demanda que le canal fût comblé ; cela se fit effectivement, et la place de l'Esbékiéh perdit un de ses plus grands ornements. Cependant les arbres avaient grandi et l'ombre qu'ils procuraient toute la journée en faisait une promenade délicieuse.

Le canal fut donc comblé, mais comme il fallait toujours avoir de l'eau, et que ce canal était tributaire de plusieurs propriétés qui s'arrosaient à l'aide de ses eaux, il y eut des réclamations ; M. Murray, le Consul général d'Angleterre, fut le premier à en adresser. Il fallait arroser le jardin de sa maison, qui possédait un conduit souterrain alimenté premièrement par les eaux de la place de l'Esbékiéh et ensuite par le canal.

Alors, pour remplacer le grand canal, on construisit sur son axe un conduit en maçonnerie à ciel ouvert et large seulement de 1 mètre. Pendant les hautes eaux, ce conduit était plein ; mais pendant l'étiage, il se transformait en un égout infect et même dangereux, car, étant à ras de terre, beaucoup de personnes y tombèrent ainsi que des animaux.

Ces inconvénients firent que l'on couvrit le conduit par une voûte ; on avait le projet de faire dessus une espèce de rivière peu profonde où les eaux de la machine, fournies par l'arrosage, auraient continuellement circulé; mais au lieu de cela, on se contenta de voûter le conduit, qui alors devint un égout tel qu'il existe encore aujourd'hui.

La place fut négligée, une quantité de cafés s'y établirent; elle était remplie d'ordures et il s'y commettait souvent des actes regrettables d'ivrognerie, de débauche, de filouterie, et d'autres contre les mœurs.

Cette place qui, avec une administration, aurait pu, tout en rapportant à l'État, être un lieu d'agrément et de plaisir, ne fut plus fréquentée que par un monde impossible. Avec fort peu de dépenses, on aurait pu en faire un délicieux square, la végétation était luxuriante, et il existait de très-beaux arbres de différentes essences, des plantes étrangères et de magnifiques arbres formant avenue, dont on voit encore quelques restes. En 1863, des spéculateurs, voulant profiter de leur faveur pour s'enrichir, et se souciant fort peu de ce qui était bon, pourvu qu'ils pussent réaliser un bénéfice, combinèrent un projet consistant à prendre une certaine partie de la place de l'Esbékiéh, surtout vers le sud, pour en faire des terrains à bâtir et y élever un nouveau quartier; il y avait quelques propriétés à acquérir; ils pensaient avoir une partie de ces terrains ou un courtage, et voici comment il arrive fort souvent que, pour un petit intérêt privé, les choses souvent ne se font pas aussi bien qu'on devrait les faire.

A côté de ce petit projet, on en établit un autre plus grandiose, dont l'idée appartient presque entièrement au Vice-Roi, qui lui-même l'améliora et le perfectionna tel qu'on le voit aujourd'hui tracé sur le terrain et indiqué par des voies macadamisées avec banquettes et trottoirs. Il s'agissait de construire un grand quartier depuis la place de l'Esbékiéh jusqu'au canal Zaffraniéh.

Le plan fut arrêté, mais on prenait toujours, pour satisfaire à des intérêts particuliers, une partie de la place de l'Esbékiéh, celle qui est au sud et où se trouvent l'Opéra, le Cirque, etc.

Le projet était qu'une société recevait du Gouvernement à un certain prix tous les terrains compris dans le plan et s'étendant de la place au Canal; elle s'engageait, avec l'autorisation de revendre les terrains, à faire des marchés, théâtres, ministère, hôtels, gare de chemin de fer, les remblais des routes, etc., etc.

Quelques observations sur le changement de la place de l'Esbékiéh, qui à l'origine était un terrain que Méhémet-Ali avait acquis d'un wakf pour le donner au public, ralentirent la décision; mais bientôt l'affaire fut résolue et le plan, pour ainsi dire, arrêté; on commença par faire une enceinte, un mur en pierre de taille pour poser une grille; celle-ci fut commandée à la Société agricole.

La Société qui s'était formée, comme nous l'avons dit plus haut, fut bientôt dissoute; elle vendit seulement, je crois, deux lots de terrain, l'un pour bâtir le grand et nouvel hôtel anglais que l'on voit aujourd'hui et, dit-on, l'emplacement sur lequel Sciama-Bey a bâti depuis sa maison. Par un nouvel arrangement, la Gouvernement reprit tous les terrains concédés.

Les remblais commencèrent, et ce fut un grand bien; car justement, derrière l'hôtel anglais, il y avait des bas-fonds où les infiltrations arrivaient, ce qui les convertissait en un cloaque infect.

Bientôt un autre projet fut présenté; on prenait une grande partie de la place de l'Esbékiéh au sud, à l'est et surtout au nord pour faire des terrains à bâtir; on dessina un quartier entier au nord, et l'on réserva au milieu un petit square pour en faire un jardin public; mais en traçant des rues dans la partie septentrionale, on a laissé subsister des îlots qui forment des figures irrégulières, de telle sorte que presque toutes les constructions sont en biais.

Les terrains ont été mis en vente et peu ont trouvé des acquéreurs; cependant sur quelques-uns s'élèvent de belles et bonnes constructions bien différentes de celles que l'on faisait jusqu'à ce jour.

Sur la plus belle partie du sud ont été bâtis : l'Opéra, le Théâtre et le Cirque. L'ancien palais, bâti par Abbas-Pacha pour sa mère, a été transformé, et aujourd'hui c'est un palais servant aux Ministères.

Ces différents travaux présentent certainement de grandes améliorations et un grand bien ; mais les étrangers, qui autrefois ont vu la place de l'Esbékiéh et qui aujourd'hui voient ce grand quartier nouveau d'Ismaïliéh, dans lequel, quoique l'on ait donné gratis des terrains à bâtir, il s'élève fort peu de constructions, et de loin en loin, comparativement à sa grande superficie, se demandent si l'on n'aurait pas mieux fait, puisque l'on devait prendre une aussi grande étendue de terrains pour y établir le nouveau quartier d'Ismaïliéh, de laisser la place de l'Esbékiéh convertie en grand jardin et de faire toutes les nouvelles constructions dans le nouveau quartier dont on donnait le terrain gratis. On aurait ainsi conservé cette place qui, avec quelques améliorations, serait bientôt devenue un parc délicieux.

En conservant la place de l'Esbékiéh dans son genre, en l'améliorant bien entendu, cela n'aurait jamais coûté autant que ce qu'on a dépensé pour la détruire, et pour faire ce que l'on voit aujourd'hui. L'entretien, de même, n'eût pas été aussi dispendieux. Un homme prouve mieux son talent en sachant faire bien, tout en profitant de ce qui existe déjà, qu'en détruisant tout pour construire à nouveau. Il ne faut pas, sans études préliminaires d'un pays, rejeter ce qui est, pour faire sans raisonnement ce que l'on a vu ailleurs. Par exemple, on a creusé le lac de la place de l'Esbékiéh de manière à ce qu'il n'ait pas d'écoulement, ce qui fait que son fond est une boue puante. Cependant ceux du bois de Boulogne en ont tous. Le projet fait, et qui a eu un commencement d'exécution par M. Cordier, était bien plus rationnel. Le lac était élevé, pouvait être mis à sec et ses eaux servir à l'arrosage, sans l'emploi de machines pour le vider. Aujourd'hui, les eaux du lac et l'arrosage continuel pour entretenir le lipia servant de gazon, donnent une humidité malfaisante à ceux qui se promènent vers le soir dans le square, et que le soleil empêche de parcourir le jour. On a donné, il est vrai, aux habitants du Caire, un diminutif du Jardin d'acclimatation, un aperçu microscopique du bois de Boulogne (1), mais on a perdu ces beaux ombrages de la première place, il n'y a plus rien qui rappelle l'Orient et sa poésie, et ce

---

(1) Planche IX.

38

petit square très-joli en son genre, du reste, rappelle trop pourtant ces habitations particulières comme il y en a beaucoup, même plus grandioses, aux environs de Paris ; et l'on peut être certain que si notre Lenôtre égyptien avait étudié plus longtemps l'Égypte sans idées préconçues, avant de créer le square de l'Esbékiéh, il eût fait une œuvre mieux adaptée au pays, tout en restant dans le beau.

Les étrangers qui revoient le Caire après dix ou quinze ans cherchent leur place de l'Esbékiéh, leurs bosquets de rosiers, de jasmins et ces beaux orangers, ces citronniers qui embaumaient l'air, qui rappelaient si bien l'Orient, et ne trouvent que le diminutif d'un jardin européen entretenu à grands frais et comme ils en ont vu partout, même dans des propriétés particulières.

Cependant, il faut bien le dire, une certaine partie de la population trouve là de nouveaux plaisirs que certainement l'ancienne place ne donnait point : théâtre, café, eau courante, bonne musique et un monde civilisateur. Dans son genre, c'est certainement fort joli, très-élégant, coquet ; tout est bien entretenu, propre, ce qui manquait à l'ancienne place ; seulement, pour entretenir celle-ci, il faut de grandes dépenses. Aujourd'hui les bonnes intentions du Khédive pour civiliser la partie de la population qui ne l'est pas encore, pour obtenir des progrès dans l'intérêt de son bien-être, fait qu'il dépense des sommes immenses dans ce but. Mais qui peut prévoir l'avenir, et qui sait si les gouvernements qui succéderont pourront et voudront toujours fournir de leurs deniers les fonds nécessaires à l'entretien des rues nouvelles, des places, des plantations d'arbres sur les trottoirs, de l'éclairage au gaz ? Et si les fonds manquaient, que deviendraient toutes ces belles innovations, toutes ces choses si utiles, tous ces travaux si bien commencés pour la salubrité de la ville du Caire, pour son embellissement ? Il n'y a que des revenus comme ceux des Wakfs, attribués à cela ; il n'y a qu'une municipalité bien établie qui puisse donner pour l'avenir la certitude que l'on continuera de marcher dans la nouvelle voie que, seul, le Khédive a ouverte ; sans cela on pourrait peut-être regretter l'abandon de l'entretien et la continuation de travaux aussi utiles.

———

AMÉLIORATION DES VOIES DE CIRCULATION :
MACADAMISAGE, PAVAGE, DALLAGE, ÉCLAIRAGE.
QUARTIER ISMAILIEH.

Lorsque Méhémet-Ali devint définitivement Vice-Roi d'Égypte et lorsqu'il commença tous les travaux d'utilité publique dans la ville d'Alexandrie, on ne faisait encore rien pour rendre praticables les rues et les chemins; quelquefois même on jetait dans les rues des platras provenant des démolitions des maisons et quelques mauvaises pierres.

Cependant les fortes pluies qui tombent chaque hiver à Alexandrie faisaient de toutes les rues des cloaques affreux et infects; il y avait des mares de boue puante où l'on courait risque, en enfonçant, de disparaître, comme d'ailleurs il en était encore ainsi il y a deux années dans quelques parties, surtout aux abords des deux ponts sur le canal; il était certainement dangereux, on peut le dire, de passer en cet endroit, car les voitures enfonçaient jusqu'aux essieux, quelquefois versaient, et l'on prétend même qu'un individu, qui y tomba, fut asphyxié dans cette boue.

Les réparations des rues, il y a même encore fort peu de temps, quand on en faisait, car elles étaient rares, consistaient à jeter des pierres d'une mauvaise qualité, sablonneuses et sans consistance sur la voie; elles étaient grosses comme des bombes mêlées à de plus petites; on jetait avec cela des débris de poteries recueillis dans les monticules de décombres qui entourent la ville et on laissait aux charrettes, aux chevaux et voitures le soin de briser et tasser le tout. Heureusement que la pierre était très-friable; mais bientôt le tout était pulvérisé, excepté les trop grosses pierres; cela formait des trous et des hauteurs. Pendant les sécheresses, c'était une poussière comme on ne peut s'en faire une idée, puis, pendant l'hiver, des trous remplis de boue.

Un gouverneur d'Alexandrie, auquel on se plaignait de l'état des rues et auquel on demandait des réparations, répondit : « Que voulez-vous que nous fassions? Est-ce que nous pouvons empêcher que l'hiver ne vienne, nous apporte du mauvais temps et de la pluie? Non, n'est-ce pas? Eh bien ! puisque c'est le bon Dieu qui nous envoie cela, que voulez-vous faire contre sa volonté? »

Au Caire, ce que l'on faisait et ce que l'on fait même encore aujourd'hui pour les anciens quartiers, mais non pas avec autant de soin qu'anciennement, c'était d'enlever de temps en temps une couche de terre et d'ordures faisant fumier qui recouvrait le sol des rues, puis d'égaliser un peu le sol de ces rues.

On conçoit qu'avec ce système, lorsque des pluies tombaient, chose heureusement fort rare, il n'était plus possible, comme aujourd'hui encore, de circuler dans ces rues : on y enfonçait jusqu'à mi-jambe et une odeur infecte vous suffoquait.

Au Caire, où pour ainsi dire tout était à faire comme amélioration des voies de circulation, on se borna à redresser les rues et à les élargir quand une maison menaçant ruine devait être rebâtie. La seule rue qui fut élargie, redressée, fut celle dite du Mouské, et ce fut une affaire dont la décision demanda fort longtemps; on proposait de faire la rue de 12 mètres, puis d'établir de chaque côté une galerie de 3 mètres sur laquelle chaque maison aurait eu, au premier étage, une jolie terrasse ornée de fleurs. On ne voulut pas de galerie, pas même de trottoirs, et l'on ne donna que 10 mètres de largeur d'une maison à l'autre ; on trouvait même que c'était énorme.

On proposa de faire, au moins, une place au milieu du quartier juif, avec un marché ; on ne voulut pas y consentir. Un des grands personnages qui avait même été en Europe, quand on parlait de faire une place sur la longueur de cette rue, disait : Mais je ne sais ce que l'on veut dire, je n'ai jamais vu en Europe de places dans des rues; et les places ne se firent pas. Seulement un particulier trouvant qu'une place traversée par une rue était une bonne chose, fit cette place dans son propre terrain. Elle était circulaire et servait, à l'occasion, de marché ; c'est la seule qui existe sur toute la longueur de la rue.

A Alexandrie, Méhémet-Ali fit faire premièrement une grande voie de communication et la fit macadamiser : c'est celle qui de la Porte de Rosette ou Bab-Chergièh va jusqu'à Ras-el-Tine, en passant par la place Méhémet-Ali. On employa pour le macadamisage de cette voie le grès rouge de la Montagne du Caire nommée Gebel Armar et aussi Gebel Dahab. Mais cette pierre étant fort dure, très-sèche, présente des angles fort aigus, des arêtes très-tranchantes, et ne fait jamais corps entre les différents morceaux formant le macadamisage ; ils ne sont jamais liés entre eux, et par le roulement des voitures se meuvent tous. Le sable que l'on met pour remplir les vides descend, les pierres remontent et les plus grosses reviennent à la surface.

On fit remarquer cet inconvénient à Méhémet-Ali, qui aima mieux faire de suite, il est vrai, une plus forte dépense, mais avoir une bonne route bien confectionnée qui n'aurait pas besoin d'être continuellement en réparation et n'aurait pas les inconvénients que la qualité de la pierre donnait. Alors il fit faire toute la route avec du mortier de chaux et de la pouzzolane artificielle pour relier ensemble les pierres, ce qui produisit un massif homogène magnifique, qui dura fort longtemps sans que l'on eût besoin d'y faire de réparations. On peut encore en voir des restes, du côté de Ras-el-Tine surtout. Ce fut là le premier macadamisage fait à Alexandrie.

Toutes les autres routes et les boulevards qui furent exécutés depuis dans l'enceinte de la ville, soit en dehors des murs, en même temps que les fortifications et comme routes stratégiques, ne furent empierrées qu'avec de mauvaises pierres et des débris de poterie. L'entretien en est fort négligé encore aujourd'hui, et, excepté quelques voies principales qui sont en bon état, toutes présentent d'assez mauvais chemins.

Pendant le temps qu'Abbas Pacha resta au pouvoir, aucune amélioration dans les voies de communication ne fut apportée, si ce n'est au Caire, à la route conduisant de Bab-el-Husseiniéh au palais d'Abbas Pacha appelé Abbasciéh, route qui fut empierrée. Nous avons déjà parlé de l'empierrement de la route du Caire à Suez qui fut fait du temps d'Abbas Pacha, travail très-bon, qui est encore aujourd'hui en parfait état et dont une partie, qui, depuis, n'a point été réparée, conduit au palais de Son Altesse le Khédive dans le désert, près du tombeau de Melek-el-Odil.

Les travaux de la place d'Alexandrie furent faits par la Direction de la distribution des eaux d'Alexandrie au temps de Saïd-

Pacha, telle qu'on la voit aujourd'hui ,avec ses arbres rabougris, étiolés, ses trottoirs, ses chaînes suspendues à des bornes, ses bancs en marbre et ses deux bassins ronds aux extrémités.

Cette place, qui certainement est un grand embellissement pour la ville d'Alexandrie, est pourtant sujette à des critiques qui ne manquent pas de raisonnement.

La question des arbres est la principale; ceux qui ont planté l'espèce que l'on y voit n'avaient point l'expérience dupays; car l'*acacia niloticus* demande à être placé dans des terrains bas et dans le limon même du Nil. Jamais il ne réussit bien dans les mauvais terrains et en plein vent, mais dans les terrains imprégnès de sel il reste toujours rabougri et étiolé.

C'est ce qui est arrivé pour cette place.

Celle-ci ensuite est beaucoup trop longue, et quand on est au milieu d'un des côtés, il faut faire, si l'on est en voiture ou à cheval, la moitié de son circuit pour aller vis-à-vis de l'endroit où l'on se trouve ; elle aurait dû être partagée en trois parties par le prolongement des rues qui viennent y aboutir. Les chaînes qui l'entourent sont d'une grossièreté monstrucuses ; elles ressemblent à celles d'un gros navire, et l'on croirait qu'on les a trouvées de rencontre.

Les bornes auxquelles sont suspendues ces chaînes sont affreuses à voir avec cette boule en fer surmontée d'une pointe très-aigue de 25 centimètres de long ; pourquoi cette armature pour ornement?

Les bancs en marbre semblent de véritables pierres tumulaires. Ceux-ci et les pointes en fer sur les bornes ont fait dire à un voyageur, qui s'était trouvé aux massacres de Damas, que la civilisation n'était pas très-accusée en Égypte, car si des événements analogues à ceux qui ont eu lieu à Damas se produisaient à Alexandrie, toutes ces pointes serviraient certainement pour y empaler les victimes en vue de leurs tombeaux Quand on connaît l'idée de ce voyageur, il n'est point gai de se promener dans cet endroit.

Un projet avait été soumis à Méhémet-Ali au sujet de la place ; c'était de la diviser en trois parties, d'élever le terrain de 3 mètres, au-dessus des rues, de faire à l'entour un mur de soutenement avec des escaliers pour arriver à cette hauteur et de planter cette terrasse, où toutes les espèces d'arbres et d'arbustes d'agrément auraient prospéré dans une bonne terre rapportée, avec des orangers, des lauriers, des jasmins, etc. On eût fait une de ces délicieuses places ou promenades comme on en voit si souvent en Espagne. On devait aussi à l'extrémité de la place, vers le nord-ouest, vis-à-vis l'ancien palais Tozissa, faire du petit îlot qui existe en cet endroit un théâtre, la Bourse et un Casino; des influences diverses dues à des intérêts personnels firent que ce projet n'eut pas de suite.

Une des premières choses que le Khédive actuel fit comme travaux d'utilité publique, fut d'ordonner de s'occuper du pavage des rues d'Alexandrie et des égouts. Le Ministère des Travaux-Publics d'alors fit faire dans toutes les rues d'Alexandrie les nivellements nécessaires aux travaux d'écoulement des eaux, soit par des égouts souterrains, soit par les ruisseaux à ciel ouvert; toutes les rues furent remplies de repères, et les projets furent étudiés. Mais en 1864, les personnes qui avaient étudié la question ne furent même pas consultées pour les contrats que des administrations étrangères aux travaux publics dressèrent et signèrent avec des entrepreneurs.

On commença un pavage avec de gros pavés de pierre froide de Trieste. Ce pavage est bon pour les voies de gros roulage et fut assez bien exécuté; il a l'avantage de tous les pavés de ce genre de pouvoir être relevé et réparé facilement, qualité très-bonne partout, excepté ici, où les réparations sont toujours négligées et où l'on devait, si cela était possible, faire des travaux qui n'eussent jamais besoin d'aucun entretien.

Les premières rues pavées furent celles qui conduisaient à la douane et celle qui longe le port depuis l'Arsenal jusqu'à la Porte-du-Bain, puis celle contiguë à celle-ci, allant au Pont de l'Écluse, au Canal, et ensuite au Chemin de fer, ce qui en total fait à peu près 3 kilomètres sur une moyenne de 10 mètres.

On macadamisa aussi la rue circulant autour de la place avec la pierre rouge du Caire; mais ce travail toujours mauvais fut continuellement dans un triste état: les pierres ne se liaient pas; pendant les pluies elles étaient toutes à découvert, et pendant l'été l'arrosage convertissait la poussière en une couche de boue qui recouvrait le macadam.

La grande et belle voie nommée Chahra-t-Saba Bénatte (ou Rue des Sœurs), communiquant directement de la place Méhémet-Ali à la gare en traversant le Canal sur un beau pont tournant, fut percée au milieu de décombres et de jardins par une tranchée, et cette belle rue fut immédiatement garnie de beaux trottoirs et macadamisée ; ici on employa un système plus coûteux, il est vrai, mais bien meilleur que celui de la place ; le macadam fut placé sur du ciment reposant sur le sol, ce qui demandait moins de réparations, il est vrai, mais lorsque la couche de ciment viendrait à s'effondrer, les réparations à faire seraient très-grandes. Néanmoins c'était un beau travail et une voie de circulation des plus utiles, puisqu'elle conduisait directement du centre de population de la ville à la gare du Chemin de fer. Mais aujourd'hui cette rue est partout effondrée.

Après ce travail et lorsque l'on eut créé une espèce de municipalité à Alexandrie, on laissa de côté pavage et macadamisage pour faire du dallage comme dans les villes d'Italie, à Messine, etc., etc.

Ce dallage est superbe, les voitures y roulent parfaitement ; ce sont aussi des pierres d'Italie. Le tirage est facile quand ce dallage est assez piqué pour que les chevaux y trouvent un point d'appui, ce qui ne peut être dans les joints des dalles comme dans les pavés. Les réparations sont aussi bien plus difficiles pour les dallages que pour les pavés, et par conséquent l'entretien coûte plus cher. Quant à l'établissement du dallage ou du pavé, les dépenses ne peuvent différer de beaucoup, les pierres venant du dehors pour l'un comme pour l'autre.

La première rue dallée fut celle de Chérif-Pacha, partant de la Place et remontant à la route qui conduit à la Porte de Rosette ; mais aujourd'hui beaucoup d'autres rues se dallent. Celle qui conduit à Miniet-el-Bassal l'est déjà, ainsi que tout le Bazar arabe ; et celle qui entoure la place Méhémet-Ali va l'être si cela continue. Bientôt la ville d'Alexandrie profitera largement d'un des travaux d'utilité publique le plus indispensable pour lequel le Khédive a eu beaucoup de sollicitude et a dépensé beaucoup d'argent. Mais aussi la nouvelle Alexandrie n'aura rien à envier, sous ce rapport, à l'ancienne dont on voit, d'après les fouilles, l'ancien dallage.

Une belle route qui vient aussi d'être terminée est celle de la Porte de Rosette à Ramlêh sur le tracé de l'ancienne route; mais elle a été redressée, les pentes qui existaient ont été diminuées au moyen de tranchées, et elle est munie d'une conduite d'eau; elle n'est empierrée qu'avec de mauvaises pierres et des débris de poteries.

Cette route offre certainement un grand agrément aux habitants d'Alexandrie qui ont là une belle promenade; elle a même été continuée sur la digue du petit lac El Khadra. Il faudrait que les bords du Canal fussent aussi transformés en une bonne route avec un parapet pour qu'il n'y ait pas de danger pour les voitures, et alors les promenades des environs d'Alexandrie seraient des plus agréables.

Si depuis l'avénement du Khédive au pouvoir, il existe à Alexandrie une aussi grande amélioration, ce que l'on ne peut méconnaître, cela est au moins aussi remarquable pour le Caire où des boulevards, des places, des rues, des quartiers ont été percés, embellis et macadamisés avec trottoirs.

Il serait trop long de faire ici la description de chaque boulevard, de chaque rue et celle du nouveau quartier: il faudrait des plans, ce qui augmenterait trop l'Atlas de cet ouvrage; nous parlerons seulement des principaux.

Le boulevard d'Abdine est le premier qui ait été commencé; il prend de l'ancienne place de l'Esbékiéh, près de la mosquée Giamat-el-Khéyé et conduit directement à la place du Palais du Khédive; il a été percé dans un quartier de petites maisons, de ruelles, d'impasses et au travers de jardins dont le sol très-bas a nécessité de grands terrassements pour y établir les chaussées des rues, et, quant aux constructions, de profondes fondations pour arriver au niveau des chaussées, ce qui a occasionné de grosses dépenses, puisque ici les sous-sols ne peuvent servir pour ainsi dire à rien.

Ce boulevard est aujourd'hui bordé de belles maisons avec de beaux trottoirs; il est bien habité.

Un autre boulevard du même genre commence près de la place d'Abdine au boulevard dont nous venons de parler, et va jusqu'au Mouski, vis-à-vis le palais du Prince-Héritier, servant aujourd'hui aux ministères et anciennement nommé Attabat-el-Ahdra. C'était un palais fait par Abbas-Pacha pour sa mère. A l'embranchement des deux boulevards dont nous venons de parler est un beau corps-de-garde fort bien bâti, bien conçu, et de ce point part encore un autre boulevard allant directement au pont construit sur le grand bras du Nil, entre Casr-el-Nil et Geziréh.

Nous nous dispenserons d'énumérer tous les boulevards et les rues du nouveau quartier d'Ismaïliéh et de l'ancien Esbékiéh. Nous nous bornerons à dire que de belles maisons se construisent partout sur ces boulevards nouveaux et que l'Hippodrome est un superbe monument qui embellit aussi le quartier.

Je citerai encore deux boulevards :

Le premier est non-seulement d'une grande utilité pour la circulation, mais il l'est énormément pour l'hygiène ; il traverse le quartier Cophte, depuis le pont du Chemin de fer jusqu'à l'hôtel Coulomb ou d'Orient. Remplaçant un amas de vieilles maisons avec des ruelles et des impasses de 2 mètres de largeur au plus, sans air et toujours infectes, il rendra ce point un des plus sains du Caire.

Il y a aussi un boulevard extérieur qui existe depuis le pont du Chemin de fer, où il y a un beau corps-de-garde, comme celui du boulevard d'Abdine, et va, en formant autour de l'ancienne mosquée de Daher, dont on a fait une caserne, une place large de 40 mètres, jusqu'à la porte de Husseiniéh, où il rencontre la route de l'Abbasciéh.

Ce boulevard, dont les trottoirs sont déjà dessinés par des bordures en pierre, et qui est planté d'arbres d'un bout à l'autre, a été empierré par un autre macadamisage que celui des rues du Caire. C'est une promenade fort agréable, qui est la cause que beaucoup de promeneurs abandonnent la route de Choubrah afin de respirer un air plus pur et plus frais, sur l'ancienne route qui conduit à Coubbé, nouveau palais du Khédive.

Le Vice-Roi a voulu, avec raison, que non-seulement les bas quartiers de la ville, où sont pour la plupart les Européens, pussent seuls jouir des travaux dont nous venons de parler, mais il a fait faire aussi au pied de la Citadelle de grands travaux.

Les places de Rouméliêh et de Karameydan ont été entièrement transformées ; des places bordées de trottoirs, plantées d'arbres et bien disposées ont été créées, et au lieu d'amas de décombres et de ruines, il y a des places avec deux grands bassins ; des arbres et de jolies maisons déjà construites bordent une partie de la place de Karameydan ; ce sera bientôt aussi un très-beau quartier. On peut compter que depuis environ quatre années on a fait une longueur totale de rues, de routes et de boulevards macadamisés d'environ 25 kilomètres avec bordures de trottoirs en pierres des deux côtés et presque entièrement plantés d'arbres, ce qui fait une superficie macadamisée d'environ 35.000 mètres carrés, sans compter un faible empierrement fait avec des débris de carrière sur la route de Choubrah.

Tous ces boulevards, toutes ces rues sont presque entièrement éclairés au gaz et avec une telle profusion de becs, même da n les parties qui ne sont pas encore habitées, que si chaque bec donnait la lumière réglementaire, aucune ville ne serait mieux éclairée que la partie du Caire qui possède le gaz.

Voici donc des travaux exécutés par les soins et la volonté du Khédive qui certainement sont d'une utilité publique reconnue.

Comme toute chose, quelle qu'elle soit, présente toujours un côté où la critique la moins malveillante peut s'exercer, ce qui n'ôte d'ailleurs rien au mérite d'avoir exécuté cette chose, mais ce qui peut servir à faire mieux une autrefois, c'est pour ainsi dire une obligation de faire cette critique.

Quant à l'espèce de macadamisage fait dans les rues et les boulevards du Caire, nous répéterons encore ce que nous avons dit. Ce genre de pierre ne convient pas ; on ne peut circuler sur ce macadam qu'à la condition (qui existe il est vrai) qu'il y aura toujours dessus une couche de boue formée par la poussière et l'eau des arrosages, ce qui, quand on l'enlève entièrement en nettoyant les rues, laisse à découvert les pierres ; alors elles se détachent du corps du macadam et roulent à droite et à gauche. Lorsqu'il vient à pleuvoir, ainsi que nous l'avons vu, les pierres restent à découvert et bougent comme au moment où l'on vient de les poser en laissant à nu les ordures qui se trouvent entre elles, ce qui forme un fumier infect dans les rues.

A côté de cela, la route qui conduit du pont du Chemin de fer à la route de l'Abbascièh est faite avec du calcaire et des débris de carrières; elle n'est pas parfaitement exécutée, tant s'en faut; c'est pourtant encore le meilleur travail. Le tout fait corps, pas une pierre ne sort de son alvéole, on dirait un massif de ciment. Si la pluie vient à tomber, l'eau glisse à la surface et coule dans les ruisseaux sans pénétrer dans le corps du macadamisage. Les réparations ne nécessitent que très-peu de travail; il suffit de jeter seulement un peu de débris de carrières dans les trous et de damer dessus. Cet empierrement est bien moins coûteux que l'autre, son entretien aussi, et les voitures y roulent comme sur un tapis.

Les trottoirs sont certainement assez larges; mais les essences d'arbres qu'on y plante, qui sont à grandes branches s'étendant horizontalement, c'est-à-dire le lebak ou *acacia niloticus* et le sycomore, boucheront bien vite les fenêtres des maisons qui sont au plus à 5 mètres de la bordure du trottoir dans les plus larges rues et à 4^m,50 du tronc de l'arbre. Pour avoir de l'ombre du côté de la rue, on les laissera peut-être pousser davantage, mais alors les maisons manqueront d'air au premier étage. Les choses ne peuvent ici être faites comme à Paris. Il faut prendre en considération les exigences du climat et les habitudes du pays.

Par exemple, dans des boulevards tels que ceux d'Abdin et du quartier cophte, qui sont orientés l'un du Nord au Sud, l'autre du Nord-Ouest au Sud-Est, le soleil darde ses rayons de dix heures à deux heures du matin dans toute leur longueur. En été, avec de hautes maisons élevées de chaque côté, ils sont transformés en fournaise. Les arbres ne couvriront pas entièrement la rue, et peut-être en viendra-t-on à regretter les anciennes rues où l'on marchait à l'ombre.

N'aurait-il pas mieux valu, dans les rues et boulevards qui ont ces directions, donner, d'un trottoir à l'autre, une largeur de 20 mètres, en laissant au milieu un trottoir de 5 mètres plantés d'arbres qui étant de la même essence que ceux qui ont été plantés auraient recouvert la chaussée de chaque côté jusqu'aux trottoirs? Ceux-ci n'auraient alors plus besoin d'avoir 5 mètres, 3 suffiraient; la voie entière d'une maison à l'autre aurait 26 mètres au lieu de 20 qu'elle a aujourd'hui en général, ou même la même largeur que d'autres. Il y aurait de l'air devant les maisons, les branches d'arbre en seraient plus éloignées, on aurait moins de moustiques. La circulation se ferait à l'ombre et le trottoir, coupé de distance en distance, ne gênerait en rien la circulation des voitures tout en étant des plus agréables pour les piétons. Il est probable que pour les grands boulevards que le Khédive a l'intention de percer encore, on suivra ce système dont il a eu l'idée.

La place de Rouméliéh a un grand défaut : la partie ronde devant la porte de Bab-el-Azab, où se trouve le bassin pour l'eau, est faite en pente suivant à peu près celle de la place, et le bassin naturellement est de niveau; cela fait que d'un côté il est à 60 centimètres au-dessus du sol et de l'autre à 2 mètres environ, ce qui produit un très-mauvais effet qu'il est cependant facile de modifier. Il suffit pour cela d'élever davantage le mur de soutenement de la partie ronde du côté de l'ouest, afin de rendre horizontale la place qui entoure le bassin.

C'est ce que l'on a fait pour le bassin de la partie sud de la place de Karameydan, qui est à peu près dans les mêmes conditions.

L'intention du Khédive a été de percer un grand boulevard partant du palais Atabat-el-Khadra, allant directement à la Mosquée du sultan Hassan et à Rouméliéh, un autre partant du même point, allant à la porte de Bab-el-Felouk, le premier ayant en perspective la belle mosquée de sultan Hassan et l'autre la belle porte de Bab-el-Felouk, qui serait dégagée des constructions qui l'entourent.

Tous ces grands travaux, d'une grande utilité pour la population, peuvent pourtant avoir aussi un grave inconvénient pour les gens du dehors si l'on abat pour le percement des boulevards et des rues une trop grande quantité de maisons avant que d'autres ne soient reconstruites, car ils ne trouveraient plus à se loger. Je n'ai rien à dire sur ce point qui n'intéresse pas directement la partie des travaux d'utilité publique, qui est le principal sujet que je traite dans cet ouvrage.

COMS. — MONTICULES DE DÉCOMBRES.

La ville du Caire ainsi que celle du Vieux-Caire et même celle de Boulak, mais surtout les deux premières, sont encore entourées, en grande partie, de hauts monticules de décombres provenant de démolitions de maisons ruinées.

Les constructions particulières ont toujours été faites avec de si mauvais matériaux que, lorsqu'elles sont vieilles et que l'on veut les abattre pour en faire d'autres sur le même emplacement, à peine si l'on trouve quelques pierres et quelques briques qui peuvent encore servir dans ces nouvelles constructions : ce n'est que terre, platras et poussière.

Ces déblais étaient, de toute antiquité, portés et accumulés autour de la ville, en dehors de l'enceinte, où ils s'élevaient à 50 et 60 mètres et même davantage, comme on le voit encore depuis la Porte Seïde Zénab en passant par celle de Teïloun et allant vers la Citadelle, puis de la Citadelle ou de la Porte Bab-el-Waziz jusqu'au nord de Bab-el-Nasser et à celle du faubourg de Husseinièh.

La ville était pour ainsi dire entourée de ces décombres, car la partie dont nous venons de parler n'était pas la seule où l'on eût accumulé les démolitions des maisons.

Depuis la porte du faubourg de Husseinièh, en venant à Faggalla et à Bab-el-Adid, il en était à peu près de même, et du Pont de l'Imoni, celui du chemin de fer actuel, au commencement de la route de Septièh, en traversant la route d'Abou-Leilé puis continuant vers Bab-el-Pouk et se dirigeant vers le Vieux-Caire jusqu'à Casr-el-Halé et Casr-el-Eïn, ce n'était qu'une longue suite de ces hauts monticules appelés *coms* en arabe.

La circulation à travers ces décombres lorsque le temps était calme ou bien lorsqu'il faisait un grand vent était abominable : une poussière puante, sale, dégoûtante vous aveuglait et vous asphyxiait; non-seulement on courait le danger presque certain de gagner une ophthalmie ou une insolation, mais il y en avait d'autres encore.

Toute cette suite de collines de décombres empêchant la circulation de l'air était habitée par des filles publiques qui érigeaient le temple de leurs plaisirs dans un trou creusé parmi ces décombres et à demi-caché par quelques nattes, ce qui ressemblait plutôt au terrier ou au repaire de quelque bête sauvage qu'à toute autre chose. Les hommes associés à ces sirènes vous dépouillaient quelquefois sur la route, aux éclats de rire de ces créatures. Elles étaient généralement sous la protection de quelques soldats albanais ou autres habitués de l'endroit.

Plusieurs Sultans et Kalifes du Caire rendirent des édits intimant aux habitants du Caire de jeter désormais les décombres provenant des démolitions dans le fleuve; mais comme les villes et villages qui se trouvaient en aval du Caire se plaignirent que ces décombres gâtaient les eaux, il fut ordonné de les transporter jusqu'à la mer sur des barques par la Branche de Damiette ou par celle de Rosette.

Le Sultan Sélim, ayant fait la conquête de l'Égypte, renouvela ces ordonnances de ses prédécesseurs, reconnaissant comme eux combien ces immenses dépôts autour des villes étaient nuisibles à la salubrité; mais on sent bien qu'une mesure aussi onéreuse pour les propriétaires qui désiraient ou qui étaient dans la nécessité de reconstruire leurs maisons, ne put être mise longtemps à exécution, et les monticules de décombres continuèrent à s'élever; ceux du Vieux-Caire, surtout, sont énormes.

Il y a environ quarante-cinq années, le prince Ibraïhim Pacha, père du Khédive actuel, qui voulait faire exécuter des travaux utiles pour améliorer le Caire et l'assainir, fit faire, pendant que Méhémet-Ali était au pouvoir, le nivellement des monticules de décombres depuis la route d'Abou-Leïlé jusqu'à Casr-el-Eïn. Les bas-fonds furent remblayés par les déblais des hauteurs de décombres, et toute cette partie fut transformée en jardins, champs cultivés avec de belles avenues bordées d'arbres, ce qui aujourd'hui encore se couvre de constructions de belles maisons et de jardins formant une partie du nouveau quartier d'Ismaïlieh.

Ce que fit faire Ibrahim-Pacha fut un grand bien pour la ville du Caire, et pourtant on oubliera bientôt la reconnaissance qu'on lui doit; car ces travaux d'utilité publique ne laissent aucun témoin : ce n'est que le souvenir de leurs contemporains et l'histoire qui rappelleront ces travaux. Les monticules auront été abattus, les lacs comblés, le tout occupé par de nouvelles habitations. Il faut donc consigner ces travaux quelque part, afin que l'on conserve la mémoire des princes généreux qui les ont fait exécuter.

A l'endroit où est aujourd'hui l'administration du Chemin de fer et le terrain de la Compagnie des Messageries françaises, sur la route du pont du Chemin de fer à Septièh, il y avait un haut monticule de décombres sur lequel s'élevait le fort Camin, bâti à l'époque de l'Expédition française commandée par Bonaparte. Cette hauteur fut aplanie par Méhémet-Ali.

Enfin, c'est aujourd'hui que l'on doit au Khédive Ismaïl-Pacha, en plus du percement de tous ces beaux boulevards qui assainissent la ville du Caire, les nouveaux travaux qui vont contribuer si largement à sa salubrité et à son embellissement. Déjà des bas-fonds où les eaux d'infiltration séjournaient et croupissaient, comme aux environs de l'Hippodrome et à l'ouest du Nouvel Hôtel, ont été comblés depuis longtemps.

Une belle rue, garnie de jolies maisons, depuis l'ancienne porte de Bab-el-Adid jusqu'à Faggalla, a remplacé ces décombres infects qui longeaient les murailles du Caire.

D'après ses ordres, et à ses frais, tous les monticules, depuis cette rue jusqu'à la porte du faubourg Husseinièh, avec ceux de Birket-chek-Laman, disparaissent chaque jour, et dans bien peu de temps on ne reconnaîtra qu'avec peine l'emplacement de ces montagnes de décombres, excepté sur les cartes anciennes du Caire; ils seront remplacés par des jardins et par des habitations.

La grande amélioration relative à la salubrité du Caire, due à tous ces travaux, porte, dit-on, déjà ses fruits; car on prétend que les maux d'yeux, si fréquents jadis dans cette ville, ont aujourd'hui beaucoup diminué.

De semblables travaux, que l'on fait exécuter à ses propres frais, sont certainement bien méritoires, car ils sont d'une grande utilité publique, et certainement on ne saurait trop manifester de reconnaissance à leur Auteur.

FIN.

TABLE DES MATIÈRES

CHAPITRE IV.

CHAPITRE V.

CHAPITRE VI.

CHAPITRE VII.

1720. Paris. — Imprimerie Arnous de Rivière et Cᵉ, rue Racine, 26.

ERRATA [1]

N^{os} des pages.	N^{os} des lignes.	Au lieu de	Lisez
12	22	775.384^m,428.	775.384.428^m,0.
12	note.	Les canaux d'été, c'est-à-dire ceux qui *conservent* l'eau du Nil pendant les sécheresses d'été,	Les canaux d'été, c'est-à-dire ceux où *coulent* les eaux du Nil pendant les sécheresses d'été.
25	3	Infiltration,	Filtration.
25	33	Semballawene,	Simbillawin.
25	34	Bou*k*ieh,	Bou*h*iéh.
32	25	8.440.000.	Ce chiffre aujourd'hui est plus considérable.
35	23	S'élève,	S'éloigne.
36	22	Pendant les *grandes* eaux,	Pendant les *basses* eaux.
42	22	Au-des*sus* de l'étiage,	Au-des*sous* de l'étiage.
53	2	D'*Emassi* et Médine,	D'*Ennassi* el Médine.
55	33	Bahr Joussef ou Bahr Joussef,	Le Joussoufi ou Bahr Joussef.
59	19	Comfarés,	Com-Farés.
67	16	Senhou*n*,	Senhou*r*.
68	16	Deachch*é*,	Déchache.
73	14	217^m,78,	2)^m,78.
75	31	Ligne,	Digue.
75	note.	Porte,	Port.
77	23	Comfarès,	Com Fares.
78	27	Province,	Partie.
94	7	Tarabu*t*,	Tarabu*l*.
96	6	Po*r*tant,	*P*ortent.
97	5	Le lieu ou l'on casse,	Le lieu où l'on casse, *des moulins à bras.*
109	31	Tourn*a*,	Tourn*e*.
126	29	Se divise,	Se dirige.
135	5	La cho*n*nah,	La chou*n*ah.
135	12	3.4.5,	— 3 4 5.
135	23	100,65,	10,065.
135	24	48,69,	4,869.
138	32	Gamou*t*,	Gamou*s*.
140	20	Sael agar,	Sâ-el-agar.
148	17	Où il y peu de décombres,	Où il y *a* peu de décombres.
153	22	Mahbchouc,	Mahbehouc.
156	30	Est au *pied* du Golfe,	Est au *fond* du Golfe.
162	21	Plus de trois coudées,	Plus *bas* de trois coudées.
167	6	Chalouf esterabba*t*,	Chalouf-et-terabba.
173	16	Ben Sézid,	Ben *J*ézid.
173	26	Herich,	Heriéh.
177	26	Rier,	Réer.
183	29	Toura-*el*-Mahassara,	Toura *et* Mahassara.
184	30	Quoiqu'il soit bien constaté aujourd'hui d'après les ni-	Quoiqu'il soit bien constaté aujourd'hui que la grande

(1) L'éloignement où s'est trouvé l'auteur, pendant la publication, l'a mis dans l'impossibilité de revoir les épreuves, ce qui a nécessité ce long errata.

Nᵒˢ des pages.	Nᵒˢ des lignes.	Au lieu de	Lisez
		vellements des Ingénieurs de l'Expédition d'Egypte, que cette différence de niveau n'existe pas. Cependant,	différence de niveau entre les deux mers trouvée par les ingénieurs de l'expédition d'Egypte n'existe pas. Cependant.
201	27	*Et* un terrain,	*Est* un terrain.
206	5	Par un *garde*,	Par un Guide.
206	34	Jusqu'au pied de Mara ou Mourra,	Jusqu'au puits de Mara ou Mourra.
210	note.	Fuite *en* Égypte,	Fuite *d'*Egypte.
215	33	Prise pour *point* de comparaison,	Prise pour *plan* de comparaison.
217	21	Les résultats de ceux qui avaient été exécutés en 1799 se trouvaient être si différents de ceux que les ingénieurs de l'expédition avaient obtenus, et si peu,	Les résultats des derniers exécutés (ceux de M. Bourdaloue) se trouvaient être si différents de ceux obtenus par les ingénieurs de l'expédition (celle de Bonaparte).
219	2	Avant,	Afin.
236	12	Dieu,	Pompée
273	30	A ajouter,	Dont la moyenne est de : 2,25.
274	16	Pendant que commission siégeait,	Pendant que *la* commission siégeait.
281	26	Vers le Nord-*Ouest*,	Vers le Nord-*Est*.
283	30	La pression énorme des cavaliers au minimum et d'après,	La pression énorme des cavaliers, et il faut compter au minimum, et d'après.
286	18	En plus de ceux prévus augmenteraient encore la dépense,	En plus de ceux prévus, *ce qui* augmenterait encore la dépense.
286	27	Élever,	Enlever.
287	4	Mis sec,	Mis *à* sec.
291	35	*Long* et navigable,	*Large* et navigable.
296	24	Connue,	Comme.
298	27	Comme là,	A supprimer.
298	24	A étiage,	A l'étiage.
322	23	$\Omega = 66^m.$ $\dfrac{\Omega}{X} i = 0{,}000089,$ $X = 31^m,12 \quad u = 0{,}47,$ $1 = 0{,}000042,$	$\Omega = 66^m$ $\dfrac{\Omega}{X} i = 0{,}000089,$ $X = 31^m,12 \quad u = 0{,}47,$ $i = 0{,}000042 \; 9$ (débit par seconde $= 31^{mc},02,$ 2 (débit par jour) $= 2.680.000^{m\cdot c},$
325	2	Ba*l*lé,	Ba*h*lé.
325	3	*id.*	*id.*
334		Cette note se trouve déjà reproduite dans le corps de l'ouvrage; c'est une répétition.	
345	22	Achetoun el *kéra-oué*,	Achetoun el *Héraoué*.
362	10	Fallut,	Fallait.
373	13	Bancs,	Baux.
376	14	Fermeture carineïn,	Fermeture *à* carineïn.
379	29	Total de la maçonnerie,	Total de la maçonnerie : 19.212, pour la somme des trois derniers nombres. Le surplus forme le total des enrochements.
383	1	Assouan,	Assouah.
402	36	Bénésouef,	Bené-Souef.
403	27	*id.*	*id.*
409	6	*Le* couvrir,	*Les* couvrir.

N^{os} des pages.	N^{os} des lignes.	Au lieu de	Lisez
411	25	Total. 625.000,	Cela forme un total de 625.000.
414	6	Le place en amont, *mais il rencontre* tous les déversoirs,	Le place en amont *de tous les déversoirs.*
414	37	*Pour* la branche de Rosette,	*A la* branche de Rosette.
419	10	L'extérieur,	L'intérieur.
424	3	Aux *environs,*	Aux *carrières.*
434	33	Lambert,	Est une répétition.
445	19	Sur la demande M. Linant,	Sur la demande *de* M. Linant.
447	7	Nanakieh,	Nanah·èh.
461	4	Ce *qui* lui permettait,	Ce *que* lui permettait.
481	28	Assouan,	Assouah.
482	21	*id.*	*id.*
483	27	10,34 francs,	10ᵖ 34ᵖ, piastres et paras.
484	6	Dont la direction ou plutôt les pentes ne purent pas même être utilisées,	Dont la direction ou plutôt les pentes n'étaient pas propices à son établissement.
485	1	Par le moyen de forages artésiens,	Par le moyen de puits forés, à eau jaillissante.
485	24	Torrentueusement,	Torrentueuses.
510	1	Jattaka,	Iattaka.
516	34	25,000 écus,	Que d'en tirer de sa poche 25,000.
518	29	*Lulfikar,*	Zulfikar.
540	14	Arab Issa,	Arab issar.
546	19	Grand *que* l'ouadée,	Grand *par* l'ouadée.
550	8	Cependant comme il y a une *longueur* régulière,	Cependant comme il y a une *pente* régulière.
556	18	*Fouille,*	Souille.
556	37	Au détail estimatif,	Au détail estimatif n° 2.
557	3	15.895.500,	7.895.500, ou le tiers restant.
570	8	*Port* éloigné,	*Point* éloigné.
596	12	*Boum,*	Roum.
599	4	Cicule,	Circulées.
603	2	*Tous les* travaux,	*Tant de* travaux.
603	dernière.	Nous apporte,	Nous apporter.
605	21	Furent exécutés depuis dans,	Furent exécutées depuis, soit dans.
607	27	Et l'on *devait,*	Et l'on *devrait.*
608	34 35	Et celle qui entoure la place Mehemet Ali va l'être si cela continue. Bientôt,	Et celle qui entoure la place Mehemet Ali va l'être. Si cela continue, bientôt la ville d'Alexandrie.
613	30 32	Bab el fe*l*ouk,	Bab el fe*touh.*
613	36	Les gens du dehors,	Les gens de la ville.
614	20	Bab el Waziz,	Bab el Wazi*r.*
614	27	Bab el pouk,	Bab el *l*ouk.
616	31	Birket chek *l*amar,	Birket chek *k*amar.